美国航母设计简史

图解设计历史

【美】诺曼·弗里德曼 著
A.D.贝克三世 绘

李宝柱 刘广 李海旭 译
陆笑蕾 校订

上海科学技术文献出版社
Shanghai Scientific and Technological Literature Press

图书在版编目（CIP）数据

美国航母设计简史：图解设计历史／（美）诺曼·弗里德曼著；（美）A.D. 贝克三世绘；李宝柱，刘广，李海旭译．—上海：上海科学技术文献出版社，2022
ISBN 978-7-5439-8621-3

Ⅰ．①美… Ⅱ．①诺… ②A… ③李… ④刘… ⑤李… Ⅲ．①航空母舰—发展史—美国—图解 Ⅳ．①E925.671-64

中国版本图书馆 CIP 数据核字（2022）第 122171 号

U. S. Aircraft Carriers - An Illustrated Design History

Copyright © 1983
by the United States Naval Institute
Annapolis, Maryland

Copyright in the Chinese language translation (Simplified character rights only) © 2022 Shanghai Scientific & Technological Literature Press

All Rights Reserved
版权所有，翻印必究
图字：09-2021-0262

策划编辑：张　树
责任编辑：王　珺
封面设计：留白文化

美国航母设计简史：图解设计历史
MEIGUO HANGMU SHEJI JIANSHI: TUJIE SHEJI LISHI
[美]诺曼·弗里德曼　著　　[美]A.D.贝克三世　绘　李宝柱　刘广　李海旭　译　陆笑蕾　校订
出版发行：上海科学技术文献出版社
地　　址：上海市长乐路 746 号
邮政编码：200040
经　　销：全国新华书店
印　　刷：商务印书馆上海印刷有限公司
开　　本：787mm×1092mm　1/16
印　　张：31.75
字　　数：594 000
版　　次：2022 年 8 月第 1 版　2022 年 8 月第 1 次印刷
书　　号：ISBN 978-7-5439-8621-3
定　　价：168.00 元
http://www.sstlp.com

你不仅应该知道航母的今天,还应该知道航母的昨天和前天。

美国航母设计简史
编委会

主　　编　刘　广

副　主　编　李海旭

委　　员　张晓东　张泽帮　李昊华　高飞云　巩彦明
　　　　　　　安强林　周　正　王晓成　沙恩来　彭修全
　　　　　　　李　熠　侯　腾　马欣瑞

编委办公室　田立群　周海锋　赵宝祥　王娜娜　蒋明迪
　　　　　　　杨文英　王体涛　仝　哲

主编单位　中国造船工程学会《船舶工程》编辑部

序 言

在过去的至少20年里，没有任何一艘美国军舰能像航空母舰一样收获了支持者和批评者如此多的研究、探讨和感悟。穿制服的、不穿制服的拥护者比比皆是，而航空母舰的角色和任务常常备受议论，有时会引发服务间竞争指控，甚至是内部纠纷。然而，更为重要的是，在航空母舰整个作战生涯中，它一直深受海上指挥官好评，而在海上，真正的考验是不可避免的。因此，在有人像诺曼·弗里德曼一样对航空母舰进行严谨、客观分析时，会留给人们一种困惑感：目前美国海军航空母舰未来的不确定性与其过去的重大成就之间存在差距。

在第二次世界大战中，对太平洋战争结果影响力最持久的莫过于快速航母任务组和有效的潜艇封锁行动。海上的空中优势证明，过去和现在一样，如若没有足够空中掩护，任何海军力量在战术上都无法维持下去。目前，浩瀚无垠的海洋世界需要的空中支援必不可少，这将主要通过海上基地，即航空母舰来提供。

我们在越南的经验证明海上空中力量的灵活性。人们（尤其是那些对"战力投送"和"海上控制任务"作了明确区分的人）往往忽视或低估了事实：正是无处不在的美国航空母舰建立和维持了毫无争议的"海上控制"，从而使战力投送任务得以成功进行。

考虑到航空母舰在战时表现的历史观点，我们很难找到一个更令人信服的实证例子来证明一艘航空母舰真正具有保护作用。埃塞克斯级航空母舰是战争

的主导因素，在完全响应机动战争要求的同时，几乎没有遭受任何损失。在和平时期的危机应对中，航空母舰一次又一次地展示了它的价值，成为国家领导人一贯期望采用的军事选择。

尽管有这一纪录，但在构成我们对苏联海军的主要优势时，航空母舰却面临被消灭的危险。矛盾的是，随着关于航空母舰在美国海军战略中未来效用的争论日益激烈，克里姆林宫建设第一艘新型成熟航空母舰的龙骨却表明了它对航母价值的认识。

我们认识到这艘战舰有漫长而有用的未来之前，还有多少危机和战争证明航空母舰的存在或不存在是至关重要的？如果我们可以从福克兰群岛和马尔维纳斯群岛的冲突中汲取一个教训的话，那就是英国政府犯了一个致命错误——允许皇家海军航空母舰过早退役。英国或许已经汲取了这个教训，但为时已晚，因为英国普遍存在抑制海军投资的压力。

对于认真研究海战，寻找客观阐述航空母舰的设计演变的学生，本书可谓意义非凡。虽然接下来的内容主要展示过去40年航母工程设计中所涉及的历史，但读者可了解有关各种利益集团（舰队、海军作战部队主任办公室、系统分析人员、文职领导人和船舶设计者本身）之间相互关联的宝贵见解。当大家意识到这些见解来自一个致力于研究航母对海军历史进程影响的人之笔，而且他的研究既比大多数人付出的心血多，也没有受到政治和官僚内斗的影响，这些见解就变得更加有价值。

从围绕航空母舰关键特征发展的无数争议进行的精彩描述中，我们能得出最佳结论：总体来说，其预期功能的估计确实难以捉摸。在海上行动中，航空母舰已经证明是比设计工程师设想的更加灵活的平台，能够迅速适应海军任务和任务中的许多变数——从战略核打击到反潜战争、侦察、海上控制、战力投送以及在危机中压倒一切。同样，航空母舰也能够证明迅速适应其主要战力的改变。弗里德曼博士指出无法察觉航空母舰内在适应性并非最近才出现的现象，列克星敦号和萨拉托加号最初也因设计过度而受到批评。

因此，我认为目前海军规划师和设计工程师所面临的一项主要任务是，仔细思考20世纪的教训之后,更加准确地预测航空母舰在21世纪的主要用途。毕竟,CVN71目前正在建造中,可服役50年。而我进一步认为,应更多地考虑如何设计航母,消除或大幅减少对弹射器和拦阻装置的依赖,我相信,随着本已强大的反舰导弹取得进步,其特点将越来越容易受到削弱性战斗的损害。航空母舰战时效用的证明将取决于在激烈冲突中是否有能力承受战斗伤害,同时进行有力且成功的战斗。

从后面几章中可以明显看出,现在需要设计师、运营商和民意决策者都具有远见卓识,同时又切合实际。他们必须认识到航空母舰的灵活性无与伦比,这种实力在战斗中已得到充分证明,这种力量应该在未来几十年中加以利用。航空母舰依然是海军打击力量的中流砥柱,它还没到灭亡的时候。海上制空权仍然是主张海上制空权的人的一项基本原则,并将持续数十年。同时,只有我们积极寻找新概念和新技术,并着手建造最佳航空母舰,我们才能保持制空权。

美国海军上将托马斯·B.海沃德(已退役)

目 录

序言 *001*

第1章　航母在美国海军中的作用 *001*
第2章　开端：兰利号、列克星敦号和萨拉托加号 *033*
第3章　航母频谱研究与游骑兵号（1922—1929） *069*
第4章　约克城号 *099*
第5章　回到更小的维度（1934—1939） *133*
第6章　橙色战争动员舰 *155*
第7章　埃塞克斯级航空母舰 *173*
第8章　用于战时生产的低成本航母 *209*
第9章　中途岛级航母 *265*
第10章　1945年新型舰队航母 *301*
第11章　合众国号超级航空母舰 *323*
第12章　福莱斯特级航空母舰及其继任者 *345*
第13章　航空母舰现代化 *389*
第14章　核动力航空母舰 *415*
第15章　小型航空母舰的回顾：CVV（1972—1978） *435*
第16章　战后反潜（ASW）航空母舰发展 *451*
第17章　两栖攻击舰 *481*

第1章
航母在美国海军中的作用

纵观航母设计和建造史，航母及航母舰载机联队的作用在不断演变。自航母诞生以来的60年里，其在美国海军中的作用已发生了根本性变化。第一次世界大战的经验催生了建造航母的想法，海军战争学院的理论战争演练以及随后的全面舰队演习（舰队问题）更是加深了这一想法。在全面舰队演习中，时常会凸显出先前未曾预想到的航母所具备的作战能力。美国最早的两艘舰队航母——列克星敦号和萨拉托加号，由战斗巡洋舰改造而成，其尺寸（和固有能力）非常适合搭载飞机。虽然一开始有人批评这两艘船的"过度设计"，但在两次世界大战时期它们仍然发挥了应有的作用。它们庞大的舰体使新型航母战术成为可能，并且在制订应对主要潜在敌人日本（橙色计划）的战略时，对这些新战术的试验使美国舰队在战争中的作用发生了一些变化。

第二次世界大战期间的经验也对航母作战概念有一定的改变。联合海军的胜利、苏联的崛起、核武器和热核武器的诞生，以及后来研发的诸如天狮星和北极星之类的远程导弹，都对航母的发展产生了深远影响。1945年以后，产生了关于制订一项适当战略的全国性争论，但这项争论基本上是由主张战略核轰炸的海军和空军秘密进行的。

◀ 蒸汽弹射器是搭载喷气式飞机航母的重要组成部分。新改造的汉考克号航母显示了C-11弹射器到底有多长。它原来的一对H4s在前方的升降机前面终止，升降机可以提供服务。

▲ 列克星敦号和萨拉托加号的庞大舰体和航速源于它们改造前的战斗巡洋舰原型,这使它们的能力超过早期舰载机所需的能力;在编队方面,这些航母显示出了以前未曾预想到的潜力,这些潜力很快就转化成为作战计划。1932年2月16日,在毛伊岛的拉海纳航线上,列克星敦号与舰队一同出现。美国航母通常将其飞机停放在飞行甲板上,而机库用于维修和存放未使用的飞机。因此,相比类似吨位的国外航母,可以操作更大规模的航空大队,还可以更快地发动更大规模的"甲板装载打击"。

争论后得出的其中一项结论是把注意力集中在航母上,海军希望在1949年建成一艘巨大的航母。

这艘航母的整个历史过程对美国海军的结构甚至是美国海军的作战任务都形成了相当大的影响。海军内部的组织性考虑也对航母开发和航母作战产生了深远影响。美国的计划是将航空整合到海军的更大目标中,而不是鼓励发展单一的航空部门,该部门可能认为自己与整个海军的其他部门对立。

对飞行员来说,他们试图在海军中获得盟友。最重要的进展也许是,在1925年总统飞机(或Morrow)委员会的授权下,航母(以及岸上的航空站)将来只能由海军飞行员指挥。这一决定显示了航空在美国海军中的重要地位:包括海军上将哈尔西和金在内的许多高级军官都选择了航空训练,以便他们能指挥这样的部队。在组织方面,飞行员仍然觉得自己受到了冷落,直到1942年设立海军作战副部长(空战)一职。但有一点很重要:飞行员可以指挥舰船,以后还可以指挥更大的编队。例如,在和平时期的演习中很快就吸取了教训:航母必须是对它进行掩护的编队的旗舰,战前飞行员(如海军上将金)则指挥空军作战部队,该部队是美国舰队的主要组成部分之一(1942年,海军上将金升任美国海军作战部长,但令人惊讶的是,他的成功从未被认为是美国海军航空兵的成功。相反,金代表了海军航空兵融入更大的海军实体,他拥有各种各样的非航空指挥经验)。

航母最初是以重型舰炮为主要进攻武器的平衡舰队的组成部分。在两次世界大战期间，美国海军逐渐将舰载机发展成为一种攻击性武器，并增加了打击地底深处陆地目标的重要能力。这一时期的主要问题是航母容易受到装载有重型舰炮的舰船和飞机的反击。20世纪30年代末的美国战舰设计显示，为了达到能掩护快速航母的高速度，战舰在火力甚至防护方面都做出了牺牲。1944年10月，在菲律宾萨玛岛附近的作战行动中，一批护航航母被日本战舰的火力震惊了，这表明重炮舰船的威胁有多么巨大。但是，航母航速快，足以躲避大多数战舰。

因此，对航母造成主要威胁的就是飞机。从20世纪20年代中期开始，俯冲轰炸对防护相对薄弱的舰船构成了极大威胁。与此同时，由于条约对航母排水量的限制，美国设计人员无法在航母上装载足以抵抗俯冲轰炸袭击的飞行甲板装甲。此外，哨舰能提供的预警非常有限，航母自己的战斗机将无法对航母进行保护。

唯一的解决办法是在敌方航母发现并打击美国母舰之前将敌方航母摧毁。这一结论具有重要的战术意义。

最初，航母在作战舰队附近为战舰提供重要的空中服务，如侦察和定位，并在射击交战时控制空域。但是，20世纪20年代末和30年代初的一系列大规模舰队演习表明，在空中很容易发现战斗舰队，因此舰队附近的任何航母都将很快被摧毁。因此，美国的操作原则是，在所有敌对航母都被压制之前，独立操作航母。此外，在航母抵御空中突袭的能力得到更好的发展之前，不建议航母成群作战。

1942年之后，将雷达、作战情报中心（CIC）和有效指挥的战斗空中巡逻（CAP）与航母相结合，这是航母发展过程中的关键设计。从1939年起，曾尝试过增加双战斗机补给和空中侦察机来指导更广泛的战斗空中巡逻，以期改善航母的自卫能力。但是，只有在雷达和作战情报中心的协助下，航母才能达到相当程度的自卫水平。1944年6月的菲律宾海海战为这种设计正名。此次战役中，日本在塞班岛附近海域对相对集中的航母发动了大规模空中突袭，这种攻击类型在战前时期被认为是致命的雷达和战斗机为快速航母特遣部队提供了保护，并摧毁了日本的攻击飞机。事实上，从1943年左右开始，战斗机（而非舰载高射炮）成为航母特遣部队的主要防御力量，这种情况在战后一直持续，并且对舰载航空大队的组成产生了重要影响。

航母的价值最初体现为，其飞机可以为战斗舰队提供侦察和炮击定位，还可以防御敌军，而其打击能力在很大程度上只是辅助能力。前者在交战情况下极为重要，在第一次世界大战期间和战争刚结束时，人们就已知晓了这些作用；事实上，在第二次世界大战开始之前，英国皇家海军依然保持着这一想法。在北海的作战行动表明，现有水面舰队在战略和战术侦察方面都严重不足。战略侦察可以定义为提供有关敌方海军编队大致位置、速度、路线和组成的情报，远处的舰队指挥官可能会使用这些情报来寻求或避免采取作战行动。第一次世界大战期间，德国齐柏林飞艇扮演了这一角色，而英国将战斗机放置在其战舰上，以抵御德国的此类情报侦察，从而防止公海舰队切断大舰队的分组部队或躲避整个大舰队的作战行动。柏林飞艇发挥了有效作用。相反，英国依靠的是密码破译和无线电测向，部分原因是他们未能（尽管付出了相当大的努力）成功研制出长航时战略侦察飞机。有了第一次世界大战的经验，英国试图在第二次世界大战前夕研制出特殊的舰队侦察机，尽管速度相对较慢，但续航能力却很好。

战术情报可以定义为指挥官为做出有效的战术决策所需的关于正在进行的战斗的详细信息。在飞机出现之前，通常是由侦察巡洋舰提供战术情报，其目的是发现并跟踪敌军。通过汇编和筛选巡洋舰报告，指挥官可以拼凑出正在进行的战役的综合图景，尤其是在战役开始阶段。但是，每艘巡洋舰的侦察范围都非常有限，很难覆盖整个战斗区域。日德兰半岛内的导航偏差是一个主要问题，通常也会造成相当大的误导。若由一名观察员在战斗区域上空进行观察，那么可能会更好地了解相对位置、航向、速度，以及接近和交战部队的情况。这种战术侦察是英国大舰队装配飞机的主要动机，然而水上飞机不适应北海条件，这直接促成了建造最初的航母的建议。

第一次世界大战期间，战舰舰炮无疑是最有效的海军进攻性武器，至少是对抗重型装甲舰船的最有效进攻性武器；随着海军装备的建设（如水箱），舰炮的主要对手——鱼雷的威胁大大减弱。战舰舰炮的最大射程比鱼雷更远，但由于在射击控制方面的局限性让舰船无法充分利用这种优势。飞机在这方面也起着至关重要的作用。飞机可以观察到炮弹的下落轨道，并通过无线电向下修正。远距离射击时，舰炮可以穿透大多数舰船的甲板装甲；常规的较短距离射击时，舰炮则不一定可以穿透战舰的垂直（水平）装甲。因此，能够有效利用极端射程的舰队将具有决定性的优势。在20世纪20年代初，美国海军就已经很清楚这一点，当时美国海军鼓励增加其老式战舰的（高程）射程，并迅速发展侦察飞机。除了飞机的直接攻击能力外，对敌方侦察机的空中拦截和对友军侦察机的保护可能是海军交战的决定性因素。此外，飞机可以通过低空扫射敌方战舰相对脆弱的射击控制位置，从而扰乱其射击控制。因此，战略家们认为，海军飞机在海上发挥重要作用的时间要远远早于这种飞机在战场上直接破坏舰船的时间。

第一次世界大战期间，海军还执行了另外两项海空任务，其中一项是反潜巡逻。水下

第 1 章　航母在美国海军中的作用

▲ 从战术角度来看，雷达可能是第二次世界大战中航母最具革命性的发展。大型航母萨拉托加号（上面和正面）显示了其演变的两个阶段。1942 年 5 月，随着它的战前舰桥被大幅缩减并装载有两门 5 英寸 /38 口径舰炮，其大型烟囱的前端装上了 CXAM-1 防空雷达的"床垫"。在它的舰桥上方可以看到 Mark-4 两用射击控制雷达，其新的 SG 微波雷达（用于水面搜索和导航）部分位于它的前桅上方。桅杆的顶部是早期版本的美国标准飞机归航信标 YE。在它的舰桥前面的无线电测向回路代表了较早一代的电子设备。第二张照片摄于 1944 年 8 月普吉特海湾，照片中显示了标准的战后装备：两个防空雷达、一个在前桅上的 SK 和一个在舰尾的 SC-2（备用）、一个用于战斗机指挥的 SM 测高仪（在烟囱的前缘），以及在其两个 Mark-37 5 英寸导向器上的 Mark-4 和新型橙皮 Mark-22。在巨大烟囱末端附近的一根短桅杆上装有 YG 辅助飞机归航信标。请注意，在它的飞行甲板（和机库甲板）高度以下的侧面有大量进气口，这是列克星敦号和萨拉托加号一直都有的特征。

潜艇无法从空中有效探测,对快速移动的部队几乎没有威胁,它们必须在水面上移动,避开目标,然后潜入水中进行攻击。反潜机可以扩大部队的视野范围,使附近的潜艇保持在较深的位置,从而使其无法对航母造成威胁。这种情况几乎一直持续到第二次世界大战结束,因为当时的柴电潜艇可以保持最大水下航速(不超过约10节)的时间不超过半小时,而以这种水下航速也不足以攻击快速航行的舰艇编队。当潜艇换气装置出现后,潜艇才获得了躲避空中搜索的能力,这种能力变化体现在战争后期和战后早期反潜作战战术和武器的变化上。第一次世界大战期间的潜艇威胁足以对美国和其他国家的战后思维产生深刻影响。

最后是航母最为人所知的作用——独立的进攻性打击。第一次世界大战期间,双方都研发了鱼雷轰炸机,但是只有相对较轻的鱼雷才能发射,而这种鱼雷又太小,不足以击沉同期的主力舰。尽管有这个限制,但空中鱼雷攻击对英国皇家海军还是很有吸引力的,因为它可以抵御大舰队作战的德国战斗舰队。虽然战争还没开始就已结束,但英国对舰载机发射鱼雷攻击仍然有兴趣。协约国大舰队中的美国观察员也产生了类似想法,战后的美国也继续这方面的研发。从战后英国人的角度来看，鱼雷轰炸机最重要的潜力在于它能够减缓敌方战线的速度，迫使其战斗。对于美国海军来说，足以发射鱼雷的飞机也足以发射重型炸弹。早在1923年，美国海军就因舰队问题在巴拿马运河的封锁中加入了概念性航母空袭。然而，所使用的炸弹并不能有效地对付海上的机动舰船。20世纪20年代中期引入的俯冲轰炸具有革命性意义：飞机首次能够可靠地打击军舰等快速机动目标。俯冲轰炸机在俯冲时的速度不足以使其炸弹击穿厚重的甲板装甲，因此不能依靠它摧毁主力舰。然而，它可能会毁坏航母的飞行甲板，从而使之瘫痪。

在20世纪20年代，美国的军事理论不断地将战线从航母上分离出来，以便在一开始就集中精力摧毁敌方航母。例如，20世纪30年代早期的标准美国舰载航空大队在其四个中队中加入了一个侦察中队，其任务是在己方舰船被发现之前找到敌方的航母。巡洋舰和战舰水上飞机接手了战线侦察和定位任务，原本用于这些目的的飞机已从标准的舰载航空大队中消失。此外，航母也不再作为战舰和巡洋舰飞机的补给舰。最初的美国航母设计中包含了为水上飞机提供服务的设施，战舰和巡洋舰可以在战斗初期发射水上飞机，但在战斗中无法对已发射的水上飞机进行补给。人们曾希望航母上的维修设施也能为这些水上飞机提供服务。但是，一艘距离战舰相当远的航母不可能为这种飞机提供服务。20世纪20年代早期，美国对航母弹射器的巨大兴趣主要在于发射巡洋舰和战舰水上飞机；放弃这些早期弹射器反映了航母理论的不断发展。

为了实现对敌方航母的最大攻击力，美国战术专家研发出了甲板载弹攻击技术，这成为美国航母设计的基础：航母的设计目的是在单一作战中发射最多数量的飞机以进行打击。同时也必须接受一些不灵活操作：由于所有飞机都停在航母上，前方的起飞区域已被完全占用。

如果只发射了一架飞机，当降落区挤满了等待起飞的其他飞机时，它就不能降落。弹射器，尤其是机库甲板上的弹射器，可以起到帮助。两次世界大战时期设计的美国航母舰艇装配的辅助停机装置就可以发挥这样的作用。

无论是水上飞机还是飞行甲板的灵活性，美国对弹射器的兴趣以及建造弹射器的能力都可以追溯到第一次世界大战前的一项决定，即强调此类装置可作为海军在海上使用空中力量的标准做法。通过观察英国早期的航母实验，该方法得到了很大改进。

舰载航空大队任务反映了不断发展的战术。例如，在1929年，萨拉托加号拥有四个中队：一个战斗机中队、一个俯冲轰炸机中队（实际上是战斗轰炸机，与战斗机中队飞行的类型相同）、一个侦察机中队（沃特海盗侦察机，这类侦察机也从主力舰上起飞）和一个重

▲ 1944年4月，埃塞克斯号在马雷岛经过一次改造后拍摄的照片显示了战时电子设备改进如何挤满了新型舰队航母。在指挥和控制方面的改进也很明显，扩大了编队指挥官作战控制中心（18号以下的空间），减少了一门四联装博福斯式高射炮。可见的主要雷达是SC-2辅助防空雷达（27）、SM战斗机测向雷达（23）和从格子桅顶部的烟囱（37）处外伸出来的SG水面搜索雷达。还要注意的是，桁端上的敌我识别天线（38）、YE方位天线（29）和两个控制飞行甲板操作的大型扬声器（复制机）中的其中一个（32）。舰岛结构的拥堵加剧，因此有必要设计更紧凑（即使效率较低）的无线电天线，即"鞭子"（35）。前四联装博福斯式高射炮的侧向装置是Mark-49（34），这是战时普遍存在的Mark-51的前身。

型鱼雷和水平轰炸机中队（马丁T4M-1s）。

在短时间内，战斗轰炸机中队被重新归类为辅助战斗机中队，并在减少鱼雷轰炸机的基础上扩大了侦察中队。从第十一次舰队解难演习（1930年）得到的教训是，侦察既是必不可少的也是困难的，两艘对立的航母白白花了四天时间搜索对方。到了20世纪30年代初，新一代高性能战斗机已经发展成为"侦察机"，但只有格鲁曼SF-1（对FF-1的一种改编）被用作这种用途。同一代的另一种飞机发展成为"侦察轰炸机"或轻型俯冲轰炸机。而随着飞机设计的进一步发展，又制造出了一种多用途侦察轰炸机，这种轰炸机可以发射当时最重的炸弹（1 000磅），同时也可充当快速侦察机。这种机型的典范是道格拉斯无畏式俯冲轰炸机，SBD。

到了1938年，萨拉托加号已经有了标准的战前舰载航空大队和四个中队（每个中队大约有18架飞机）分别为一个俯冲轰炸机中队、一个侦察机中队（侦察轰炸机，1937年放弃的早期侦察轰炸机）、一个鱼雷轰炸机中队和一个战斗机中队。为了CAP性能更好，在1939年增加了第五战斗机中队，尽管它存在操作问题。在第二次世界大战期间，取消了侦察中队，其飞机并入俯冲轰炸机中队，其中一个原因是CAP效能的提高大大降低了对敌方航母先制打击的重要性。再则，有了雷达，覆盖相同区域所需的侦察机数量减少了。

在战斗舰队中，航母增加了进攻和侦察范围，也增加了攻击和摧毁内陆目标的能力。美国对此类作战方式的兴趣是橙色（太平洋）战争计划演变的重要因素，该计划是陆军海军联合文件，为海军的许多战前规划和建设奠定了基础。正如第6章更详细的描述，橙色计划不仅要求舰队摧毁日本海军和空军，还要夺取靠近日本的一系列基地，最终将日本军事设施和军工产业置于空中打击范围内。二战前进行的舰队解难演习模拟遇袭目标包括巴拿马运河、珍珠港，甚至洛杉矶的炼油厂。最初，航母的这种能力似乎给了航母一定的优势。然而，到20世纪30年代后期，陆上飞机的改进改变了这种平衡。此时，陆上侦察机的侦察范围可以轻易地超越航母攻击机的射程，而且在航母驶向目标的长时间航行过程中很有可能被发现并遭受打击。有人认为，除非航空母舰配备远程攻击机，否则它们极易受到陆上飞机的攻击，因为陆上飞机的性能不受航母飞行甲板的限制。因此，1942年美国航母对日本的成功突袭着实令人惊讶，甚至连海军飞行员自己也感到意外。这种对航母易受陆上飞机打击的预想只不过是对敌方航母攻击强烈关注的必然结果，然而，尽管可以通过摧毁一些敌方航母来保证海上的空中控制，但这样的安全性保证对陆上航空大队不太有效，因为他们拥有的资源更多。

在反舰打击方面，航母在1939年发挥了强有力的作用。它可以摧毁除战舰以外的任何军舰，而且战舰不可能通过警报侦察机和有效的水面掩护成功地攻击航母。这里的关键问题是，受飞机性能的限制，航母鱼雷的重量相对较轻，而且俯冲炸弹的装甲穿透能力也有限。此外，一艘航母的空中打击力量不足以对抗战舰所搭载的大量鱼雷，而成群航行的航母则很有可能暴露在敌方的攻击中。中途岛战役的经验证明，鱼雷攻击战术本身并不令人满意。事实上，在20世纪30年代初，美国海军曾认真考虑过完全放弃航空鱼雷，这是游骑兵号设计中实际采取的一个步骤。

第二次世界大战的经验表明，这些战前期望是错误的，而且航母确实可以取代战舰成为主要的军舰类型。例如，即使是英国箭鱼号上携带的相对较小的鱼雷，也在塔兰托击沉了意大利战舰。雷达和作战情报中心/CAP 使得美国航母有可能集结大型编队发动大规模

▲ 在这些 1945 年 5 月 15 日的马雷岛视角的照片中，轻型舰队航母考本斯号（上方和正面）展示了战后时期的标准航母电子设备。白线表明了一些改变，包括在飞行甲板旁边和舰岛前方安装的马克 57 雷达盲射指挥仪，重新安置的弹射器（增加了第二个弹射器），以及用一个 SP 测高仪代替通常的二级防空雷达。桁端的末端装有用于船对船通信的 TBS 天线，以及用于船对空通信的 VHF 偶极子。还要注意的是，带有消声器的柴油发电机排气管，安装在两根可见烟囱的后方。船尾视图显示了一门由雷达控制的 40 毫米双管火炮（碟盘位于炮架上，但圆盘状的马克 63 指挥仪较远）和一门取代了以前单管炮架的 20 毫米双管火炮，这是一种战后时期标准的减重措施。背景中的巡洋舰可能是路易斯维尔号和彭萨科拉号。

第 1 章　航母在美国海军中的作用

美国航母设计 简史

▲ 虽然更侧重于雷达对抗，但贝劳伍德号接受了类似于考本斯号的改装：在装有SP战斗机控制雷达的小型平台的尾端有一个TDY干扰机，而在它的桁端则安装了对抗接收机。接收机之间的小盒子是一个"南希"红外信标。

空中打击，比如在1944年和1945年分别击沉日本的超级战舰大和号和武藏号；而日本战舰也能击溃数量较少、实力较弱的航母，例如其同时期在萨马岛附近海域击溃了一艘航母。

1944年中期的快速航母攻击战的巨大成功结合了日本战术和航母战术。因为需要许多飞机攻击同一艘航母以便对其造成足够的损害，所以日本人只发动少量的单独袭击。因此，日本人无法使作战情报中心满负荷运转，作战情报中心还需要监测来袭目标，并指挥战斗截击机予以拦截。从更广义上说，多亏了作战情报中心/CAP组织，快速航母可以在战术上集中，在由几个任务组组成的快速航母特遣部队中，最多可以集中5艘（3艘埃塞克斯级和2艘独立级）。因此，出其不意的航母空袭往往能彻底击败守军，特别是在一个资源匮乏的小岛上。

在菲律宾，这种情况突然发生了变化。日本人首次可以控制大规模的陆基空军。航母，特别是为岸上部队提供直接支援的护航航母，往往不能离开限制区域，因而不能实施任何形式的战术突袭。此外，在莱特岛上的神风特攻队通常单独从许多不同的方向展开攻击。单架飞机更难在雷达上被侦测到，尤其是在陆面上空，单架飞机突袭的庞大数量使作战情报中心的人力超负荷运转。

这个问题有几种可能的解决方案。其中之一是一种战前构想，即增加航母轰炸机的射程，这是由快速航母特遣部队指挥官海军上将马克·米切尔提出的。此建议促成了北美AJ野人的设计，它是第一架舰载核轰炸机。另一种方案是依靠舰载防空武器进行最后的防御，这导致战后时期3-T系列防空导弹的出现。还有一种方案是先发制人，即攻击敌方机场。

第 1 章　航母在美国海军中的作用

为此目的，航母舰载机联队再次进行了重组，组建了大型战斗轰炸机中队，这些中队可以压制机场和补充更多的常规攻击单位。1945 年夏天，快速航母战斗机出击架次（36 架次）、战斗轰炸机出击架次都翻了一番（36 架次），同时稍微减少了鱼雷和俯冲轰炸机出击次数（30 架次）。战斗机中队包括特殊用途的飞机，典型的是 4 架摄影侦察战斗机和 4 架夜间战斗机，以及后来的特种攻击机。当时组建的轻型航母航空兵部队完全由战斗机组成，而不是以前的 24 架战斗机和 9 架鱼雷轰炸机的组合。实际上，重型航母将用于先发制人的打击，轻型航母则为其提供战斗机掩护。

自 1943 年以来，夜袭一直是一个重要问题，因为日本人在用少量远程鱼雷轰炸机进行夜袭，表现出了很高的天赋。有两种方法可以解决这个问题：航母可以专门从事夜间行动，配备经过特殊培训的机组人员和专业飞机；或由夜间战斗机支队在舰队航母上作战。1945 年，标准的夜间航母舰载机联队设定为 37 架战斗机和 18 架鱼雷轰炸机，这两个数字反映了夜间作战的相对难度。更普遍的做法是设置专门的分遣队，但他们将 24 小时的作战负荷

▲ 航母战斗控制器可以控制日间战斗机与来袭的攻击者进行视觉接触；在夜间，一旦飞机被引导到位置，实际的拦截需要战斗机自带的小型雷达来完成。1944 年，两个早期型号的舰载战斗机 VF（N）-101 型夜战海盗船在企业号上展出。

加在了航母身上。从战后的角度来看，这个问题尤其令人担忧：配备了陆基雷达的轰炸机将能够在夜间或在舰载机无法飞入的天气里攻击航母部队，他们也许还能使用远程制导武器，如德国的Hs293，这种武器可能会出现在舰载火炮射程之外。如果能够将航母战斗机发射并引导至目标，并且能够使用自己的雷达作战，那么航母战斗机将是有效的反击手段。到了1945年，最后两项要求一般都能满足，但在全天候条件下收回飞机的方法仍在研究中。战后，随着舰上控制进场（CCA）的出现，这种方法应运而生。

与神风特攻队的对战经历也促成了机载预警（AEW）飞机卡迪拉克（CADILLAC）的诞生。只要特遣部队的所有雷达都在船上，低空飞行的飞机就能在不被发现的情况下靠近。AEW雷达被抬升至特遣部队上方，将它们的雷达图像直接传输至航母作战情报中心，以实现对战斗机的有效控制。在凯迪拉克的一个版本中，一架改装的B-17轰炸机不仅携带了雷达，还携带了一个基本的作战情报中心，以实现更好的空中控制。1945年，最大的舰载机"复仇者"鱼雷轰炸机只能携带雷达（目前的格鲁曼E-2将雷达和作战情报中心结合在一个适合航母的组件中）。从航母的角度来看，凯迪拉克增加了航母战斗机的效能，但同时它占用了航母上宝贵的甲板、机库和维修空间。战争结束后，人们发现大型卡迪拉克雷达（APS-20）是潜水艇通气管和潜望镜的最佳机载探测器，因此，航母指挥官们必须在将空中预警分遣队分配给反潜或防空巡逻队之间作出选择。

作战情报中心/战斗空中巡逻对于快速特遣部队的安全至关重要，而作战情报中心/战斗空中巡逻的接敌饱和问题却令人担忧，而1945年的技术无法真正解决这一问题。然而，从第二次世界大战结束以来，人们日益关注通过作战情报中心自动化来解决这种饱和问题。

这通常意味着"簿记"的自动化，这样作战情报中心就能够跟踪入侵的袭击者。在一系列失败的尝试之后，海军战术数据系统（NTDS）终于被开发出来，并于1962年在奥里萨尼号航母上投入使用。目前E-2机上搭载了功能类似的系统，即机载战术数据系统（ATDS）。

战后，海军认为1945年的经历为未来的航母发展铺平了道路。航母通常会攻击地面目标来对抗陆基敌人，而敌人可能会采取远程轰炸机来投掷制导导弹。苏联可能是潜在的敌人，它于1945年掌握了德国的导弹技术。没过几年，美国航母指挥官们都认为导弹轰炸机是他们面临过的最大威胁。在苏联大力部署先进的空对地导弹之后，这一观点持续了近40年。尽管美国海军为了应对导弹威胁而自主开发了地对空导弹，但鉴于3-T计划的缺陷，至少在20世纪60年代中期，航母战斗机仍然是舰队防空的主要手段。实现全天候作战（主要是因为CCA的成功）让战斗机防御成为对轰炸机的有效反击，这种轰炸机在某一阶段只容易受到舰载导弹的攻击。

第二次世界大战中,航空母舰的另一项主要任务是反潜,护航航母攻击了德国潜艇的集结点,而这种攻击是由密码破译结合无线电测向来实现的。到了 1945 年,潜艇威胁发生了巨大变化:新式 21 型和即将推出的 2626 型(沃尔特)潜艇将更加难以探测,另外,它们采用新一代突发式发射机,让无线电测向十分挫败。谁也不能肯定在将来的任何战争中,密码破译都会成功。苏联已经掌握了许多制导导弹相关技术,由此看来,大西洋海战可能还会再度触发。在二战结束后不久,有人认为,对潜艇基地进行侵略性轰炸,再加上对其公海出口进行飞机布雷,这样才最有可能击败这些潜艇。这种战略将利用西方盟国天然的

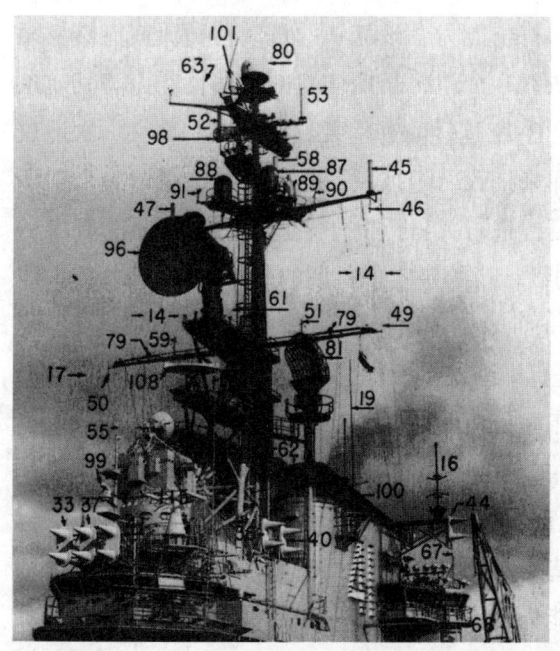

▲ 现代航母如中途岛号(图中显示的是 1970 年 12 月 17 日在猎人角改装后的航母)必须在几乎所有天气下一直运行;这样一来,它所带来的电子后果是显而易见的。它的初级雷达是无所不在的 SPS-37A(97),其 IFF(109)用于远程对空搜索,SPS-30(96)具有相应的 IFF(108)用于测高;中途岛号也有一个 SPS-10C(98)用于地面搜索。全天候空中作战需要 CCA 雷达:一个 SPN-6(81)来"引领"前往飞机,SPN-10(82)的两个碟形天线用于精确短程控制,SPN-12 的碟形天线用于空速测量(83)。其他与航空有关的电子设备,包括圆锥形"相量 -90"舰空无线电天线(33 至 44,其中一些照片中看不到),用于探空仪(气象气球)信号的 SMQ-6 接收器(115),以及标头(80)上的 TACAN(战术空中导航系统)导航信标。虽然诸如 AS-616/SLR(88)的 ECM 警告天线是可见的,但是此时在所有美国运营商上携带的干扰器并不是可见的。最后,中途岛号(与大多数美国军舰一样)搭载了商用导航雷达,即雷声公司 1 500 B 探路者(99)。作为美国航母最重要的雷达功能之一,AEW(空中预警)在这里仅由 AN/WRR-1(100)表示。

地理优势。自20世纪40年代末以来，袭击苏联海军基地是美国航母的一贯目标。鉴于一艘航母甚至一个航母群能够容纳的强击机数量相对较少，每架飞机都必须发挥最大的作用；单是这一点就可以解释为何海军对重型强击机这么感兴趣，而必须承认的是，核武器（只有它们才能携带）似乎是军事未来的代名词。

1945年，航母海军面临的最大问题是官僚主义：不再有敌方水面舰艇需要对付，陆军空军中的一些人认为，除了ASW（反潜作战），海军在很大程度上已经被淘汰。他们没有意识到二战期间航母战术和目标与陆基空军之间的巨大差异，这种差异对战后战略辩论来说至关重要。针对地面目标，航母通常会打击一些重点目标，而这些目标可能在一天或最多几天后就被摧毁。这意味着航母特遣部队的打击能力、该部队的机动性（让其能够在短时间内打击各种广泛分散的目标）和航母编队在一个地区长期作战的脆弱性（因为其航迹可以被预测）之间取得了平衡。相比之下，像B-29这样的远程轰炸机可以一次又一次地攻击同一个目标，而且它们可以携带足够的炸弹来摧毁一个区域目标。同样，考虑到个别海军飞机的炸弹负荷有限，通常会对特定的点目标进行打击，例如在掩蔽区的日本军舰。从广义上讲，战略性（重型陆基）轰炸机部队的设计目的是实现所谓的"打击社会财富"，即大规模、无差别地摧毁日本人口和工业，以此迫使日本退出战争。

以目前的说法，航母的攻击更接近于反击，即强调摧毁构成敌人作战能力的特定要素。例如，战后对航母和陆基轰炸机袭击东京的相对价值的分析，往往会强调这两支部队所投炸弹吨位的数量差异。但是，无数舰载机正在攻击各种分散的目标，炸弹吨位充其量只是衡量其效能的一个拙劣的尺度，但它却是衡量重型轰炸机效能的一个尺度。

在战后的辩论中，海军认为可以通过建造更大的航母轰炸机、大幅改善航母和特遣部队的防空能力，以及实现海上投放原子弹的能力，来提高打击陆地目标的能力。它还反对现在盛行的未来战争的空军概念。人们普遍认为，苏联地面部队和战术空军的规模和实力将使苏联能够在未来的任何战争中快速占领欧洲和中东的大部分地区，而美国预算的缩减和被摧毁的西欧将无法维持与之相当的军事实力。空军的观点是，只有核轰炸才能阻止苏联的进攻，鉴于核储备的规模很小，进攻必须集中在苏联的工业和人口中心。它假定在战争爆发之前有一段动员时期，在此期间将建立起可行的北美防空系统，并在国外建立轰炸机基地。一旦敌对行动开始，空军将展开战略空中进攻，这是它所称的"决定性阶段"。陆军和海军只需要在事后"肃清残敌"即可；美国空军怀疑，海军对一艘新航母和新一代海军强击机的鼓动只不过是为了在此前一直是空军垄断的局面中夺取重要地位。人们的情绪特别高涨，因为当时空军只是作为一个独立的军种建立起来的，而且，作为未来任何战争

第 1 章　航母在美国海军中的作用

的决定性因素，空军有希望获得战后有限的军事预算中的大部分。

海军认为，空军对苏联工业中心的攻击无论如何都不可能是决定性的，未来的战争将在形式上更接近二战。这种战争形式可能一开始很少或根本没有战略警告，当务之急是延缓苏联的进攻，比如说，它把盟军赶出了空军基地，而任何战略空袭都必须从那里发起。因此，最初至关重要的空中行动将是对苏联通信系统和正在行动的苏联部队进行战术打击，这种打击最好方式是由部署在航母上的海军飞机来完成。

在第二阶段，美国将动员自己的力量，同时试图降低苏联的战争潜力，还将夺取海外前沿基地。在第三阶段，在欧洲和达达尼尔海峡获得有限的立足点，其中包括持续的轰炸攻势。最后，在战争的最后阶段将会造成苏联工业、国内运输和作战能力的系统性破坏。只有在最后这一阶段，快速航母特遣部队才不是必要的，因为到那时，已经在距离苏联足够近的地方建立起基地，以保障持续进攻行动。

从 1945 年开始，海军认为航母战斗群是确保和平的理想手段。例如，在 20 世纪 40 年代末，地中海的一艘航母可能就能压制该海域沿岸的任何陆基空军，甚至 10 年后，第六舰队的空中部队也是地中海的主要空军力量。海军计划要求建造由 4 艘航母组成的特遣队，每支特遣队包括一艘新的平甲板航母（可以搭载重型轰炸机）、一艘中途岛级航母和 2 艘现代化的埃塞克斯级航母。

海军的想法可能就是现在所熟悉的做法，即一艘做前向航母，由另外 2 艘航母对其提供支持，这样一艘航母就可以随时待命，而另一艘航母则可以进行改装或将其从前向部署中撤回。原则上，4 艘航母是允许一支航母部队常驻地中海的最少数量。

新航母太大，无法通过巴拿马运河。因此，至少有一个特遣队必须永久驻扎在太平洋，因为从大西洋增援的速度较慢（船只必须绕过开普敦）。至少有一支特遣队，它仅大约三分之一的时间在西太平洋进行前沿部署。地中海对西方石油供应和攻击高加索地区苏联油田的发射区都至关重要，海军强烈主张，通过在战争早期打击苏联石油，可以遏制其陆上优势。1948 年设想的 1955 年战争中，典型的航母作战区域是挪威海和巴伦支海、阿拉伯海、地中海和太平洋。1948 年 1 月的一项海军内部研究认为：

> 苏联境内没有任何地方是这种适当部署的四支航母编队无法到达的……如果 1955 年的目标与 1947 年的目标相同，并且我们有四支这样的特遣队，那么最有效和最初的攻击将从巴伦支海的两支部队发起，一支在挪威海，最后一支在地中海。在特定作战日，我们的航母战斗群部署安排可能会稍有变化，比如一支在巴伦支海，一支在北海，

一支在地中海，还有一支在阿拉伯海。这一部署未能覆盖东西伯利亚的目标，因为这一地区价值较低，据知那里只有五个次要目标……

在与苏联的战争初期，即使美国在国外缺乏基地的条件下，海军强调航母战斗群的机动性和其所提供战术空军力量的能力，包括进攻和防御能力。支持攻击型航母的论点仍然是强有力的。

防御性空中力量在一个关键地区可能很重要，比如靠近苏联空军基地的地中海。1948年，美国海军、东大西洋和地中海总司令的一项关于地中海航母战斗群行动的研究强调，应保护地中海交通线免受空袭。这项任务需要摧毁空中（以护航舰队作为空袭诱饵）和地面的飞机；同时增加对支持敌军空中进攻的基础设施的打击。航母对于开罗-苏伊士地区的防御也是至关重要的，护航航母可以在这个特别危险的区域外提供护航防空。辛克莱姆一直希望在地中海部署一支由3艘快速航母组成的特遣队，同时部署另一支在大西洋舰队待命。辛克莱姆的研究在航母界引起了激烈争论；这份研究强调的是空中威胁，而不是潜艇威胁。在1950年重新评估苏联潜艇计划后，这种转变变得更加明显。该报告显示，苏联尚未开始大规模生产类似德国产的潜艇。另一方面，他们已经拥有庞大的战术空中力量，其中大部分隶属于海军。

20世纪40年代末，海军试图推翻空军"战略轰炸能起到一锤定音的作用"这一说法，其一项研究指出，二战期间，战略轰炸对德国造成的破坏相当于500枚原子弹，但远未达到"一锤定音"的效果。此外，海军认为，苏联在B-29射程范围内的基地相对较少，能在战争早期幸存下来的基地更少。一旦苏联拥有了自己的核武器，情况尤其如此。

最终，钱成为决定性因素：尽管海军认为空军战略在实际应用时可能涉及在国外建设昂贵基地的成本，但空军战略依然是最有吸引力的，因为它是最便宜的。重型攻击型航母的原型——美国号，因此被取消。1947/1948年，计划建造11艘大型攻击型航母，到1950年，建造计划已经减少到8艘，分成2个任务组。财政压力继续存在。1949年，陆军和空军提议进一步大幅度削减开支，甚至取消现役舰队中的航母。艾森豪威尔将军最初提议成立6艘舰队航母和8个航母舰载机联队（分别比50年减少了2个和6个）。但他的提议超出了预算，于是进一步削减至4艘航母和6个航母舰载机联队。美国海军作战部长、海军上将登费尔德称"无法维持在面临重大空中打击的情况下使航母持续作战的水平"，他认为至少要有8艘航母和10个舰载航空部队。即便如此，国防部长路易斯·约翰逊还是于1949年7月5日批准了这一计划。1950年1月，随着4个航母航空队退役，舰队配置降到了最低水平。截至1950年1月，参谋长联席会议只批准了6艘航母的作战水平。然而，鉴于"西太平洋和东南亚的政治局势恶化"，新美国海军作战部长、海军上将福雷斯特·谢尔曼成功争取令第七艘航母继续在西太平洋水域活动。1950年5月，随着奇尔沙治号退役并进行现代化改装而达到这一水平。一个月后，随着朝鲜战争的爆发，这个问题变得毫无意义，因为航母是唯一可用的战术空军力量。

尽管存在严重的财政问题，杜鲁门政府内部仍对美国军队的快速集结感兴趣，尤其是在1949年苏联引爆核弹之后。他们估计，到1954年，苏联将拥有200枚炸弹，这个数字可摧毁100个美国境内目标。为了制订计划，美国将1954年设定为苏联能够与美国开战的日期。美国命令国家安全委员进行一项代号NSC-68的研究，其目的部分是为了决定美国是否应该继续发展氢弹。这项研究的结论是，美国应该放弃仅使用核武器的战略，应该在1954年武装起来打一场战争。

NSC-68的结论与海军对苏联发动战争的设想可谓异曲同工。在一份详细的陈述中提到，战争开始阶段，在进攻部队集结时保护基地，发起主动进攻使得敌军方寸大乱，并维护联盟内部的重要交通线路。作者还强调，取得胜利需要依靠机动性，两次世界大战中都证明了机动性的重要程度，甚至在大裁军后的美国也存在这种潜在可能。

朝鲜战争于1950年6月爆发之时，NSC-68仍在讨论之中。当时，这是美国有史以来最接近机动性计划的研究，尽管这份研究针对的是一场世界大战，而不是朝鲜问题。1954年最高行动纲领几乎立即成为1952年底必须实现的过渡目标（实际取得结果甚至远超目标要求）。1950年11月，美国安全理事会68号文件（NSC-68）的最终版要求，到1951年航母部队要由9艘舰队航母、4艘（外加1艘任务量小训练用）轻型航母、12个航母飞行大队和6艘护航航母组成。到1952年底，将建造12艘舰队航母（14个飞行大队）、5艘轻型航母和10艘护航航母。事实上，美军对朝鲜所调用的战力超出了预期，1951年末就有14艘舰队航母服役，到1952年底，这一数量达到了16艘。

毫无疑问，航母在战术上的表现是它复兴的主要原因。1950年6月朝鲜战争时，唯一的战术力量就来自美国的2艘航空母舰。尽管没有立即投入战斗（主要是因为美国政府需要时间来决定它在战争中所需扮演的合理角色），但航母的力量具有决定性的意义。在整个战争中，很大一部分战术突击机都是由它们提供的。事实上，航母并没有来自海上的空袭威胁。但是，这种威胁出现的可能性要求它们不得不装备复杂的空中防御系统，这反而削弱了它们的战斗潜力。从1951年起，美国强大的攻击型航母部队便常驻西太平洋海域，以阻止进一步冲突的爆发。当发生越战这种冲突时，在建设地面机场的同时，可以用它们发起攻

击。此外，航空母舰的高机动性是开展战术奇袭的重要因素。当与战场上的陆基飞机协调作战时，更是如此。

在作战方式上，朝鲜战争与二战有很大不同。朝鲜战争中，快速航母较少发挥它们的机动性能。大多数情况下，它们只在有限的集结点活动，同时提供近距离空中支援和火力封锁打击。这种作战模式同样在越南战争中得到采用。朝鲜战争结束时，航空母舰和陆基航空队已经完成整合，所有的攻击命令由陆上的联合作战中心下达。通常情况下，航空母舰前三天对空作战，第四天停战进行航行补给（未经现代化改造的航母则前两天作战，第三天进行补给）。

此外，美国在朝鲜战争中首次将喷气式飞机引入战斗。航母飞行大队编队随之发生改变，以适应其更大的规模，和满足其更高的燃料需求。1950年，一个标准的飞行大队由两个喷气式战斗机中队（用于拦截和打击护航）、两个活塞式战斗机中队（战斗轰炸机）和一个攻击中队组成，每个中队拥有14或15架飞机，外加一架特殊用途飞机。攻击中队通常包括三架夜间（螺旋桨）战斗机、两架航摄机（改装战斗机）、两架夜间战斗轰炸机、四架电子对抗（ECM）机和三架空中预警（AEW）机。然而，空中预警资源的稀缺导致在其使用问题上出现了分歧：是用于航母群防空还是反潜防御？反潜防御之所以重要，是因为目前的反潜航空母舰的速度远没有达到可以随行舰队航母的程度。然而，当航母在相对有限的水域中作战时，来自远东的大规模苏联潜艇部队的威胁却是真实存在的。

人们清楚地知道喷气式战斗机还可以作为战斗轰炸机使用后，随着战争的继续，更多的喷气式战斗机投入战斗。通常，构成飞行大队的两个活塞式战斗机中队会被第三个喷气式战斗机中队替代。1953年，这种编队主要用于日间防御。然而，自1945年以来，航母发展的重心发生变化，航母战斗机被当作快速弹载轰炸机来使用，成为应对全天候威胁的主要防御手段。因此，航母飞行大队的编队在几年内再次发生改变：包括一个日间战斗机（拦截机）中队、一个夜间战斗机中队，再加上一个战斗轰炸机中队（轻型攻击）和一个中型攻击轰炸机（Skyraiders）中队。同样，在喷气式战斗轰炸机不再需要战斗护航机之后，进攻和防御之间的平衡也在改变。到了20世纪50年代中期，一个标准的中队拥有14架飞机。许多航空母舰也操控由重型航母轰炸机组成的分遣队（比如北美AJ野人）。

新建造的福莱斯特级航空母舰则进一步加强了进攻火力：包括一个由12架飞机组成的重型攻击中队和一个轻型攻击中队，共计48架攻击机（每个中队各12架）；战斗机数量仅为28架，或许还会搭载10架特殊用途飞机。除开飞行大队的规模，从其他方面来看，企业号（The Enterprise）的规模甚至更大，它拥有第二支中型攻击（Sky-raider）中队和一支更大的重型攻击中队。实际上，航空母舰的高机动性使得它无须改装，就能适应空中攻防平衡的重大变化。而机动性强的舰载机也具有同样的能力，同类基本型舰载机在1950年至1956年间既被当作拦截机和全天候战斗机，又被当作战斗轰炸机使用。1956年以后，重心再次发生转移。日间战斗机被高性能的Crusaders战斗机取代，主要用于获得攻击区域内的空中优势。还出现了全天候或舰队防空战斗机McDonnell Demon（F3H），它和Crusaders后来又被单独战斗机McDonnell Phantom（F4H或F-4）所取代。后者将空中优势和舰队防空功能融合在了一起。

从1950年起，海军就一直在发展核投射能力。虽然在此前一年，空战部（Op-55）还提出要削弱核攻击力的地位。航母飞行大队将以战斗机为重心来夺取空中优势。重型攻击机的重要性毋庸置疑，但应用受到限制，其核攻击功能还停留在战术层面。它们也用于远距离埋设鱼雷和侦察作业，此时它们更多担任的是分遣队角色。1951年起，它们作为混合中队驻扎在地中海的利雅特港，有需求时才会登上航空母舰。1953年，位于太平洋的一个混合中队被派往日本的厚木海军航空站执行任务，并由现代化的埃塞克斯级航母操控。直到1950年9月，航空母舰才获准装载一些炸弹组件。依照惯例，核设备部件本身也是不许携带上舰的；到1953年，这一惯例才被打破。

第一次核行动的命令是在1950年10月和11月下达。这次的海军任务是摧毁地中海、挪威和白令海600英里*半径范围内的苏联海军力量（推测主要是潜艇基地）。然而，在一年之内，航母又被派去执行北约地面部队的支援任务。按照规定，它们的海上控制任务包括攻击苏联机场，瓦解其"威胁性的海上控制权"，以及支援两栖作战和埋设鱼雷行动。到1952年，第六舰队被认为是阻止苏联在中欧向前推进的重要手段。同年，核武器开始发挥战术功能。这并不是说海军在三军作战中取得了完全胜利。空军部队仍然认为，航空母舰在全面核战争中是无法幸存下来的。然而在1954年1月，海军发表了一篇关于航母特遣舰队目标的口头报告，里面提到少量的纯海军攻击目标：包括352个苏联和盟军机场、54个造船厂、44个海军基地以及战时需要埋设鱼雷的66个区域。

此次，战略形势因为氢弹的出现再一次发生了转变。氢弹的威力要比20世纪40年代的核武器高出几个数量级。战略空袭的支持者们现在又开始鼓吹"快速空中进攻彻底摧毁

---

* 1英里等于1.609千米，下同。

敌军力量"的作战方式。这次，空军有了攻击手段，那就是部署在苏维埃外围的喷气式中型轰炸机（B-47轰炸机）。但是海军对此仍持怀疑态度，因为海军认为，它可以从太平洋和地中海对苏联进行打击，以此削弱苏联的防空力量，进而加强轰炸机的攻势。1954年2月5日，联席会议公开支持海军参与美国战略进攻计划。因此，从20世纪50年代中期起，航母通常会搭载一个或多个核武装攻击机，安装在舰载机弹射器上，保持持续警戒状态，以备战时发射。然而与此同时，航空母舰的机动性和非全面战争中的作战能力仍继续受到海军的重视。还有，核武器的尺寸明显缩小，这使得构成航母飞行大队的核（重型）轰炸机和常规（中型或轻型）轰炸机之间的区别变得模糊；到20世纪50年代中期，任何一架海军战斗轰炸机都能在航母甲板上装载一枚实质性核武器。到20世纪50年代中期，核武器是如此的重要，以至于A-4战鹰——战斗轰炸机的继承者，在设计之时便配有重要的核发射功能。一些早期型号的轰炸机常规轰炸能力十分有限。

在确保海军参与联合战略攻击计划后，美国海军作战部长、海军上将罗伯特·B.卡尼力图制订未来10年的一个统一的海军计划。1954年4月20日，他成立了一个特设委员会。该委员会在海军中将拉尔夫·A.奥斯蒂的领导下，进行长期造船计划和项目的研究工作。早期的造船计划，即使是涉及航母的计划，都不曾以宏大的海军战略理念为指导方针。另外，二战后，在高压下某些技术得到开发，其中包括喷气式战略轰炸机（只有它需要巨大的飞行甲板）、防御型防空导弹（它有可能改变航母特遣舰队内部的攻防平衡）以及核武力。远程反潜作战用传感器和武器都足够成熟，可以投入战斗使用。所有这些技术肯定会对未来的海军计划产生影响。该委员会努力为20世纪70年代的海军寻求目标，还制订了一个与之相配的造船计划。它强调远程导弹舰队防空的重要性，并要求将核武力用于巡洋舰、航空母舰和潜艇。

更重要的是，委员会的最终报告制订出一个海军蓝图（此蓝图后来经美国海军作战部长批准），它与当时流行的"大规模报复"概念大相径庭。由于苏联正在发展自己的核武力，委员会还设想了两个超级大国之间战略平衡的局面。这意味着美国将无法阻止苏联或苏联代理人在较低等级暴力事件中采取的行动。结果就是，苏联可以在欧亚大陆周边的很多动荡地区参与作战。在这些战争中，航母将发挥不可估量的战术作用，更不用提它们展示海军"存在"的强大威慑力。这种力量强大到足以防止此类冲突的发生。事实上，这些航母行动决定了战后的世界局势。在不计其数的航母行动中，就包括1961年柏林危机中前沿部署部队的快速集结。当时，第六舰队中又添加一艘航空母舰（第七舰队中也同样加入一艘航母），舰上装载了几乎全部由攻击机所组成的飞行大队。当时由于航母军力不断缩编，与之前相反的状况开始显现：美国航空母舰不得不从太平洋撤退以支援印度洋作战。

第1章 航母在美国海军中的作用

▲ 人们对于喷气式攻击机和重型攻击机的反应塑造了战后的美国航母力量。图为1952年11月1日诺福克岛附近改造后的尚普兰湖号（Lake Champlain）航空母舰。图片突出显示了船腹中专门用于喷气操作的尼龙材质碰撞屏障。此外，它的飞行甲板上搭载的三架舰载机代表了舰载机发展的三个阶段："战时地狱猫（Hellcat）"、战争后期和战后早期的"海盗船（Corsair）"以及"战后女妖（Banshee）"。此时，美国海军仍然青睐功能强大的5″/38船载防空炮塔以及雷达控制的3″/50双管火炮。图片中另一个值得注意的事物是沿着海岛结构突出来的自动扶梯的防御外壳（这是改造后的埃塞克斯级航母的一大特色）；自动扶梯从装甲机库甲板下一个受保护的准备室往上延伸到飞行甲板层。

因此日本人因为驻扎西太平洋的苏联海军而变得紧张不安。尽管，留下来的美国军队对付他们可以说绰绰有余。到那时为止，航空母舰在当地人眼中是如此重要，以至于明斯克号（Minsk）—苏联的一艘半航母，仅其存在本身的意义就已远超它有限的作战能力。

特设委员会期待将深度攻击功能转移至舰队内部远程导弹（如天师星巡航导弹Regulus）。如此，航母舰载机便可以解放出来，仅用于执行该委员会政治分析所提出的战术任务。此外，该委员会预期高性能舰队战斗机的需求也会下降。目标区上空防御将不会再使用它们（到1970年可能会由导弹来担任防御功能）。这是因为未来的攻击机将以隐形而非暴力攻击的形式进行高速和高空渗透作业。这就是格鲁曼A-6攻击机的原型，它将具备短距离起降能力，可以以反潜作战支援航母（反潜型）以及常规型攻击航母为作战平台。此外，人们自信地做出了这样的预测：到1962年，垂直起飞战斗机将会诞生，并能利用热追踪导弹拦截敌机；到1965年，它将能够在除了航母之外的"重型支援船"上执行起降。而且由于短距起降攻击轰炸机和垂直起降战斗机的出现，在不给舰队（相对于单艘舰船来说）作战能力造成重大损失的情况下减小航母规模和成本才有了真正的希望。

1970年的航母舰队将由5个航母飞行大队构成，各有3艘攻击航母和一艘反潜作战支援航母。这种组合被描述为"在有限战争中，主要使用常规武器进行持续有效打击所需的最低配置"。航空母舰将配备一艘装备导弹的改装战舰，用于远程导弹攻击、空中控制（配备一艘导弹巡洋舰以备用），以及主要内部地域的高空攻击防御。支援舰队将包括4艘导弹巡洋舰、3艘导弹护卫舰、6艘驱逐舰和2艘用于远距离预警和救援的潜艇。按照设想，攻击型航母飞行大队将包括16～32架常规战斗机、4～6架垂直起降战斗机、6～12架重型攻击机，20～32架新型低空攻击机，4～6架航摄机，以及4架空中预警机。攻击型航母和反潜作战航母都将配备自卫导弹。反潜航母将搭载4～6架新型垂直起降战斗机、4架空中预警舰载机或直升机、24架反潜作战直升机和16架新型攻击机，以增强特遣舰队的攻击力。

防空系统将作深入部署。支援舰上将装备新型远程塔洛斯（Talos）导弹和垂直起降战斗机，以扩大特遣舰队的监视区和防空区范围。传统的战斗机将形成"帽子"阵型，可拦截由特遣舰队输出的150～250海里范围内的歼击机。垂直起降攻击机作战距离将再次缩短，并得到飞行大队强大的导弹火力支援。导弹舰对空控制将会成为特遣部队行动的重要部分。这样，航空母舰能保持安静作业，不易被敌军发现。垂直起降战斗机的巨大优势是反应迅敏，且不会干扰正常的航母甲板作业。

两支舰队各最少保留一个正常特遣舰队和一个缩减的特遣舰队（更少的情况下，保留2艘攻击型航母和9艘支援型航母），以便在收到作战警告的二至三天内发起战斗攻击。此

第 1 章　航母在美国海军中的作用

外，每支舰队还要配备足以在一周内发起第二次攻击的作战能力。之所以要组建 5 个编队，是按照三分之一或三分之二的舰队会处于紧急状态推导出来的。这是最低限度的装备标准。美军在 1970 年拥有的航空母舰包括之前配备的 6 艘福莱斯特级航母、3 艘中途岛级航母，以及 6 艘新型核打击航母。所有的埃塞克斯级航母都要退出攻击航母序列，只有 5 艘进行了 SCB27C 改建的航母还在攻击编队中服役。当时计划组建的其他部队包括一支导弹潜艇攻击部队、一支水上飞机（P6M）移动攻击部队以及一支水面防御部队。

补给舰包括一艘 SCB27C 改建版及所有 9 艘 SCB27A 改建版埃塞克斯级航母，还有 2 艘新型核动力反潜航母。

对于直升机声呐，无论是拖曳式的还是吊放式的，人们都寄予厚望。例如，规划者希望在 5 年内声呐探测范围能达到 10 000 码，再过 5 年，探测范围能翻一番，到 1960 年时，能全天候运行。25 艘护航航母以及 12 艘护卫舰都搭载了直升机（直升机航母包括：19 艘科芒斯曼特湾级航母、2 艘塞班级航母、4 艘新型核动力直升机航母）。

从 20 世纪 40 年代末开始，直接攻击并炸毁苏联潜艇基地已成为美国战时反潜战战略的基础。另外，如果能建造或改装足够多的反潜潜艇，那么潜艇被动声呐的发展将使封锁基地出口任务变得可行。由于没有有效的密码破译或战术无线电定向支撑，猎潜行动取得的效果极差，加之潜艇技术的进步，护航任务变得举步维艰。水下监听系统可以有效取代密码破译技术，该系统能够做到超远距离探测潜艇。应用该系统后，反潜作战航母成为在远洋探测潜艇的重要手段。最终，陆基飞机将它们全部取代。远程 P-3"猎户座"海上巡逻和反潜战飞机取代了 P-2"海王星"巡逻机。

特别委员会设想了一系列防御屏障，它们将由海军与大陆空军共同组成。包括：一个由 50 艘反潜作战潜艇组成的远海防御屏障；一个由 35 到 40 支装配有小猎犬防空导弹的 PBG 组成的海洋防御屏障；一个由部署于大西洋的 12 艘直升机航母与部署于太平洋的 12 至 15 艘 PBG 组成的远洋防御屏障；一个由 16 到 26 艘 PBG 或 YAGR 组成的毗邻区防御屏障。直升机航母既能作为防御屏障，也能执行护航任务。这些防御屏障将由猎潜部队和护航部队作为补充。后者未被强调，二战期间遗留下来的庞大护航部队在 1965 年以后不太可能再继续保留。防御屏障"能够降低对护航部队的需求……通过减少潜艇的数量……保障主要航道有效运转"。声呐技术的进步和舰载直升机的配备同样能降低对护航部队的需求。此外，防御舰船也能兼作护航之用。

水下监听系统以岸基飞机作为支撑；PBG 在苏联空袭范围外运转，主要用于探测潜艇和轰炸机，猎潜能力很有限。直升机航母和内太平洋 PBG 防御屏障会对陆基截击机进行制空，配有直升机和舰载战斗机的大西洋舰艇会对低空进行监视和控制。内线警戒部队（PBG

或 YAGR）能够控制截击机，也具有反潜作战搜索和杀伤能力。特别委员会报告称，多重防御屏障体系因具有装备多样性和机动后备部队，将获成功。单一屏障或同类型的多个屏障都有可能被攻破，但类型多样的防御体系是很难攻破的，更能保证成功防御。

虽未明说，长期报告中还是提到了一个新的威胁，就是能够快速行进的苏联核潜艇。之前，航母打击编队因其行进速度快，几乎不会受到潜艇的攻击。但它们却无法确保避开核潜艇的攻击。因此，它们需要专门的反潜作战支援，每三个航母打击编队要配一艘支援航母。到了20世纪60年代，这种组合已经成为美国航母编队的标配。

和航母打击政策一样，特别委员会的反潜作战政策也只实现了一部分。没有什么重大的防御屏障建设项目，到了1965年，已有的防空屏障部队也被取消了。然而，由护航和基地打击转变为防御屏障和消耗战的基础战略已被接受，但形式有所变化。潜艇声呐技术得到了发展，潜艇被重新部署于格陵兰岛-冰岛-联合王国海峡，但数量少于之前特别委员会报告中的数量。在北大西洋区域，远程岸基飞机和猎潜部队成为消耗战的主角。猎潜部队侧重于建造配有固定翼飞机的反潜艇航母，而不是特别委员会设想的直升机航母，因为直升机声呐技术并未如预期那样取得快速进步。此外，特别委员会未能实现最重要的和平时期反潜作战策略——"冷战跟踪"策略。利用该策略，美国反潜作战部队可以持续跟踪苏联潜艇，避免其在北大西洋采取任何行动。

1958年，海军作战部长、海军上将阿利·伯克批准发表了题为"1970年代海军"简约版长期报告。报告中规定了航母的首要任务是有限战而非总体战。然而，1966年之后航母才从总体战中撤出。

那时，航母部队规模稳定在15艘的水平，典型的编队组合有部署于东地中海的双航母战斗群和部署于西太平洋的三航母战斗群。后者填补了美国对中苏目标战术打击力量方面的不足。此外，1952年之后美国的政策是：一旦爆发战争，部署于大西洋中美国水域的航母将作为北约攻击舰队的一部分，向北进攻苏联北翼基地，主要是摩尔曼斯克周围的潜艇基地。近些年，加强北翼力量已经取代核打击，成了海军最重要的关注点（美军第六舰队负责南翼任务）。

从20世纪50年代后期开始，甚至在越战之前，由于造船成本上升、新型海军技术以及北极战略潜艇部队等因素共同作用，美军航母越造越少。当特别委员会将以导弹为基础的远程打击力量视为攻击舰队的一个组成部分时，北极部队却是一个独立（且非常昂贵）的体系，它也要由维系航母部队拮据的海军预算来支撑。比如，从1958年至1963年，不可能每年都拨付资金新造一艘核动力航母。因此，一份1960年海军计划文件称，至1972年，美国仅能保有12艘攻击型航母。太平洋舰队要削减成双航母战斗群，并且在两个太平洋战略要地都不可能保持一支备战的航母。部署于南大西洋和印度洋的航母也得减少。在总体战中，攻击型核动力航母的配置也要减少，某些任务要交给潜艇或北约的陆基飞机完成。对于航母的未来也有一些乐观的预测：航母任务会恢复一些灵活性，在地中海及西北太平洋总体战需求下，其职能是被严格限制的。

航母数量的减少，随之而来的，就是要增加每艘航母的舰载机数量。一种可能是改进舰载防空导弹，因此可能要承担击落远程导弹轰炸机和低空飞行的大部分责任。其主要任务是对抗侦察、进行小型突袭，并在远程消耗战中对抗大型突袭，因为战斗机可以远远飞出远程地对空导弹的射程。据称，至少三分之一的航空母舰是全天候、高强度、远程（重击）型的。其余部分将全天候作战，但主要限于视觉武器的运载。所有航母都将配备远程拦截导弹，以对抗苏联日益增长的地对空导弹军事力量。

至于航母编队本身，把战舰缩减至12艘将意味着航母必须从3艘减至2艘，这是最低可接受的水平。1960年，每个编队2艘航母，这个数字很不理想；当时的标准条文要求3艘航母联合作战。

1960年，共有9艘反潜作战补给舰，5艘部署在大西洋，4艘在太平洋。一般来说，前沿部署舰队必须编制2艘补给舰和若干艘攻击型航母，所以共需要至少6艘航母。事实上，1960年，根据财政无限制规划目标，每个舰队编制了5艘，其中一半部署在前沿。对此提出的要求包括为部署的攻击部队和对集中的敌方潜艇的进攻行动提供掩护。无论远程岸基舰载机的战时快速杀伤力有多大的提高，只有长航战舰和海基舰载机才能满足重要的冷战要求。然而，反潜航母（CVS）舰队在越南战争中遭到重创。1965年，共有10艘反潜航母（CVS）投入使用，但在5年内，已降至4艘。此外，格鲁曼公司的S2F"跟踪者"主反潜机没有能力再对付苏联核潜艇了。

新的舰载机计划打算为6艘航空母舰（2艘为前沿部署航母）购买充足的S-3A"北欧海盗"舰载反潜机2艘，但为时已晚。作为实现舰队主力军现代化之经济计划的一部分，新任海军作战部长朱姆沃尔特海军上将，同意计划将反潜作战编队的功能转移到袭击航母本身，即将攻击型航母重新命名为多功能航母。同时，他还提议建造一种特殊用途直升机/垂直短距起落航母，在某些情况下，它的功能与第二次世界大战的反潜作战护卫舰类似。但是，该计划却一直未实施。

尽管1960年的预测比实际情况要悲观一些，但随着航母的作用甚至生存能力一次又一次地受到质疑，航母力量在20世纪六七十年代急剧下降。1963年，国防部长罗伯特·S.麦克纳马拉审查了1972年的预期航母兵力，也就是1960年的报告中提及的同时期航母兵力。他继续实施计划，打算按每隔一年一艘缩减航母的数量。虽然参谋长联席会议主席提议将

1970 年的航母数量减少到 14 艘，1972 年的航母数量减少到 13 艘，但海军作战部长仍坚持保持 15 艘航母舰队的数量。

航空母舰的宿敌——空军进一步要求在 1965 年后每年退役一艘航空母舰，到 1971 年就只有 8 艘。1963 年，美国海军拥有 7 艘福莱斯特级航母和后福莱斯特级航母，第八艘 CVA66 航母正在建造中；此外，还有 5 架埃塞克斯级航母和 3 架中途岛军舰，还有人鼓动增加一架航空母舰（即后来的 CVA67 肯尼迪号航空母舰）。麦克纳马拉决定在 1969 年前保留 15 艘航母（CVA66 取代一艘埃塞克斯级航母），继续推行先前的计划，在 1967 年建造一艘新航母，但要取消 1965 年批准的航母，并将之前一艘计划在 1969 年建造的航母推迟到 1970 年建造。

由于航母的战略地位逐渐降低，麦克纳马拉关心的主要问题是比较空军和海军战术飞机的作战能力。空军声称，其新的快速部署能力将使其能够接管航母的大部分快速反应任务。国防部长关于攻击性航空母舰部队的《总统备忘录草案》（1963 年 12 月）指出，前沿部队对于防止敌人阻止美国号航空母舰将本土舰载机转移到某个地区至关重要。前沿航空母舰对于保持当地空中优势以掩护陆基复合打击空军抵达战区至关重要，特别是在陆基或其防御设施遭到突袭破坏的情况下；前沿航母也需要提供战术空军力量，"在基地不能立即使用的情况下……基地本身或获得进入基地的飞越许可可能出于政治原因（也许出乎意料）被拒"。麦克纳马拉也可以设想在陆战"需求高峰"期间临时增加陆上飞机，以及传统的两栖支援和海上控制任务。

他认为，由于每艘航母投射战术空军力量的能力不断增强，"在我们的战略核部队中引入大量快速反应、远程、具备生存防护能力的导弹"，以及"陆上战术空军力量在全球范围内的机动性日益增强"，对航母的需求正在减少。海军后来认为，虽然航母的能力确实增加了，但这只是与军事技术的总体水平成比例，因此，在某种重要意义上，在 1970 年投入使用的一艘拥有大约 90 架舰载机的大型核动力航母，其影响力将类似于在 20 年前拥有类似（数量）规模编队的一艘现代化埃塞克斯号航母。

国防部长麦克纳马拉反对将航母列入统一作战行动计划（SIOP）任务，因为他认为所有具备何种"双重能力"的系统都存在问题。

例如，常规战争中可接受的损失程度，在具备双重能力的系统中，却是不可接受的美国战略力量的损耗，而战略力量的损耗在定义上就是指战争升级控制的储备。因此，他决定在 1966 年后将航母从统一作战行动计划（SIOP）撤出。此外，他特别强调美国战略系统的核生存能力，他认为一艘航母对抗核武器过于"软"，是不能接受的。对于航空母舰可以依靠伪装欺敌和快速机动生存而"硬"陆基导弹（"民兵"导弹）的观点，他似乎不以为然。他认为，在核战争中，只有前沿部署的航母才是重要的。然而，那些停留在美国水域的航母在非战略战争中是极其有用的；例如，麦克纳马拉提到第二舰队航母在针对古巴的重大应急预案中的重要性。最后，他认为，统一作战行动计划（SIOP）的任务实际上限制了航母在非战略情况下的灵活性；而且，由于需要训练飞行员并让他们执行核警戒任务，这本身就降低了航母在非战略战争中的能力。"当然，不排除为原本用于常规战争任务的航母加装核武器，使其具备战术核打击能力"。

随着 SIOP 任务的结束，美国海军重新调整了航母的空中编队，将战斗机中队从 14 架减少到 12 架，并在甲板空间足够的前提下将轻型攻击中队的规模从 12 架增加到 14 架。这一变革计划在 1965 年实施，麦克纳马拉的报告还建议批准一种新的海军轻型轰炸机（当时称为 VAL，现在称为 A-7），以进一步增加航母在战术任务中的打击力量。他非常重视载人战斗机对抗低空空袭兵器的能力，因为拥有这种能力后，可以避开舰载特遣部队的地空导弹火力；然而，现有的 F-4B 存在雷达方面的缺陷，因而无法完全有效地对抗这种飞机。这一缺陷直到 F-4G/J 的出现才被纠正。

在一年内，这些航空母舰又出现在越南战场上。在越南，它们证明了自己在理论价值之外的实际价值。在整个越南战争期间，海军必须将西太平洋的军力水平维持在远高于和平时期的 15 艘航母的军力水平。例如，截至 1965 年 6 月，南海有 5 艘攻击航空母舰，以越南北部附近的扬基站和越南南部附近的迪克西站为集结点，后者用来训练新到达的飞行联队。

国防部长麦克纳马拉于 1966 年 2 月提议再建造 3 艘核航母，以保持 15 艘航母的军力水平：8 艘福里斯特尔级航母，3 艘中途岛军舰，4 艘核航母。事实上，他很快就提议将一组 3 艘"尼米兹"级核航母的设计和建造作为一个单位进行统一采购，以节省资金。同时，反潜作战航母"无畏号"在东京湾部署，它作为"有限的"攻击航空母舰，补充了远东重型连续部署的军力。世界上其他地方也存在着危机，这使得麦克纳马拉无法从大西洋舰队调拨军力——幸运的是，在 1967 年，地中海中还有 2 艘航空母舰待命，可以用 6 月份的战争中。

在越南，对部署单艘航母的需求很大，这加速了旧航母的退役，与此同时，购买新航母变得更加困难。例如，在扬基站的 2 艘攻击航空母舰和迪克西站的另一艘攻击航空母舰（或具有有限攻击群的反潜作战航空母舰）最初仅由 4 艘部署的航母护航，因此，这 4 艘部署的航母在海上行动的时间需要超过 80%。从 1965 年 6 月起，5 艘航空母舰被部署到西太平洋，它们在海上的平均行动时间也超过了 75%。此外，在航空母舰撤出该计划之前，这一部署未将北太平洋行动对 SIOP 准备的要求考虑在内。从某种意义上讲，越南战争是凭借大西洋的航母部署才得以维持下去，6 艘航母中的至少 1 艘在越南附近活动。然而，其余 5 艘仍然需要在地中海为 2~3 艘攻击航母护航，压力不言而喻。

尽管麦克纳马拉国防部长满怀激情，但在 70 年代初，航空母舰的战斗力下降了。他原本宣布了在 1966 财年、1968 财年和 1970 财年预算中建造新的核攻击航母的计划。然而，这 3 艘航母是用 1967 财年、1970 财年和 1974 财年的预算授权的，这一拖延反映了尼克松政府对攻击型航空母舰价值的不确定性。同时，从二战中幸存的航母已经损坏；最后 2 艘现代化的埃塞克斯级攻击型航母能力有限，在 1975 和 1976 年退役。而富兰克林·D. 罗斯福号航空母舰，在核航母德怀特·D. 艾森豪威尔号交付后于 1977 年退役。至此，总共有 13 艘现役攻击型航母，一艘正在建造中的核航母，以及 2 艘将要退役的中途岛军舰。1975—1977 年，海军提议建造一艘第五代核航空母舰，以取代中途岛军舰，但再次爆发了关于航母价值的争论。福特政府提议在 1978 财年建造这艘航母，并计划每两年建造一艘来取代福里斯特尔级航母。然而，一种新型的比大型尼米兹级航母小的非核航母开始设计，其被定义为 CVV。

军力被缩减后，有人提出要更有效地利用军力。海军上将朱姆沃尔特在 1971 年担任美国海军作战部长时，他对舰队中继续服役（延长服役期限）率较低等问题进行了深入分析。他提议通过向海外母港派驻一些包括航母在内的舰船，来减少男性军人长期与家人分离的状况；此举还能增加这些舰船的可用时间，并缓解航母总军力必然减少带来的影响。虽然将母港设在雅典的提议并未成功，但在日本为一艘航母设个母港是可能的。

鉴于航母建造中的延期，军力水平似乎稳定在 12 艘大型航母和一艘较旧的中途岛军

▲ 现代航空母舰的突出特点是它能在海上停留相当长的时间。这需要对快速航行补给舰进行大量投入，如加油机和萨克拉门托补给舰，同时上图表明在 1978 年 3 月为小鹰号航空母舰和样品号护卫舰加油情况。

第 1 章　航母在美国海军中的作用

▲ 已经提出各种非常规航空母舰的前卫方案。这艘 325 英尺长的小水线面双体船（SWATH 船）是由美国戴维泰勒海军舰艇研发中心于 1980 年计划的，用于操作短距起飞 / 垂直降落（STOVL）战斗机。

舰，其中，前沿部署 4 艘而非 5 艘航母（部署在西太平洋的有 2 艘，而非 3 艘）。卡特政府提议，建造一艘新型中型航母（CVV），而不是一艘尼米兹级航母来取代剩下的一艘中途岛军舰，因为这艘中型航母的功能更接近被取代的航母。而接下来一系列事件再次使航母部队的命运峰回路转。1979—1980 年，印度洋中连续的航母行动不仅展示了核航母的价值，也展示了航母的总军力被摊薄的程度。卡特总统勉强批准了第四艘尼米兹级航母 CVN71，而有限攻击型航母未获批准。随后，里根政府上台，并承诺实行更积极的外交政策，而这将需要更强的攻击型航母军力。例如，里根政府讨论了在印度洋中永久性部署美国航母，如此，在较低的军力水平下，有些行动将无法开展，提议最少需要 16 艘攻击型航空母舰，以结合新建和改建现有重型航母（SLEP，服役寿命延长计划）的方式来实现。此外，中途岛军舰至少要保留到 20 世纪 80 年代；早在里根政府时期，曾经有一些计划，打算将一艘或 2 艘埃塞克斯级航母调回，以便重新建造。然而，这最后一项提案在国会遭到了很多人的反对，因为无法确定所需成本，最后，这个提案被否决了。

第 2 章
开端：兰利号、列克星敦号和萨拉托加号

与其他国家海军一样，美国海军在第一次世界大战前就对舰载机产生了兴趣，事实上，美国是第一个实现飞机从舰上起飞的国家。1910年，美国海军造船师华盛顿·欧文·钱伯斯（Washington Irving Chambers）上校在伯明翰号侦察巡洋舰的前甲板上设计了一个短平台，尤金·伊利（Eugene Ely）于当年11月14日从这个平台上完成了世界上首次舰上起飞。1911年1月18日，在锚泊的宾夕法尼亚号装甲巡洋舰的一个类似甲板上，伊利成功驾驶飞机着舰。一个小时后，当甲板上的原始阻拦装置卸下后，他又驾驶飞机飞向岸边。然而，这些发展成果并没有直接推动美国航母的研发。这种平坦的甲板非常难以降落，伊利每次不得不在飞机即将撞上巡洋舰的上层建筑时突然降落。

1911年1月，格伦·柯蒂斯（Glen Curtiss）成功试飞一架水上飞机，海军的注意力开始向这一方向转移。水上飞机操作起来更简单，降落时似乎也不那么危险。水上飞机也可以靠一种弹射装置从舰上起飞，这种弹射装置是钱伯斯于1912年在华盛顿海军基地发明

◀ 列克星敦号和萨拉托加号是美国第一批真正意义上的航母。1928年2月，萨拉托加号缓缓驶过巴拿马运河，它的飞行甲板上有两架水上飞机，靠近发射它们的飞轮弹射装置。其5英寸/25口径高射炮平台的外部已经折叠起来，以避开闸墙。

▲ 关于兰利号改装的两种观点都强调了它是多么原始：它的卸煤起重机被拆除，在每侧竖立一系列13座钢桁架塔来承载飞行甲板。舰桥没有改变，舰后的烟管从舰侧移出。内部视图显示了用于将飞机从货舱运送到升降机的门式起重机的轨道，在下降位置可以看到升降机。

的。1916年至1917年间，这种弹射装置开始快速发展，美国海军在北卡罗来纳号、西雅图号、亨廷顿号和蒙大拿号装甲巡洋舰上都安装了一种相当笨重的固定轨道式弹射装置，尽管这种装置会干扰舰尾炮塔的发射。1917年，当这些巡洋舰被派去执行护航任务时，这种弹射装置被拆除了。三年前，海军水上飞机已经在墨西哥的韦拉克鲁斯进行有限服役。在当时，通过弹射装置发射的飞机为美国海军独有，它们被认为是侦察（即巡洋舰任务）必不可少的辅助工具。因此，美国海军总委员会关于奥马哈级战斗巡洋舰和侦察巡洋舰特性介绍的早期版本对飞机的规格进行了限定。

美国官方最早对航母设计感兴趣，似乎是受到英国战争经验的启发。1917年4月，美国加入第一次世界大战后，英美两国舰队的关系极为密切。几名美国军官在为英国大舰队服务的舰载机的研发过程中，亲眼观察了航母试验。美国驻欧洲海军中校、重型火炮火力控制发展方面的革命性人物威廉·S.西姆斯（William S. Sims）海军上将成为这种飞机的早期倡导者，他与英国皇家海军的另外两位重炮设计专家珀西·斯科特和约翰·费舍尔都对这种飞机感兴趣。他负责在得克萨斯号战舰上安装一种发射平台，当时的美国海军作战部长威廉·S.班森海军上将对此表示反对。根据实际经验，轮式飞机相对于弹射装置发射的水上飞机具有决定性优势，水上飞机在许多常见的北海条件下无法回收；有了轮式飞机，就有可能进行全天候作战。此外，水上飞机的重量和阻力非常大，这一点却经常被忽视。例如，法国和意大利海军早在1940年就在其主力舰上使用了水上战机，而美国海军在20世纪20年代也曾设想过同样的概念。

在1917年，航母设计也是一个相当复杂的问题。幸运的是，英国海军造船师S.V.古道尔（后来的英国海军通信主管）被借调到建造与修理局。古道尔于1917年末带来了许多英国新设计（包括竞技神号等航母）的图纸，他还分享了英国的政策和作战经验，如对日德兰半岛战役损失的分析。

古道尔关于航母的设想具有重要意义，因为它为美国海军学说和发展奠定了基础。1918年6月，美国海军航空局局长提出了航母应具有的特征。同年8月，古道尔总结了英国的经验，以供相关人员参考：

> 空战已经成为海军作战的一个特点，舰队在交战前的战术行动很可能由空中侦察人员获得的信息决定……与敌机之间的一系列战斗很有可能是舰队行动的开始。因此，舰队应配备侦察机和战斗机。
>
> ……配备四门4英寸高射炮还远远不够，应该携带更多的重型火炮，口径最好是6

英寸,同时携带一门或两门高射炮。尽管不应该将这种舰船视为战斗舰,但它应该具有足够强大的装甲能力,能够扫除敌军的轻型船只,以便其舰载机能在相对优势的情况下飞出。

它的鱼雷装甲应该包含约12个甲板鱼雷发射管,以便在遇到大型敌舰的袭击时有机会对敌舰造成一定的损害,同时要有足够的威胁性,使敌舰不敢靠得太近,并能用重型火炮击倒敌舰。

鱼雷防护必不可少,因为舰船通常是敌军潜艇的攻击目标。

侧面防护应该和轻型巡洋舰一样牢固……

建议最低航速为30节。它的航速应该相当于与之协作的侦察部队的行进速度,考虑到美国战斗巡洋舰和侦察巡洋舰的航速为35节,需要考虑其航速是否应保持在不高于30节……

此时,古道尔要么不知道,要么无法透露,英国皇家海军计划用以鱼雷轰炸机为主要武器的航母打击德国公海舰队。不管怎样,1919年至1920年的美国航母的拟议特性遵循了古道尔的建议,唯一的例外是航母的舰载机联队中包含了大量的鱼雷轰炸机。当时,战斗机因其舰队防空、空管和反侦察巡逻(用于避开战略侦察,如战时大舰队中的战略侦察)的综合功能而受到重视。即使在这个初始阶段,航母的这种功能也得到了充分重视。精明而实际的美国海军总委员会,包括负责在作战板上测试新战术和技术概念的海军战争学院(Naval War College)院长,需要大量航母而且希望尽快建成。1920年7月,一项为期三年的建造计划要求建造四艘航母,以及三艘战舰和一艘战斗巡洋舰);次年7月,委员会要求将建造三艘航母视为头等大事。

在没有试验性美国航母的情况下,美国海军总委员会不得不依赖海军战争学院的理论军事演练,该学院在早期的资料研究中发挥了重要作用,比如将装备重炮的战舰引入美国海军。在1922年的一次美国海军总委员会听讯会上,该学院的兰宁(Laning)上校总结了一年以来的航母理论演练情况。

这一系列演练还没有证明侦察机能完全控制局势,但是它们或许比任何其他飞机都能在战役的各个阶段,特别是战斗阶段,发挥决定性作用……如果你方掌握了足够的空域控制权,那么你方侦察机能够展开侦察,否则,如果敌方使用侦察机而你方不使用,那么你方将损失相当于4 000码的射程。这是因为如果你方利用的是最高点侦

第2章 开端：兰利号、列克星敦号和萨拉托加号

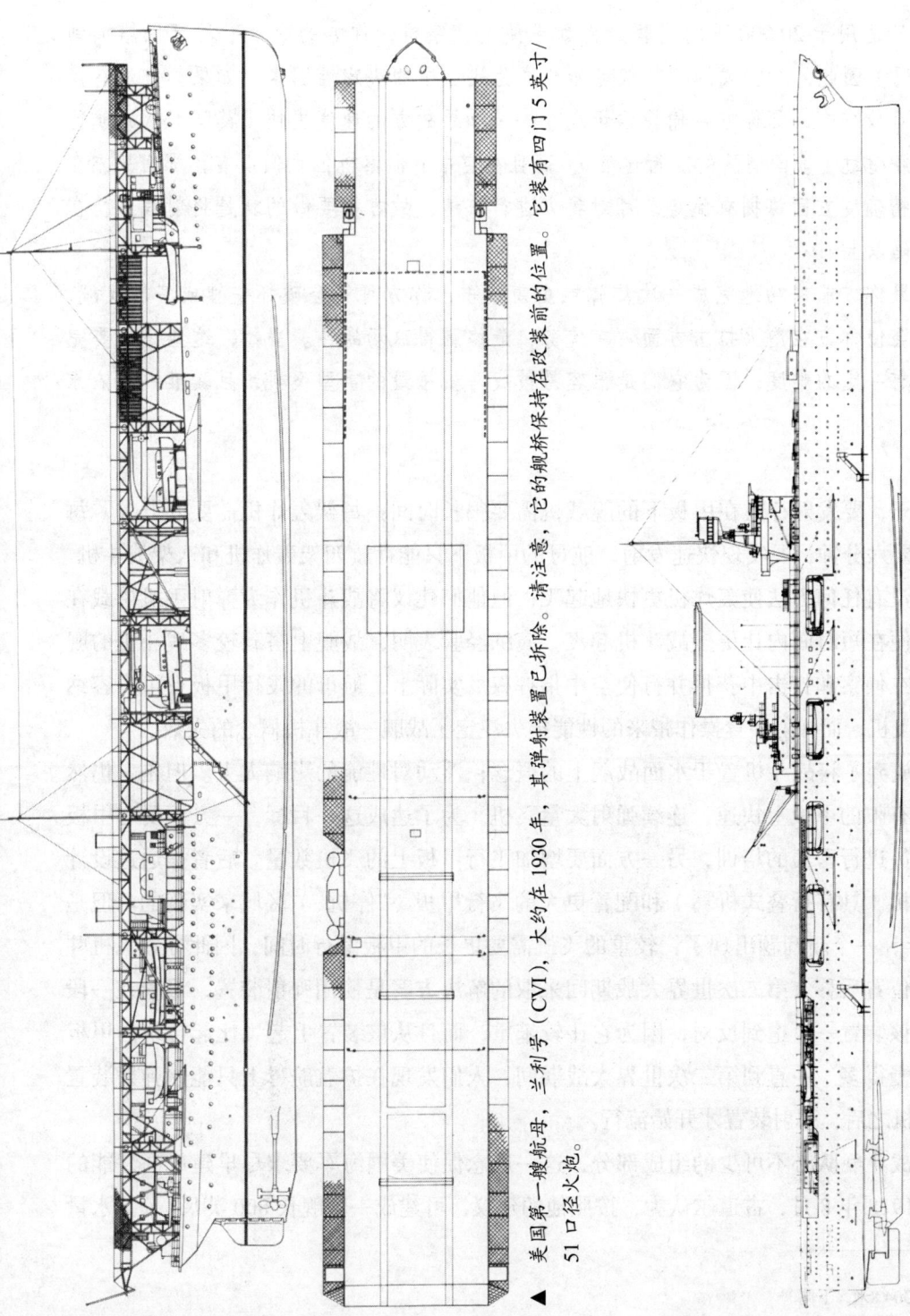

▲ 美国第一艘航母，兰利号（CV1），大约在1930年，其弹射装置已拆除。请注意，它的舰桥保持在艏装前的位置。它装有四门5英寸/51口径火炮。

▲ 列克星敦号和萨拉托加号截至1921年9月的初步设计包含一组装载六门6英寸*/53口径（奥马哈级巡洋舰中的三个双联炮架）的炮组和十二门5英寸/25口径高射炮。还应该有六个21英寸单鱼雷管，每侧三个，在保护甲板的后方分列。此处唯一不明显的主要特征是两部弹射装置：一条从艏向前的升降机一直延伸到舰艏的长轨道，以及一条与飞行甲板上的5英寸主炮正横的转盘式轨道。

* 1英寸等于2.54厘米，下同。

美国航母设计简史

察，它只适用于20 000码的射程，而如果使用侦察机，你方的有效射程可以增加到24 000码。因此，对空域的控制很可能会成为战斗中的决定性因素。如果你方没有侦察机，而敌方有，那你方将输掉这场战斗……如果敌方的速度更快（英国舰队的航行速度已经超过了美国舰队的航行速度），而且在空中有侦察机但我们没有，那么敌方在射程和精确度方面将拥有优势，可对我方进行束缚，敌方需要做的就是将射程保持在20 000码以上……

如果你方能成功地完成一次炸弹或鱼雷袭击，你方可能会破坏一艘或多艘战舰，这可能会使你方在炮火打击方面占有优势，最终赢得这场战斗。当然，这些飞机要完成袭击有一定的难度，因为它们是很容易被战斗机摧毁的重型飞机，且其唯一的依靠是航母。

问题在于，要发射存放在甲板下的舰载机需要很长时间：每架轰炸机需要九分钟，每架战斗机需要六分钟；要实现快速发射，航母的甲板下只能存放四架轰炸机和八架战斗机。海军航空局没有任何方法使轰炸机更快地起飞，但他们建议将战斗机作为弹射飞机搭载在战舰上，以便在短时间内让更多战斗机起飞。演练经验表明，战舰上搭载较多战斗机的舰队一方可以在侦察和打击中获得并行使空中指挥权。实际上，航母的飞行甲板上可以容纳更多数量的飞机，而弹射装置操作带来的性能损失注定了战舰—战斗机概念的失败。

最终，放弃了将战斗机置于水面战舰上的概念；浮动对性能的影响太大。但是，仍然迫切需要从有限的甲板上快速、连续弹射大量飞机。为了达成这一目标，一方面要对甲板上的机组人员进行密集的培训，另一方面要增加飞行甲板上的飞机数量。后者是通过设计更紧凑的飞机（具有折叠式机翼）和配置更大的飞行甲板（"停机"）区域来实现的。但是到了1930年，一个新问题出现了：较重的飞机需要更长的甲板滑行时间，因此导致飞机驻停区的最前位置后移。第二次世界大战期间采取的解决方案是使用弹射装置，尽管在一段时间以来，该装置一直遭到反对，因为它比较笨重，而且从该装置上起飞比起传统的甲板滑行起飞要慢得多。一直到第二次世界大战期间，人们发现在护航航母上只能用弹射装置弹射某些飞机之后，弹射装置才开始流行。

航母是战斗舰队必不可少的组成部分，这一观念促使美国海军要求尽早建成高性能的大型航母。1918年8月，古道尔认为，按照他的建议，可建成一艘舰长800英尺[*]、排水量

---

[*] 1英尺等于0.304 8米，下同。

22 000吨的航母，比英国皇家海军的暴怒号稍大一些。同年10月，建造与修理局完成了第一次草图设计：水线上长825英尺，标准排水量约24 000吨，在约140 000马力条件下航速达到35节[*]，并配备1组装载10支6英寸火炮的炮组和四门高射炮。草图对于烟囱的位置有些模棱两可，但计划设计一对舰岛，分别位于飞行甲板两侧。

这项研究很快被搁置，但由于美国海军总委员会打算为1920财年计划增设一艘航母，该研究于1919年3月恢复。这次航母特征要求航母的航行速度为35节，并能容纳24架战斗机/侦察机和6架轰炸机。该航母还将作为15架轻型侦察机的补给舰，这些侦察机将搭载在战斗巡洋舰和侦察巡洋舰上。炮组由四门8英寸、六门6英寸和四门4英寸高射炮组成，每根舰梁上有双排鱼雷管。

1918年，美国主力舰设计的最典型特性，也是早期航母研究的重点之一，或许是水下防护。新型美国战舰和战斗巡洋舰不仅要配备常见的填充侧和空侧保护舱，还需要配备涡轮电力机械，与传统的紧凑轻便型齿轮传动式涡轮机相比，涡轮电力机械装置可以更有效地进行细分。通常，涡轮发电机将放置在中心线附近的大型舱室中，而锅炉则放在单独的舷舱中。这种发电装置的附带特点是能够以高功率反向运行。

在1919年特性要求的基础上，初步设计部修改了它唯一的高速大型舰船——战斗巡洋舰的纸质设计。使用的版本是较早的34 800吨、35节设计，而不是实际制订的43 000吨设计。在1918年的草图中，设计了两座上层建筑，每座上层建筑的前后各有一门8英寸火炮，沿舰舷设置6英寸火炮（其中两门分别在舰尾的炮塔中和飞行甲板下方）。每座上层建筑都带有一个笼形桅。如此一来，美国海军总委员会的特性要求似乎可以在排水量约为29 180吨（正常）的舰船上得到满足。初步设计部在这一阶段已经考虑到对现有设计的修改，主要是为了简化计算。没人希望将正在建造中的巡洋舰的舰体改装成另一种设计。

在1920财年和1921财年，国会拒绝批准建造航母；因为要挤出资金来完成包括六艘大型战斗巡洋舰在内的战时主力舰大型建设项目就已经非常困难了。这些舰船一直到1920年8月至1921年1月期间才建造完成，而且鉴于空中侦察兵提出的各种可能性，不清楚美国海军总委员会究竟有多么迫切地需要它们。当然，初步设计部早在1921年7月就开始考虑其材料的其他用途。

与此同时，国会对航母的支持仅体现为批准将慢速的木星号运煤船改装成试验性兰利号航母；从美国海军总委员会的记录中可以明显看出，兰利号从未被视为战斗航母。兰利

---

[*] 1节等于1.852千米，下同。

美国航母设计 简史

▲ 这张 1922 年 9 月的照片展示了兰利号最初通向左舷的单个大型烟囱和在舰尾用作航母信鸽笼的小房子。

号并不是从毫无价值的辅助舰船改装而来；1919 年至 1920 年间，舰队的主要燃料是煤炭，而运煤船的数量供不应求。木星号运煤船是美国涡轮机电动船的原型，虽然航行速度很慢，但她可以全速后退，因此，在某种意义上来说，它是一艘双向航行船。建造与修理局建议对它进行改装，它拥有较大的舰舱和舱口，可用于存放飞机，另外，船上已经安装有起重设备。对木星号的设计工作于 1919 年 7 月完成。

1920 年 3 月，它被运往诺福克进行改装，1922 年 3 月 22 日，它成为美国的第一艘航母（兰利号，CV1）。在它以前用来存放货物（煤）的六个船舱中，最前面的船舱用来存放航空汽油，第四个船舱用来存放升降机机械并用作弹药库，其余四个船舱用来存放可拆卸飞机，存放在此的飞机可以由载重 3 吨的门式起重机吊起在飞行甲板下前后移动。兰利号没有现代意义上的机库甲板，因为飞机不具备起飞的条件。它们先在之前的运煤船上层甲板上组装，再装入升降机（其"下降"位置位于该甲板上方 8 英尺处），然后吊装到飞行甲板上。

据兰利号一名飞行员回忆说，将一架飞机从升降机转移到主甲板上进行拆卸需要 12 分钟。之前很靠前的运煤船舰桥保留在原来的位置，飞行甲板建在其上方。

此时，航母不仅被视作轮式飞机的平台，还被视作巡洋舰和战舰上搭载的水上飞机的补给舰。因此，兰利号有两台起重机可将飞机从水上吊到它的"机库"甲板上。它还有一部飞行甲板弹射装置，后来增加到两部。最初安装的一套装置类似于装甲巡洋舰上的装置，由两条94英尺长的平行轨道组成，足以以55节的速度弹射6 000磅的飞机。在短短几年内，它就有了两部压缩空气弹射装置（AMkIII），海军航空局将其记录为转盘式弹射装置，但实际上这两部弹射装置都安装在它的飞行甲板前后。它们最后一次使用时间是1925年，1928年7月25日获准拆除，因为当时在考虑将弹射装置安装在新航母的机库甲板上，这艘新航母就是后来的游骑兵号。

兰利号设计的主要问题可能是烟气排放问题。它的甲板为齐平甲板，有一个通向左舷的短折叠烟囱和一个通向右舷的位于飞行甲板下方的烟口。从理论上讲，可以根据风向使用任一开口。右舷开口处有专门的喷水降温装置，但即便如此，效果也不是特别好，在很短的时

▲ 1930年，兰利号停泊在运河区的克里斯托瓦尔港，展示了它作为一艘航母的最终配置，有两个可倾斜的烟囱通向左舷。飞行操作时，飞行甲板桅杆可以拆下。这时，它的两部飞行甲板弹射装置已经被移除。

▲ 兰利号改装最引人注目的地方是飞行甲板下几乎完全没有结构。这张照片大概拍摄于1926年或1927年。

间内,兰利号被改装成了带一对朝向左舷的铰链式烟囱,可以在飞行甲板使用期间降下。尽管兰利号的烟气排放问题被认为已得到解决,但之前所遇到的问题使建造与修理局和工程局不愿意尝试为随后更强大的航母列克星敦号或是几年后的游骑兵号航母设计齐平甲板。

兰利号不过是一艘试验性航母,连战舰都跟不上,更不用说与快速侦察部队合作了。大约在 1925 年,有人提议将它的姊妹舰海王星号改装为一艘训练航母,其吨位超出《华盛顿海军条约》(即《五国条约》)规定的航母总吨位限制,但该提议被美国海军总委员会否决。兰利号作为一艘航母保留下来,部分原因是,作为一艘在 1921 年就已经存在的试验性舰船,它不受吨位条约约束。然而,1934 年《文森–特拉梅尔法案》通过后,它被纳入美国法律允许运营的航母总吨位。根据条约的规定,在建造黄蜂号时,必须将其从航母类别中除名。兰利号于 1936—1937 年在马雷岛被改装成水上飞机母舰,其飞行甲板大约有一半被拆除。

除了大型航母设计外,初步设计还调查了已在建造中的奥马哈级轻型(侦察)巡洋舰的拟议改装方案,并对其非常有限的炮组进行了严厉批评。建造与修理局认为,这种改装是一种应对国会不愿批准建造新航母的方式。经第一次改装后的兰利号速度太慢,无法有效发挥作为舰队航母的作用。1920 年 4 月,再次对兰利号进行改装,并在巡洋舰设计中加入由桁架结构支持的飞行甲板。

与后来的平甲板航母研究一样,从一开始就存在大功率装置(本例中为 90 000 马力)的烟气排放问题。初步设计打算将原巡洋舰设计中的所有四个烟囱完全支撑在飞行甲板外侧的舷台上,"并设置吸入口,以便每组 6 个锅炉的全部废气排放可以转移到一个烟囱,这样所有的废气和烟气都能排到背风方向。此外,每个烟囱的安装方式应确保顶端可以向后和向下旋转,以使烟囱在排放时可水平放置在舷台上。由于烟囱和吸气管的尺寸过大,在布置时遇到了一些困难"。大约在 5 月 15 日,提出了一种替代方案,即"Yarrow 反潜艇烟气系统",其中包括"在从烟囱中引出并与烟囱连接的管道中加入喷水或喷雾装置,以便在需要时可以将烟气从烟囱中分离出来,转移到侧管中。据称,喷水时会引起一股强气流,超过通过烟囱的自然气流。在清理舰舷后,舷外排放管道应向下倾斜,在喷水冷却和冷凝后,烟气应从排放管道下降而不是上升"。最后一个系统在兰利号上进行过测试,但未成功。

与兰利号不同,改装后的侦察巡洋舰将拥有一个真正的机库甲板。有人担心飞行甲板下的气流如果控制不当,可能会溢到甲板上。航空部(海军航空局的前身)的肯尼斯·惠廷(Kenneth Whiting)中校是兰利号改装的倡导者之一,他特别要求将飞行甲板下面的大梁做得更深一些,以便空气能更好地在甲板下流动,并要求其下方的机库完全封闭,各侧留有 10 英尺的净空高度。然而,此时(1920 年 5 月 24 日),初步设计人员已从固定舰体开始改装,而不是基于固定的舰载机联队,未确定将要容纳的飞机数量。当然,同样的情况也适用于战斗巡洋舰改装,也就是后来的列克星敦号。

已经有了四种飞机的小比例尺草图:马丁鱼雷飞机(大型双引擎轰炸机)、洛宁两栖飞机(水上飞机)和VE-7轮式战斗机/教练机。5月25日,最终确定了舰载机的数量:水上飞机和VE-7型或洛宁型飞机的比例是1:3,搭载的舰载机中,组装完毕的VE-7型、洛宁型飞机和水上飞机各一架,如果可能的话,VE-7型和洛宁型飞机各加两架。惠廷中校要求装配一组装载三门火炮的炮组,一门向前,两门向后。只有一部升降机。

将其他类型船舶改装为航母时,需要增加相当大的压舱物,以克服飞行甲板和飞机的最大重量。初步设计拟在部分油舱下部铺设1 000吨混凝土,这样能使巡航航程损失较小,并使排水量大幅度增加。预计机库能够容纳28架至40架飞机,具体取决于上层甲板需要保留多少面积用于通道和工作空间等。

美国海军总委员会对此不以为然;1920年12月16日,总委员会建议海军部长应坚持争取一艘大型航母,而不是接受两艘不尽人意的航母。然而,各方的意见并不一致。例如,海军战争学院院长西姆斯海军上将就不同意。

> 所有相关各方都认为舰队需要尽快配备正规航母,当然,为了具备攻击能力,这些舰船应该携带鱼雷轰炸机……即使假设有这样一艘舰船(一艘大型航母)获得了拨款,可能也需要三年至四年才能投入实际使用,而改装两艘巡洋舰并将其投入实际使用的时间要短得多。
>
> 正规航母的主要特性是众所周知的,不需要进行实验来确定。然而,需要一艘航速30节的船当作平台来训练人员,并在使用飞机的条件下确定飞机及其起落架的细节。在航速14节的兰利号上,无法安全地进行相同程度的训练。更高的航速有助于飞机降落,因此,如果有航速30节的平台可供训练,就可以开发和使用一种更高效的飞机。
>
> 航空母舰在战争学院的训练板上投入使用,在使用过程中展现了它们在侦察方面的效率,驳斥了美国海军总委员会的说法——"试验性工作实际上是侦察巡洋舰改装的主要目的"。
>
> 更急迫的想法是,舰队需要航母,而这些改装的巡洋舰能在更短的时间内为我们提供航母,比提供我们希望得到的更大型航母的时间要短得多。但支持这一提议的主要理由是,将10艘侦察舰船中的其中两艘改装为航母将大大增加。

(一)10艘舰船在侦察中能覆盖的区域

（二）舰组的侦察效率

（三）舰组作为一支战斗部队的效率，尤其是在遇到单兵火力比未改装侦察舰船的单兵火力更大的舰船的情况下。

西姆斯假设每艘侦察舰船将搭载六架鱼雷轰炸机；第一次世界大战期间曾担任过他的航空助手的 W.A. 爱德华海军少校向他保证，当航母到达侦察线时，舰上三分之一的飞机可以在甲板上组装并准备好飞行。他认为，这六架飞机可能每隔半分钟起飞，其余的飞机可以在接下来的 30 分钟内起飞；也就是说，所有飞机都可以在发出释放空中侦察机信号后的 33 分钟内起飞。他的分析源自他在英国的从军经验。

相邻两舰之间距离 30 海里的 10 艘侦察巡洋舰（在能见度范围内）将覆盖 300 海里的前线。不过，如果每架舰载机的航程为 200 海里，覆盖的侦查范围可延伸至 640 海里。美国海军总委员会规定巡洋舰需以每小时 100 英里的速度航行 4 小时，西姆斯预计可侦查范围将增加到 1 040 海里。

美国海军总委员会坚持认为，该舰队急需侦察巡洋舰，因为在正在建造的 10 艘巡洋舰完工之前，该舰队根本没有侦察巡洋舰。此外，委员会认为，这些改装舰船几乎没有作战价值，因为它们只能搭载 12 架战斗机和 6 架鱼雷轰炸机，除其中一架鱼雷轰炸机外，其余飞机都将被拆卸；"与其说我们拥有一艘优秀的水面侦察巡洋舰，不如说我们拥有一艘低劣的航母……［因此］美国海军总委员会认为，应尽一切努力尽快从国会获得授权并设计合适的航母"。在侦察巡洋舰改装计划的基础上，20 世纪 20 年代中期对新型重型巡洋舰改装进行了一系列研究，30 年代对"飞行甲板巡洋舰"进行了一系列研究。

从铺设龙骨开始建造的全舰队航母的设计工作继续进行。1920 年 10 月，根据侦察巡洋舰的设计和 1919 年航母的设计，初步设计部对航速从 25 节或 31 节到 35 节不等，排水量为 10 000 吨、20 000 吨和 30 000 吨航母分别作了成本估算。美国海军总委员会想为航母配备一组装载 16 门 6 英寸/53 口径的炮组和八门 5 英寸高射炮，但初步设计部提出质疑，认为"考虑到对起飞/着舰的影响、舰船的装载问题以及对飞行甲板上工作的干扰，将很难配置规定的火炮数量"。虽然没有给出航母能搭载飞机的数量，但建造与修理局初步设计的一艘排水量 20 000 吨（660×69×35）英尺、航速 30 节（90 000 轴马力）的航母没有被采纳，因为其能搭载的飞机数量太少。

至此，已经对完全组装可立即飞行的飞机、部分组装但能快速装好的（即处于折叠状态的）飞机和完全未组装的备用飞机进行了区分。1920 年 11 月（1922 财年），美国海军总委员会对航母的要求是能搭载24架鱼雷轰炸机（16架部分组装，8架完全组装）和48架战斗机（16架完全组装，32架部分组装），外加"能存放50%上述未组装的舰载机"的货舱。鉴于大多数美国舰队型航母特有的深梁和下甲板，在机库仓库上方存放备用飞机的要求将是美国整个中途岛级航母设计中的一个重要考虑因素。20世纪初的美国航母设计图显示，机库的前端有一个T形升降机，供完全组装的飞机使用，舰尾有一个较小的矩形升降机，用于装载处于折叠状态的飞机。由于螺旋桨轴绕升降机起吊装置运转，舰尾升降机的尺寸受限。在飞行甲板层，T形升降机在起飞区的下方，较小的升降机在阻拦装置的前方。150英尺到200英尺的起飞滑跑距离足以让飞机从快速航行的航母上起飞。

由于停战以来没有获得任何新的数据，初步设计部汇编了所有可以从战时英国的作战记录中获得的数据。例如，为鹰号航母计划的舰岛布置已在百眼巨人号平甲板航母上进行了测试，"以确定由该结构引起的气流影响。但这种布置并不成功"。对英国来说，完全封闭的机库或"一种将飞机从机库移动到弹射位置的装置（这类装置的本质是让所有飞机以尽可能快的速度连续起飞）"并不是必不可少。烟气排放是个问题。

在新型英国海军航母设计中，烟囱不会像在百眼巨人号上那样被引向舰尾，烟囱中的废气将从两侧排出船外。在百眼巨人号上，当烟气随着风从横梁或舰尾排出时，废气有被吸入排气系统的可能。在百眼巨人号上，排气管从飞行甲板下引至舰尾，通向空中。当无法提供天然气流时，通向船舷的弯管调节风门，鼓风机将废气从进气口中抽出并排放到船外。另外还有在舰桥上操作的电报机，当需要关闭百叶窗、打开风门、启动和停止电机等时，可使用该电报机通知舰上的人员。

英国的航母设计经验表明，航母的航速至少应为30节，最好为35节，这既是为了配合巡洋舰，也是为了在飞行甲板上产生速度为35节的气流。此外，航母必须逆风弹射和回收飞机，如果舰队顺风全速航行，航母可能跟不上舰队。

此外，在舰艏和舰尾都放置阻拦装置似乎比较明智，这样飞机就可以在舰船的任意一端降落。例如，在大风中，飞机可以逆着舰船航行的方向降落，也就是说，逆向在舰艏降落，从而将甲板上的实际风力降低到一个安全值。然而，在之后几年内，美国航母上双端飞行甲板的主要作用是使航母更具生存能力，而不是在恶劣天气下发挥作用。

1920年11月的航母特性要求是配置16门6英寸/53口径火炮，"分布在每侧的两个反鱼雷组中"，和足够的5英寸/25口径高射炮，从而"在任何方向都有四门火炮"，以及每侧一个双管水面鱼雷管。理论上来说，除了驱逐舰和巡洋舰外，航母的速度足以超过几乎所有对手。它自带的航空兵力为它提供基本的空中掩护，5英寸火炮将为它提供抵御轰炸机的屏障，四个鱼雷管将是它抵抗在夜晚或恶劣天气意外出现的重型炮弹攻击的最后一道防御。有人对6英寸火炮的价值提出了质疑。在1921年2月的美国海军总委员会听讯会上，海军战争学院的W.L.罗杰斯海军上将说到，"这艘舰船将拥有自己的飞机，而它自己，为了抵御其他飞机的攻击，将不得不在很大程度上依赖它自己的飞机和它自己的火炮。但是6英寸的火炮高度不足。航母只能凭借其速度脱身，没有什么舰船能超过它的速度。如果是战斗巡洋舰，那么它无法抵抗……问题是，高射炮炮组的重要性是否低于反鱼雷艇炮组……"海军军械局的查尔斯·B.麦克维海军上将回答说，反鱼雷炮组对水面攻击至关重要。二战期间，这个问题备受关注，而1940年德国战斗巡洋舰击沉英国光荣号航母，使这一问题更加突出。但是，只有美国第一和第二艘航母拥有多余的装载能力，在装载了一个重型高射炮炮组后，额外安装一个单用途（反水面）火炮炮组。游骑兵号之前的许多航母设计采用

▲ 这张照片显示了兰利号独特的内部结构。船员们正在舰艏（经过降下的升降机）的一艘沃特02U"海盗"舰载机上工作。请注意，在其下降的位置，升降机绝不与机库甲板平齐。桥门式起重机清晰可见，就像移动式起重机的重型前后大梁一样。

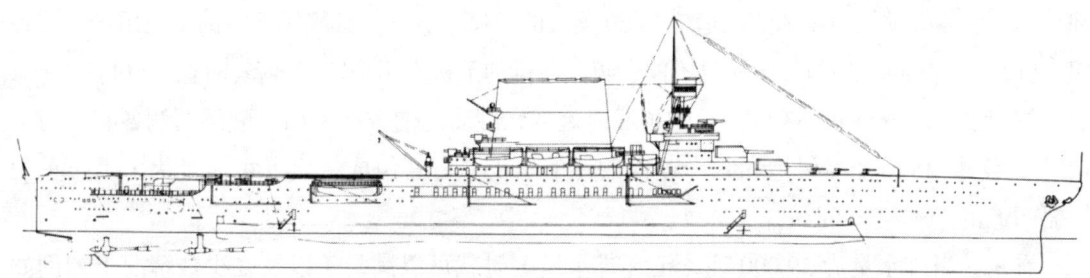

▲ 列克星敦号和萨拉托加号的合同设计，1922 年。右后侧的椭圆形开口用于双排鱼雷管。

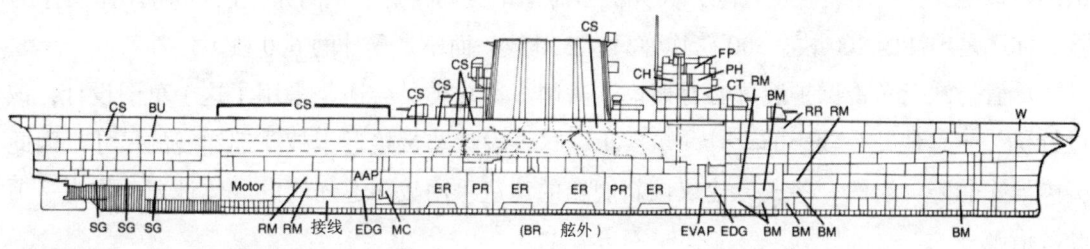

▲ 萨拉托加号的内部结构，1945 年。

的都是巡洋舰（6 英寸 /53 口径）火炮，但最后游骑兵号装载的是八炮重型高射炮炮组，这是美国航母特有的炮组。

此时，预期的航母排水量约为 35 000 吨，而战斗巡洋舰（带 180 000 轴马力巨型涡轮发电装置）再次成为研究的基础。大量烟气的排放带来了一些问题。建造与修理局建议通过侧面排出烟气（在飞行甲板上有一个备用舱口），就像暴怒号一样（它的动力只有一半，因此问题也只有一半）。即使是在排水量为 35 000 吨的航母上，该发电装置在开发之初就已考虑到水下保护，但它消耗了大量的舰体内部空间，因此无法装配有效的鱼雷防护。

该设计中的某些拟议特性比较现代。右舷侧布置了一个传统的舰岛上层建筑和一部飞行甲板弹射装置。后者有双重作用。作为战舰和巡洋舰水上飞机的补给舰，航母可将其从水中吊起，或直接将其弹射出去。也有人认为，在恶劣天气下，弹射将是轮式飞机起飞的最佳方法，因为弹射装置轨道将使飞机在起飞时保持方向的稳定，而且可以设置弹射时间，也可以将舰船的倾斜因素考虑进去。然而，所设想的弹射装置远远不足以弹射重量过大而无法进行常规滑行起飞的飞机。一直到第二次世界大战，弹射功能才真正实现。

与后来美国舰队航母上的机库不同，该机库完全封闭在舰体内，飞行甲板构成了强力甲板，紧靠其下方的甲板则预留出来用作船员宿舍和类似空间。机库本身仅占舰体空间的一小部分，而舰体必须在舰尾加宽以适应其 80 英尺的全尺寸宽度。其舰尾下方的货舱用于装载备用（拆卸的）飞机。这与英国航母不同，英国航母的下机库用来装载准备飞行的飞机。

炮组由六门 6 英寸 /53 口径火炮（成对炮架，舰岛的前方有一门，舰尾两侧各有一门）、12 门 5 英寸 /25 口径高射炮和六个朝向舰尾的水上鱼雷管组成，后者可能是为了阻止重型舰船的追击。

看来，当排水量为 39 000 吨（正常排水量）时就可以满足（以及在少数情况下，例如在飞行甲板尺寸方面，实际超过）美国海军总委员会对航母的特性要求。航母设计的主要缺陷可能是其弹药库装载量有限，大大低于海军军械局的要求（例如，1 500 磅炸弹只有 91 枚，而不是预计的 200 枚，500 磅炸弹只有 330 枚，而不是预计的 600 枚）。

尽管对缺乏鱼雷保护装置心存疑虑，美国海军总委员会还是采用了这个草图设计，该设计优先于其他几个较小的设计。事实上，这种设计非常接近于战斗巡洋舰的尺寸，因此美国海军总委员会的一些成员建议该新舰船的建造采用战斗巡洋舰的舰体计划，作为一项经济措施。

7 月，美国海军总委员会敦促将建造三艘这种大型航母作为首要任务。几乎同时，美国国务卿要求 1921 年 11 月 12 日在华盛顿召开限制海军军备的国际会议。美国海军总委员会（初步设计部）明白最有可能被取消的项目是昂贵的战斗巡洋舰。因此，7 月 25 日，罗伯特·斯托克（Robert Stocker）上校以初步设计部负责人的身份，下令启动一项将其中一艘

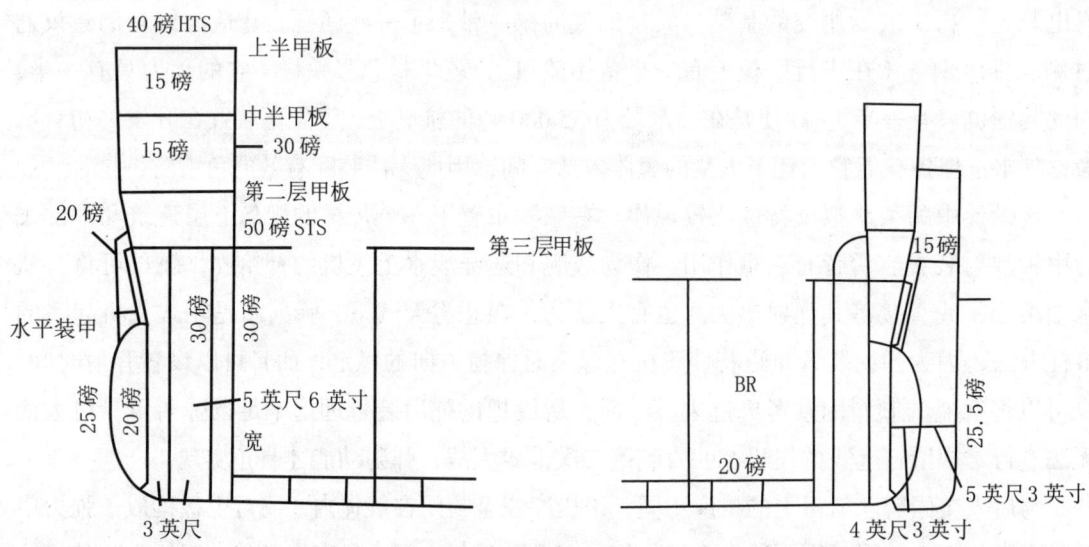

▲ 萨拉托加号建成后（左）和 1942 年装上水箱后（右）的横截面。

第 2 章 开端：兰利号、列克星敦号和萨拉托加号

▲ 航速 32.75 节航母研究的"绘图室"或初步设计模型，1920 年 11 月。像奥马哈级轻型巡洋舰上装载的火炮一样，这些大型火炮是双联 6 英寸/53 口径火炮；单联炮架装载的是 5 英寸/25 口径的高射炮武器。没有舰岛结构；烟气通过大的方形切口排向左舷和右舷，船在舰尾更远处的长方形开口处。前方的吸入口供一组四个锅炉使用，后面还有十个吸入口，每组锅炉后面都有涡轮发电机室。本来应该只有一部升降机，就在后方的吸入口后面。初步的重量细目显示，试验吨位为 35 000 吨。此外，还有航速为 29.5 节和 34.75 节的平甲板航母的草图设计。1922 年的 A 型航母（1921 年 5 月）上有一个带伸缩吸入口的平甲板。这种设计与早期航母的不同之处在于，所有的吸入口都集中在右舷；这是导致决定设计传统舰岛结构的一个中间阶段。

▲ 这个官方模型是 1922 年航母的 B 方案；A 方案是一个平甲板。在舰桥的正前方有两部短弹射装置（左舷和右舷），以及三部更长的弹射装置，从前面的升降机一直延伸到舰艏。装载 16 门 6 英寸火炮的主炮组一半装在舰艏的两个并排炮塔里，另一半装在舰尾的两个并排炮室里，舰尾的飞行甲板旁装载有 12 门 5 英寸高射炮。1921 年 5 月 5 日的设计图显示的是一个与战斗巡洋舰完全不同的舰体；这大概是为了利用为游骑兵号准备的材料而设计的航母。然而，它的特征将与战斗巡洋舰相同：水线上舰长 850 英尺（带 900 英尺的飞行甲板），横梁长 94 英尺，排量在 39 000 吨时吃水深度为 29 英尺。7 英寸的垂直传送带将被 2 英寸的甲板覆盖。草图上没有设计水箱。

战斗巡洋舰改装成航母的研究，并将这艘舰船完全建造完成。

根据一份设计备忘录，"他当时表示，没有人建议进行这样的修改，他觉得他可能会因此受到质疑……"被取消的可能性非常大，所以初步设计当时也研究了将一艘战列巡洋舰改装成一艘大西洋班轮的可行性。

战斗巡洋舰将有很好的反鱼雷保护，其弹药库比航母大得多，足以装下所需的炸弹。另一方面，巡洋舰舰尾的线条也比航母的线条要窄得多，有人担心气流对降落不利。如果

像航母那样,将两个6英寸双联炮架放置在舰尾,那么将需要舷台。机库空间将比专门设计的航母少16%左右,而且没有备用飞机的存放空间。"舰船空间较小,布置不方便,应急燃料容量也较小。但是,用于船员活动、船只装卸等的舷舱以及弹药库和炸弹的存放空间更大一些……改装后的战斗巡洋舰上风口布置相对较差,因为它们占用了机械空间。战斗巡洋舰的着舰空间比航空母舰的长,因为舰尾升降机的位置向前约28英尺。"位置前移的原因是舰尾型线更细长,即传动轴行程范围更狭窄。由于舰尾型线狭窄,改装战斗巡洋舰在"正常"状态下预计舰尾减少6英尺11英寸;由于其正常排水量的标称限值为40 000吨,因此未分配任何压舱物。此外,排水量少1 000吨左右的专门航空母舰的稳心高度为7.2英尺,而改装战斗巡洋舰的稳心高度只有5英尺。增加的1 000吨排水量以及较宽的船型(超过倾斜装甲顶部104英尺11.25英寸,吃水线101英尺1.5英寸,而航空母舰为97英尺)导致战斗巡洋舰其速度减少半节,即从34节降低至33.5节。

作为一个备选方案,初步设计考虑为落后的战斗巡洋舰(游骑兵号,截至1921年9月10日只完成了2.5%)进行改装。这样改装有一个好处,就是允许将已经拨给战斗巡洋舰的资金用于航空母舰,这是美国海军总委员会的首选。

12月,新造一艘航空母舰约花费2 710万美元,而改装成本为2 240万美元,外加已用于一艘落后舰船的670万美元,如果改装稍先进的战斗巡洋舰,成本会略低一些。

华盛顿会议下令取消所有6艘战斗巡洋舰,极大地简化了问题。提议指出继续把2艘巡洋舰改装成航空母舰。就《华盛顿海军条约》而言,这显然更经济,因为战斗巡洋舰已经耗费了巨额资金。那时新造航空母舰规定上限是27 000吨,远远低于改装要求。海军部副部长西奥多·罗斯福指出该规定的一种例外情况。根据新标准,现有主力舰(若不改装,将被报废)改装的航空母舰或可将排水量提高至33 000吨。美国首批舰队(列克星敦号和萨拉托加号)就是在该标准上完成的,日本加贺号和赤城号亦是如此。

改装战斗巡洋舰设计实际上达到了36 000吨标准排水量(即正常排水量减去油料和锅炉水),这带来了新的问题。超出的3 000吨明显无法降低。1922年2月,初步设计部尝试拆除一半发电设备,这样或许能节省足够的吨位,不过美国海军总委员会不愿意为了吨位牺牲速度。

《华盛顿海军条约》中的一项条款使该项目幸免于难,其允许对现有主力舰进行现代化改造,以保护它们免受空中和水下攻击,也就是说,允许增加甲板装甲和水箱,最多不超过条约规定的排水量3 000吨。有人认为这一条款也适用于改装为航空母舰的主力舰,即两艘原战斗巡洋舰;整个服役期间,列克星敦号和萨拉托加号官方排水量列为33 000吨,脚注声明该数字"不包括《华盛顿海军条约》第11章第3部分第一段条款(d)中规定的防空袭和潜艇攻击手段的重量余量——即3 000吨的防空袭和潜艇攻击"手段"。初步设计部甚至估算了各部分的实际重量：除了12磅*结构列板，266吨舵机外部的斜置装甲用于防空袭；除了12磅结构列板，1 267吨防护甲板也用于防空袭；272吨吃水线水箱、270吨外纵向舱壁外侧下部凸起的结构、1 100吨原战斗巡洋舰船体的鱼雷防护舱壁（同样不包括结构材料）用于抵御潜艇攻击。以上各部分总重是3 175吨。如果不考虑这些重量，这些舰船的排水量将远超过《华盛顿海军条约》的限制：1928年，建造与修理局估算列克星敦号排水量35 689吨，萨拉托加号排水量35 544吨。1925年，一位海军部长曾问过这两艘船的最终排水量能否在《华盛顿海军条约》限制的33 000吨范围内，结果他发现这需要相当大的改动（比如降低50%功率）。他最终放弃了这一想法。

即使如此，设计也仅能勉强满足要求。例如，战斗巡洋舰的原始装甲防护有所减少，17英尺深的防护带被减至9.3英尺高（保留了7到5英寸原始厚度）；保留了2英寸的保护（第三层）甲板，也保留了原战斗巡洋舰舵机上的较厚甲板（平面3英寸，坡面4.5英寸）。

36 000吨排水量的限制给设计留出的余地非常小，就算增加应急柴油发电机这种小重量部件也会造成问题。工程局在1922年8月抱怨说：

> 所有食品、补给品、设备、备件等都计算在［标准排水量］中，如果一定要增加重151吨的发电机，那么必须相应减轻上述物品的重量。人们认为无论如何都要做出缩减。众所周知，其他国家海军不会像美国海军一样在舰艇上装载满足长期航行需求的补给品，大量补给品会严重阻碍新设计的制定。舰船试航时舰上未装载的额外补给品可被视为舰上的"临时"补给品。毫无疑问，战争时期额外补给品只会"临时"装载在舰上，因为战争时期舰上补给品总量会降至最低，除从一个基地转移到另一个基地之外，所有额外补给品会留在舰队基地。据了解，在华盛顿会议期间讨论补给品问题时，美国代表希望牺牲一定比例的总排水量以供补给品和设备之用，但这遭到了英国代表的反对。

初步设计后来估算，若补给品限额从90天减少为60天，那么补给品重量就能减少64吨（若缩减为30天，则能减少128吨）。改装设计中的补给品限额基于战斗巡洋舰的补给品限额，后者被视为非常充裕，因而可以减半，从而减少115吨的重量。一艘主力舰的饮用水供应量已经很低（每人29.5加仑**，而不是通常的40加仑），但在不严重影响船舶效率

---

* 1磅等于0.454千克，下同。
** 1加仑约等于3.78升，下同。

的情况下，似乎还可以削减30吨。

建造与修理局于1922年4月22日提交了接近最终版的改装草图设计。至此，炮组已确定为双联8门8英寸火炮（不是早期研究的6英寸炮台），12门5英寸/25口径高射炮以及4个21英寸鱼雷管（最终一个也没有）。据称，可容纳72架FY-22型飞机。之所以采用8英寸火炮，是因为考虑到《华盛顿海军条约》的限制，预计将有许多8英寸火炮巡洋舰建造；航空母舰必须得有办法在夜间或恶劣天气对付敌方的快速舰艇。包括6英寸和8英寸火炮航空母舰在内的早期设计都在上层建筑前方布置了一个双联炮台，另外两个布置在舰尾飞行甲板下方左舷和右舷。两个8英寸炮台将舰尾飞行甲板的宽度限制在60英尺，而在兰利号上进行的早期实验显示至少需要84英尺。因此，美国海军总委员会于1923年10月要求将这些双炮台安装至飞行甲板上，但以牺牲航空母舰向左舷目标开火能力为代价。此外，舰岛和炮组的重量比以前更加不对称，随之发生的倾斜需要修正，提议是拆除一台锅炉。此外，新增炮组的重量补偿是通过安装一个前弹射装置（不是提议中的三个）来实现的，舰尾一个也没有（不是提议中的一个）。事实上，锅炉并没有被拆除，两艘原战斗巡洋舰必须把它作为压舱物（以牺牲可用油料为代价）来克服固有倾斜。

列克星敦号的最终设计基于1919年战斗巡洋舰的设计，带有斜侧装甲和用于水下保护的水箱，灵感极大来自胡德号战斗巡洋舰的布置，古道尔在1917年将其平面图带到美国。

▲ 如图所示，萨拉托加号的烟囱具有独特的条纹，飞行甲板刻着S-A-R-A字样，回收的舰载机队正停放在舰艏。早期美国航空母舰作战的一个重大问题是飞机回收和发射无法同时进行。事实上，除非先用力拖动整个舰载机队到舰尾（完成"再出动准备"），任何飞机都不能发射（导致那时多层飞行甲板和飞行甲板弹射装置方案繁多）。注意在8英寸炮室前方有一台醒目的起重机，用于将飞机从水面吊到飞行甲板上。

第 2 章 开端：兰利号、列克星敦号和萨拉托加号

▲ 上图为列克星敦号服役早期的照片。大型航空母舰有复杂的舰岛结构，其中大部分空间用于水面和高射炮火力控制。在其两侧，最上层甲板配备5英寸测距仪，其间有一个带防护罩的高射炮控制器。控制器下面是5英寸和8英寸的消防站（舰尾一对相似消防站）。消防站下面是一个全封闭指挥室。接下来是驾驶室顶部，配有一个20英尺测距仪，驾驶室本体，由驾驶桥楼环绕，舰尾有一个海图室和一个应急舱室。舰尾几乎看不见的2号炮塔是一个装甲指挥塔，其在舰尾是一个主电台。气象观测平台（包括空军情报处）位于其下方。大烟囱上层突出的平台上有一个航空控制站（即主飞行管制室），下面有一个二级控制站。列克星敦号载有波音F2B-1战斗机和马丁T3M-1鱼雷轰炸机。这两类飞机原本设计了抓取前后阻拦索的轮轴，但很快就废弃不用。

不同于1945年以前设计的所有美国航空母舰机库，该机库是全封闭式，属于船体整体结构的组成部分，飞行甲板起到强力甲板的作用。因此，相对于*游骑兵号*等后续舰船的标准配置，机库相当小，吨位更少，机库甲板面积更大（也就是说，一个较小甲板的更大比例部分用于机库）。舰艉安装飞行甲板弹射装置，这是因火力控制和投弹瞄准器出名的卡尔·诺顿发明的一种独特飞轮驱动装置。弹射装置的价值有限，尤其是当水上飞机补给舰的作用随着大型航空母舰不再密切参与前线而减弱时。弹射装置是*游骑兵号*设计的关键，刚好在*列克星敦号*和*萨拉托加号*服役前完成。

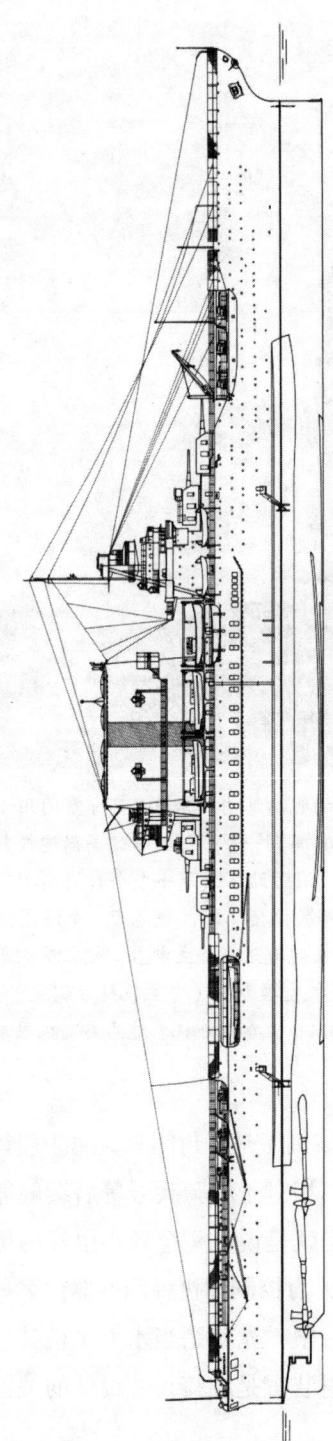
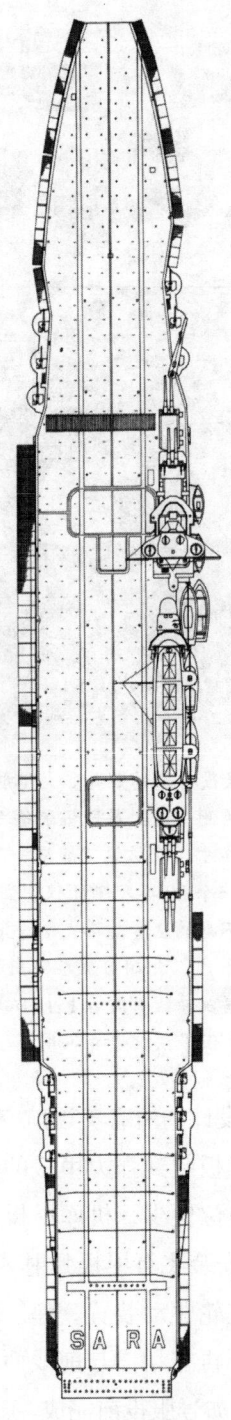

▲ 上图为 1936 年的萨拉托加号（CV3）。注意其烟囱下方的黑色条纹，有别于列克星敦号。另外注意 8 英寸炮室顶部装有 0.50 英寸口径机枪。折叠式风障（栅栏）横对 1 号炮台，舰艏没有安装阻拦装置。

考虑到《华盛顿海军条约》对美军航母总吨位的限制，有人质疑原战斗巡洋舰是否是最佳的吨位投资。一定程度上这取决于如何正确看待航空母舰的能力。若同20世纪20年代初设想的那样，最大容量等同于机库容量，那么较小的游骑兵号当然是一个更好的投资。但作战经验很快表明，美国航母战术的核心在于飞行甲板所能容纳的单个攻击波次的最大数量。两艘庞然大物在各种天气条件下的飞机操作能力完全超出了设计时的想象。游骑兵号的吨位变得更小，反映了对超大型航母价值的质疑，不过在1929年的第九次舰队解难演习中两艘大型航母超凡脱俗的表现消除了人们的质疑。

尽管美国海军总委员会坚持快速建成航母，但国会并不急于为这两艘大型航空母舰拨款，随着成本增加，工作进展缓慢。

尽管原本计划在20世纪30年代后期进行大规模现代化改装，航母服役前10年几乎没有进行大的改装。由于较少使用弹射装置，1934年将其拆除。1936年，加宽列克星敦号舰舯。最值得一提的是两艘航母都装备了相当数量的机枪炮台，用来防御俯冲轰炸机的攻击。1929年，两艘战舰都装备了试验性机枪炮台：萨拉托加号两个0.50口径的双联机枪以及列克星敦号两个0.30口径六联机枪。实验没有成功，随即将其拆除。游骑兵号是第一艘专门设计使用该武器的美国航母，配有40挺0.50口径机枪；回想起来，1933年夏天新造的约克城号也配备了四门1.1英寸机关炮。

应考虑为大型航母配备轻型炮组，但这种炮组会在一定程度上干扰飞行作业。游骑兵号利用下甲板放置武器，约克城号的武器存放在舰艏和舰尾的舰岛结构物内；列克星敦号配有8英寸火炮。海军军械局提议将机关炮放在舰艏上层结构的顶部、舰尾烟囱、超级火力8英寸炮塔顶部以及后来提出的舰尾凸出炮座里。舰艏上层结构和烟囱位置都会妨碍8英寸火炮火力控制，但下甲板沿着烟囱分布符合实际。考虑到会干扰重型火炮，暂不使用8英寸底座上的火炮；每个位置只能安装一门火炮。海军军械局提议在5英寸下甲板里安装火炮，但提议被拒绝了，因为那里空间已经很局促了。

海军航空局不看好上述大部分位置，提议拆除两个超级火力8英寸炮塔，装备轻型高射炮武器；若1.1英寸机关炮可用，则将其安装在以上位置。在所有机构中，只有建造与修理局认同拆除8英寸底座是不尽如人意的妥协之外的唯一解决方案。

1934年11月，美国海军总委员会经大量讨论批准了一项安装40挺0.50口径机枪的计划：2号炮塔顶部安装2挺，3号测距仪上方的一个特制平台上安装6挺（在驾驶室顶部），5英寸下甲板延伸舰尾两侧各安装6挺机枪，舰艏特制平台上安装8挺。分配给弹射装置机房和阻拦装置室的舰艏和舰尾两个横向空间将改装用于储存和处理临时弹药。或者舰艏平台上安装两门四联 1.1 英寸机关炮，舰尾平台上安装两门四联 1.1 英寸机关炮，代替 14 挺 0.50 口径机枪。两艘船的预算成本分别为 386 000 美元和 880 000 美元，在 20 世纪 30 年代，该金额相当可观。次年 2 月，虽然美国海军作战部长明白防范俯冲轰炸机的紧迫性，但他表示"除非成功研制令人满意的俯冲轰炸的防御武器，投入使用，全面测试，这笔开支才有必要"。美国海军总委员会建议完成这些计划，并进行试验性试验，从而调查"俯冲轰炸攻击防御武器的一般问题以及与航母相关的特定问题"。

因而仅启动不涉及结构工程的安装：2 号炮塔上 2 挺机枪以及 5 英寸下甲板延伸舰尾两侧各 6 挺机枪。事实上，建造与修理局指出舰尾最多只能容纳两挺机枪，普吉特海湾海军

▲ 这张照片拍摄于 20 世纪 30 年代后期，为装备轻型高射炮的萨拉托加号：机枪位于 2 号炮塔的顶部、前桅上以及大烟囱后。不同于其姊妹船，萨拉托加号的舰艏飞行甲板并没有在二战前加宽，它以战前配置参与了战争。

▲ 上图为完好无缺的列克星敦号的最后一张照片，这时被鱼雷击中的它舰艏正在下沉。已在珍珠港拆除 8 英寸火炮，用于当地沿海防务；尚未增设 5 英寸 /38 口径火炮。注意无 8 英寸炮组相关的控制器和测距仪。虽然这张照片无法显示临时凑成的轻型高射炮细节，但可明显看到其范围：火炮下甲板沿着大烟囱（两层）和飞行甲板分布，舰尾原小艇存放处也有分布。大烟囱前端的 CXAM-1 型雷达清晰可见。

造船厂认为萨拉托加号 2 号炮塔只能安装两个底座。机枪下甲板装置会干扰阻拦装置的操纵杆以及阻拦网,不过普吉特海湾海军造船厂给出了替代位置,即飞行甲板水平面以下 5 英尺处,舰尾两侧安装 6 挺机枪。到 1936 年,列克星敦号两端共有 4 个这种平台,每端各 4 挺机枪,环绕其烟囱的下甲板则布置了超过 12 挺机枪。1940 年,4 挺新的 0.50 口径机枪取代了舰艏和舰尾平台上的 5 英寸测距仪,因为改进后的 5 英寸控制器中(马克 19)包含这些仪器。但在 1941 年之前,列克星敦号并没有在其 8 英寸炮塔顶部安装机枪。其姊妹船直至 1937 年保留了试验性炮塔顶部装置。

1940 年,这些舰船的高射炮炮台再次加固。与美国其他主要军舰一样,它们都计划安装 1.1 英寸四联机关炮,3 英寸/50 口径(本地控制)机关炮作为临时代替性武器。一门这样的机关炮可取代每座机枪舷台(共 4 座机枪舷台)2 挺 0.50 口径机枪,另一门安装在烟囱和船桥结构之间的甲板室上。火力超强的 8 英寸炮塔顶部分别安装了 2 挺 0.50 口径机枪,共 28 挺机枪,包括顶部的 4 挺。到战争爆发,四联 1.1 英寸机关炮已经取代了 3 英寸/50 口径机关炮。战争爆发后又装备了更多武器。列克星敦号在 1942 年 4 月移除了 8 英寸机关炮,截至 5 月珊瑚海战役中被击沉,共安装 12 门四联 1.1 英寸机关炮、32 门 20 毫米火炮和 28 挺 0.50 口径机枪,由此可见,机关炮似乎取代了其 8 英寸火炮(1 号位置一个也没有)。在轻武器方面,横对烟囱的下甲板、原为艇槽的下甲板以及领航室层下方的新下甲板中增设了 20 毫米火炮。此时,仍拥有重型炮塔的萨拉托加号配有 9 门四联 1.1 英寸和 32 门 20 毫米火炮,并安装了 0.50 口径机枪。

到 20 世纪 30 年代末,海军各界普遍认为美国海军总委员会力争增大首批航母的尺寸的决策无比英明、高瞻远瞩。虽然列克星敦号和萨拉托加号均需在战前进行多次改装,但无须大幅改装就能搭载二战战斗机,这一点难能可贵,因为 20 多年来飞机设计发生了巨大的变化。毫无疑问,最初美国海军总委员会引进大型航母的原因是舰载机队的灵活性。至于飞机如何快速飞离甲板,其关键在于甲板人员是否足够有经验,而不在于战舰和驱逐舰弹射装置的优劣。

因此,马克·米切尔上校(后来指挥快速航母特遣部队的飞行员)在美国海军总委员会的见证下做出以下声明:

> 我们当中的许多人一直认为列克星敦号和萨拉托加号是我们建成的最好的多用途战舰,船上装配了巡洋舰规模的保护和装甲系统。我们将拥有 12 艘需要巡洋舰保护的航母,否则无法独立执行任务。但我相信列克星敦号和萨拉托加号可以独立执行任务,

如果没有巡洋舰的保护,它们仍可以用舰载飞机和武器保护自己。当前计划的12艘航母在作战中具有一定的局限性,所以未来我们研究航母时应向这两艘航母看齐。

到20世纪30年代末期,人们普遍认为这两艘大型航母都需要接受现代化改装,但因为它们是美国舰队中最强大的航母,很难在规定时间让其退役。胡德号战斗巡洋舰也是如此,作为战斗巡洋舰,它们就是为战斗而设计的。考虑到战时航母严重短缺,列克星敦号从未进行过现代化改装,萨拉托加号只进行了零星改装。

与其他许多军舰一样,两艘航母的重量逐渐增加。1928年至1936年间,重量增加了2 282吨(设备和补给品1 290吨以及附加结构992吨),吃水增加了17英寸;1935年,满载时,装甲带顶部低于吃水线8英寸。建造与修理局在1936年12月提出最低限度的现代化改装方案。右舷增加水箱,从而修正舰岛自重导致的固有倾斜;如果不增加其他重物的话,吃水将减少11.5英寸。若没有水箱,左舷油箱通常装载约890吨燃油(重量超过了右舷),极大降低了有效燃油负荷。建造与修理局提出了各种损害管理改进措施,如安装便于燃油转移的燃油布置、两台850千瓦和一台200千瓦应急柴油发电机。除此之外,建造与修理局还提出了航空系统的改善措施,比如完成炸弹和鱼雷的装卸和贮藏(萨拉托加号)、增加飞行甲板的加油口、更新阻拦装置和屏障(萨拉托加号舰艏安装阻拦装置)、拓宽舰艏飞行甲板和加长舰尾部分、扩大舰尾升降机容量(并提升舰艏和舰尾的速度)以及安装两个飞行甲板弹射装置。

海军航空局和建造与修理局所见略同,但提出了更高的要求:改进高射炮炮台,增加燃油容量。至于第一个要求,因为两艘航母都有小机库,相对于后续航母,其飞行甲板上停放飞机数量更多,所以常常无法使用舰艏或舰尾5英寸火炮。

▲ 列克星敦号在1936年进行了改装,其中比较重要的一项是拓宽了舰艏飞行甲板。上图为1939年1月正穿越巴拿马运河的列克星敦号。注意其舰桥结构上部貌似枪管的物体实际上是保护5英寸高射炮控制器。

当飞机进行再出动准备时，有时一门5英寸火炮都无法使用。

这些舰船的庞大尺寸和速度导致其巡航半径非常有限。当即将开始飞行作战时，最低可接受航速是25节，这大概是战争时期的正常航速，该航速下航程为4 851英里。航程常常是舰队解难演习中的一个重要限制特征。1935年在夏威夷中途岛地区曾进行了短时舰队解难演习，在大约5天的时间内列克星敦号的补给减少到危险的地步。此外，舰船只能依靠躲避来保护自己，这意味着舰船应具备快速逃脱能力。上述条件下，油耗巨大。据了解，通过增加水箱来消除右舷固有倾斜，有效燃油容量将增加约750吨。25节航速下，这将增加约500英里航程。尽管如此，5 300英里左右的航程还是远远不够。建议至少增加750吨燃油。

海军航空局还建议拆除8英寸火炮，用高射武器取而代之，节省下来的重量可用于装载更多燃油（按重量计算）。

在评估拆除8英寸火炮带来的军事效能损失时，这些舰船的飞行甲板受损后就不再被视为潜在的巡洋舰。在航空局局长看来，除非这发生在一场战争的最后关键行动中，否则应立即将航母送往基地进行维修。无论可用的航母有几艘，都应严格执行以上流程。只要有可能，应避免主炮组和任何一艘巡洋舰实际交战。当航母高速撤退时，巡洋舰队必须向敌方巡洋舰发起反击。当飞机在舰船上时，使用8英寸火炮无疑会严重影响操作设备。在执行空中任务期间，应将火炮使用时间限制在相对较短且固定的时间段内，除非不考虑回收空军中队。

美国海军总委员会认为"应考虑舰船的使用年限及总体情况，进行必要的维修和翻新，从而使舰船保持良好的服役状态。相比于航母现代化改装拟订方案中的改装，应优先考虑此类维修和翻新"。美国海军总委员会拒绝拆除8英寸炮组，米切尔上校在1940年发表的讲话再次提到拒绝的原因：

拥有8英寸炮组和装甲保护的列克星敦号和萨拉托加号比其他携带较轻炮组和较少保护的航母更适合在战争中执行远距离任务。虽然作战期间，应尽可能为航母提供巡洋舰保护，但无法保证巡洋舰保护始终如一。考虑到已建和在建的航母数量、可能

分配给航母的任务以及战争中可用的巡洋舰数量，在不严重消耗其他所需巡洋舰力量的情况下，无法保证航母获得足够广泛和高效的巡洋舰保护。尽管美国海军总委员会没有预测到列克星敦号和萨拉托加号将被用作巡洋舰，不过它深信航母装甲和炮塔火炮力量在缺少其他舰船支援的作战情况中的巨大潜在价值。此外，即使有巡洋舰保护，在可见度低的天气或夜晚，敌方可能突袭或其他原因导致无法高速撤退以及无法躲避炮击时，8英寸炮组可能非常有用。

另一方面，如果5英寸火炮取代了飞行甲板顶部上的8英寸火炮，飞机和高射炮之间的干扰可以排除。美国海军总委员会倾向采用另一个办法排除干扰：减少飞行甲板上的飞机数量，不惜在机库保留一个空军中队，确保甲板无障碍物。

另一个可能的减重方法是移除所有舷侧装甲；在1925年的减重研究中，舷侧装甲的重量被评估为1 280吨。仅拆除右舷装甲可消除大多数固有倾斜并且也会减少4.5英寸吃水深度。但倾斜装甲位于内部，其移除比较费劲。此外，如果舰船消耗了一半油料，防护带将被暴露，成为需要重点防御的部位。

美国海军总委员会发现高速航行时列克星敦号和萨拉托加号的续航距离超过其他舰船。因排水量增加和燃油储存箱的改装，续航英里数有所降低。毋庸说航母以25节航速驶离，然后提速重新加入舰队，其巡航距离必然低于舰队巡航距离。演习数据表明当航速为25节时，若操纵飞机，续航距离为4 421海里；若无需操作飞行稳定航行时，续航距离为4 937海里；当航速为10节时，上述两个数值分别为9 556海里和13 207海里。

第16次舰队解难演习中，舰队往返西海岸和中途岛的行动中，萨拉托加号每日燃料消耗占其总燃料容量的2.5%至10%。飞机隔天从旧金山飞到拉海纳，约是火奴鲁鲁到中途岛飞行天数的70%。在这段时间里，与萨拉托加号并肩作战的主力舰队航行了5 724海里，而萨拉托加号航行了10 247海里。

通过安装水箱，可以充分利用当前安装的总油箱容量，航母续航距离可提高约14%，如果将空舱转换为燃油箱，那么可能会进一步增加3%的续航距离。这是通过扩大其燃料容量可获得续航距离的最大增幅。根据建议，在舰艇端安装阻拦装置可进一步增加续航里程，因为它可以减少编队航线偏离，运行飞机时所需的航速也会降低。作战模式本身是影响续航距离的一个重要因素，研究这些方法可提供有价值的改进建议。

1925年8月，美国海军作战部长批准了美国海军总委员会的大部分改进措施。除此之外，添加了主发动机和辅助设备的大修，并将其作为重中之重。5英寸炮组通过配备遥控装置实现现代化改装，8英寸火炮将不会有替代性武器。

由于国际形势复杂，直到1939年未能开展任何升级改造工作。1939年12月，美国海军作战部长批准了两艘航母的改造计划，并要求分两个独立（相对较短）的阶段完成改造工作。第一阶段包括安装水箱和新的舰尾升降机。此时也出现一些问题，允许通过巴拿马运河船闸的船宽最大为108英尺，是否可以在这个船宽限制内完成水箱的安装成了问题。建造与修理局在1940年4月写信通知美国海军作战部长，要么将船宽限制在108英尺内但损失相当大的速度；要么使水箱失去浮力。事实上，1 685吨水箱（可使巡航半径增加5%）型材已经被送到普吉特湾进行加工。或者可以不考虑船宽限制，毕竟，巴拿马运河第三套（更宽）船闸项目可能很快就会得到国会批准，工程计划于1946年完工。巴拿马运河船闸拓宽后，中途岛级航母和蒙大拿级战舰也能采用更宽的船体。直到第二次世界大战结束后，美国才在建造美利坚合众国号超级航母时明确不考虑巴拿马运河对船宽的限制。建造与修理局考虑了这两艘航母（共7艘）无法通过运河的不利条件，通过改进方案，可保证浮力增加2 200吨至2 300吨，而最初希望水箱增加的最大浮力为1 940吨。最大船宽可能为112英尺。

然而，这个提议也未落实。到1940年春天，即使是相对短期的重大改装也不可能进行，所能做的只有安装雷达（位于大烟囱前端CXAM-1型雷达空中搜索装置和YE航空信标）和增加新的高射炮炮组。1942年初，下令拆除8英寸火炮；列克星敦号上拆除的8英寸火炮用于夏威夷海防。还没来得及任何改造，列克星敦号便折戟珊瑚海海战。1942年1月11日，萨拉托加号被一艘日本潜艇在夏威夷附近被鱼雷击沉后在布雷默顿进行了大修，战前计划的大部分改造措施得以实施。

舰船局认为大型水箱会提供平衡舰岛结构所需的液体载荷，补偿多年来因重量增加而失去的浮力，并提升稳定性。

每个因素对战损都有实质性改进。目前，左舷鱼雷防护需要两层比右舷更完整的液体层平衡舰岛。右舷有一层以满足最低防护要求，左舷需要三层并且那一侧没有大量可用箱贮来防止倾覆浸水。此外，随着右舷液体深度减少，浸水量会更大，因为（a）有更多空箱会浸水，并且（b）空舱的损坏会更严重。

水箱还会使稳心高度增加约 3 英尺，弊端是会损失四分之一节航速，以及无法通过现有巴拿马运河船闸。同时，还建议将 8 英寸火炮更换为双联 5 英寸/38 口径火炮，现有的 12 挺 5 英寸/25 口径火炮更换为 12 门较重的 5 英寸/38 口径单支架火炮。

舰船局估计，萨拉托加号的修理工作至少需要 4 到 6 周才能完成，而右舷水箱的安装只需要一个多月时间。那时阿姆斯特丹号轻型巡洋舰（CL59）正在改装成为轻型航母，双联 5 英寸/38 炮架可从其库存中立即获得。萨拉托加号于 5 月 22 日从普吉特湾再次出现在视野中时，新增了一个大型水箱、16 个 5 英寸/38 口径炮组，以 2:3 的比例更换了船侧 5 英寸/25 口径炮座。通过去掉帆桁减轻了一些重量。一座开放式舰桥（此时，许多美国军舰都使用了这种舰桥形式）建在指挥室顶部。一根灯杆代替了三角前桅。烟囱也降低了。这时萨拉托加号终于拥有了 1936 年首次设想的更宽的舰艏飞行甲板和加长的舰尾飞行甲板。它还装备了一对马克 375 英寸控制器（配有马克雷达）、二次空中搜索雷达（SC，烟囱后端）以及 4 门四联 40 毫米火炮（各自取代了一门 5 英寸/25 口径火炮），保留了原来 5 门四联 1.1 口径火炮。此时，其拥有 30 门 20 毫米火炮。1942 年 8 月 25 日，萨拉托加号再次遭到鱼雷攻击，而且其涡轮发电装置极易受损，一个锅炉房淹水后发生了短路，舰船失去动力。9 月和 10 月在珍珠港的维修工作包括进一步增加高射炮炮组：四联博福斯式高射炮取代了剩下的 1.1 口径火炮（共 9 门），增加了 22 门 20 毫米火炮（共 52 门）。

1943 年 7 月，萨拉托加号指挥官提议，40 毫米炮组增加 24 个炮架，不惜牺牲 5 英寸和 20 毫米炮组、5 英寸弹药、部分 5 英寸弹药起卸机以及飞行甲板木板等杂项。

此时，20 毫米火炮似乎不如战争爆发时效率那么显著。同时，近炸引信尚未广泛使用，5 英寸火炮同样毫不起眼。舰船局提出了两个方案：一是将 20 毫米炮组的火炮从 52 门减少到 24 门，并安装 23 门四联火炮和 2 门双联 40 毫米火炮；或者，移除 4 门单 5 英寸/38 口径火炮，并额外增加 2 门四联 40 毫米火炮。另外，通过移除前阻拦装置和一些 5 英寸弹药减轻了重量。随后又拆除了 16 门 20 毫米火炮，以增加 40 毫米炮组。重量是个问题。

此时萨拉托加号严重超重：在轻载条件下，其排水量约为 43 840 吨。方案 A 将保留所有 5 英寸火炮，预计轻载排水量为 44 147 吨，满载排水量为 48 552 吨，计算得到的最大载重为 50 846 吨。满载时，尽管有水箱，其防护带基本位于水下 3.19 英寸处。这些数字接近舰船局于 1942 年 2 月计算得到的最佳战斗排水量 44 100 吨（满载为 48 500 吨，其中包括 8 542 吨燃油）。此外，这些数字还不包括计划为萨拉托加号安装的一个新的舰尾升降机的重量，该升降机重 235 吨。

第 2 章 开端：兰利号、列克星敦号和萨拉托加号

▲ 战争实现了许多战前会议没能实现的目标。如上面两张摄于1942年5月14日普吉特湾海军造船厂的照片所示，萨拉托加号上的8英寸火炮以及大部分帆桁已被拆除。英国方面认为新型开放舰桥对空袭中的有效作战至关重要，美国海军听取了这一建议，增设了当时标准改装项目的新型开放舰桥。桥下是原指挥室，再下一层是驾驶室和驾驶桥楼，驾驶桥楼新安装了挡风玻璃。原指挥塔仍保留。同时拆除了烟囱的主飞行管制室，副指挥位置加装了护板。

▲ 1943年萨拉托加号的指挥官要求大幅增加轻型高射炮炮组。虽然萨拉托加号上装载物很多，但其长度充足，布置得以简化。从如上所示的1944年2月2日在猎人角海军造船厂拍摄的萨拉托加号图片可以看出新炮组的密度。虽然甲板上的双引擎巡逻轰炸机相对于舰船看起来不太大，但它们其实算是舱面货。

舰船局只能无奈地评论道：

  与大多数服役一段时间的舰船一样，它的排水量远远超过了设计时的数值。虽然最大载荷计算值小于舰船备案时的52 000吨，舰船运行时持续产生的载荷增加可弥合该差异。满载和最大载重量条件下的负装甲干舷使舰船大面积暴露在水下，易受到各种炸弹的袭击。如果炸弹在第三层甲板附近爆炸，那么将非常危险，因为第三层甲板的面积很大，可能会浸水。深航鱼雷可能不会造成第三层甲板的大面积浸水，因为这种鱼雷不太能够影响该层甲板的横向隔板。但浅航鱼雷会带来与炸弹爆炸相同的危险。当舰船的第三层甲板低于吃水线时，指挥官应该意识到危险。不断变化的战斗条件要求携带的液体载荷不超过舰船水下保护系统所需。

  萨拉托加号于1943年12月9日至1944年1月3日在猎人角进行了整修，新增了2个左舷舷台，用于在舰岛结构正横方向安装双联博福斯式高射炮；船上还增加了7个位于前左舷艇槽、2个位于右舷艇槽的四联炮架，另在飞行甲板高度的舰岛外侧增加了3个炮架，在舰艉火炮下甲板增加了2个炮架，补充那里原有的2门火炮。

第2章 开端：兰利号、列克星敦号和萨拉托加号

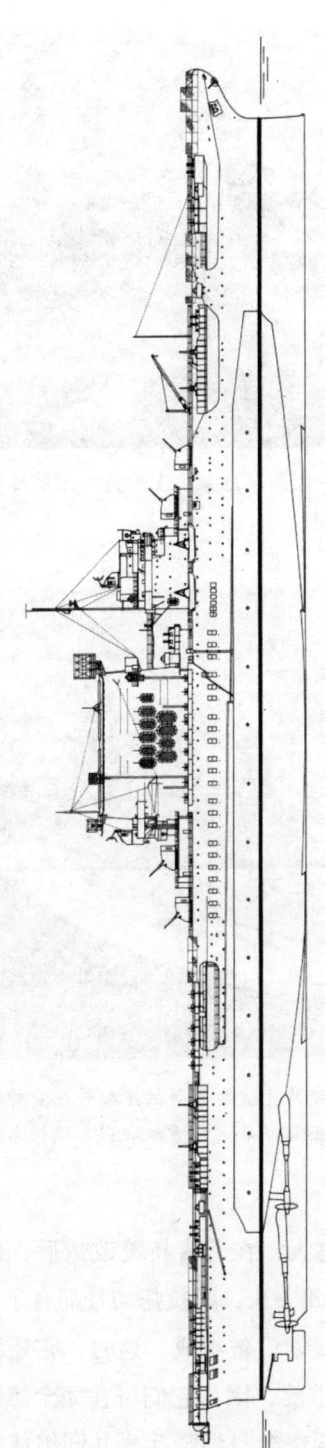
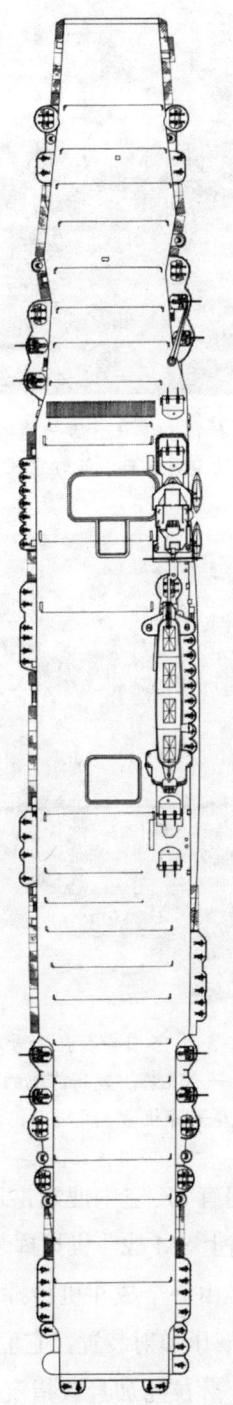

▲ 上图为1943年萨拉托加号（CV3）改装后的照片。注意舰艏和舰尾用于舰艏着舰和舰尾着舰的阻拦索。

▲ 1944年末，萨拉托加号在普吉特湾海军造船厂又进行了一次简单改装；上图为海上航行中的萨拉托加号，拍摄日期为9月8日。此时它装备了飞行甲板弹射装置。

▲ 上图为1945年5月15日萨拉托加号在普吉特湾试航时的照片，这之前萨拉托加号在受神风自杀式攻击后进行了最后一次改装。舰岛前端的原飞机起重机已被新型可折叠式起重机取代。铺位占约一半机库甲板；移除了舰尾升降机。

此时，它拥有SK空中搜索雷达，1944年一个夏天，在普吉特湾改造后，该雷达被移到了前桅，烟囱上SM战斗机指挥装置取而代之，如此一来，萨拉托加号拥有了全标准美国航母雷达装备，由一个战斗机指挥装置和两个空中搜索设备组成。这时，它还装备了一对标准HMKII型液压弹射装置，它们对夜间行动至关重要，因为它们可在完全黑暗中为飞机起飞提供引导。萨拉托加号被指定为夜间航母并在珍珠港与游骑兵号共同组成第二航母分队（Car Div II），用于训练夜间飞行员和研究夜间战斗机理论。1945年1月，它被派往乌利希，与企业号组成一支夜间航母特遣舰队前往硫磺岛。

2月21日，6架日本飞机在3分钟内击中萨拉托加号5次，随后再一次被轰炸。它再次返回布雷默顿港接受维修。尽管飞行甲板前部损毁，右舷两次被击穿，机库甲板发生大火，但它能在3小时内回收飞机。此时，由于升降机（特别是舰尾升降机）容量有限，其行动越来越受到限制，早在1936年就应该更换这些升降机。硫磺岛之后，舰尾升降机被完全拆除，安装了一个新的舰艏升降机，面积约44平方英尺。机库甲板舰尾端的大部分区域布置了2层住舱，主要供军官使用（此时所有战前舰船空间都很狭促）。

战争结束时，萨拉托加依旧保留这样的配置。战后，在"魔毯"（Magic Carpet）计划中，"萨拉托加"号负责运输军队返回美国的任务，随后它在比基尼岛核试验后迅速沉没。

第3章
航母频谱研究与游骑兵号
（1922—1929）

20世纪20年代初，美国海军总委员会将海上海军航空视为一项迫切的需要。尽管有很多来自"枪械俱乐部"的负面言论，而且后来美国海军总委员会选择了战舰而不是航母，但在这个时期总委员会似乎已经意识到航母将是未来发展的方向，并渴望在《华盛顿海军条约》允许的极限内，建造更多的海上飞机，这直接导致了中型航母游骑兵号的研究项目。总委员会克服种种不利条件，其中最为困难的是没有任何可供借鉴的使用经验。英国在第一次世界大战结束后不久就终止了与美国在海军航空领域的合作。更为紧迫的是，为了得到国会的批准和拨款，需要尽快明确新型航母的初步方案。当时服役的兰利号被认为是一艘试验性航母，只开展了一些舰队航空的探索性试验，并不能提供实质性的帮助，美国海军总委员会只能依赖于海军战争学院。

海军战争学院位于纽波特，通过开展标准化的战争演习对新技术概念进行建模和详细研究，这种方法一次又一次推动了美国海军的技术进步，而无须依赖试验船（甚至舰队）。战争演习在很大程度上帮助确定了游骑兵号的初步构型，如取消了拟议的飞行甲板

◀ 游骑兵号是美国第一艘在龙骨上建造的航母。由于排水量的限制，一年中大部分时间只能执行非战斗任务。1943年初，执行运送陆军P40战斗机任务，这些飞机事先被空运到北非基地。

巡洋舰方案。从那个时代，一直到第二次世界大战结束，只有海军战争学院能够开展复杂的仿真计算分析，该学院院长是美国海军总委员会的主要顾问，并担任海军部长顾问的要职。

兰利号在当时更多充当了诸如停机装置之类特种设备的试验场，可以测试航母甲板的飞行保障能力。基于兰利号的试验，美国海军在二战前夕打消了研制大型双引擎舰载机的想法。1926年，在圣地亚哥举行的舰队演示中，俯冲轰炸意外取得了成功。就游骑兵号而言，俯冲轰炸较鱼雷攻击更为有效，鱼雷和鱼雷轰炸机的方案在最终设计中被排除在外，从而更改了海军战争学院最初的方案构想。

▲ 新近完成的游骑兵号展示了它最初的、寿命短促的5英寸炮组布局，在艏楼上有两门5英寸的火炮，在炮舰舷外平台上只有两门。这些武器没有马克（Mark）33指挥仪——舰岛的上层建筑只有一个小型测距仪。最后，注意后升降机（在向下位置）在船尾的距离。

当时，由于兰利号是一艘平甲板航母，无法测试舰岛的飞行指挥控制功能，也不理解舰岛的独特功能优势，这一局面直到列克星敦号和萨拉托加号的出现才得以改变。在游骑兵号的整个初步设计中，按照飞行员的要求，采用了完全齐平的飞行甲板，并力图解决烟囱的排烟问题。在航母龙骨铺设好后，又决定增加舰岛，这带来了重量调整、补偿、固定等一系列问题，给航母"总体"设计带来了很大的困难。

在建造和修理局内部，早在1922年就开始了有关航母建造的研究工作，主要是基于刚刚完工的列克星敦号开展。在完成一系列设计草图之后，美国海军总委员会直到1927年才提交新型航母的初步构型。

其中最难以确定的是航母吨位，按照《华盛顿海军条约》限定的总吨位以及最大单舰吨位，设计师采取了最严格的重量选择和控制。列克星敦号和萨拉托加号完工后，美国只允许再增加69 000吨，如何分配是个重大难题。虽然10 000吨以下的航母不受条约限制，但各方都认为这几乎不切实际，尽管日本人确实建造了这样一艘航母，那就是他们的凤翔号。

最大的设计方案为27 000吨，但美国海军总委员会倾向于采用标准设计，即23 000吨（3艘），17 250吨（4艘）或13 800吨（5艘）。重量分配的问题虽然在1931年约克城号（CV-5）级航母设计中再度出现，但那时已经积累了丰富的航母使用经验，包括大型航母列克星敦号和小型航母兰利号。20世纪20年代，没有人能够预想到未来超大型航空母舰的出现，更想象不到全天候作战、庞大的舰队规模和新型舰载机的惊人表现。限于之前胡蜂号（CV-7）的设计，设计师们还搞不明白航母吨位与生存能力之间的关系。这一问题引起人们广泛关注，当时人们只认识到提高航速有利于航母躲避其他水面舰艇攻击。

初步设计早在1922年7月就开始了，这远远早于美国海军总委员会的预期，当时尝试了多种方案（见表3-1）：其中备选方案276号的设计排水量为23 000吨，可以建造3艘；备选方案277号的设计排水量为27 000吨，吨位最大，采用双层机库增加飞机容量（设计281），采用装甲防护（设计282），代价是空间加大和航速降低。另外2个设计草图分别为286号和293号，尝试探索更小的船体方案。

23 000吨的方案于1922年7月初开始设计；借鉴列克星敦号的改装方案，"人们认为，一艘令人满意的航母应具有最高航速和最大飞机搭载能力，并具有强大的鱼雷防护和《条约》所允许的最大武备，在不过度削弱其他系统的前提下，尽可能多地增加装甲防护"。设计师们为满足航空兵的渴求，曾尝试了35节的设计方案，未获成功。

27 000吨的方案以战列巡洋舰（涡轮电动）为设计母型，采用180 000轴马力的功率和（794×91×74）英尺（深）的船体，总吨位达到30 400吨，远远超过预期的25 000吨正常吨位、23 000吨标准吨位。为了控制重量，降低功率改用齿轮减速涡轮机，并进一步缩减舰体长度。第一份设计草图展示了可容纳20架鱼雷轰炸机的主机库和位于锅炉上方较小、较浅的辅助机库，辅助机库可以容纳大约40架"战斗"飞机，该设计方案不具备飞机拆卸的保障能力。

27 000吨设计方案其实是23 000吨方案的备选方案。

表 3-1　1922—1923 年方案

	276 1922 年 9 月	277 1922 年 10 月	281 1923 年 1 月	282 1923 年 1 月	286 1923 年 4 月	293 1923 年 6 月
吃水线长度（英尺-英寸）	710-0	766-0	890-0	680-0	625-0	660-0
船宽（英尺-英寸）	87-0	90-0	86-3	101-0	68-6	80-0
吃水（英尺-英寸）	27-0	27-1	25-0	29-0	20-6	24-6
标准（吨）	23 000	27 000	27 000	27 000	11 500	17 000
正常（吨）	25 000	29 250	29 500	29 250	13 000	19 000
终止于 1 节（nm）	10 000	10 000	10 000	10 000	10 000	10 000
轴马力	118 000（GT）	140 000（TE）	59 000（TE）	69 000（TE）	46 800（GT）	58 000
速度（节）	31.5	32.5	27	27	28	28
8 英寸火炮	8	8（4×2）	9（3×3）	9（3×3）	6（2×3）	9（3×3）
5 英寸高射炮	12	12	12	12	8	8
TT（21 英寸）	4	4	4	4	4	4
跑道宽度（英尺-英寸）	6-0	6-0	8-6	10-0	11-0	10-6
厚度（英寸）	3	3	2	8，5	3.5，2.5	3.5，2.5
起飞长度（英尺-英寸）	—	—	459-0	245-0	316-0	273
着陆滑跑长度（英尺-英寸）	—	278	385-0	240-0	304-0	332
机库面积（平方英尺）						
大飞机	8 890	10 500	17 500	10 600	11 500	7 450
小飞机	7 190	7 700	4 500	11 400	—	15 300
储物空间	大概 60 架飞机	大概 75 架飞机	8 500 双机库；一部升降机	短飞行甲板，中线位置有一个炮塔；"受保护的"航母	5 280 一部升降机	

由于航母舰体比战斗巡洋舰要浅得多（前者为 65 英尺，后者为 74 英尺），不得不将机库置于防护装甲带，通风管道必须穿过机库和舰体，机库分为 3 个部分，艏、艉部主机库

第 3 章 航母频谱研究与游骑兵号(1922—1929)

全高为 21 英尺,其他部分为 12 英尺,后部配置行程 60 英尺的升降机,前部配置行程 30 英尺的升降机。后部升降机位于着舰跑道的前端,着舰跑道长 278 英尺。另外,还为水上飞机配备了起重机,在舰艏安装了 2 条弹射器轨道。

由于机库面积增加,航速只能提高到 32.5 节,仍然低于所需的 35 节;加上装甲防护(平面上 80 磅对 70 磅,斜坡上 4 英寸对 3 英寸),经计算多出了 4 000 吨总重,其中包括大约 15 架飞机的重量。

以上两种设计方案都包括 6 英尺宽 3 英寸厚装甲带;相比,战斗巡洋舰有 7 英寸的装甲带和 80 磅(2 英寸)的装甲甲板。设计之初预期搭载 100 架飞机,实际 27 000 吨的设计方案可以搭载 75 架,23 000 吨的设计方案可以搭载 60 架。

在大型舰船上使用涡轮电机的优势,是有利于船体采用隔舱设计,以增强对水下攻击的防护。这种防护对于航母来说尤其重要,因为航母的主要敌人,包括潜艇、驱逐舰和巡洋舰都装备了鱼雷。航母由于配备了飞机,在白天通常能够避开攻击,但在夜间,鱼雷是对航母最致命的威胁。23 000 吨航母的设计方案表明,随着单舰吨位的减少,船体防护,特别是对水下攻击的防护大为减弱。

27 000 吨航母的设计方案(282)更加注重船体防护,采用了 2.5 英寸的平板防护甲板,覆盖 8 英寸装甲带,并采用了涡轮电力驱动。但是,功率降低至约 70 000 轴马力,速度降低至 27 节。机库甲板面积接近最初的 27 000 吨设计,但削减了飞行甲板的空间,以便在舰楼上安装 1 门 8 英寸的三管火炮,另 1 门也安装在飞行甲板上。为以减轻重量,舰体长度

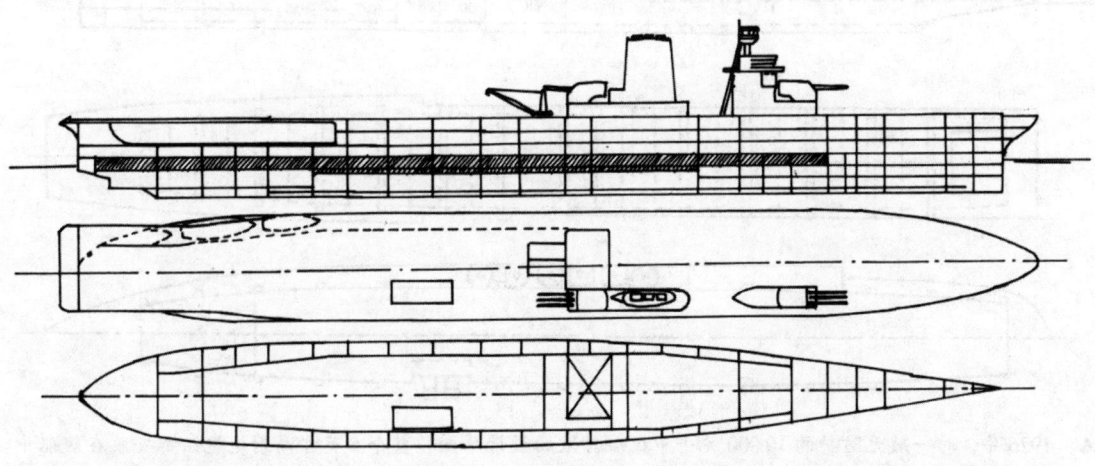

▲ 1923 年,对一艘 13 000 吨(11 500 标准)航母做的设计草图(设计 286)。其火炮为 8 英寸三管。

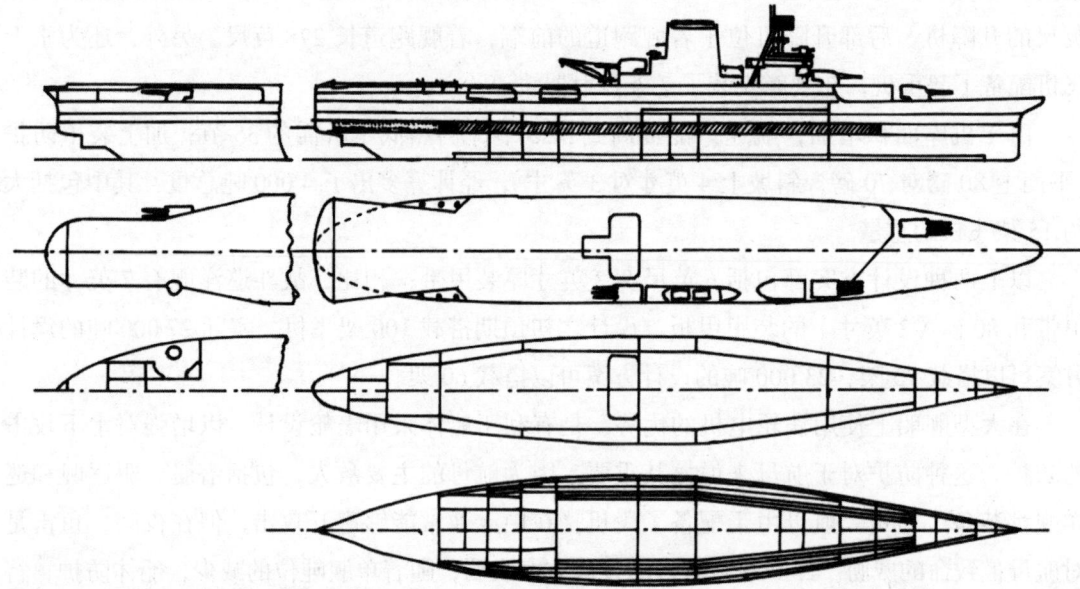

▲ 1923年，对一艘有防护29 000吨航母做的设计草图（设计282）。

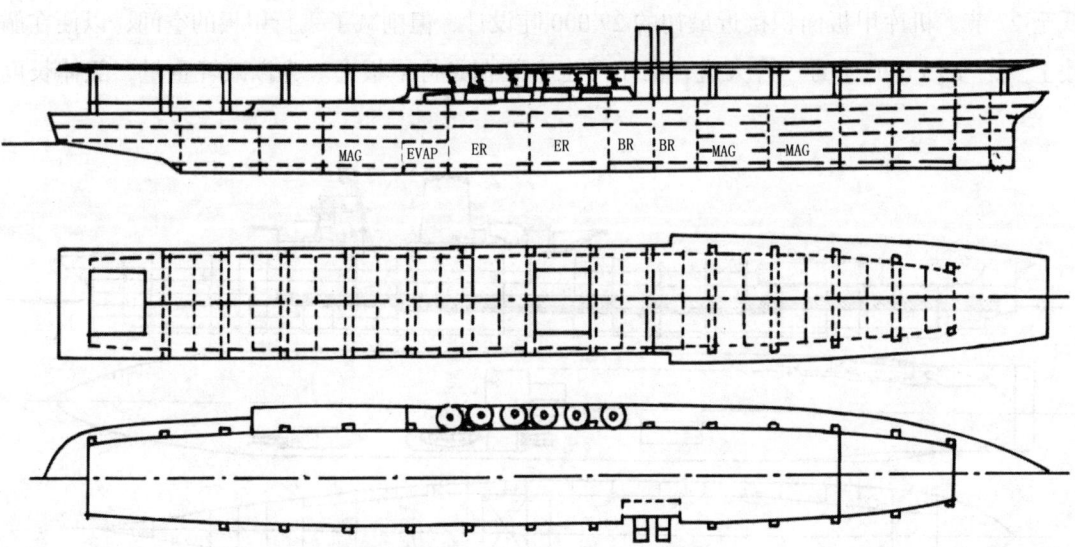

▲ 1926年，对一艘无防护的10 000吨平甲板航母做的设计草图。整个5英寸高射炮炮组都安装在舰船中间。这是方案2。

第3章 航母频谱研究与游骑兵号（1922—1929）

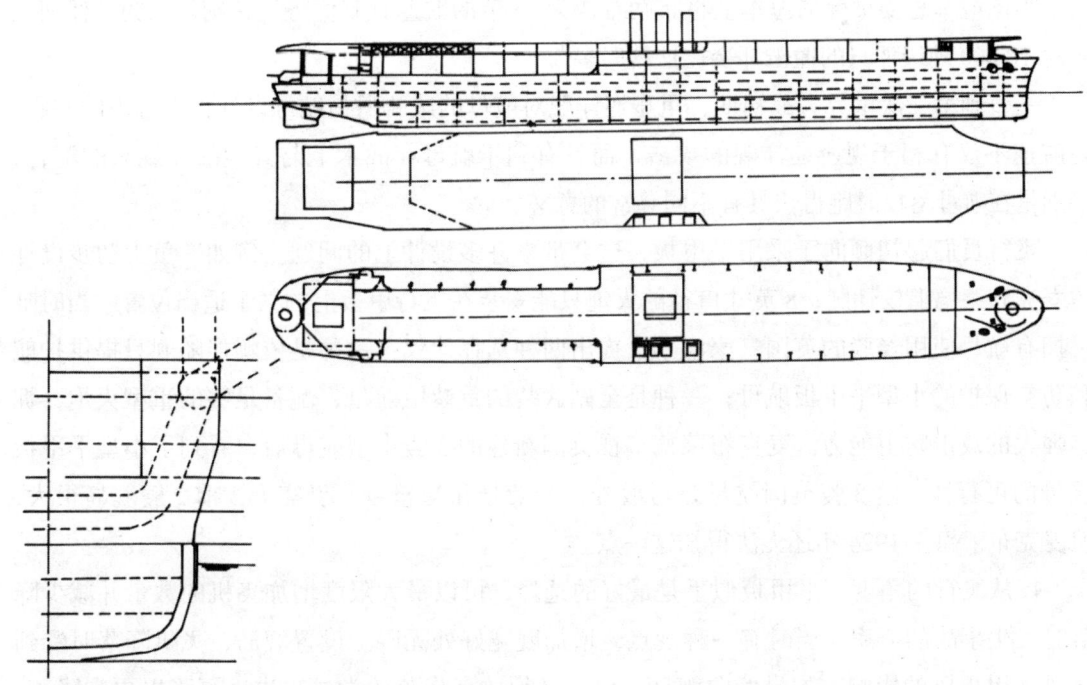

▲ 方案30，1926年对一艘有防护的13 800吨航母做的设计草图。炮房和炮台上装有6-ini53巡洋舰炮。

大为缩短。

经比较分析，27 000吨的航母排水量似乎最令人满意，该方案有两种选择，一是航速达到32.5节，适度装甲防护，安装重炮；二是航速达到27节，重型装甲防护，大的飞机容量（双机库）。提高航速的代价是昂贵的，必须将舰体加长等于列克星敦号，并且，随着船体重量的增加，必须减少火炮的数量；由于机械设备和船体结构占用大量空间，不得不缩小机库甲板；为满足排放需求，烟囱加粗，舰岛变大，飞行甲板随之减少。

由于难以取舍定夺，所有设计方案都被暂时搁置。直到1924年5月，众议院议员卡尔·文森（Carl Vinson）向美国海军作战部长提议尽快确定航母的初步构型，以便他能够将航母的提案纳入新的海军法案中。听证会前，尽管美国海军总委员会准备仓促，但还是清晰表达了对新型航母的总体构想，问题仍然聚焦在航速、炮组、机库和装甲防护，由于经验不足、认识模糊，还无法对防空炮火的配置进行评估。

航速主要是为了应对巡洋舰的攻击；《华盛顿海军条约》鼓励大规模建造10 000吨级的快速巡洋舰，这肯定会对航母造成重大威胁。

美国海军总委员会的海军上将布勒希认为35节的航速具有优势，特别是因为"任何大海对10 000吨级船只的撞击都会比这艘船多"。

一直到第二次世界大战初期，重型巡洋舰对航母的威胁仍是航母设计重点考虑的问题，高航速不仅有利于规避巡洋舰的攻击，而且有利于航母在战术上与其他战斗舰只的配合，特别是在航母落单时跑得快具有不同寻常的意义。

飞行员们起初倾向于采用平甲板，这会带来许多设计上的问题。例如，负责初步设计的麦克布莱德上校怀疑，8英寸口径的火炮只能安装在飞行甲板上的某个适当位置。当时唯一拥有航母使用经验的英国皇家海军，提出两种选择建议：一种是依赖伴随舰只提供护航和防空保护的小型平甲板航母；一种是全副武装的重装甲航母，配备足够的重型火炮，拥有强大的攻击防卫能力。麦克布莱德审视英国新建的3艘小型航母后，看到了小型平甲板航母的可行性，这3艘英国航母是勇敢号、光荣号和暴怒号。事实上，前2艘舰岛很大，但麦克布莱德在1924年还无法得知这一点。

仅从飞行的角度，平甲板似乎是最好的选择，可以最大限度增加飞机的数量并减少降落时发生事故的概率。当时有一种观点，增加舰宽好处无限。设置舰岛，飞机降落时受到海风和甲板风的影响，如果偏向舰岛一侧，必须放弃降落的尝试，进行复飞以再次降落。飞行员海军少校马克·米切尔（Marc Mitscher）（他后来指挥快速航母特遣部队）对这一点深表认同，他指出舰岛形成的漩涡气流严重影响着舰安全。但飞行员如果建立起清晰的甲板图像，即使在有舰岛的情况下，他们仍然能安全降落。

问题是应该如何取舍？海军上将布勒希指出，虽然高速航行不能躲避夜间或雾天带给航母的威胁，但他还是希望得到35节或36节的航速，但麦克布莱德知道这是不可能实现的。对于一艘额定航速为32.5节的大型舰船，通常它的实际速度可以超过一艘32.5节的巡洋舰。布勒希指出，一艘在高速端受阻的航母可能会在战线的上风舷舱作战，舰队速度超过21节将是必要的，这可以使航母迅速占据有利的战位；如果能在此基础上将航速增加6节，达到27节就足以满足战斗需要。因此，布勒希倾向于支持27节的航母设计方案。但海军上将希拉里·P.琼斯（Hilary P. Jones）不同意这种观点，他批评这种观点对战术的理解还不够透彻。他认为航母应该像侦察兵，能够在大多数情况下单独作战，只有迫不得已才寻求主力舰队的支援。

为此，他更偏向于高航速（33～34节）和大口径的火炮。米切尔则倾向于配备6英寸口径火炮的快速平甲板航母。

随着舰队作战研究的进一步深入，航母指挥官发现航母与其他舰只编组，对于航母来说可能是自杀。航母的主要敌人是敌机，特别是俯冲轰炸机，航母的生存主要依靠规避和通过飞机主动发起对敌人的攻击。舰队规模庞大，目标过于暴露，容易被敌方侦察机发现，航母若在附近，也将被发现并遭到毁灭性攻击，即使不被击沉也命运多舛。特别是在双方航母对战时，这关乎生死。但在20世纪20年代初，海军战争学院似乎还难以理解这么深刻的战术问题。直到30年代初，为先发制人攻击敌方航母，美国海军为每艘航母都配备了一支远程侦察机中队，这种远程侦察机还可以执行俯冲轰炸的任务，这就是第二次世界大战中美国俯冲轰炸机被称为SB或侦察轰炸机的缘由。

在1924年的听证会上，专门讨论了续航力的问题，这关乎标准排水量。例如，续航10 000海里可能需要2 500吨燃油，因此，一艘加注2/3燃料的27 000吨级（含300吨RFW）航母在试航时排水量将达到29 000吨。如果续航距离增加到20 000海里，意味着需要3 300吨燃油、31 000吨的试航排水量，还有用于维持续航能力的庞大系统和设备。需要指出的是以上这些数据，所依据的持续航速并未设定为15节。

当时呈现给众议院议员文森（Vinson）的两种可能的方案组成是：32.5节航速、8门8英寸火炮和60架飞机的轻防护型快速航母；72架飞机和6英寸（对2英寸）装甲带的慢速（27.5节）航母，两种都有甲板装甲，但慢速航母有双层飞机甲板。此外，每艘航母都配置1部弹射器，可以起飞配备在战列舰和巡洋舰上的水上飞机，水上飞机可以在航母旁边降落。每种方案的总建造成本预估为2 650万美元，而快速航母的60架飞机将另外花费250万美元。

该法案未能获得通过，航母的设计工作被暂停，直到1925—1926年，在制订1929财政年度计划和美国海军总委员会的五年计划时，在完成一系列平甲板航母的设计草图后，游骑兵号（CV-4）才浮出水面。

由于文森法案的失败，美国海军总委员会决定另辟蹊径，转向小型航母，按照飞行员的要求决定采用平甲板。这意味着8英寸火炮的终结，设计草图展示了采用轻型巡洋舰（6英寸/53）武器的替代方案，尽管8英寸火炮在当时世界海军的中型、重型巡洋舰上不可一世，但被认为不适合于小型航母。小型航母还放弃了所有1922—1923年研究中提出的装甲防护方案。

那个时期，美国在航母使用方面并没有什么实际的经验，仅建造过航速缓慢的试验性质的兰利号，而英国皇家海军更富有经验，特别是对飞行员青睐的平甲板航母拥有发言权。1925年10月，驻伦敦的海军助理武官指挥官J. C. 亨塞克（J. C. Hunsacker）向美国海军总委员会提交的报告中论述了平甲板航母存在的问题。

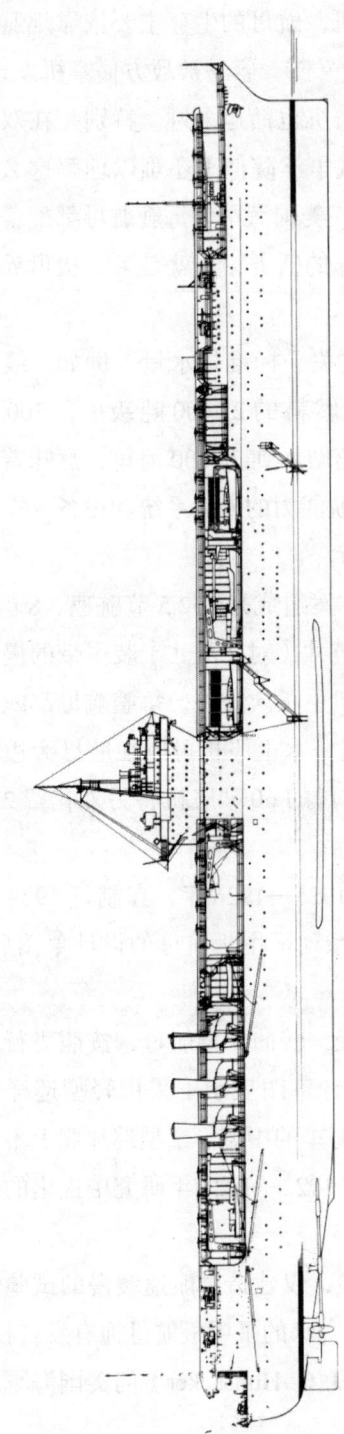
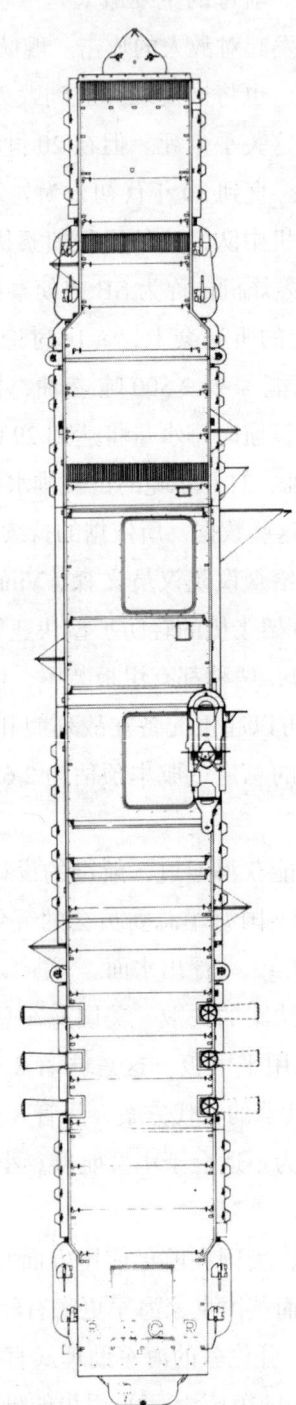

▲ 游骑兵号（CV-4）于 1940 年装备了 8 门 5 英寸 /25 口径火炮和 40 支 0.50 口径的机枪。注意它的船首拦截索，是在完工后安装的；与后来的航母不同，它的右舷前部没有一个二级 LSO 平台。

首先是在排烟方面存在难以克服的困难。当【暴怒号】第一次出航时，它的后部变得很热，为此不得不中断试验并拖回船坞。整艘船的后部热得像个火炉。暴怒号在船坞待了几个月，进行了隔热处理，舰尾被撕开约300英尺，以便吹入冷空气降低舱室和甲板温度。有人私下告诉他，虽然取得了很大成效，但那些可怜的指挥官们仍然像囚徒一样被困在他们的舱室里。他们不敢打开舱门或者把头探出，否则会被窒息。从烟道冒出的烟雾充溢在航母的后部区域，难以驱散。最初，暴怒号舰长的船舱就在舰尾主甲板下方，他不得不从下面穿过很长的通道才能上到甲板……有传言说勇敢号和光荣号将不会像暴怒号一样，会安装一个舰岛。

并且，竞技神号和鹰号上的飞行员们已经克服了对舰岛的恐惧……

但是，建造和修理局负责人海军上将J. D. 贝雷特明确表示：新航母必须采用平甲板，并以此开展了新一轮草图设计，涵盖排水量等各个方面。他指出：

"我们不知道有多少架飞机能从甲板上起飞执行攻击任务，我们也不知道存放在机库中的飞机和甲板上的飞机之间的比例关系……如果假定停机区大约需要250英尺，那么应至少还需要250英尺用于起降飞机。"

具体来说，就是一架轰炸机起飞，至少需要250英尺的滑跑距离，此外航母甲板还要停放一定数量的飞机，飞机起飞前在停机位置，进入起飞位置还要进行复杂的调运。研究表明，对于一艘标准排水量只有10 000吨的航母，根本不可能安放8英寸那么大的火炮。你要么定位是一艘巡洋舰，要么定位是一艘航母，鱼和熊掌不可兼得……这种排水量的航母火炮口径最大只能到6英寸，即便如此也受到很大限制……如果你既要架设舰岛，又要安放一两门火炮，那么可以借鉴列克星敦号和萨拉托加号的做法，但是如果火炮数量很多，那么只能把它们放置到甲板以下……就10 000吨级的航母而言，还必须在航速和装甲防护两者之间进行取舍：如果航速提高到32-1/3节左右，达到巡洋舰的航速，就必须取消防护装甲；如果安装了防护装甲，比如在船边安装2-1/2英寸装甲，在机舱和弹库上方的甲板安装1英寸装甲，这在美国海军总委员眼里已经是最低限度的防护，航速就得降低到30节左右。

10 000吨级是不受条约限制的最大航母吨位，而23 000吨是条约限制范围内可支配吨位的三分之一……基于现实的需要，一艘小型航母可以设计成大飞行甲板和大机库，能够实现飞机灵活调运，以构成某种战术上的优势；但另一方面，大型航母更适应于恶劣海况，拥有良好的航行性能，能够克服气象和海况对飞行的种种限制……

在航速相同的情况下【相对吨—成本对大型航母更为有利】，航速是影响航母建造成本的重要因素，航速相同，相比于大型航母，小型航母的设备费用显得过于昂贵。

这些问题始终困扰 Beuret 的分析研究，一直持续到喷气式飞机时代的来临。航母设计如何实现适航能力和飞机容量的最优化，还有航母的战损率如何确定等技术问题和战术问题纠结在一起难以解决。二战初期，美国航空母舰飞机的损失率达到 50%，而战前规划每月的战斗损失率为 25%。

50% 的飞机损失率相当于两个月的储备消耗量，这与大型军舰设计携带的储备量是一致的。为便于飞机转运，美国航母机库采取了独特的设计，起初是在机库甲板上方设置有一根很深的梁，悬挂备用飞机拆卸后的机体和部件（"吊起"），后来改进为封闭的廊道以存放更多的备用飞机，典型的是埃塞克斯号，在备用飞机携带量减半后，为缩小舰岛的结构尺寸，部分舰岛的功能转移到这个廊道。

战后，人们更加关注航母的总体结构与飞机特性之间的关系。例如，海军航空部规定飞机的最大翼展为 53 英尺；相较于 23 000 吨级的航母，10 000 吨级航母势必对舰载轰炸机的结构尺寸更加严格限制。但是在 1926 年，人们还看不到这一点，理解不到这么深。当然，诸如此类还有弹射器的布置问题，列克星敦号的长弹射器可以弹射 10 000 磅的飞机；10 000 吨级的航母肯定安放不了这么长的弹射器。海军上将琼斯曾评论道："您可以让这架 10 000 磅的飞机在航母上起飞，但是根本携带不了几架，因为大部分甲板面都会被这种飞机占用……我们假设起飞需要滑行 250 英尺长，但前甲板的实际可用长度也只有 300~350 英尺左右，还得有 250 英尺用于停放飞机。"

作战计划部长 W. H. 斯坦德利上校也曾比较了 3 艘小型航母与 1 艘大型航母的战术和战略价值，3 艘小型航母总共的飞机搭载量刚刚超过 1 艘大型航母。

由于这种分析比较所基于的材料并不可靠，比如个别案例，还有演习或其他一些情况，因而只具有参考的价值。但是从战略考虑出发，斯坦德利上校更倾向于小型航母，由于数量的优势，在制订军事计划和进攻策略时更具有灵活性和回旋空间。其弊端是造成了舰队兵力的分散，你需要为每一艘航母配属必要的护航舰只。

即使是小型航母，你也必须为它配属一定数量的驱逐舰。当然，大型航母拥有自身的优势，其飞机的使用几乎不受气象条件的限制。

贝雷特发现 11 500 吨的设计方案特别具有吸引力，但无论如何也设计不出 10 000 吨级以下的航母，这是条约规定的下限。到 2 月中旬，初步设计完成了一系列草图（表 3-2）；3 月 10 日，美国海军总委员会举行了另一场听证会。贝雷特发现，10 000 磅的轰炸机决定了航母机库和飞行甲板的最小设计尺寸，航母的设计吨位最低不能低于 13 000 吨，是可支配的 69 000 吨中的五分之一。接着，贝雷特进一步作了比较：5 艘 13 000 吨级航母的甲板总面积，将比 3 艘 23 000 吨级航母大 15% 或 20%，总的造价将高出 20% 左右，这主要是因为航速给定后，5 艘小型航母的设备费用更高，因而总费用更加昂贵。

下一个问题是航母的生命力。海军上将贝雷特认为任何一艘航母都是非常脆弱的，正如 1923 年研究所显示的那样，为了保证航速和机库的容量，只好忍痛去掉装甲防护。更糟糕的是，飞行甲板和机库根本无法防护，即使是 23 000 吨级的航母，也只能实现水下和船体的装甲防护，对于"航母主要作战力量的飞机和航空保障系统、设备"却无法提供防护。于是得出了这样的观点，多造几艘小型航母似乎更为有利，正应了那句老话鸡蛋不要都放在一个篮子里。

听证会转而讨论飞机保障的问题。海军航空部提出需要一个 80 英尺净宽的甲板满足轰炸机的需要，核心是"至少要满足飞机翼展和起飞、着舰安全对甲板的最低要求，飞机布放也不能过于密集，空间不能过于逼仄"。海军航空部的指挥官 K. 怀廷进一步解释说，选择 80 英尺还有另外两个原因。

一是飞机阻拦装置中，缓冲用的横向钢索长 80 英尺；二是如果舰宽减小 5 英尺，飞机起飞前就只能【并排】【停放】2 排飞机，【而不能】停放 3 排，80 英尺是最低的舰宽要求，并且在 10 000 吨级的航母上可以实现。

【至于着舰】，在只有 65 英尺宽的兰利号上，飞行员飞到甲板前 100 英尺左右，甲板就完全从他的视野中消失了。而舰宽达到 80 英尺，在飞抵甲板的整个过程中飞行员都始终能够清楚地看到甲板。

在飞机配备上，海军航空部提出搭载重达 10 000 磅的轰炸机，这至少需要大约 665 英尺长的甲板，研究中还进一步提出将甲板分成前后两个区域，这是在 1920 年提出的（见第 2 章），在舰艏和舰尾都设有停机区。从埃塞克斯号开始，直到中途岛级航母，这一直是美国航母甲板的典型构型，直到 1944 年才改变。

表 3-2　平甲板航母方案，1926—1927 年

	方案 29	方案 30	方案 31	方案 32
	1926 年 2 月 9 日	1926 年 2 月 6 日	1926 年 2 月 8 日	1927 年 9 月 13 日
吃水线长度（英尺-英寸）	790-0	680-0	600-0	620-0
船宽（英尺-英寸）	84-0	71-6	65-0	71-0
吃水（英尺-英寸）	25-0	22-6	20-6	18-0
标准（吨）	23 000	13 800	10 000	10 000
正常（吨）	25 500	18 600	11 500	11 600
终止于 15 节（nm）	10 000	10 000	10 000	10 000
轴马力	105 000	92 000	83 000	53 500
速度（节）	32.5	32.5	32	29.5
6 英寸/53 火炮	8	8		
5 英寸高射炮	12 × 37 mm	12 × 37 mm	12 × 37 mm	12
TT	2	2	2	
跑道宽度（英尺-英寸）	10-0	10-0		
厚度（英寸）	2.5	2.5		
机库面积（平方英尺）	49 000	31 000	23 800	

注：每种方案有 2 部升降机，一部在船尾，一部在船中后部。

对应于甲板的前后分区，弹射器自然被安放在舰的前后两端，"兰利号舰艏和舰尾两端都布置了弹射器；列克星敦号和萨拉托加号上也要求这样布置，每一端各安装 3 部弹射器。但是为了控制重量，后来决定在舰艏只安装 1 部弹射器，预留 1 部弹射器的位置，以便于日后安装"。

航母必须适应海军飞机的快速发展，美国海军总委员会希望有前瞻性，并进行计算分析。当时的阻拦装置，是按照 10 000 磅的飞机以 60 英里[*]/小时的速度降落进行设计的。海军航空部的海军上将莫菲特预计，一架 10 000 磅的航母轰炸机不借助弹射器，将需要 250 英尺（15 节风速）的起飞距离，借助弹射器则需要 100 英尺的起飞距离。英国人曾在 78 英尺的弹射距离内，利用 22 节甲板风速成功起飞了 1 架 6 800 磅的鱼雷轰炸机。莫菲特预计 10 000 磅的大型轰炸机，在 60 英尺的高度，可以 90 节的速度在空中盘旋停留 4 个小时。

---

[*]　1 英里等于 1.609 344 千米。

它最接近于 CS 的设想，可以用来携带鱼雷或 1 000 磅的炸弹。1 架小型战斗机可以在 80 英尺内起飞，双座战斗机则需要 250 英尺，战斗机失速为 50～55 节，轰炸机失速为 60 节。莫菲特认为侦察机/鱼雷轰炸机未来发展将是对航母最大的挑战。

在 1927 年 10 月举行的关于航母方案的听证会上，海军航空部的中尉指挥官 B. C. 莱顿提出 2 架战斗机为 1 架轰炸机护航是理想的空中战斗编组方案，按照这一比例 1 艘重 13 800 吨的航母，最高航速 29.4 节时应搭载 36 架轰炸机和 72 架战斗机；最高航速 32.5 节时，应搭载 27 架轰炸机和 54 架战斗机，包括机库和甲板上的所有飞机。但此类分析与后来的实际情况大相径庭，实战中轰炸机执行攻击任务时基本上没有战斗机掩护。鉴于航母飞行甲板易受攻击，极其脆弱，战斗机主要用于执行防空任务。第二次世界大战以前，标准的航空联队是由 1 个战斗机中队、1 个侦察（轰炸机）中队、1 个俯冲轰炸机中队和 1 个鱼雷/水平轰炸机中队组成，每个中队由 18 架飞机组成。

飞行员们的观点，是要求采用平甲板（无舰岛）航母设计。怀廷证实说，虽然美国没有使用这种舰岛型航母的经验，但已经知道甲板上方的任何障碍物都会在其背风面形成涡流。

舰岛必须在飞机着舰区域的前方，飞机在航母上起飞、降落时，航母必须迎风前进，这样舰岛的背风面正好是飞机着舰区域，飞机复飞和降落也主要在该区域。

飞机从舰尾进入，而舰岛上形成的涡流正好流向舰尾，风向变化极快，可高达 15 度。这就意味着，如果你正逆风飞行，而舰岛位于右舷，如果风向右舷转移，着舰区域将被扰动的空气流覆盖，这就使得飞行员很难在航母上降落。飞行员根本看不见巨大的扰动气流，但他会感到飞机强烈的跳动。

一位曾在竞技神号服役过两年的英国空军武官在谈到这一问题时，指出舰尾的扰动气流在很大程度上取决于舰岛的前后位置以及舰岛的大小。他说鹰号和竞技神号之间就有很大的区别，因为竞技神号的舰岛比鹰号的位置更靠前，鹰号舰岛十分靠后，飞机在落向甲板时就已经越过了扰动气流。

据这位英国武官介绍，飞行员们在习惯了舰岛的存在后，会慢慢喜欢上这个家伙，因为它的存在让飞行员着舰时有了参照物，这是你在平甲板航母上看不到的。当他们在没有舰岛的百眼巨人号降落时，会变得茫然沮丧，不时会出现撞坏起落架或机轮的意外状况。

舰岛虽说可以成为飞行员的参照物，但飞机降落过程中的失误也可能导致与舰岛相撞，这实在难以把握，而平甲板航母为飞行员提供了更空阔的甲板来应对这样的意外，看上去似乎更加合理。

海军上将菲尔普斯曾询问过兰利号上因飞机没能成功降落而再次拉起的复飞概率是多少，这可能会影响到飞机与舰岛相撞的概率。

这个概率必须非常非常小，可不是五十分之一那么小，而是更小更小，小到几乎不能发生。因为你可以设想，当前一架飞机着舰后，如果它还没有来得及从着舰区域离开，下一架飞机就紧接着降落，将是多么恐怖，有一次飞行员没有躲过，就撞上了停在甲板上的3架飞机，结果是这4架飞机全部报销，当时舰体处于倾斜状态，飞行员又缺乏经验造成了这一惨剧。飞机即使躲过前方的飞机，也可能撞上甲板剧烈起火，这在航母上是非常严重的事故，甲板上到处都是汽油，飞机引起的火灾简直不可想象。

贝雷特将拥有更大排水量和"强大武备"的列克星敦号航母，与一艘13 800吨、25节的航母进行了比较，后者除了重机枪外没有任何火力。

小型航母实际上能够提供更大的有效舱容，一艘13 800吨重、32.5节拥有装甲防护的航母（2.5英寸装甲带、1英寸甲板、覆盖舰体深处）设计草图表明，为提高装甲防护和航速，将会大量挤占舰上其他飞机保障资源，并为此付出高昂的代价，装甲防护挤占更为严重。对于平甲板航母，设计的问题主要来自烟囱的布置和烟气排放的处理。兰利号功率低，排烟少，问题尚不严重，而英国皇家海军的暴怒号简直就是一个梦魇。当暴怒号顺风航行，并且航速低于风速时，烟气就会从舰尾一路向前吹去，舰员几乎要被熏死，并且弥漫到整个机库。你总是会遇到这样的情况，航母深陷于烟气之中无法摆脱。兰利号曾试验将一根烟囱指向水面，这样会形成一个很大的水喷雾，看能不能将所有的烟气从这个烟囱里排出去，烟气顺利地排出去了，但很快冷却后形成涡流倒灌入锅炉房，人根本无法待立。

【暴怒号总体来说还满足舰员的居住要求】，但麻烦巨大。烟囱被套管包裹，许多像风斗一样的通风机，一半指向舰艏，一半指向舰尾。短暂试航后返回海军船坞，不得不把船舷上所有的船板拆卸下来，因为试航中发现机库过热，飞机停放在里面很危险。

在付出巨大代价后，这一问题仍没有彻底解决。在同样是平甲板的百眼巨人号上，曾试图将着舰期间产生的烟气暂时先排放到一个非常大的舱室或隔间里，希望能够坚持两分钟，避免对飞行的影响，但烟气排放做这样的转换到底要多长时间，对航速的影响到底有多大都不得而知。

设计师为回避这个问题，变得倾向于舰岛，但对于航母来说，保障飞行安全是最主要的。两难之中，海军航空部强力推行平甲板。伴随这一问题的争论，航母设计理论上也出现了两种截然相反的观点。一种公认的理论认为，航母应在（慢速）战线下作战。而作战计划处的 W. S. 派伊上校则提出，航母应具备与作为侦察前哨的快速巡洋舰并肩作战的能力，这意味着作战航速要提高到 32.5 节。海军航空部则认为，高航速实在太过昂贵，为实现 32.5 节（而不是 29.4 节）的战斗航速，将消耗航母整个战斗功耗的四分之一，这是无法接受的。

在实际作战中，执行侦察任务的 10 000 吨巡洋舰很少超过 25 节。

1927 年 10 月，海军航空部的海军少校雷顿在美国海军总委员会上提出，快速巡洋舰在战术上可以与慢速的航母结合，后者的有效机动性更多来自它的飞机。"如果敌人被你的飞机侦察到，又在你的飞机打击范围内，那么即使这艘航母跑得很慢，通过飞机长途奔袭，也同样可以集中力量进行打击，而无须像巡洋舰一样必须依靠航速把舰只迅速集中到一起"。

派伊总结了相关的观点，认为 "1 艘小型航母至少 1 次能够出动一个中队的飞机，并且拥有不低于 10 000 吨级巡洋舰的航速，这是令人向往的，建造数量更多的小型航母可以带来更大的作战灵活性和安全性"。

从战术上讲，他希望为每艘航母配备一个驱逐舰护航编队与之协同作战，这一设想在列克星敦号和萨拉托加号服役时，就已经向美国海军作战部长建议过了。驱逐舰可以抵御潜艇的攻击，也可以抗击重型舰船的正面攻击。但派伊没有言明驱逐舰是否会限制航母航速和适航能力的充分发挥，特别是在恶劣天气条件下。实际上，后来护卫大型航母的通常是巡洋舰而不是驱逐舰，驱逐舰的航速和续航力无法与航母匹配。到了 30 年代后期，标准的战术单位是 1 艘大型航母和 3 艘重型巡洋舰，巡洋舰充当着带刀侍卫的角色，以应对敌方重型水面舰艇的突然袭击。这种编配在舰队演习中显示了其战术价值，航母战斗巡航速度比 20 世纪 20 年代末预测的更接近 32.5 节。在 20 年代末，新型重型巡洋舰还如同外星人一般不为人所知，只躺在设计图纸上。直到 30 年代末，人们才逐渐认识到一艘航母为了在各种海况下仍能够弹射起飞和回收飞机，必须有比护航舰船更高的航速。但在 1927 年，似乎没人能够展望到这一点，当时美国唯一的航母兰利号只有可怜的几架飞机，飞行作业时间极为有限。

因此综合各方面，建造一艘慢速的 13 800 吨级航母似乎很有吸引力，这正是美国海军总委员会在 1927 年 11 月 1 日做出的选择，并提交给海军部长。

尽管最初计划建造5艘，但国会实际上只批准了1艘，作为1929—1933财政年度五年计划的一部分。

但直到后来，建造和修理局仍然没有放弃寻求其他替代方案，包括10 000吨、17 250吨或23 000吨；并且考虑到排烟处理的问题，它还继续强烈建议增设舰岛。然而，建造和修理局也承认，即使有一座高耸的舰岛和烟囱，排烟的问题也可能无法得到令人满意的解决。能够想到的最好、最实际的办法，就是将锅炉安放在后部，烟囱既可以竖立也可以放倒，以此来缓解烟气排放与飞机飞行之间的矛盾。不幸的是，动力系统放置在舰尾，超过100 000轴马力的超高功率（巡洋舰的速度）将会造成严重的配平问题。根据工程局的最终意见（已同意），似乎必须在航速和平甲板之间做出选择，而仅有的经验来自兰利号，可它只有7 000马力。

为此，13 800吨级航母提出了四种解决方案，其中三种在动力和机械上各不相同，第四种方案还包括一个双层飞机甲板。此外，还有两种配备不同类型推进系统的10 000吨级航母方案，两种17 250吨级的替代方案。但只有13 800吨级航母付诸建造，美国海军总委员会最终在建造1艘700英尺飞行甲板、搭载81架飞机的快速航母，还是1艘770英尺飞行甲板、搭载108架飞机的慢速（29.4节）航母方案之间做出了选择。

美国海军总委员会虽然倾向于缩短飞行甲板，但不愿意缩减飞机规模，选择低航速、低功率，排烟的问题也变得不那么突出，53 000轴马力（已采用）在试航中获得了29.4节的航速。

海军少校Leighton（海军航空部）进一步证实：

> 在飞行甲板的长度问题上，当甲板长度超过一定范围后，效益并不会同步增长。具体来说，就是舰尾需要提供约250英尺的飞机停放空间，舰艏需要提供约350英尺的起飞空间，如果甲板只有600英尺长，那么飞机起飞时，甲板上就无法停放任何飞机，其余的飞机必须停在甲板下面；如果甲板有700英尺长，那么就可以有100英尺的空间来停放准备起飞的飞机；如果甲板从700英尺增加到800英尺长，飞机停放区将扩容一倍，600英尺左右就是这个临界长度。甲板从700英尺增加到100英尺的效益，远远超过从800英尺增加到100英尺。

论证后期提出的火炮配置方案，更接近于轻型巡洋舰，但这个方案没能实施。1926年2月6日提出的13 800吨级方案30，配置8门6英寸/53口径的单用途火炮（尾部有2个封闭式炮架，在舰尾的 2 个双层炮塔中加了 4 门火炮），2 门三管鱼雷发射管（21 英寸）和 12 门 37 毫米高射炮，接近于新型重型巡洋舰防空武器的配置。其中还包括一种由约翰·布朗宁设计的重型机枪，但因为研发迟缓最终被 5 英寸 /25 口径取代。美国海军总委员会最终放弃了单用途的反舰火炮，转而选用 12 门 5 英寸 /25 口径的高射炮，并在飞行甲板以外尽可能增加机关枪的数量（0.50 口径），以形成更加有效的火力网，机关枪对当时的俯冲轰炸机形成了致命威胁。

1929 财年的航母方案综合了上述各种因素，美国海军有史以来第一次从龙骨上铺设建造的航母就是游骑兵号（CV-4）。但具讽刺意味的是，尽管为了采用平甲板而牺牲了很多性能，但最终还是在甲板上长出了舰岛。游骑兵号与 1945 年以前美国设计建造的其他航母具有很多共同的特征：开放式机库、飞行甲板周围的通廊甲板（在某些情况下，延伸到它下面）、弹射器。当时采用开放式机库是由于经费不足，但后来才发现这种设计的实战价值，飞机在被提升到飞行甲板之前就可以进行预热。而开放式机库和重型机枪（0.50 口径）、火炮的配置，又导致了通廊甲板的出现。由于俯冲轰炸机是当时威力最强大的作战飞机，为搭载俯冲轰炸机，美国海军总委员会取消了 1931 年方案中的鱼雷武器，这同样也是受经费的限制。

建造和修理局将飞行甲板和机库的尺寸和布置作为整个航母设计的重心，为了尽可能增加飞行甲板的宽度，船体采用了不同寻常的（船侧）外飘结构。这种设计相比于轻型巡洋舰，可以在特殊天气条件下增加海浪对船体的冲击。

然而，航母的舰长足以克服长波浪的影响，并降低航母的最大纵摇，小于 600 英尺长的波浪对航母纵摇的影响微乎其微，而超过这个长度的波浪极为罕见，所以采用这种极端的（船侧）外飘结构被认为是合理的。

并且，这种结构尽可能扩大了干舷，无疑非常理想。

但是，弹射器却只能安装在下层机库甲板，这也符合飞机中队指挥官们的意见。

它允许飞机从主甲板或机库甲板的水平高度起飞，但为此不得不牺牲了相当大的干舷，并缩短了飞行甲板，而干舷对于航母来说非常重要。

弹射器安装到飞行甲板会干扰正常的甲板操作，难以使用，放置到机库甲板可以不影响飞行甲板上飞机的停放，并能够弹射各种类型的飞机，使机库甲板成为飞行甲板的备份。

在飞行甲板被损坏的情况下，优点更加明显，而且飞机起飞也更为便捷。

弹射器还有一个显著的优势，就是能够弹射起飞水上飞机，水上飞机无法从甲板上直接起飞。人们逐渐认识到，只有尽量缩短飞机弹射起飞的时间间隔，才能充分发挥弹射器的优势；但受到飞机翼展和空间的限制，机库甲板弹射器最多只能安装2部。

当时，费城的海军飞机制造厂试验证明，3 000磅的飞机可以在风速高达26英里/每小时的侧风情况下弹射起飞，巡洋舰等舰船上的弹射器常常实施这种侧风弹射。2部弹射器的布置必须靠近舰船的中部，因为在平甲板航母上，布置到靠近舰艏的任何位置，都可能干扰舰桥的航行作业，对防空炮火的影响就更加严重。当时，安装在航母上的弹射器是为巡洋舰开发的P型（火药发射）。2部弹射器一部位于升降机之间，另一部位于烟囱后面，在60英尺的弹射范围内不能允许出现任何障碍物，以保证飞机安全起飞。为避开弹射器的布置，当时2台升降机的间隔只有大约40英尺，几乎紧靠在舰船的中部，显得十分怪异。

但即使这样，也很难为弹射器找到合适的位置，2部弹射器偏向于右舷。早期的航母最初只有2台升降机，游骑兵号在舰尾安装了第三台较小的升降机。

当时飞行甲板还是用木头铺在非常薄的钢板（约0.10英寸）上，钢板充当防火屏障。在实际使用中舰员提出用钢板替换局部损坏的区域，而且更便于维修。在游骑兵号和新约克城号的飞行甲板正下方还设有维修站，并与通廊连通。

游骑兵号的设计引入了飞行甲板通廊，这成为后来美国航母的典型特征，这种通廊还取代了列克星敦号和萨拉托加号的飞机吊杆和网，用来存储备用飞机。美国海军总委员会评论说："飞行甲板通廊的设计至少可以增加20挺重机枪的安装位置，其不足是强度可能不足以抵御海浪的猛烈冲击，但由于航母干舷很大，处理得当的情况下，海浪的冲击力可以得到控制。在天气良好的情况下，通廊上到处是放风的舰员。"

为应对战争，防空武器与飞行甲板发生了矛盾。美国海军总委员会批准的游骑兵号最初安装12门5英寸的火炮，但建造和修理局只能提供8门，分布在飞行甲板下方的4个舷外平台上，为此甲板长度需要削减25英尺，飞行甲板的末端从86英尺缩短到62英尺，这一区域约占飞行甲板总长度的四分之一，其代价是甲板上可起飞的飞机数量降低了4%至6%。如果在艏楼甲板上再安装2门火炮，还会干扰位于飞行甲板前边缘下方舰桥的视野。在约克城号的设计中，由于设立了舰岛，就不存在这样的问题。防空炮火的设置困难重重，类似的问题还包括中心线前方的火炮布置。

第3章 航母频谱研究与游骑兵号（1922—1929）

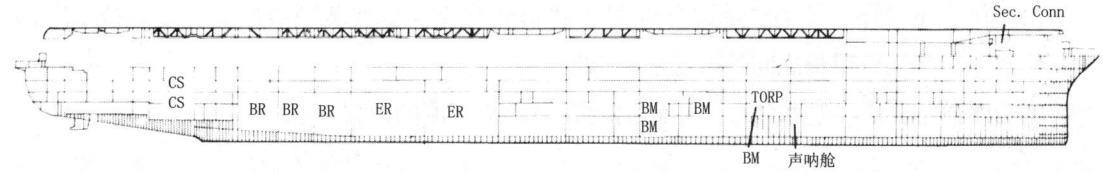

▲ 游骑兵号的内部结构，1944年。

▲ 游骑兵号在完成后不久就被展示，其船头的5英寸火炮被移到了飞行甲板的侧面。它的最前面装上了栅栏（防风墙）。

后来增加了舰岛，舰桥也从甲板下方向前伸出，对4门高射炮的布置又进行了临时调整：在游骑兵号飞行甲板前端下方的艏楼上安装了2门，在舰尾右侧的机库甲板上安装了2门。但这2个位置始终不能令人满意，后来又恢复到原先通廊甲板上的位置。

防空火炮的布置并不是唯一的问题，随之而来的还有火炮指挥仪。建造和修理局暂定将指挥仪安置于舰中部的适当位置，以减少对飞行甲板的影响，并避免受到舰尾排烟的干扰，具体的安装位置直到详细设计才最终确定。为了减小尺寸和重量，海军军械局要求将指挥仪、测距仪和瞄准镜合并，就如同马克（Mark）33指挥仪一样，游骑兵号和二战前的航母一直都沿用了这一方法。

由于排水量受限,不可能有装甲防护,建造和修理局也找不到指挥塔的安装位置,因为在艋楼甲板和飞行甲板之间没有足够的高度。

弹药库通常安放在吃水线以下,距离内底一甲板高度的位置。

这是战列舰上的标准做法,在大型、轻型巡洋舰上也基本得到遵循,但在轻型巡洋舰和驱逐舰上却无法落实,因为这些舰船的吃水太浅,弹药库只能保持在吃水线以下,远离船舷,靠近内底。

尽管游骑兵号比改装后的战斗巡洋舰要小得多,但它的机库增大到552英尺×65英尺,而早期的航母(全封闭机库)是440英尺×66英尺,约克城是640英尺×62英尺。

机库内飞行甲板梁之间可以悬挂40架组装好的备用飞机机身,这种布置不会干扰正常飞机停放和调运。在详细设计中,将备用飞机的机翼存放到机库后部的一个舱室,便于飞机的组装,届时可以从机库上方吊下备用机身,从相邻的舱室中展开机翼,并从下面提起螺旋桨。

▲ 在很短的时间内,游骑兵号的火炮就被重新布置好了。在这张早期的照片中,同样明显的是沿飞行甲板边缘的50口径的防空机枪,以及船中部两部升降机的不寻常位置。此时,2台5英寸的指挥仪(马克33)已经安装好了。

第3章 航母频谱研究与游骑兵号（1922—1929）

机库的右舷设置了一个双层结构的舱室，其位于舰岛正下方，外加一个大型舱室共同作为航空情报和航空标绘的工作场地。

游骑兵号在建造的过程中，海军航空部最终抛弃了平甲板（这在整个设计过程中占主导地位），改为舰岛，并不断加大舰岛的尺寸。1931年约克城号的设计草图中，出现了后来通行的舰岛结构。

然而，由于游骑兵号最初设计为平甲板航母，因此舰岛的安装大费周章、困难重重。1932年11月22日，由四个技术局签署的一封信函坚持了这一重大改进，并力主贯彻执行，信函指出"除非将指挥仪安装在飞行甲板以上，否则不可能对5英寸火炮进行有效的火力控制"。而且，为了提高空中态势感知和船舶控制能力，也必须加装舰岛，并在舰岛上设置"pri-fly"系统，这一系统之前安装在列克星敦号和萨拉托加号上，可以掌握整个空中编队飞机的位置。信函设想了一个仅限于火控、一级空中控制和二级船舶控制的舰岛，舰桥仍然位于飞行甲板的前端。尽管这一更改将大大增加整艘航母的造价成本，但仍然坚持这

▲ 从游骑兵号开始，美国航母就被设计成将备用飞机存放在机库上方，正如这张摄于1937年4月的游骑兵号照片所示。因此，机库甲板必须非常深，并且必须在头顶提供深梁。未用于积载的空间成为走廊甲板的一部分。注意用来移动飞机的轨道。

种更改方法。在 12 月 23 日美国海军总委员会举行的非正式听证会上，首席建造师抱怨说，如果不能在最初批准的 1 900 万美元基础上，再追加约 200 万美元，那么这艘航母将只能按原设计图纸建造完工。

游骑兵号正式出海前在海军船坞进行三四次检修，短暂出海后，又回到海军船坞进行了年度检修，这种检修前后持续了两三年，出航效率很低。

美国海军总委员会【11月】批准新增加的舰岛起初很小，虽在火力控制方面和空中控制方面令人满意，但在操船控制方面则差强人意，折叠式桅杆成了很大的难题，无论升起和放下都是重大的安全隐患。特别是升起，对飞行是一种威胁。不得不扩大舰岛的尺寸，以满足升旗机、信号等方面的安装要求，并为【拟议的更大】舰岛配了三脚架桅杆，安装无线电设施和通信设备。位于【船头】的操舵室仍保留操船装置作为备用。经过一系列复杂的技术协调，付出了艰苦的努力后，各方面终于达成一致，舰岛总体上有了很大改进。

当然，单从火力控制的角度来看，小型舰岛要比【大型舰岛】更好，当时还没有辅助火力控制。舰岛最大的缺陷也许是结构的脆弱性。

由于伸缩缝会影响飞行甲板的结构强度，舰岛被安装在靠近舰尾，远离起飞区。航空部门也不希望它太靠前。

如果往前，为了避开伸缩缝，舰岛的位置会过于靠前。舰岛实际的位置与列克星敦号和萨拉托加号接近，从飞行保障的角度来看，那是理想的位置。列克星敦号和萨拉托加号的飞行甲板是一个整体加强甲板，但游骑兵号的甲板上安装了伸缩缝，主要是为了获得开放的机库甲板。航母结构承载的调整变化还使一个弹射器无法开展弹射作业。舰岛的大小对于飞行甲板影响较小，只关系到船桥周围通道的设置。游骑兵号看上去更像是一艘带舰岛的远洋货船。它的初始稳心高度是 6 英尺，后来下降到了 5.8 英尺，还能进一步降低到 5.4 英尺。

由于舰岛的大、小方案迟迟不能确定，影响了造船进度，有关方面请求尽快决策，认为每一次拖延都是浪费金钱。即使采用美国海军总委员会刚刚批准的小型舰岛方案，也不会节省任何费用。海军航空部的副主任为了开脱，尴尬地承认，在游骑兵号的原始设计刚刚获得批准时，他们并没有萨拉托加号和列克星敦号的操作经验，游骑兵号的初步方案只能参照兰利号，兰利号当时最多只能运行 20 架飞机。

第 3 章　航母频谱研究与游骑兵号（1922—1929）

▲ 1942 年 8 月 18 日在汉普顿锚地拍摄的三张游骑兵号的照片（上方和正面）概述了早期战争期间进行的修改，这些修改被圈出来了。请注意，碎片防护广泛应用于所有武器，包括战前安装的武器。在这之后，它几乎没怎么被修改过。

兰利号上飞机着舰时，负责指挥的航空军官位于监控平台，视野几乎可以覆盖整个舰尾和周边空域，能够看到并控制所有飞机的降落。后来兰利号飞机增加到32架，在第12或15架飞机降落后，航空军官受飞机遮挡就很难观察到后续飞机的降落。游骑兵号在15到20架飞机降落后，也会发生同样的情况，它的飞机后来增加到72架。

当美国海军总委员会考虑未来新型航母和带有飞行甲板的巡洋舰时，萨拉托加号和列克星敦号已经积攒了很多使用经验。他们的舰岛令人满意，没有排烟干扰，也没有被飞机撞击。事实上，尽管有一架飞机撞上了炮塔，但一直没有飞机撞到舰岛上。

航空局（现在）后来再没有人反对舰岛，实践证明大型舰岛比小型舰岛更好，因为它提供了强大的舰船操控、火力控制和空中管制能力。小型舰岛根本装不下航空标绘设施、无线电室以及那些能够安装在大型舰岛上的其他设施。

除了位于舰尾的飞机着舰控制系统外，在舰桥也设立了空中管制系统，这是十分必要的，特别是应对故障飞机着舰等突发紧急情况。

美国海军总委员会最终接受了大型舰岛的方案。

为了省钱，一些不必要的功能被取消，包括2个横向弹射器，还有航母上的鱼雷发射系统。在1931年晚些时候，鉴于俯冲轰炸机的强大威力，鱼雷轰炸机开始日薄西山。根据战斗部队总司令和美国舰队总司令的意见，美国海军总委员会决定航母搭载俯冲轰炸机，取代鱼雷轰炸机。做出这一决定，还有一个原因是当时服役的鱼雷轰炸机因为速度太慢，容易受到攻击。

早在1928财政年度报告中，后者就建议：开发一种重型俯冲轰炸机，以取代鱼雷轰炸机作为主要的航母攻击武器。"特别是将敌方航母甲板作为攻击目标，建议有针对性地开发俯冲轰炸机，在敌方航母发动空袭之前就将其压制，这种构想对航母交战产生了深远的影响"。1932年，列克星敦号上就只剩下1个鱼雷机中队，VT-1 S 已经将鱼雷轰炸机换成了BM重型俯冲轰炸机。游骑兵号和后来的胡蜂号各由1个第二侦察中队来代替鱼雷机中队，这样每艘航母就携带了2个侦察机中队、1个战斗机中队和1个俯冲轰炸机中队。但是，鱼雷轰炸机在30年代又开始重新夺回失去的优势地位，这在很大程度上归功于新型高性能鱼雷轰炸机道格拉斯 TBD 毁灭者的诞生，这种轰炸机在第二次世界大战中对航母是致命的威胁。

游骑兵号不仅成为俯冲轰炸机这一新贵的舞台，还是第一批配备轻型自动武器的美国军舰（40门0.50口径的机枪），这种自动武器专门用来对付俯冲轰炸机。但是，游骑兵号也是第一艘暴露防御明显不足的航母，在1938年2月使用无人机模拟俯冲轰炸机攻击时，人们充分认识到了俯冲轰炸的可怕威力，为此1.1英寸的机关加农炮全面提前投产。

作为1940—1941年美国舰队防空系统总体改进的一部分，游骑兵号增加了轻型防空火炮，1941年9月在诺福克改装后，加装了6门1.1英寸的四联装机关加农炮，原先的40门0.5口径机关枪减少到24门。6门1.1英寸炮中，2门安装在舰岛结构两端的凸起平台上，2

▲ 在参与北非入侵之后，游骑兵号于1942年底在诺福克进行了改装。主要的变化是增加了博福斯式高射炮，取代了原来的1.1s。与后来的美国航母不同，它没有在船体外改装汽油管道。

门安装在左舷和右舷，2门安装在舰艉。

到第二年中期，游骑兵号安装了6门40毫米口径的四联装火炮，20毫米火炮一度加装到了30门。但这时游骑兵号已经严重超载，无论是承载能力还是安装空间，它都力不从心。由于安装空间过于狭窄，1.1英寸的四联装机关加农炮曾考虑用双联装博福斯式高射炮来取代。最终，四联装博福斯式高射炮被安装到了舰艏和舰尾的中心线上，这超出了飞行甲板的悬挑。1943年1月改装后，游骑兵号配备了6门四联装博福斯式高射炮和总共46门20毫米加农炮，还有最初安装的8门5英寸/25口径火炮，带着这样的火力，游骑兵号参加了支持北非入侵的行动。1943年10月，还前往挪威加入了突袭德国船只的本土舰队。

然而到了20世纪40年代，游骑兵号已经明显落伍了，像一个挑着重担气喘吁吁的老人。在1943年秋天，为了减重游骑兵号减少了6门20毫米火炮。

1943年1月和12月，海军上将金两次下令在诺福克对游骑兵号进行改造，重点是提高水下防护能力和对新型飞机的保障能力，改造项目包括起泡、升降机的现代化、弹射器的安装和飞行甲板的加强，还同时对炮火、CIC和舱壁进行了改进，并结合进行一次全面彻底的大修，最终具备了70架飞机的搭载能力和28节的最大航速，28节不足以执行快速航母特遣队的任务。

这项工程由于在诺福克进行，推迟了新的埃塞克斯级舰队航母香格里拉号和尚普兰湖

► 在美国海军第二次世界大战开始时的7艘舰队航母中，只有游骑兵号没有在太平洋上服过役，它航速最慢，就像那不幸的胡蜂号一样，也没有水下防护。随着后续航母不断完工，它被排挤出了作战序列，沦为训练航母。在后来关于约克城号和胡蜂号的争论中，游骑兵号的先天不足更加显而易见：除了飞行保障、航速和防护方面的严重缺陷，游骑兵号也难以适应太平洋恶劣的海况，且作战效能低下。游骑兵号的设计被限制在最小的吨位构型，又缺乏经验，无法正确估算船总体的结构尺寸。游骑兵号设计之初，当时认为兰利号的作战效能已经很高，但直到列克星敦号的出现，才意识到像游骑兵号这样一型航母即使在中等强度的海战中也难以支撑。

号的完工，而这2艘新造航母的作战能力都大大超过了改装后的游骑兵号。1944年5月至7月，改装工程被限制到仅做训练功能的改进，配备了用于夜间的飞机控制系统，包括新的SM测高雷达；加强了飞行甲板，安装了1个飞行甲板弹射器（H 2-1）；作为重量补偿，拆除了所有的5英寸火炮，只保留轻型防空武器。

▲ 如图所示，游骑兵号结束了它作为夜间战斗机训练舰的服役，桅杆的顶部有一个新的SP雷达，桅杆下面有一个SC-2。这时，它已经严重超重，以至于它所有的5英寸火炮（以及两台马克33指挥仪）都不得不被拆除。这张船尾视图的照片拍摄于1944年6月，另一张照片没有注明日期。请注意烟囱是如何倾斜的，这使游骑兵号在1949年美国出现平甲板航母之前，是与平甲板航母最接近的。

第4章
约克城号

从某种意义上说，约克城号是美国海军第一艘现代航母。它的设计基于舰队作战经验，与试验性质的兰利号已经大不相同，其大部分设计为后续的埃塞克斯级所沿用。对于许多人来说，埃塞克斯级是美国海军建造数量最多的航母。约克城号的故事充满了质疑、辩论和紧张的对立，即到底是建造更多数量的小型航母，还是建造少量作战能力更强的大型航母。与列克星敦号和游骑兵号设计的争论不同，这一争论源自两种不同的作战指导思想和经验。列克星敦号和萨拉托加号被视为具有代表性的大型航母，兰利号被视为具有代表性的小型航母。已有的经验包括恶劣天气下航母的不同表现，争论一次又一次反复上演，一直延续到近来关于福里斯特尔级航母及其后续航母建造规模的辩论。

航母吨位不能突破海军条约规定的总吨位，也就是必须在52 000吨的限制之内。在游骑兵号设计时，其排水量为13 800吨，当时计划建造5艘这样的小型航母，而不是建造4艘或4艘以下吨位更大的航母。在美国海军总委员会看来，13 800吨排水量可以容纳足够的飞机和保障设施，使之成为令人满意的航母。其余的吨位可以都建成游骑兵号这样的航

◀ 1937年10月30日，约克城号（CV-5）停在汉普顿锚地。它注定在第二次世界大战初期作为一艘战斗航母而声名鹊起，并在1942年6月7日的中途岛战役中被击沉。注意舰岛旁的起重机和后面的重型飞机起重机。

母；或是建造 3 艘 18 500 吨的航母；或是建造 2 艘 27 000 吨的航母；或是还可以采取其他折中的方案，比如再建造 1 艘游骑兵号和 2 艘 20 700 吨的航母。而最后一个选择特别具有吸引力，因为美国海军总委员会认为两种吨位的航母在组合上更有战术价值，而最终的方案也更接近于这一折中方案。

另一个焦点是航母对防护的需求，游骑兵号几乎没有防护。同样的讨论在巡洋舰上也十分热烈，曾使得新奥尔良级的设计政策发生了根本性转变。事实上，当建造和修理局在 1930 年提出"慢速巡洋舰"的方案时，特别强调对 8 英寸火炮的保留，这种对 8 英寸火炮的偏爱被描述成为整个海军部的民意。

设计过程起始于 1931 年 5 月 22 日，标志性事件是一封海军航空部致海军部长的信，信中提议设计一艘 18 400 吨的航母，以实现如下作战性能指标：

1. 32.5 节的航速，按照巡洋舰的标准安装鱼雷防护装甲和火炮防护装甲。
2. 动力舱、弹药舱和飞机燃油舱上方安装水平防护甲板（2.5 英寸的甲板可以阻挡从 5 000 英尺高空投下的 1 000 磅炸弹，这是当时可预见到的威胁级别）。
3. 内部加强，包括：
    a）机库甲板（净空高度 15 英尺）。
    b）飞机升降机的排列和数量的调整。
    c）弹药处理设施的改进。

▲ 1937 年 7 月 12 日，在缅因州罗克兰进行试行的约克城号仍在尝试按其建造者的方式行驶。它只缺少轻型高射炮武器。

d）双层起飞甲板。这一想法可能是受到了英国暴怒号和勇敢级航母的启发，还有日本的加贺号和赤城号，这些改装航母都是在1930年之前完成的，其特点是采用上、下层飞行甲板（下层是机库甲板的前伸部分）；这种双层起飞甲板在50年代的一些核航母研究中又被唤醒。

e）在高射机枪的基础上，安装大口径火炮和8至12门5英寸火炮，大幅提高防御火力。

海军航空部希望复制游骑兵号的平甲板，只设立1个主机库，并在机库甲板设立起飞位，安装2部弹射器作为紧急备用。如果可能增设第二个辅助机库，既可以停放也可以用来装配备用飞机。配置4个升降机，2个位于船中部可同时服务于2个机库；2个分别位于舰艏和舰尾，仅服务于上层的主机库。弹药提升机可直达飞行甲板、机库的下层飞行甲板或弹射器区域。

但是，这种配置过于理想，即使对于20 700吨的航母，也难以实现。后来设计的埃塞克斯号虽重达27 100吨，也只能抵抗8英寸火炮，而且只有一个开放式机库安装了鱼雷防护装甲。约克城号的设计演变说明希望很美好，现实很骨感。

在5月27日美国海军总委员会关于1933财年的听证会上，战争计划局的路易斯·考克斯（Lewis Coxe）上校表示："为了扩大航母的规模，应该重新考虑提高航母的吨位，13 800吨明显远远不够。"

"我不准备谈论军备问题。我明白现在的普遍看法是，5英寸两用火炮已经足够……然而，在我看来，这似乎将未来航母的角色降级为舰队的附庸。"

也就是说，如果没有8英寸口径的火炮，就不可能独立作战，就很可能沦为日本重型巡洋舰炮口下的牺牲品。而这种重型巡洋舰，日本根据《华盛顿海军条约》大量建造。而且，列克星敦和萨拉托加号都配备了8英寸口径的火炮，考克斯希望对此重新审视——事实上，这一想法在设计过程的后期得到了验证。至于吨位，兰利号在恶劣天气的表现证明13 800吨太低了；列克星敦和萨拉托加号则几乎在任何天气下，都可以保证飞机起飞和着舰的能力。尽管海军航空部开展了13 800吨级和更大吨位航母的草图设计，但争论的焦点从一开始就紧紧围绕3艘18 400吨级航母和2艘20 700吨级航母进行角逐。

为了将排水量减少到13 800吨，海军航空部愿意放弃2个机库，并采用9 600吨6英寸巡洋舰而非重型巡洋舰的防护装甲，接受11英尺的机库净高，取消弹射器。

到1931年，由于已经获得实战经验，相比于1927年游骑兵号的认知水平，航速在作战中的重要性凸显出来，日渐成为航母的设计原则，高航速可以扩展航母所能执行的各种

作战任务，包括突袭、增援美军基地、侦察、掩护或与其他舰船配合执行进攻掩护、参加舰队行动等。

当然，不同的航母吨位意味着不同的作战性能，缺少装甲防护的游骑兵号在战场上必然有很大的局限性。

海军战争学院的兰宁海军上将认为重型巡洋舰足以胜任侦察和对航母的掩护，轻型巡洋舰也可能适于这样的角色。

……大型航母适合于执行进攻任务……其航速不应低于巡洋舰和驱逐舰，因为航母上的飞机不足以对付巡洋舰的围攻，如果航速低于巡洋舰，必然成为巡洋舰的猎物，如果航速超过巡洋舰就可以占有主动……每个战线至少应配备一艘航母用于作战。毫无疑问，一旦飞机升空，只要战斗还在继续，就很难回来，但飞机必须要有落脚的地方，如果有一艘航母，巡洋舰或其他战舰上的飞机在紧急情况下也能落到航母上加油并得到必要的保障，那时航母上可能搭载过多的飞机，有些飞机必须重新起飞让出甲板，航母是飞行员的诺亚方舟……

美国海军作战部长普拉特海军上将认为重型巡洋舰的航速达到32.5节至关重要，他希望航母能和重型巡洋舰组成侦察和打击大队，以对付敌方的战列舰。他还要求在3个安装有8英寸火炮的巡洋舰分队中各配备1艘航母。

海军航空部的R.K.特纳指挥官却不同意上述观点；他倾向于慢速航母，并认为"航速的确定应根据具体情况具体分析……航母防护的要求和飞机携带量都关乎航速……"然而他也承认，萨拉托加号和列克星敦号的高航速可以避免航母落单，让航母追上护航的巡洋舰或其他舰只，并占据迎风面加快飞机的起飞。

但事情总有两面性，高航速也有弊端。海军上将马维尔回忆说：

如果航母与2艘[巡洋舰]编组，鉴于航母的作战航线非常不稳定，巡洋舰的指挥官希望能有超过航母约10节的航速，因为航母一旦突然转身，巡洋舰由于惯性必然再往前冲一段，难以重新获取有利的战位，因此往往需要3艘[巡洋舰]配合航母。在一次古巴海岸附近的操演中，北安普顿号巡洋舰在航母的右舷舰艏，孟斐斯号巡洋舰在航母的左舷舰艏，特伦顿号赶上的时候，航母改变了航线，古巴岛距离航母右舷横梁不超过15英里，北安普顿号巡洋舰唯一能做的就是赶紧跑开。

它不能直接跑开，因为那个岛挡住了去路，但北安普顿号却能得以介入……

下一个焦点问题是航母的防护。海军上将兰宁想要飞行甲板装甲化，因为他认为主要威胁来自空中而非水面（巡洋舰或驱逐舰）的攻击。

航母编队在遭到敌方攻击时，护航舰只的作用就是把敌方的飞机吸引到自己身上，因为如果航母歇了菜，就意味着上面所有的飞机都得趴窝。海军［战争］学院进行战略或战术推演时，首先要做的就是瘫痪敌方的空军。之所以必须这样，是因为空军虽然很少作出决定性的打击，但却是可怕的战争力量，往往对战局产生决定性的影响。

［对付空中打击的唯一方法是摧毁敌方的航母。］以前认为，空中作战可以像水面一样得到控制，但后来发现，没有任何一种防御能抵挡住所有来自敌方的空袭。一旦发生战斗，就要首先想方设法使敌人的飞机瘫痪，而最有效的办法，就是用飞机毁掉敌人航母的飞行甲板。

而如果航母低速前进，任何巡洋舰都很难进入航母的火炮射程。

美国海军战争学院用来评估航母设计的推演规则中，"1 枚炸弹可以摧毁航母一半的甲板，2 枚炸弹会让航母完全报废，无法再起飞和回收飞机。航母甲板再怎么加强防护，也无法避免被摧毁，这就是残酷的现实"。

还有，甲板防护虽然可以尽量保持其完整性，但是一旦甲板上发生火灾，到底会对航母的生存造成什么样的威胁，一直都搞不清楚。海军战争学院不愿意对火灾的危害性进行评估，还因为如果航母飞行甲板落上重达 500 磅的（即俯冲轰炸机）炸弹，它顷刻间就会失去战斗力。

至于防空火力，有两种不同的类型：一是用来对付俯冲轰炸机的机枪和用来对付高空（水平）轰炸机的重型火炮。后者也被认为可以实施对驱逐舰的攻击。俯冲轰炸机是目前为止对航母最大的威胁，因此自动武器被认为比 5 英寸的火炮更管用。直到 20 世纪 30 年代，人们一直在积极探索改进自动武器。这一时期，美国一直将俯冲轰炸机视作对付航母的主要进攻武器。

之后，航母越来越重视对炮火的防护，这在某种程度上是受了重型巡洋舰发展的影响，那些不堪一击的"镀锡"舰船被无情抛弃，这种趋势促使了新奥尔良级的诞生。最近的演习也显示，航母经常发现自己处在敌人的炮火范围之内。特纳指挥官指出，"建造一艘航母

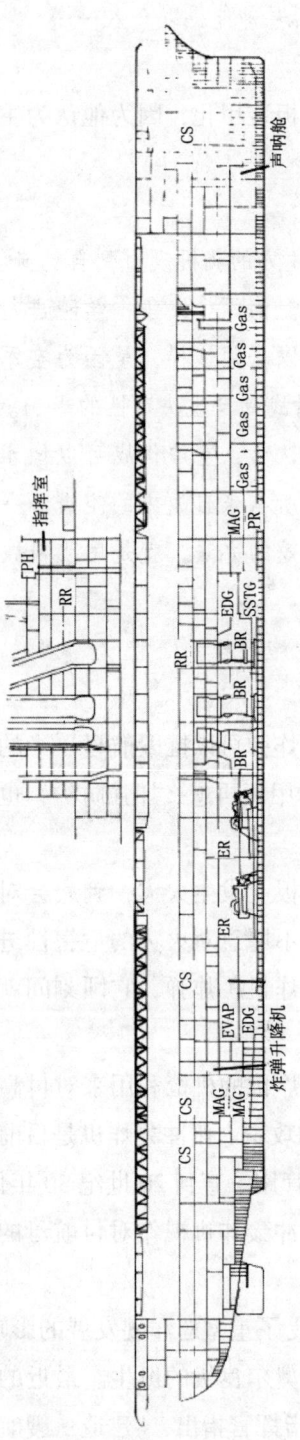

▲ 约克城号的内部结构,1941年。

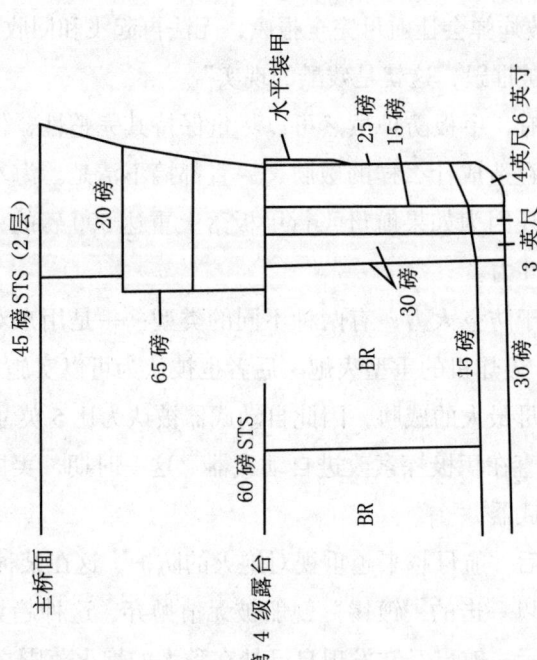

▲ 约克城号的横截面。所示的上层甲板是机库甲板。

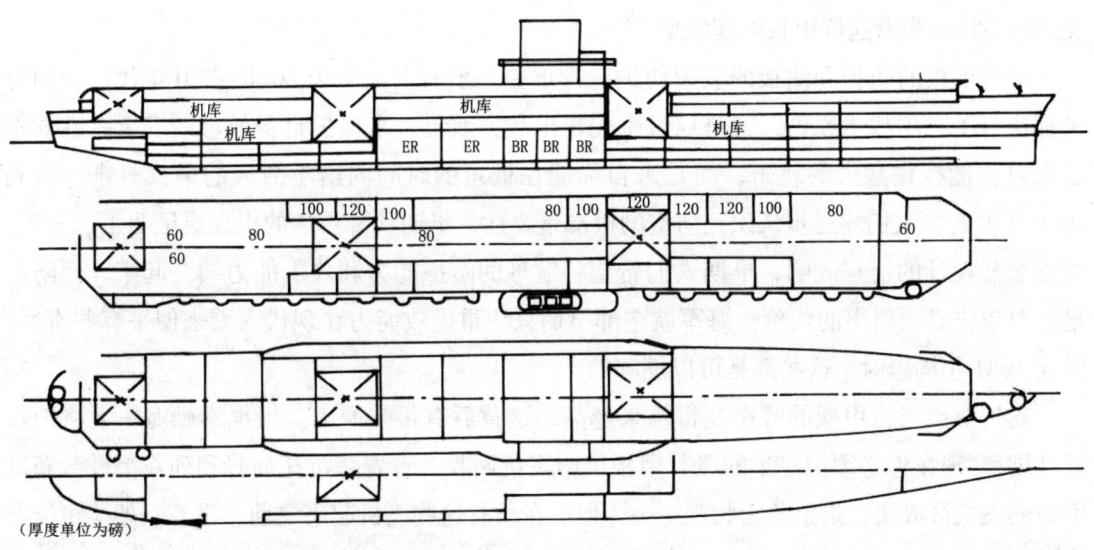

▲ 方案 E，1931 年受保护的 20 700 吨级航母。

需要很长的周期，而且航母是舰队中举足轻重的作战单位，不能被普通炮火击沉，这直接关乎航母存在的合理性，加强防护可以使航母在受到攻击后很快恢复战斗力"。

另一个重要问题是对飞行的保障，特别是飞机弹射和回收的效率。特纳指挥官强调："据我了解，里夫斯海军上将本人也认为，一天之内从萨拉托加或列克星敦号上只起飞 3 架飞机，就是战术行动这也是很少见的，一天之中 1 架飞机至少需要起飞 2 次以上，因为敌人的袭击不可能是早、晚按部就班，而在大多数演习中，1 天内攻击飞机起飞不超过 1 次。"

建造和修理局洛克海军上将也认同飞行甲板防护的价值，特别是当炸弹穿透飞行甲板后，可能会摧毁机库。据听证会的一位参与者回忆说，在 1920 年的轰炸试验中，1 枚炸弹穿透了弗吉尼亚号旧战舰的前甲板，炸掉了整个舰艏甲板。洛克讽刺说，如果敌人的炸弹能像英国人宣称的那样被限制在条约范围之内，炸弹的危险就会解除，航母就能安然无恙地在炮火中起降飞机。

但是甲板防护要能够抵挡住炸弹的攻击，必须消耗航母的载重吨。例如，1920 年的轰炸试验中，德国奥斯特弗里斯兰德号 1.875 英寸的上层装甲甲板（相当于美国 STS 的 1 英寸钢）无法阻挡炸弹穿透其甲板。要想挡住一颗从 4 000 英尺高空扔下的 2 000 磅炸弹，需要 2.2 英寸的装甲，这在 1931 年被认为是现实的威胁。这样的甲板完全超出了一艘 20 000 吨航母可承受的载重量——事实上，以美国当时的航母设计标准根本无法想象，而 10 年后

美国就造出了带有这样甲板的超级航母。

飞行甲板的防护和侧板的装甲防护一样重要。事实上在整个20世纪30年代，美国海军都推行了一项战术原则，就是通过率先出击敌方航母，来保护自身航母的安全。胜利不是来自你能扛住敌人的攻击，而是来自你能在最短的时间内给予敌人的最大打击。直到1940年左右，人们才逐步认识到防空的极端重要性，早期预警雷达的出现更证明了这一点。约克城号设计的历程表明，早期人们希望将航母的防护能力和攻击能力结合起来，而防护是应对攻击必须付出的代价。海军航空部早期只注重进攻能力在现代人看来似乎有些奇怪，但在1931年构思时，这些都是可以理解的。

支持双层飞行甲板的呼声变得越来越高，这背后有很多原因。根据泰勒海军上将的作战计划，"现在你必须把一半的飞行甲板留给飞机回收。看着萨拉托加号和列克星敦号布满甲板的飞机被放飞，景象蔚为壮观……（但）在所有这些飞机起飞之前，没有一架飞机能回得来"。

航母即使起飞1架侦察飞机，也得把甲板腾空，把甲板上的东西都挪开。因此，海军上将泰勒讲道，"虽然可以利用航母附近战列舰上的飞机进行侦察。但如果情况特殊，比如天气恶劣等原因，航母必须自己起飞2架侦察机，那么就不得不把甲板上的所有飞机放飞，这些飞机将一直不停地盘旋，直到这2架侦察机起飞，但等到侦察机起飞为时已晚，早已错过时机"。

特纳指挥官说："妨碍飞机快速放飞的最大问题是飞机的调整、调运和起飞前准备，飞机起飞时必须暂停其他飞机的作业……所有这些都严重受制于甲板的宽度，同样还受制于升降机的数量和机库的大小。"

综上所述，一种有效的解决方案是采用双层甲板，飞机不仅可以从主飞行甲板，还可以从直通机库的下层飞行甲板起飞。上层主飞行甲板在回收或停放飞机时，下层飞行甲板照样可以起飞飞机。反对的意见是这样下层飞行甲板就必须敞开，海水会飞涌进来，毁坏机库中的飞机；如果封闭起来，飞机起飞前预热时又会使机库充满废气；两个飞行甲板总会互相影响，怎么也不合适，为了设置下层飞行甲板，就必须缩短上层甲板，飞机进入下层甲板时还得小心避开上层飞行甲板的支撑装置。海军航空部组织反复研究，前后左右为难拿不定主意，英国和日本也都遇到过类似问题，虽然他们飞机的数量要少得多。

另一种选择是，让上层主甲板干干净净，如飞机被击中时可以立即降落，也可以随时具备起飞的能力。事实上，这是英国的标准做法，美国海军对其嗤之以鼻，这种方式效率实在太低。为了解决两个甲板之间的矛盾，有人建议在主甲板和机库甲板之间安装4部升降机，而不是通常的2部或是3部。即便如此，要想将重型飞机调运到上层甲板也要耗费很长的时间。在实际操作中，不管甲板上停有多少飞机，如果能将小型飞机尽快放飞出去，事情就可能容易得多。经验表明，似乎很少有重型飞机紧急起飞的情况，小型飞机起降更加频繁。而如果（按照美国海军的标准做法）将所有的作战飞机都摆放到飞行甲板，大部分时间处于等待状态的重型飞机就会占据宝贵的甲板空间，影响小型飞机的回收，而将甲板清空又必然会影响到停机区待命的飞机。

最终的解决方案，是在机库甲板上安装弹射器，而不是把机库甲板当作飞行甲板来使用，在黄蜂级和埃塞克斯级以及中途岛号航母的机库甲板都安装了弹射器。其他国家比如英国皇家海军没有美国人这样的烦恼，他们为了防止飞机相撞，不会在甲板上摆满飞机。而美国的标准空中战术是集中式放飞，这种方式飞机会布满甲板的前部和后部区域。在机库甲板安装弹射器，有效解决了临时放飞1架侦察机或观察飞机的问题。至于升降机，最终的设计状态为3部。

还有一个概念是双向飞行甲板，即在飞行甲板的两端都设置停机区，这样如果舰尾有烟气，飞机就可以在舰艏降落，从20世纪30年代开始一直到1944年，美国航母都采用这种布置方式。根据海军上将兰宁的说法，"我们经常为此苦恼，在海军战争学院的推演中，你必须要逆风起飞，你不能在舰尾弹射飞机，这一切都取决于风向。航母必须迎风从舰艏弹射飞机，但有时你无法让航母迎着风向航行，因为敌人就挡在那里……"

通常，高射炮火能够同时对付重型（水平）轰炸机和俯冲轰炸机，而自动武器对俯冲轰炸机的威胁更大，高射炮和自动武器在空间配置上就出现了矛盾，开始争抢资源。在理想情况下，攻击1架飞机需要3门5英寸口径的火炮，海军军械局质疑道，航母最多只能容纳8门5英寸口径的火炮，每个炮座只能容纳2门炮。既然俯冲轰炸机是主要威胁，又只有自动武器才能提供足够的火力在极短时间内摧毁俯冲轰炸机，那么该如何配置？直到1942年VT（近距）引信的问世，大口径火炮才成为对付俯冲轰炸机的利器。同时，海军军械局提出对付俯冲轰炸机最好的办法是提供尽可能多的0.50口径火炮。

经过激烈的争论，听证会上意见逐步趋于一致：无论小型航母在设计上有多少好处，综合效能都过于低下。海军上将洛克虽然还在为游骑兵号的设计进行辩护，但他也不得不承认，要将13 800吨的航母提速到32.5节，需要更短、更轻的船体（680英尺×74英尺与730英尺×80英尺），并放弃水下装甲防护，也无法抵抗6英寸火力的袭击。

航母吨位达到18 000吨，就可以提供类似重型巡洋舰的装甲（但不能提供飞行甲板

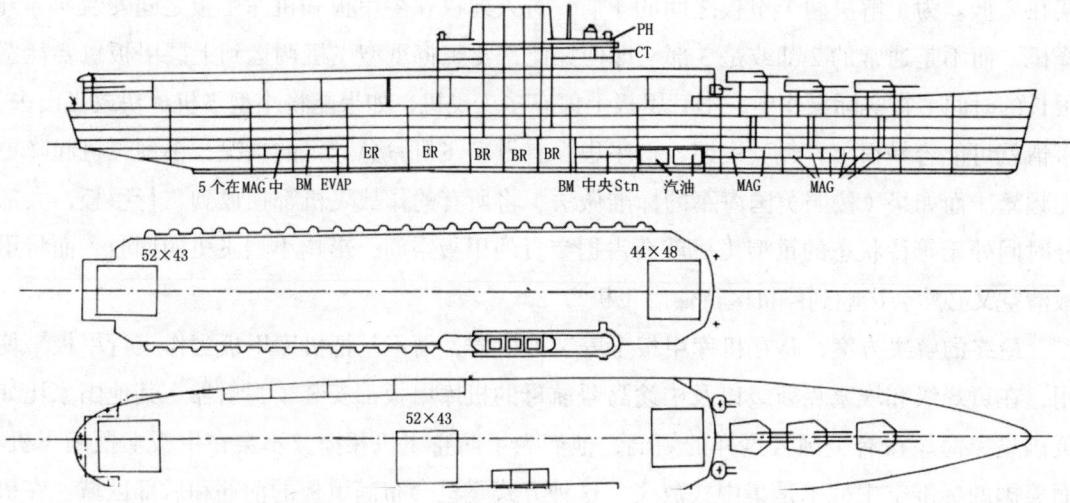

▲ 方案J，配备九门8英寸炮，1931年。

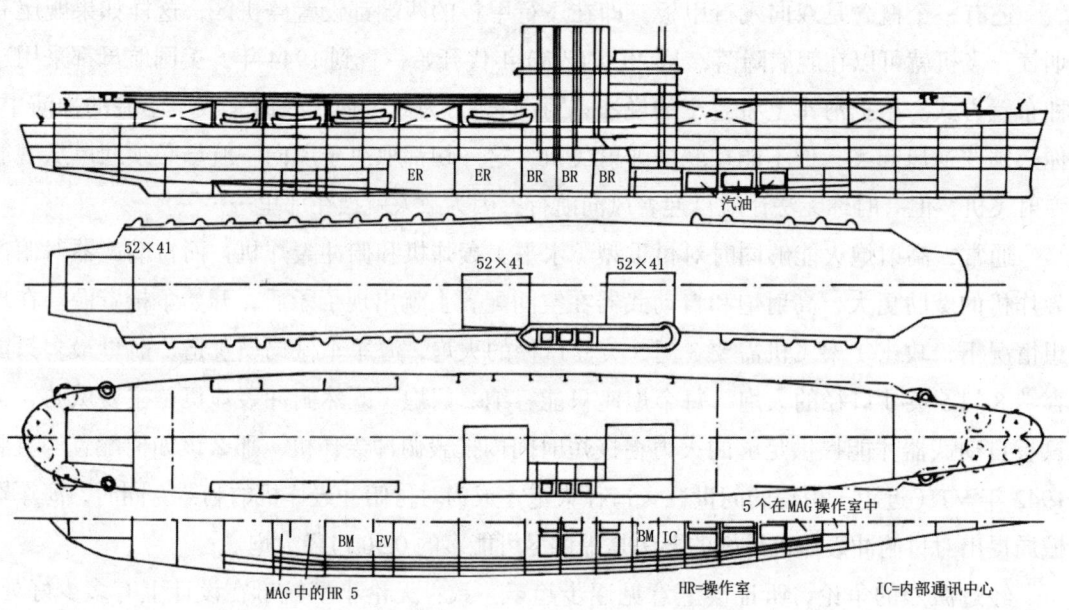

▲ 方案I，这艘20 000吨的航母于1931年成为约克城号。注意末端5英寸高射炮炮台的排列。

装甲）和60%的水下装甲防护（3个舱壁代替了战舰的5个），其飞机的搭载数量大致与游骑兵号相当。吨位达到20 700吨，升降机可以由3部增加到4部，采用类似重型巡

第4章 约克城号

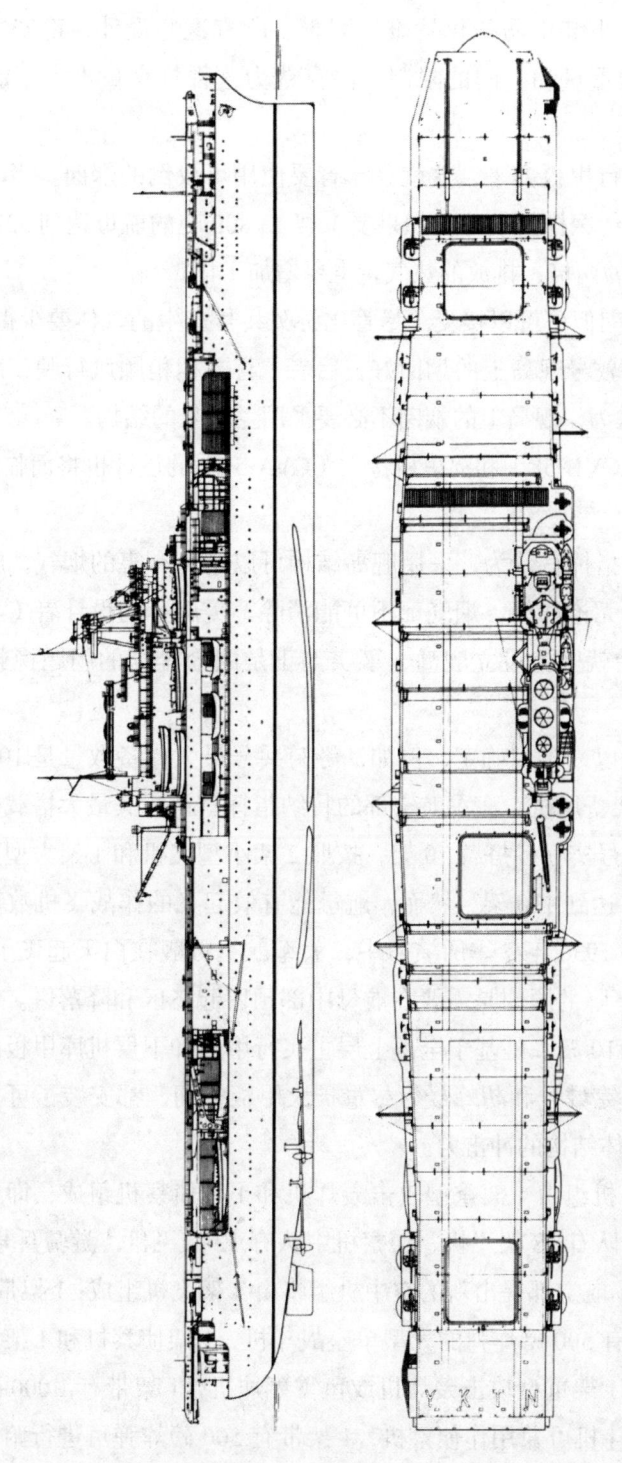

▲ 约克城号（CV-5）自1940年问世以来仅作了少许改动。它装备了八门5英寸/38口径、四门四联的1.1英寸和24门单头0.50卡机枪。平面图显示飞机外伸支架的延伸。注意用于LSO来控制弓形着陆以及两个防风林的前固定线和平台。它们被安置在高处。

洋舰的装甲防护，但水下装甲防护仍然难以完善。所有这些设计，都安装8门5英寸火炮和8挺重机枪。由于重量和空间的限制，洛克认为这种排水量不大可能获得双层飞行甲板。

航母也不能保证飞行甲板齐平，这就意味着要使用可放倒的烟囱。当时没有人知道游骑兵号的总功率能达到什么样的航速，如果要1艘13 800吨的航母达到32.5节的航速，大约需要游骑兵号总功率的两倍，排放的热气量也要增加1倍。

兰利号的铰链式烟囱似乎可以接受（尽管比游骑兵号产生的气体要少得多），好像确实比萨拉托加号和列克星敦号舰岛上的烟囱好，后者"喜欢稍稍顺风行驶，以便让风把烟气吹走"，但海军航空部认为，舰岛上的烟囱不必要采用兰利号的结构。

20年后，美国号（CVB-58）和福里斯特尔（CVA-59）的设计也将面临同样棘手的烟气处理问题。

海军航空部的特纳指挥官认为，采用舰岛结构可以避免有害的烟气，舰岛的主要问题就是不能消灭烟气，而无论如何，烟气都不可能消除。美国号的设计者（与日本同时代的建造者不同）从一开始就坚持设立舰岛，事实上正是因为排烟的问题挽救了约克城号的舰岛。

飞机的搭载量一直以来难以确定，例如，游骑兵号最大储备数量是108架，实际只能正常搭载75架外加8架备用机，海军航空部的特纳指挥官认为其最大搭载数量应为90架。列克星敦号和萨拉托加号实际各搭载70架，按照2架小型飞机和1架大型飞机的比例，最大搭载数量理论上可以达到110架。然而，航母能有效起飞的作战飞机数量还与侦察飞机的使用有关。例如，在1930年冬季的演习中，大型航空母舰在白天起飞了82架飞机，后来下降到52架飞机，下降的原因是需要在航母中部预留起飞区和降落区。特纳指出，最大搭载飞机数量90架或110架，是基于全部上层主飞行甲板和下层机库甲板的空间位置计算出来的。游骑兵号、约克城号和胡蜂号为尽量扩大甲板空间，都安装了可折叠的舷外桅杆支架，但这增加了对船体结构的冲击力。

当时，标准的空中机组由1架重型攻击轰炸机和1架侦察机组成，即由2架单座或双座飞机组成。轰炸机中队有18架飞机，侦察机中队有12架飞机（游骑兵号上有18架侦察机）。在听证会上，海军航空部提出新的空中机组将由4架飞机组成：1架带有1 000磅炸弹的俯冲轰炸机，1架带有500磅炸弹的大型单座战斗机，1架侦察机和1架不携带炸弹的战斗机。另一项提案是，1架重型攻击轰炸机或鱼雷轰炸机，1架带有1 000磅炸弹的俯冲轰炸机，1架远程双座战斗机可兼用作侦察机，1架带有500磅炸弹可进行俯冲轰炸的单座战斗机。还有一项提案是在航母空中机组中包含有限数量的超远程飞机（至少 1 000 海里），用于"战略侦察"。

事实上，两种侦察机和重型俯冲轰炸机的组合可以合并到 VSB，或称为侦察轰炸机类，典型的组合是道格拉斯 BSD 无畏号。单座战斗机俯冲投弹的要求和"战略侦察"的概念后来都被取消了。

综合以上这些因素，初步设计绘制了 13 800 吨、18 400 吨和 20 700 吨航母的草图，所有这些方案都有装甲防护。事实上，尽管有兰利号的经验，海军航空部曾一度还是倾向于 31 节、13 800 吨的方案 B。但相比于更高航速的替代方案，最终还是走向了装甲防护（比 CA 37-8 更好）、大宽度甲板和大载机量的阳光大道。初步设计表明，18 400 吨的中间路线并不是一个好的折中方案，因而被舍弃。

与游骑兵号不同的是，所有这些设计方案都包含了大型舰岛。海军航空部只是要求舰岛上的烟囱尽可能高，这样飞行员就可以避开讨厌的烟气，并迫于现实抛弃了建造快速（32.5 节）平甲板航母的想法。在 1931 年 6 月 30 日的会议上，海军总委员会也妥协了，接受了舰岛的提议，舰岛前设置舰桥，舰桥周围有通道，飞行控制站位于舰岛的前方。作为替代方案，飞行甲板前端下方依然设立舰桥。这时，列克星敦号和萨拉托加号的飞行经验已经表明，"岛屿型"的上层建筑并没有增加飞机着舰的危险。

还有一种提议是将舰岛前移，以尽量延长着舰区域甲板的长度。在 6 月 30 日的会议上，特纳坚持要求飞行甲板宽度为 85 英尺，舰岛高度为 80 英尺。但他被明确告知在 13 800 吨级的航母上，这种结构将使航速从 32.5 节降低到 31 节，舰岛处的甲板要向外悬空。

20 700 吨重的方案 D 和 E，搭载飞机数量与游骑兵号相同，装甲防护相当于重型巡洋舰，航速为 32.5 节；但水下防护却达不到巡洋舰的要求（鱼雷舱壁的数量或阻力功率）。虽然对于航母来说，从空中投下的炸弹似乎更加危险，但水下防护依然必不可少，因为在空中一定距离范围内爆炸的炸弹，其对船体的穿透能力小于直接接触爆炸的鱼雷，船体水下侧面区域受鱼雷攻击的危险更大，而航母的防鱼雷舱壁一是比巡洋舰少，二是位置过高，甚至于高出水线。

对于 20 700 吨级的航母，无法同时实现三个功能：双层飞行甲板、装甲飞行甲板和防护机库。

方案 D 提供了双层飞行甲板；方案 E 提供了单层装甲飞行甲板，外加"可用于装载备用飞机机翼的辅助机库，辅助机库在船体较低的位置，拥有部分装甲防护"。以上每一种方案，都安装了 32 门重型（0.5 口径）火炮，还有常见的 8 门 5 英寸高射炮。据估计，D 方案可搭载 77 架飞机，E 方案可搭载 74 架飞机，A 和 B 方案可搭载 65 架飞机，650 英尺甲板的 C 方案可搭载 57 架飞机，而游骑兵号总共有 83 架飞机。

表 4-1 1931 年约克城号设计方案的演变

	CV-4	A	B	C	D	E	F
标准排水量（吨）	13 800	13 800	13 800	13 800	20 700	20 700	20 700
试行排水量（吨）	—						
水线长度（英尺）	730	675	675	650	800	820	775
横梁（英尺）	80	74	74	74	80	80	
吃水（试行）（英尺）	20.8	21.25	21.25	22.0	20.5	23	
埋深（英尺）	51.0	42.0	42.0	42.0	55.0	64.0	
轴马力	53 000	105 000	77 000	122 500	101 000	99 000	107 000
速度（节）	29	32.5	31	32.5	32.5	32.5	32.5
半径（15 节）	10 000	10 000					10 000
炮组：8 英寸							
5 英寸	8	8	8	8	8	8	8
Torp Bkds							4
赞成反对	—	6 英寸	*	↑	CA 37/8	CA 37/8	6 英寸
FD（英尺）	726×86	670×80	670×80	645×74	575×80 255×45	730×74	715×80
机库（英尺）	560×64	500×57	500×57	475×56	430×66	426×66	640×69
升降机（英尺）	252×41 140×35	152×41 152×35 140×35	152×41 152×35 140×35	152×41 152×35 140×35	352×41 140×35	252×41 140×35	352×41 140×35
飞机	83	65	65	57	77	74	90

注：方案 I 是约克城号设计的基础，而方案 H 是胡蜂号的设计基础。还有一个 I1 设计，配备方案 I 中的 6 门 6 英寸主炮。方案 A 到 H 的日期为 1931 年 7 月。方案 I 到 L（及其变体）的日期是 8 月（选择方案 H 和 I 时），其他的则是 11 月。

略好于 CA 37-38。

略差于 CA 37-38。

5 英寸 /40（火炮为 5 英寸 /38）。

初步设计还产生了方案F，拥有单层装甲飞行甲板，可搭载90架飞机，能抵抗6英寸火炮，它实际是约克城号设计的前身。如方案D所示，提供了4部升降机（单层方案E中有3部升降机）。另一个方案G是不尽如人意的18 400吨级折中方案，可搭载83架飞机，3个鱼雷舱壁，难以抵抗6英寸火炮，这个方案没有多大的实际意义。

美国海军总委员会的听证会认为13 800吨太少了，要求建造和修理局在20 000吨和

G	H	I	J	K	L	M	N	O
18 400	15 200	20 000	25 000	25 000	20 000	15 200	27 000	27 000
—	17 400	22 700	28 000	28 000	22 700	17 400	30 250	30 250
745	690	770	800	840	740	665	900	830
—	77.5	80.3	88.0	86.0	81.0	78.5	87.0	89.0
—	21.7	24.6	25.5	25.0	25.0	22.3	25.0	26.5
—	50.0	51.5	52.0	53.5	52.0	50.5	53.5	55.0
107 000	120 000	120 000	138 000	132 500	105 000	108 000	131 000	140 000
32.5	32.5	32.5	32.5	32.5	31	31	32.5	32.5
10 000	10 000	10 000	10 000	10 000	10 000	10 000	10 000	10 000
—	—	—	9	—	6	4	—	10
8	8 §	8 §	8	16	8	8	16	8
3	—	$1^{1/2}$	3	4Y2	2	—	$4^{1/2}$	3
6英寸	6英寸	6英寸	8英寸	6英寸	6英寸	6英寸*	6英寸	8英寸
685 × 80	630 × 80	708 × 80	540 × 86	732 × 86	500 × 80	445 × 80	780 × 86	555 × 86
610 × 67	570 × 66	645 × 68	520 × 74	—	—	—	—	—
—	—	—	—	670 × 74	440 × 68	390 × 60	715 × 74	530 × 74
252 × 41	252 × 41	53 × 41	3	3	2	2	3	3
140 × 35	140 × 35							
83	70	90	65	100	60	45	108	68

15 200吨上再尝试其他设计方案，这就意味着总委员会考虑放宽该型航母的吨位，并考虑增加1 400吨（从另2艘20 700吨船中扣除），这虽然仍不尽人意，但从13 800吨增加到15 200吨还是有了很大改善。

由于美国海军总委员会要求必须同时具有两个设计方案，1931年9月2日两个方案被同时提交美国海军总委员会：H方案排水量为15 200吨，I方案排水量为20 000吨。总委员会对两者都很满意，并提议在FY 33配置20 000吨，然后在FY 34配置15 200吨。

后来随着大萧条的到来，约克城号和企业号这2艘20 000吨级的航母最终是由工业复兴基金建造，较小的15 200吨航母胡蜂号，直到1936年才建成。而当时两种方案的设计齐头并进，都安装了针对6英寸火炮的装甲，尽管只有方案I才拥有水下防护；每种方案都配备了8门5英寸的DP火炮；飞机搭载量分别为70架和90架。1931年10月7日，总委员会提出大型20 000吨航母应具有708英尺×80英尺的主飞行甲板、双层双向飞行甲板、机库安装弹射器、3个快速升降机、40门50口径机枪和6英寸火炮防护装甲（10 000～20 000码、目标角度为60°），还包括散装汽油的存储能力，但没有提出装甲飞行甲板的要求。要求15 200吨航母应配备630英尺×80英尺的主飞行甲板，其他配置几乎能与20 000吨级的航母媲美，但只有弹药舱安装了装甲防护。一份内部的建造和修理局备忘录透露，15 200吨的方案并不令人满意，这么小的吨位要满足这么多战术性能要求实在是自欺欺人。

续航力设定为12 000海里，航速为16节，不过建造和修理局的设计目标分别是17 250海里和15 000海里。

故事讲到这里，大家可能以为该结束了，但事实上，海军部长在10月14日要求美国海军总委员会重振美国海军雄风。

他指出，拥有8英寸排炮的莱克星顿号现在大家一致叫好，航母应该重新论证，能否配备这种火力凶猛的大炮。之前，在《华盛顿海军条约》范围之内，美国建造过的最大航母也就是2艘27 000吨的航母，美国海军总委员会据此要求对20 000吨、15 200吨和27 000吨的航母再进行研究论证。

那个时代的人们对"飞行甲板巡洋舰"的兴趣开始浓厚，这是一种拥有短飞行甲板的10 000吨级巡洋舰。海军部长讲这种话也可能是受了5月份听证会的影响，那次会议上提出了"独立行动概念"，也就是配备强大火力独立执行各种作战任务的概念。顺便说一下，在中途岛号的讨论中这一概念会再度出现。

新开展的研究实际上比海军部长要求更广泛得多，它包括6英寸火炮的配置和25 000吨级航母概念的提出。

在大排水量的前提下，对只搭载飞机的航母和同时配备8英寸火炮的航母进行了详细对比分析。但在表 4-1 中列出的，并没有什么出奇之处，即使是最大排水量的航母，如果配备 8 英寸火炮可搭载的飞机数量也很少，可出动的飞机规模也偏小。而在较小吨位的航母上，如方案 M，火炮数量则明显不足。美国海军总委员会在 12 月 10 日的报告中申明，在一艘航母上安装 8 英寸的火炮将会过度消耗飞行甲板，并且大幅度减少飞机的搭载数量。

有研究表明，安装 8 英寸火炮的航母吨位下限是 25 000 吨，即使是这样也只能搭载 65 架飞机，2 艘这样的航母总共才能搭载 130 架飞机，拥有 2 个飞行甲板。而总委员会的雄心计划是增加到 3 个甲板和 250 架飞机——几乎翻了两倍。

在 2.5 万吨航母的方案上，为了安装 8 英寸火炮，长长的艏楼（约 250 英尺）及其炮塔给飞机的起降带来了严重威胁。重载飞机滑跑到飞行甲板末端时，可能尚未获得足够的起飞速度，炮塔和舰艏形成的涡流还可能会进一步增加起飞的风险。

而对于飞行甲板巡洋舰来说，虽然飞行甲板短，但搭载的都是轻型飞机，不存在这样的风险，但是巡洋舰有时需要长甲板来执行飞机运输的任务。为保证重型轰炸机在正常起飞条件下，甚至是微风或无风的条件下都能安全起飞，飞行甲板必须有足够的长度。同时为了提高飞机放飞的速度，起飞区甲板也要足够长，并且飞机降落时冲跑到舰艏前方护栏前也要有足够的安全距离。为此，航母飞行甲板的长度至少为 630 英尺，最好是超过 700 英尺，而 25 000 吨航母的飞行甲板长度仅为 540 英尺，27 000 吨航母仅为 555 英尺。即使将 20 000 吨级航母上的 8 英寸火炮减少到只有 1 门，或者将 25 000 吨或 27 000 吨航母上的 8 英寸火炮减少到只有 2 门，飞行甲板也达不到重型飞机安全起降的最低限度要求。

之前对 20 000 吨航母安装 6 英寸火炮的方案进行了试验（I-1 设有 2 座 6 英寸火炮的炮塔，1-2 至 1-5 为减速段；L-1 和 L-2 设有 3 座或 2 座三联装 6 英寸火炮的炮塔，用以模拟方案 L 的 2 座三联装 8 英寸火炮的炮塔）。试验证明，安装 6 英寸火炮无法弥补其对飞行甲板造成的重大伤害，严重影响了飞行作业安全。或许，应该将 3 门 6 英寸火炮安装在预留给弹射器的舷侧位置。

倘若 1931 年 12 月 15 日，海军部长批准了美国海军总委员会上报的方案，并且建造和修理局于 12 月 28 日提交了初步设计，约克城号就将与游骑兵号航母一样选用 5 英寸火炮，在飞行甲板切口的每个象限布设 2 门。那样就是长官意志在作祟，而不是实事求是地科学论证。飞行甲板的长度事实上就是由美国海军总委员会指定的，而不是由航母论证得来的，飞行甲板的长度将连锁反应进一步影响到航速和船体结构。到此为止，许多问题仍未解决，

其中还包括反复争论不休的水下防护问题。

1932年2月1日完成了第一个总布置图。但是，后来证明弹药库和汽油储存量太小。海军航空部要求将舰岛的前端向舰尾方向再移动大约25英尺，以便于前停机区的作业，特别是在舰尾进行飞机着舰时；舰岛后部的区域也因此向后顺延20至25英尺，以弥补舰岛位置调整造成的空间损失，并使舰岛后部的起重机可与船中部的升降机配合作业。航空局要求机库净高17英尺，并建议延长飞行甲板以重新安装5英寸火炮，还要求处理机库甲板飞机停放与船体结构、设备等空间布置上的矛盾。

弹药库增容后，为了安全防护，弹药库和汽油库前后的装甲甲板和舷列板必须从第一平台（如巡洋舰）提升到第四甲板（这也是埃塞克斯级的标准位置）。

此外，军官数量增加后还需要配备额外的居住舱室，由此建议把飞行甲板抬高8英尺，以便将海军上将、舰长和参谋人员的工作地点都集中到船体的中部，与通廊甲板上的舰岛结构并排。这样一来，动力系统需要向后移动20英尺，舰岛需要缩短8英尺，飞行甲板相应延长4英尺，舰岛结构前方净空增加32英尺。

为有利于飞机停放和调运，机库甲板净高设定为17英尺，并将机库上方8英寸的空间留给飞行甲板结构。由于飞行甲板下部结构伸入机库，导致无法进行备用飞机的装配，机库高度又增加了2英尺，与游骑兵号航母的机库差不多。

研究发现，由于弹射器舱里安装了35-0艘摩托艇，机库面积反而比游骑兵号少了约1 000平方英尺。如果将这些摩托艇转移到50′-0船上，通廊下面的甲板高度又不允许。最后没有办法，只好按照萨拉托加号的做法，将飞行甲板延伸到右舷，与舰岛结构并排，才重新安置了这些令人头疼的摩托艇。

接下来的问题是鱼雷防护。"由于吃水较浅（24-0）和船内防护空间有限，很明显，在正常运行深度为15-0时，无法为鱼雷爆炸提供足够的防护。与巡洋舰相比，航母舱底结构与舱壁的连接也无法起到很好的防护作用"。

但建造和修理局还远未意识到舱底结构问题的严重性，建造和修理局在向水下防护专家提交初步设计方案后，专家们发现不仅系统中的液体和空气会比战舰中的少，而且出于航行阻力特性的考量采用了圆形舱底，从而造成鱼雷会击中几乎没有空域的位置。

"一枚400磅的鱼雷接触爆炸，就会完全穿透防护层（无论是否【充满】液体）；后面的损坏程度很大程度上取决于投掷出去的炮弹的具体大小和种类"。

唯一的解决方案是使船体中部大大增加充液度（系数0.95而不是0.89），从而增加所需

第 4 章 约克城号

▲ 图片为约克城号航母1939年投入使用，其装备齐全，航母上的栅栏用来保护公用水上飞机不受甲板风的影响。注意：弹射器舷外平台从弹射器舱中伸出，正好位于其前方5英寸火炮后方；右舷也有类似的炮座。

的动力和机械重量，但这一点在一艘受到如此严苛限制的战舰是不容易实现的。如此一来，保护系统的外舱可以延伸到船底4英尺以内。

为了扩大船体中部的舱容，设计师们只好拆了东墙补西墙减小后部的舱容，这样一来后部就过于狭窄，并导致后部浮力减小，船体纵向的弯曲应力增大了2%，有人建议加深舱底可以抵消增加的弯曲应力。幸好这艘航母设计要求能够抵抗炸弹和鱼雷攻击，其结构强度能够克服这样的弯曲应力。但是水下防护专家还是提醒，1924年曾在未完工华盛顿号船体上进行过爆炸测试，1枚1 000磅重的炸弹在离船40~50英尺的地方爆炸，"炮弹的爆炸区域很大，炸毁了许多舱室"。而航母设计要求能够抵抗6英寸火炮的攻击。为了减重，设计采用重型鱼雷舱壁（由30磅镍钢材料制成），相当于0.42英寸的装甲，难以达到防护要求。这样的舱壁一旦发生破裂，就会急剧扩展到更深的舱壁中。按照鱼雷防护要求，舱壁的防护强度应相当于4英寸列板，但是对于3个重型鱼雷舱壁，其在弹药库前方的防护强度实际只相当于3.25英寸列板，其他重要部位包括更远的后部防护强度更小到只相当于2.75英寸列板（35至64框架对64至168框架）。解决的办法是用一个60磅重的STS防护甲板覆盖列板，并在2号鱼雷舱壁外侧处将列板减薄至40磅。此外，在第三层和第四层甲板之间的框架35和168之间安装30磅的STS纵向舱壁，以避免列板上方舷部损坏时会扩大到第四层甲板（在战斗条件下，估计第四层甲板仅高出吃水线3英尺2英寸）。

设计还改进了纵向（而不是之前的横向）结构，以减轻重量，提高强度。

就防护效果而言，这种设计的最大缺点是消防系统和动力系统不能同时工作，当鱼雷穿透防护相对薄弱的船体时，就可能造成舰船动力系统的瘫痪。舰船局的战损报告显示，大黄蜂号航母正是因为失去动力，无法拖带而造成最终沉没的悲剧。同样具有讽刺

意味的是，大黄蜂号当初被要求按照约克城号的设计来建造，建造和修理局提出的方案就是交替使用动力系统和消防系统，追根溯源这最早是效仿胡蜂号的做法，因为胡蜂号船体过小，消防系统和动力系统在空间布置上难以分离。海军工程局提出安装更紧凑的系统设备，使消防和动力分开各自独立运行。但由于时间紧迫，美国海军总委员会没有采纳海军工程局的这些建议。

合同计划大约于1932年3月1日开始，但随后被叫停，因为国会启动了重型巡洋舰39号（昆西号）项目，停止了所有新上航母的财政拨款，相关工作不得不停止。直到1933年6月16日颁布了《全国工业复兴法》后，航母才又获得资金支持。建造和修理局随即询问美国海军总委员会，是否有必要对1932年的设计方案进行修改。

建造和修理局的本意是想重新在航母上安装5英寸火炮，以减少飞行甲板上炮座的开口，即将3门火炮放在舰的前部（1门安装在舰艏的中心线上），将5门火炮放在舰的后部（1门安装在舰尾中心线上，4门安装在最初的舰炮舷外平台上）。这种改进可以将飞行甲板向前延伸，长度由708英尺增加到729英尺。

此外，如果在2号和3号炮位上安装可伸缩的板状防风装置，还可进一步改善火炮的性能。1932年9月，海军军械局提议采用新的四联1.1英寸机关炮，这是一种专门用来对付俯冲轰炸机的利器；建造和修理局想要安装4门，以一对一的方式取代0.50口径的机炮（这种炮共有16门，尽管很难以等重的方式替换）。在美国海军总委员会批准游骑兵号航母取消鱼雷发射装置后，建造和修理局想知道在约克城号上是否也能如法炮制。

美国海军总委员会后来批准了两项关于重炮的建议，理由是可以有效改进对空防御和进攻的态势。但是，美国海军总委员会不赞成取消鱼雷发射装置，认为这样会大幅度减弱反舰攻击能力。游骑兵号航母1931年12月之所以取消鱼雷发射装置是由于经费的原因，约克城号不存在这样的问题。美国海军作战部长批准了美国海军总委员会的提案，海军部长也签署了。

但随着飞机性能的不断提升和飞机载弹量的不断增加，海军航空部对已经延长的飞行甲板还是不甚满意。1931年的飞行甲板长度标准，已经不再适用于90架飞机的搭载规模。1933年11月11日，航空局要求重新布置5英寸火炮，以尽可能扩大飞行甲板，使飞行甲板总长度由729英尺增加到794英尺，可用长度由713英尺增加到778英尺。

这一改动巨大，航母开工时间因此延迟了2到3个月，并增加了约400吨的重量，下一艘航母的吨位份额也从15 200吨减少到14 400吨，经费减少500 000～750 000美元，速度损失 0.1～0.2 节，GM 损失（3 英寸，横摇周期从 16.4 秒增加到 16.8 秒），水位线以上的列板高度从 3 英尺 3 英寸降低到 2 英尺 11 英寸。

建造和修理局仍坚持要保留 2 个中心线炮架，由于飞行甲板加长，其防空角度被限制到 20°，为了保证这 20° 甚至还必须缩减飞行甲板前端的宽度（从距离末端 40 英尺处的 78 英尺减小到 56 英尺 9 英寸），8 挺 0.50 口径机枪也不得不从后方通廊转移到舰岛上；由于机翼翼展加大，通廊的设计也达不到要求。

但是，海军航空部和建造和修理局得到了飞行员的鼎力支持，在航母的成本构成中大约 6 000 吨钢材的费用才能换来超过 14 英尺的飞行甲板。作为航母结构主体的飞行甲板，似乎比航母上安装的所有火炮都贵重得多，不仅要尽可能增加长度，还要保证在舰炮舷外平台上安装全部的 5 英寸火炮，至于火炮前后位置调整带来的火力损失被排在了次要地位。

按照专家建议，更重要的是向后射击，因为当航母发现敌舰后，一般会实施规避，将甲板向舰艉延伸的提议就重新审议。航母甲板操作人员的调查表明，如果飞行甲板向后延伸，升降机需要后移到飞机阻拦区，前部的停机区也需要前移。"飞机停放必须系留，飞机停放在甲板上母舰的航速一般在 20 节以上，系留要稳固，系留装置不使用时应放置到与甲板齐平"。

萨拉托加号航母为使飞行甲板宽度达到 80 英尺以上，调整了 5 英寸火炮的位置，并发现通廊对于舰面保障站位的设置，尤其是对于数百名飞行甲板人员从事故中逃生十分重要，而以前设计得过于狭窄，并且距离飞行甲板面太远（达不到期望的 3～4 英尺），为此移走了通廊里所有的机枪。

同样，游骑兵号的指挥官会"以一个相对便宜的支付价格接受……从而导致发射弧的减小以及飞行甲板前部和后部宽度的减少。顺便需要注意的是，消防问题将同时得到简化，至少在视差方面得到了简化"（在所有 5 英寸火炮均安装在炮舰舷外平台上的情况下）。

所有这些似乎都是合理的，美国海军总委员会批准了建造和修理局计划。但是，对于将所有 5 英寸火炮安装在舰炮舷外平台上的做法，海军航空部在接下来的 6 个月内提出了质疑。经过论证，这样的调整没有什么损失，甚至还提高了防空效果。最后，美国海军总委员会拒绝了进一步扩大飞行甲板的提议，因为这将耗资 125 000～250 000 美元，而且还要使用未经验证的轻质合金，才能将航母的重量控制在限定范围之内。并且认为，通过使用新研制的可控制螺距的飞机螺旋桨，能够减少 30% 以上的起飞滑行距离；使用 3 个升降

机也提高了飞机转运的效率;飞行甲板已经增加65英尺,可以满足飞机作业要求;而得到批准的5英寸火炮调整方案不仅可以提高防空效果,还能减少弹药保障人员的数量,虽不能说尽善尽美,也令人满意。

海军部长于7月13日签署批准了修改后的方案,但海军航空部并未就此作罢。在8月12日向美国海军舰队总司令发出的一封信函中,海军航空部据理力争,海军总委员会对可调螺距的螺旋桨有误解,这种螺旋桨只是为了平衡新飞机的更高性能。由于航母自身的弱点,敌军在空中很容易发现航母上的94架飞机,机库也会拥挤不堪。此外,机库甲板的中心位置安装了一个弹药升降机,用于提升弹药库(框架149)中的炸弹,这虽受到舰员的一致欢迎,大大提高了弹药的转运效率,但是弹药升降机需要通畅的甲板围井,挤占了飞行甲板的一大块区域。如果不能进一步增大飞行甲板,很多问题将难以克服。

此外,"战时航母受到攻击,可能会造成部分区域功能丧失,需要在停机区域设置双向停机装置,一旦部分区域损坏,就必须尽可能利用其余完好的部分,保持和恢复航母的剩余战斗力……"

至于第三部飞机升降机,事实上它几乎不能算作飞行甲板的一部分,这一点从游骑兵号航母的使用经验中可以证明。尽管游骑兵号在后部配了升降机,但甲板长度还是不够用。尽管如此,海军部长1934年9月6日发布的背书中,声称美国海军总委员会的意见是有说服力的,不同意海军航空部的上述观点。

海军航空部仍不放弃,又于11月再次提出以上种种问题。折中的解决方案是期待航母总吨位可能发生变化,但这又关系到下一艘航母的剩余总吨位。海军航空部仍然积聚力量,等待翻盘的机会。航空局指出,增大飞行甲板遭到否决的主要原因还是成本的问题,并且担心航行中如果船头发生碰撞,那些轻质合金的强度令人担忧,所以最好还是只将飞行甲板向后部延伸。经过折算,16英尺的甲板实际消耗35~40吨重量,花费50 000~75 000美元。最后,采纳了这种折中的解决方案,允许加长后部的飞行甲板。海军部长于11月17日批准了该方案。

该型航母在主飞行甲板和机库甲板上都安装了弹射器,弹射器的原型机 H Mk I 于1935年进行了测试,它可以在34英尺的长度上将1架5 500磅的飞机弹射到每小时45英里的速度。

原型机试验的成功促进了约克城号和胡蜂号上 HMk II 型弹射器的研制,后者可以将1架7 000磅的飞机弹射到每小时70英里,也可以在55英尺内将5 500磅的飞机弹射到每小时65英里;后来进一步发展成为H2-1,可以在73英尺内将11 000磅的飞机弹射到每小时70英里，这种弹射器被广泛用于护航航母，并在战时改装中加装到企业号航母上。1939年7月25日，约克城号利用弹射器做了第一次质量车弹射试验，随后弹射了03U观察机和SBC-3俯冲轰炸机。但H Mk II弹射器实际上很少被使用，企业号航母总共只完成了55次飞机弹射起飞，19次是从右舷飞行甲板，17次是从左舷飞行甲板，仅有19次是从机库甲板。弹射器在随后的全面测试中出现故障，在FY 41期间，仅完成了21次飞机弹射起飞，其中3次是从机库甲板。一般来说，不到5 000磅的小型观察机，其弹射作业基本不受甲板飞机布放的影响。有观点认为安装在机库甲板的弹射器必要性不大，无谓地增加了航母的重量，因为机库甲板的弹射器朝向舰尾方向，无法弹射重型飞机，而安装在上层主甲板的弹射器朝向舰艏方向，可以借助甲板风弹射起飞重型飞机。美国舰队总司令1942年2月17日授权，将机库甲板的弹射器从舰队航母上拆除。但是，安装在护航航母上的弹射器（当时被称为AVG）却发挥了很好作用。珍珠港海军船厂报告了1942年6月26日从企业号和大黄蜂号上拆除机库甲板弹射器的情况，而约克城号的弹射器已经随着这艘航母一同沉没了。早期的战争实践表明，弹射器的作用无法抵消其重量带来的弊端。1943年4月29日，企业号的舰长甚至要求拆除主飞行甲板上的弹射器。但是，当时护航航母护航航母展示了弹射器的使用价值，那年夏天在普吉特海湾对企业号改装时，还为其安装了2个重新设计的H 2-1s弹射器。

企业号是美国海军首批装备5英寸/38口径两用炮的军舰之一，共安装了8门，它的一对马克（Mark）33指挥仪布置在大型舰岛的顶上。舰岛前后安装了4挺四联1.1英寸机枪；还有24挺0.50口径机枪，其中4挺位于三脚架桅杆上的防空平台。1938年3月，企业号上的航空联队由5个飞行中队组成，共有90多架飞机，包括18架战斗机、37架侦察轰炸机（其中一半作为侦察机，一半作为轻型俯冲轰炸机）、18架鱼雷轰炸机、18架重型俯冲轰

美国航母设计 简史

▲ 约克城号于1937年10月30日停泊在汉普顿锚地，该母舰显示了后来美国航母的几个特点：围绕着开放式机库甲板的滑动金属卷帘，用来将飞机提升到机库甲板上的大型起重机（船尾位置），以及横向弹射器的舷外平台。桥顶上的小型测距仪为地面火力提供了5英寸的炮组，对马克33指挥仪一级以上的立体测距仪构成了补充。

▲ 大黄蜂号航母和其两个姊妹舰在细微方面略有不同，最明显的是用马克37代替了它们的马克33指挥仪。注意突出的指挥塔。

第 4 章　约克城号

▲ 由于早期战争对 CV-5 级的改装已经包含了安装在其他舰船上的重型 AA 炮组，又鉴于无法因主要改装而节约此类改装，因而早期战争对 CV-5 级的改装并不广泛。约克城号在中途岛失踪前曾在珍珠港进行了仓促检修。唯一真正明显的变化是取消了操舵室测距仪；CXAM-1 雷达天线是沿边缘转动的，几乎看不见。

▲ 这张照片于 1942 年 5 月在珍珠港拍摄，照片展示了企业号航母的详细变化：撤销了船只和起重机，以及增加了消磁电缆和外部燃料管线。注意在航母的空中搜索雷达上方的早期 YE 归航信标。

▲ 企业号于1943年6月7日显示，此时仅从前方基地作业中受益：增加了20毫米火炮和一些雷达，但许多主要的动力操作轻型武器并没有增加。

炸机和6架通用飞机（VJ）。

3年后，航母上仍然运行着8架巡逻机，搭载着37架备用飞机，其中大部分都被绑在机库的横梁上。满载后，航母上能够搭载大约670吨航空弹药和舰用枪炮弹药。

虽然到了1938年，约克城号的设计已经显得落伍，并且《华盛顿海军条约》到期后，在重整军备的呼声下，增加了航母的授权吨位，但是大黄蜂号（CV-8）仍然沿用了约克城号的设计。1938年7月，建造和修理局的设计重点转向新型的45 000吨依阿华级战列舰，受此影响15个月内无法完成大黄蜂号航母的设计，需要延迟一年，替代方案是完全复制约克城号，包括承袭其已知的种种缺陷；或者像1933年那样将一些设计分包给私人公司。并且，在20 000吨的重量限制下，大黄蜂号的设计也难有新的作为，最后选择了沿用约克城号的设计方案，并根据FY 39计划建造了大黄蜂号（CV-8）。大黄蜂号不同于它的姊妹舰约克城号的地方，包括配备马克（Mark）37而不是马克33指挥仪，也没有巨大的前桅楼特征；根据海军工程局的建议，采用了一种新的推进系统，据说可以克服水下防护的致命弱点，但实际上大黄蜂号在最后一场战斗中，正是由于受到水下攻击而彻底丧失动力。

航母早期的改装包括安装新的雷达和加强防空武器的设置。1940年，约克城号航母的三脚桅杆上安装了6个CXAM雷达原型机中的1个；企业号获得了改进的CXAM-1；大黄蜂号则获得了天线更小功能更强大的SC，但后者的表现令人失望。1942年夏天，从沉没在珍珠港的加利福尼亚号战舰打捞上来CXAM天线，并把它安装在大黄蜂号上，和SC发射机共用，其性能大致相当于后来埃塞克斯级航母上的SK。企业号似乎永远是幸运之星，1942年末安装了1个二次对空搜索雷达，还有靠巨大烟囱支撑的SC-2。1943年改装后，企业号又得到了1个新的远程空中搜索SK，以及1个SM测高仪，这一基本的雷达配置一直保留到最后。

这3艘航母最初的防空火力配置包括2门安装在舰岛前的四联1.1英寸机关炮，1门安装在飞行甲板上，紧挨着大型起重机，另1门安装在右舷靠后的通廊甲板上。1941年8月，统一用二联40毫米炮代替四联1.1英寸炮，并用20毫米炮代替了0.50口径机枪，但直到下一年才全部配齐。从1942年2月企业号的照片上可以看到，当时安装工作仍然在紧张进行中。到了6月份，所有这3艘航母都配备了20毫米火炮：约克城号和大黄蜂号各配有24门，企业号配有32门。终极的方案是安装6门双联40毫米和24门20毫米火炮，40毫米火炮的安装位置避开舰艏，见缝插针地安装到飞行甲板前端和舰艏的间隙中。伴随约克城号在中途岛海战的沉没，1.1英寸四联火炮也一并葬入大海，此后不久只发现了2个残存

▲ 在普吉特湾改装后，企业号在1944年8月2日拍摄的这些照片（俯视图和正面图）中展示了它战后的模样。俯视图显示了企业级航母特有的凸出飞行甲板，保持了舰岛周围恒定的宽度。同样要注意的是，几乎看不见的水箱是如何与船体浑然一体的。

美国航母设计简史

▲ 在普吉特湾改装后，企业号在1944年8月2日拍摄的这些照片中展示了它战后的模样。俯视图显示了企业级航母特有的凸出飞行甲板，保持了舰岛周围恒定的宽度。同样要注意的是，几乎看不见的水箱是如何与船体浑然一体的。

第 4 章　约克城号

物，就是舰艏第五门四联 1.1 英寸炮架。

由于飞行甲板尾部结构上有一处相当大的突起，使得舰尾无法安装火炮。8 月份，企业号和大黄蜂号 20 毫米火炮的数量进一步增加，分别达到 38 门和 32 门；同时还换装了四联博福斯式高射炮（而不是同等重量的双联博福斯式高射炮），以替代原有的四联 1.1 英寸火炮。到 8 月底，由 4 门四联和 3 门双联博福斯式高射炮，外加 30 门（大黄蜂号为 32 门）20 毫米火炮构成的"终极"版防空火力配置展现在世人面前。

虽然大黄蜂号还没赶上下一次改装就沉没了，但是企业号在 1942 年 11 月的战损抢修中，原来布置在飞行甲板上的 4 门四联 1.1 英寸火炮，被四联博福斯式高射炮替换；20 毫米火炮则增加到 46 门，造成航母超载。鉴于企业号 2 艘姊妹舰沉没的教训，1943 年 1 月有人建议对企业号做起泡处理，以增加航母的排水量，可以校正超载引起的姿态改变，继续对这艘航母进行现代化改装。1942 年底的抢修与后来在努美阿前线基地进行的改装相比，简直是小巫见大巫。

1943 年 7 月 20 日，企业号在普吉特湾被接管进行改装，10 月，改装后的航母以全新的姿态出现在普吉特湾，最显著的变化是防空火力的升级：总共安装了 6 门四联 40 毫米

火炮（4门在原来的 1.1 英寸位置，另外 2 门在左舷后方的机库甲板上）、8 门双联 40 毫米火炮（1 门在舰艏，2 门在靠近舰艏的 5 英寸火炮前方通廊甲板上，2 门在靠近舰尾的 5 英寸火炮后方通廊的左舷和右舷，还有 1 门位于舰岛的尾端，在飞机/舰船起重机的正对面）。

这时，企业号总共安装了 48 门 20 毫米火炮，外加 2 个试验型炮架：1 个双联和 1 个三联，这 2 个炮架很快被 2 门炮取代；新安装了 1 对马克 37 指挥仪取代了原有的马克 33，还增加了新的雷达装备 SK 和 SM 测高仪，并保留了二次对空搜索雷达 SC-2。正是由于这次改装，1943 年 11 月加入战斗快速航母特遣大队的企业号开启了夜战模式。为了进一步提高生命力，企业号还改装了 95 英尺 5 英寸的横梁，使用新的内置鞍形油箱代替了老旧的汽油箱；通过舰岛后移，将 2 个之前位于底层的待命室转移并与通廊甲板原有的待命室合并；在舰岛上建造了一个 CIC，对船体进行了消磁，安装了 2 台 1 000 加仑/分钟柴油和 2 台 1 200 加仑/分钟涡轮消防泵；飞行甲板上原有的一对 H IIs 弹射器换装为新型的 H 2-1 弹射器。改造后，企业号满载（条件六）排水量达到了 32 060 吨，而 1938 年才为 25 484 吨。航母上搭载了 36 架战斗机（F6F-3）、37 架侦察轰炸机（SBD-5）和 18 架鱼雷轰炸机（TBF-1）。

1945 年春，企业号遭到神风特攻队攻击损伤严重，再次经历改装，在战争结束时企业号总共配备了 54 门 40 毫米火炮（11 门四联和 5 门双联）；并将 2 门新的四联炮架安置在机库甲板水平前方靠近左舷的一个新的舰炮舷外平台上，将另 1 个新炮架安置在通廊甲板平面靠左舷处，2 个安装在左舷和右舷前向 40 毫米双联炮架换成了四联炮架。通过重量补偿，取消了舰艏的双联博福斯式高射炮，20 毫米双联火炮减少到 16 门。此外，还为马克 37 指挥仪重新安装了轻型盾牌，取消了固定雾式灭火系统（汽油储存除外）。当时，有建议用 1 个四联炮座来代替舰岛后方的双博福斯式高射炮，但需要移除舰岛后侧的飞机/舰船起重机，未获批准。此外，将机库甲板的四联博福斯式高射炮被重新安装到通廊甲板的建议，因结构原因也被否决。

因为战斗中轻型武器对神风特攻队毫无用处，1945 年夏天，20 毫米火炮普遍被 40 毫米火炮取代。但海军军械局强烈建议不得牺牲 36~20 毫米火炮来获得 8~40 毫米火炮，理由是四联火炮的射击弧度限制在 160 度左右，而 20 毫米火炮沿通廊分布，射击弧度极佳，而武器评估结果也更倾向于保留 20 毫米火炮。

此外，还为企业号安装了新的暗火指挥仪：包括 4 个马克 57 用于控制各象限中成对布置的 5 英寸/38 口径火炮，以及相邻的博福斯式高射炮；4 个马克 63 用于控制一组 2 门或 3

第 4 章 约克城号

▲ 作为神风特攻队攻击的受害舰，企业号几乎参加了每一场太平洋战役，并在战争结束时进行了改装。1945年9月13日，该母舰在普吉特湾进行了改装后的试航。企业号再也没有启用舰载机，并且在进入后备舰队之前，该母舰仅作为返航军人的运兵船。在这张照片中最有趣的变化可能就是在5英寸火炮附近前后安装了由雷达控制的马克57指挥仪，用于局部暗火控制。

门博福斯火炮。此外，每对5英寸火炮配有4个马克51光学计算指挥仪，40毫米火炮配有7个指挥仪实施单独控制，总计有21个指挥仪，包括舰岛中的2个远程指挥仪马克37。

根据每周SCB备忘录，

> 鉴于战时紧迫，舰船局对一些改装项目进行了授权，这些项目来自战场一线，有些类似于CV-9级的变更，包括增加消防软管、舰岛结构中的消防栓、改进升降机井排水系统和机舱中的航空面罩系统，拆除飞行甲板上不必要的飞机支腿、航道封面和岸电设施，将第2个地面搜索雷达（SU）安装在主桅杆延伸部分等。

企业号完成这次改装时，二战也结束了，从此企业号再也没有走向战场，而是变成一艘运输船，负责运送美国军队回国。企业号被认为是美国太平洋战场上胜利的象征，它几乎参加了每一场战斗。舰船局编写的一份战损报告，列出了自1942—1945年间企业号遭受

美国航母设计简史

▲ 图片为结束战斗生涯时的企业号。1945年5月14日，一支神风特攻队袭击了母舰前方升降机后侧的飞行甲板。一枚炸弹穿透到第三层甲板，并在第三层甲板处的一个碎屑储藏室内爆炸。升降机被炸向空中，升降机井内和机库甲板上的飞机燃起了熊熊大火。注意，升降机后方的飞行甲板已经向上隆起，舰岛上的油漆由于早期损坏已经起泡剥落。3月18日，在九州岛外，母舰的前方升降机被一枚哑弹击中。4月11日，前后两支神风特攻队险些击中母舰，后面一队的炸弹在母舰舱底转弯处附近爆炸，对母舰后侧机舱造成了严重的冲击损坏。企业号被重新改装，但由于改装工作未能及时完成，使母舰无法参加在西太平洋的后续战斗。图片为在马雷岛最后改装之前，母舰在卸载弹药（注意后面的起重机）。

到的所有创伤,以此向快速航母特遣部队致敬。1946年,企业号本计划移交给纽约州作为永久战争纪念。但不幸的是1949年被中止,战后企业号从未再进行过任何改装,与岁月一同老去。尽管如此,企业号仍被划入反潜作战支持母舰。1956年10月,企业号被宣布退出现役,第二年1月企业号被报废处理,但由于企业号协会一直坚持将这艘伟大的航母改造成一座博物馆,报废工作被推迟。但这一不懈的努力最终前功尽弃,就在这一年企业号在新泽西州卡尼镇被拆解,结束了光辉灿烂的一生。

第 5 章
回到更小的维度（1934—1939）

受《华盛顿海军条约》的吨位限制，美国在建造了列克星敦号、萨拉托加号大型航母后，不得不继游骑兵号再建造第二艘小型航母，即黄蜂号（亦称胡峰号）。它由15 200吨的航母设计方案派生而来，与约克城号大型航母的初步设计并行，并融入了约克城号大型航母的许多设计元素。过了40年，美国在建造福莱斯特级航母和核动力航母之后，类似的戏剧性事件在中型航母CVV论证时再度上演，只是CVV最后胎死腹中。

1934年3月27日黄蜂号被授权作为兰利号的接班人。虽然兰利号不在《华盛顿海军条约》的限制总吨位内，但根据《文森-特拉姆-梅尔法案》，兰利号依然占用美国海军的总吨位。1934年8月20日的一次听证会，就展示了黄蜂号设计将要面临的窘迫，而黄蜂号的艰难之途真正始于1935年9月19日的伯利恒昆西。

在美国航母的设计过程中，设计师们总是试图充分利用条约限定的航母吨位。20世纪20年代，甚至不敢越雷池一步，怕一不小心触犯了条约。20年代末，美国巡洋舰的设计师们开始承受巨大的压力，在只被允许的1万吨内做尽文章，难有施展回旋的余地。同样，黄蜂号也只能在被压缩的吨位内极尽能事。黄蜂号设计之初，游骑兵号才刚刚服役，游骑

◀ 虽然它标志着回归到更小的尺寸，黄蜂号是基于约克城的设计，而不是游骑兵。1942年1月8日，经过改装后，它从诺福克海军造船厂出来，除了搜索雷达的前方，几乎没有什么变化。

美国航母设计 简史

兵号的建造多耗费了 700 吨,主要是增加了舰岛。1934 年 8 月,负责初步设计的钱特利舰长在一次听证会上指出,飞机的迅速发展很容易使航母的吨位增加,例如弹射器在 1934 年尚在研究之中,根本搞不清楚弹射器上舰后会给航母带来多少增加的重量。

黄蜂号的设计几乎没有什么可值得借鉴的经验,在它设计前后,无论大小航母要么是在设计之中,要么刚刚服役。当时开放式机库甲板的重要性,还没有被认识到,也没有尝试过飞机起飞前在机库甲板预热。海军上将金(当时的布埃尔司令)甚至反对在机库中对飞机预热,这主要是基于他对乐兴顿封闭机库的经验,那时对于双层起飞甲板或机库甲板的价值还远没有达成共识。之前小型航母兰利号缺乏海上飞行的经验,到游骑兵号 1934 年

▲ 黄蜂号在 1940 年 2 月 22 日和 23 日进行了试验,除轻武器外全部完成。请注意前后折叠弹射器海绵,弹射器关闭和缺乏前一类机库甲板起重机。在岛上可以看到一个船吊,与上层建筑平行堆放。

6月4日服役时，黄蜂号已经完成了大部分的初步设计。

黄蜂号初步设计开始时，吨位设置为14 150吨，设计之外允许有150吨的余量；2艘"2万吨"级的约克城级航母同样各自有175吨的余量，而约克城级航母设计之内本身已经包含了200吨的余量。在钱特利看来，黄蜂号的吨位实在是太小了。当约克城级的2艘航母核定为2万吨时，给后面的第三艘航母就只剩下15 200吨。而之前，游骑兵号已经超重700吨，主要是增加了舰岛、轻型火炮和弹药量的装载量。如果不考虑这些因素，并且黄蜂号可以稍稍超出条约规定的吨位限额，也只能达到14 500吨。

黄蜂号初始设计要求武器配备接近于约克城号，巡航半径在15节的航速下至少达到10 000海里。

初步设计基本方案（方案1）强调了三项飞机保障能力：安装3个升降机、搭载72架飞机、船体695英尺、飞行甲板740英尺（见表5-1）。为此，航速降到29.5节；只能在汽油储存罐、舰尾弹药舱和舵机等最重要的部位，安装50磅的甲板和4英寸到2英寸的横舱壁作为防护，而水下、外板、动力系统和锅炉舱都没有防护。

其他备选方案各有侧重。方案2a将航速提高到32节，动力增加到120 000 SHP，飞机搭载量减少到54架，升降机减少到2个，飞行甲板缩短到680英尺，船体缩短到640英尺。在有限排水量的情况下，靠增加动力而不是增加船体的长度更加合理。

方案5a强调增加防护，参照约克城号的防护标准，设置了：4英寸至2.5英寸的水线带防护侧板，覆盖范围达到水线长度的三分之二；第4层甲板由67磅STS甲板覆盖；代价是航速降低至25节，动力降低到35 000轴马力，飞机的保障能力等同于方案2a。

表5-1 黄蜂号的设计方案

	1	2a	5a	6
StdDisp't（吨）	14 150	14 150	14 150	14 150
LWL（英尺）	695	640	590	650
秤杆（主甲板）（英尺）	90	90	90	90
通风装置（英尺）	21.34	21.59	22.14	21.5
船体深度（英尺）	52.5	52.5	52.5	52.5
FD（above keel）（英尺）	80	80	80	80
升降机	3	2	2	3
Length of FD（ft）	740	680	625	695
飞机	72	54	54	63~66

（续表）

	1	2a	5a	6
速度（kts）	29.5	32	25	25.5
SHP	67 000	120 000	35 000	35 000
皮带（2/3 LWL）(in)	—	—	4 2.5	—
甲板	50 lb*	50 lb*	60 lbt	50 lb
Splinter Pro	no	no	yes	no
Torp Pro	no	no	yes	yes

注：方案 1 是黄蜂号设计的基础。所有的方案都包括一组 8 门 5 英寸/38 英寸、16 门 1.1 英寸和 24 门 0.50 千卡机关枪。这些备选方案在 1934 年 8 月 18 日的建造和修理局备忘录中提出。

* 在一级平台，超过杂志、气体、舵机。在所有生命体征上加第四层甲板。

方案 5a 具有水下鱼雷防护是其显著的特点。

方案 2a 和方案 5a 同样都缺乏吸引力，初步设计尝试了折中方案 6，该方案兼具有方案 1 和方案 5a 的优点，一是增强了飞机保障能力，只是飞行甲板 650 英尺，稍短于方案 1 的 695 英尺；二是保留了侧方和水下的防护，具有方案 1 和方案 2a 的部分甲板防护特征。

在方案 5a 中，航母只有 25.5 节的航速，电站的尺度被过度压缩，究其原因是水下防护区域狭小造成的。

在初步方案设计中，还研究提出了从机库甲板起飞的几种方案。方案一是在主飞行甲板下方的艏楼安装 1 个中心线弹射器；方案二是飞机依靠自身的动力从长长的艏楼甲板起飞，艏楼甲板一直延伸到舰岛的后部，布埃尔更倾向于这种方案。这两种设计方案，主飞行甲板都必须被抬高和缩短，才能使飞机从其前侧下方起飞。实际上，机库甲板在艏楼和舰尾更深的地方被分成了两层。前升降机被安置到前甲板较后的位置，以靠近机库前后区域的结合部。方案三介于前两者之间，机库的前部足够容纳一个中队，这个中队的飞机可以就近利用弹射器起飞，但是飞行甲板将不得不为此抬高约 2.8 英尺。

在听证会上，时任海军航空局负责人的海军上将金（Admiral King）指出，日本和英国的经验使许多人对从机库甲板起飞着魔。可他后来注意到，实际上飞机很少从机库甲板起飞，这与前期航母的论证设计形成了有趣的对比。

在回答中，设计部门解释：

局长……关于从主飞行甲板和机库甲板两层甲板起飞，目前还没有明确的意见。

首先，这是航空部门的意见，应该是安全的做法，如果飞机引擎没有预热，就更不存在任何风险，当然飞机从上下两层甲板起飞前，首先要在机库预热。第二个主要考虑是飞行员起飞前必须先下到机库启动飞机，直到他滑行到开阔的地方起飞，在他的头脑中要有直观的甲板轮廓，他必须非常熟悉甲板的构造。当然，设计者对此还是持有怀疑的态度……为打消这些怀疑还要进行深入研究，这一切取决于弹射器是否能够研制成功。

航空部门不仅要研究飞机的构造，还要研究飞机在航母上的作业，既需要远见卓识，还需要好的运气，才能让飞机从航母上安全地起飞和降落。除非证明机库甲板能够与上层主甲板协同运行，增加起飞操作的灵活性，否则就完全没有必要从机库甲板起飞飞机。之所以浓墨重彩地反复论述这一问题，主要目的就是让所有的人都能够了解客观真实的情况……

当时研制的弹射器，也就是后来的 H II，并没有成功。金上将担心，任何依赖于弹射器的起飞方式都可能成为弹射器的殉葬品。使钱特利没有想到的是，金上将对约克城号机库甲板起飞的方式有这么深的成见，而这样的设计完全是为了充分利用航母飞行甲板的每一寸空间。为了容纳飞机备件、机翼、机身，甚至于机库的顶部都被用来悬挂备用飞机的机身。否则，就要占用其他的舱室空间，尽管如此，大型飞机的备用机身和机翼还是没有容身之地。

所有双层飞行甲板的设计均基于方案 1，方案 1 显然最能平衡来自各方面的需求。海军综合委员会的伍德沃德上将问，怎么样才能最合理地利用航母极其有限的吨位？例如，航母中部的升降机要消耗 120 吨，事实上还可能更多，方案 5a 和 6 的防鱼雷舱壁要消耗 750 吨，整个航母的防护要消耗约 1 450 吨（其中 600~700 吨用于舷侧装甲）。方案 1 中仅部分区域的防护甲板就已经消耗了 525 吨，如果扩展到各个重要部位就要另外消耗 500 吨。

美国允许舰船的总重量可以在一定误差范围内调整，如果约克城号和企业号两艘大型航母在其设计重量范围内完工，可以节约出 350 吨。如果移除列克星敦和萨拉托加号上的 8 英寸炮塔，将会释放更多的重量。这些节省出来的重量可以补偿到黄蜂号航母，基于这一想法，海军委员会选择了方案一，并于 1934 年 9 月进一步明确：约克城号和企业号（CV-5 和 6）原设计方案未指定用途的 350 吨，现在转移给黄蜂号航母。据此，黄蜂号的设计吨位可以达到 14 500 吨——虽然当时约克城号和企业号远未完工，而且舰队内许多观点，特别是飞行员，都认为 8 英寸火炮极具有价值，特别是对于一艘可能失去巡洋舰保护单独作战

的航母。

航母本身也可以通过设计方案的调整降低吨位，像游骑兵号和黄蜂号就取消了鱼雷飞机。黄蜂号飞机搭载的规模也比约克城号和企业号更小。海军上将格林斯莱德进一步征询金上将（以及美国海军作战部长的代表）的意见，是否把黄蜂号（CV-7）设计成一艘侦察航母，金对此很不乐意。

下面就要讨论黄蜂号到底是一艘舰队航母，还是一艘侦察航母。之前对于黄蜂号航母的种种做法，实际上是把它当成了侦察航母，而不是舰队航母。但是，舰队和海军战争学院的战斗推演显示，我们的直观预测可能是非常错误的，侦察航母即使在作战区域附近行动，也可能是第一个遭到敌人飞机攻击的目标。

相比于慢速的方案5a和6，金强烈推荐方案1。

航速降低到25节会陷入非常严重的困境，将大大增加飞机起飞作业的周期，极大地限制航母操作的灵活性……要使飞机在甲板上达到最低起飞速度，航速至少要达到29.5节。

虽然我们不太关心飞机的着舰速度……但航母上甲板风达到25节是飞机起飞必不可少的条件。在飞行甲板前方腾空后，航母20或21或22节的航速足够飞机降落，这是因为飞机采用了襟翼。然而，即使使用了襟翼或可变螺距螺旋桨，或者两者都采用了，都不能克服高性能飞机起飞的困境，航速不足就得依靠飞机发动机的加力，甚至于必须依赖弹射器才能起飞。

然而，与高航速的方案2a相比，金上将更倾向于方案1，他所代表的部门首先看重的是飞机的数量和飞行甲板的长度，而不是增加的那区区2.5节的航速。虽然双层飞行甲板的想法来自国外同行，但由于美国当时的情报水平不高，以至于金上将认为"没有证据证明双层飞行甲板能够成功"。因为，他对于国外航母这种做法几乎一无所知。

在讨论到飞机调运的问题时，为了提高飞机调运的灵活性，要求黄蜂号无论如何应像约克城号和企业号那样布置3个升降机。

然而，建造和修理局的舰长范·基伦指出，采用双层飞行甲板的光辉号航母，甚至在"一些相当平静的海域"，下层机库甲板的飞行作业也会受到影响。钱特利舰长回答说，在草图设计时确实考虑到了这个问题，因而设置了40英尺左右的前干舷高度，或者采用比巡洋舰高出一层的甲板高度。如果干舷高度达不到这个要求，飞机从舰艏的机库甲板起飞是

第 5 章 回到更小的维度（1934—1939）

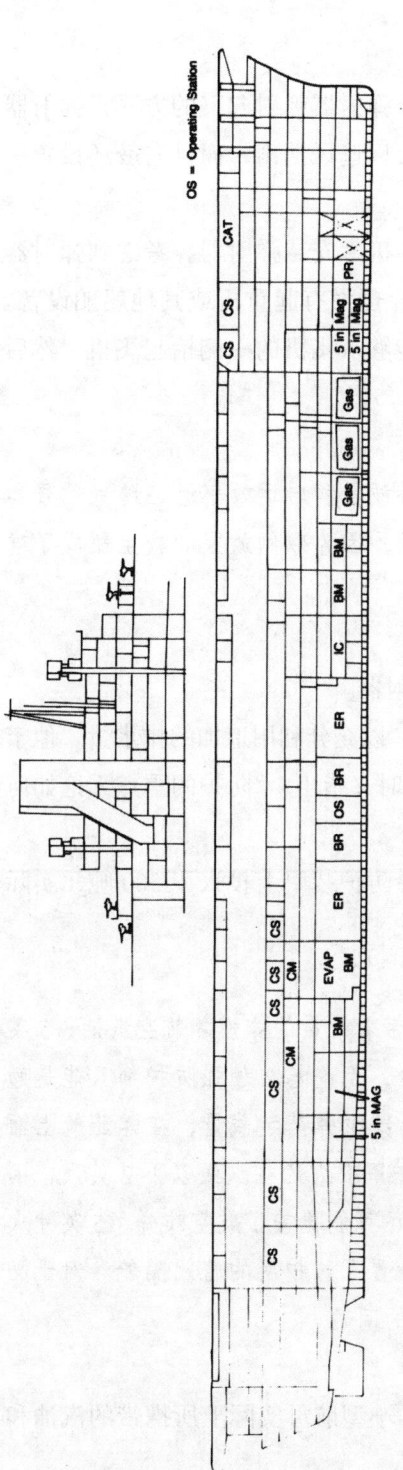

▲ 黄蜂号的内侧面。

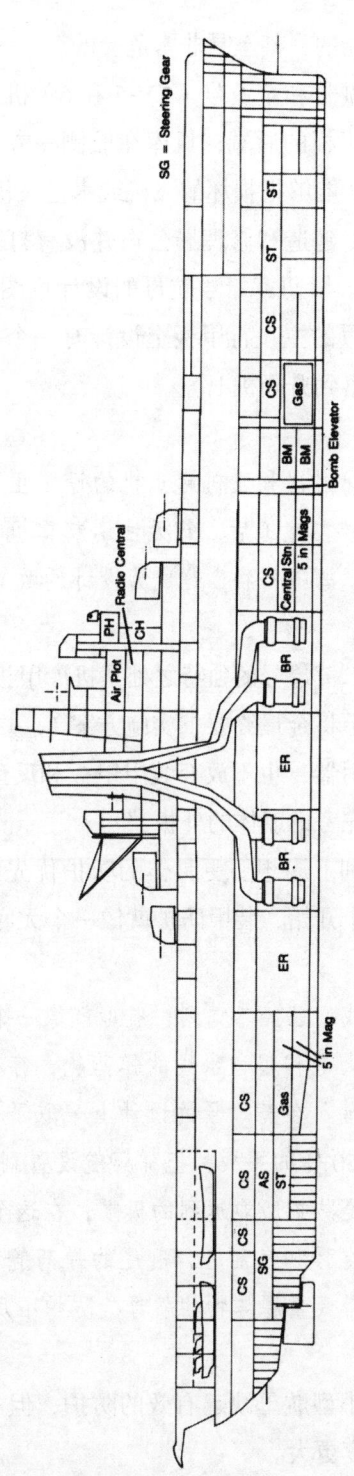

▲ 1938 年的轻型航母设计，是美国第一个在飞行甲板上展示双 5 英寸火炮的设计。

完全不可能的，甚至是非常危险的。

约克城号和企业号（CV-5和6）机库的设计，是基于弹射器弹射起飞的方式，弹射器横跨机库甲板的后端；机库在舷侧一方安装了巨大的滚帘以遮风挡雨，而且右舷还设置一部起重机，能够把损坏的飞机或水上飞机吊起到机库……

当时，建造和修理局公司并没有打算在黄蜂号航母的机库安装弹射器。考虑到弹射器发展缓慢，早期黄蜂号航母的设计草图中都没有弹射器，也没有起重机或其他船舶设备。但在黄蜂号的主飞行甲板上设计有一个重型起重机，它能够从飞机的一侧抬起飞机，然后把它们吊落到升降机上。

弹射器和飞机起重机的设置主要是提高飞机的搭载量和转运效率。但约克城号和企业号在完工后，却无法用起重机完成飞机吊放作业，因为舷侧放置的救生船成了难以逾越的障碍物，这成为设计的败笔。

后来，黄蜂号的独特之处是机库甲板两端都安装有弹射器。

海军上将金最终要求实施方案1，并做了进一步修改，以充分利用追加的排水量。他宁愿不要弹射器，也不放弃装甲甲板和反鱼雷舱壁，但他同时又指出："防护的重点无论如何都不能首先考虑船体的外板。"

钱特利上尉想要更具体的防护优先级排列。方案1在防护装甲上投入了500吨，实际上这只是个开始，装甲防护就像一个无底洞。

我们已经感觉到，航母就像一个巨型火药桶，携带着大量的炸弹、航空汽油、5英寸的火炮和超过水线的弹药舱，存在巨大的潜在风险，无论怎么加强防护都只能是勉力改善。在黄蜂号的设计上采取了一系列措施，包括减少弹药装载量，在弹药舱上面安装50磅的甲板，把弹药舱设置到船体的两侧，防护甲板大约在水线以下2英尺，因为那是防护所能达到的极限，在这个区域内防护甲板尽可能覆盖了航空炸弹、5英寸火炮的炮弹和汽油罐，舰尾的弹药舱和舵机舱周围也设置了防护用的密闭隔舱。对于必须携带大量爆炸物的航母，防护不足无疑是一个严重的问题。

尽管小型航母缺乏有效的防护，但相比于大型航母，小型航母实际上所携带的汽油和弹药量密度更大。

第 5 章　回到更小的维度（1934—1939）

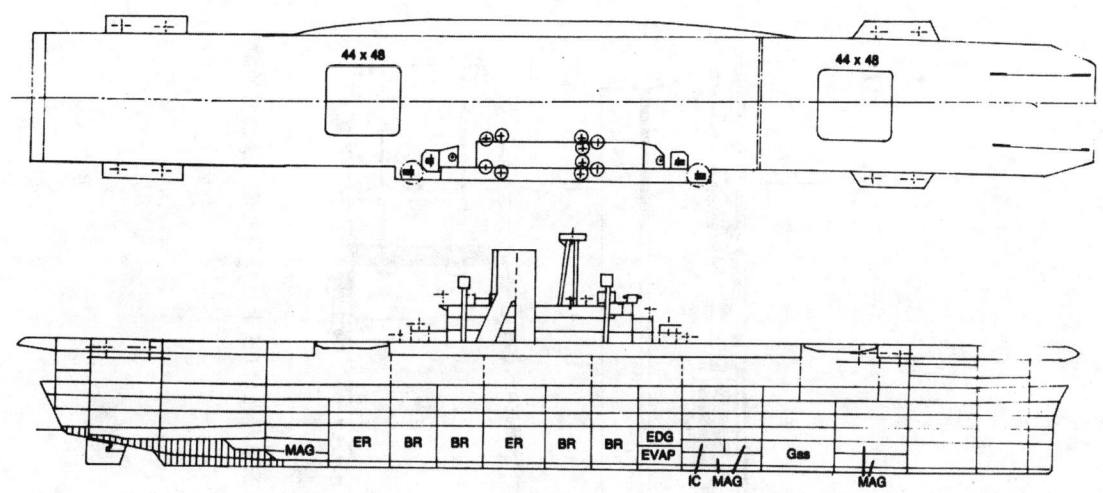

▲ CVx of 1941.

  海军委员会核准了 1 号方案，航母重 14 500 吨，并进一步加强了防护设计，黄蜂号的上层结构类似于 20 000 吨运输船，但在其他方面又近似于游骑兵号，预留了弹射器的安装位置，并期待弹射器能够研制成功。黄蜂号的武器配备向大型航母看齐，安装有 4 门 5 英寸 /38 口径、4 门四管 1.1 英寸机关枪和 24 门 0.5 卡水冷机关枪，舰岛上有一对 Mark 33 指挥仪用于 5 英寸炮的控制。

  海军部长于 10 月 22 日批准了这一方案，包括额外追加 350 吨。开始，初步设计还考虑扩大防护的范围，但随着设计的深入才发现鱼雷舱壁在结构上难以实现。到了 1934 年晚些时候，一个 2~3 英寸的防护带和 60 磅重的第四层甲板覆盖了动力舱室，这有些类似于大型航母的防护结构；50 磅的甲板覆盖了中部的弹药舱、汽油舱、航行控制和动力控制舱室；4 英寸的主防护带覆盖了船体后部的弹药舱和舵机。可是，在重量的严格限定下，这种大规模的防护举步维艰，最后不得不放弃了对船体外板的防护，甲板限制在 50 磅 STS（1.25 英寸），保留的横舱壁缩短到 3.5 英寸。

  为了应对日益逼近的战争威胁，航母的外板后来采用了 25 磅（0.625 英寸）STS，这种外板提供了真正的装甲腰带，那时航母的建造已完全不受条约的限制。而在最初的防护设计中，受制于吨位的限制，只考虑了对炮火的防护，没有考虑对水下鱼雷的防护。为了减少重量，首先取消了外板的防护，然后减少了甲板的厚度和内部防护结构，但预留了防护甲板的安装条件，等待有朝一日可以突破条约的限制增强防护甲板。

  但在布埃尔看来，这种"盔甲"是一种可笑的重量浪费。在 1935 年 1 月 31 日发给建

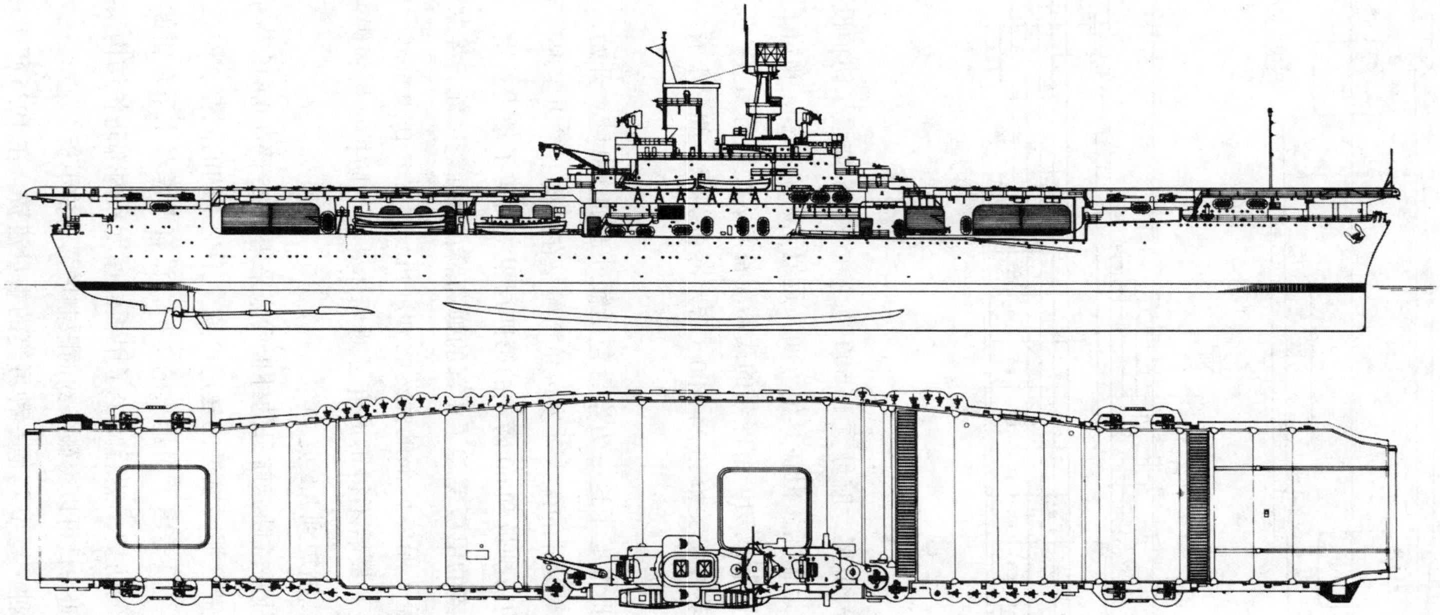

▲ 黄蜂号（CV-7），1942年1月。它装备有八门5>英寸/38，四门四联1.1英寸、34门20毫米和九门0.5卡口径的火炮。注意它的前栏阻电线和两个防风栅（折叠）。已为LSO提供经费，以控制船头以上着陆（右舷小平台前）。

第5章　回到更小的维度（1934—1939）

造和修理局的一份备忘录中指出，"为了保护航母能够承受炮火的攻击，而缩短其航程和机库甲板，这是一个错误……"他向海军部长建议，要在给定排水量下尽可能地增加巡航距离，而不是考虑增加防护甲板。

而初步设计者认为这样的观点没有事实依据，虽然黄蜂号（CV-7）船体比游骑兵号短40英尺，但飞行甲板实际上反而增加了12英尺，甲板面积增大了16%。

布埃尔进一步指出，游骑兵号存在不可原谅的设计缺陷：它允许的船体重心高度太低，这个问题如果不能通过增加横梁来解决，那么避免船体变形的唯一可行方法就是减少内部结构应力。降低船体重心看似减少了船体重量，但事实上减少了吃水意味着更浅的船体梁，需要用更重更强的结构来承受增加的应力，反而是得不偿失。

黄蜂号为了不重蹈覆辙，应该维持原设计，去除增加的防护装甲，因为防护装甲低于船体结构的重心，这样可以避免将重量传递到主船体结构上，因为主船体结构高于船体重心，而且主船体结构还要承受庞大厚重的飞行甲板。

为了增加舱容，就要抬高船体的重心，从而降低了稳性。游骑兵号的设计事实上增加了船体结构的重量，而为了将排水量限制在设计吨位以内，就不得不大幅缩短船体长度，又回到了设计之初的出发点。

实际上，任何吃水浅的船体结构对于推进力（这需要一个良好的波束吃水比）、船体强度、耐波性和水线下的有效舱容来说都是极大的消耗，而水下的舱容又装载着弹药、汽油以及重要的系统设备，它们绝不能暴露在敌人的炮火之下。

关于航母船体结构设计的争论，引人思考的地方在于"当局者迷，旁观者清"。在设计团队之外的观察者看来，设计的思路是不合逻辑的，甚至不可思议，不禁要问好不容易追加的数百吨重量最终都消耗到了哪里？这在布埃尔眼里完全是无谓的浪费，增强的外板不能补偿飞机保障功能的损失。

而事实上，黄蜂号设计之时既没有装甲腰带，也没有加长的船体，但布埃尔并不知道这一点。

黄蜂号建造时，具有几个不同寻常的特征。为了节省宝贵的重量，它被设计成一个不对称的船体，这样就不需要压舱物来平衡舰岛结构的重量，船厂后来解释这也是黄蜂号建造成本昂贵的原因之一。黄蜂号的内部设计，介于约克城号的脆弱布局与埃塞克斯号上动力系统和消防系统舱室交替布局之间，前机舱和后机舱被2个锅炉房隔开成3排，每个锅炉房内有一台锅炉，前机舱和后机舱被3个锅炉操作台的正横舱隔开。当时，美国设计的唯一一艘现代圣路易斯级轻型巡洋舰也采用了这种布局，这标志着传统布局向交替布局的过渡。

美国航母设计 简 史

　　黄蜂号拥有美国第一部甲板边缘升降机,这成为后来美国航母设计的典型特征。三部升降机最初计划采用传统布局,但布埃尔在 1935 年初决定改用这种新型布局,并在船上进行了整机测试,安装在前部弹射舱的左舷,T 形布置,用十字架支撑飞机的两个主轮,用吊杆支撑飞机的尾部,整个升降机可以折叠起来存放。测试的成功更加坚定了信心,埃塞克斯级航母的大型升降机也被安放到甲板边缘,而不是原先船体中部的位置。对于黄蜂号,升降机布局的改进不仅减轻了重量,还提高了飞机在主飞行甲板和机库甲板之间调运的效率。

　　黄蜂号尽管采取了种种减重措施,但还是显得过于沉重。1939 年 11 月,建造和修理局估算,即使加上通常 100 吨的设计误差,黄蜂号轻载条件下仍然超重 692 吨。实际建造完

▲ 在黄蜂号前进弹射舱的垂直梁实际上是折叠甲板边缘电梯。

▲ 黄蜂号的早期改装包括将汽油管道移出船体,正如这张摄于珍珠港事件前的照片所示,这张照片可能拍摄于 1940 年末。

成时，黄蜂号的标准排水量至少为 15 400 吨（而设计重量为 14 700 吨）。而且，根据 1940 年 7 月以来海军的报道，自 1935 年黄蜂号设计完成后，单架飞机的重量比航母设计之初增加了一倍，所以四个中队的飞机重量由最初估计的 157.2 吨和 50% 的储备，增长到了实际的 200.5 吨，再加上储备达到 300.7 吨，这些增加的重量，都位于船体结构的上部，对航母的稳性造成了不利影响。

于是，飞机的重量就摆到了桌面上，成了一个较为敏感的问题。在设计者致舰队航母指挥官的一份信函中，提醒航母在操作中要时刻注意所存储的动力燃油、航空汽油、饮用水、锅炉用水以及其他备用给水、补水或压载水的总负荷和这些负荷的分布。"尽管去掉了装甲带，黄蜂号也仅具有商船的稳定性，必须时刻小心，谨慎处理负荷的分布问题"。

黄蜂号在 70 000 轴马力，航速只有 29.5 节。1939 年 4 月 7 日，时任海军航空作战部队司令的海军上将金致信美国海军作战部长：

随着舰载机飞行速度的提高，舰载机安全起降所需的甲板风速也更高。

目前，一些型号的飞机在满载炸弹和燃料的情况下，需要 30 节的甲板风。如果风速达不到，就必须依靠航母的航速。

游骑兵号在清洁底部后，排水量 16 000 吨时最高航速是 261.5 转每分，或 29.38 节；而其平均排水量超过 18 000 吨，清洁底部后的最高航速只能达到 255 转每分，或 28.65 节。并且，动力系统的最高功率还随着离开码头时间的累积而降低，游骑兵号在离开码头 202 天后，由于功率的损失，全功率情况下航速只能达到 26.5 节，再加上船底附着物等污染的影响，航速降低 2.3 节，真正的航速只能达到 24.2 节。

在 3 月 29 日进行的实弹演习中，由于风速只能达到 4 节，航母的最高航速为 24.2 节，必须使用长跑道起飞。长时间的飞机起降作业后，不可能准确掌握甲板上飞机的数量，这些都大大延长了起飞时间，严重降低了作战效能……另一个问题是航母加速到最高航速耗时很长，在紧急情况下会延误飞机的起飞，后果非常严重。

其他航母上没有出现这种情况，因为它们船底清污后航速能够达到 32.5 节，即使考虑到各种损耗也不会因为航速的问题影响飞机起飞。而游骑兵号为了保持最高航速，至少每 6 个月就要靠泊进行一次船底清污，而且在每次执行巡航任务前都要求靠泊，进行船底清污和动力系统的恢复。

基于以上原因，黄蜂号的航速要求增加到至少 32 节，并建议未来航母的设计航速为

34节。

海军上将E.C.卡尔布夫斯（E.C. Kalbfus）也倾向于航速的提高，特别是与新型快速巡洋舰相比，航母航速的问题更加突出。航母的速度越慢，当放飞和回收飞机时，舰队就越难以聚拢，因为航母必须长时间逆风航行。海军上将E.C.卡尔布夫斯（E.C. Kalbfus）很想知道能否进一步提高游骑兵号和黄蜂号的总功率，他说："为了提高航母的航速，付出巨大的牺牲和高昂的代价是值得的……"

布恩研究后得出的结论是，实际上游骑兵号已经无能为力。它将需要97 000轴马力才能获得32节，但它最多能做到75 000轴马力，虽然动力系统和消防舱室足够大，但布恩认为换装更大的传动轴存在难以克服的技术问题，并且他估计改装费用将达到370万美元。

黄蜂号在船底清污后要达到32节需要13万轴马力。对于这艘在建的航母来说，有两种可供选择的改进方案：

一是对现有的锅炉进行改造，在汽包内适当增设内挡板，并增加循环水管，使锅炉的蒸汽发生量增加25%～30%，再通过改进设计的涡轮和冷凝器，将有可能使轴马力提高约25%以上，使船底清污后的航母获得约30.7节的航速，即使船底被污染后仍能达到约29.7节的航速。这一改进预计耗资约200万美元，并使建造周期延长7个月。

一种可供选择的方案是换装一个全新的100 000轴马力的动力系统，该系统基于爱荷华级的设计（有2个而不是4个轴），可以安装到黄蜂号现有的舱室空间内，船底清污后可以达到31.5节的航速，这一改进预计耗资约410万美元。

布埃尔不遗余力支持航速的提高，强调游骑兵号之后航母的设计一定要超过32节的航速，并采用更大的吨位。随着飞机的高速发展，航速低于32节会造成很大的现实问题，如果黄蜂号只能实现30.2节合同规定的设计航速，那么黄蜂号在加入舰队时就会成为舰队的拖累。在交付之前通过改进工程提高航速，则可以大大提高整个舰队的作战能力。为此，黄蜂号的交付时间推迟到1940年12月左右。

至于游骑兵号，因为受到飞行甲板和其他种种限制，与黄蜂号相比即使提高航速后也难以提高整体作战能力，改进的效费比不高，倾向于采取其他的办法，如缩短进坞间隔、减轻重量和锅炉全负荷运行等，在耗尽锅炉的全部寿命之前不考虑改装的问题。如果必须要改，也不能只考虑提高航速，而要全方位治理，并且游骑兵号不能先于萨拉托加或列克星敦号退出现役。

在讨论黄蜂号的改装方案时，甚至还有政治上的考量，担心对未来美国海军的发展产生不利影响。

海军上将托尔斯·布埃尔（Admiral Towers of BuAer）不无担忧地指出：一艘尚未完工的航母，就要拨款重建，这会使国会感到不安。建造和修理局和海军工程局估计黄蜂号的交付将因改造推迟7个月，而游骑兵号将需要整整一年的改造工期，最快也要分别到1940年12月和1941年8月完成，而萨拉托加号也计划在1941年1月开始为期7个月的改装，紧随其后是列克星敦号。

而海军委员会则反对开展任何大规模的改造，它只建议游骑兵号和黄蜂号经常靠泊码头进行船底清污，以尽量减少航速的损失，并建议使用新的防污漆，加强对动力系统的维护。更有人建议，"不应授权对黄蜂号作进一步的改装，并就此通知承包商尽一切努力早日完成黄蜂号的建造"。然而，海军总委员会还是要求布恩"对安装了高压涡轮装置的黄蜂号进行深入调查，研究某些改进工程的实用性和可行性，以期提高动力系统高速运行时的效率，并在未来海军造船厂某个适当的时机予以实施……"

这一时期，船舶动力系统的发展速度很快，而且重量几乎没有增加。例如，北卡罗来纳州战列舰仅做了相对较小的改进，就大大改善了蒸汽系统，使总功率从11.5万千瓦增加到12.1万千瓦。在9月，布恩报告黄蜂号动力系统的功率改进后可以提高12.5%，增加约0.6节的航速，仅仅就是为高压涡轮增加新的喷嘴环和换装两排新的涡轮叶片，便可以提高螺旋桨的转速，可以在航母交付后进行。事实上，改进的效果比预期的还要好，在船底清污后，航速提高了1节，这是由于动力更加强劲，推进系数比估计的更好。在3次高速航行试验中，黄蜂号平均73 906轴马力航速30.73节；第3次运行受到故障的影响，前2次的平均功率都略高于75 000轴马力。由于喷嘴的改进，动力机组的最大功率提高了约4%，达到78 000轴马力。在排水量18 060吨，并考虑到海洋条件和船底污垢的影响后，航速预计可以达到29.8节，而设计航速为28.7节。

即便如此，黄蜂号仍然比其他航母要慢得多。低速与快速的组合，与其说是对联合行动的阻碍，不如说是对联合作战的限制。在普遍使用弹射器的时代到来之前，航母的航速往往决定了飞机出动的效能；航速和飞行甲板的大小决定了航母的作战能力，而黄蜂号在这两方面都有缺陷。

和其他航母一样，黄蜂号也采用40毫米和20毫米炮加强火力配置。在1942年6月，黄蜂号仍然拥有四管1.1英寸机关炮，但是最初的24挺0.50机关枪被32门20毫米炮取代，0.50口径机关枪中有6挺得到了保留。当时计划的终极火力配置是4门40毫米四联炮

和32门20毫米炮，这是黄蜂号重量和稳定性条件所允许的最大火力……实施的前提是减少约20吨重量，措施包括拆除装甲指挥塔、在导航室周围安装钢板替代等。但是，螺蛳壳里难以做道场，黄蜂号实在太小了，舰岛前方的2个1.1英寸机关炮的支架还相对容易更换，舰岛后方的2个类似支架更换的难度实在太大，甚至影响到飞机阻拦装置的布置，"并会对飞行甲板部分区域的作业造成明显冲击"。1942年黄蜂号在诺福克船厂的港区安装了唯一的40毫米火炮，这门火炮还曾在英国本土舰队服过役。

1942年9月15日黄蜂号沉没，仍然携带着4个四联1.1英寸的炮座，还有1942年1月在诺福克加装的1台CXAM-1空中搜索雷达。当时，黄蜂号被3枚鱼雷命中，其中1枚导致汽油爆炸最终造成黄蜂号的沉没，鱼雷爆炸时飞行甲板正在进行飞机燃料加注。黄蜂号的沉没，以及更早些时候莱克星顿号的沉没，都是因为猛烈的汽油爆炸造成巨大的破坏，这促使埃塞克斯级航母和企业号（Enterprise）下定决心对飞机燃料的储存和加注系统进行彻底改造。

尽管黄蜂号带着种种先天缺陷，但人们对于小型航母的兴趣从未消退。1938年，国会批准了40 000吨总重用于大黄蜂号和埃塞克斯号航母的建造。其间，也有人建议用其中的1万吨来建造轻型航母。1938年11月，战争计划部门海军上将R. L. 戈姆利（R. L. Ghormley）秉笔直书，声言建造更多的小型航母或许有其道理，但毫无疑问大型航母更有不可比拟的优势，能够搭载更多的战斗人员和飞机，具有更大的战争威力。战争计划部门从一开始就提出再建造2艘2万吨级的航母，也就是后来的大黄蜂号和埃塞克斯号，并计划建造8艘重型航母"用于舰队和其他打击力量"。该部门认为美国不能只考虑大西洋战争的应对模式，还要认真考虑太平洋战争的模式，这对于美国的战争规划尤为重要，太平洋的广大区域更表现为分散而不是集中的作战行动特点。

而事实上，美国早期的所有战争计划都是围绕着舰队决战展开的，大规模力量的集中在舰队决战中最为有利。这样一支舰队更有可能取得决战决胜，但不利于取得对广大海洋的控制权，比如在保护友军的同时，中断敌方的海上贸易通道、海上联络通信等。

传统的海军理论认为，有效的海上控制最好的方法是首先击败敌人的舰队，然后进行海上封锁。然而，戈姆利清醒地认识到，英国虽然"凭借其有利的战略地位和强大的海军，包括为（当时）维护海上霸权而建立的舰队"，但也难以对付埃姆登号轻型巡洋舰这样的海上偷袭者，潜艇则是一个更加困难的问题。在这两种情况下，如何在战争爆发时确保夺取海上控制权是首要的问题。英国具有得天独厚的海洋地理位置，比较容易控制通往德国的海上航线。而美国无论是在大西洋还是在太平洋，都没有这样的地理位置优势。

第 5 章 回到更小的维度（1934—1939）

美国虽有足够的舰队力量可以保证在大西洋夺取海洋控制权，对抗除英国以外的任何对手，但在东太平洋或在西太平洋争夺控制权就变得非常困难，美国应当拥有在不同海上战略方向夺取控制权的足够强大的力量，以迫使敌人就范。

关键的问题是既要中断敌人的海上贸易通道，又要为美国的贸易航线提供有效的保护，并尽量减少对美国海军力量的过度使用和消耗。在大西洋是如此，在太平洋也

▲ 就像较大的约克城一样，早期对黄蜂号的战争改装仅限于保护碎片和雷达；20毫米炮取代了早期的0.50毫米炮。

是如此。当美国考虑破解埃姆登的难题时，要清醒地意识到，拥有一支更广泛的机动空中侦察打击力量，覆盖更广大的海上区域并取得海上优势是重要的目标。

美国航空母舰在长期的发展过程中逐步形成了其设计的理念，那就是要能够搭载72架飞机，不断提高火力、航速和防护，已有的航母也应按照这一理念加快改装的步伐，充分发挥有限的吨位适应全球战争的需要……

大型航母的设计要求可以概括为：

——放飞所有飞机大约需要30分钟。

——回收所有飞机大约需要60分钟。

——放飞飞机时必须迎风航行30分钟（使用弹射器时可以不受此限制）。

——回收飞机时必须迎风航行约60分钟。

——飞机赖以生存的飞行甲板容易受到攻击。

——为避免受到攻击航母要远离你的敌人，但这也导致与友邻空中行动协调的困难，增加了无谓的飞行。

——当脱离作战舰队时，大型航母通常需要巡洋舰和驱逐舰的保护。

——大型航母的航空联队需要各种类型的飞机，包括战斗机、轰炸机、鱼雷轰炸机和侦察轰炸机。

——大型航母应将舰载飞机的空中力量置于优先地位，而将舰载的防空火力置于次要的地位，不可本末倒置……

通常，一艘搭载72架飞机的航母能够有效巡逻或搜索的区域，不会超过一艘搭载36架飞机的航母。如果有必要在500英里×1 200英里的区域巡逻，使用3艘小型航母携带少量飞机比2艘大型航母更高效，如果只能派出大型航母，同样也需要3艘。

为了侦察，往往需要大量的航母分派到不同的区域，减少被攻击的可能性，因为巨大的飞行甲板和薄弱的水下防护都使航母容易受到损伤，而航母一旦受损飞机就只能趴窝，失去了战斗力。航母自身需要增强火力，以减少航母在近距离范围内对巡洋舰持续保护的依赖。航母可以通过提高飞机侦察的能力，来减少飞机搭载的数量，提高飞机出动回收的周转效率。航母应该携带足够的炸弹，具有良好的机动性，安装必要的火炮，具有强大的威力，但首要条件是查明敌情。配备18~24架侦察飞机，能够对航母提供非常有效的支持。

为配合巡洋舰对特定海域实施控制而建造的航母，还应该能够满足其他作战功能要求……由于缺乏一个合适的名称，暂且称它为"侦察航母"……

第5章　回到更小的维度（1934—1939）

40多年后，戈姆利的分析仍然具有重要的现实意义；重型航母的数量相对较少，对于一些重要的海上控制任务来说，尤其是反潜战机，它们显得过于庞大，效益不高。但是，还有一问题值得深入思考，航母更加小型化、更加分散，是否更容易受到攻击，各个不同方面的研究还需要持续地深化。戈姆利的评论反映了美国海军的关注点，已经从单一舰队参与橙色战争转向对海上贸易通道和海上控制的争夺，而海上贸易通道和海上控制的争夺，可能是美国卷入欧洲战争的根源，或者实际上，就是一场更加现实的、更加旷日持久的橙色战争。军事观察家可能想要知道，是哪些因素造成了对美国航母舰队的主要压力，是应对全面战争，直接攻击苏联本土或基地，还是只进行低烈度的海上控制，而有限的数量又使航母无法覆盖足够广阔的海域。

取代约10 000吨"侦察航母"的，是有足够大的甲板、能够适应恶劣海况、足够稳定的、配备86/47两用炮的2艘大型航母大黄蜂号和埃塞克斯号，其火力至少等同于10 000吨的轻型巡洋舰。航母前部、后部都配有升降机和2个甲板弹射器。戈姆利坦率地指出，这种航母的总吨位和人员配置都将使它过于昂贵，应想办法进一步提高它的载重吨位。他反复强调："这种航母的吨位授权，其实与侦察航母毫无关联，是另外单独裁定的。"朱姆沃尔特上将（Admiral Zumwalt）在"近40年后"主张建造O型海监船时，也提出过类似观点。

戈姆利上将设想的一些功能，后来由小型护卫舰来承担，这些功能包括反潜战行动、进攻性行动（在航路地段定位和攻击潜艇）和防御性行动（通过飞机进行连续的空中巡逻）。在舰队行动中，侦察航母应作为整个侦察的一个节点，以扬长避短，主要发挥其炮火猛烈和侦察飞机起降迅速的优势，而不是凭借它那点可怜的空中打击力量，侦察航母将侦察信息提供给执行打击任务的舰只，包括大型航母，给敌人施以重拳……

事实上，一万吨航母到底能够提供什么样的作战能力一直以来搞不清楚。在海军委员会霍恩上将的口头要求下，建造和修理局于1938年12月提交了一艘1万吨航母的设计草图，它完全没有防护，仅有一个648英尺×70英尺的飞行甲板、2部升降机；有2个中队的侦察轰炸机，无法配置战斗机或鱼雷轰炸机；第三个中队勉强可以布置在机库甲板；配备有2个飞行甲板弹射器。受制于狭小的舱容，采用了紧凑而强劲的100 000轴马力（四轴，也配置在新的轻型巡洋舰上），可以提供32.5节的航速，并拥有持久的耐力，15节航速可以巡航12 000海里（游骑兵号是10 400海里，约克城号是20 000海里）。建造和修理局为了安置通常的8门5英寸/38口径火炮，采用对称布置形式分列在

飞行甲板上，这也是埃塞克斯级的布置方式；其他火力还有3门四管1.1英寸机关枪以及24挺0.50机关枪。

航空汽油和炸弹采取前后布置，以便于飞机在飞行甲板的任何一端都能得到便利的补给。航母上携带飞机备件，但不携带备用飞机。与美国早期的标准设计不同的是，飞行甲板本身将构成船体的一部分，双层底部将根据巡洋舰的设计标准被抬到机库甲板。据此，海军委员会在第二年6月进一步组织开展了设计，并作为埃塞克斯号重型航母的备选方案。

以上设计思想似乎激发了团队成员麦凯恩上尉的灵感，他进而提议建造一艘小型装甲侦察航母，并认为其三个重要的典型特征是小型化、有限的飞机数量、飞行甲板装甲化。海军委员会对飞行甲板装甲化印象最为深刻，要求作进一步的研究，并最终演化为中途岛号航母的大型装甲飞行甲板（见第9章）。然而，在受够了游骑兵号耐波性的折磨后，海军委员会对小型航母唯恐避之不及。

今天，关于小型航母的讨论再次兴起。人们往往认为，从战略意义上讲，小型化会更好，但实际的设计经验表明，巧妇难为无米之炊，吨位太小甚至连最基本的作战功能都保证不了，更不要说提高。

戈姆利论文的一个重要成果就是使得建造和修理局和海军航空局都认识到了小型航母所必然具有的局限性。两年后，当罗斯福总统暗暗担心航母数量太少时，他要求相关部门研究利用轻型巡洋舰的船体（大约是戈姆利提议的尺寸）改造成小型航母。但有了对小型航母的清醒认识，这种不切实际的想法并没有走多远。罗斯福总统在1941年末再一次提出按照已经批准的护卫舰的简约路线建造航母，客观上延迟了后续大型航母的发展进程，总统对相关部门表现出了极大的不信任，认为他们即使在国家处于危急状态时，也会敝帚自珍，抱着自己的观点不放，这种情况一直持续到1942年中期，他对首次提出的中途岛号航母又投去了怀疑的目光。

小型航母的支持者总是不肯放弃，1940年7月15日，海军委员会要求对一型15 000吨32节CV-X的航母方案进行研究，还要求具备对水雷和鱼雷的水下防护，但不要求对轰炸机和火炮的装甲防护（见表5-2）。黄蜂号在1938年的设计中，由于吨位限制太紧，除非将航速降低到32节以下，否则就不可能有水下防护和三底。而CV-X的吨位大小与黄蜂号差不多（重量为15 000吨），但速度要快得多，还要在甲板边缘布设5英寸的单座炮。

表 5-2 轻型航母的设计

	1938	CV-X July 1940
Std Disp't（tons）	10 000	15 000
Trial Disp't（tons）	12 200*	18 000
LWL（ft）	600（651oa）	670
Beam（ft）	66（93 ext）	82
Draft（ft）	21-11	22
SHP	100 000	120 000
Speed（kts）	32.5	32
Aircraft	78 f	63J
Avgas（tons）	271	400
Elevators	2	2
Catapults	2 H II	2 H II
Battery	8 5-in/38 4 quad 1.1-in 24 0.50 cal	8 5-in/38 4 quad 1.1-in 10 0.50 cal

* 13 350 tons fully loaded.
perating complement given as 36 scout（dive-）bombers. J27 fighters，36 dive-bombers.

CV-X 同样受到飞机重量增加的困扰，尽管其设计可以继承很多舰队航母的技术成果，但却无法起飞新型的舰载飞机。这型航母能够容纳 4 个飞行中队，船体长度 707 英尺，但飞行甲板短，只有 57% 的长度可以用于飞机起飞，飞行作业完成后也只有大约 45% 的长度可以停放飞机，许多飞行准备工作只能在机库进行。这反过来又加大了升降机飞机转运的压力，而受制于船体限制，CV-X 只能容纳 2 部升降机。海军航空局的一段评论言简意赅，道出了其窘迫之处：由于飞行甲板小，飞机就不得不停在机库里，像瓶子里的水，着急时却倒不出来，因为瓶口太小，升降机就是那个瓶口。海军航空局不相信 CV-X 能够拥有更大的飞行甲板，就像黄蜂号航母那样，受吨位的限制飞行甲板只能有那么一点点。敲响小型航母丧钟的核心观点概括起来就是："实际上，航母上飞机作战性能的提高，都伴随着单架飞机尺寸和重量的增加，以及更高的着舰速度和起飞速度，与之相适应飞机必然要求更大的舞台，这就决定了航母飞行甲板必然不断加大，吨位必然不断上升。"

第 6 章
橙色战争动员舰

在两次世界大战中,美国海军的思想都受制于海军条例,那些限制条例常常使得制订满意的战争计划变得困难重重。因此,像其他国家的海军一样,美国海军会寻求合法的手段来规避条例中的限制条款,或为在随后突然爆发的战争中废除那些限制条款做好应急准备。第一批措施包括为两艘列克星敦号加装 3 000 吨保护甲,以及莫菲特上将关于巡洋舰飞行甲板改造的想法,即将飞行甲板作为巡洋舰吨位的一部分,可使巡洋舰的总吨位不受《华盛顿海军条约》的约束(随后,在巡洋舰上装飞行甲板的探讨被推迟到巡洋舰队出现之后,其很快成为传统巡洋舰和母舰的真正结合)。在战争中,更加壮观也更为隐蔽的是为临时紧急增加运载力而进行的动员准备工作。由于新船体的建造需要花费大约三年的时间,因此动员计划包括对现有船只的改造计划。尽管早在 1925 年就对现有及计划中的巡洋舰进行飞行甲板的改造展开讨论,因为这些船只都是战斗舰队的重要组成部分。随后,所有新的航母建造,都将选择在商船船体上进行改造。

战前商船改造与战时护航航母计划的不同之处是前者与完整的舰队母舰具有相似性。战前,人们不愿意接受护航航母计划中要求的严格标准。确实,战前规划似乎并未对战时

◀ 美国海军在西太平洋上策划了一场空战,但其资源被条约严格限制,例如,在 1933 年,只有三艘舰队航母,它们出现在巴拿马运河区的科隆港。

▲ 20世纪30年代，随着美国快速邮轮的出现，XCV改造变得切实可行。1931年6月，胡佛总统号下水试航。

战况的发展产生任何实质性影响。相反，战前计划只是一项演练，在某种程度上，使得非海军船体可以满足战前条约（预算）限制条款的规定。航母改造计划只是战时大型计划的一部分，该计划旨在战时为海军寻找适合改造的商船船体。建造和修理局保留了此类船舶的总体布置计划文件，并制订了必要的改装计划。这些战舰都是执行战前国家陆—海军主要战争计划（橙色计划）所必需的船只，该计划假设了一整只舰队横跨太平洋与日本作战的情况。在和平时期，海军预算无法支持橙色计划实际所需要的大量辅助设备，包括运输工具。

橙色计划需要大量的海空力量支持，即使是在两次世界大战中的早期计划版本中。最终，日本是在空中被美军击败的。在基础版本中，即1929年的最初橙色计划，舰队被指派到西太平洋作战。在那里，亚洲舰队需要与日本舰队展开拖延战，拖住日本军力。如果M是动员日，那么从动员日起的30天内，美军舰队主力应在夏威夷水域集结完毕。出于其他的原因，随后每隔30天都要在这些水域进行集结。舰队将携带远征部队、替补人员及飞机，以及舰队和相关部队所需的物资。同时，美军将在西太平洋上建立前哨基地，如果有可能的话，马尼拉湾也将纳入守卫范围并开发成一个前哨基地。此外，在日军进入西太平洋之前，美军必须做好充足的准备以应对日军在运河区内可能发动的袭击。由于"橙色计划"的初衷是假设在没有收到预警的情况下受到敌袭，因此在战争初期进行这种军事动员是不可能的。同样，夏威夷作为重要的海军基地必须得到守护，而且作为基地，每月都有舰队在此集合出发去西太平洋。在战争初期，有一种偶然假设，即日本可能会占领夏威夷群岛的部分地区。

作战行动将主要从前哨基地开始，大部分计划都围绕着基地的建设开展，以便于为前线提供足够的舰队和空中支援。此外，前哨基地在为前线部队提供维修和支持，以及在西太平洋为部队提供维修和干坞设施起着至关重要的作用。一旦最初的前哨基地得到适当的保护，在战区的部队将建更多的离日本本岛更近的前哨基地，为连续作战建立基础。最终，离日本很近的那些基地将通过陆军和海军战机的联合空袭行动进行保护，大规模空袭将摧毁橙色计划中涉及的日本海军、陆军和空军基地以及为战争提供必需品的生产和运输活动。此类空袭是必需的，因为橙色计划没有预设入侵日本的后勤（或人力）设施。

日本附近的海域控制通过"摧毁橙色计划舰队，切实捣毁橙色计划航空设施，以及在橙色计划海域开展大规模海军行动，以扰乱橙色计划海域通信，并对橙色计划主要岛屿所有港口通道的日益密集且有效巡逻"来实施的。潜艇将用于对日本贸易活动展开打击。"潜艇的使用应与水面船只一样遵守相同的国际法规，除非或直到橙色计划的作战行动要求我方潜水艇进行其他任务"。

在计划概览中，1929年的计划概述了二战中美国海军在太平洋的战争计划。美方无法占领菲律宾，因此只能占领西太平洋上的其他可用基地，其中最出名的应是乌利希环礁，通过此环礁，快速舰队航母可以有效向西延长战线展开作战。菲律宾的部分地区被日本占领后被作为入侵太平洋的主要基地，这一情况显然未被考虑在1929年计划之内。此外，橙色计划并没有（至少没有明确地）表明其封锁战略必将对日本造成毁灭性影响，因为日本对海外原材料有很强的依赖性，甚至是对燃料也是如此。回顾橙色计划，值得注意的是1929年的计划考虑到了飞机在征服日本中的重要作用，如B-29战机在1945年时的使用。两栖作战是橙色计划的主要特征，如海军和陆军飞机的使用。此外，尽管计划设计者并未明确计算到战争爆发时美国战舰的损失，但他们确实预测到了每个月的战斗损失25%的飞机和飞行员。的确，橙色计划附带的许多后勤计划都是试图提供足够的替代品（士兵和战机）以继续进行战争。

正如其对飞机的明确集结数量要求，橙色计划需要相当数量的飞机和航母，远远超过了1929年仅有的两艘大型和一艘小型航母。第一次集结从夏威夷出发去西太平洋，其中包括12艘战船以及仅有的3艘航母，随后还有90架战斗机，72架侦察机（包含那些在战船和巡洋舰上的）以及54架鱼雷轰炸机。随舰队一起出发的还有一支大型远征军，约20 000名海军、18 000名陆军和为前哨基地准备的充足后勤补给。

每艘航母只配有两个月的备用飞机供应量（通常为50%），因此备用的箱装飞机的供应很快将变得至关重要。但是，从动员日往后30日内，美国将不再拥有可用的现役航母。此

美国航母设计简史

▲ 除了额外的舰队航母，橙色计划需要大型船只和备用飞机参战。在二战期间以及之后，护航航空母舰承担此项角色，其间，它们都是全副武装的。此图是埃斯佩兰斯海角号护航航空母舰，甲板上的飞机照片摄于朝鲜战争时期。尽管战斗机和联络机都被防护罩包裹着以避免受海水侵蚀，但最前面的四架"巫婆号"似乎已经准备好起飞。海军飞机很少用防护罩罩住，因为它们被设计为抗腐蚀的。这些"巫婆号"很可能是 F6F-5K 无人机，在朝鲜领域对打击岸上目标进行测试。

外，下一个舰队将用所有战船满员搭载 55 000 名士兵，10 艘轻型巡洋舰将在第一次集结中全部出动。还将在总量上增加 20 架战斗机、10 架侦察机和 4 架鱼雷轰炸机，其中包括怀特号（舰队中仅有的特种航空船）水上飞机母舰上的飞机。

所有其他现役载人飞机都将停在商船改造的航母，或商船改造的水上飞机母舰上。商船改造成水上飞机母舰比改造成完整航母容易得多，并且相比于陆上飞机，在 1929 年，水上飞机的局限性似乎并没有那么明显。不幸的是，随着陆上飞机性能的进步，商船改造为航母变得更加困难，因此削弱了其在动员行动中的价值。

因此，动员日后 90 日的集结将包括 16 架战斗机、8 架侦察机、18 架轰炸机以及 40 000 名陆军士兵、10 000 名海军士兵和军用飞机（也将由早先的舰队运送）。在动员日

第 6 章 橙色战争动员舰

120 日内及以后的集结，舰队将每月 1 次为舰队航母运送 50 000 名士兵和最大可行限度的额外飞机供应。

西太平洋战区飞机的高损失率使得替补飞机和飞行员（XAPV）的大规模专业运输变得至关重要。在 1929 年的橙色计划中，在动员日后 60 天的一次运输中，总计运输了 103 架载人和 12 架无人的舰队扩编飞机，其中有 9 架水上鱼雷轰炸机（载人）在舰队后勤船只上。此次集结还包括 3 艘改装的飞机维修船。在动员日后 120 日的舰队运输中，第一批改造航母除了要运送其自身的扩编舰载飞机之外，还需要运送一支由 27 架 VF-VB 飞机、36 架 VO-VS 飞机、18 架陆基轰炸机和 9 架水上鱼雷轰炸机组成的舰队替补机组。据测算，改装后商船的巨大容载量能使其有效满足此类运输服务。在之后的舰队运输中，无人机队的替补飞机与"舰队扩编飞机"、"舰队替补飞机"区分开来，后者通过火车运输。也就是说，XCV 航母增强了西太平洋上舰队基地的实力，而储备计划和替补计划是克服预期损耗的手段。由于橙色计划中没有明确的条款规定可接受的战船损失量，因此 XCV 航母不能作为相关易损坏航母的替补。新的航母建造任务也没有设计相关的程序，因为特制航母的建造需要花费大量的时间，即使是建造最小型的特制航母。

20 世纪 30 年代末，战争爆发时让主要舰队西行的总体思想受到了质疑。美国海军总委

▲ 20 世纪 50 年代，飞机运输装置全被拆除，除了水面导航雷达，所有的枪械也被移除。此图为埃斯佩兰斯海角号航母，搭载着海军"女妖"战斗机和"天行者"战斗机。此时，埃斯佩兰斯海角号被指定作为 T-CVU（多功能航母）被海上运输司令部用作载人民用运输。不久之后，它和它的姐妹舰卡萨布兰卡级航母被博格级 C-3 改造航母取代，此类航母使用起来更加经济。

员会开始讨论修建新的战舰,例如,在双方战舰交战之前就进行独立的航母作战。《华盛顿海军条约》之后的第一批战舰是北卡罗来纳级战列舰,其时速很快(根据美国标准),因此它们可以配合快速航母开展行动。之后的爱荷华和阿拉斯加级战列舰也是在类似的基础上进行建造。目前尚不清楚美军的战争计划为对日战争发生了何种演变;也不清楚一旦舰队西行向西占领前哨基地之后,这种演变会如何影响夏威夷水域的准备工作。对日军初期顽强抵抗的预测应该在一定程度上为航母的建造争取了时间。另一方面,舰队航母的实力增强,将有利于海军从初期开始在西太平洋争议区域取得优势(当商改航母不可用时),且有关在战争初期失去菲律宾的假设也将会使问题变得更复杂。

早在1923年的计划中就将现有的商船批量改造为可以执行各种海军任务的军用船,但其中大部分都是备用的。而且,当为第二次世界大战进行大量改装时,在该领域的战前规划经验被证明确实是有用的。

动员基本文件的第一版WPL-10(1924年5月)显示了对二线改装航母的需求,该类船总重应为13 000吨或以上,尺寸应为600英尺×54英尺或以上并配有水密舱,最大持续时速为25节。令人遗憾的事是,可用船只名单并不充足,一共只有七艘备选,没有一艘可以满足时速要求且大部分船过于老旧。利维亚坦号是其中最大的,但它是一艘烧煤船,这会限制其在海上补充燃料的能力。其中的烧油船是大西洋运输公司的满洲里号和蒙古号(1904,时速14节,以该速度可持续航行12 000海里),以及美国海运委员会的18 372吨的芒特弗农号(1906,时速20节,以该时速可持续航行5 000海里)。美国海运委员会还可以提供另外四艘以煤为燃料的船只:利维亚坦号(1913,54 282吨,时速21节,可持续航行4 905海里);阿伽门农号(1902,19 361吨,时速20节,可持续航行4 600海里);美利坚号(1905,22 621吨,时速15节;可持续航行8 620海里)和乔治·华盛顿号(1908,25 570吨,时速15节,可持续航行8 900海里)。所有这些都是在1917年缴获的前德国邮轮,几乎接近报废。此外,这7艘船都接到作为部队用船是动员备选任务的通知,此功能对美军的跨太平洋作战极为重要。

情况并没有迅速好转。WLP-10修订版(1925年7月)显示有8艘邮轮(增加了一艘大西洋运输公司的明尼卡达号【1917,17 281吨,以煤为燃料,时速可达16.5节,巡航半径可达10 000海里】)。利维亚坦号已被改造为以燃油为燃料(时速24节,巡航半径可达5 673海里),其他的船在某些方面的性能也得到了提升。但是由于阿伽门农号、利维亚坦号和芒特弗农号是八艘船中时速最快的船(时速分别为21、24和22节),所以它们被优先指派为部队用船。

▲ 一些运载飞机的改装航母是经过精心设计的。此图为1962年停泊在西贡港的科尔号,甲板上新增了2架大型起重机来处理货机。它的甲板负载包括训练型的美洲狮战斗机,它是海军在越战期间用于火力支援的飞机,3架信天翁两栖飞机和一架被盖住的十字军战斗机。

战争计划中并未反应可改造邮轮短缺这一情况,而且也没有证据表明当时的政府政策支持对适合改装的船舶进行特别拨款——相关政策是之后才颁布的。1929年的橙色计划表明第一艘XCV是在动员日后的120天在夏威夷加入舰队集结,装载了18架战斗机、18架战斗轰炸机和18架鱼雷轰炸机。它不是护航航空母舰,实际上,它是一艘航速缓慢的舰队航母。XCV1号将在波士顿海军船坞进行改造与在纽约进行改造的XCV2号一起将于动员日后的120天完成改造。15天后,在旧金山搭载18架战斗机和18架侦察机并于动员日后的150天到达夏威夷。因此,这两艘改装船在飞机运载能力上被认为是能力相当于单艘舰队航母。

该计划的最大缺陷是美国商船队缺乏适合改装的快速商船。20世纪20年代,唯一的真正大型快船就是利维亚坦号,长950英尺,时速为23节。它吨位过高,以至于在1926年的海军总委员会会议之前关于它的具体计划一直饱受争论,其中一位成员评论道,如果给利维亚坦号新建一个坡道而不是升降机,它将可以改造出两个起飞位。几年后,合众国航运公司打算修建一艘巨型快速大西洋邮轮,建造和修理局立马据此制定了一个航母改造计划。

直到1929年6月,WLP-10甚至还没有列出用于改造的大型邮轮名单,因为这些船已经全部用于军队运输。此外,计划中承认对于动员项目来说改造时间太长了。之后,要求被放宽到总重17 000吨,时速20节的以燃油为燃料,飞行甲板最小尺寸不得低于500英尺×50英尺的船舶(巡航半径为6 000海里)。机组将由72架轰炸机组成;武装部分由6

▲ 希南戈号在马雷岛完成改装后于1943年9月亮相。实际上，在1942—1943年间，由于合适的船只严重短缺，桑加蒙级前油轮也被起用作为舰队航母，它们支援了北非登陆行动以及太平洋上的行动。与某些大西洋护航航母不同，它们没有前倾的 HF/DF 短桅杆。

门6英寸口径的海军炮、8门3英寸口径的防空炮和8挺机枪组成。其替补改装航母（小型缓）船体长度约为450～500英尺（甲板尺寸为400英尺×60英尺），时速为11节（以燃油为燃料，巡航半径为6 000海里），可搭载两支飞行中队（18架VF飞机，18架VB飞机），它将配有4门6英寸口径海军枪和34门3英寸口径的防空炮以及8挺机枪。这两种级别的航母都应可以承受一次水下撞击，且震荡时间不得低于14秒。

当时，有3艘舰队航母在服役，第四艘航母（突击者号）正在建造中。橙色计划只需要6艘小型XCV航母，但WLP-10列出了9艘备选船舶以供改装。其中4艘为内燃机船，加利福尼亚号（尺寸为445英尺×59.8英尺，时速11节）；东印第安号（尺寸为445英尺×58英尺，时速14节）；密苏里安号（尺寸445.1英尺×59.8英尺，时速11.5节）；威

第 6 章　橙色战争动员舰

▲ 改造完成后，斯旺尼号于 1945 年 1 月 26 日亮相。它的桅杆上似乎有一个战斗机指挥雷达。当时，许多护航舰都被改编成战斗机指挥舰来支持两栖作战，一位护航航母指挥官坚持认为，与较大的舰队航母相比，他的船实际上面临着更大的战斗危险，因为前者被绑在滩头上，并且无法享受战术突袭的优势。

廉潘号（尺寸为 439.6 英尺 ×60.2 英尺，时速 11 节）。詹姆斯·奥蒂斯号（James Otis）、约翰·亚当斯号（John Adams）和约翰·杰伊号（John Jay）是长度为 439.6 英寸、高 60.2 英尺、重 11 000 吨的汽轮；麦卢开号和美森兰妮号，是尺寸为 480.6 英尺 ×62.2 英尺、重量为 12 000 吨的汽轮。对这些船舶的改造计划尚未确定，但是这些船都是货轮，显然，它们实际上将成为护航航母航母。

直到 1929 年，这种情况才得到改善。当时，美国建造了很多艘快速邮轮。1928—1930 年期间，巴拿马—太平洋线完成了 3 艘涡轮发电机邮轮：加利福尼亚级、宾夕法尼亚号和弗吉尼亚号（长 600 英尺，时速 18.5 节）。美国线在 1932—1933 年间完成了长 705 英尺的曼哈

163

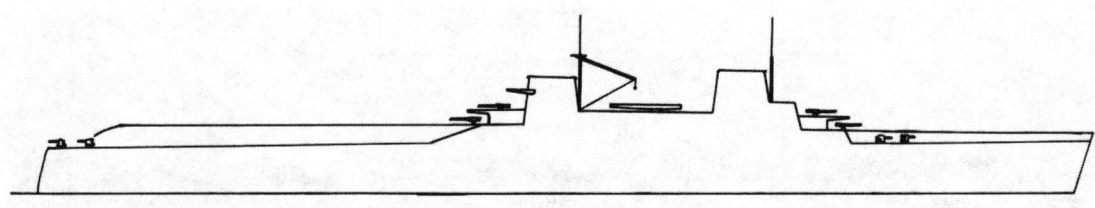
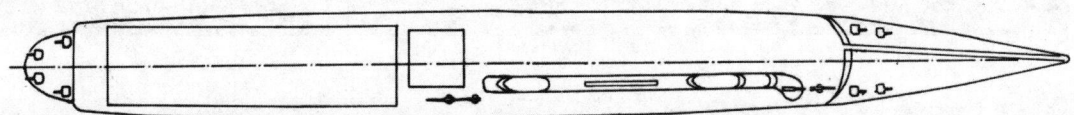

▲ 1928年7月18日，建造和修理局计划对一艘长为980英尺高速邮轮进行航母改装，其排炮为4门6英寸口径的Mark 13海军枪和8门5.25英寸口径的防空炮。这种设计是在1927年秋天由特别组建的蓝丝带线提议的用于北大西洋行动。此类邮轮将配有飞行甲板，即使只是用于商业用途（用于邮件飞机），而且由此看来，航空母舰的某些功能的设计是为了获得政府丰厚拨款。该项目在1928年4月被美国航运委员会否决，认为其在经济上腐败，但此项目一直持续到那年夏天后才叫停。

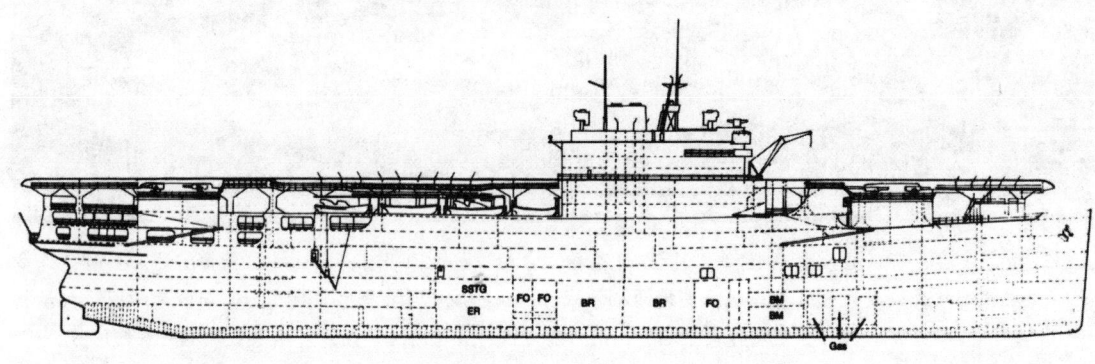

▲ 胡佛总统号邮轮的航母改造计划，1935年。

顿号和华盛顿号，时速21节。麦特森线（Matson）于1927年完成了长582英尺、重22 000吨的马洛洛号（后来的麦特森尼亚号），并于1932年完成了长632英尺、重20 000吨的马里波萨·勒林号和蒙特利号。美元线（后来的美国总统线）于1931年建造了长654英尺、重21 000吨的胡佛总统号和柯立芝总统号。这些级别的航母为新一轮的研究提供了基础。

1933年，计划对2艘柯立芝总统级、3艘马里波萨级和那些曼哈顿级的船舶进行航母改装。尽管XCV计划是为它们设计的，但加利福尼亚号在战时巡洋舰改装计划清单中列为前列，该计划也包括马洛洛号。此时，海军航空作战力量被认为非常重要，以至于战争计划中要求有12艘XCV航母，但改造计划只有10艘，包括加利福尼亚号在内。因此，WLP-10将两艘燃煤邮轮的改造列入计划，蒙蒂赛洛号（之前是阿伽门农号）以及它的姐妹蒙特弗农号。

由于缺乏稳定性，蒙蒂赛洛号和蒙特弗农号会在暴晒后起泡，因此它们都是不合适的改装选项（例如，在光照条件下，它们的GM值为-2.6英尺）。1934年12月，有关部门建议它们退役。之后编写的战争计划只设想了15艘航母、3艘舰队航母和12艘改装航母。但是，随着突击者号的竣工以及约克城号和企业号的部署，航母总数将达到16艘，不算两艘老旧燃煤船。对此，有关部门表示同意，次年1月，它们被指派承担基础级的部队运输任务。大西洋运输公司的前比利时邮轮哥伦比亚号（前贝尔根兰号，长697英尺，以燃油为燃料，时速18节）被加入XCV计划列表，但它于1936年报废了。

1935年4月，建造和修理局指出XCV改装计划无法在180内完成，只有在动员日之前进行一些准备工作后才能开始XCV计划。当时有效的战争计划要求4艘XCV航母的改造在动员日后的90天、120天、150天和180天内完成。有关部门认为升降机是一个关键因素，因此当时正研发一款新型电缆式升降机以提升改装速度。有关部门规定相关公司可以就升降机的设计进行竞标。但战争计划担心：

> 竞标需要向商业竞标方提供信息，但是这有可能将商船改航母的意图透露出去，甚至有些人还可能通过这些信息识别出那些被选中的商船……权衡再三认为此类披露无利于促进改装计划。这些改装后的航母将是第一批扩充舰队的船舶，因此它们也将为舰队提供首批增加航母舰载型作战飞机。任何有助于这些航母提早服役的事情都很重要……

根据FY 36计划执行升降机计划，并准备了详细的改造蓝图。表6-1列出了它们的典型特性。

海事委员会于1936年取代了前美国航运委员会；其功能之一是为舰队提供适合战时改造的船只。海事委员会第一艘改造航母就是美利坚号（长723英尺，时速23节），它是代替利维亚坦号的。1937年11月，海军作战部长威廉·莱希上将要求海事委员会与纽波特纽斯船坞公司签订一套航母改建合同。但是，大约在同一时期，XCV的前景变得黯淡：1939年的建造和修理局工作表显示需要360天的改造时间——但其他计划最长的改造时间只需要其三分之一的时间。

表 6-1

	加利福尼亚号	曼哈顿号	胡佛总统号
总长	601-1	705	654
水线长度	594	685	630
B	80	86	81
T（负荷）	32-3	30-0	32-0
排水量（吨）	30 250	32 700	31 063
轴马力		30 000	26 500
时速	18.9	20	20.5
巡航	17 350	11 000	15 000
航空燃油需求量	138 600	130 762	136 000
VF	27	27	27
VO	18	18	18
VB	15	15	15

注：每艘船上都有，8挺5英寸口径38口径炮，40挺点五口径重机枪。

1939年4月版的橙色计划显示，在最初的集结中有5艘航母、2艘水上飞机母舰（兰利号就是在此时被改造的）、8艘水上飞机小型母舰（AVPs），以及113架侦查轰炸机、72架鱼雷轰炸机、90架重型俯冲轰炸机、90架战斗机和其他机种。水上飞机母舰在很大程度上被认为是转移海军重型远程巡逻水上飞机的一种工具，最初的转移行动中转移了186架水上飞机。在动员日后60天时，还没有飞机可以集结，但是到了90天时，已经有胡蜂号航母（应该是加速完成的）和两艘大小水上飞机母舰参加。到了120天集结时，已经有两架XAV和XAVP水上飞机母舰可以参加。

1939年10月，一份OPNAV摘要提及加利福尼亚号、马里波萨号、曼哈顿号、柯立芝总统号和美利坚号。诚然，这些船舶并非一开始就完全适合，只能从这些可选项中选出最优的舰艇。以上所有舰艇均内置有炮架，但如果将其改造为航母，这些炮架将毫无用处，因为它们位于甲板上，需要将其清空作为飞行甲板。每艘船的改装费用约为600万美元。

另一方面，委员会在1939—1940年确实计划建造一种新的25 000吨位的邮轮，专门设计用于随时改造为航母：P-4P。1940年，前总监建造师和后任的海事委员会主席海军上将艾莫里·兰德，在海军建筑师和船舶工程师协会讲话之前介绍了P-4P的由来。当时在西海岸—东航线上服役的3艘总统级航母正在老化，而另一艘胡佛总统号则于1937年12月失踪。

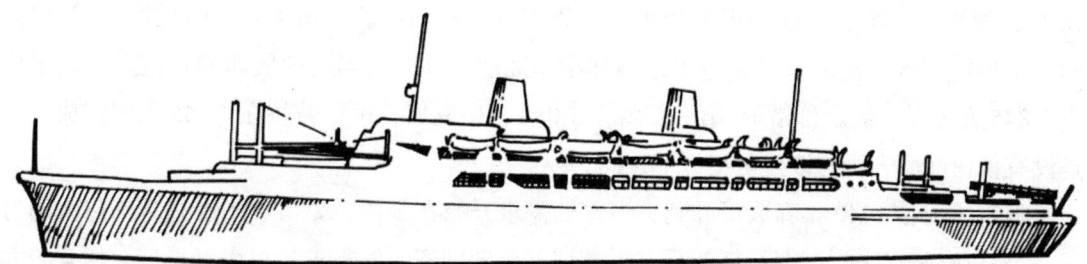

▲ P-4P，海事委员会设计的一款可以改造成航母的邮轮。该草图是根据海事委员会1940年招标时公布的模型所绘制的。

在对该运输服务进行了初步考虑之后的一段时间，美军了解到，日本打算建造两艘巨型时速为24节的邮轮，以满足跨太平洋的运兵需求。通过继续研究，美军得出这样一个事实，即与最初设想的3艘相比，美军提出的时速为24节两架新的P-4P可以维持42小时的计划航行。

由此可见，这些船的巨大尺寸（由于它们的高速、巨大的运载能力和大量燃料需求而导致高重量）将使其有可能成为满足作战需求的航空母舰。对这些船进行相应的设计便可使其在最便利的条件下改造为航母。这些船的结构性能和机械装置的位置是影响改装的重要因素，发电装置的规模是确保改装船满足最大速度需求的必要保障，以上因素决定这些船舶应是大型船舶，并且在某些方面还会比较昂贵，而且卓越的商务服务能力是不受其他因素干扰的。

当时，兰德上将列出为了动员海军需要改造的65艘船舶，包括3艘航母、一艘备用巡洋舰和19艘母舰。海事委员会提议3艘可以满足航母改造的船体需求的大使级邮轮，它们将用于南美洲的任务，且这个项目将与为太平洋任务提供服务的项目区分开来。海事委员会10年规划表显示，总共有13架P-4P级（22 000吨级或以上）的客船：3艘用于纽约—欧洲航线，3艘用于南美航线，3艘用于太平洋通向澳大利亚和新西兰的航线，4艘用于太平洋通向亚洲主要港口的航线。太平洋航线的船舶总重量预计为22 000吨，欧洲航线船舶总重量预计为26 000吨，南美航线船舶总重量预计为14 000吨。

海事委员会于1940年2月13日发布由美国总统轮船公司运营的两艘船的改造计划和规格。每艘船改造总花费预计为2 200万美元，可以搭载1 000名美国乘客和500名船员。当时，美国只有3个民用船坞可以承建此类船舶——伯利恒福尔河造船公司（昆西）、纽波特纽斯和纽约造船公司（卡姆登），且这3个船坞都承担很重的海军任务。然而，同年9月

10日，海事委员会宣布收到规模较小的西雅图—塔科马造船公司（后来的托德—塔科马）的一个投标，该公司后来只建造驱逐舰和小型商船。该公司当时两艘船的建造费每艘报价为2 845万美元（固定价格），第一艘将在1 080天内完成，第二艘将在1 445天内完成，但是没有任何证据表明与该公司签订了合同。

随着德国在1940年春取得胜利，海军的需求开始在国内造船市场中占有越来越大的份额。"一段时间以来，海军军部似乎有点忘记其对辅助商船的需求……海事委员会拥有的大多数商船在战争时期具有明确的价值。而且无论当前战争是长期的还是短暂的，C型的普通货船和C-3改装型的客货船都将是国家资产，这点准则同样适用于大型快速油轮"。具有讽刺意味的是，事实上，C-3型客货船和油船都将在1942年成为护航航母的改造原型。然而，1940年，兰德上将发现确实很难证明建造大型船舶（如邮轮）的合理性。随后，他将注意力转向P-4P船舶的航母改造能力，"它可以支持搭载飞机和执行飞行任务，因此，如果有必要，它将成为一个有价值的海军单元"。另一方面，在紧急情况过去之后，此类通航半径大、货物容量大、速度快且吃水量不大的船舶可以在世界上大多数繁忙水路上为货运和客运提供令人满意的服务。

此后不久，海事委员会技术部副主任施梅尔策写道："主要想法是建造船体、发电设施等以满足其作为航母的需求，并在经过必要和可接受的改造之后时可以满足商业要求。海事委员会希望能建造五艘……它打算将约为2 000万美元成本中的800万美元用国防开支冲抵。"

例如，与当时的军舰设计惯例相同，新船将其机械设备分布在两个独立的单元之中，每个单元配置一个燃气轮机，每个燃气轮机配备一个29 000轴马力（最大输出马力为44 000轴马力）的动力涡轮。这两个单元将被放有小型蒸发装置的辅助间隔开。即便在和平时期，两个烟囱都应在船的一侧，这样的设计将有利于航母的改造。海事委员会似乎希望利用国防资金来购买一种全新型的机械设备，因为计划中的P-4P制造工厂在蒸汽再热循环环节将在每平方英寸1 200磅力的压力（但仅在华氏750°的温度）环境下运行：从高压涡轮中排出的蒸汽在进入中压涡轮之前将返回主蒸汽发生器的再热器部分。

与在相同压力和温度下运行的普通蒸汽装置相比，该装置燃油消耗降低了15%，燃油经济性曲线更加平坦，在相同的经济效能下只需要消耗一半的正常电能。针对P-4P提出的另一个不同寻常的机械性能是变距螺旋桨。国防特性和邮轮特性的结合将产生一种超大型船舶，估计排水量为41 000吨，长度为760英尺（未改装）。

1940年，飞机性能已经有了很大改进，以至于大型邮轮的改装似乎不再具有吸引力。

此外，相关限制条款已经被违背，且已经下单订购大批的埃塞克斯级舰队航母，尽管只能从1944年开始交付。即便如此，令人满意的邮轮改造看来充其量也是浪费时间。同年11月，美国海军作战部长命令船舶局终止改造计划的准备工作，海军部长取消了P-4P计划，海事委员会也发表声明"飞机的特性已经发生了变化，对航母的要求也更为严苛……因此，这些改装的商船已经不能像计划开始时那样被改装成令人满意的航空母舰了"。

XCV项目存活了下来，但仅限在纸上。到1941年为止，改建航母将为72架飞机（四个中队的战斗机和轰炸机）提供空间，尽管补给飞机的规模仅为60架。WPL-10的最新修订版（1941年9月）指出，由于改造需要大约一年的时间，因此订购显得不太可行。但是，计划已经被分成了4个级别：2艘曼哈顿级、2艘总统级、3艘马里波萨斯级和3艘乌拉圭级（前加利福尼亚级），总计需提供10艘船。

另外两个主要的航母建造商在航母总吨位方面也面临着条约限制和其他方面的限制。20世纪30年代，至少是在战争爆发之前，在美国不了解的情况下，英国和日本也都考虑到商船改装。对于英国来说，重要的问题是保护贸易，抵御水面突击队和潜艇，因此廉价的航母显得至关重要。1926年，英国皇家海军进行了一些非正式讨论，内容涉及使用辅助航母（类似于武装商船），以保障舰队航母可以去进行重要任务。详细信息已无从得知，也没有发布过任何人员要求（特性）。1931年，某项对舰队安排的研究提议某些商船应配备弹射器和着陆甲板，此类布置与美国10年后首次用于长岛号护航航母原型上的布置相似。但是，如此布置的船保留了其中心位置的烟囱。至1934年，对各种现有船舶进行改造大纲计划已经制订完成，船舶总重从14 000吨到20 000吨（船舶时速从15节至20节），他们还设计了机库、升降机和着陆甲板，尺寸从285英尺×65英尺到300英尺×80英尺。尽管这些改造工作在当代美国XCV标准中要求都极为严格，但英国海军设计部部长（DNC）估算每次改造都需要9—12个月的时间。进一步的研究表明，中心线上的高层建筑会引起问题，因此研究注意力转移到柴油船上，因为柴油船更容易改装出拥有全长跑道的飞行甲板。同样，这恰恰是1940—1941年美国海军遵循的推理方法。

因此，到1935年，英国海军部对适合改装的被称为贸易保护船的商船有了具体要求：总重在10 000~20 000吨之间，拥有最高速度的柴油机设备，能以14节的时速续航至少6 000海里，70英尺宽的飞行甲板，可容纳12—18架飞机的停放处和4.7英寸口径的防空排炮。1936年，提出了两种典型的改装方案，即温彻斯特城堡号（以柴油为燃料，总重20 000吨，长631英尺）和怀帕瓦河号（以柴油为燃料，总重12 500吨，长516英尺），每艘都配有双螺旋桨，英国海军设计部建议指定特定的商船进行紧急改装——估计这将需要

▲ 在希南戈号1945年1月的图片中显示出的变化是电子设备改进（图中带圈的桅杆区）和位于船中部的一艘捕鲸船。

12个月时间。次年，英国海军设计部选出了5艘船：4艘来自联合城堡轮船公司（姐妹花：温彻斯特城堡号和沃克城堡号，于1930—1931年完工；邓弗根城堡号，于1938年完工；杜诺塔尔城堡号，于1936年完成）和太平洋蒸汽轮船公司的太平洋女王号，于1931年完工。工作人员非常有限，但是并不影响当时对拟改造的商船的细节做出决策，在5艘船中，有2艘成为商船巡洋舰，3艘成为军舰。同时，计划大纲于1936年12月完成，海军航空部于1937年3月发布了临时人员要求。由于《慕尼黑协定》的签订，相关研究被中断，但是美国在数年后，完整的舰队航母被列为优先项目，尤其是随着1940年至1942年之间6艘武装航母的建成，美国总共有13艘完整的舰队航母，足以满足所有需求。

　　从美国的角度来看，所有这些工作的重大影响是，一旦战争爆发并且对舰队保护要求再次变得清晰，这将为日后舰队保护任务打下基础。英国航空物资部部长提议改装船在1940年12月5日改装成了无畏号，在12月12日发布了工作人员需求，并于1941年1月2日将从德国缴获的一艘战利品改装为武装登陆船（初始信息于1月17日提供给船厂，并且该船改造工作于1941年6月26日完成）。与此同时，美国早已拥有了长岛号，但英国海军部于1941年才提出温彻斯特城堡号的改造计划，且他们的方案确实对美军军舰的设计产生了影响，至少是在细节方面。

　　对日本而言，贸易保护和条约限制似乎并不是什么重要问题，他们不舒服的是美国比他们在工业方面更具有优势，因此他们采用了特殊的动员计划。1938年《第二次文森法案》

第 6 章 橙色战争动员舰

▲ 尽管没有邮轮被改造成舰队航母,但一些护航航母的能力已经达到了舰队航母的能力,至少在他们可以操作的飞机类型上相差无几。在这些改装中,桑加蒙级的前油轮显然是改装得最好的。此图中,一艘蒸汽船与一艘尺寸类似的新奥尔良级巡洋舰并列。桑加蒙级船可以通过以前油轮主甲板上方的开口来区分。

的颁布似乎特别令日本警醒,因为它表明美国国会可以投票通过对海军的法定规模无限制扩张,日本知道美国有实力保持这种无限制增长。1938 年的法案,包括 40 000 吨级航母,后来成为大黄蜂号和埃塞克斯号。为了与美国维持至少 7:10 的比例,日本计划将商船和特定辅助船只(其中一些具有辅助改造功能)改造为航母。最壮观的是两艘 24 000 吨级的邮轮。但具有讽刺意味的是,他们是与兰德上将提出的 P-4P 项目相似的改造船(是在 1939 年由 NYK 轮船公司建造而成)。他们的建造计划始于 1936 年,当时日本退出海事条约,因此这两艘船的改造都获得了政府的海军补贴。这两艘船为改造成航母进行了特殊设计。海军的设计要求包括甲板之间更大的距离,更坚固的主甲板,邮轮可能需要大面积布线系统,更合理的分舱以及发动机舱的纵舱壁。邮轮设计还为日后机库的修建、升降机的安装以及额外的燃料、航空汽油舱的安装提供了条件。1938 年,日本海军支付了航母建筑成本的 60%,他们的改造费用由 1940—1941 年的海军预算承担,日本将此作为对美国 1940 年 7 月颁布的《两洋海军法案》的回应;同时,春日丸(后来成为一艘护航航母船)、潜艇补给舰高崎号和祥凤号的改装竣工是日本对 1938 年《第二次文森法案》的回应。这两艘前班轮是世界上唯一作为 XCV 完成改造的商船。日本的其他改造船与护航航母船大致相当,但飞鹰号和隼鹰号的设计更接近美国在 20 世纪 30 年代废除的设计理念,而且,改造的复杂性表明放弃 XCV 概念并不是一个坏主意。

第7章
埃塞克斯级航空母舰

　　埃塞克斯级航空母舰最能代表美国航母的成功。这些战舰是在第二次世界大战前夕设计的，为快速航母特遣舰队奠定了基础。该特遣舰队在1944—1945年间赢得了巨大胜利，曾在韩国和越南服役。现在有人提议从预备役部队中选取一艘或多艘航母继续服役。这些战舰组成了种类最多的美国舰队航母，理所当然会被人们最为深切地铭记。然而，早在1945年，它们被认为是过时的、拥挤的、保护不善的。几乎和所有其他的在战前设计、在战争时期建造的美国军舰一样，它们严重超重，并且顶部重量确实使其失去了一些最初设计时所具备的救生能力。

　　然而，不得不承认它们被认为是极其成功的。在第二次世界大战中，它们操作了能适应美国甲板装载打击战术的有史以来最大的航队。更大的中途岛级航母的确有更大的航空兵群，但似乎无法有效地操作更大的人数；更小的独立级航母发生事故的概率更高，而且从每吨的排水量或者就单位成本而言确实不能操纵足够多的航母。它们有可能是利于在战

◀ 提康德罗加号是最早的"长船体"埃塞克斯级航母之一，在1944年8月的这张照片中展示了它那对40毫米双弓炮架。它还展示了在飞行甲板上有一个为第三个马克37导向器提供空中电弧的保险开关，这个开关将被安装在左舷侧的弹射器炮架上，以控制四门左舷5英寸的枪炮。注意它的两个前侧H 4B弹射器的甲板插槽和无线电桅杆上的桅顶横杠，从中悬挂了有线天线。相比之下，后来的鞭状天线是有源元件，且它们之间不需要电线。

后被现代化改装的最小型号母舰：它们可以转换为操作喷气飞机的母舰，且仍然能容纳一个有用的航空组。当然，英国人发现，特种飞机（例如 AEW 和 ASW）的"顶舱"对喷气式飞机母舰的实用尺寸设定了下限。埃塞克斯有限的尺寸必然促进快速生产，从而使 24 架机组的绝大部分都在战争时期得以完成。这一数字使得埃塞克斯不可避免地主导战后的舰队，除非国会愿意资助若干重大的新的建造项目。但是，正是因为基础设计的适应性，才允许美国海军航空军队可以有效地对其进行现代化改造，并且在朝鲜战争中表现得如此出色，反过来说，这可能对美国海军持续建造航母的想法做出了决定性贡献。

就像当代的巴尔的摩级巡洋舰一样，埃塞克斯级航母也是这种半途设计。它们是在条约制度结束以后建造的，因而较几年前设计的类似的战舰要大得多。但是，事件的报道决定了它们的设计是从较早的、受条约约束的类别开发的，因此它们的尺寸要比后来认为理想的船舶要小。例如，它们的鱼雷保护装置达不到战舰的标准，事实上，只是比之前的约克城级航母（CV-5）略有改善。和当代巡洋舰和战舰一样，它们确实引进了备用的发动机和锅炉房，这是对可能穿透有限的侧面保护的水下破坏的一个重要保护机制。同样，它们也有一些专门用来反轰炸的甲板保护机制，然而较早的航母装甲主要是针对炮火。但是，它们的大小不足以容纳后来的中途岛级航母的装甲飞行甲板，而且飞行甲板装甲的建议在设计过程中被拒绝了。最终，随着条约的结束而可能增加的重量储备，确实对它们在战时的适应能力，甚至对它们后来的重建能力，或者对于转换为反潜机和直升机母舰的能力做出了重大贡献。

回想起来，埃塞克斯的设计似乎没有考虑到生产方面的问题，但船厂确实成功地加快

▲ 尽管较早的美国航母拥有"双头"飞行甲板，但埃塞克斯号是第一个将尾部速度作为设计因素来考虑的航母。1943 年，一艘 TBF 复仇者号在约克城号的船头着陆，而航母在向后行驶。请注意，这架飞机可以在不影响停在正常起飞位置并且满载飞机的情况下恢复飞行。

了建造速度。例如，主舰 USS 埃塞克斯级（CV-9）于 1940 年被订购，预期于 1944 年 3 月完成；然而，它于 1942 年的最后一天服役，比预期提早了 15 个月。同样，约克城提前了 17 个月，无畏舰提前了 17 个月，大黄蜂提前了 6 个月。无畏舰和大黄蜂的建造均落后于预定计划。在整个战争期间，舰队一直享有很高的特权，除了困扰整个战时舰船项目的齿轮切削的问题之外，航母没有遭遇任何重大瓶颈。1944 年，船舶局局长（后为海军上将）埃尔·科克伦报告说："由于享有很高的特权，航母建造项目比其他项目遇到的由于物资短缺造成的工程延误的情况要少得多。1942 年 5 月以前，航母一直享有最高的特权。1942 年 5 月，北非的登陆舰艇升为重中之重，即使是这个时候，航母也优先于大多数水面舰艇，因此埃塞克斯仅用 17 个月就完成建造了。"到了 1942 年末，驱逐舰的护送升为重中之重，而这个时候舰队航母所需的大部分建造材料已经在运输当中了。

即便如此，可被预见的航母建造完工延误导致了巡洋舰船体改装（独立级）启动紧急方案，以便在 1943 年提供可以服役的航母船体。同时，在 1942 年美国海军损失了它的七艘战前舰队中的四艘。

埃塞克斯级从一艘船体开始，计划按照第 41 年财年方案于 1939 年开始建造，承担根据《文森–特拉梅尔法案》仍可使用的吨位。该法案授权足够的吨位，使美国达到该法案期满后的华盛顿条约所允许的总数。1938 年 5 月 17 日的 20% 扩充条款在最初允许的 175 000 吨的基础上增加了 40 000 吨，为大黄蜂和 20 000 吨位的新航母即后来的 CV-9 航母提供了支持。除了法定总吨位限制外，1936 年的《伦敦海军条约》还对单个航母施加了 23 000 吨位的限制。新航母设计由 1940 财年计划资助，并于 1941 财年建造。

但是，那时美国海军很明显需要更加迅速的扩张。1940 年 6 月 14 日的"两洋海军"法案又增加了 3 艘航母（CV-10—12），这些航母已经于 5 月 20 日被海军作战总司令订购。法国沦陷后，国会投票通过了一项额外的 70% 的扩张计划，并根据 1940 年 8 月 16 日的指示又订购了 7 艘舰队运输舰（CV-13—19）。1941 年 12 月 15 日战争爆发后，根据进一步的扩张计划又订购了两个初始系列（CV-20—21）。船号 22—30 进行了轻巡洋舰船体改装，被独立级航母吸收，前 11 艘舰船吸收了战争时期前两年可用的订单。6 艘船作为奖励送给了领军船厂纽波特纽斯，4 艘送给了伯利恒·昆西船厂，一艘送给了诺福克海军造船厂。1942 年 8 月 7 日，根据第二次战争计划（第 43 财年的 1943—1944），从三个海军造船厂订购了另外 10 艘航母：纽约的 CV-31—35、费城的 CV-36—37 和诺福克的 CV-38—40。

其中，CV-32 后来又从纽波特纽斯船厂被重新订购，以减少纽约海军造船厂的拥塞。1943 年 6 月 14 日，为了用完已授权的可用的战斗吨位，根据第 44 财年计划又订购了 3 架

▲ 新航母约克城于1943年4月27日在诺福克海军船厂亮相。它是最早的埃塞克斯级航母的典型代表。在机库前门两侧明显可见的大型折叠舷是机库甲板弹射器的延伸。值得注意的是，这些船特有的5个无线电塔在进行飞行操作时会被折叠起来；它们之间被合适长度的天线纵向串联着。"短船体"的埃塞克斯只在前面和后面配备了四组40毫米的安装支架，后面的支架远离中心线。甲板边缘的升降机已被折叠起来。三脚架桅杆上装有SK广播搜索天线，烟囱尾端有一个较小的SC-2。约克城采用了非常现代化的形式，作为纪念物被保存在南卡罗来纳州的爱国者基地。

航母：CV-45—47、分别来自费城、纽波特纽斯和伯利恒·昆西船厂。最终，在1945年又提出订购6艘航母计划：伯利恒·昆西的CV-50、纽约的CV-51—52、费城的CV-53和诺福克的54—55。然而，在临时合同签订一个月之后，总统于1945年3月22日拒绝了该计划。在后续的这26艘航母中，除两艘以外其他航母均完成了建造，其中一艘航母奥里斯卡尼号改良了设计（请参阅第13章）。

科克伦海军上将坚持认为可用的滑道数量非常充裕，且并不能在实际上成为该计划的限制因素。幸运的是，随着埃塞克斯项目的实施，造船大厂均在扩建中。因此，纽波特纽斯船厂的扩建从两条滑道开始；埃塞克斯的建造因大黄蜂（CV-8）的建造完工而得以开始，而新约克城（CV-10）的建造计划则由新型的35 000吨印第安纳号战列舰的完工而腾出了空间。然而，海军在1940年签订了合同新建两个码头，因此，纽波特纽斯船厂可以同时容纳4艘埃塞克斯级船体。伯利恒·昆西船厂（以前的福尔里弗船厂）在签订建造4艘航母的合同时只有一条大型滑道。然而，两条滑道正在修建过程中，一旦它们修建进展足够顺利，就会开始建造两艘航母。在原先的滑道上第四艘航母接替了第一艘的位置。最终纽波特纽斯船厂建造了8艘，昆西船厂建造了5艘。东海岸的三个主要海军造船厂各建造了4艘（费城3艘）。1940年的扩建计划为纽约和费城建造了两个新造船坞，为诺福克提供了一个新造船坞。所有的建造均在创纪录的时间内完成，远远超出了航母计划的需求。

鉴于约克城的成功，并且如董事会的海军少将F. J.霍恩在1939年7月指出的那样，可用的20 400吨位应集中在最大尺寸的一艘船上，因为游骑兵号航母的经验表明，海上航行会大大降低其操作能力。同样，该航母以及吨位相同的黄蜂号航母的航速均不超过29海里/小时，而有效的航母应该能够执行各种任务，因此这两艘航母都不尽如人意。另外，这两艘航母都没有加入许多基本特性，而对于有效的航空母舰来说这些基本特性是理想的，甚至是必不可少的。

对各种排水量可能性的研究表明，20 000吨左右的标准吨位能最优配置大部分基本特性，同时相对于单位吨位来说，获得最高的飞机承载量和运行能力。经验表明，在低于20 000的标准吨位情况下，无法有效地操作较大和较重的飞机，例如鱼雷轰炸机。

对于10 000吨标准排水量，速度为32海里/小时的航母，一项精心设计的计划清楚地表明，这种航母最多可以操作36架中型飞机。然而，这一排水量表明该船即使在中等的涌浪中也无法有效运行，如太平洋地区经常遇到的那样。

埃塞克斯设计的最强大驱动力来自操作由更大飞机组成的规模更大的机组。飞行甲板面积等于可操作的航空组规模。约克城的设计原本是要操作90架飞机的，但到1939年，它们的规模降到了81架更大的飞机，并且毫无疑问，新一代的海军飞机会更大，并且需要更长的甲板跑道才能起飞（也就是说，现有飞行甲板中的停机位将减少）。考虑到约克城甲板上81架飞机需要约64 962平方英尺的净空间，估计90架飞机将需要72 180平方英尺（与原来的802英尺×81英尺平均宽度相比，变为891英尺×81英尺）。20 000吨级别的航母无法达到比这更大的长度，所以只有选择重新规划飞行甲板的布局。初步设计试图减少因舰炮和舰岛结构本身而损失的面积，它已经在1938年的失败设计中为一艘10 000吨级的航母设计了甲板式 5 英寸主炮，并于次年提议取消右舷甲板式 5 英寸主炮，改为在舰岛结构上设计封闭式炮架。然而，因为当飞机在甲板上时甲板炮将无法穿过飞行甲板进行射击，所以航母上保留了舷侧武器。这种考虑与英国的声明形成鲜明对比，英国在声明中认为面对空袭时应该打击甲板以下的所有飞机。当飞行员的准备室从舰岛移到飞行甲板以下的船尾下甲板时，舰岛的空间进一步受到了束缚。正如美国海军在 1944—1945 年的神风袭击中所获悉的那样，当攻击发生在飞行甲板上时，准备室将会更容易受到攻击。事实上，埃塞克斯航母的设计图比美国早期航母占用更多潜在的船尾下甲板面积。这样一来，备用（已经被拆卸的）飞机的通常顶部装载大大减少了。就像约克城级航母一样，机库基本上是开

▲ 改装后，约克城在普吉特海湾上航行，显示出战中期的改进。包括替换原来细长的 5 个无线电桅杆中的 3 个，这些桅杆在船尾有着三根细长的绳索，曾被认为是一种隐患。40 毫米电池已增加到 17 个四口插座。舰岛上的一个插座被淘汰了，新增了 10 个插座：机库甲板层的右舷侧有 5 个，一个在船尾，两个在通往左舷的船尾下甲板上，另外两个在之前的左舷弹射器中。还要注意，安装测高仪时雷达布置的变化。该船于 10 月 6 日靠泊，于 1944 年 9 月 30 日下水。

放的，因此飞机可以在升到飞行甲板之前就启动。机库可以通过不透光的卷帘门关闭。

新一代航母直升机需要更多燃油（即使对于早期的74架机组群，也需要20万加仑燃油）。1939年7月，海军总局根据每架飞机每小时平均消耗燃油量37加仑，最长运行时间为一天8小时，以及总共74架飞机或每天21 900加仑的油量来估算燃油需求。航母以25海里/小时的速度航行约10 000海里，即16天。将其中三分之二的时间计算为空中活动时间是合理的，也就是10天的时间，而飞机飞行10天需要消耗219 000加仑燃油。到1940年8月，合同设计之时该数字增加到约为23万加仑。必须在船体的有限装甲箱内提供由真空包围的油舱，油舱与弹药库以及机械室共用这个装甲箱。后者反而需要更长的长度，因为备用的发动机室和锅炉室是为了生存性而设计的。舰队也需要更大的动力（以保持或提高速度）。

准备室是一个更微妙的航空组考虑因素。霍恩上将写道，"可以对大小、位置和设备进行实质性的改善。提供的设施应该允许等待飞行操作的飞行员维持高效率的状态。每个中队应有一个单独的准备室。每个隔间都应有足够的通风，甚至在必要时提供空调"。约克城与企业航母的司令官都认为他们现有的准备室不能令人满意，部分原因是当两个或多个中队占据同一个准备室时容易造成混乱。此外，一些现成的休息室通风不良，特别是对于穿上飞行服准备操纵飞机的飞行员而言。

新的飞行甲板布局将5英寸电池组增加到12门火炮，其中4门是双炮，重量为400至500吨。任意一根横梁上最多可以有8支武器进行射击，因为这两个超级火力的双炮通常可以穿透飞行甲板。关于更大的枪支的提议被否决，例如当时正在开发的6英寸/47口径DP枪支，因为这些枪支会干扰航空设施。5英寸/38口径枪似乎是最好的重型航空母舰武器。军械局评论说，已经投入生产的新型基环炮架将提供更简单的弹药补给，并可以提供足够的保护：建议使用8个双炮（无法容纳）。舰队和航母的指挥官们都希望有大量的火力和炮架，以防碎片、爆炸、扫射和天气的侵袭。

5英寸主炮主要用于对付水平和鱼雷轰炸机。潜水炸弹最好用自动武器来对抗。霍恩海军上将声称："这种飞机攻击对航母的航行构成最大危险，也是最可能、最灾难性的威胁，因为在驾驶舱遭到在飞行甲板上精心布置的炸弹攻击时很可能会导致飞机操作完全失灵。同时会导致损失来自那艘航母的尚在空中的所有飞机。"约克城的四门四联1.1英寸机炮将被保留，两门在5英寸/38英寸双炮附近，两门在左舷5英寸/38英寸单炮附近。但是，对于0.50口径机枪的意见分歧很大，军官认可的武器数量从10到40不等。

尽管设计本身在1939—1940年按照要求从最初的20 400吨增长到27 100吨，但是这

些基本特征描述了所有被考虑的CV-9基本设计的变体。有几种力量在起作用。首先，在排水量仅增加600吨的情况下，舰队想要在一艘新航母上得到改进（速度提高，机群更大，防护更强，炮台更加重量级）的想法很难实现。设计标准的改变，如转向交替发动机和锅炉房或提供一个单独的锅炉操作站，本身就需要更多的排水量，但在设计文件中没有任何地方建议为了限制排水量的增长而放弃这些改变。此外，航母任一组成部分重量的增加都要乘以几倍：例如，舰队想要有持续的后退能力，以此为目的的一种方法是涡轮电力驱动，在最初的120 000轴马力上，仅凭其一己之力就要增加400吨到500吨的机械重量，且增加了机械空间的长度。为了在航空母舰的保护体积内保持足够的容量以容纳弹药库和航空燃料，设计者将不得不扩大船体，消耗超过原来规则允许的额外增加的600吨排水量。幸运的是，由于这一紧张的余量被消耗殆尽，设计师们能够得以采用越来越大的设计排水量，条约和其他因素已经被第二次世界大战的爆发所废除。

扩大后的航空队将组成第五中队，包括另一个中队的战斗机。多年来，很明显，配备航空母舰的单一战斗中队在自我保护方面没有足够的余地，以至于标准的航空母舰战术要求在一开始就消灭敌人的航空母舰，以取得海上的空中优势。然而，在1939年，在空中纠察队的支持下，加强空中战斗巡逻的想法似乎开始流行起来；1940年5月，即将离任的空军作战部队司令布莱克利上将对约克城五个中队的作战情况作了正面报道，其中包括两个战斗机中队。雷达还在研发阶段，最好的早期预警是由附属于战斗群的侦察机提供的。因此，1939年5月，当总务委员会向舰队通报有关一艘新航空母舰的情况时，它的第一个问题是是否有必要运行第五中队。鉴于美国航母的标准操作程序，这反过来意味着要有更大的飞行甲板。需要注意的是，尽管双层机库的优点，如英国皇家方舟被简要地考虑了，这并不意味着一定要拥有一个更大的机库。

1939年7月19日的实验性特征／初步特征要求"在一次发射中有效地操作四个中队的飞机，共计74架飞机，包括7架通用飞机；机库将能够容纳一个18架飞机组成的中队，并为飞行做好准备，但机翼是折叠的"。此外，当时标准的航空母舰要求配备50%的备用飞机，以部分拆卸的形式存放，以弥补战争造成的损失。这个额外的中队增加了18架战斗机和一架侦察轰炸机，用于与每个战斗机中队联络，或者总共增加38架侦察轰炸机（一个侦察机和一个轰炸机中队）。到1940年6月，额外的中队被认为是备用的，航空母舰将只在一次发射中操作最初的74架飞机。此外，由于机身装载是一个明显的问题，备用飞机的需求减少了一半。值得注意的是，所要求的燃油装载量没有像空军大队那样增加。到1940年年底，由于现代飞机单位规模的增加，第五中队作战的要求已被取消；它只会在紧急情况下使用。但是，总委员会确实在原先计划的18个中队的基础上增加了9架战斗机，共82架飞机（包括37架侦察轰炸机、18架鱼雷轰炸机、3架观察机和2架多用途飞机）。例如，1940年11月的试验排水量计算是基于从未服役的Grumman F5F-1战斗机、Brewster SB2A-1轰炸机、Vought TBU-1鱼雷炸弹和21架备用飞机而进行的。

"约克城与企业号"是第一艘真正令人满意的航空母舰，服役仅一年左右；下一艘大型航空母舰——大黄蜂号沿袭了它们的设计，不是因为它们是最好的（它们不是最好的），而是因为大黄蜂号的完工被认为是紧急的。1939年5月，舰队刚刚有足够的经验来批判前两艘船所体现的1931年的概念，而初步设计也恰好有足够的时间来有效地利用这种批判。舰队认为约克城的机库甲板布置存在缺陷，希望将前部升降机移到足够远的后部，留出足够的空间存放多用途飞机或受损飞机，使机库甲板首尾没有装置通行。相反，有人认为飞行甲板上的有效操作比机库甲板的效率更重要，升降机应该尽可能地与之保持距离。当飞机在被前进拦阻装置或倒车拦阻装置回收后，船中部的升降机被认为是攻击下面飞机的一种手段。在这个时候，两个机库甲板弹射器（如黄蜂号）似乎已经被考虑。建造和修理局公司刚刚为黄蜂号提供了一个试验性的舷侧升降机；另一种选择是，初步设计认为，船中部升降机可以"稍微向前移动一些，以允许其在倒车拦阻装置着陆作业期间的正常使用"；第二，如果安装了前部升降机，就像之前提到的那样，将其移到稍微更靠后的位置，这样可以清理机库甲板弹射器，让小型飞机在向前起飞时拥有更长的起飞跑道。当飞机在甲板上被发现，而重新安置的2号升降机（船中部）不能使用时，将同样利于它在船尾着陆作业中的使用。像黄蜂号最多可提供四个弹射器。

舰队想要同时拥有高速和高持续倒车速度，后者"允许在没有真风的情况下在前进拦阻装置下着陆（22节被认为是安全地在航母甲板着陆所需的理想相对风）。列克星敦号最近已完成改装，允许它以20海里的速度倒车行驶，这显然已为该船所接受，没有遭到严重反对"。这样的操作，在现代读者看来可能很奇怪，但在战术上和从损害限制的角度来看都是有价值的。虽然早期的航母已经安装了前进拦阻装置，但埃塞克斯级似乎是第一艘将这种倒车操作作为主要设计考虑的船级。也许在船头进行回收操作最大的优点是它对航空母舰的空中军事力量生存能力的贡献，尽管这是非装甲飞行甲板的弱点。也就是说，即便在任何一端被一枚炸弹击中，仍会留下一部升降机、一个起飞甲板和一套完整的拦阻装置。前进拦阻装置直到1944年才从美国航空母舰上卸下。高倒车速度对任何传统的齿轮涡轮发动机装置都造成了相当大的压力；一段时间以来，初步设计考虑替代涡轮电力驱动，其本质上具有全功率倒车发电的能力，且从损伤控制的角度来看，具有优越性。这就是为什么它在第

一次世界大战期间被美国战列舰和最终成为列克星敦号和萨拉托加号的战列巡洋舰采用。

1939年7月，在一次美国海军总委员会会议上，美海军工程局的史密斯船长坚持认为，高速倒车超过10分钟到15分钟，就会损坏传统齿轮传动装置的涡轮叶片。涡轮电力驱动在早期的约克城所采用的12万轴马力级时，将花费400吨到500吨燃油，虽然它可能在航速为27.784米/小时时节约25%到30%的燃油。然而，考虑到标准（无燃料）排水量的限制，这种经济性在当时相对不重要。美海军工程局也观察到，如果将同样的重量增加到传统的齿轮涡轮机上，那么在一艘2万吨的航母上，可能会在34节的航速下，得到最多14.5万轴马力。

除此之外，最初的设计一般遵循早期约克城的设计。早期航母的装甲指挥塔为了缩小舰岛结构而被放弃；一个装甲飞行员舱将被取代，从持续的行动准备和舰船操纵队抵御飞机或轻型水面艇的突然袭击的角度来看，这似乎是有利的。

对轻型巡洋舰火力防护的限制，在埃塞克斯的最终设计中得以保留，这本身就表明这艘船在设计时的局限性。也就是说，就像美国海军一样，日本海军拥有一支庞大的重型巡洋舰部队，人们有理由认为，这支部队将在太平洋战争初期与独立作战的航空母舰交战。相比之下，日本的轻型巡洋舰通常与支援日本战斗舰队的驱逐舰舰队一起作战；摩伽米舰（被改装成重型巡洋舰，尽管在战前美国并不知道）是唯一的例外。在指定的射程内，需要4英寸侧甲和1.7英寸甲板甲（60°目标角）来抵御6英寸的火力。在类似的射程内，对8英寸火力的抵御需要更多防护；即使在17 000码的距离，8英寸的火力也能穿透5英寸的侧甲，而在21 000码的地方，则需要一个2英寸的甲板甲（来抵御攻击）。此外，8英寸的射程比6英寸的射程更精确，因此24 000码（2.5英寸，100磅）是美海军总委员会在会上认为是最合适的。这是第一个主要的CV-9设计——CV-9E所采用的厚度重量。至于水下保护，约克城采用的等级，受条约规定的船体尺寸的限制，只是略有增加。可以肯定的是，后来由于液体负荷的变化（两层外层而不是两层中层被灌满水）而得到改善，但这并不能弥补它的基本缺陷。

甲板装甲具有相当可观的优点，美国海军军械局想要对于一颗从一万英尺高空扔下的重达1 000磅的摧毁性炸弹的保护，这颗炸弹可以穿透船体结构和现有的1.5英寸装甲甲板，而且不会破裂。一个2.5英寸的甲板可以阻止它，但是每增加一英寸的甲板厚度就要增加650吨。然而，美国海军军械局认为，如果没有这2.5英寸，如果被1 000磅的炸弹击中，这艘船将面临危险。

还有飞行甲板要考虑：提议的标准是500磅，而主要的倡导者是游骑兵队的约翰·S.

麦凯恩（John S. McCain）队长。事实上，他更倾向于一艘相对较小的航空母舰，只要它能抵御轰炸。他一遍又一遍地对美国海军军械局说，任何美国航空母舰，如果它的飞行和机库甲板上挤满了燃料飞机和轰炸飞机，都有可能发展成为熊熊大火，而且友机不能保证任何飞行甲板的安全。他的观点在很大程度上遭到了拒绝，因为有效的飞行甲板装甲的物质成本，这一高昂的成本被后来的"中途岛"号的巨大规模所证实。例如，用于飞行甲板的60磅（1.5英寸）的STS钢甚至需要用来抵御500磅的炸弹，而这些武器正迅速被更大的武器所取代。考虑到支撑飞行甲板需要更重的结构，以及由于顶部重量而需要更大的横梁来保持稳定，且一个约克城级的甲板本身重达1 460吨，船舶排水量的增加将是这个数字的几倍。此外，飞行甲板不能代替舰内深处的反火炮装甲甲板，因为侧装甲不能上升到它的水平；炮弹仍然能够穿透飞行甲板和防护甲板。根据初步设计，"船的要害部位的甲板必须由较低的装甲甲板保护，除非能完全忽略对枪炮火力的防御，这似乎是目前的概率知识很难立即证明的一个步骤。"最后，有人认为，由于飞行甲板上有许多开口（如拦阻装置、障碍物、照明设备、弹射器、升降机），因此在飞行甲板上装填装甲是极为困难的。据估计，装甲飞行甲板的成本高达成本的2/3。考虑到英国皇家海军在1936年后采用装甲飞行甲板后，英国航空集团的空中乘务人员数量有所下降，这一数字似乎是合理的。

1939年7月，初步设计为总委员会提供了一个选择，是采用涡轮电力驱动的改进型大黄蜂，还是使用更多燃油（25.8万加仑，而约克城或大黄蜂的燃油量为17.8万加仑）和一艘没有鱼雷保护的装甲飞行甲板航母。增加的燃油装载量将通过消除这些油舱周围通常所有的空舱来获得，只覆盖它们的顶部和尾部的隔离舱，但让它们延伸到侧面（反鱼雷）保护的内部舱壁。两者都并非令人满意。总委员会不愿意完全放弃鱼雷保护，而且提议的用于燃油的船体油舱也不受欢迎。例如，布埃尔司令、列克星敦号前指挥官托尔斯海军上将指出，兰利号实际上在海上遭遇了油舱爆炸。相反，总委员会发布了改进型大黄蜂的初步特性，它有一个800英尺×80英尺的飞行甲板，一个18英尺的机库净高度，以及一个位于尽可能远离飞行甲板岛侧的船中升降机，"以尽量减少对飞行甲板操作的干扰"。托尔斯海军上将本人拒绝了这一甲板边缘升降机的提议。飞行甲板上有两个弹射器，机库甲板上有一个双作用弹射器，横向发射。速度要求降低到33节（后退20节，最多一小时），航母将在被空舱包围的油箱中容纳20万加仑燃油。12门5英寸/38口径炮的建造和修理局提议被接受，而且新船将有四门早期美国航空母舰的四管1.1英寸机炮。

这是如此接近现有的大黄蜂设计，以至于负责初步设计的钱特利上校起初认为，他的组织将不会参与其中，CV-9的设计将完全由最终设计来负责，因为初步设计只是重新绘制船体线。机械设计似乎是唯一的问题。考虑到10月份所允许的实际排水量标准为23 000吨或更多,主要的替代方案是基于一个新的60 000马力涡轮电力机组的草图设计,其中两个可以提供120 000马力,三个可以提供170 000马力。每个反应堆将包括两个锅炉和一个涡轮发电机。另一种选择是,设想齿轮涡轮装置60 000轴马力(两轴四锅炉,如驱逐舰)或85 000轴马力(两轴四锅炉)。从保护或内部空间的角度看,没有一个方案是完全令人满意的。例如,任何一个单独的、非常大的舱室,如果船的鱼雷保护被破坏,都将造成严重的水浸危险。170 000轴马力涡轮发电装置需要两个72英尺的房间和348英尺的总长度,远远超过任何其他方案。它和12万轴马力电力驱动方案都需要比约克城发电装置多2英尺的净空间,它反过来将会需要更高的装甲甲板,增加了顶部重量,然后增加了横梁以保持稳定;该船增加到26 200吨(见表7-1)。

表7-1 埃塞克斯设计方案的演变,1939—1940

	CV-9A	CV-9B	CV-9C	CV-9D	CV-9E	CV-9F	CV-9G
标准排水量(tons)	26 200	25 300	23 900	23 300	24 250	26 000	27 200
最大排水量(tons)	31 270	30 860	29 100	28 700	30 900	32 200	33 400
装载水线长度(ft)	856	836	820	820	820	820	830
横梁(ft)	88	87.5	88	86	88	91	96.3
吃水(试验)(ft)	26	26.4	25.2	25.5	25.9	26.5	26.0
机械类型	TE	GT	TE	GT	GT	GT	GT
轴马力	170 000	170 000	120 000	120 000	150 000	150 000	150 000
航速前进(kts)	35	35	33	33	34	33	33
倒车(kts)	25	20	25	20	20	20	20
深度(main deck)(ft)	54.5	53.5	54.5	52.5	53.5	54.0	53.5
宽度(mach spaces)(ft)	60	60	58	58	57.5	57.5	57.5
深度(torp pro)(ft)	14	13.75	15	14	15	16.8	19.4
FD(in)	—	—	—	—	—	—	2.5
HD(in)	—	—	—	—	—	2.5	—
AD(in)	1.5	1.5	1.5	2.5	2.5	1.5	1.5

注:CV-9F是埃塞克斯设计的基础。15英尺的深度被认为足以抵抗500磅的炸弹。

至于齿轮涡轮方案,17万马力版本的发动机和锅炉房52英尺的长度被认为太长。在60 000轴马力的版本中,锅炉房看起来会相当拥挤,这将不得不将其尺寸延长6英尺到更难以接受的58英尺。幸运的是,已经有一个替代方案在生产中:新亚特兰大级的75 000轴马力发电装置，可以成对使用以产生 15 万轴马力。它可以安装在 224 英尺长度的发动机和锅炉上（120 000 轴马力齿轮式 202 英尺，如果接受较长的锅炉房，则 214 英尺），再向前加上 28 英尺的蒸发器和向后加上 28 英尺的辅助发电机。这是所有分割方案中最好的，包括 2 个 44 英尺的发动机室（12 万轴马力发电装置时的 48 英尺）、2 个 40 英尺和 2 个 28 英尺的锅炉房（12 万轴马力发电装置时 2 个 52 英尺或 58 英尺）。它被采用为 CV-9E 方案，鱼雷防护被认为足以防御 500 磅炸弹，采用 100 磅（2.5 英寸）的防护甲板而不是约克城 60 磅的甲板，并以 34 节的速度前进，20 节的速度后退，总重 24 250 吨。

（注意，黄蜂 12 万轴马力的装置被认为是过时的；它没有在高蒸汽条件下运行，也没有为了生存能力而包含交替发动机和锅炉。）

要不是出于对甲板防护的持续兴趣，这些事情可能已经结束了。在总委员会的同一份联合备忘录（1939 年 12 月）中，描述了五种草图设计，相关部门补充道"在速度特性确定后，建议调查用大约 2½ 英寸的特殊处理钢保护主（机库）甲板的效果。这将需要一些额外的排水量，一些增加的横梁（这将改善鱼雷防护）和一些速度损失。然而，在防止炸弹在船体强度范围内爆炸和破坏主要结构构件方面，将具有明显的优势"。

装甲飞行甲板的拥护声仍然活跃。10 月 25 日，总委员会甚至发布了一艘 2.5 英寸装甲飞行甲板（以及 1.5 英寸下部装甲甲板），但只有 8 门 5 英寸火炮、2 个升降器和 2 个弹射器的船舶的初步特征。看来，这个项目的灵感来自对英国新型装甲飞行甲板航母的零星报道。

托尔斯上将不喜欢这个主意，他认为装甲飞行甲板只有在英国的作战实践中才是合理的。英国皇家海军（Royal Navy）的飞机着陆时就在甲板下进行了打击（因此在打击力度和打击速度上的效率都要低得多），而美国航空母舰上总是有很多飞机在甲板上。即使飞行甲板能抵抗渗透，炸弹在上面爆炸也会造成极大破坏。必须使炸弹远离要害部位；机库甲板的爆炸可能不会对船真正地造成超出能够相对较快修复范围的损伤。这就是埃塞克斯设计中所包含的装甲机库甲板的起源。

此外，将空军降至 4 个中队以下也没有任何意义。海军上将托尔斯认为，如果成本没有限制，列克星敦号和萨拉托加号将是最好的航母，因为它们比约克城更能抵御炮火攻击。

许多相同的观点将在 1940 年对更强大的航母听证会上被重复；托尔斯上将和其他来自海军航空局的相关人员都倾向于 8 英寸的主炮台，在面对敌人巡洋舰时寻求航母的独立作战，且不少于 12 门 5 英寸的防空炮。美国海军上将霍姆（Admiral Home of the General Board）青睐一艘能抵抗 8 英寸口径的炮火和 3 次鱼雷命中的大船，托尔斯认为这种船相当于列克星敦号。

1939年10月31日，总委员会听证会则涉及确定甲板装甲的适当厚度。有必要区分当时正在使用的重型爆破炸弹（可能会因撞击而解体）和新型穿甲炸弹（AP）。海军军械局的弗隆上将指出：

——从10 000英尺高空扔下的500磅炸弹将被1.9英寸的特殊处理钢排斥。

——一枚重达1 000磅的炸弹从10 500英尺的高空坠落，在2.5英寸的特殊处理钢上破裂；同样的炸弹从10 000英尺高空落下，将会被2.4英寸的特殊处理钢排斥。然而，一枚1 000磅的AP炸弹（18%而不是50%炸药）可以穿透2.88英寸的特殊处理钢。

——一颗2 000磅的炸弹从10 000英尺的高空坠落，在3英寸的特殊处理钢上破裂，从9 000英尺起，它将能穿透2.9英寸特殊处理钢。

当总委员会在12月通过25 000吨CV-9E提议（带有100磅的保护甲板）时，这些想法被暂时搁置。作为替代方案，一个新的方案CV-9F，用一个100磅的机库甲板和一个60磅的装甲第四甲板的组合取代了原来的第四（保护）甲板；后者将在1.87万码以下的射程内阻挡6英寸的炮弹。机库甲板不能算作是防弹的，因为炮弹可以通过机库下方的软肋进入要害部位。建造和修理局认为装甲机库甲板的主要优势是"最大1 000磅大小的炸弹将被阻止在船体内部爆炸，并将严重损害船体主要强度构件的危险降到最低"。代价是将增加排水量（25 950吨而不是24 800吨）和横梁尺寸（91英尺对88英尺），以及速度损失。

CV-9E的另一个替代品是一艘装甲飞行甲板航母——签署方案CV-9G：在类似重量下，100磅的甲板可以放在飞行甲板层。这个计划直到1940年1月才完成（将在第9章中讨论）。它不太令人满意，基本的选择是在CV-9E和CV-9F之间，前者只保护免受炮弹的攻击，后者保护其免受一些炸弹的影响，代价是失去一些对炮弹的保护，一些增加了尺寸，一些降低了速度。在1月18日的总委员会听证会上，海军航空局首席执行官更喜欢CV-9F，因为它在其他特性上提供了更大保护，而成本相对较低。但是，他不确定未来的新型和更重的飞机能否满足规定的数量；增加一个中队的要求被修改为"在开发过程中尽可能提供至少9架额外的vf型飞机"。

关于CV-9F设计的具体特点，最大限度地提高飞行甲板的能力可以通过缩短舰岛结构的长度来实现，在舰岛和炮座区域内，定位方式由五架飞机减少到三架飞机并列。

将飞行甲板的前后两侧排成一条直线，放置在船头和船尾的坡道上，这对于着陆后停车和起飞前的定位非常重要，因为此时飞行甲板最末端的区域非常珍贵（然而，这将会使左舷5英寸口径火炮的顶部弧线消失）……在CV-9E方案中后升降机被向前

第 7 章　埃塞克斯级航空母舰

移动。这对飞机起飞至关重要，这样飞机就可以从机库起飞，在那里预热后，可以从升降机后面的区域进入起飞滑行线。通过这种安排，可以将飞机的起飞间隔保持与升降机的 45 秒运行周期一致……升降机的容量应与飞机重量成正比例增加，即从 9 000 磅到 14 000 磅左右。目前为 CV-8 升降机规定的速度是令人满意的，即 45 秒来回（10 秒装载，12.5 秒移动，10 秒卸载，12.5 秒移动）。尺寸为 44 英尺 ×48 英尺，令人满意。

初步定位研究表明：只有 3 个预计最大类型的中队可以在飞行甲板上被定位从而发射，除了领先的六架飞机，所有机翼都折叠。这意味着一个中队必须在机库中暖车，然后通过升降机起飞——就像现在游骑兵号上所做的那样，在黄蜂号上也将这样做（约克城和企业号在现在的起飞中，经常会出动少于一个中队的几架飞机，——而且随着飞机起飞滑跑距离的增加，将不得不越来越多地采用这种方法）。一项关于起飞滑跑距离的研究表明：飞机的起飞滑跑距离每年都在增加，这是飞机性能提高的结果（更重的机翼载荷）。不可避免的是，不靠外援的飞机起飞滑跑距离将继续增加（长度），这强调了获得升降机的最佳布局和运行效率的必要性，以便机库可以在起飞前用作暖车区域。

1 月 31 日，总委员会提交了海军部长于 2 月 21 日批准的 CV-9F 的主要属性特点。飞行甲板（至少 850 英尺 ×80 英尺）将配备两个平甲板弹射器，第三个（双作用式）横向在机库甲板上。后者必须建在机库甲板上，用坡道移动上面的飞机，因为这个强力甲板不能被切断。机库的净高为 18 英尺，将配备三台舷梯，海军航空局希望其中一艘位于船中部的舷梯能够尽可能地向舰岛偏移，以方便机库甲板上飞机的移动。

相比 20 000 t 排水量的约克城，增加的 6 500 t 排水量带来了以下改变：

——飞行甲板长度的增加，使四个中队可以在一次发射行动中有效地执行任务；

——极大地完善了细分，包括重新安排发电站，使其能够承受一次打击；三层底防磁性水雷；有效的侧保护系统；

——飞机燃油量增加了 25%；

——额外的四把五英寸口径炮；

——对配置的装甲机库甲板给予更好的保护；

——推进力的增加。

第三层用以防磁性水雷的底部是在 1 月 18 日的听证会上最后一刻提出的补充；1 月 25 日，建造和修理局报告说，这将花费 300 吨至 500 吨排水量（0.2 节～0.25 节航速下）——因此上升到 26 500 吨排水量。

1月31日提交的特点包括弹道保护的具体标准：在11 250码至18 700码的距离内能够抵抗6英寸口径（105磅AP，2 800英尺/秒）的炮火（以4英寸的装甲带包裹在30磅的特殊处理钢及1.5英寸厚的第4层甲板上）*；还有防轰炸功能，是以2.5英寸厚的机库甲板来界定的，它足以阻止1 000磅的普通炸弹。后者不能算作防炮弹保护装置，因为炮弹可以穿过第四甲板上方船体的大部分未装甲板部分。另一方面，2.5英寸机库甲板可以启动大型AP炸弹的引信引燃行动，其所产生的碎片将被第四甲板阻止。在已建成的埃塞克斯级上，10英尺深的主装甲带，在其下缘主装甲带的厚度从4英寸逐渐缩小到2.5英寸。它在39号构架到166号构架之间延伸（508英尺，几乎是水线长度的62%）。

设计师试图将装甲机库甲板上的开口最小化，他们报告说："为了限制开口的数量，很大一部分通风空气将被带入甲板2½以外的船尾端中。"这个选择似乎是埃塞克斯设计中为数不多的基本缺陷之一。在实际操作中，单一的长通风管往往作为窒息性烟雾和燃烧气体的导管。它对富兰克林号造成了灾难性影响，并在后来的船只及在战后进行重建的船只上被淘汰。至于基本的保护概念，令人遗憾的是，回顾起来，对飞行甲板的预期破坏被认为是相对较轻的，与此同时，就在它下面的走廊甲板得到了更充分利用，首先用于准备室，然后也用于作战情报中心。

在保护方面的一个问题是保护性第四甲板和机库甲板都需要许多开口。前者必须封锁以防炮火，后者必须封锁以防轰炸。因此，机库甲板上的主要开口——升降机井，底部需要2.5英寸的电镀，四周需要50磅特殊处理钢护甲。此外，炸弹升降机的轿厢也必须得到与侧装甲带类似的保护（4英寸的外板逐渐变薄至1英寸，在保护甲板上方5英尺处）。然而，没有装甲格栅（例如，在蒸汽管道中）。在某种程度上，后一项遗漏后来被装甲舱口盖和在速度吸收斜坡上的80磅镀板的提供所纠正。在合同设计开始后，升降机轿厢装甲的提供，为暴露在外的人员提供额外的防弹板，并将舵机的装甲从1.5英寸增加到2.5英寸都被大力推荐，它们使排水量最终增加到27 100吨。只有防弹保护得到了补偿（部分是通过将5英寸炮室的镀层减少到30磅）。1940年11月28日，美国海军部长批准了所有保护措施的修改。

到1940年春，海军的扩张非常迅速，设计工作量如此之大，一些合同设计的工作不得不委托给设计代理商伯利恒·昆西（Bethlehem Quincy）船厂。新的航母设计是如此紧迫，以至于合同设计开始时，初步设计只完成了40%，与伯利恒的合同于1940年4月2日签订。为了表明设计复杂性，1944年，时任海军舰船局负责人的海军少将科克伦声称，一艘

---

* 因为为了与当时通用的美国巡洋舰设计保持一致，1个90°而非60°的目标角被明确规定，所以这些数据与当时在约克城设计中的数据并不一致。在60°目标角时，1个4英寸厚的装甲带可以在8 700码的距离抵御6英寸的炸弹。

埃塞克斯级航母需要9 160个单独的计划（初步设计45个，合同设计115个，以及造船厂工作计划9 000个），相比之下，爱荷华级战列舰为8 150个，轻型巡洋舰为6 200个。当局发现很难与伯利恒进行协调工作，于是于9月6日该组织离开了项目。在某种程度上，它的位置被纽波特纽斯船厂所取代，纽波特纽斯在7月3日成为埃塞克斯计划的主要基地。

8月份完成的总体部署计划显示，战斗机的数量增加到27架（加上9架额外的战斗机和1架拥挤条件下的轰炸机）。飞行甲板被扩大了：对巴拿马运河船闸的研究表明，船闸墙上方允许通过的最大总宽度为113英尺2英寸，这使得最大允许通过的飞行甲板宽度为109英尺（距5英寸口径炮室的正横距离94英尺）。规定的飞行甲板长度也被超过：862英尺加上前后4英尺9英寸的弯曲坡道。飞行甲板配备有三台升降机，弹药升降机在飞行甲板和机库甲板两层都提供了军火（较低的升降机到第三层甲板，较高的升降机到飞行甲板和机库甲板）。

新的更重的飞机需要一个更强大的弹射器：机库甲板单元必须从船的一侧延伸到左舷侧的弹射器上，然后再延伸到另一侧的铰链弹射器上。代价是比起对于弹射器所给定的127吨排水量，又额外超出了100吨。作为补偿措施，取消了左舷侧飞行甲板弹射器，并通过增加一倍液压系统的泵送能力来维持飞行甲板弹射器的净弹射速度。

按照规定，将提供四间具有空调的准备室，两间在船中升降机的后部和两间在后升降机的前部，所有这些房间都在走廊甲板上，与飞行甲板相通。1号准备室有多余的空间，可以容纳所有27名战斗机飞行员。

弹药升降机比约克城的略小，有三个机库和三个（而不是两个）飞行甲板传送点。升降机的尺寸减小了，因为似乎不可能为装甲机库甲板的开口提供保护舱盖：在这里，生存能力被认为比飞机装甲的便捷性更重要。初步设计者认为CV-9提供的较小的升降机被设计成每程携带大约一半的炸弹，它可能会提高这些升降机的运行速度，并减少装卸间隔。可见，炸弹运送的瓶颈在于转运点跟踪和引燃炸弹或在弹仓的滑橇上堆放炸弹箱所需的时间。以前的载货升降机的载量似乎比所要求的大得多，因为它们是根据两分钟往返的规定要求设计的，而它们在使用中可以在不到一分钟的时间内往返。炸弹处理装置作为一个整体，被设计来维持在30分钟内重新武装整个舰载机群的基本要求。因此，在重量和空间上都有了相当大的节省。升降机平台足够大，可以处理一个预期为2 000磅的爆破炸弹。

船中升降机由于电梯井切割主甲板（即船梁上翼缘），给结构设计带来困难。起初，有人建议将升降机设置在中心线上（尽管海军航空局要求升降机设置在尽可能远的内侧），增加了开口外侧镀层的重量。然而，关于轻型黄蜂号航母上的甲板边原型升降机性能的良好报告使海军航空局接受了这种安装，造船协调员于1940年12月20日批准了这一改变。

其他航空方面的变化包括航空大队增加到88架,并要求该船携带深水炸弹,这些改变也增加了质量。最后,原先规定的四门1.1英寸四联机炮炮组增加到六门,其中四门在舰岛结构中。作为补偿措施,0.5口径的排炮缩小到只有8件武器,全部都在舰岛上。在合同设计结束时,计划为230名军官提供住宿,为舰队司令、参谋长、指挥官和领航员提供航海舱室,为156名军士长和大约2100名士兵提供管架床铺,共2486人。因此,合同设计达到27100吨排水量(标准),比初步设计预测的重量增加了600吨,实际上超过了1922年旧《华盛顿海军条约》规定的新建造航母的单位排水量。

埃塞克斯级航空母舰是上一代美国航母的一部分,没有主要的雷达装备。这意味着上层甲板的天线空间狭小,存在着相互干扰和烟雾损害的问题,雷达室(和雷达人员)在一艘设计已经相对紧凑的船上,还要容纳一个作战情报中心。另一方面,雷达是舰载战斗机防御问题的解决方案:只有它能提供足够的预警和信息,使机载或甲板发射的战斗机就位以拦截来袭。雷达操作反过来又要求整合作战情报中心中所有可用的信息来源,该中心通常毗邻(但不包括在)战斗机指挥办公室。这些来源将包括舰艇自己的雷达和瞭望台,有时包括电子对抗预警接收器,以及舰队其他船只的信息。作战情报中心概念早于埃塞克斯级,并且船只在他们的舰岛结构中配备了相对狭窄的作战情报中心。然而,最终,这些功能被转移到船尾下甲板的更大空间,这提供了相当大的空间,但不幸的是,没有保护其免受炸弹或自杀式袭击。

埃塞克斯级航空母舰雷达的布置既复杂又个性化,个性化的程度如此之高,以至于航母常常可以在照片中通过雷达辨认出来。最初,使用一个巨大的三脚架携带一个SK雷达用于远程空中搜索,一个SG雷达用于地面搜索,以及通常的飞机导航天线。然而,约克城的空中搜索雷达在珊瑚海战役中出现故障,导致第二套空中搜索雷达装置,以防范未来发生类似的故障。在埃塞克斯级航空母舰上,这意味着要提供第二根(通常是格状)桅杆,从一个紧凑的烟囱支撑到舷外,携带一个更小的空中搜索设备,通常是SC-2雷达。在烟囱后面会有第二个SG雷达,以弥补主要雷达的盲点。此外,还有通常的5英寸口径射击控制装置。这还远远不够,因为人们很快发现,有效的战斗机控制需要精确的高度信息。1942年春制订了关于寻高器的要求,1943年3月SM(CXBL)的雏形被安装在列克星敦号航母上;生产设备分别于1943年9月和10月安装在邦克山号和企业号上。在埃塞克斯级航母上,测高仪通常占据在三脚架桅杆上的主要位置,以前是由空中搜索装置所占据的。例如,在列克星敦上,SK雷达从烟囱的一边发射出来,SC-2雷达从烟囱的另一边发射出来(在格状桅杆顶上)。在某些情况下,三脚架顶部的平台被延长到船尾,以容纳一个空中搜索装置(通常是一

第 7 章 埃塞克斯级航空母舰

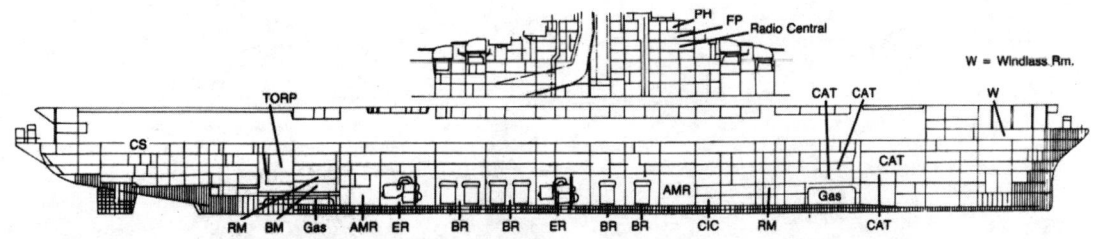

▲ 埃塞克斯级纵面剖图，至机库甲板层。

个碟形 SK-2 雷达）和高度探测器；在另一些情况下，平台容纳了短顶桅上较小的 SC-2 雷达，主要的空中搜索雷达从烟囱中发射出去。只有在战争结束时，结合了空中搜索和高度探测的雷达 SX 才出现，取代了二次空中搜索装置，从而在一定程度上简化了上层甲板的布置。

所有这些装置只能在地平线以上 75° 范围内搜索，而且只能间歇性地搜索（SM）。因此，在远程相对较低海拔未被发现的飞机，可以直接从头顶发起攻击而不被发现。到 1944 年，由于快速航空母舰开始在日本陆地基地附近作业，飞机几乎在任何高度都难以经由陆路被探测到，因此迫切需要雷达来搜索这一区域。列克星敦配备了一个不成功的雏形（SO-11），到 1945 年，天顶搜索天线已经发展成与现有的地面搜索雷达相结合（SG-6 和战后的 sp-4 就是这种双重类型）。

作为一项临时措施，夜间战斗机雷达被安装在几艘航空母舰上，直接指向上方：以提康德罗加为首，在它的右舷 T 形台上有一个 AN/APS-6A。紧随其后的是汉考克（Hancock）、好人理查德（Bon Homme Richard），以及（可能）拥有陆军式 SCR-720 战斗机的拳师（Boxer）；一套类似的装置取代了它的 APS-6A，类似的装置安装在北卡罗来纳战列舰、阿巴拉契亚号指挥舰和布里斯托尔驱逐舰上。当代海军雷达分类杂志《作战情报中心》指出："俯冲看起来像 B 型显示器上的俯冲——目标反射信号快速向下移动，而 C 型显示器则指示为几乎恒定的角度。"

这些天顶搜索装置无法安装在舰岛结构中，这证明航母已经变得拥挤。除雷达外，还必须安装电子对抗天线，用于搜索和干扰，在二战结束时，这些天线数量众多且复杂。此外，还必须为舰岛周围的 40 毫米和 5 英寸口径的火炮配备指挥器，更不用提还需在舰岛上为船舶、空中控制以及各种无线电天线安排合适的位置。

到 1945 年，航母的作战情报中心——凯迪拉克计划中也配备了机载雷达，由改进型鱼雷轰炸机携带升空。从航母的角度来看，凯迪拉克需要扩大雷达维修空间、一个凯迪拉克数据链路发射机可以锁定，以及一个可以连接到作战情报中心显示器的特殊接收器上的

▲ 1945年1月9日，在纽约港，好人理查德号航母（上图正对着）正准备迎接一个调整期。它的炸弹被卸在它的舷侧升降机上。请注意，虽然它已经配备了两个左舷弹射炮40毫米炮座，但它没有右舷的弹射炮。它后来也没有在左舷船尾下甲板安装40毫米炮座。所有5个40毫米舷外炮架可以被移除，以便通过巴拿马运河。好人理查德号航母是最后一艘短船体埃赛克斯级，它由一个在后来航母上使用的控制室组成，这一点可以由在它的舰岛前端没有第二个40毫米的炮座而知道。

无线电信标台，此外，雷达飞机这一特殊机群是一系列特种机型的典型代表，它们必须作为航空母舰机群战斗群旁边的一个"架空"加以容纳，这增加了航母的拥挤程度。其他案例在1945年已经出现在许多航空母舰上，它们是专业夜间战斗机和拍摄侦察机。在第二次世界大战之前，有"通用"飞机，甚至还有侦察机来支持水面行动，但到战争结束时，这些飞机早就不见了。虽然凯迪拉克并不是航母结构中一个非常明显的元素，但它在美国航母部队中开启了一个重要的趋势；凯迪拉克在近40年后的代表是格鲁曼公司的E-2C鹰眼（Grumman E-2C Hawkeye），该预警机将机载雷达与独立的作战情报中心相结合，能够控制自己的空中巡逻战斗机。这种"架空"飞机增加了航空母舰空军大队的净规模，从而对航空母舰的增长产生压力，因为作战小队的数量或多或少取决于作战需要。在内部，专用飞机往往有不相称的维修要求。例如，在20世纪70年代中期不成功的航母设计中，鹰眼的大小是选择机库净高度的一个主要考虑。

第二次世界大战期间埃塞克斯级的另一个主要外部变化是它们防空炮的爆炸式增长，有时是以牺牲航空资源为代价的。在整个舰队中，4门1.1英寸机关炮和0.50口径机关枪分别在1941年8月被波佛斯40毫米高射炮（Bofors）和厄利孔20毫米机炮（Oerlikon）取代。这些武器当时还没有，但将于第二年开始生产；一对波佛斯的重量大约和4门的1.1英寸口径机关炮一样重。然而，像航空母舰这样的大型船只可以在1.1英寸口径机关炮所处的位置容纳4架波佛斯高射炮。到1941年8月，又计划增加一对双联波佛斯，一架在船头，一架在飞行甲板的悬垂下偏左舷。在这个时候，总共计划了44门20毫米炮，包括位于飞行甲板上方第一层舰岛结构外侧的6门。其余的将在低于飞行甲板4.5英尺的通道上，或是在为了通过巴拿马运河而可以拆除的平台上。

与最初设想的0.50口径排炮相比，大量的20毫米火炮，反映了这种武器在英国服役装备中的声望，这种声望直到1944—1945年它在对抗神风敢死队的攻击中失败后才失去。

到第一艘船完工的时候，船头和船尾的炮架已经增加了四倍，总共有8架；他们还携带了46个20毫米口径的厄利康高射炮。即使是这种排炮也不能满足所有有关方面的要求。1942年7月，亚特兰大航母的指挥官提议对埃塞克斯级进行彻底的重新设计，不再占用飞行甲板：几乎所有的功能都将被移除，包括四个40毫米的四联装底座。5英寸口径排炮将被重新安置，提供一个四角防御，每个角有自己的指挥。其他建议的改进包括一个更强的飞行甲板，对位于舰岛结构的作战情报中心的装甲保护，和更好的航空燃油保护。当更激进的建议被剔除后，提高防空火力和加强控制的改进措施得以保留。

1943年1月，海军舰艇局提出了一个更温和的改进方案。以飞行甲板前部11英尺和后部 7 英尺，加上水面上的艏螺线经过相当大的改造，以及一个巨大的船尾炮架的建造为代价，这艘航母两端的波佛斯高射炮可以增加一倍。至于 5 英寸的导航，如果机库甲板横向炮架被移走，它的左舷炮架可以支撑第三个马克 37 号导航，代价是一些飞行甲板区域必须被砍掉，以提供有用的高空视线。机库甲板弹射器将被飞行甲板上的第二个单元所取代，就像当时正在为中途岛设计的那样。事实上，由于交付延迟，只有 6 艘船（CVs-10、12、13、14、17、18）上配备了机库甲板弹射器；埃塞克斯号本身在竣工时没有弹射器装备，列克星敦号只有飞行甲板单元。

1943 年 1 月，当局代表和海军上将金办公室的代表举行了一次会议，否决了一项非常激进的计划，该计划在某种程度上类似于最终被中途岛所接受的计划。这一计划需要大大增长横梁，以至于航母无法通过巴拿马运河，因此，作为补偿措施，需要实际减少飞行甲板面积，并减少 12 门 5 英寸口径大炮的总可用发射筒。这最后的减少是由于侧面安装的武器在任何情况下都不能射穿整个飞行甲板。

结果是一种折中方案：第三个马克 37 导航仪将被安装在弹射器炮架上，而上面的飞行甲板被切掉的部分刚好能提供一个从前 60°到后 60°的无遮挡视野。至于 40 毫米炮，会议认为左舷掩护不足，尽管可以认为舰岛上的四门炮可以向左舷射击。额外的船头和船尾武器可以有 180°的射弧，另一个将安装在前弹射炮上的第三马克 37 后面。会议还偏向于在第四层甲板（保护性）下配备一个作战情报中心。需要注意的是，由于空间有限，因此重新安置对空引导室是不切实际的。

现在出现了分歧。亚特兰大号的空军司令不希望缩短任何飞行甲板的长度。此外，他对所提议的作战情报中心的安装位置不以为然。"在当前战争中损失航母的经验似乎表明了相反的情况。舰岛结构上的人员损失相对较少，而许多所谓的受保护站，例如中央站，是最先必须放弃的站之一。建议这些受保护站留在岛上，或与舰岛齐平，在飞行甲板下面的甲板上。"他说道。

然而，提出的改变被推进，1943 年 3 月 4 日海军部长正式批准埃塞克斯级新特征，包括提供较短的飞行甲板，第三个引导雷达，总共 11 架 40 毫米四联炮架，第二架飞行甲板的弹射器，以及重新安置作战情报中心及战斗机指挥站的位置以使其装甲。

现在的问题是在建的船只（实际上是高度优先完成的船只）可以在没有不可接受的延误情况下改建到什么程度。例如，3 月 19 日纽波特纽斯造船厂（当时正在建造 CVs-10—15）报告说，它可以在 CVs-15 和 CVs-21 中安装改进的通风系统（尚未建造）；重新定位和重新设计的油箱只出现在 CVs-15 和 CVs-21 上；加强的飞行甲板用在 CV-11 和后面的航母；新

第 7 章　埃塞克斯级航空母舰

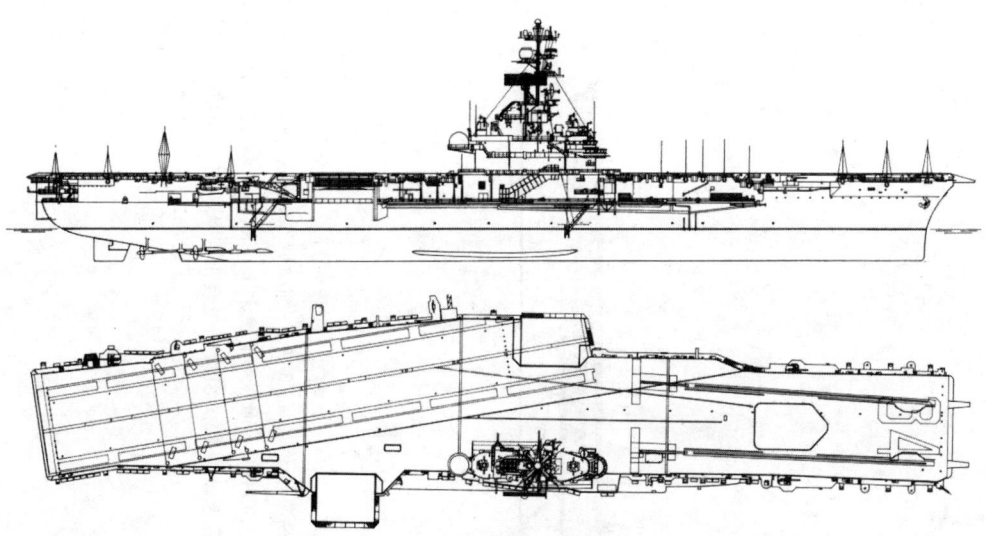

▲ 奥里斯卡尼（CVA 34），1974年，它的职业生涯接近尾声。它仍然有 5 英寸 /38 口径的大炮，由两个马克 37（马克 25 雷达）和两个马克 56（马克 35 雷达）引导仪控制；其中两支枪和控制它们的马克 56 后来被移走。雷达分别为：SPS-10、SPS-30、SPS-37A、雷松 1500 B 探路者、SPS-12、SPN-35、SPN-41 和 SPN-43。她还拥有 TACAN（URN-20）、卫星通信（SSC-3）和气象设备（SMQ-1A、SMQ-6）。在甲板视图中可以看到左舷的格状舷外支架携带有电子对抗天线，岛上的格状舷外支架也是如此。

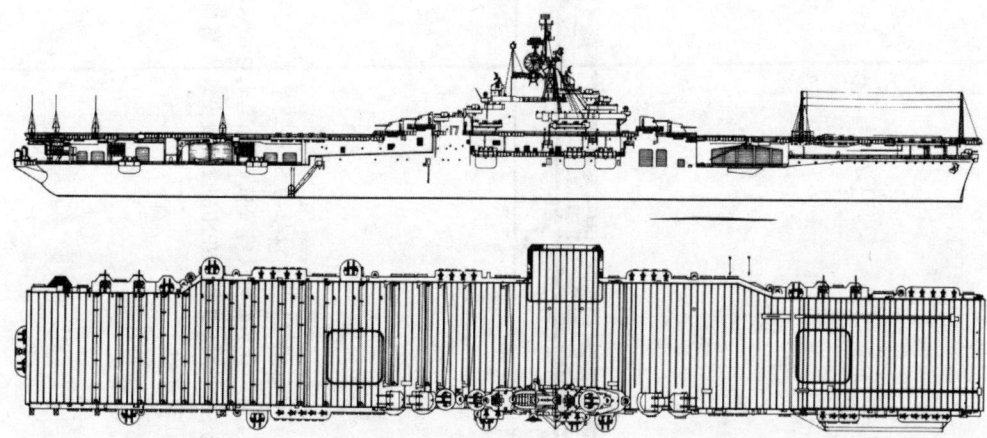

▲ 邦克山号（CV 17）是一艘短船体埃塞克斯号，在 1946 年 9 月，经过严重的战斗破坏后重新改装。在这个时候，它装备了 12 门 5 英寸 /38 口径火炮，17 门 40 毫米口径的四重火炮，以及 35 门 20 毫米口径的双管火炮。在平面图上，注意 SK-2 空中搜索雷达的舷外平台和 TDY 干扰机的舷内平台；其他雷达包括一架 SC-3 和一架 SM-2（高度探测器）。火力控制系统包括 2 个马克 37s（马克 12/22 雷达）、4 个马克 57s（马克 29 雷达）和 17 架马克 51 mod2s。

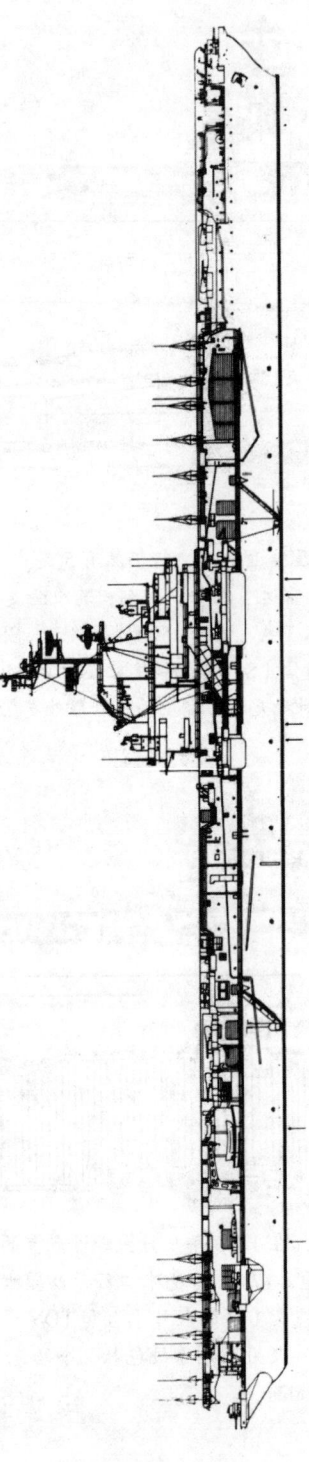

▲ 黄蜂号（CV-18）在1951年11月新改装为SCB-27A型。它装备有8门5英寸/38口径单炮和12门3英寸/50口径双联炮。尽管改装设计中显示后者有14门。箭头指示没有双联炮的计划位置。雷达是SG-6（水面/天顶搜索）、SR、SX和SPS-6B。舰岛后端的平台是为SPN-8预留的，SPN-6应该被安装在岛顶，桅杆后面；相反，它后来被安装在SPN-8平台上。从桅杆上向前突出的空平台是为SPS-10设计的。

第 7 章　埃塞克斯级航空母舰

▲ 在这些 1945 年 4 月改装后的照片中，提康德罗加号展示了标准的战争后期改装：无线电桅杆的减少和 40 毫米口径排炮的大量增加，包括前弹射炮上的两个左舷侧炮架。同样清晰可见的是为着陆信号官所提供的小平台，位于飞行甲板后部的左舷；一个垂直的隔板保护他不受甲板强风侵扰。机库甲板两边和尾部都用卷帘封住了。右舷 40 毫米的舷外炮台可以被移除，让航母通过巴拿马运河。二战结束后，舷外炮台并没有在现役的埃塞克斯级航空母舰上得以保留，尽管在韩国服役的预备役中的舰只保留了它们，且它们是 SCB 27A 重建计划的一部分。

的飞行甲板弹射器和较短的飞行甲板在CVs-14、15和21上使用；在CVs-15和CVs-21新增指挥系统（在CV-14中只有结构方面的作用）；额外的船首和船尾40毫米炮架安装在CVs-14、CVs-15和CVs-21上；重新部署的作战情报中心和战斗指挥站只在CVs-15和CVs-21上配备。拥有新的船首炮架和相关的飞剪型艏的船被称为"长船体"组；纽波特纽斯造船厂（Newport News）的CVs-9—13、昆西（Quincy）的CVs-16—18、纽约海军造船厂的CVs-21和CVs-31按照早期的"短船体"设计竣工。它们都在前弹射炮上安装了扩大的船尾突出炮座和左舷四联炮架，但没有飞剪型艏。事实证明，后一种做法好坏参半，因为它会导致发射时的猛烈砰击。二战后，提康德罗加号在合恩角附近的一条航道上将船中部的机库（强力）甲板弄弯后，整个提康德罗加级都必须加强。

尽管牺牲了它上面的飞行甲板，但考虑到它有限的视线弧，左舷马克37并不是很令人满意。海军航空局想要消除这一对飞行甲板的削减。他提出："这一削减给飞机起飞带来了严重的危险，因为实际上它在距离船首216英尺的位置将飞行甲板的宽度减少了6英尺3英寸。"这一削减对飞行操作造成的障碍远远超过了第三个马克37控制器的潜在利用价值。只有在提康德罗加和汉考克上实际有这一削减，且它们被修改以消除这一削减，第二个四联40毫米炮座被安装以取代马克37控制器。现在这些特点发生了改变，以允许在左舷的两组5英寸火炮中的每一组配备1个局部的5英寸控制器，这一控制器最初为一个马克51。在第二次世界大战末，许多船只有新的马克57雷达控制器来控制这些武器。此外，在1944年7月，海军作战部副部长授权恢复原来的飞行甲板长度，鉴于当时有人认为，非常轻微的火炮及其控制器的前后移动将会提供"一个有用的火炮布局，但不如直接将甲板移除来得更为有效。"普吉特湾海军造船厂提出了一种不需要新的飞剪型艏的双炮座船首设计方案，但如果飞行甲板保持原来的长度，它并不值得重量的增加及人员的参与。

这使得总数至多为12架的四联40毫米炮架，并且到1943年夏天总数至多为55门的20毫米炮也被规定。6月，2架四联40毫米和2架20毫米炮被命令安装在短船体单位的右舷（后）艇上，以增加右舷的火力；这种改进后来扩展到所有的埃塞克斯级航母。另外2架后来被安装在后置5英寸和40毫米炮前方的船尾下甲板上；最后3架可以安装在岛外可拆卸的突出炮座上，以便在通过巴拿马运河时将其移除。这使得总共可能有18个40毫米的四联炮座。在大多数船只中，两艘船中有一艘在舰岛结构前方的炮座后来被移走，以便扩大下面一层的旗舰描迹室；在早期埃塞克斯级航母中，这种修改的一部分是将作战情报中心转移到船尾下甲板上，尽管至少在某些情况下，作战情报中心在建造期间被转移到货

第 7 章 埃塞克斯级航空母舰

▲ 1945 年 1 月 15 日，在猎人角，伦道夫号展示了它的特色"长"以及飞剪型艏，配有一对 40 毫米四联炮座，以及五架新的右舷突出炮座。岛上的 20 毫米炮台也被扩建了，它还拥有在战时所采用的旗舰描迹室。

舱（在下层装甲甲板下）。

火力控制的安排是复杂的，尤其是因为在岛的两端和船尾下甲板层的空间是非常有限的。因此，在"长船体"全飞行甲板的埃塞克斯级航母的舰首 40 毫米炮必须由马克 51 控制器控制在飞行甲板的前端，因为复原后的甲板会封锁安装在它们后面或上面的控制器。岛上容纳了两台马克 37（5 英寸）控制器，以及至多四台 40 毫米（或辅助的 5 英寸）控制器，其中两台在岛上，两台在岛和 5 英寸双联炮座之间的高处。早期的舰船拥有不成功的半封闭式马克 49 和简单得多的马克 51 的混合体。后来一些舰船装备了马克 57 雷达（在指挥仪上安装了一个碟形天线）或马克 63 雷达（在 40 毫米炮座上安装了一个碟形天线）。1945 年的计划要求取消安装在引航室前方的马克 57，并在另外两个舰岛位置安装马克 63。

一共有两台（左舷）马克 57，六台马克 63（三门在船的末端）和 9 门马克 51 控制器，控制 17 门 40 毫米四联炮。在某些情况下，马克 57 和马克 51 可以控制 5 英寸和 40 毫米的火力，成倍增加舰船可以攻击的目标数量。5 英寸控制器没有极度缺乏：在左舷船尾下甲板的两个马克 57 可以控制那里的开放式 5 英寸炮座。

到 1945 年，20 毫米口径的单管火炮已基本失去名声，航空母舰被重新装备了双管炮，重量比早期的单管火炮略重；规定的最终排炮是 35 个这样的武器（临时的是 61 个单管火

199

▲ 在这张1944年5月30日的照片中，新竣工的提康加德罗号展示了它的长船艏和飞行甲板凹痕（为一个马克37控制器而准备）。请同时注意它扩大了的司令舰桥（在它的舰岛的前部有1门而不是2门40毫米的双联炮）。

炮）。然而，人们仍然对一种可以快速和独立地用非常高的火力来对付来袭的目标（如神风敢死队）的轻型武器有相当大的兴趣，美国兵器局测试了许多种这样的设备。一种是陆军0.50口径四联炮，改为配备4门20毫米口径航空机炮（西斯帕罗T31或M3）。它被命名为马克22，它是"为了获得最大火力而对强度和可靠性的彻底妥协"。马克22是由燃油发动机的充电器和电池驱动的，每枪管装载200发子弹；它的突出特点是2800发/分钟的循环射速和工作循环只有14英尺，比单管或双管20毫米炮多4英尺（和双联博福斯式高射炮相当）。作为替代方案，计划安装陆军马克31 0.50口径四联火炮，试验火炮被实际安装在黄蜂号（6门）、列克星敦号（6门）和格鲁斯特角号（4门）航母上。预计有6门可代替10门双管或14门单管20毫米炮，或有4门可代替6门双管或9门单管20毫米炮；在试验船中，炮的替代是一对一的。

随着战争的结束，这些非常重型的排炮在人员、顶部重量和维护方面的缺点超过了它们的价值，因此战后竣工的航母的炮座数量减少了。它们缺少三个在舰岛上横着、可拆卸的舷外炮座，另外两个四联炮在左舷船尾下甲板后侧，另外两个四联炮在右舷机库甲板后侧；在少数情况下，配备的舷外炮座（如取代那些先前的弹射器炮座）似乎并没有被使用。在右舷后炮的情况下，拆除这些炮是必要的，以便为航母提供足够的船只在和平时期正常运作，而可拆卸的舷外炮座将干扰其自由通过巴拿马运河。

在内部，通过尝试修改来提高生存能力。首先是水下保护修改，从战前的有液体夹在内、外两侧空舱中间的标准，到两层外侧液体层和两个内侧空舱的新系统。南达科他级战列舰也采用了这种系统。

在列克星敦号因燃油火灾和爆炸而损失后，重新设计了燃油舱。前油舱被稍微向后移动到一个点，那里鱼雷保护系统更严密，并包含一个额外的舱壁。油舱本身被重新设计，并配备了 30 英寸厚的鞍形油舱；在燃油用完后，它会被注入海水，这样，在大约 25% 的燃油被用完后，主要的燃油供应会完全被水覆盖。

正如在武器装备中的变化一样，早期的船舶没有配备改进的燃油系统，这需要一些内部重新安排和减少飞机的燃油容量至约 20.9 万加仑。

为了更好的生存能力，在细分方面有了很大改变。这些船被设计为在第二层甲板上停泊，在三层甲板上航行，这意味着舱壁要在第三层甲板上方被穿透。然而，美国早期水下损伤的经验表明，最大的分隔是最好的；这些船被重新设计，使第二甲板而不是第三甲板成为损伤控制甲板（即下面舱壁未被穿透的甲板）。这种改进仅对 CVs-21、CVs-32—40 和 CVs-45—47 有效；它被授权用于早期的船只，但是它是否在战时制造还不清楚。这一改善与通风系统的改进有关。很早就有人批评过贯穿第二层甲板上方的通风口；它是一个沿第二甲板三分之二的长度的一条完整的通道，通风管道从这里通向船的大部分空间，包括机舱。由于这条通道总是在负压下，火焰、烟雾或有毒气体进入它的任何部分，将导致火焰、烟雾或气体瞬间通过船舶的大部分。后来，列克星敦号（CV-16）证实了这一担心是有根据的：当时，靠近通道入口的尾部烟筒破裂，有毒的烟雾立即在船上蔓延。由于这条通道正好位于燃油处理区机库甲板的下面，因此，如果发生损坏，它还会增加液态燃油沿其长度扩散的危险，从而有着引发火灾和爆炸的危险。

海军舰艇局的解决方案是消除主干，以支持从 CV-21 开始（并作为一个在早期的船舶中的变化）的一系列垂直通风系统，这种变化的影响包括对机库空间的侵占，以及来自飞行员的抱怨；当局的答复是，管道存在非常严重的危险。它甚至可能引起洪水，因为它穿透了船末端的舱壁，而这些舱壁原本直到主（机库）甲板都是坚固的。

平衡改进是由于负荷比原来设想的要大的结果。飞机变得越来越重，数量也越来越多。为了解决前一个问题，飞行甲板被加固，每块板上都增加了一根纵梁。重量的增加是通过比较用于 1940 年初步设计的预计重量和 1945 年作战飞机的实际重量后提出的；需要注意的是，1940 年的重量在某些情况下是指预计的重量，而不是指作战飞机的重量。因此，1940 年的战斗机是双引擎的格鲁曼 F5F-1，空载 6784 磅或装载 9395 磅，另一种选择是沃特海盗船（XF4U-1），即 6 896 磅空载或 9 476 磅装载。1945 年，标准的舰队战斗机是格鲁曼 F6F-5 "地狱猫"（9 238/13 797 磅）和沃特 F4U-4 "海盗"（9 167/13 597 磅）。类似的有，1940 年设想的攻击机有布鲁斯特 SB2A-1（6 881/10 928 磅）、柯蒂斯 SB2C-1（7 028/11 155

磅)、格鲁曼 TBF-1 (8 367/13 540 磅) 和沃特 TBU-1 (8 482/13 769 磅)。同样,在 1945 年服役的这两种飞机的重量也有相当大的增加:一个典型的复仇者 (TBF 或 TBM-3) 在标准条件下的负载重量为 16 761 磅;柯蒂斯"地狱俯冲者"(SB2C-5) 的负载重量为 16 287 磅。在每一种情况下,每架轰炸机的载重量约为 1.5 吨,每架战斗机的载重量更大,平均分布在 50 架甚至 100 架飞机的飞行甲板上,大约在水线以上 55 英尺。

不得不在航母上容纳比原先预期更多的这些较重的飞机。埃塞克斯号有一个由 36 架飞机组成的"双"战斗机中队,外加一个各由 18 架飞机组成的单侦察机(俯冲轰炸机)、轰炸机(俯冲轰炸机)和鱼雷轰炸机中队;它还有一架用于联络的俯冲轰炸机,总共有 91 架作战飞机,外加 9 架(每种 3 架)备用。随着雷达的发展,对专用侦察机的需求也减少了,因此,到 1944 年,"侦察轰炸机"和俯冲轰炸机中队通常已经合并,总共有 24 架这样的飞机。战斗机填补了这一空缺,其中包括专门的夜间拦截机和照相侦察机。例如,1944 年 10 月,新的香格里拉号航空母舰共容纳 49 架日间战斗机 (F4U-2s)、4 架夜间战斗的"地狱猫"和 2 架照相侦察"地狱猫"。然而,到那个时候,战斗轰炸机开始取代纯俯冲轰炸机。到 1945 年夏,典型的埃塞克斯级航母包括一个由 36 或 37 架飞机组成的大型战斗机中队,一个类似规模的战斗轰炸机中队,以及削减了规模后的由各 15 架飞机组成的潜水和鱼雷轰炸机,总共有 103 架飞机;战斗中队包括特种飞机。

较重的飞机降落得更快,需要新的拦阻装置 Mk V,这是一种战争后期的改装,单是这一改装就增加了约 125 吨的重量,所有重量都在船的上方。

炸弹的装载量也增加了,到 1945 年春天,与大多数美国战时建造的军舰一样,埃塞克斯级航空母舰的重量至关重要;今年 1 月,海军舰船局警告称,"早期的 CV-9 级航母所具备的稳性储备已经完全消失在 CV-21、CV-31—40 和 CV-45—47 上,而且当局规定对未来任何要求或指向于航母上进行变更或改动的部分作出重量和力矩补偿。"富兰克林 (CV-13) 被认为是 CVs-9—20 的典型代表。初步倾向性数据等表明这艘船经历了重量增加和稳定性下降。一般认为,因为各种重量的普遍积累,已服役一段时间的船舶与新船相比是不利的。虽然这句话特别适用于固定重量,但富兰克林号上的一个特定负载项很好地说明了这一趋势。船厂的库存显示,在上层甲板的位置平均每个炮管有 800 发 40 毫米口径的弹药和 4 076 发 20 毫米口径的弹药。总重量为 247 吨,约占该船满额装载飞机时总重量(空载重量)的 50%。"富兰克林号在完好无损的情况下有足够的稳定性,但由于失去了干舷和稳定性,富兰克林号承受损害的能力已经严重受损"。富兰克林号在被一枚鱼雷击中后,将像原来建造的那样,产生埃塞克斯级航母被两枚鱼雷击中后的倾斜。7月，富兰克林和邦克山在战斗中几乎损毁之后，当局进行了更详细的调查。

这一级别首批竣工的船舶——埃塞克斯和列克星顿号，比在设计阶段所预估的轻很多，且具备更好的稳定性。这为后来由于改进设计标准和战争经验而进行的许多修改提供了相当大的余地……尽管当局在原始设计的作战条件中，提供了一个接近7.5英尺的导弹，以保证这种船舶能拥有出色的抗打击能力，但考虑到令人满意的服役经验，当局在一个最近的审查中作出决定，为了以便修改，对这一设计数据的部分削减可以被接受，在这一条件下，导弹不能被削减至6.5英尺以下。作出这一决定的主要考虑因素是因沿船舶两侧的水下损害所造成的倾斜。其次，考虑的是船只在高速转弯时的柔韧性，以及在船只大规模交火时所需的运载积水的能力，在最近建造的船舶中进行被

▲ 在1956年3月作为一艘反潜航空母舰，福吉谷展示了在1945年以后仍在使用的埃塞克斯级航空母舰的配置。它的三脚桅杆上的大型雷达是SX，这是一个结合了远程空中搜索和高度探测功能的单一单元，大大简化了天线的布置。在它上面是一个SG-6，一个组合式表面搜索和天顶（顶舱）搜索集。另外请注意两个前部舰桥水平仪的圈用地。到这个时候，大部分轻型高射炮已经着陆，证据是在机库甲板层前方的前弹射器炮架上的空炮管。同样值得注意的是，机库甲板可以用卷帘门封闭的程度，尽管它在结构上不是船体的一部分，甚至连甲板边升降机的开口都能被盖住。甲板上的飞机是格鲁曼S-2（当时被命名为S2F）追踪者，在船中部有一架HUP直升机（飞机警卫）。

▲ 1959 年左右，福吉谷配备了双烟囱盖，这是它与莱特、安提塔姆、普林斯顿以及菲律滨海的共同特征。与现代化的 SCB 27s 类似，每艘船上都有一个新的桅杆，配备了新的底座被安装在烟囱的前端。桅杆的顶部是一部塔康 SRN-6 战术导航雷达，这是继战时和战后的导航辅助设备。桅杆上装有 SPS-6B 用以空中搜索；SPS-8 测高仪被安装在烟囱盖水平面。拍下这张照片时，并不是所有的战术飞机都安装了塔康，有一些仍依赖早期的 YE 系统，该船在后烟囱盖上方可见的短桅杆上保留了一个 YE 无线电信标台。在烟囱的一侧是一个小型的矮而宽的雷达天线罩，雷达是一种 CCA（恶劣天气着陆）雷达——SPN-8。需要注意的是，为了控制左舷的 5 英寸口径开放式炮，福吉谷有一对马克 56 控制器，其中可以发现最靠近船尾的那一个控制器就在它所控制的炮的正前方。在船载尖尾救生艇后面，飞行甲板下方可见的箱形结构是通风管道，用来取代造成严重战时问题的中心管道。就像马克 56 控制器一样，它们是战后对这一等级航母的标准修改。

授权的改动将在轻型条件下增加约 1 500 吨的重量……（但）实际增加量约为 1 750 吨。导弹已经被削减到 5.5 英尺，轻型条件排水量比最早建造的船只大 2 150 吨，比最新建造的船只大 400 吨……因为早期的船只没有受到（也不会受到）对后来的船只进行的所有改装（可能只有约 1 150 吨，而不是 1 750 吨的重量改变），看来正在服役的船舶所增加的 1 000 吨重量并不能被视为是得到授权的改装。

这一级别的两艘船（富兰克林号和邦克山号）在上层甲板遭受严重破坏后返回，两艘船（列克星敦号和无畏号）在船尾附近被鱼雷击中，但是在这些情况中，没有任何一种损害的性质使船舶依靠其稳定性而生存。然而，应该顺便指出的是，富兰克林号由于消防用水而开发出了临界稳定状态的征兆。对稳定性要求很高的破坏类型，比如说在水下侧面发生两次或两次以上的剧烈爆炸，尚未发生。除了失稳的直接不利影响外，如果出现严重倾斜，进而发展成妨碍损伤控制行动、妨碍通行、扰乱机械装置

第 7 章 埃塞克斯级航空母舰

▲ 好人理查德（Bon Homme Richard）被重新派到韩国沿海服役（在很大程度上是它原来的配置），然后进行了现代化改造。1952 年 2 月 28 日，它以甲板上配备一对格鲁曼"守护者"反潜飞机亮相。虽然这些飞机可以在护卫舰上操纵，但在埃塞克斯级舰船上的试验表明，后者更好地适用于战后反潜战；其结果是，从 1953 年开始，决定将几艘未现代化的舰艇重新分类为反潜支援航母，或 CVSs。注意，这艘船自 1945 年以来几乎没有变化。它的 20 毫米口径排炮被拆除了，还有几个 40 毫米的炮座也被拆除了，它的舷外炮座被保留了。其他 40 毫米炮座配备了与改进的马克 51 控制器相连的马克 28 雷达，最靠近船尾右舷的炮也是如此；另外增加了三个火炮（两个在岛上，一个在左舷 5 英寸口径炮后平台上）。它保留了战时的 SK-2 远程空中搜索雷达，但作为频率多样化政策的一部分，战后的 SPS-6B 取代了早期的 SC-2。

▲ 邦克山是原埃塞克斯级航母的最后一架，它结束了作为电子测试平台的日子，船上安装了试验用的远程无线电天线。它出现在圣地亚哥的北岛海军航空基地。

等，则船舶在遭受严重水下损伤后的损失概率会大大增加。

此外，船舶自身过大的倾斜角会降低稳定性。由于所涉及的变量众多（最重要的变量是鱼雷命中的位置），因此不能确定地预测船舶能够承受的被鱼雷命中的次数。然而，据估计，在这些船舶装备 5.5 英尺导弹的情况下，船舶将会有很高的概率在一侧被 3 枚鱼雷击中后损失；然而，当导弹尺寸增加到 6.5 英尺时，同样的损失概率将在被 4 枚鱼雷击中一侧时达到。

这个问题如此严重，以至于海军舰船局建议将 40 毫米口径的初发弹药 500 发和 20 毫米口径的初发弹药限制为 1 440 发。

最后，与战争结束时的大多数美国军舰一样，埃塞克斯级航空母舰也面临着过度拥挤的问题。这些因素包括雷达的出现、大量增加的轻型排炮和更大规模的空中编队，这反过来需要更多的维修人员、更多的船只和更多的备件。这些备件消耗了本来可以用来居住的空间。埃塞克斯初步设计基于 215 名军官（98 名在船上，22 名在指挥处和 95 名在航空编队）和 2 171 名士兵（1 528 名在船上，106 名在指挥处和 537 名在航空编队）的足额。事实上，埃塞克斯号在试验中搭载有 226 名军官和 2 880 名士兵。1943 年，新无畏号的指挥官曾抱怨过停泊问题。该航母有 2 493 个士兵铺位，301 个军官铺位，并在食堂提供 268 个吊床，但后者不能使用，因为当时还没有供应旅行袋和吊床。早在 5 点，食堂就开始提供用餐了，到 22：30 才结束，所以食堂不能用作卧铺。试航时，船员舱位共有 2 765 名士兵和乘客，以及 332 名军官；舰队司令舱、参谋长舱和指挥处都有铺位。无畏号上的用餐也不令人满意，原因之一是机库甲板上传递膳食的窗口位置：如果要想使用前部的保温餐桌，那么士兵的用餐队伍就会堵住军官餐厅的传菜窗口；前部的食堂必须用于航空部门，因为它反常的工作时间（通常要花 4 个小时才能满足整个部门，相比之下，其他食堂大约需要花费 1 小时 40 分钟）。

在 1945 年，无畏号的典型数据甚至更糟：382 名军官（40 名在指挥处，175 名航空兵，167 名在船上）和 3 003 名士兵（100 名在指挥处，135 名航空兵和 2 768 名在船上）的配置被用于海军舰船局的超重计算。战后，由于一些轻武器被消除，该舰的满载数字有所减少，但即使如此，1945 年的核载数量比最初的设计增加了 50%。

1945 年，埃塞克斯号被认为是舰艇和空军规模的理想组合，但即便如此，它仍有严重的缺陷，比如它的航空汽油装载量和针对炮火，而不是针对炸弹和炸弹碎片而设计的防护能力。1945—1946 年的舰队航母设计（见第 10 章）试图弥补这些缺陷。一个更直接的尝试是重新设计不完善的硫磺岛号，然而这一尝试以该艘航母建造计划的取消而告终，尽管奥里斯卡尼在未完全建成时暂停建造并成为埃塞克斯级航母重建的原型（见第13章）。与此同时，许多战时船只在1946—1947年被闲置。严重受损的富兰克林山和邦克山从未重新服役，尽管后者在修复后被用于凯迪拉克计划的试验。至于其他几艘航母，拳师号（CV-21）、莱特号（CV-32）、奇尔沙治号（CV-33）、安提塔姆号（CV-36）、普林斯顿（CM-37）、塔拉瓦号（CV-40）、福吉谷号（CV-45）和菲律宾海号（CV-47）仍在服役，它们在战末或之后竣工。在它们当中，只有奇尔沙治曾被重建过，并于1950年退役。以1953年8月莱特和安提塔姆为开端，其他的改型在20世纪50年代作为反潜支援航空母舰进入服役。到那时，未改装的埃塞克斯航母作为喷气式飞机的运载航母显然是不合适的。1958年12月，菲律宾海是首艘被闲置的航母。在1959年和1961年，三艘未改装的航母成为两栖攻击直升机航母：拳师号、普林斯顿号和福吉谷号。安提塔姆号成为在彭萨科拉的一艘训练航母，并配备了美国首个斜向飞行甲板以进行测试。由于改装后的航母开始服役并用于反潜战，另外两艘没有改装的反潜航母：莱特号和塔拉瓦号，都在1959—1960年退役。

第 8 章
用于战时生产的低成本航母

第二次世界大战期间，美国建造了三种类型的航空母舰：第一种是源自战前设计的埃塞克斯级（Essex class）舰队航母；第二种是应急轻型舰队航母，用于增援重型航母，但是为了实现快速生产而牺牲了运作效率；最后一种是成本较为低廉的护航航空母舰。后两种类型的航母都获得了罗斯福总统的大力支持，他在第一次世界大战期间担任海军部长约瑟夫斯·丹尼尔斯（Josephus Daniels）的助理时，成为发展海军航空兵的坚定拥护者。针对这两种类型的航母，罗斯福总统在战前就下达了所谓"镀金"（gold-plated）标准，但在应对紧急态势的战时背景下遭到放弃。他的这一决定似乎是正确的，至少在战争初期是正确的。然而，到了1942年中期，面对重型航母建造开始加速的情况，罗斯福总统想要大规模建造低速护航航母而非"中途岛"级（Midways）航母的意愿回想起来就显得有些天真了。

基于商船的改进航母（护航航母）是进行的第一个项目，该类型航母所体现的"简易"概念后来被应用于1942—1943年期间，将9艘轻巡洋舰改装为轻型舰队航母（CVL）。反

◀ 科芒斯曼特湾级（Commencement Bay）航空母舰由美国的终极护航航母组成。1945年5月24日，新锡博内号（Siboney）缓缓驶过普吉特海湾（Puget Sound）。该航母拥有一个支持空中搜索和战斗机控制雷达的舰岛，其大型机库甲板的两侧舷外平台上分别拥有四个双联博福斯（Bofors）高射炮。此外，该航母还拥有两个飞行甲板弹射器：1个短的H2-1型号和1个长的H4C型号。

过来，护航航母可能被认为是战前开发的、更为廉价的 XCV* 替代品，只是护航航母的设计图纸中并没有显示出对于 XCV 计划的任何参考。美国海军之所以放弃 XCV 转而建造护航航母的原因在于：后者是作为一艘二线舰队航母被建造的，虽然护航航母仅拥有最简易的平台，但是依然能够为那些在空中护航和反潜等二线任务中至关重要的舰载机提供支持。这些任务意味着较低的风险（相对于舰队航母可能遇到的风险），同时也意味着单个飞机的较低性能。在这种意义上，护航航母构成美国航母"高—低"搭配的低端部分（"埃塞克斯"级航母则构成了高端部分），后继产品——反潜航母（CVS）和攻击型航母（CVA）更是构成20世纪70年代的美国航空母舰政策。护航航母的案例也彰显适于作战与适于快速生产这两类优化设计之间的冲突。

一个次主题是随着时间推移而显现，护航航母的任务转为飞机运输（护航航母在被认为是战舰之前所设想的角色）和近距离支援，而为满足近距离支援任务，护航航母搭载的飞机型号接近于一个全舰队航母。从实际情况来看，在战争末期生产的先进的护航航母本质上是轻型航母的慢速版本，而且英国的护航航母在东南亚往往被作为舰队航母使用。除了速度以外，护航航母和轻型航母的相似性很高，以至于当一个特别适合反潜战的新舰岛在二战以后被设计出来时，这两种类型的小型航母均可以安装该舰岛。此外，整个轻型航母的改装都是基于早期护航航母所包含的概念。

▲ 这张于1945年2月14日拍摄的马雷岛（Mare Island）照片所显示的长岛号（Long Island）在大部分的战争时间里被用于飞机的运输。该航母原始上层建筑于船中部的后方可见。船尾加设护板区域是一个短机库，配有一台升降机；经过第一次改装，该航母仅拥有一个前端设有弹射器的降落甲板，用于发射飞机。后来，飞行甲板被延长（如图所示），弹射器也被重新安置。作为运输工具，该航母配备有一个更为强大的弹射器，以实现飞机的运送。

---

* XCV即为将商船改建为航母的计划——译者注。

改装航母（护航航母）不断变化的角色从它不断变化的舰型编码可以反映出来。实际运用于美国长岛号原型的舰型编码是 AVG。而 AVG 又从 AV（水上飞机母舰）衍生而来，不仅说明其作为水上飞机母舰的身份，更清楚地表明该型舰的二级身份。1942 年 8 月 20 日，AVG 被 ACV（辅助护航航母）所取代，仍然很难说是作为作战航母的编码。直到 1943 年 7 月 15 日，ACV 才被重新定义为航空母舰（护航），但它们的编码始终是区别于舰队航母（CV/CVL）的单独序列。那些由美国制造但编入英国皇家海军的护航航母则被赋予了 BAVG 的编码。

CVL 的案例在很多方面都体现了标准的平时建造与适用于战时动员设计与实践之间的矛盾，而在选择后者时必须接受相对低得多的标准。与护航航母一样，轻型航母也是为了实现舰载航空力量快速提升的一次尝试，利用的是生产流水线上已有的资源（轻巡洋舰船体）。改装轻巡洋舰的决定涉及对相当简易的飞行甲板以及相当稀缺的轻巡洋舰的相对优点的判断，而且后者本身还需要为快速航母的作战提供支持。此外，航母特性必须和建造时间相互平衡。轻型航母与护航航母的一个主要区别是适合轻型航母改装的船体数量要少得多。即使改装 50 艘 C-3 型货船的需求没有对美国的大型战时商船计划造成负面影响，但轻型航母的改装计划仍然淘汰了当时美国大约五分之一的潜在轻巡洋舰船体。1943 年计划专门建造的塞班级（Saipan Class）轻型航母不仅占用了巡洋舰的造船台，还占用了原本可用于驱动新的重型航母的动力装置。

美国护航航母计划深受英国皇家海军和美国海军之间密切合作关系的影响，这一合作关系甚至是在战争爆发之前便有的。皇家海军改装了第一艘护航航母（但很快在行动中失去了它），最后，两国海军所使用的大部分护航航母都是在美国建造的。然而，两国海军的需求并不完全相同。皇家海军最在意的是对于贸易航线的保护，而美国海军则将"远征军"的行动（尤其是跨太平洋的行动）作为最基本的需求之一。因此，美国辅助航母的概念从很早以前就包含了对登陆作战的支持。

正如 1941 年人们所理解的那样，飞机在护航战中扮演着两种截然不同的角色。它们可以被用来击退敌军的飞机，还有那些导向其他飞机或潜艇的远程侦察机，以及直接攻击护航队的轰炸机，就像在摩尔曼斯克航线上经常发生的那样。它们还可以迫使敌军潜艇保持在水下，如此一来，敌军便无法靠近护航舰队；在有利的条件下，它们还可以击沉那些在水面上捕获到的潜艇。第二次世界大战时期的大多数潜艇都无法保持半小时以上的水下高速（且任何情况下都不会超过护航舰队的速度）前进；它们必须浮出水面才能接近或者追踪目标护航舰队，除非它们有足够的运气直接挡在护航舰队的路线上。

美国航母设计简史

▲ 长岛号是美国第一艘护航航母。该航母没有舰岛上层建筑，保留原始商船的舰桥式上层建筑，位于飞行甲板之下；桥翼被安装在甲板前端的下方。桅杆设有雷达和无线电天线。该航母被命名为CVE 1。这些早期照片中数字751的含义尚未可知。应用的飞机为SOC巡洋舰浮筒型水上飞机，照片中依稀可见飞机的备用轮式起落架。

因此，空中巡航仅仅通过大幅度扩大护航舰队周围海面的安全区域，便可以保护护航队不受U型艇的攻击。然而，只有在盟军成功破译德军密码，并事先获得U型艇的大致位置，进而对其发起主动攻击变得可能之后，航空反潜战才真正地发挥了作用——通常只有飞机才能够以足够快的速度进行搜索，进而从这些信息中获利。此外，飞机往往能够在U

型艇的方位数据失效之前及时追捕到对其的高频测向结果。在大西洋上，美国护航航母通常被编入进攻性的海空协同反潜编队（HUK），与驱逐护航舰或改良型反潜战驱逐舰配合，执行高频测向或破译数据密码任务。皇家海军更加频繁地利用护航航母固有的机动性优势，使其在护航船队与U型艇的战斗中能够进行防御性干预。与此同时，护航航母还负责苏联北部海域的护航行动，在那里，空袭的威胁不亚于潜艇的威胁。

护航航母搭载的替补舰载机作用的平衡，因地点和战争进程而有所不同；战争初期，对战斗机的需求非常突出，以至于英国皇家海军将战斗机放置于商船的弹射器（CAM船，弹射飞机商船）上，用以执行一次性任务。实际上，护航航母的小型飞行甲板使得舰载机回收成为可能，从而保证反潜机的正常运作。

在第二次世界大战中的护航航母部署构想起源于美国海军。1940年10月中旬，罗斯福总统提议对商船进行改装，以护航舰队（反潜作战），排水量6 000吨至8 000吨，航速不低于15海里/小时，拥有一个可容纳8架至12架直升机或短距起降（STOLS）飞机的飞行甲板。大约在同一时间，美国海军航母作战部队司令哈尔西少将（Rear Admiral Halsey）提议建造一种新级别的辅助航母，用于飞行员的训练（战时扩充部队）和向海外基地运输飞机。他认为，600英尺×85英尺的飞行甲板和19海里/小时的航速已经足够。哈尔西少将的上级，理查森上将（Admiral Richardson）将该提议递交给美国海军作战部长（CNO）并建议在战争爆发之前开展改装工作。

时任美国海军作战部长的斯塔克海军上将（Admiral Stark）于1940年12月31日至1941年1月23日期间举行了一系列关于商船改装的会议。

一项要求是，英国可以购买一艘姊妹舰艇或类似舰艇，并以类似于美国海军所采取的改装方式对其进行改装。两艘船的改装将由一家私营造船厂根据合同实施，以便两艘船均适用于美国海军的有关计划……这些航空母舰将搭载小型舰载机，它们可以在护航舰队前方盘旋，探测潜艇并投下烟雾弹，向己方的攻击性水面护航艇表示敌方潜艇的位置。人们还认为这些飞机可能携带数量有限的中、小型深水炸弹。

使用皮特凯恩（Pitcairn）旋翼飞机进行的测试被证实失败了，主要原因是旋翼飞机只能携带烟雾弹，不具有攻击性。旋翼飞机似乎可以在较短的飞行甲板上进行作业，仅需要相对简单的改装。由于舰桥引起的湍流，局部降落甲板被认为是不可行的，即使对旋翼飞机来说也是如此。此外，由于飞行员看不见降落平台，旋翼飞机无法垂直下降。出于同样的原因（湍流），在船首"起飞"和"降落"（借着逆风实现飞机的回收）也被认为是不切实际的。

一个带有阻拦装置的全通式甲板和一款小型舰载机显然是唯一的希望。所有小型舰载

机都将需要阻拦装置。这一带有阻拦装置的全通式甲板使得航母脱离了"改装"级的层次，经过估算这一航母大约需要一年半的时间才能完成……然而，与更为复杂的 XCV 相比，上述预估不但糟糕，而且也不太现实。这同时意味着向"在飞行甲板下方设置翼桥"的平甲板航母方案的妥协。会议赞成选用柴油动力，以减少需处理的汽油量。直到 1 月初，两艘柴油 C-3 型商船被选中："莫麦克梅尔"号（Mormacmail）和"莫麦克兰德"（Mormacland）号，这两艘船都是在太阳造船和干船坞公司（Sun Shipbuilding and Dry Dock Company）建造的。

考虑到美国马上就将加入战争，总统拒绝了所有建造周期在三个月以上的计划。总统表示，一些不担心稳定性的"消防员"式人士可以迅速地拼凑完成一艘航母。真正的问题在于如何达到可以接受或必要的先进程度。就像之后的轻型航母一样，海军领导层想要一种接近于全航母的航母。罗斯福总统知道自己不得不接受更低的标准。他要求改装航母安装一个 305 英尺长的着舰平甲板，以及一个前端弹射器（用于发射飞机），而后者之所以可用是因为列克星敦号（USS Lexington）航母和萨拉托加号（USS Saratoga）航母的现代化改造被推迟了。纽波特纽斯（Newport News）船厂与船坞公司指出，在此基础上，他们可以在大约三个月的时间内改装一艘 C-3 型商船。莫麦克梅尔号（Mormacmail）最初被重新命名为 APV 1，意指一艘特种护航舰或可能是一艘具有装载重航空器功能（V）的运输舰（AP）。该航母于 3 月 6 日被船厂接管，并于 1941 年 6 月 2 日作为长岛号航空母舰面世，编号为 AVG 1（通用型航空支援舰）。

该航母与大黄蜂号（USS Hornet）新型舰队航母享有同等的优先权。建造完成后，长岛号拥有一个长达 362 英尺的局部甲板，从引航员室（仍然位于原来商船中的位置）顶部一直延伸至船尾；美国海军航空局（BuAer）规定，SOC 侦察机的降落甲板长度应为 350 英尺。下方的机库甲板为平甲板，没有梁拱，水平建造在机舱舱壁后方的原主甲板的上方，前端设有一台升降机。一部 H 型马克 II 弹射器被安装在与中心线呈 30°的角度上，以实现飞机在航母前左舷角的发射。长岛号的压载物重达 1 650 吨，以保持足够的稳心高度，使得螺旋桨在轻载的情况下也能够处于浸没状态，船首吃水至少维持在 16 英尺 6 英寸的水平。商船改装的特点之一便是相当大的固定压载重量，通常被认为是对可用船体吨位和容积的低效利用；顺便一提，同样的描述也适用于战前所计划的 XCV。另一个稳定性特征是相对厚实的甲板护板，其厚度为 30 磅（0.75 英寸），与其说是为了增加强度，倒不如说是在建造商的倾斜测试中减少了明显的刚度。最后，该航母还配备有一个针对 10 万加仑的航空汽油和 7 000 加仑的航空润滑油的排水系统。该航母安装的火炮组比后来护航航母上常见的火炮组更为重型：一门 5 英寸 51 毫米口径船尾炮、两门位于船首前甲板的 3 英寸 50 毫米口

第 8 章 用于战时生产的低成本航母

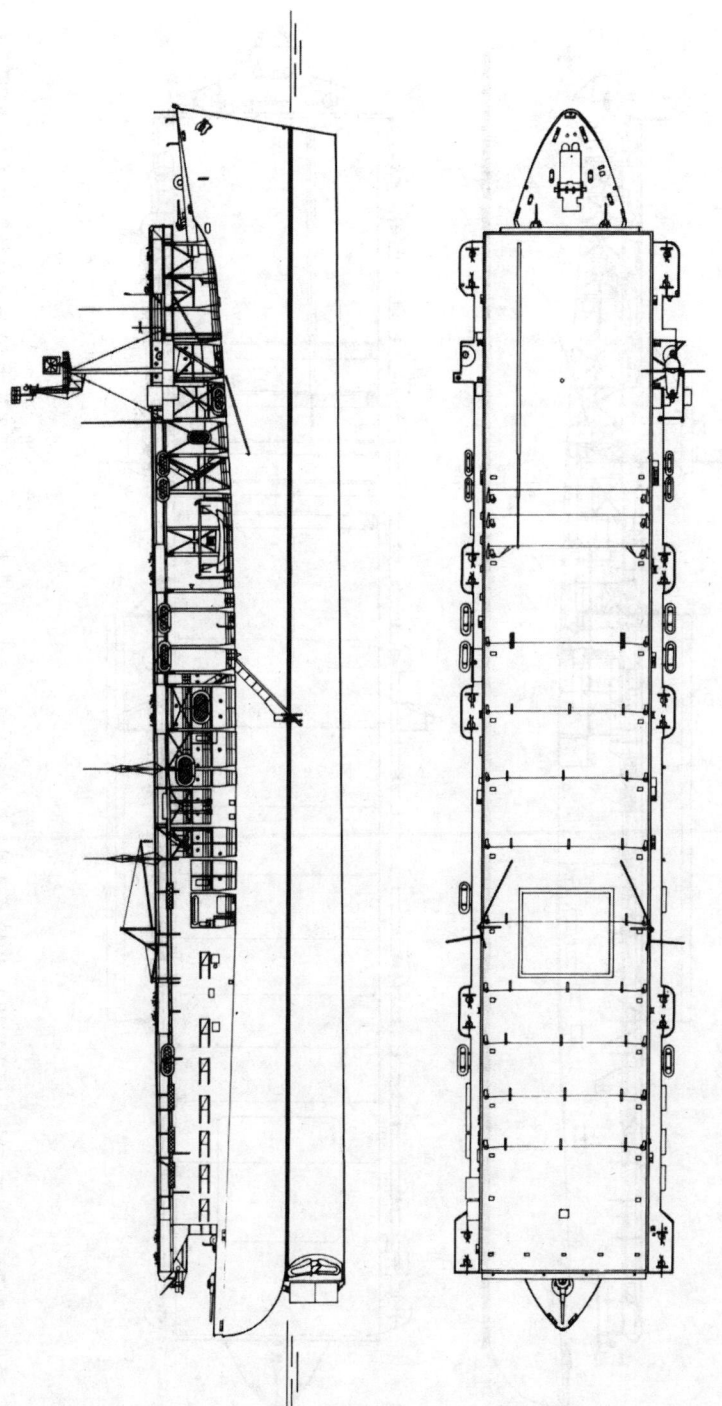

▲ 用于飞机运输的长岛号（Long Island）护航航母（CVE 1）原型，1944 年 6 月。原货轮的上层结构于船中部可见，位于航母短型飞机库的前方。值得注意的是，该航母依然保留着当时的阻拦装置。

215

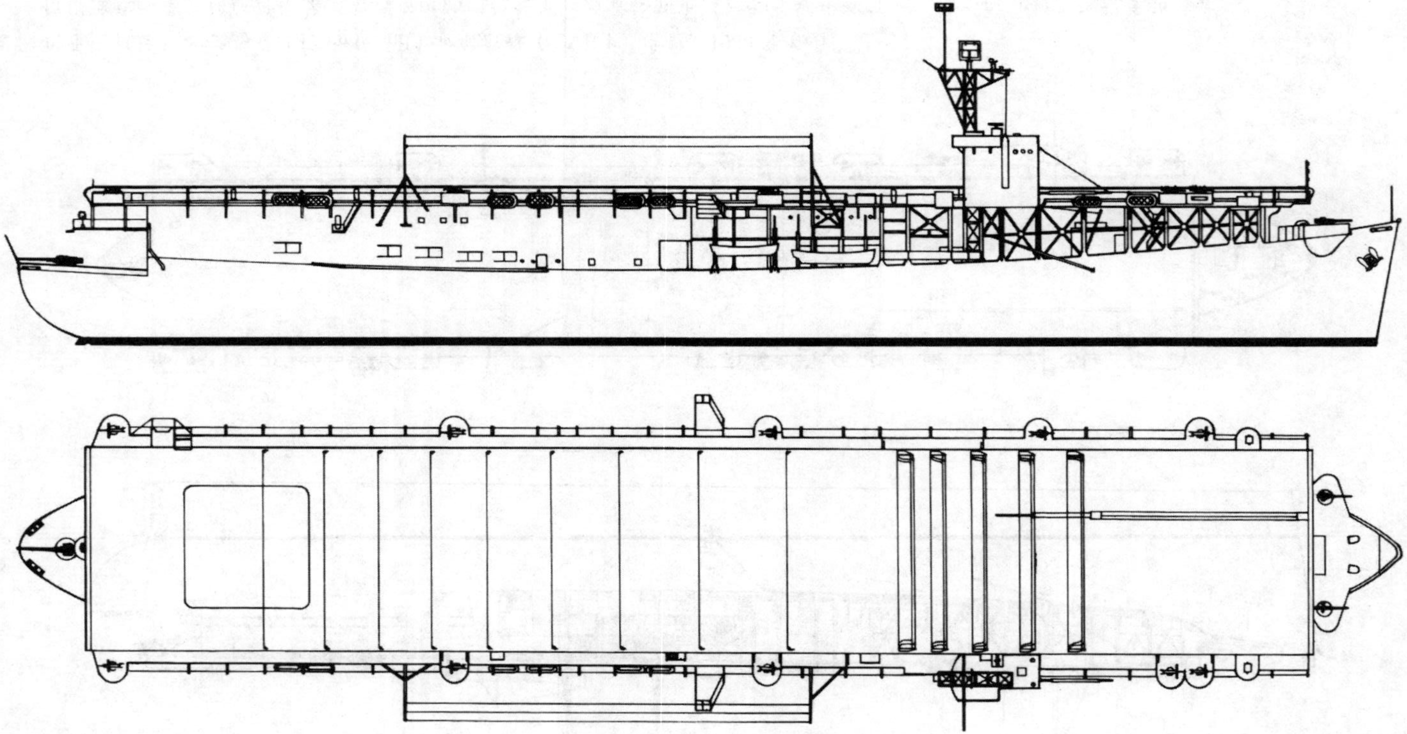

▲ 军马号（Charger）护航航母（CVE 30），1942 年 4 月，装备有 1 门 5 英寸/51 毫米口径、2 门 3 英寸 50 毫米口径和 10 门单联 20 毫米口径高射炮。

径防空炮和四门 0.50 口径机关枪。"长岛"号的飞行甲板由于是安装在一个完整的商船上层建筑的上方的，因此拥有一个异常庞大的干舷。

作为长岛号的第一任指挥官，D.B. 邓肯（D. B. Duncan）舰长描述说：

> 在恶劣的天气条件下，这艘航母的吃水很浅，也不怎么发生横摇，对于这样大小的船只来说，发生纵摇是正常的情况。这艘航母比我想象得好，我认为新的版本将会变得更好，因为少了整整一个甲板的高度……就纵摇而言，我不会拿它与一艘大型航空母舰相提并论，但是我在萨拉托加号上所经历的横摇比在长岛号上经历的更加严重。这艘航母的吃水确实很浅。它们驰骋在海上，但不会沉得太深。我曾看到黄蜂号（USS Wasp）航母在飞行甲板上出现浸水问题，而长岛号上却没有浸入一滴海水。

短型飞行甲板并没有成功。1941 年 9 月 15 日，海军舰船局（BuShips）授权诺福克海军造船厂（Norfolk Navy Yard）将甲板的长度向前延长 77 英尺，至引航员室上方；同时，该航母的性能得到进一步细化，以改善其受损稳定性和可浸长度。次年，0.50 英寸口径重机枪被 20 毫米口径机关炮所取代，同年 11 月，20 毫米机关炮数量在马雷岛被增加至 20 门；同时，弹射器被重新安装在与飞行甲板左舷中心线相平行的位置。这些相对次要的增补工程为航母增加了足够的上部重量，以至于固定压载也必须提高至 2 640 吨。

虽然护航航母几乎完全未采取防护措施，但针对弹药舱还是设有一定程度的保护。与许多其他的美国护航航母一样，长岛号于 1943 年 3 月在弹药舱外安装了 1 英寸（40 磅）的纵向舱壁，舱壁由中等强度（而非防护性特殊处理）钢板制成，舱壁和船体外壳之间有压载水，用以防护鱼雷攻击。最终，该航母于 1944 年 2 月被指定为一艘飞机运输舰，负责运送和放飞飞机，但不负责对飞机进行回收。该航母的阻拦装置和排炮都被移走，飞机甲板的装甲厚度也被减少至 5 磅。随后，该航母被授权在甲板上搭载总重 250 吨的飞机，以及在机库内搭载 100 吨的飞机，这些数据足以和 1940 年黄蜂号舰队航母所搭载的足额飞机数量相媲美。

1 月 14 日，在舰队维护负责人（曾制订长岛号计划）办公室举行的会议对以下航母改装事宜进行了商讨：

——XCV；
——训练航母；
——护航航母；
——为远程作战力量提供支援的航母；

——设有起飞甲板的飞机运输舰，用于将组装后的飞机运送至足以飞达目的地的距离；

——未设有起飞甲板的飞机运输舰。

不出所料，XCV遭到了否决，训练航母也被否决了，训练航母在当时被认为是没有枪炮的XCV。护航航母与为远程作战力量提供支援的航母合并，二战期间服役的护航航母也是如此。然而，鉴于可供使用的甲板空间有限，以及暂时没有对建造起飞甲板的提议的事实，这些航母被认为不适合将飞机运送至海外。当时的长岛号被设想为使用弹射器发射飞机，而这将会是一个相对繁琐的过程。

大型海轮似乎是一个更具吸引力的选择，因为它们可以允许大约50架飞机起飞，且在没有预留起飞甲板空间的情况下，最多可以允许100架飞机起飞。众所周知，从作战的角度出发，放飞飞机远比运送用板条箱包装的飞机更加有效。1941年2月1日，美国海军作战部长将飞机运输舰的计划列为头等大事，时速可达20海里/小时的大型客轮"曼哈顿"号（Manhattan）成为海军舰船局的首选。7月18日，下达了针对更大的客轮"美国"号（America）的改装计划。几天后，美国海军作战部长开始考虑共建造6艘类似的AVG，尽管只有2艘客轮的改装计划被确定，即由辅助舰船局于12月20日提议的"曼哈顿"号（Manhattan）姊妹船"华盛顿"号（Washington），以及瑞典客轮"昆斯海姆"号（Kungsholm）。1941年8月所提出的性能指标规划了一个586英尺×86英尺的飞行甲板，引航员室被水平地建造在飞行甲板前端，上升烟道则从甲板上被移至铰链烟囱内。尽管长岛号在没有弹射器的情况下成功放飞了一架飞机，但那是一架特定的飞机。该航母将拥有两台升降机，供一个可容纳52架飞机的机库使用。所有飞机的总重量可达到1.7万磅，而长岛号的限制重量为1万磅，同时还将提供19万加仑的航空汽油（以及7%的润滑油）配载。预计的行动半径为12 000海里（时速为15海里/小时），舰炮包括四门5英寸51毫米口径炮、四座四联40毫米口径炮和10门20毫米口径炮。尽管1935年的XCV计划已经被放弃，但是仅耗费9个月时间（每艘船）就能完成的改装工作仍然令人印象深刻。它们还对相当有价值的商船船体的使用造成了影响，因为当时的美国正在急迫地寻找任何一个可以将士兵运至海外的铺位。然而，关于韦克菲尔德号（Wakefield）（前身为曼哈顿号）、弗农山号（Mt. Veron）（前身为华盛顿号）、西点号（West Point）（前身为美国号）和作为AVG 2-5的昆斯海姆号的拟订改装计划，在1941年12月31日被美国海军作战部长叫停。而所有上述舰船（除了其中一艘以外）都曾被纳入了早期的XCV计划之中。无甲板飞机运输舰的概念在多次"海上列车"火车—火车渡船的改装项目中幸存了下来（AKV，航空支援舰）。

带有飞行甲板的运输舰并没有完全被淘汰：例如，在1943年，曾有计划将"拉法耶特"号（Lafayette）运输舰［前身为"诺曼底"号（Normandie）］改装为"带有飞行甲板的 AP 舰"。1942 年，在一次灾难性火灾后的救援行动中，这艘船失去了大部分的上层建筑。1943 年 3 月 26 日的一份备忘录列出了甲板上的飞机容量。

	P-38	P-39	P-40	P-47
整个甲板	65	132	133	93
无弹射器*	54	112	113	82

与此同时，英国皇家海军采取了（如第 6 章所述的）截然不同的贸易保护逻辑。当德国从（在法国）占领基地发动的空袭开始威胁大西洋上的护航舰队时，建造战斗机航母的想法以大胆号（Audacity）的形式问世，在航母的舷墙之间完成上层甲板的建造，且装有两根拦阻索和一个拦阻网。与长岛号形成鲜明对比的是，大胆号从一开始就计划搭载了高性能飞机。这艘航母并没有机库和升降机，尽管在它的第二次行动中，它的船台甲板上搭载着三个备用机翼，甲板上搭载三个备用机身。

1941 年 5 月，英国大西洋海战委员会意识到，"如果我们的护航舰队能够自己搭载与其进行协同的飞机，这会是很大的进展"。于是，以大胆帝国号（Empire Audacity）商船的名义，这艘前身为货船的航母在 9 月份与它的第一支护航舰队一同出发了。它是一艘战斗机航母；它的舰载机大队由四架格鲁曼野猫（Grumman Wildcats）（在英国服役期间被称为岩燕（Martlet））组成，并成功击落了两架 FW-200 远程轰炸机。同年 12 月大胆号在一场漫长的护航战（从直布罗陀至英国）中被鱼雷击沉，但它的成功激发了大西洋海战委员会的灵感，由此提议根据《租借法案》在美国再改装 5 艘航母，外加再订购 6 艘航母。

早在 1941 年 1 月，也就是大胆号建造完成之前很久，皇家海军就要求更多与大胆号同一级别的航母数量，尤其是战前计划将 4 艘"城堡"级（Castle class）高速商船改装为航母。但是，就 AVG（护航航母）而言，该要求遭到了拒绝，鉴于这些"城堡"级是非常宝贵的快速商船［4 艘护航航母中的其中一艘是"比勒陀利亚城堡"号（Pretoria Castle）］，在后来的战争中被改装。相反，1941 年 1 月 20 日，美国海军被要求作为代理商从美国造船厂征用 6 艘大胆号型辅助航母。28 日，驻伦敦的美国军官告知海军部他们已经有了自己认为更为优越的改装计划；然而，他们并没有透露细节。因此，4 月 1 日，海军部要求按照"温

---

* 此处对应原文为 clear of catapults，存疑，待进一步审。

切斯特城堡"号（Winchester Castle）计划建造6艘舰船，而"温切斯特城堡"号（船体比C-3型商船大得多）本应仅拥有一个小型机库，用于容纳6架"剑鱼"（Swordfish）鱼雷轰炸机。拟建造的升降机对于战斗机来说太过狭窄，所以这艘航母不得不在甲板上搭载这6架"剑鱼"。当然也没有弹射器。美国坚信对于C-3型货船的改装将远远优于对"温切斯特城堡"号的改装。4月和5月，美国海军征用了三艘商船船体（其中一艘的改装工作已完成），并要求将它们改装为当时被称为BAVG的航母；对于第一艘舰船英国皇家"射手"号（HMS Archer）的建造工作甚至在《租赁法案》被通过之前便已经启动，该舰船于1941年11月入役。

英国皇家海军订购的其他5艘舰艇中，袭击者号（Charger BAVG 1）被美国海军保留，用于训练。复仇者号（Avenger BAVG 2）被鱼雷击沉，从而证明1943年对许多美国和英国护航航母实施侧面保护的必要性。追踪者号（Tracker BAVG 6）则根据蒸汽轮机设计进行了改装。

美国海军对于英国的作战操练了如指掌。1941年10月，美国驻英国海军武官就大西洋护航舰队的战斗机护航问题进行了汇报，其中包括航空母舰和战斗机弹射舰，后者能够发射但无法回收飞机。

作为战斗机弹射舰的护卫舰更广为人知。皇家海军曾经拥有四艘此类舰船，但是两艘都被击沉，其中一艘被潜艇击沉，另一艘被鱼雷机击沉。余下的两艘中，一艘搭载有一架"飓风"式战斗机（Hurricane），另外一艘搭载有两架。一同搭乘该舰的三名飞行员在飞机上轮流值守，且舰上最先进的雷达数据功能（RDF雷达）随时可用。由于所执行的任务，这些舰船并不运送货物，而是在德军FW200远程轰炸机的作战半径之内为驶离英国的护航船队提供掩护，并在返航时为返回英国的护航船队提供同类支援，由于这些舰船始终处于危险区域，战斗机必须时刻保持警惕，因此需要三名飞行员轮流值守……

到目前为止，这些舰船共经历十一次遭遇战，击落三架敌机，其余的飞机则通过云层逃脱，躲过一劫。这样看来，这些跟随着护航编队的舰船确实给FW200轰炸机带来了不少麻烦，它们的活动（至少在西部海域）应该会有所放缓……

这些舰船未来的建造工作在某种程度上取决于美国改造航母的交付时间。然而，预计还会在未来的战斗机弹射舰上放置两个弹射器和四架战斗机。

弹射器商船与战斗机弹射舰（CAM）的不同之处在于，它们大多是货船，悬挂红色旗帜（英国商船旗），搭载一架"飓风"式战斗机和一名飞行员，表面上隶属于英国皇家空军（RAF）。迄今为止，它们没有任何战绩。

据悉，目前共有32艘类似的舰船处于服役状态，而且由于无法负担如此多的飞机和飞

第 8 章 用于战时生产的低成本航母

▲ 卡德号（Card）护航航母是美国 C-3 型货船的经典改装案例。1943 年 3 月 26 日，这艘航母由诺福克海军船厂（Norfolk Navy Yard）刚刚建造完成。尽管卡德号被当作大西洋上的反潜航母使用，但在拍摄这组照片时，它还没有配备必要的高频测向器。不同于长岛号，它拥有一个几乎占有船体全长的机库甲板。甲板的舷弧给飞机的操控带来了困难，这一点可以从甲板两侧建造的走廊看出。将汽油管道置于船体之外可以减少火灾的风险。空中搜索雷达为 SC 雷达。

▲ 这张于1943年5月20日在华盛顿州修复点角拍摄的照片展现了C-3型货船改装式航母的舷窗典型外观。与舰队航母相比，护航航母和轻型航母有着完全封闭的机库。早期的C-3型货船改装式航母在建造完成时，拥有8门双联40毫米口径舰炮：6门在飞行甲板的旁侧（4门在前甲板，2门在后甲板），2门在最尾端，同时在机库后方装有一对5英寸口径舰炮。

▲ 在这张于1943年7月14日在马雷岛拍摄的照片中，科伯希号（Copahee）为一条外部航空汽油管道给予了特殊的保护："拉链"由一排结构支撑组成。小型左舷上升烟道的位置在图中可以通过它的烟流找到。

行员离开作战区域，预计将来也不会再建造更多的舰船。英国皇家空军（而不是海军）为其提供飞机和飞行员。仅配备一名飞行员的原因在于，一旦护航舰队离开危险区域，飞行员将在余下的航程中无法正常操纵飞机……通常一支护航舰队中会有两艘这样的弹射舰。当飞机第一次被放置在弹射飞机商船上时，飞机的存在是一个巨大的机密，只有搭载飞机的那艘舰船才知道它的存在。因此，当飞机第一次被发射时，火箭弹产生了大量烟雾和火焰，以至于护航舰队的其他船只误认为是敌机投下的炸弹并迅速开火，所幸没有造成任何损伤。不过，之后的护航舰队都会被告知一架友军飞机的存在。

到目前为止，包括弹射飞机商船在内的护航舰队58次通过危险区域，并未受到任何一架敌机的干扰。弹射飞机商船的主要用途在于货物运输，因此飞机运输是次要目的。考虑到该船及其所有必要装备，安装弹射器大约需要14天的时间。

帝国大胆号共搭载六架"岩燕I"战斗机。最初的设想是搭载四架战斗机和两架"剑鱼"轰炸机，以抵御空袭和潜艇的袭击。由于缺乏具备良好对空防御能力的船只，出航时的不当应对将会使得船只在返航时丧失防御能力，因此应该给予此类舰船最高的战斗机津贴。这一制度是否会在未来继续生效仍有待商榷。到目前为止，共有一架敌机被摧毁，舰船暂时没有任何损失。

这些使用柴油动力的运输船的表现则有些差强人意。例如，1941年9月，长岛号指挥官曾抱怨说，他能达到的最高航速只有16.5海里/小时，而理想的航速是21海里/小时。由于重达1.87万吨的C-3型商船的速度被设计为可达到17.5海里/小时，而长岛号的重量仅为1.3万吨，最高时速约为18海里/小时，因此海军舰船局对此表示怀疑。而如果要达到21海里/小时的时速，则需要安装一个更大的动力系统（25 000轴马力）英国人后来评论说，他们的护航航母所使用的柴油机给他们带来了麻烦，长岛号也发生过多次故障。

更重要的是，到了1941年年中，一项大型护航航母计划开始有了眉目，但是没有足够多正在建造的柴油动力C-3型货船。也就是说，继射手号（Archer）面世后，阳光造船与船坞公司拥有四艘可用的该类型航母，此外，联邦造船与船坞公司正在建造夏威夷托运人号（Hawaiian Shipper）。7月22日，舰船局建议海事委员会放弃后者，鉴于改装设计将会被转而应用于当时正在西雅图-塔科马和英戈尔斯工业公司建造的舰船，这些舰船均为蒸汽轮机驱动，但更重要的是，这意味着该类型的舰船正在被大规模建造。追踪者号（HMS Tracker）（BAVG 6）是由使用蒸汽轮机的C-3型商船船体改装而来，能够保持18.5海里/小时的航速。

生产出来的前四艘BAVG与长岛号的不同之处在于，这些舰船沿着原有商船甲板的舷弧和梁拱增加了机库，这一特征在之后的C-3型货船的改装工作中被证实是非常棘手的问题。驾驶室仍然位于船中部的飞行甲板之下，驾驶室的翼台向两侧延伸。针对BAVG 6的改装计划采纳了英国的建议：飞行甲板变得更宽，驾驶台被设置在船的前方，而不是船中部。此外，由于船体本身是不完整的（当造船厂交付它的时候），船中部并没有商船式甲板室。机库甲板可以在两台大型升降机之间贯穿整个船体，只是在上烟道处受到限制。飞行甲板厚度为10磅，可以承受重达1.4万磅的飞机，而"长岛"号仅能承受重量为1万磅的飞机，船上可以装载9万加仑的航空汽油和7 000加仑的润滑油。一份英国报告强调，更多的横向

美国航母设计 简 史

▲ 在这张于1943年10月17日拍摄的照片中，克罗坦号（Croatan）有着一艘北大西洋护航航母最为显著的标志——舰桥前端的HF/DF桅杆。值得注意的是，桅杆同时还支撑着航母的舰桥结构。舰桥被建造在航母的旁侧，彻底摆脱飞行甲板，因此舰桥在结构上并不是由船体或机库旁侧进行支撑的。

舱壁大大改善了水下保护的能力。

早期经验使得英国人意识到平甲板航母所存在的问题，"英国人发现，如果飞行甲板之上没有船舶控制台（通过控制台可以获得全方位视野），那么任何一种类型的航空母舰都无法令人满意。由于不存在任何一个单一地点允许侦查员不间断地观测周边情况，所以该航母在商船护航舰队中处于危险的位置，很容易受到持续的碰撞和突然的袭击"。

1942年1月，美国拥有三种类型的平甲板改装航母：C-3型货船改装航母、桑加蒙级（Sangamon-class）油轮改装航母和轻型巡洋舰改装航母（CVL）。所有航母都被要求设置一座小型舰岛，"实际上只是一个小型的开放控制台，宽度为6英尺，距飞行甲板的右舷边缘4英尺远"。它包括船长和引航员舱、一间海图室、一座带有较高舷墙的开放舰桥（用于舰船和飞机的控制）以及向两侧延伸4英尺的观测平台。BAVG 3和BAVG 5有着与之类似的结构。这也使得长岛号成为唯一的平甲板航母。

第 8 章 用于战时生产的低成本航母

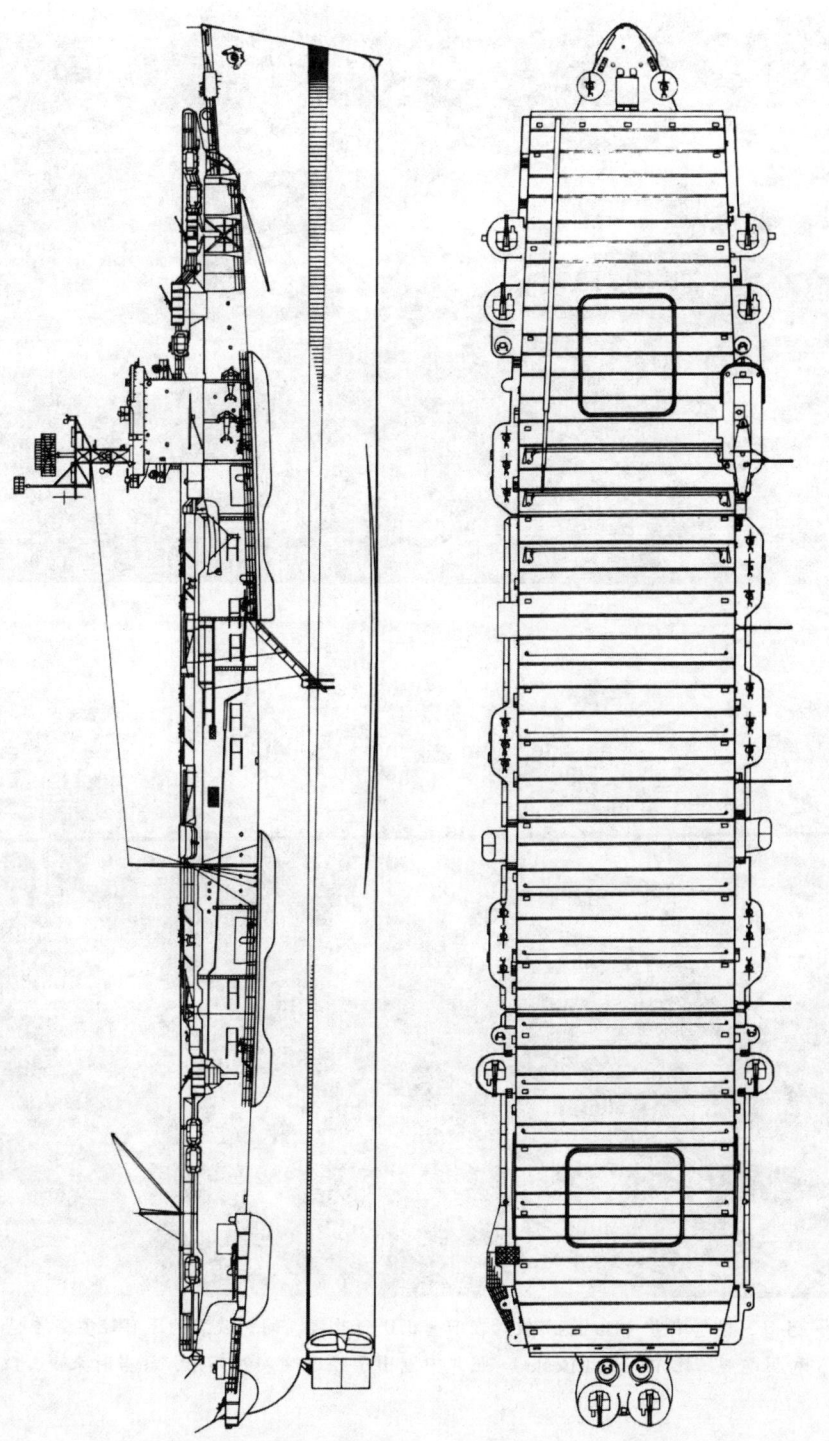

▲ 博格级护航航母克罗坦号（Croatan）(CVE 25)，1943 年 5 月，设有两门 5 英寸 /41 毫米口径、八门双联 40 毫米和 27 门单联 20 毫米炮组。伸向右舷的三个吊杆是飞机的舷外支架。雷达装置为 SG 雷达和 SC-3 雷达。

美国航母设计 简 史

▲ 1944年12月25日，巴恩斯号（Barnes）航母在旧金山进行改装，同时改装的还有轻型巡洋舰"底特律"号（Detriot）和驱逐舰"比尔"号（Beale）。照片中圈出了经过改装的部分，就当时来说，改装的程度相对较低。

第 8 章 用于战时生产的低成本航母

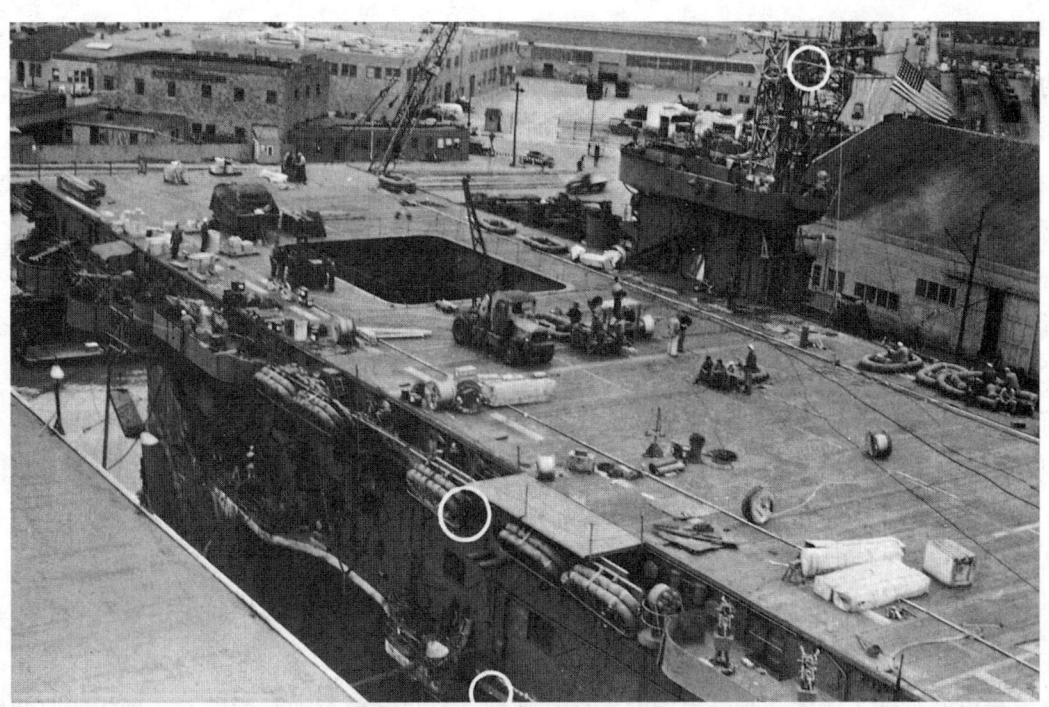

▲ C-3 型货船改装航母阿尔塔马哈号（Altamaha）并不寻常，因为这艘航母的右舷侧后方装有一个上升烟道，正如那些于 1945 年 2 月在旧金山拍摄的改装照片所示。照片中圈出了改装的部分，但变化似乎不大。为了减轻重量，航母上的所有 20 毫米舰炮均无任何防护措施；最终的 20 毫米舰炮重量节约计划（用双炮塔替代单炮塔）还未得到实施。

　　基于1942和1943财政年度的战争计划，追踪者号成为另外44艘C-3型货船改装航母的原型。1941年12月11日，辅助舰船委员会依据英国和美国的需求下令增购24艘AVG。第二年通过的战争计划要求在1943财政年度再次增加24艘改装航母。然而，即使是C-3型货船的数量也不是无限的，仅有20艘货船被保留下来用于1942财政年度的改装计划。它们最终被改装为CVE 6-25（最初为AVG 6-25）。其中一半的改装航母被提供给英国皇家海军；它可以同时对付战斗机和鱼雷轰炸机。针对1943年的24艘货船改装计划，C-3型货船改装式航母被采纳。"桑加蒙"级油轮改装航母显然是更好的选择，但在当时几乎已经没有足够的油轮来执行常规的油轮任务。海军舰船局试图通过增加额外的纵向舱壁来提升航母的速度和损管性能。CVE 6的船体在船中部被延伸了35英尺，飞行甲板的长度增加至447英尺；据估计，仅仅通过加长船体就可以提升0.6海里/小时的速度。1942年的夏秋两季，改装工作从未间断，但逐渐明确的一点是，在一项紧急计划中，任何调整都会使塔科马船厂的改装工作被推迟数月。

　　无论如何，在1943财政年份所要求的舰船之中，有2艘~3艘舰船无法被改装，但是在1944财政年份的计划出台之前，应该不会涌现新的设计方案。由于"桑加蒙"级油轮改装航母已经被纳入考虑，所以美国海军作战部副部长决定放弃加长版的C-3型货船改装航母；1942年10月24日，他提出下一批24艘护航航母的设计将会与"桑加蒙"级油轮的设计相似；所有1943财年的舰船（CVE 31-54）均按照最初的设计建造完成。唯一的其他适用于改装的船体是4艘"西马隆"级（Cimarron-class）舰队油轮，最终被改装为"桑加蒙"级AVG 26-29（AVG 30被重新编为"军马"号，最初为英国的BAVG 4）。它们的体积比C-3型货船更大，可以携带用于护航船队的燃料。此外，它们的原始设计还包括防护功能。然而，油轮的数量相对稀缺，对12艘已建造舰船中的4艘进行改装是一个微妙的决定，也不会在1943财年的计划中再次出现。因此，1943财年的计划涉及24艘C-3型货轮船体（AVG 31-54）。仅有一艘名为威廉王子号（Prince William AVG 31）的航母被保留下来，在美国服役。相比于改进版的C-3型货轮改装航母的设计，"桑加蒙"级油轮改装航母的优势非常明显，以至于它们最终构成了美国根据1944财年计划所建造的最后一批护航航母（"科芒斯曼特湾"级）的基础。

　　也许之前的C-3型货轮改装航母的最大缺陷在于原有商船机库甲板的梁拱和舷弧，导致恶劣天气下的飞机操作变得非常困难，甚至是无法实现；必须安装绞盘和缆绳才可以移动飞机。此外，仓促的改装设计还反映在之后的升降机安装上，过长的横向尺寸使得大型飞机几乎无法被操控。另一方面，根据与1943年8月制订的下一个护航航母设计的官方对比：

C-3 型货船级航母作为护航航母已经运行了大约 1 年的时间。考虑到航速和尺寸的限制，它已经被证明为是一艘非常优秀的护航航母。这艘航母可以在任何速度下被很好地操控，尽管它只有一只螺旋桨，但它在任何情况下的可操作性都非常强。无论是对于军官还是士兵而言，航母上的居住条件都超越平均值。在没有安装空气口的情况下，这艘航母拥有完备的通风设施，即使在热带地区作业，也相当舒适。

舰队油轮的额定航速为 16.5 海里/小时，稍慢于 C-3，而且体积也大得多，飞机甲板的长度为 484 英尺（而不是 442 英尺）。但是，升降机之间的机库甲板却缩短了 20 英尺。它被建造在主甲板之上，因此没有明显的优势。考虑到它们庞大的体积，仅仅 10 万加仑的汽油装载量多少有些令人讶异。不过，这些油轮确实为其他海上舰船的补给需求保留了装备空间，它们可以携带 5 880 吨汽油（相比之下，之前的 C-3 仅能携带 3 290 吨）。

舰队油轮被认为是初代护航航母中最成功的案例，直到 1945 年，它们得到了大幅度的改进；此外，作为末代护航航母的"科芒斯曼特湾"级航母被认为是改良版的"桑加蒙"级航母。"桑加蒙"级航母是拥有最初设想的双轴推进的第一艘航母，尽管它们的发动机集中在单个舱室内，很容易在一次打击中损毁。它们也确实受益于加装压载海水的大型侧翼水箱的保护，以及较大的燃料容量和燃料护送能力。不仅如此，考虑到排水量和固有的稳定性，它们比其他级别的航母更能承受飞机甲板的重量。

海军舰船局的护航航母均配备有 2 座 5 英寸 /51 毫米口径单用途尾炮；英国航母则配备有 4 英寸舰炮。这一选择反映了战时生产的现实情况，而不是关于这种类型的航母不会遭遇空袭的任何理论；1942 年年中，2 门 5 英寸 /38 毫米口径高平两用舰炮替代了原舰炮。此外，早期的改装涉及 4 座四联装 1.1 英寸机关炮，后来被双联 40 毫米舰炮——替换。所有这些航母均配备有 20 门 20 毫米机关炮。然而，1942 年末，C-3 型货船改装航母的 40 毫米炮的数量增加了一倍，而"桑加蒙"级油轮改装航母增加了 9 座双联装 40 毫米舰炮。大约一年后，"桑加蒙"级油轮改装航母的舰炮被设定为 2 座四联装和七座双联装 40 毫米舰炮（四联装舰炮位于扇形船尾处）。1945 年 6 月，作为提高舰队综合对空防御能力的一部分，计划拆除 2 门安装在主甲板上、飞行甲板之下的 5 英寸 /38 口径舰炮，旨在增设位于廊道甲板上的 2 座双联装 40 毫米舰炮，进而将 40 毫米炮数量增至 32 门，全船共计 12 座双联 40 毫米舰炮炮位。此后，美国海军还计划使用 13 座双联装 20 毫米机关炮替代原有的 12 门单装 20 毫米机关炮。

▲ 军马号航母介于长岛号航母和标准 C-3 型货船改装航母之间，事实上，该航母已经被指派给皇家海军。和长岛号一样，它也是柴油驱动，仅拥有一个局部机库（航母的侧边并未安装船板）。船尾和船首分别设有 1 门 5 英寸 /51 口径舰炮和 2 门 3 英寸 /50 口径舰炮。原先的设计是由 6 门 0.50 口径机关枪组成的轻型炮台，取而代之的是 20 毫米的机关炮（如图所示）。直至 1944 年 1 月，拍摄这些照片时，军马号已经装备有更多现代电子设备，包括一个 SC-2 空中搜索雷达和一个 YE 飞机信标。除了两次空运作业（从百慕大至关塔那摩湾）外，军马号在整个战争期间都停泊在切萨皮克湾，被用于飞行员训练。

一台 Mark 57 雷达指挥仪将为 2 座船首、3 座船尾的 40 毫米舰炮提供盲射控制，另一台指挥仪控制着 2 个扇形船尾炮座；还有另外 7 台独立 Mark 51 指挥仪（6 台用于双联装舰炮，另1台应用于四联装舰炮）。

早期的护航航母计划可能终结于CVE 54，但是总统认为需要更多的护航航母，以应对正在发生的反潜战灾难。就像同年代的DE计划一样，该计划在1943年春季的决定性交战后达到高峰。上述两个例子均说明，即使是严格的动员计划，也需要根据迅速变幻的局势进行调整。面对这一情况，总统最终提议订购50艘小型护航航母。

兰德上将（Admiral Land）、罗宾逊上将（Admiral Robinson）和我（来自舰船局的H. S. 霍华德海军少将（Admiral H. S. Howard））被传唤至白宫（1942年6月8日）……总统宣布应立即启用更多的飞机护航战舰。H. J. 凯泽先生为总统介绍了吉布斯和考克斯针对一艘飞机护航战舰所作设计的优点，给总统留下了深刻的印象。这艘飞机护航战舰适合批量生产，配备的发动机可以使其达到约20海里/小时的航速。凯泽先生更告知总统，温哥华船厂和里士满1号、2号船厂的部分船坞很快会被腾出来，用于飞机护航战舰的建造……

对于新增计划而言，建造速度是最重要的需求，为了实现这一需求，这些护卫舰将会由海事委员会建造和检验。换句话说，这将是一个彻头彻尾的海事委员会计划，包括所有材料的供应，比如阻拦装置、弹射器等，如果上述程序存在可能性……吉布斯和考克斯的设计必须经过海军部门的审查，以确保其对于当前航空需求的适用性，鉴于该设计被认为是基于飞机护航战舰（比如长岛号）的早期概念，而这一概念在BAVG的发展进程中已经得到了相当大的改进……

在6月晚些时候的一次会议上，海事委员会的兰德上将解释说：

即将建造的舰船的基本特征是向国外运送飞机；第二个特征是在护送过程中拥有利用飞行甲板将这些飞机送上天的能力。这些舰船只是商船，而不是海军航空母舰，

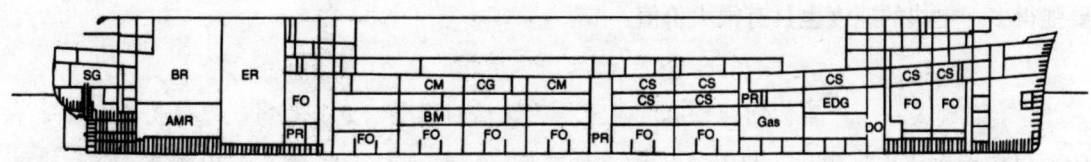

▲ 桑加蒙级油轮纵剖面图。

甚至都不是飞机护航战舰。

在数量方面,凯泽先生显然极度渴望让自己的西海岸船厂参与这项工作,充分利用跨组织竞争的惯用手段。这也意味着建造的舰船数量不会是个小数目……凯泽先生希望建造至少100艘舰船,尽管他对从50艘增至100艘的决定有所疑虑,兰德上将则指出,50艘的数字应该被视为最低标准……计划要求在1943年2月交付第一艘舰船,此后每月交付8艘。

50艘"卡萨布兰卡"级(Casablanca class)护航航母(CVE 55-104)被订购。它们的设计是由海事委员会以带有飞行甲板的小型飞机运输舰的名义制订而成的,虽然就很多实际目的而言,这些设计与其他护航航母设计旗鼓相当,甚至在某些方面有所超越。例如,不同于C-3型商船改装航母,这些航母拥有长达257英尺的平面机库甲板,实际上比C-3型商船或"桑加蒙"级油轮的甲板更长。虽然船体较小,满载排水量只有10 200吨,而C-3型货船改装航母和之前提到的油轮改装航母的排水量分别是13 900吨和23 900吨,这些航母拥有比C-3型货船改装航母更长的飞行甲板(477英尺),航空保障能力几乎与之相当。此外,卡萨布兰卡级护航航母同时拥有双轴推进和分散式动力系统,2台发动机与2台锅炉分别组成了2套动力系统。小型上烟道的位置(沿着船的两侧被合理地分设)突显了这种布局,相比之下,之前的C-3型货船改装航母虽然也设有一对上烟道,但是它们被安装在相同的位置(沿着船长直至飞行甲板的一侧)。"桑加蒙"级油轮改装航母拥有4个上烟道,它们被紧密地排列在船尾两侧,考虑到油轮的发动机装置,这种情况是可以被预料的。

和DE一样,"卡萨布兰卡"级护航航母同样彰显了庞大的国家造船计划对其机械装置的影响:不仅汽轮机供应不足,就连柴油机也很难获得。因此,海事委员会选择使用当时已在生产的往复式蒸汽机(五缸单流式)。

船体结构以P1型快速运输舰[老前辈级(Doyen class)]为基础:一个较长的中部船体,安装了长度可接受的飞行甲板,航速可达20海里/小时。船尾变小,艉轴被安装在船的内侧,艉鳍则被加长;水面之上设有一个方艉。与C-3相比,它们的速度更快,机动性要强得多。更快的速度也具有很大价值。

低速是一个严重的问题,有时甚至是关键性的阻碍,尤其是当航母行驶在南太平洋海域或赤道无风带时。TBF复仇者式鱼雷轰炸机起飞的必要条件是30海里/小时的甲板相对风速(无论是通过自主起飞还是通过已安装的原型弹射器弹射起飞)。许多情况

第 8 章 用于战时生产的低成本航母

▲ 这张于 1943 年 10 月 12 日拍摄的照片显示"桑提"号（Santee）作为该船级中唯一一艘用于北大西洋反潜战的航母所特有的 HF/DF 桅杆。旁侧的开口将原油轮主甲板和建于上方的机库平甲板分开，机库本身则被完全地嵌入其中（与 C-3 型货船改装航母的结构相似）。

下，由于达不到要求的相对风速，鱼雷轰炸机也无法作战。现代高速飞机以 22 海里/小时或 23 海里/小时的风速在甲板上着舰需要冒很大的风险，进而会导致飞机在着舰过程中的大量损失。

……这两类护航航母之间 2 海里/小时—2½ 海里/小时的航速差别在飞机作战中发挥着至关重要的作用。假设航母的航速为 20 海里/小时，即使是在南太平洋时常遇到的微风条件下作业，甲板上的相对风速几乎都可以达到 25 海里/小时或 26 海里/小时。相对风速的增加和凯泽版护航航母的较长飞行甲板允许飞机在仅有微风的情况下正常作战。这是 C-3 型货船改装航母所无法比拟的。

安装弹片挡板的防护范围仅限于舰岛、炮位、准备室、安装间、空中管制站，以及机库内的鱼雷舱；弹药库并没有水下保护。此外，人员的集中使得一次灾难性打击造成极严重伤亡的可能性变大，正如实际发生在利斯康姆湾号（Liscombe Bay）航母的情况一样。"卡萨布兰卡"级航母的船体太小，无法在炸弹存储库外侧安装防破片舱壁，而英国海军复仇者号（HMS Avenger）航母被一枚鱼雷击沉之后，C-3 型商船改装航母都安装了此类舱壁。不仅如此，C-3 型商船改装航母可以被认为具有更强的生存能力，因为它们的设计通常更加保守。虽然英国海军代表团的多林中将（Vice Admiral J.W.S. Dorling）在 1943 年 1 月写信向海事委员会的维克里上将（Admiral H. L. Vickery）表达了他对于航母易受鱼雷攻击的担忧，但是航母已经投入生产，现在提出担忧似乎为时已晚。

> 我知道现在开始讨论设计中的修改有些晚了……
>
> 但是,一想到按照目前的设计将这些航母派遣到海上,我就感到非常沮丧,特别是想到我们最近的经历:一艘辅助航母在其炸弹室附近的区域遭到一枚鱼雷的攻击后与全体船员一同沉没了。
>
> 这些辅助航母是如此的宝贵,它们配备有宝贵的设备,最重要的是,它们还配备训练有素的人员,因此,如果有可能的话,我认为我们完全有理由进行任何合理的改进,使得它们在受损时仍然能够保持漂浮。

早在2月5日,海军舰船局就要求海事委员会加强弹药库防护措施,使其免受鱼雷攻击时产生的碎片伤害,这一改进被应用于之后其他的CVE(护航航母,在弹药库外侧增设装满水的翼形隔舱)。最后,事实证明有必要将炸弹装载限定在中线舱室内,将舷外舱改装为燃油舱作为保护。多余的弹药舱将被最大限度地用于通用装载,但即便如此,最初为弹药装载设置的3个船舱中的2个不得不被放弃。所以说,改进涉及大幅度的简化。当然也有一些增补。随着炸弹重量的增加,单位重量所占空间较小,从而取代了数量更多的小型武器。新设小型弹药库的横向舱壁(而非纵向舱壁)受到额外40磅厚度的特殊处理钢板的保护。

英国人对于护航航母易损性的看法比美国海军的看法更为极端,部分原因或许是因为一枚鱼雷在短短几分钟内便击沉了一艘全新的复仇者号航母;因此,英国海军部采用了自

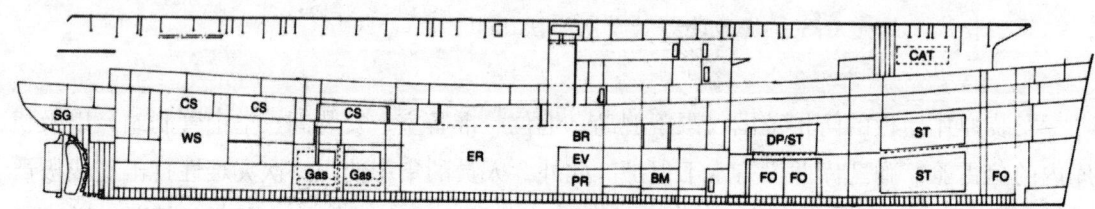

▲ 军马号(C-3型货船改装航母)纵剖面图。

▲ 卡萨布兰卡号纵剖面图。

身的改进方案。为了增加护航航母的稳定性,新的航母增加了大约 1 000—1 300 吨的压载物,而浮筒则被安装在翼形深舱的压载物上,从而有助于在遭受鱼雷攻击后减小舰体的倾斜程度;海军部还发明了弹药库翼形隔舱系统,使得武器始终保持在距离船侧(大于)10—15 英尺的位置。为了降低易损性,航空汽油的装载量减少至原来的四分之一左右;在 C-3 型商船的蒸汽轮机改装过程中,航空汽油被装入一个油箱,其他的油箱则装满了海水。后来标准英国舰队航母系统又安装了独立圆柱形油箱。1944 年 8 月 22 日,纳博布号(HMS Nabob)航母(CVE 31 级)在北极被鱼雷击中,被拖回斯卡帕湾后幸存了下来。英国建造商声称,一艘未经改装的(也就是美国的)护航航母不会在这次的袭击事件中幸存下来,因为这次袭击造成了船尾的严重倾斜。

最后一批护航航母,即 1944 财年的"科芒斯曼特湾"级 CVE,与最后一批"塞班"级 CVL 一样,两者均体现了在早期战争紧急状态下的紧缩性和低于

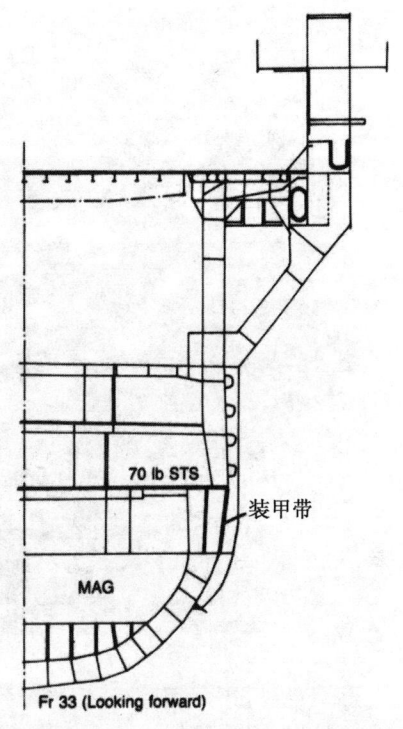

▲ 考本斯号(Cowpens)的横截面。注意图片中的附加外壳。

舰队单位水平航母的显著效用之间的妥协。相比之下,最初的轻型舰队航母(CVL)在本质上类似于第一批护航航母,只是它们解决了一个不太相同的问题。

总统的 CVL 计划着眼于已经投入生产的巡洋舰的改装,以弥补经批准的大型舰队航母(埃塞克斯级)的预期建造周期的延迟。例如,它们之中的第一艘航母(继 1941 年黄蜂号之后的第一艘新航母)直到 1944 年才得以完工。总统于 1941 年 8 月提议对已订购的大量航母的一部分进行改造,但考虑到建造这样一艘符合和平时期标准的航母所需的时间,他的想法在一开始就遭到了否决。事实上,这些航母直到 1942 年 1 月才被下令进行改装,而当时的情况要更为严峻。因此,在施工进度大幅度加快的埃塞克斯号于 1942 年 12 月服役,至第二艘该级航母于 1943 年 4 月 15 日服役之间的一段时期内,首批 3 艘 CVL 加入现役,另有 6 艘改进型于 1943 年服役。如果有人认为一艘 CVL 的载机数量被认为不及一艘舰队航母舰载机大队规模的一半,尽管事故率要高得多,那么在 1943 年 9 艘 CVL 基本相当于 4 艘以上的舰队航母,这已经是一个相当大的成就了。

▲ 卡萨布兰卡级（Casablancas）或"凯泽"（Kaiser）航母构成了战时护航航母军团的主体；作为该类型航母代表的特里波利号（Tripoli）航母（CVE 64，第一幅图）和威克岛号（Wake Island）航母（CVE 65，第二幅图和下页第一幅图）分别拍摄于1944年5月24日和1944年11月9日。注意HF/DF桅杆（用于北大西洋反潜战）和齐平的机库甲板，这一点可以由直线的舷外侧体得知。突出的机库甲板侧体主要被用于海上的燃料供应，护航航母为驱逐舰和驱逐舰护卫舰装载了大量的货油。

第 8 章　用于战时生产的低成本航母

　　1941 年，初步设计局可以回顾巡洋舰级航母的设计历史——以 1930 年建造的一艘飞行甲板巡洋舰为开端，配备有一块 300 英尺的飞行甲板和 9 门 6 英寸的舰炮。1943 年，一艘配备有 12 门舰炮的飞行甲板巡洋舰被建造完成，这艘巡洋舰的船中部尺寸为 200 英尺 × 65 英尺。实际上，海军事务委员会在 1939 年 10 月接受了这一设想，再次要求建造一块位于中部的飞行甲板（而不是位于船尾的飞行甲板），同年 11 月，建造和修理局（C&R）和工程局（BuEng）重新回归到根据 1930 年设计拟建的 10 000～12 000 吨重的轻型航母上。建造修理局和工程局提出安装 8 座双联装 5 英寸 /54 口径舰炮（该武器已经取代了美国先进防空计划中流产的 5.4 英寸舰炮），用以取代海军事务委员会所提议的由 3 座三联装 6 英寸和四门 5.4 英寸舰炮，或 3 座双联装 6 英寸和 3 座双联装 5.4 英寸舰炮。还有更大的飞行甲板巡洋舰的项目。在 1939 年 12 月的设计草图中，巡洋舰拥有 2 个甲板弹射器（一个位于舰岛的正横方向，另一个位于船尾）、1 台升降机（12 000 吨标准排水量）、3 门 8 英寸 /55 口径（1 个炮塔）、3 座双联装和 2 座单装 5 英寸 /38 毫米口径舰炮，以及 1 块 420 英尺 ×71.5 英尺的飞行甲板。次年 1 月提出的另一个方案要求建造一艘带有一块更小甲板（390 英尺 × 65 英尺）和一个弹射器的航母，配备的舰炮更换为 2 座三联装 6 英寸 /47 口径舰炮和 2 座双联 5 英寸 /38 口径舰炮，以及 4 座四联 1.1 英寸的机关炮，航母的侧面装甲变薄，满载排水量共计 12 200 吨。此外还有 1938 年建造的排水量为 10 000 吨的航母以及 1940 年 7 月向海军事务委员会展示的排水量 15 000 吨的航母（CVX），后者拥有 2 台弹射器（位于船首）和 1 块 179 英尺 ×84 英尺的飞行甲板，水线长为 670 英尺，航速为 32 海里 / 小时（120 000 轴马力），同

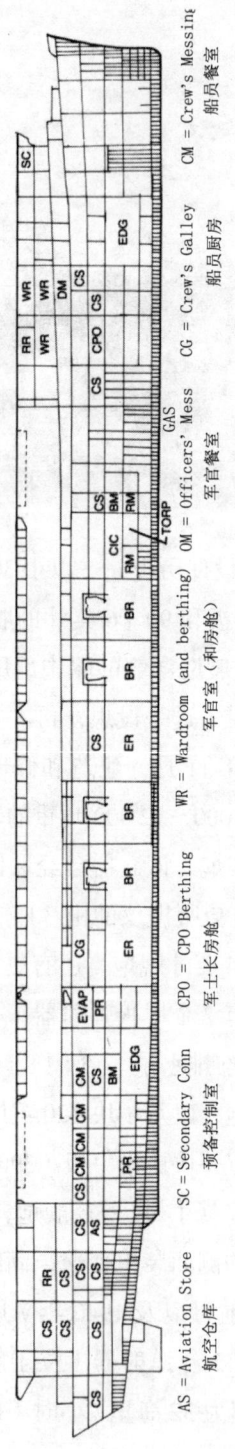

▲ 考本斯号（Cowpens）航母（独立级）纵剖面图。

▲ 塞班岛号（Saipans）航母纵剖面图。

AS = Aviation Store　　SC = Secondary Conn　　WR = Wardroom (and berthing)　　OM = Officers' Mess　　CG = Crew's Galley　　CM = Crew's Messing
航空仓库　　　　　　预备控制室　　　　　　军官室（和房舱）　　　　　　　军官餐室　　　　　船员厨房　　　　　　船员餐室

CPO = CPO Berthing
军士长房舱

AE = Aviation Electronics Workshop

SG = Steering Gear

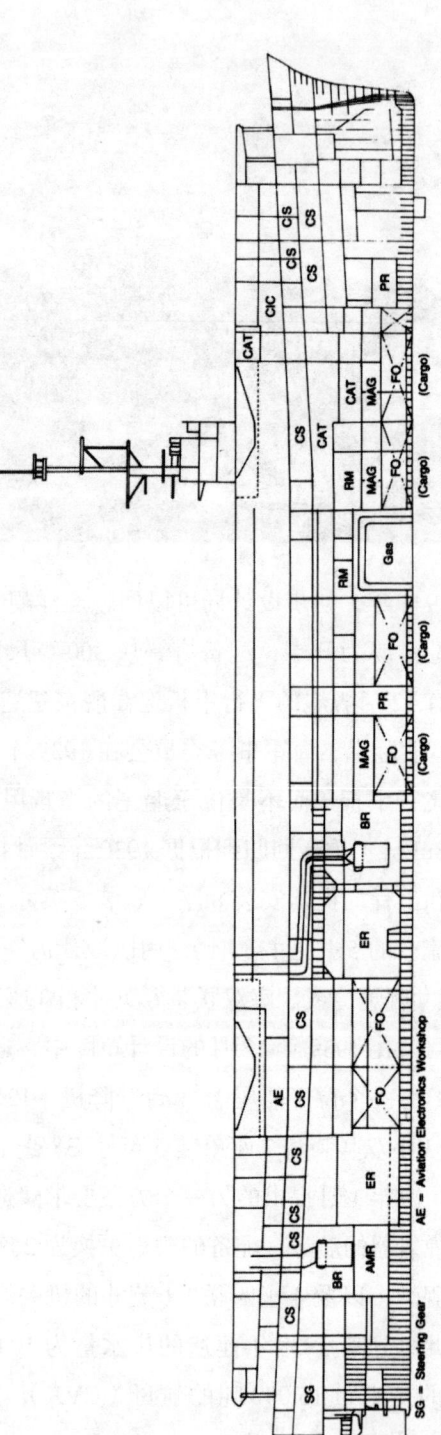

▲ 帕劳号（Palau）航母（科芒斯曼特湾级）纵剖面图，1955年，反潜战配置。请注意意图片中在一个100英寸圆顶中的QGA舰壳式声呐装置以及锅炉房后的独特结构。

时配备有8门单装5英寸/38口径舰炮、4座四联1.1英寸机关炮和10门0.50英寸口径机关枪。还计划安装2台升降机（44英尺×48英尺，CVL的升降机为41英尺×43英尺）。

起初，尽管总统强调紧缩，但是建造修理局和工程局仍然坚持按照这种传统的思路。以1938年重达10 000吨的航母设计为基础的初步设计被认为是有效的，虽然航母的能力在浪涌的情况下会受到限制。舰船局的霍华德上将希望省去装甲以减轻重量。初步设计局的科克伦（Cochrane）上校则认为，传统的5英寸双用途舰炮大幅占用了飞行甲板面积，以至于航母可能（事实证明也确实如此）不得不依靠自身搭载的飞机或护卫舰来抵御高空轰炸机；从这个意义上说，即使是最初的、较为复杂的设计也已经背离了战前的标准。不过，他仍然希望安装单用途5英寸舰炮，以保护航母免受来自水面的攻击。

与实际采用的设计相比，飞行甲板的尺寸变化不大（计划是500英尺×70英尺，实际上是552英尺×73英尺），机库变得更长（380英尺，而不是升降机之间的258英尺），升降机则变得更小（船首26英尺×34英尺，船尾42英尺×34英尺）。航母将装载比原先多50%的航空汽油。在这个阶段，一个舰载机大队由27架战斗机和9架侦察轰炸机组成——也就是一个攻击力非常有限的"埃塞克斯"级航母战斗机群。而"独立"级航母的舰载机大队包括12架战斗机和18架攻击机（侦察和鱼雷轰炸机）。飞行甲板的结构将效仿护航航母，采用以紧密间隔排列的排架，而不是大型航母所使用的那种开放式机库。舰岛将包含上烟道；舰岛的尺寸将比"埃塞克斯"级航母的小，但仍然占用了较大的飞行甲板面积。

初步设计局否决了上述设计，鉴于它"将扰乱一系列巡洋舰的有序建造，并与目前正在建造的'埃塞克斯'级大型航母相比，只能生产出造价昂贵、效力有限（即使有，也不高）的小型航母"。

舰船局认为，该设计"在航空方面存在很多不足，这些因素相互作用可能严重损害这些船只的用途……飞行作业将会变得既危险又艰难"。例如，舰岛严重侵犯了降落和起飞的区域。"由于增加了装甲、防漏油箱和其他军用必需品，起飞跑道被不断延长……跑道的长度超过350英尺或许是常有的事情。但是，舰载机需要从舰岛后方起飞，而舰岛所在的甲板的宽度已经受到了限制"。

小型前部升降机只能容纳折叠机翼的战斗机（F4F-4，F4U-1）和侦察机。飞机作业期间，所有物品不得不被堆放在甲板上，从而将舰载机大队的规模限制在大约18架F4F-3和6架SBD-2。不过，使用折叠翼战斗机或可以在一定程度上对上述限制有所克服。原先的主甲板（现在是机库甲板）的舷弧会对飞机的前后移动造成严重的影响，就像在C-3型商船改装航母上所（CVE）发生的一样。此外，由于上烟道的原因，本已狭窄的机库还会被严

格地限制在船中部。飞行甲板上采用的同样狭窄的梁拱可能会在船尾的进近区和着舰区造成过度的颠簸。

10月13日，委员会拒绝了总统的建议，这并不令人感到意外。除了上述提到的所有不利因素外，委员会补充称："这艘船太小了，无法成为一艘有效的航母，除非在最有利的海况下，否则很难保证其飞机能够发挥良好的作战效能。"船体结构的可用空间是如此有限，以至于无法保证航母的必要功能得到令人满意的安排，比如飞机和炸弹升降机、油箱和管道、炸弹库等。即使省去了许多顶部重量，这艘船仍然需要大约400吨的固定压载物。

总统不希望计划被拖延。在10月25日的备忘录中，他要求海军作战部长制订一个新的巡洋舰改装研究计划，因为他"并不认为这样一艘航母的改装（若有的话）只可能比目前正在建造的'埃塞克斯'级大型航母的完成时间稍早一些竣工。你所要做的就是看一看后者的预期服役日期"。

也许他的想法来源于他最近参与的CVE计划的经历。委员会坚持认为初步设计部门制作的航母草图太过复杂，并指出针对一艘部分完工的巡洋舰，设计和新材料交付的提前期意味着"即使是在最有利的改装条件下，对于高度优先的整个项目的指派任务也仅能保证改装航母在第一艘'埃塞克斯'级航母建造完成之前的3个月左右得以交付"。

不过，还有一项免责条款。舰船局的说法是：

> 改装时间也受改装设计的影响。舰船局制订其初步计划的目的是为了追求最大的

▲ 这张于1944年9月拍摄的完工照展示了新的"凯泽"航母荷兰地亚号（Hollandia）的典型布局。所有8门双联博福斯高射炮被安设在飞行甲板的四周，由于机库甲板的后方没有足够的空间容纳其中任何1门；"凯泽"航母是美国现役护航航母中唯一一艘（船尾）仅拥有1门单联5英寸舰炮的航母。

第 8 章 用于战时生产的低成本航母

▲ 这张于 1945 年 11 月 1 日拍摄的照片展示了对萨拉马瓦号（Salamaua）卡萨布兰卡级护卫舰所进行的标准改进。这艘航母刚刚带着军队从海外返回美国，之后将不再作为航母服役，但即便如此，它仍然配备有用于战斗机控制的 SP 测高雷达。请注意照片中的单联飞行甲板弹射器。

飞机容量和最接近（就航空性能而言）航母标准的方法……舰船局并不认为较低的能力或标准是可以被接受的，鉴于这些舰船的成本和军用价值（当它们被作为改装巡洋舰使用时）都应该得到转化。不过，如果同意接受更小的飞行甲板、更少的飞机容量以及在其他方面更低的空中作战效率 [有点类似于改装后的 AVG（CVE）] 那么所谓的改装当然会快得多。

这恰恰也是总统的观点；值得注意的是，为了增加稳定性以承受额外的顶部重量，巡洋舰的附加外壳使其性能得到了更好的实现。1942 年 1 月 2 日，海军作战部长斯塔克上将（Admiral Stark）写信给舰船局的罗宾逊上将，向他确认改装其中一艘轻型巡洋舰的指示，同时表达了总统的喜悦之情；他预见到一系列这样的改装计划，并希望"在这件事上创造

241

记录"。

虽然舰船局于1月3日按照早期计划开始了改装工作,但很快就改用了以同时代"桑加蒙"级航母(CVE)为基础的设计(带有相同的飞行甲板)。在巡洋舰的主甲板作为强力甲板的情况下,为了避免甲板上的升降机开口,设计师在主甲板之上4英尺的高度增加了一个新的平面机库甲板,仅在升降机之间延伸。改装航母的机库高达17英尺4英寸,可以与舰队航母的机库高度相匹敌,一部分原因是因为飞行甲板的纵桁在3英尺处比较浅。反过来的情况是可能的,因为对于新的轻型航母来说,没有必要将备用飞机吊挂在机库的上方(就像在舰队航母上一样)。位于船首末端的飞行甲板的长度被缩短至60英尺,目的是避免对舰体线型进行调整并由此增大相对较窄的巡洋舰舰体外倾角。由于重量和空间的限制,新航母只能使用早期的H2弹射器,而不是大型舰队航母的H4弹射器。即便如此,仍有2艘护航航母安装了H4弹射器。

重达135吨的附加外壳解决了原始巡洋舰改装设计中始终存在的稳定性问题,新航母为此设置了400吨的压载物。与未改装的巡洋舰相比,燃料的装载量实际上却增加了,因为附加外壳(被填入水线时)为航母增加了635吨的重量,无须以牺牲225吨的航空汽油装载量作为代价。

设计师们从一开始就希望完全避开任何的舰岛上层建筑。正如在20世纪20年代平甲板航母的研究设计中,气体的处理被认为是非常困难的,所以首先采用位于飞行甲板之下较长的水平上烟道,从锅炉舱悬垂至飞行甲板的后端。然而,尽管舰桥最初被设置在飞行甲板前端的下方[和"突击者"号(Ranger)航母的最初设计一样],但依然存在困难:新航母需要一个雷达桅杆,以及一台起重机(至少14 000磅的起重能力),用于将飞机从水面或码头吊运至飞行甲板。设计师最初认为他们可以将其与雷达桅杆相结合,后者作为一个主桅杆,可以被安设在飞行甲板的附近。事实上,当航母建造完成时,所有CVL的主要飞机起重机都被安装在航母型舰岛的前端。埃塞克斯级航母也安装了1台类似的起重机,但是它被安装在机库甲板上,用于将飞机吊运至机库旁的大型开口处。然而,在新的设计中,机库基本上是封闭的(与护航航母相似)。根据特征,机库"为了昏暗的船只而关闭;两端、左舷和右舷附近设有带着幕帘的开口……允许预热飞机引擎……"毕竟,对大型船只而言,完全开放的机库最初主要是为了横倾式弹射器的安装提供空间,而在埃塞克斯级航母上,是为了适应甲板边缘的升降机;轻型航母则都不需要。

和护航航母的情况相似,小型舰岛结构在1942年1月获得批准,上烟道的布置改为从(舰岛后方)船体右舷处伸出的4个简易烟道。在输出功率达到10万轴马力的航母能够成功使用几乎完全齐平甲板结构的情况下，使得建造修理局（C&R）对于平甲板概念的排斥引发人们的质疑，因为这一概念在战前深受飞行员的喜爱。同样的情况也发生在同时代的一些日本航母设计上，值得注意的是，无论是在建造修理局还是在海军事务委员会，这些设计并没有出现在关于美国航母设计的战前讨论中。确实，日本人在后来的航母舰岛结构中采用了传统的上烟道，主要是为了实现对它们的集中保护；除此之外，他们似乎对沿着飞行甲板向下转弯的固定上烟道已经比较满意。这种设置和CVE标准的一个重要区别在于，在一对后上烟道前端的短桅上提供了第二套空中搜索雷达，所有的舰队航母都被要求拥有2套这样的设备，以防其中1套设备在战斗中失效。CVL的2个主要雷达之间的较宽间隔分布似乎是为了使雷达的性能优于重型舰队航母所呈现的性能。当战斗机控制雷达被指定用于舰队航母时，CVL不得不放弃位于舰岛的第二套（SC-2）空中搜索雷达，转而安装一个SP测高仪。独立级航母在1944年的战损修复中接受了上述修改，随后的同级别航母也都如此，不过"普林斯顿"号

▲ 轻型巡洋舰的独立级航母改装在概念上与护卫舰相当，尽管它们是为舰队作战而设计的。这艘于1943年3月12日在费城海军造船厂新建成的独立级航母仍然拥有最初的炮组，包括分别位于船首和船尾的一门单联5英寸/38口径的舰炮。不过它们很快就被四联博福斯式高射炮取代，由于拥有全自动AA防空炮台，轻型舰队航母可以说是独一无二的。值得注意的是，延伸至舱门的飞行甲板使得飞机可以围绕着较低的前进式升降机移动。大型飞行甲板起重机是必要的装置，鉴于将飞机从码头或驳船移至封闭的机库甲板是无法实现的。

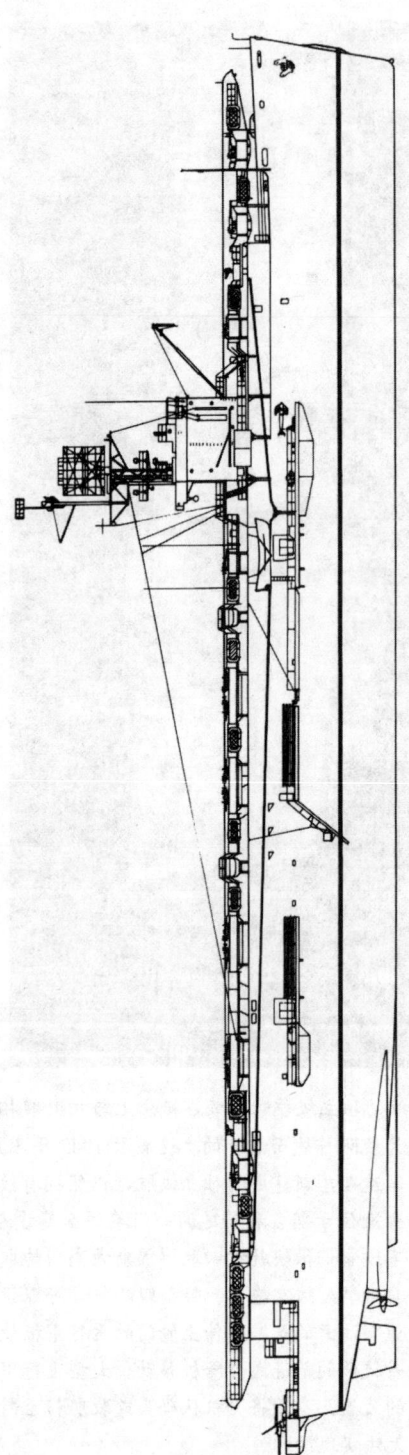
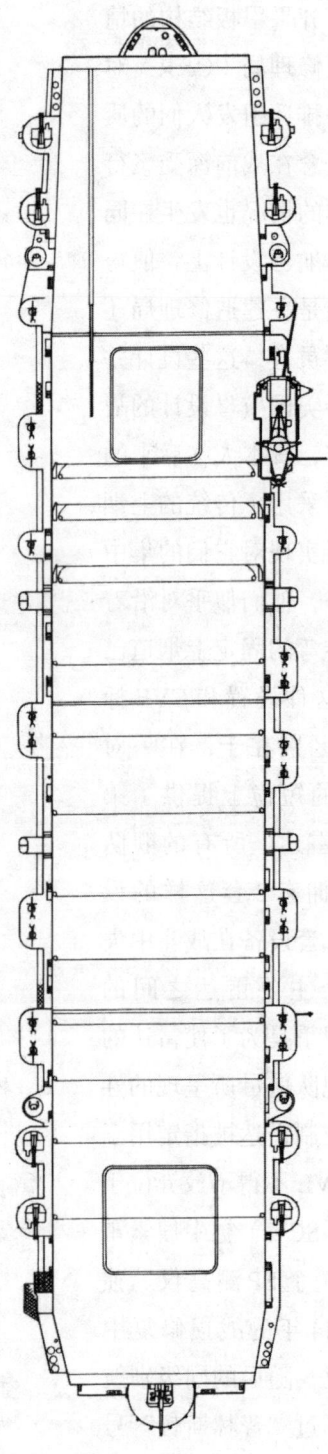

▲ 卡萨布兰卡级护航航母条汉塔湾号（Nehenta Bay）(CVE 74)，1944年1月。这艘航母配备有1门5英寸/38口径、8门双联40毫米口径和20门单联20毫米口径舰炮。

第 8 章 用于战时生产的低成本航母

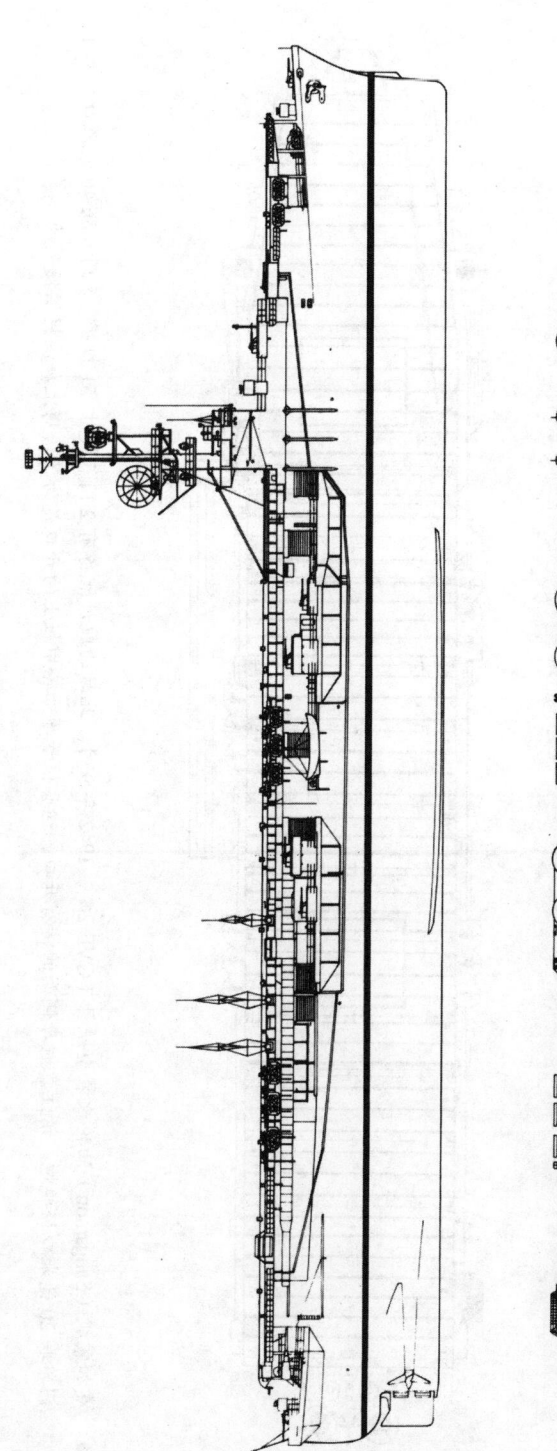
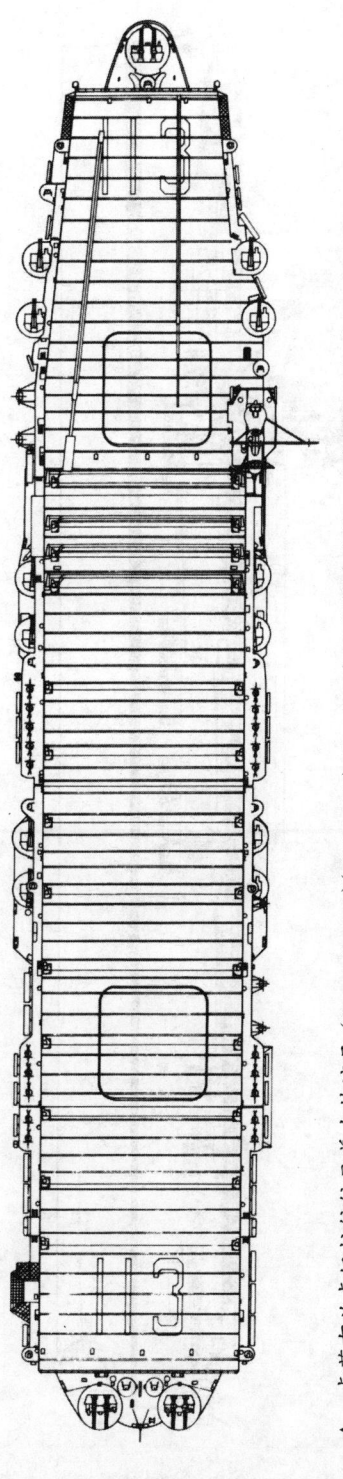

▲ 卡萨布兰卡级护航航母普吉特湾号（Puget Sound）（CVE 113）于 1946 年 1 月新建完成。这艘航母配备有 2 门 5 英寸/38 口径、3 门四联和 12 门双联 40 毫米口径以及 20 门单联 20 毫米口径舰炮。雷达装置为 SK-2、SP 和 SG 雷达。

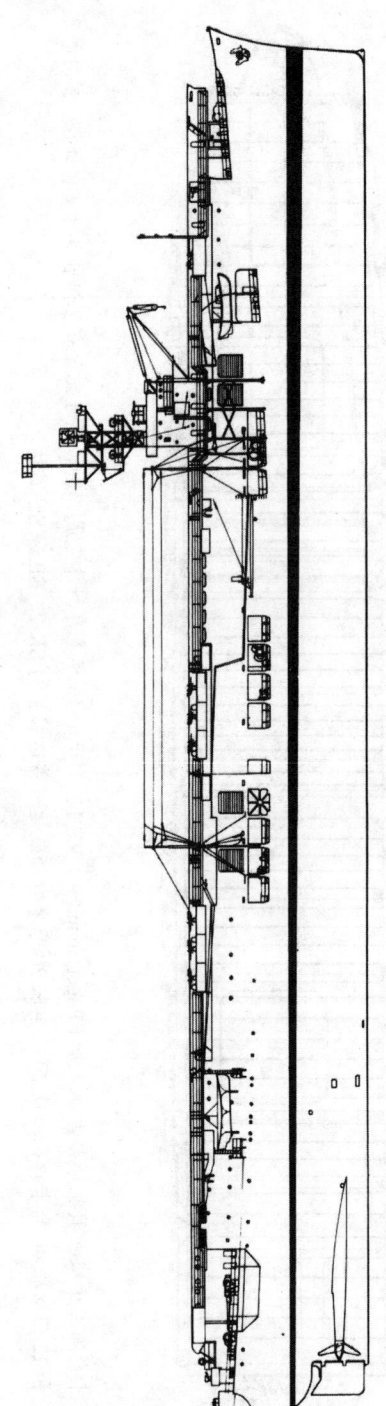 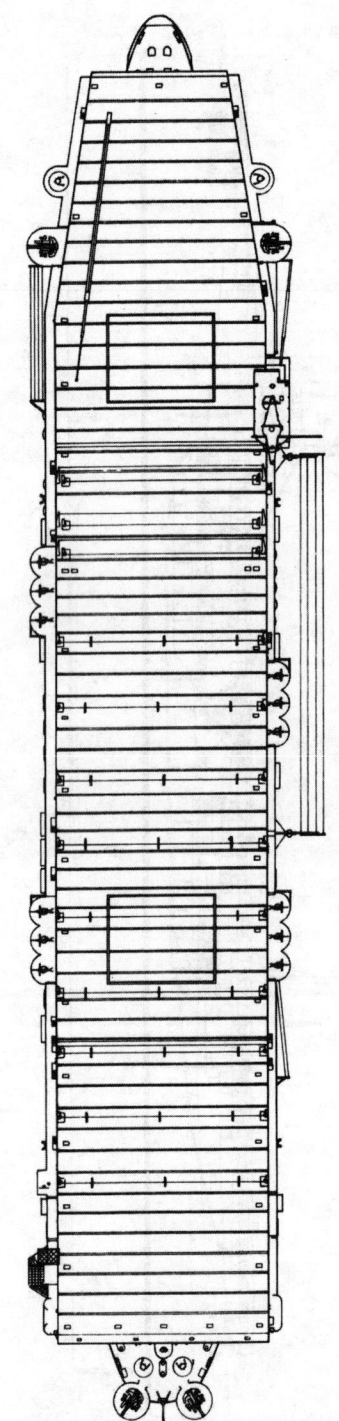

▲ 桑加蒙级（Sangamon）油轮改装型航母（CVE 26），1942年9月。此时的航母配备有2门5英寸/51口径、8门双联40毫米口径和12门单联20毫米口径舰炮。请注意航母侧面的特有开口，这些位于原油轮甲板上的开口是为了给海上加油提供便利的。

第8章 用于战时生产的低成本航母

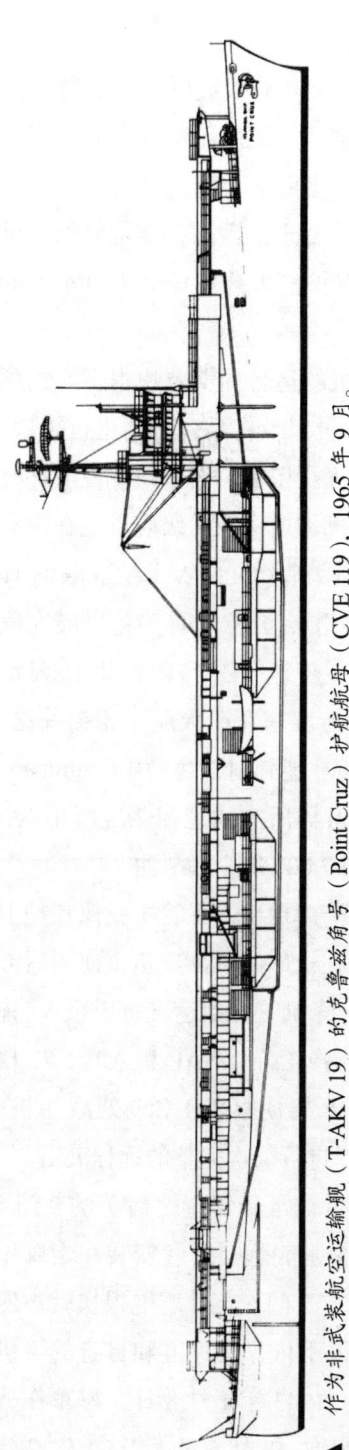

▲ 作为非武装航空运输舰（T-AKV 19）的克鲁兹角号（Point Cruz）护航航母（CVE 119），1965 年 9 月。

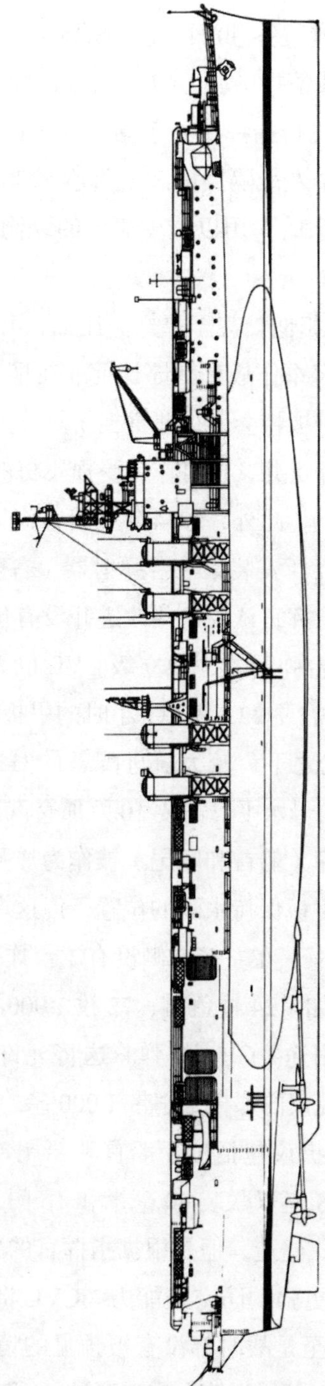

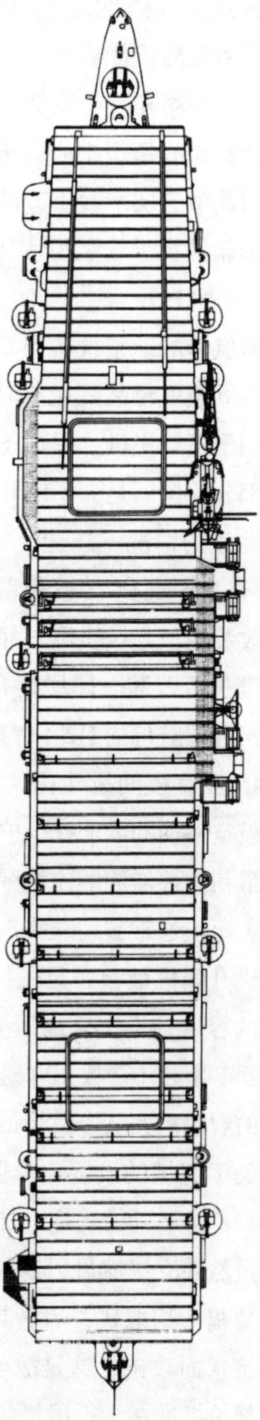

▲ 独立级轻型航母蒙特利号（Monterey）（CLV 26），1952 年 7 月。请注意示意图中较长的左舷弹射器。

（Princeton）在修改之前被已经沉没了。

小型舰岛仅能容纳一个引航员室和海图室，舰岛上方有一座开放式舰桥，用于射击控制、对空观测和飞行控制。作战情报中心（CIC）和雷达控制室位于机库舱壁前方的走廊甲板上，和作战情报中心前方的飞行指挥所处于同一水平面。即使是小型舰岛也需要保持平衡，因此第二层平台下方的4个左舷隔层填满了重达82吨的混凝土。后来，前货舱的8个燃油油箱被批准安装海水压载水管，用以减少船尾的纵倾并保护前弹药库免受来自水面的攻击。

新航母的航空设备与CVE相似，甚至更好。比如，升降机的运转周期要快得多。当第一艘独立级航母装配完成时，海军作战部副部长批准在烟囱部位以及在烟囱之间进行扩展，以便用于停放飞机，否则飞行甲板将会变得非常拥挤。此外，飞行甲板（至舱门）在前部升降机部分的扩展是为了绕开升降机井，也可作为受损飞机的抛掷坡道（独立级航母是在没有上述改进的情况下建造完成的）。此外，1944年3月，海军作战部（OPNAV）批准取消10门20毫米舰炮和18枚鱼雷，以便安装第二台弹射器（右舷前侧），独立号称为第一艘完成上述改装的独立级航母。部分指挥官认为这些改进并没有价值，但该级舰于1944年10月都被批准进行改装。即便拥有2台弹射器，独立级CVL也无法与埃塞克斯级航母相提并论。例如，轻型航母的H2-1弹射器需要22.5海里/小时的甲板风速才能弹射格鲁曼（Grumman）F7F-4N双发夜间战斗机，相比之下，较大航母配备的H4弹射器所需风速仅为4海里/小时。航空汽油的需求处于护航航母水平，需要10万加仑汽油和7 000加仑润滑油。

最初的巡洋舰的主炮弹药库（船首和船尾）被作为炸弹弹药库保留，尽管（就像在护卫舰上）鱼雷通常被装载在与主甲板保持水平的位置，但这次是在机库的后部。鱼雷使用后方的飞机升降机被输送至飞行甲板，在左舷前侧设有1台炸弹升降机（可到达飞行甲板）。弹药库的容量并不大，包括（例如）24枚鱼雷、72枚1 000磅炸弹（分为SAP和AP）、72枚500磅炸弹和162枚100磅全用途（GP）炸弹。这将允许由18架侦察机（和9架战斗机）组成的舰载机大队（就像最初提议的那样）携带1 000磅的炸弹进行4次完整的远程突击。

关于舰炮的设置，早期的提议包括位于船首和船尾（舰桥被重新安置之后）的2门5英寸/38毫米口径舰炮，加上8座双联装40毫米和16门20毫米舰炮，后者安装在走廊甲板。虽然独立级航母以这种形式建造，但是根据指挥官的要求，2门5英寸舰炮很快就被四联装博福斯炮取代，后者具有更强的防空袭能力。CVL将不得不依靠其速度和自身的飞机来对抗水面攻击，这是战前甚至是战时都没有被预见的情况。1943年1月8日，海军作战部副部长批准在飞行甲板的前左舷增设第九座双联装40毫米舰炮。8月6日，当CVL 27建

第 8 章　用于战时生产的低成本航母

▲ 1943 年 6 月问世的全新轻型航母蒙特利号（Monterey）。注意位于两组上升烟道之间、用于支撑主要 SK 空中搜索雷达的短桅杆以及用于支撑上升烟道和舰岛本身的结构。和 CVE 一样，整个舰岛被建造在飞行甲板和船体之外。

▲ 1944 年 1 月 17 日，最后一艘独立级航母圣贾辛托号（San Jacinto）离开费城海军造船厂。4 个突出的舷侧桅杆支撑着无线电天线，飞行作业期间，桅杆将会被折叠并置于舷外，埃塞克斯级航母的无线电桅杆也是如此。注意附加外壳的船体是如何被运送到直边机库的外侧的，船中部有一个狭窄的平甲板区域。一排装着浮网的篮子沿着齐平的机库甲板排列，机库则被建造在巡洋舰船体的原始舷弧之上。

造完成时，海军作战部副部长批准在飞行甲板前端的走廊内增设另外 6 门 20 毫米舰炮，共计 22 门。然而，20 毫米舰炮很快被威力更大的 40 毫米舰炮所取代，1944 年 1 月，有人提议拆除 18 门较轻的武器，改为 7 座双联装 40 毫米舰炮。从顶部重量的角度来看，这是不可能的：1 门双联装博福斯炮比 2 门 20 毫米舰炮重得多，而且舰炮往往被安装在舰船的较高处。不过，有可能在前侧右舷走廊安装第五座双联装 40 毫米舰炮。就独立级航母而言，上述改装与安装第二台弹射器同时开展，但仍有一部分航母使用 9 座双联装博福斯炮和 5 门双联装 20 毫米舰炮结束了战争。

轻型巡洋舰的装甲水平是最低的，除了鱼雷装载舱部分的机库侧面和暴露的控制室设有破片防护措施（15 磅特殊处理钢板，厚度约 0.38 英寸）外，炸弹升降机和弹药起重机分

美国航母设计 简史

▲ 1944年6月的猎人角（Hunters Point），独立号（Independence）展示了本级航母不同寻常的内倾式船体结构。在最初的巡洋舰设计中，增加的水线面积抵消了顶部重量的增加（比如AA防空武器），当然也被应用于建造在巡洋舰船体之上的轻型航母。甲板货物包括前往战斗区域的双引擎巡逻轰炸机。

▲ 1943年7月的马雷岛（Mare Island），独立号（Independence）展示了附加外壳的前端以及机库甲板的前端。最初的CVL设计要求在该区域设置一座舰桥和一间引航员室，后来仅容纳了一个辅助操舵台。

别受到25磅和30磅特殊处理钢板的保护。也就是说，这些舰船抵御舰炮攻击的能力被认为与约克城号（Yorktowns）航母相同。它们既没有特殊的炸弹防护装置（普林斯顿号的沉没证明了这一点），也没有针对水下攻击的保护装置，它们的附加外壳只是用来恢复一定程度的稳定性的，否则顶部重量将会导致船体丧失稳定性。然而，经历1943年的严重损失后，再也没有一艘美国快速航母在船中部（也就是大型船只的受保护空间内）被日本鱼雷击中，因此，就操作性而言，这最后的差距似乎也无足轻重。1943年11月，独立号航母被鱼雷击中船尾，但却幸存下来并在经过一次改装后（1944年6月于旧金山完成）重新开始服役。改装期间，它拥有了第二台弹射器。

在建造过程中，主装甲带的延期交付导致人们对航母建造工作延期的担忧。尤其是将巡洋舰的A级装甲焊接至原船体外的附加外壳框架上，这并非易事。B级装甲是必要的，但在1942年3月，美国海军武器库（BuOrd）只希望从CVL 24以后才开始提供装甲（第一艘船为非硬化装甲，其他船只为硬化装甲）。与其他非装甲船体相比，新增的约360吨的装甲钢重量使得航母的航速降低了1/4海里/小时，此外，附加外壳已经造成了1海里/小时或1.5海里/小时的速度损失；这一额外的损失是可以被接受的。

改装设计是在紧急情况下进行的，大部分的改装工作是在位于新泽西州卡姆登市的纽约造船公司完成的，一位建造商代表甚至出席了1月3日的初步会议。1月10日，舰船局局长批准将阿姆斯特丹号（USS Amsterdam）（CL 59）改装为一艘航母（CV-22）。海军上将金（Admiral King）对改装计划进行了审查，并于2月3日写信给海军部长：

> 这艘船将会成为最有用的航母，而且它的计划拥有足够的潜力，可以确保立即采取针对另外两艘同级航母改装工作的措施。

> 对于10 000吨重的巡洋舰的预计完工日期的审核，这意味着如今选择2艘舰船进行改装的想法是可行的，这2艘舰船大约与阿姆斯特丹号同时完成改装。此外，同类型巡洋舰在建数量的充足可以确保额外的2艘巡洋舰被顺利改装为航母。如果现在作出决定，最理想的结果就是在1942年底左右建造完成3艘小型航母，而不是目前计划的1艘。

CL 61变成了CV-23；CL 76变成了CV-24。之后，CL 77和CL 78分别变成了CV-25和CV-26；4艘还未被作为巡洋舰而开始建造的舰（CL 85、79、99和100）分别被改装为CV-27、CV-28、CV-29、CV-30。

在总统大力发展航母的构想中，轻型巡洋舰并不是唯一一种被考虑改装为航母的舰型。一份舰船局的参考纸样显示了一份1942年1月3日对阿拉斯加级（Alaska-class）巡洋舰改装工作（6艘在建或处于订购中）的初步研究，乃至一份对衣阿华级（Iowa class）战列舰改装航母的初步研究（1942年6月），尽管6月12日的注释写道，将不会进行任何改装。大约在同一时间，针对一艘巴尔的摩级（Baltimore-class）重巡洋舰船体的改装也被纳入考量。塞班级航母的最初设计将与之类似，尽管它是被作为一艘航母从龙骨开始建造的。由于阿拉斯加级和埃塞克斯级航母的设计之间有着紧密的联系，因此其改装航母

的计划尤其引人注目。相比于埃塞克斯级航母，由于飞行甲板较短的原因，阿拉斯加级改装航母的飞机搭载量减少了10%左右。也就是说，带有装甲的阿拉斯加级航母不仅长度更短，吃水深度较小，该航母拥有3层完整的甲板（而不是4层），与主甲板的干舷高度相差11英尺。巡航半径为12 000海里，而不是20 000海里，航速为15海里/小时。此外，大型巡洋舰的水下防护能力较差（它拥有3层外壳，而不是航母的防护性隔层），鉴于大部分的排水量都被用于抵御炮火。舰船局希望将装甲的厚度从9英寸减少至4.5英寸，但即便如此，也只能增设2台升降机，且无法在机库甲板上方安装弹射器；还需要大约1 000吨的压载物。项目的长时间延期使得上述想法变得不切实际，改装工作于1942年1月7日终止。

毫无疑问，9艘巡洋舰的最终改装设计并不如舰船局于1941年9月提出的那样，甚至都比不上埃塞克斯级航母的设计。但在1942年1月，生产速度是最重要的——也是CVL设计能够保证的。

在CVL真正开始服役之前，就存在一些抱怨的声音。例如，关于随后的"塞班岛"号航母设计，海军航空局（BuAer）如是评论道：

> 关于CVL 22飞机作业最普遍的负面评论或许来源于狭窄的机库……由于大量的通风管道和上烟道穿透其外部边界的机库甲板内侧，以及飞行甲板支撑支架并未被安置在机库甲板的外侧，而是被安装在附加外壳上。因此，强烈建议在新级航母上实现机库的最大宽度，鉴于CVL 22类型的航母缺乏舰载机大队的力量，也缺乏飞行甲板和机库甲板的操作灵活性（主要是因为缺乏梁拱）……它们的作用包括为大型航母提供空中战斗巡逻和其他空中细节，同时也不会影响从大型航母发动的全面打击的准备、放飞和降落，但是这一优势并不足以保证将和平时期可用的吨位改作上述用途。以吨位计算，CVL用于放飞和降落飞机的速度比CV更快，因为飞机必须连续地起飞和降落（无论航母的大小），但是舰船组织的管理费用以及通信、机动性和飞机交会的复杂性改变了这一优势。

更笼统地说，1945年太平洋舰队委员会在总结了舰船特征的经验教训后，坚决反对重新建造CVL，考虑到在战争中幸存下来的8艘航母之中，独立号在1946年的比基尼岛（Bikini）核试验中被消耗掉了。其他7艘航母则于1947年被闲置。兰利号（Langley）和贝劳伍德号（Belleau Wood）分别于1951年和1953年被送至法国，前往越南服役。卡伯特号（Cabot）

和巴丹号（Battan）航母被重新改装为反潜航母（见第16章），前者在1967年被租借给西班牙。最后，蒙特利尔号（Monterey）在1951—1954年期间在彭萨科拉（Pensacola）被作为训练航母使用，之后被更大的轻型航母塞班岛号（Saipan）取代。

现在看来，基于9艘巡洋舰的CVL改装是权宜之计，因为相比于它们作为巡洋舰的时候，这些舰船（改装为航母以后）可以对敌军造成更多的伤害，但是航空力量的缺乏、脆弱性、不适的生存条件、飞机储备能力的缺乏、船舶控制和信号设备的不足、弹射器的限制以及夜间飞机作业的不适用性……被认为是这种吨位的高速航母所固有的缺点。

在海上航道的摆动（被认为可能会妨碍操作）有时太过猛烈，以至于对操作造成更大的风险。但是这种风险性几乎总是可以被接受的，而飞行员和机组人员可以通过过硬的技术成功完成操作。对于速度、航向和加速度的明智选择可以减少摆动，但是由于摆动导致的着陆事故的成本不可避免地要比CV更高，尽管仍然是在可接受的范围内。

数月之后，情况已经得到了充分缓解，可以针对有待开发的两种应急型航母进行较为复杂的后续改装：其结果是塞班级CVL和科芒斯曼特湾级CVE。只有后者才在战争结束前完工，但即便如此，也仅有少部分该级航母参与了战斗。原型船只被保留在美国国内水域，用于为其姊妹舰训练新的航空编队，这种情况与C-3型商船改装航母"长岛"号的相似。值得注意的是，虽然最终的CVE设计借鉴了此类航母的作战经验，但是最终的CVL设计则是完全基于预期想法和最初设计工作的经验的，这是由于大多数特征都是在CVL进入战斗之前就被设定的。

塞班级航母最初是基于巴尔的摩级巡洋舰，而非克利夫兰级轻巡洋舰的舰体的。海军上将金认为CVL可以为同一任务小组内的2艘较大航母提供部分空中掩护，以便这2艘航母出动用于攻击的舰载机。1943年7月，他指示海军作战部副部长负责船只的建造，以建造更多的CVL，因为在1945年12月……海军本应该拥有18艘正在服役的CV型航母。CVL建造计划将在1944年1月完成，到那时估计最初的9艘CVL中的7艘将会开始服役，允许2艘航母用于应对正常损耗。"我们希望在切实可行的情况下，尽快将CVL的数量增至最初的9艘……在一支航母编队中编入2艘CV和1艘CVL……"

因此，2艘新的CVL被纳入1944财年的计划之中。海军上将金希望获得更大的飞行

▲ 民都洛号（Mindoro）航母于1945年11月29日建造完成（正横方向），直到1947年9月20日几乎没有变化。注意：其配备有超重型40毫米炮组，包括3门四联炮台（2门位于船尾）。战后拍摄的照片显示许多20毫米舰炮位置上的空缺，这既是人员配备水平较低的结果，也是对武器丧失信心的结果。1945年夏天，部分同类型航母装备了陆军四联0.50英寸口径机关枪，旨在增加航母的火力。

第8章 用于战时生产的低成本航母

▲ 在这张1945年10月10日拍摄的照片中,新的护卫航母贝罗科号(Bairoko)在圣佩德罗(San Pedro)试航,当时这艘航母接受了战时的暗色涂装方案。注意:超小型的上升烟道(由于交替式发动机舱和锅炉房的原因)被安装在左舷和右舷,彼此纵向分离。雷达桅杆上的箱状物体是"复制品"。同时注意在飞行甲板走廊的外侧安设有装浮网的篮子。

和机库甲板,而舰船局已经开始根据巴尔的摩级巡洋舰的尺寸和机械设置进行设计和开发。2艘船占用了位于卡姆登的纽约造船公司的主要巡洋舰制造厂的船台,导致大型防空巡洋舰CL 147(之后被取消)的建造延迟并使得重型巡洋舰"德梅因"号(Des Moines)被转移至另一个造船厂。海军航空局(BuAer)获得了一个更重的飞行甲板,用于搭载重达20 000磅(最终重量为30 000磅)的舰载机,但是海军武器库无法获得它所期望的5英寸舰炮,而这样的舰炮早在最初的CVL设计中就已经被舍弃。甲板和舷侧装甲有所改进,但是在如此小的船体内设置鱼雷防护是不太现实的。然而,为了更好地抵御舱室进水,锅炉舱被进一步细分(拥有最初CVL的4个而不是2个锅炉舱),而且无需在弹药库上方设置较厚的防护装甲,与巡洋舰(和最初的CVL)采用的方式相同;装甲也被安装在前侧,与第三层甲板

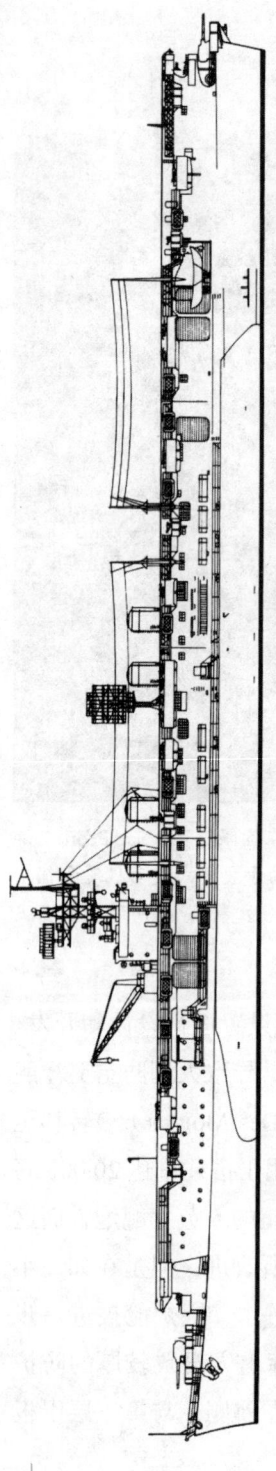

▲ 轻型航母独立号（Independence）(CVE 22) 于 1943 年 4 月建造完成，配备有 5 英寸/38 毫米口径舰炮（船首和船尾），8 门双联 44 毫米和 14 门单联 20 毫米舰炮。

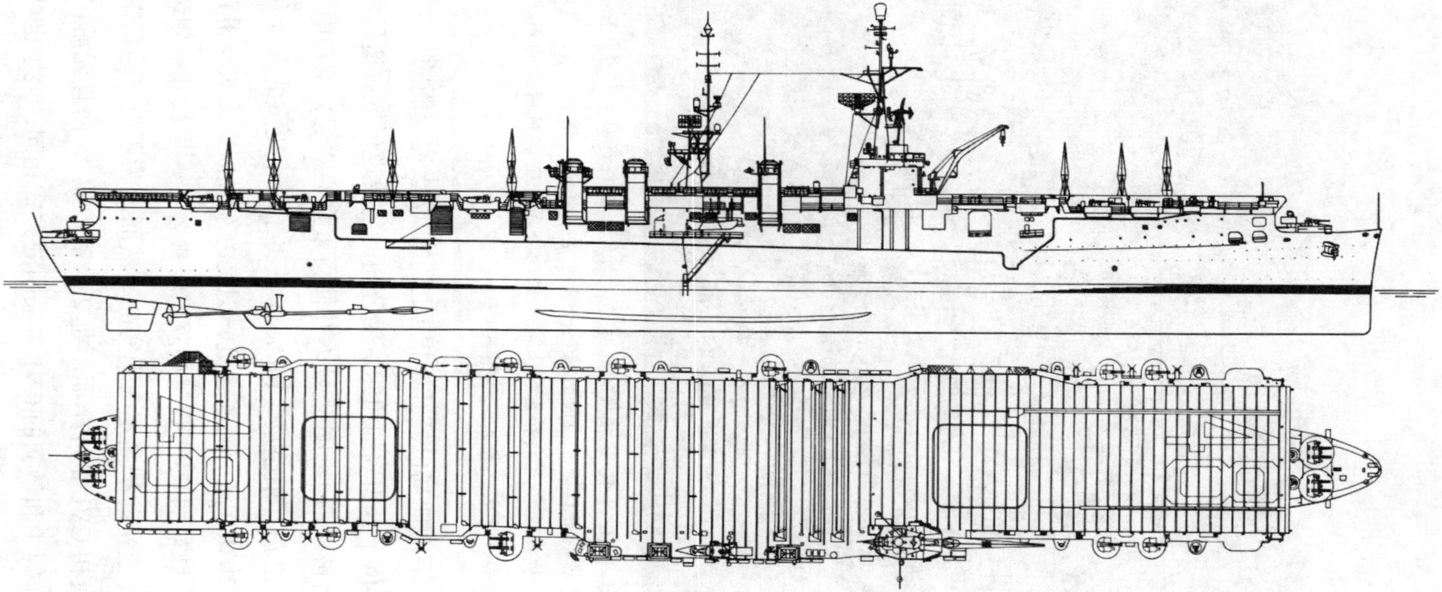

▲ 塞班岛号轻型航母（CVL 48）于 1956 年 10 月结束了它的服役生涯。该艘航母装备有 3 门单联 40 毫米舰炮和 10 门四联和 6 套 Mark 57 雷达火控系统（配备有 Mark 28 雷达）和 8 套 Mark31 mod 2 雷达进行控制。其他主要的电子设备包括 1 台 SPS-4（水面/天顶搜索）雷达、SPS-6B 雷达、SPS-8 雷达、SR 雷达（雷达桅杆后方）、SPN-2 雷达、SPN-12 雷达、TACAN 雷达（URN-3）、YG（信标）和 HF/DF（雷达桅杆后方）。

▲ 与科芒斯曼特湾级航母一样，塞班级轻型航母也是紧急改装计划的产物。1947年3月15日拍摄的照片显示了刚刚建造完成的赖特号航母。这艘航母（从船首至船尾）装备有1台SP战斗控制雷达、1台水面搜索雷达、1台SR-2雷达用于远程空中搜索，以及一台被安设在短型主桅杆上的SR空中搜索雷达，外加一个DBM雷达测向（对抗）系统的雷达天线罩。从理论上讲，1台SR-2和1台SR雷达的组合通过使用2套不同波长的雷达使得雷达的整体性能得到改善。数年后，埃塞克斯级航母的改装出于相似的原因，将SPS-6雷达和SR或SC雷达进行组合。短型桅杆上的空置平台似乎是为TDY干扰机而准备的。

保持水平。结果是弹药库的容积和保护浮力都增加了。然而，其代价是从巴尔的摩级巡洋舰舷侧装甲的防护水平（可抵御8英寸炮火攻击）降至埃塞克斯级（可抵御6英寸炮火攻击）的水平。

直到1943年11月，舰船局设计了一种改进式船型，无须安装附加外壳，但是降低了它与正在建造的重型巡洋舰的相似性。改进后的舰岛类似于正在开发的新型护航航母。新航母从一开始就被设计拥有第二台弹射器，尽管这2台弹射器仍然是早期的H2-1型。直到战争结束以后，其中1台弹射器才被埃塞克斯级的H 4B弹射器取代。还有一些微小的改进：例如，普林斯顿号的沉没归因于装载在机库甲板、基本上未经保护的鱼雷的爆炸。在塞班岛号上，鱼雷被安置在船只最受保护的区域（位于第二层的平台甲板）。在机库和飞机甲板上分别设有特殊的左舷和右舷鱼雷升降机。前侧弹药库的炸弹通过中线升降机以及之后的鱼雷升降机被运至第二层甲板。与二战后期的埃塞克斯级航母相似，战斗机指挥台、飞行指挥所和作战信息中心均被设置在防护甲板下方，共享由于将防护甲板保持在与第三层甲板水平的位置而带来的额外空间。

舰岛比之前设想的更大，舰长和领航员的舱室设置在飞行甲板，飞行员待命室和海图室位于飞行甲板的上方，起落指挥室、驾驶室、舰炮控制站、飞行控制站和瞭望台均位于第二层。该航母拥有搜索和战斗机引导雷达，通常船尾短桅上还设有一个二次雷达。

▲ 赖特号（Wright）航母（上图）和塞班岛号（Saipan）航母（下图）都在20世纪40年代后期为反潜战作业进行了改装，尽管不像数年后的巴丹号（Battan）和卡伯特号（Cabot）那么精细。这些未标明日期的照片可能是在20世纪50年代拍摄的，当时的2艘舰船均配备有高大的HF/DF主桅杆和SG水面搜索雷达的天顶搜索衍生装置。注意前桅杆上的SPS-6B雷达（直到1950年左右才正式使用）。原本计划延长这些舰船其中一艘的寿命，使其作为训练航母在彭萨科拉（Pensacola）继续服役，但由于缺乏1957财政年度的造船和改装计划的资金，因此该计划不得不被放弃。本来还有望为它们安装斜向飞行甲板。

第 8 章　用于战时生产的低成本航母

由此产生的塞班岛号（Saipan）和赖特号（Wright）航母在战争结束后继续服役，并于 1956—1957 年退役。那时，人们对于斜向甲板的改装产生了一定的兴趣，大概是为了将塞班岛号继续作为彭萨科拉的一艘训练航母来使用。虽然已对该项计划分配了项目编号为 SCB 的代号，但似乎并没有开展任何的设计工作。不过，这 2 艘航母的船体相当现代化，而且赖特号于 1962 年开始被改装为一个国家级海上指挥所（CC 2）。次年，它的姊妹航母也开始了类似的改装，但最终成为一艘主要的通信中继船 [AGMR 2,"阿灵顿"号（Arlington）]。它在越南与前身为 CVE 的"安纳波利斯"号（Annapolis）交替服役，直到卫星通信出现为止。海上国家紧急指挥所（NECPA）的角色在 1969 年左右被舍弃，2 艘前 CVL 于 1970 年退役。

至于护航航母，1944 财年的计划最终批准海军可以选择自己最喜欢的型号，即大型桑加蒙级航母。只要拥有足够的时间，就可以从铺设龙骨开始建造新的船体，改进型"桑加

蒙"级航母的研制工作始于1942年的秋季。

英国皇家海军从未获得这些护航航母。1943年5月,皇家海军提出在1944年底之前获得共计52艘辅助航母的要求。随后的8月,美国—英国联合反潜战调查委员会批评皇家海军在(美国建造的)护航航母投入使用方面的延迟,并提议将接下来的7艘航母分配给美国海军,以便在1944年1月底之前为反潜战提供一切可用装备。在调查委员会发布报告的3周内,美国海军就已经通知海军部,考虑到钢铁和电力设备的短缺以及美国的需求(可能主要是针对太平洋地区),将不再接受任何英国的订单。因此,无论是在概念上还是使用意义上,新的护航航母都是完全属于美国的。

皇家海军抱怨说,美国的护航航母总是需要大幅度的改进才能实现其作战价值,此外,美国在人员配备方面的水平也没有比英国高多少,直到1943年8月,在16艘美国护航航母中,仅有9艘参与了战斗,相比之下,英国拥有5艘(9月又增加了5艘)。另一方面,当时的英国皇家海军的人员短缺问题严重,以至于皇家海军在大部分护航航母的发动机舱和供应处雇佣了商船的官员和人手;飞行员和飞机也供应不足。因此,在美国海军决定转让的15艘C-3级(统治者型)航母之中,9艘仅被用于训练或运输(直到战争结束)。1943年秋天,英国获得了3艘接近完工的船只,但除此之外,英国终止了将国内正在建造的商船改装为护航航母的尝试。

1942年8月2日,舰船局在一份给海军作战部副部长的备忘录中展望了未来护航航母生产的前景,海军作战部副部长在"最大化作战努力"(Maximum War Effort)计划的指导下宣布了一项由24艘新护航航母组成的年度计划。

　　　　没有收到任何有关根据1943年计划建造航空护航舰的指示,但是据了解,1994年将提供比24艘AVG更多数量的护航航母,鉴于在西雅图–塔科马造船厂(Seattle-Tacoma Yard)建造的最初的5艘船只(根据1943年计划所建造的船只)将被改装为潜艇和驱逐舰的支援舰,而不是航空护航舰。

　　　　……舰船局已经采取措施,希望针对科伯希号(COPAHEE)(AVG 12)航母的现有设计制订一个用于替代它的修改版设计。这一修改方案提出增加35英尺长度以及增加水下和破片防护能力,鉴于修改方案包括增设新的纵向翼舱壁。其他特征与科伯希号航母类似。最初的想法是,1943年计划所涉及的其余船只可以按照这一修改方案进行建造,但是对于这些船只的交付时间表和针对修改方案的计划进度的审查表明,这

第 8 章 用于战时生产的低成本航母

▲ 由于赖特号（Wright）和塞班岛号（Saipan）航母都是在服役期不满 10 年的时候被搁置的，所以关于其船体再利用的多个计划被提出。赖特号改装成为了 1 艘指挥舰，而它的飞行甲板变成了一个天线"农场"。

个想法并不可行。1944年拟定计划的航空护航舰或可以按照修改方案进行建造，但是生产速度可能比按照目前计划进行建造的速度慢20%。

审查航空护航舰计划时，存在两个值得考虑的新因素：

——海事委员会估计将在1943年交付50艘该类型船只，这一点在提出改进版科伯希时并没有考虑到。

最近对于护航航母（AVG）作为战斗舰或半战斗舰的可能性强调，引发了是否应该考虑对其进行改进的质疑。这将涉及一个全新的设计，或类似于AVG 26—29（前油轮）的设计。上文提到的修改方案会受到改装过程所固有的不利因素的影响，尽管其相比于目前的计划已经有了显著改进。当然，至少在最初阶段，新设计的船只无法按照现有或修改方案所计划的生产速度进行生产。

海军作战部副部长表示同意。10月24日，他要求西雅图-塔科马造船厂（曾负责建造C-3型商船改装航母）生产24艘（或尽可能接近该数量）具有更强防护能力的西马隆号（Cimarrons），如果可能应尽快完成，同时不造成对其他项目的干扰或建造周期的延迟。在科芒斯曼特湾级航母的设计中，主要的改进在于动力舱的分置，用以防止在一次攻击中遭到伤害。此外，还设有速度更快的升降机，甲板被设计用以承载重达17 000磅（而不是14 000磅）的舰载机。1943年5月，第二台弹射器（与前升降机部分重叠）被添加到设计之中，这些船只安装了护航航母的H2-1弹射器和舰队航母的H 4C弹射器。船上有一个新的、更大的、类似于塞班级CVL的舰岛。最后，舰炮也得到了改进，船尾设有2门5英寸/38毫米口径的舰炮，船首外倾部位装有1座四联装40毫米舰炮；另外2座被安装在船尾。此外，当舰船建造完成时，将会有8座双联装40毫米舰炮，共计28门，外加20门20毫米舰炮。

机翼油舱将被永久性地改装为海水压载舱，改装后的油轮将不再设有重型的压油泵和管道，取而代之的是更多的船员生活空间。与改装后的油轮相比，新的舰船仅限于为护航船队提供燃料。

速度是通过增加更多的功率而提高的，改装为强力甲板的机库甲板和主甲板提高了船体的结构强度。最后，新的设计（虽然很大程度上基于桑加蒙级的设计）有着更为精细的划分以及改进，比如用于装载航空汽油的鞍形油箱。1944财年计划最终于1943年1月23日制订完成，仅包含15艘CVE 105—119；1945财年计划增加了CVE 120—127。1946财年计划作为罗斯福总统在 1945 年 3 月批准的大型建议计划的一部分，计划增加 CVE 128—139，但都在 1945 年 8 月 13 日被取消。战争结束后，科芒斯曼特湾级航母是唯一被认为值得继续服役的护航航母型航母，这主要是因为只有这些航母才可以搭载现代化反潜机和对地攻击机。

第9章
中途岛级航母

尽管在理论上不受条约和类似约束条件的限制，埃塞克斯级仍然保留了其有限的先辈航母的诸多特征：考虑到从构思到开始建造的时间非常短，仅能做出这些有限的改变。其他几款设计同样受到限制，如克利夫兰级巡洋舰和巴尔的摩级巡洋舰。与这项工程几乎同时代进行的则是全新的、完全不受限制的设计。这样设计的动机通常都是出于更好的保护措施，并且通常是针对已经在开发的新武器，比如当时海军军械局正在研发的"超重型"炮弹。就中途岛级舰船而言，所讨论的武器是炸弹，新的设计出发点是为飞行甲板提供直接保护。由于战争的爆发，几乎取消了所有的新设计，而代之以继续生产过渡型舰船；尽管有一段时间似乎也建造了蒙大拿级战舰，但唯一未被取消的舰船则是中途岛级和阿拉斯加级12英寸火炮巡洋舰。大型弗莱彻级驱逐舰也可以被认为是后条约设计时代的一部分，由于这些驱逐舰相对简单（也比早期型号更具有优越性），它们才未被取消。

正如之前的预期，采用对美式航母有效的甲板保护会产生巨大的尺寸和高昂的成本。罗斯福总统怀疑海军似乎倾向于"镀金"。例如，1942年初，他了解到，海军拒绝将轻型巡

◀ 图片显示了1954年5月中途岛号在直布罗陀湾停泊时母舰前方二级指挥站（该指挥站就位于母舰飞行甲板的边缘之下），以及一个新的倒三脚架雷达桅杆（桅杆顶端装有新的SRN-6 TACAN天线）。

洋舰改装为航母使用的原因不是飞行甲板的采购速度问题，而是考虑更加复杂的改装会带来的好处之类的次要问题。

当罗斯福总统收到一份45 000吨装甲飞行甲板母舰的提案，作为1943财年"最大战争努力"建设提案的一部分时，罗斯福表示反对；只有这4艘舰船并没有立即获得批准。相反，在1942年8月，海军上将金奉命询问相关负责的指挥官，就这些大型航母的价值与投资在11 000吨类似吨位舰船上的价值相比较的看法。总统似乎在考虑护航航母。海军上将尼米兹对2种极端吨位都不太看好，他报告称，舰上部队发现这艘45 000吨级的船"过于大且笨重，而且在单个船体中承载了太多的力。一般认为，11 000吨的船只太小，无法满足一线航母的作战要求"。时任太平洋舰队第二巡逻联队指挥官、后来担任快速航母特遣队指挥官的马克·米切尔发现，"最好的航母显然是2万到3万吨级的航母。毫无疑问，航母交付速度是目前最重要的因素"。

舰队中也有人持怀疑态度：即使是一艘45 000吨的航母是否也能得到充分保护。例如，这种新的1 750磅的炸弹号称能够穿透7英寸的装甲，其威力远远超过了可以在船上飞行甲板放置的炸弹。

正如一位作家给出的评论所言，在华盛顿州的军事实力尚待商榷，似乎最终证明了无法在3年不到的时间里让这样一艘舰船投入战斗。

这差不多晚了大约1年时间以至于该航母无法在这场战争中发挥任何作用。正因为如此，影响因素似乎就是时间。我们需要航母，需要大量的航母，之后还需要更多的航母。改造过程却不尽如人意，主要是因为其速度不够，其次是因为飞行甲板有限……我们会失去一些航母，也许会失去很多航母，但是如果我们建造大型航母，我们也同样会失去它们。至于较小型航母，其不仅可以很容易地被批量生产，并且其建造时间可能只是大型航母建造时间的1/3。

另一个反对装甲飞行甲板航母的理论是沉重的飞行甲板会降低稳定性，并且"应对炸弹和鱼雷最好的防御是速度和机动性"。

被询问的官员认为，这艘存在争议的11 000吨母舰是独立号母舰，这是一艘经改装的轻型巡洋舰，时速可达33节。事实上，金在8月底告诉他们，这是一艘桑提级护航航母，防护能力弱，时速约20节，算是一个完全不能令人满意的备用航母。舰队的意见是强烈支持继续生产埃塞克斯级航母。这不是问题的关键：提议的"最大战争努力"计划已经包含了诸多新的舰队航母。相反，问题在于该计划是否会把部分精力放在一个新的、更大的航母上。舰队对此予以了默许。

因此，将4艘大型航母纳入了"最大战争努力"造船计划中。罗斯福总统于1942年8月12日批准了该计划，但未对4艘航母予以批准。10月8日，在来自海军上将金和美国海军总委员会的压力下，罗斯福总统同意了建造大型航母，但前提是美国海军总委员会能够证明"立即建造小型航母的计划在未来2年内可以满足需求"，以及"建造这些45 000吨航母的速度可以比美国海军总委员会在9月11日的报告中提出的速度更快"。总委员会答复说，除非降低巡洋舰吨位，否则无法再建造轻型航母，而当前巡洋舰吨位的需求至关重要。护航航母计划被认为是充分的计划。但是并没有提及建造埃塞克斯级航母，美国海军总委员会也不能保证能够以更快的速度建造重型航母。但是，之前曾有人指出，现有计划允许总共23艘埃塞克斯航母、9艘轻航母、36艘C3改造舰（护航航母）、4艘油轮改造舰（护航航母）和50艘凯撒舰（护航航母），加上英国的15艘C3改造舰；至于总统提议的16艘11 000吨慢型航母的方案，没有足够数量的滑道、材料供应及制成品（如推进机械）。

"如果认为提议的计划具备充分的重要性，足以证明目前正在进行的其他计划的中断具备合理性，并保证给予最高的优先权，则可以着手实施该计划；尽管如此，由于很难迅速开始新的建设路线，前8艘母舰无法在1945年秋季完工"。

美国海军总委员会估计，如果4艘提议的45 000吨级母舰不被搁置，就有可能在纽波特纽斯造船及船坞公司建成4艘埃塞克斯级航母（第一艘将于1945年夏天建成），或4艘类似于独立级航母（1945年建成）的轻航母，或10艘类似改装油轮的护航航母（2艘于1944年底建成，其余于1945年底建成）。其他资源隶属纽约造船公司，该公司专门生产巡洋舰，有9艘轻型巡洋舰已经在改造为航母。如果再订购9艘，1944年夏天可以建成3艘，1945年可以建成6艘。伯利恒正在其位于斯帕洛斯角的造船厂为海事委员会建造西马隆级油轮，14个正在建设中；如果将这些油轮改造成航空母舰，3艘将于1943年底完成，其余的将于1944年完成。总委员会认为慢速护航航母在可用性上"存在问题"，这主要取决于诸如航母能够操作的飞机数量等特征，"在任何情况下，其都不能等同于合格的全方位航母"，鉴于第8章中概述的各种原因，亦不能认为轻航母存在缺陷。

罗斯福总统现在对该项目作出了临时批准，尽管其海军部长弗兰克·诺克斯认为美国海军总委员会对大型航母完工时间的估计不令人满意（2艘在1945年第三季度完工，1艘在第四季度完工，1艘在1946年第一季度完工，且每艘航母可能需要在完工后6个月的延迟才能投入战斗）。总统认为战争很可能在从1942年秋季后算起的不到3年内结束，并在其关于16艘小型航母的提案中看到了1年内拥有8艘航母和在1944年秋季时再完工8艘

▲ 图片为1945年10月20日,在汉普顿港群不远处,中途岛级航空母舰展示了它的原始配置:一个5英寸的指挥仪安装在舰桥前方的飞行甲板上,全部9个5英寸/54毫米口径的炮架均安装在航母的右舷上。还要注意的是,航母飞行甲板一侧的早期战争型无线电桅杆。航母舰岛上的大型天线属于SK-2和SX空中搜索装置,前者计划由SR-3取代。SR-3是战后标准SPS-6系列的直接前身一个额外的空中搜索雷达,一个在不同波长上工作的SR-2,在舰岛尾部几乎看不见。注意,舰体上还显著地显示着舰名。采用这种做法似乎只是为了在1945年这张照片拍摄后不久的在哈德逊河海军日上舰队的展示。

航母的可能性(到1945年秋季,当第一艘45 000吨级航母诞生时,可能会再完工另外8艘航母)。诺克斯认为,为了保护自身免受因更快(更现实)的计划失败而遭受批评,美国海军总委员会过于保守。

可能是考虑到科克伦上校对海军建设项目的个人兴趣,总统十分信任科克伦上校;11月21日,他私下询问上校对45 000吨级航母建造计划可以加速到何种程度的估计;总统倾向于批准这个计划,但对美国海军总委员会的答复不满意。

科克伦很快回复说,如果将2艘舰船分配给纽约海军造船厂而不是纽波特纽斯造船厂,可能会加快建造航母的进度,因为纽约海军造船厂的蒙大拿级战列舰订单的取消导致造船厂的产能过剩，因而。与其每2个月建造1艘舰船，海军舰船局可以在1943年夏天同时开始建造2艘船，大约24个月后即可完工，这一完工时间是科克伦对如此大型舰船所能承诺的最佳时间。这一计划的一个优点是船只可以建造在船坞上，而不是传统的滑道上，如此一来会"消除下水费用和危险"。

美国海军总委员会对滑道和材料限制的估计仍然有效；科克伦对以下工程的竣工延误做出了估计：CV-15（在纽波特纽斯保持建筑船坞空置畅通）、CV-21（为CV-15进行调整）和CV-32（从纽约造船厂换到费城或诺福克造船厂，以腾出建造船坞）。

费城的建造船坞无法开展，由于2艘重型巡洋舰在建，并需要准备额外的计划和材料。总体而言，科克伦认为设计工作是重中之重，他已经通过纽约海军造船厂制图办公室解决了这个问题。

总统对此仍持怀疑态度，12月8日，总统询问其海军事务助理J. L. 麦克雷上校，是否同意科克伦提出的同时建造2艘大型航空母舰的意见，是否还有其他更经济的建造方式。

科克伦目前是负责舰船局的海军少将，他在当月晚些时候回复说：

> 我们应该继续推进大型航母项目。根据该部门建议，首先建造4艘船中的2艘，将能完成该方案中最重要的部分，即启动我们在1943年期间所能够进行的2艘船的建造计划，并着手进行细节的起草和设计工作。
>
> 如果随后的形势决定需要额外建造该类型母舰，则可以在交货时间短，且成本增加很少的情况下，对它们进行订购……
>
> 至于其他类型的舰船，我们可以使用大型航母建造所用的钢材以更加有利的方式来建造。我认为就如今的航母需求而言，目前的建造计划是均衡考量的计划。
>
> 事实上，如今，这种情况显然还会持续，与制造船舶的主要机械和辅助机械，尤其是大型减速装置相比，船体钢材尤其是船板则没那么重要。
>
> 对特殊处理的防弹钢仍然有紧迫的要求，但即使如此，也不会像过去一年那样紧张，因为在过去一年里，对舰队船只的改造和建造计划提出了巨大的需求。
>
> 事实上，由于这2艘大型航母只需要8套主要机械（每艘航母配备4个升降机井），而船体钢和装甲重量很大，因而这2艘大型航母的建造将有助于平衡材料供货状况。

总统于 1942 年 12 月 29 日批准建造这 2 艘航母的请求,并且于 1943 年 5 月 26 日批准了建造第三艘航母的请求。纽波特纽斯造船厂成为主要造船厂,纽约海军造船厂只建造了一艘船——讽刺的是,这艘船完工后以总统的名字命名。由于新航母规模之庞大,专门赋予了新航母一个新代号——大型或重型航母(CVB),海军部长在 1943 年 6 月 10 日对这一命名予以了批准。另外 2 艘航母,命名为 CVB-56 和 CVB-57,也将由纽波特纽斯造船厂建造,并列入了 1945 财年大型建造计划的一部分,但在 1943 年 3 月 22 日,罗斯福总统对此未予批准。

战争时期,中途岛级航母的理念并未普遍流行。直到 1945 年,美国海军没有因为轰炸而遭受严重的飞行甲板损坏,但其在水下被攻击而损失了航母,埃塞克斯级的改进(发动机和消防室交替使用,和更好的舷部防护)充分解决了这一问题。正是在这种危险的驱动下,中途岛级航母应运而生,并且在太平洋战争中第一次崭露头角。但即使在当时,也有人认为,他们庞大的空中机群实际上无法有效运作。关于战后舰队航母的设计,OP-05-3 的 W. T. 莱瑟尔上校描述了航母设计、空中机群规模和"完整的航母流程,即规定数量的舰载机的起飞和着舰"所需时间之间的关系,他估计舰载机出动的时间间隔可能会缩短到 20 秒;根据经验估计,着舰间隔为 40 秒,且可能会缩短到 30 秒。由于飞机不能同时出动和回收,航母通常会在任何时间都有一半的飞机在空中飞行,每迎风航行大约 40 分钟就回收一次飞机,并重新发射一次(在"甲板容量"下大约有 40 架飞机)。战斗空中巡逻(CAP)和反潜作战(ASW)巡逻的出动所需时间将增加大约 8 分钟。

目前的计划要求每天进行最多 6 次"甲板容量"打击(在有风条件下进行 4 个小时)。如果风向不利于飞行操作,且航母需要额外的转向风向,那么采用此计划就很难保持最佳的攻击位置。由于保持攻击位置是重要的控制因素之一,我们可以确定,必须接受将白天时间的 1/3 作为航母出动的最大可用时间。

拥有 144 架飞机的大型或重型航母(CVB)需要 6 个小时进行类似的操作,这一点无法让人接受。那么,实际上,大型或重型航母将无法充分利用其数量更加庞大的空中机群,莱瑟尔利用这一论点支持建造规模更小的战后航母。他还主张设计一个飞行甲板,允许同时出动和回收操作,这将把大型或重型航母(CVB)在有风条件下进行 6 次"甲板容量"攻击的时间减少到 4 个小时(这一时间数字是允许值)。否则,增加攻击目标飞机数量的方法并非是建造大型或重型航母,最好是增加小型航母的数量。同时出动和回收的关键是彻底重新设计的飞行甲板和新的保障作业模式，就像战后的设计一样（第11~12章）。

在这种前景相当暗淡的背景下，中途岛号的庞大规模在飞机尺寸快速增长的情况下，确实占据一些主要优势。首先，飞行甲板的长度允许安装更长版本的标准 H 4 弹射器（H 4-1），因此可以将更重的飞机加速到更高的速度；例如，中途岛级航母是唯一一架能够以其未经改装的形态来操纵战后 AJ-1 野人舰载核攻击机的美国航母。同样，母舰庞大的尺寸也增大了航空燃料的容量，可以满足喷气式飞机油耗大大增加的需求。但是，这一大型航空母舰所代表的增长还远远不够，事实上，在重建航母之前，没有 1 艘航空母舰配有足够的航空燃料容量。

另一方面，足够高的干舷上无法承载非常沉重的飞行甲板；中途岛级航母不具备埃塞克斯级航母的干舷长度比，并且在中途岛级航母的服役生涯中，其被认为相当潮湿。此外，在建造航母时考虑到了战争损坏的教训，与早期的埃塞克斯级航母或后来的福里斯特尔级航母相比，对这些航母进行了更详细的细分，因此中途岛级航母以相对不便而闻名。据报道，例如，由于富兰克林·罗斯福号航母过于细分，以至于改装成本过于昂贵，因而对富兰克林·罗斯福号进行拆解。

然而，中途岛号航母的 2 个姊妹舰完成了现代化改装，并且成为最后 2 个在美国海军一线服役的参战航母。

从一开始，中途岛号航母的设计就基于改进的防护设计，既能抵御更加重型（8 英寸）的地面火力，又能抵御撞击飞行甲板的炸弹。1940 年，飞行员们对防御地面攻击（特别是

▲ 富兰克林·罗斯福号按原设计完工。图为 1946 年 9 月该航母在希腊比雷埃夫斯港停泊，该港口也是美国海军在地中海海战持续战场的一部分。这 3 艘中途岛航母的服役生涯的大部分时间是在地中海海战中度过的，在该海战中这些航母为美国海军提供了最初的核攻击能力。

▲ 珊瑚海号航母于1947年12月3日服役。该航母按照改进设计建造完工，其中包括一个改装后的舰岛。由于取消了原来的装甲驾驶室，前方5英寸的指挥仪可以移动到舰岛结构上，并腾出一些飞行甲板空间。请注意，每侧缺少2个5英寸/54后炮架。这时候，所有3艘船均已计划安装新的双联3英寸/50口径火炮；由于新火炮还未制造好，珊瑚海号航母在没有高射炮炮组的情况下完工了。就在航母前部5英寸指挥仪后面的条形雷达是SR-3，更短的条形是敌我识别问答机的天线；舰岛后的雷达是一架SR-2。在船头飞行甲板下的新结构不可见，这样的设计是用来密封机库甲板以抵御海浪（中途岛号航母相对潮湿，原因是航母的长度大，干舷适中，其干舷长度不大于长度较其短很多的埃塞克斯号航母的干舷）。这个舱壁直接演变成了后来航母中的"封闭式舰艏"（hurricane bow），在舱壁前端设有一个辅助指挥位置。

来自日本大型巡洋舰的攻击）非常感兴趣；以前的航母已经"缺乏抵抗力"，它们只配备了能抵御6英寸舰炮火力的防护，这也是有限的排水量情况下所能提供的最大防护。飞行员们甚至喜欢更强大的反舰武器，供航母偶然遭遇敌舰使用。

从航空角度来看，中途岛级航母标志着喷气式飞机问世之前且受条约限制的航空母舰和战后基于重型喷气式攻击机的大型航空母舰之间的分界线。

第9章 中途岛级航母

▲ 图片为1948年6月15日改装后，富兰克林·罗斯福号航母（俯视图和正面图）驶出诺福克，可以看见航母上缩小的主炮组和最初建造在其姐妹舰上的改装舰岛。注意突出的飞行甲板起重机，该起重机取代了埃塞克斯级航母中的机库甲板起重机。虽然中途岛号航母的机库名义上是开放型机库，但实际上航母前后并未设有可以吊起飞机的隔舱。因此，飞机必须通过飞行甲板起飞。在左舷斜视图中，可以对用于控制左舷炮组的马克56指挥仪中的2个进行区分；其中一个位于左舷的2个最后方的40毫米炮架之间。左舷升降机被放置在垂直位置。

中途岛号是最后一艘飞行甲板只不过是作为上层建筑的美国航空母舰,事实上,它的"舰"特征可以超越那些专门为飞机设计的特征。当在1941—1942年对中途岛号航母进行设计时,任何超过400英尺长的飞行甲板都足以满足小型海军飞机的需求。从那时起,航空联队的要求推动了航空母舰的尺寸变化,从而可以从滑行路径所需的跑道长度、飞机操作和弹射器估算出最小的飞行甲板尺寸。在对中途岛号航母进行设计时,对飞行甲板尺寸的主要要求是,甲板要足够长,以便在发射前能看到全体空中机群,并能够留出足够的跑道供起飞之用(考虑到甲板风速)。同样地,甲板必须有足够的长度来停放整个航空联队的所有飞机,并为飞机留出着舰的空间。

这2项要求都反映了美国航空联队在战争和战前时期的作战情况:升降机速度缓慢,飞机续航能力太低,以至于关键战术变成甲板容量打击(几乎整个机群的快速起飞)。同样,由于当飞机着舰时,中心升降机无法运行,因而机群着舰需要向前停机。甲板边缘的升降机也不能运行。美国航母仍然被设计成带有飞行甲板的水面舰艇。尽管内部飞机布置十分复杂而且经过深思熟虑,但其尚未对航母的设计产生约束,因此将其他用途的水面舰艇改装成航母仍然相对容易。

1940年,开始对中途岛号航母进行设计时,针对预期的太平洋战争,对美国航母设计的要求是能采取独立行动以面对日本的通信线路和水面突袭。航母将由强大的巡洋舰、驱逐舰部队护送;事实上,支持建造快速战舰(衣阿华号)和"大型巡洋舰"(具有305毫米火炮的阿拉斯加号)的一个主要论点是,它们可以掩护高速航母,抵御日本重型和战斗巡洋舰的攻击。但是,受条约限制的美国巡洋舰部队,很难提供足够的护航舰艇:面对18艘大型日本巡洋舰,海军将不得不组建护航舰队、舰队侦察舰队、航母掩护舰队,共计18艘大型重型巡洋舰和9艘大型轻型巡洋舰。

这里所说的舰船不包括通常被指派与舰队驱逐舰纵队(美国奥马哈号和新亚特兰大号)一起行动的较小型巡洋舰。

因此,当1940年6月,仅由2艘驱逐舰护送的英国航空母舰光荣号被德国战斗巡洋舰沙恩霍斯特号和格奈森瑙号击沉时,其对美国海军舰载机飞行员来说一定深受震动。此时,没有理由相信水面搜索雷达能够使偶然的短程相遇的可能降低为零;但即便如此,认为航母总是能够向快速炮舰暴露自身的防御弱点似乎也是不切实际的假设。同年7月,海军航空部向美国海军总委员会提议,下一批航母(刚刚授权的CV-9—12航母)应该配备203毫米舰炮,并配备能够抵御203毫米舰炮火力的防护。舰炮袭击会迫使任何重型巡洋舰保持距离,从而间接地保持航母的空中作战的特性:几次203毫米炮袭击尽管很可能摧毁航母的飞行甲板，但不太可能击沉一艘 35 000 吨的航母。重炮航母的倡导者们可能把列克星敦和萨拉托加作为原型。在听证会上，他们会参考这些航母的独特特征，使其能够真正独立地高速行驶。事实上，在 1940 年 11 月的美国海军总委员会听证会上，海军航空部拒绝了 1 项拆除 2 艘旧航母的 203 毫米舰炮的提议，尽管事实上该提议是为了解决一个严重的超重问题（由于超重，导致了航母的大部分装甲带陷入水中，因而降低了航母在巡洋舰火力下的生存能力）。

尽管我们可能不会看到舰载机飞行员支持火炮设计，但是关于是否要牺牲航空特性来支持辅助的反舰武器的争论颇符合时代需求。问题在于，在恶劣的天气里，如果没有随航舰，航母会极其被动；但是在天气恶劣到飞机难以飞行的情况下，巡洋舰几乎无法进行射击操作。这同样会更适用于夜间行动。战后航母演变的很大一部分原因是为了能够大幅减少舰载机机群无法出动的时间。

推动排水量增大的另一个因素，也是中途岛号航母最为知名的特征，即甲板防轰炸。众所周知，航母飞行甲板对于炸弹袭击的防御度较低。早在 1931 年，在约克城号（CV-5）的设计中就提出了航母主炮组极易受到空袭的问题。尽管当时对装甲飞行甲板的设计未予通过，但这并不意味着对问题的忽视。相反，美国海军的立场是，木质甲板在遭受炸弹攻击时的损坏会是相对局部性的，并且几乎可以肯定的是，足够长的甲板能够保证飞行活动将不会受到影响。事实上，在约克城号设计中引入了舰艏阻拦装置，这一装置可以使飞行甲板在后部受损时，母舰仍然可以维持飞行活动。在埃塞克斯号的设计中多次提出飞行甲板装甲的构思；在方案 CV-9G（1940 年 1 月）中，将飞行甲板装甲视为实际采用的装甲机库甲板的替代物。

但是，促使美军采用更重更厚装甲设计的最大动机可能是由于德国俯冲轰炸机在挪威战场取得的惊人战绩。1940 年 8 月，美国海军总委员会要求设计加强甲板防护；当这些设计都完成的时候，英国皇家海军卓越号航母在地中海海战中展示了其装甲飞行甲板的巨大价值。

在此之前，美国的理论一直倾向于使用条约中对进攻性航空联队所规定的有限重量的限制之下的经费支出。起初，似乎没有能够抵御任何炸弹的可行装甲甲板，面对这种情况，最好能够做好准备：炸弹会穿过甲板，此时要么准备接受爆炸，要么可以尝试将炸弹停在更容易承受爆炸冲击的母舰更深处。战前美国海军对于英国对装甲飞行甲板设计热衷的认知程度尚不清楚。显然，在对大黄蜂号（CV-8）进行订购的时候（1939 年 3 月），就有关于英国建造此航母的传言，但是由于美国设计装甲飞行甲板航母的尝试业已失败，许多研

发人员怀疑这些流言并无根据。

战前的美国海军总委员会听证会表明技术情报匮乏。由于海军情报办公室（ONI）没有关于外国项目的分类舰队手册或标准化的出版物，只得依靠武官报告用来做明确参考。在1940年，发生了一个显著的变化：由于英国人在这方面的交流十分自由，保存在美国设计文件中的武官报告通常是转录的英国海军部文件。到1941年年中，当正在对中途岛号设计进行积极讨论时，对装甲飞行甲板设计感兴趣的美国海军军官可以获得英国装甲飞行甲板设计的细节，并且美国人可以直接观察英国航母的运行。

故事中的一个关键事件是1940年秋天舰船局的科克伦上校和米尔斯海军少将对英国进行了访问。英国允许两名军官参观其新的装甲飞行甲板航母。在遭受穿透飞行甲板的炸弹袭击后，英国皇家海军卓越号航母于1941年在诺福克海军造船厂进行了维修，这也增加了美国对这种类型航母的兴趣。科克伦在1945年写道，美国当时的观点是：

尽管装甲飞行甲板这一设计仍然十分可取，但是考虑到万一飞行甲板被穿透时，在机库中暴露的飞机所面临的危险，英国对机库侧面进行装甲的布置并不可取。中途岛号配有一个装甲飞行甲板，一个重型机库甲板，此外，重型横向舱壁对机库进行了细分，以防出现像富兰克林号后来经历的那种创伤，并且机库具有相对开放的舷部设计，以防在遭遇炸弹爆炸袭击时，机库出现像卓越号那样的严重损害。

航母面临2种截然不同的炸弹威胁：高爆炸弹（破坏型，又称GP）和带有不同延时引信的穿甲弹（AP）。高爆炸弹被设计成一接触就爆炸；即使只是在轻型装甲上，它们也没有什么效果，如果从高空跌落到厚装甲上，可能会爆炸。高爆炸弹的大部分效力直接来自爆炸。相比之下，重量主要由弹壳组成的穿甲炸弹被设计成在穿过一层或多层装甲甲板时仍能保持炸弹完整，爆炸后它会产生大量高速碎片。

虽然穿甲炸弹只在飞行甲板上留下一个相对较小的洞，但其穿透的后果可能会很严重。例如，如果其在弹药库中爆炸，会很轻易地摧毁整艘母舰。防止这种袭击的最佳方法取决于穿甲炸弹设计的延迟性。如果炸弹遇到的第一件装甲是飞行甲板，延迟的时间将决定爆炸是发生在机库甲板上还是更底层的地方。

长时间的爆炸延迟可能会导致炸弹穿透若干层甲板。但是，一旦炸弹爆炸，即使相对较薄的甲板也可以保护爆炸下方的空间。实际上，可以使用2种方法来防御穿甲炸弹：可以使用一个非常沉重的甲板用来完全排除炸弹，或者可以使用一系列相对薄的甲板。在后

▲ 图为1951年1月10日，在诺福克附近的富兰克林·罗斯福号，可以看到航母新的3英寸/50毫米倍口径高射炮组，航母两部空中搜索雷达被新的SPS-6B取代。航母还配有新的SG-6天顶搜索雷达和马克25用于它的5英寸射击控制。航母配有18门双76毫米舰炮，并且保留了10门双20毫米炮，尽管对它们的有效性存有很大怀疑。这时候，所有3艘中途岛号航母都能够并且确实操作了北美野人（AJ）核轰炸机，但只是暂时性（分遣）的。注意，停在飞行甲板上前方的几架F-9F黑豹战斗机具有不同寻常的金属配色方案。其在朝鲜战争中进行了一次短暂的试水。

一种方案中，最上面的装甲甲板将启动引信动作，下面的某一甲板将中和碎片。但是，具有足够长时间引信延迟的炸弹很可能在爆炸前穿过任何一系列薄装甲甲板。

甲板可能无法阻止炸弹的穿透：一系列薄甲板的弹道效应不可能等同于与其累计总厚

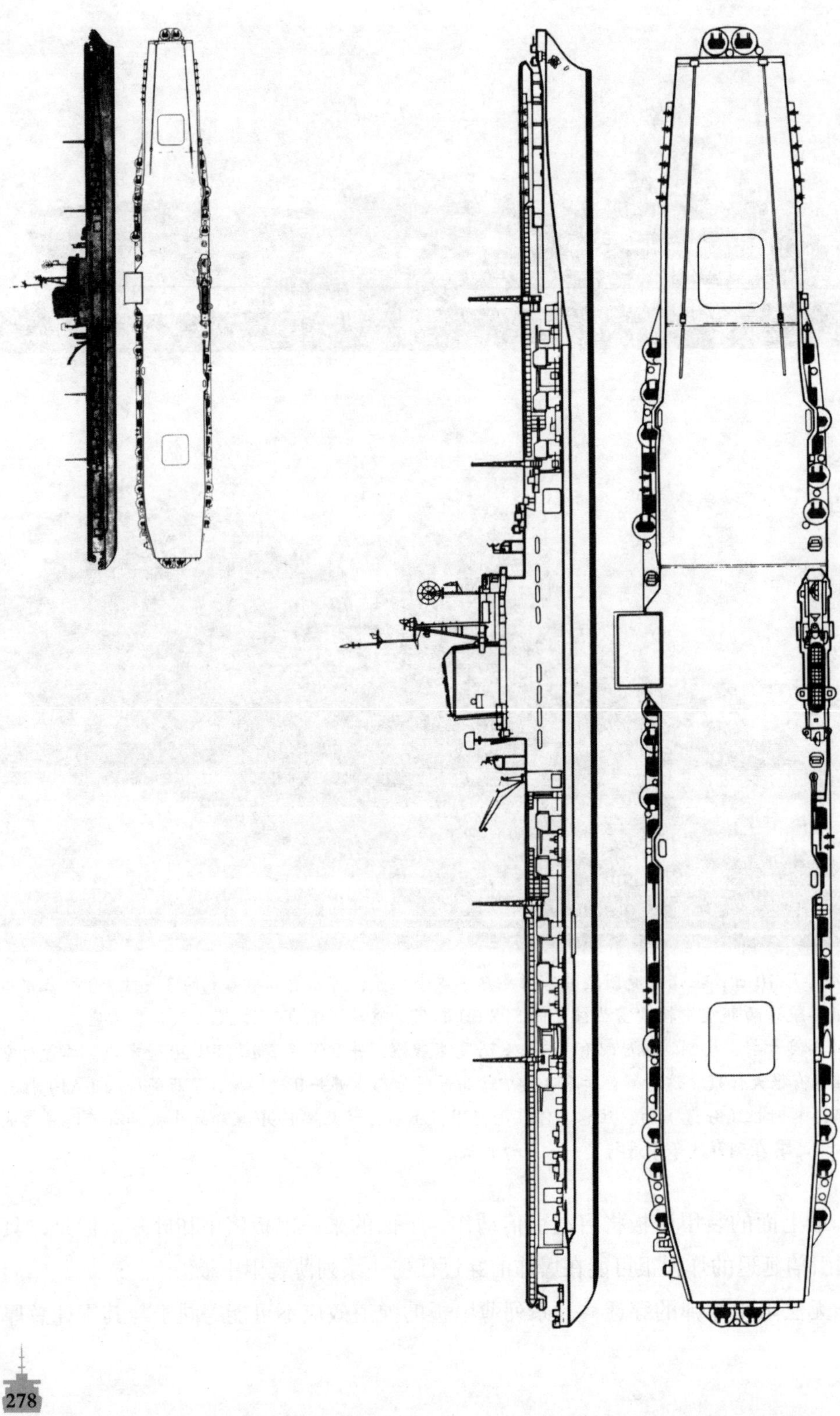

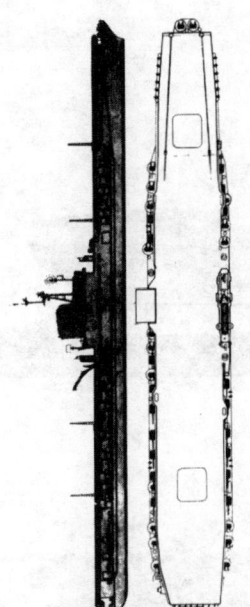

▲ 1945 年依照设计建成的中途岛号（CVB-41）。这幅海军图显示的是三脚桅杆顶上的 SP 雷达，而不是实际安装的 SX 雷达。

度相同的单层甲板，该单层甲板可能能够阻止一枚长延时炸弹的穿透。

　　选择单一重型甲板就像一场赌博，因为任何足以穿透甲板的炸弹都不会遭到进一步的抵御。遗憾的是，在1940年，与改装带有重型甲板装甲的母舰相比，敌军对飞机进行改造使其能够携带更重的炸弹的方法很明显更加容易。

　　单一的重型甲板防护方案必须基于特定的炸弹重量，然而，穿甲炸弹似乎极可能穿透任何单层装甲甲板（包括飞行甲板）。

　　这一问题几乎是造成英国皇家海军卓越号毁灭的原因。尽管卓越号航母确实设计有机库甲板侧面装甲来抵挡从垂直方向掉落的炸弹，但是母舰不具备足够的顶部重量，从而无法为机库甲板提供足够的防护。1936年对卓越号和卓越级航母的要求是需要一个3英寸的镍结碳化飞行甲板，预计该飞行甲板能抵抗俯冲轰炸机投下的500磅炸弹，或从7 000英尺高度投下的500磅半装甲穿甲弹。机库甲板仅有碎片防护（1英寸"D"钢）能力，主要是为了抵抗炮弹击中机库下方的舰体所造成的影响。事实上，机库甲板只有两端（弹药库上方）的甲板会比较重。

　　即使装有不可穿透的飞行甲板，升降机的软肋仍然存在。战前，美国航母的升降机顶部由铝制材料制成，可以提高速度——这是一个重要的进攻特征。但是，如果一枚炸弹穿透一部未装甲的升降机，不仅仅会使升降机停止运行——炸弹很可能会进入到弹药库或机械室中。

　　关于飞行甲板防护的任何分析必须考虑到的因素是装甲重量，并且更重要的是，在飞行甲板水平上所消耗的顶部重量将会以航母要害部分的防护失效为代价。也不能假设炸弹必须首先穿过装甲飞行甲板；炸弹也可以穿过机库的侧面。美国海军需要一个近乎开放的机库甲板，这样飞机可以在下面预热。和其他地方一样，开放性机库甲板是一个攻击性的特征，旨在在最短时间内发动甲板容量的攻击；其间接地影响了中途岛号的防御性能设计。另一方面，有人认为机库的开放式侧面结构会有助于尽快消散机库甲板上因炸药爆炸而产生的冲击波。在几艘采用封闭式机库的英国和日本的母舰上，机库甲板爆炸不仅炸弯了飞行甲板，甚至还炸毁了升降机。

　　1939年3月1日，就在开始讨论埃塞克斯号的发展之前，游骑兵号的上校约翰S.麦凯恩提出了一种轻型航母，该航母对其舰上的飞行甲板进行了防护，使其可以抵御从10 000英尺高空投下的至少500磅炸弹的攻击。整个舰载机机群将被安置在受防护的机库内，由2个机库甲板弹射器对飞机进行发射。战斗部队防空军司令金海军上将认为麦凯恩关于航母规模的观点基本上毫无意义，但他仍建议对未来航母的装甲式飞行甲板理念进行

研究。

但是,他怀疑带拦阻装置的装甲飞行甲板的穿透会大大降低航母的生存能力。另一种方案是:可以将舰上的机库整体向下移动,可以在没有装甲的飞行甲板下方插入装甲甲板。在他看来,装甲式飞行甲板的主要优点是保护机库,而不是保护飞行甲板本身。金承认他的提议像列克星敦号(CV 2)一样,需要一个封闭的机库,但是他觉得可以提供足够的通风。

战斗部队司令E. C.卡尔布鲁斯海军上将建议,应该努力发展麦凯恩所提议的防护型小型航母和大型防护型航母,使其"能够承受反复的轰炸攻击、水下攻击和至少8英寸口径的炮火攻击"。他准确地怀疑这样一艘航母至少应具有衣阿华级航母的规模,他在1939年6月15日的信函中可能最早表露了对中途岛号的偏好。此时对航母防护的普遍提倡导致埃塞克斯级吨位的增加;1939年末,美国海军总委员会要求研发部门建造和修理局开展一种有防护能力的航母的设计研究。1940年1月,形成了一个从CV-9E埃塞克斯号方案(第四层2.5英寸装甲甲板,排水量25 000吨)发展而来的设计方案,基本上与CV-9F(后来成为埃塞克斯号:1.5英寸装甲甲板,2.5英寸机库甲板,排水量26 000吨)同时。额外的1 200吨排水量将装甲从机库甲板延伸至了飞行甲板,这样飞行甲板和机库甲板装甲可以抵抗高达1 000磅的非穿甲炸弹。但是,这种防护会被膨胀点、升降机口甚至拦阻装置、升降机、火炮和弹射器的开口破坏。海军航空部需要一个开放型的机库,此类开放型机库无法保证从机库侧面进入的炸弹不会摧毁机库甲板,甚至穿透甲板抵达航母内部。

只要不将飞行甲板制成强力甲板(也就是说,只要海军航空部继续要求开放机库),沉重的飞行甲板会带来相当大的结构问题,其形式为由于横摇甚至横风而产生的"破裂"或横向应力。此外,由于船上重量较高,即使增加横梁来进行补偿,也可能在高速转弯时形成较大的横倾角。

鉴于所有这些原因,美国海军总委员会于1940年2月7日拒绝批准装甲飞行甲板的方案。但是,事情并没有就此结束。8月1日,时任海军航空兵司令的哈尔西海军上将提醒海军作战部长(CNO)注意以下报道:

——英国海军建设署署长(DNC)……表示,他认为必须对机库上方的飞行甲板进行保护。

——英国航母的飞行甲板是船体的一个强力结构，因此比美国由舰桥或平台结构建造的航母有更重的镀层。

——英国海军建设署署长已经声明，英国新航母的飞行甲板的装甲部分足以为舰载飞机提供着舰条件，因而可以知道英国新航母的部分飞行甲板显然是采用了装甲甲板。

哈尔西的信函是受到了来自麦凯恩的一封信函的启发，麦凯恩在信中引用了挪威战场中的经历。他的指挥官、美国舰队总司令海军上将 J. O. 理查森并不同意这一观点，原因是装甲飞行甲板如果受损则很难修复，并且其被炸弹击中的风险似乎很小（在挪威战场未发现航母被击中，所有航母被炸弹击中的总百分比约为 0.7%）。

与此同时，海军航空部提出了另一个问题。7 月 7 日，海军航空部建议为任何新建航母（在已经订购的 CV-9—12 之后建造的航母）配备 203 毫米舰炮；即使缩减航母数量，也有必要建造一艘更大型航母（对新建航母总排水量不大于 200 000 吨的限制已经生效）。这一提议在海军作战部长办公室（OPNAV）范围内引起了争议。新的 6 英寸/47 倍口径两用炮被认为是一种替代型武器（特别是只有在很近的距离内，才可能发生海上对抗的情况下）。8 月 2 日，美国海军总委员会宣布召开关于航母设计的听证会，"希望能够开发出新的、改进型航母……会上讨论的问题包括增加对炸弹攻击的防护，例如通过制造最小 1.5 英寸的特殊处理钢（STS）飞行甲板，可以抵御碎片、裂片和小炸弹的攻击"。听证会还将考虑将 203 毫米、152 毫米的单一舰炮或组合舰炮，以及 127 毫米、152 毫米组合舰炮的替代方案。在 4 年后成为快速航母特遣队指挥官，时任海军航空部上校的马克·米切尔，他极力建议为航母配备 203 毫米舰炮；他的建议得到了作战计划部上校克伦肖的支持，克伦肖承认，他不能保证在全球战争中为航母提供护航巡洋舰队的保护。

美国舰船建造修理局的科克伦上校强调了需要增大新型舰炮的尺寸。由于发电站仅在中等规模下可用，因此舰炮尺寸的增加不仅仅只是单纯附加重量的增加。如果最小尺寸的发电站不够强，则只得增大航母规模，从而容纳更大的发电站。这种情况令人想起当前的核动力装置和燃气轮机发电装置，但在 1940 年，设置一些中间发电装置的障碍是，在紧急作战的情况下美国工业生产能力跟不上，而不是需要巨大精力来研究全新的反应堆或燃气轮机。1940 年，埃塞克斯级和阿拉斯加级航母采用了 150 000 轴马力，蒙大拿级战列舰（BB 67-BB71）将很快采用 172 000 轴马力，衣阿华级战列舰则采用 212 000 轴马力。

如果无法增加动力,那么就只能降低航速,但是航母必须要具备高速机动能力。根据美国的经验,航母需在逆风中航行30分钟来放飞舰载机群,并且需要60分钟的时间来回收机群;在此过程中,航母需要保持一定的航速才能使舰载机成功着舰。实际上,航母的高航速与舰载机机群的规模有关(也就是说,与放飞和回收舰载机所需的时间有关——在甲板风中的起飞速度只有大约25节)。因此,通常不允许将航母的设计速度降低到33节以下。如果将航母的设计速度降低到33节以下,则意味着,必须对在150 000轴马力的情况下航速才能够达到32节的航母设计进行重新修改,为其改配至少172 000轴马力或更大功率的装置。

与防空炮相比,米切尔对反舰武器更感兴趣,"我们的飞行员认为,航母的舰载战斗机能为航母本身提供最有效的防空保护。我认为,对那些希望我们在航母上搭载防空武器的建议,我们也许可以不予采纳"。他认为雷达是航母主动防御的关键,并且引用英国的报道称,英国的"探测系统"允许"舰载机有足够的时间升空,以应对任何攻击"因此,舰炮防空保护是抵御少数逃过航母舰载战斗机防御的攻击机的最后一道防线。然而,他无法获得所青睐的8英寸舰炮,因为这意味着防空武器的减少。海军军械局经常宣传的6英寸/47倍口径两用炮,由于其发展非常之不成熟,仍然未被采纳。直到1949年,这种类型的两用炮才真正在伍斯特级轻型巡洋舰上投入使用。该两用炮的使用促进了新型5英寸/54倍口径炮的开发,并被作为新蒙大拿级战列舰上的二级舰炮。这型舰炮更高的速度将使其比现有的5英寸/38倍口径炮具有更好的反舰特性,但代价是射速降低(由于更重的炮弹和火药),也就是说,该舰炮的防空能力变弱。然而,这一点还是被接受了。

舰载机是影响航母重量的主要原因,而装甲飞行甲板会加剧这个问题。此时,舰船局提出了对舰载机限重13 000磅(约5.90吨)的规定,新的单引擎战斗机已经接近该限值[预计鱼雷轰炸机重量为15 000磅(约6.80吨)]。有关部门出于超重的考虑,命令胡蜂号(CV-7)不得搭载备用舰载机。米切尔认为,强力甲板/飞行甲板可以承受较高的飞机重量,而搭载装甲所需的额外稳定性使其也可以搭载重量更大的舰载机机群。

海军军械局指挥官斯派曼在报告中提出了抵御从10 000英尺投下的炸弹攻击所需的甲板厚度。试验表明,从足够高的高度投下一枚500磅的弹壳炸弹时,炸弹将完全穿透3英寸的船板;从4 000英尺高度投放时,炸弹会穿透1英寸的船板。

他怀疑任何厚度不足的甲板甚至不能抵御最小(100磅)型炸弹的攻击。

有关部门对于是否有必要进行这种最低限度的防护存在争议。8月6日,美国海军总委员会要求进行3项研究，对埃塞克斯号设计各种改造的成本进行分析（见表9-1）。在每一种方案中，第四层（保护性）甲板厚度将从1.5英寸增加到2英寸，机库甲板厚度从2.5英寸到3.5英寸，并且将对飞行甲板上或附近的1英寸特殊处理钢防护装甲进行更换。1英寸飞行甲板的用途在于，当在飞行甲板正上方或下方发生爆炸时，可以减少损坏。该飞行甲板还会触发引信起爆，从而让炸弹在到达母舰之要害部分前爆炸。后来舰船局建议，为了抵御小型炸弹，最好选择非常薄的20磅船板（该船板会减少甲板在撞击时的变形）或者最小2英寸的船板。

——CV-A装有9门8英寸/55倍口径舰炮，可抵御8英寸重型（335磅）炮弹（见表9-1）。虽然从未详细计算过，但舰船局估计排水量为44 500吨。

——CV-B，配备16个6英寸/47倍口径舰炮（8个位于飞行甲板上的双联炮架，8个位于从飞行甲板上延伸下来的船尾下甲板的单联炮架），抵御6英寸重型（141磅）炮弹。其排水量为38 500吨，长900英尺。

即使有这样的加长，速度也下降到了32.5节。此外，由于只要既需要宽阔的飞行甲板又需要穿越巴拿马运河时，就无法将飞行甲板6英寸炮的走廊下甲板位置从飞行甲板移开，因此飞行甲板6英寸炮不能兼作两用。CV-B方案于1940年12月16日提出。

——CV-C，配有12门5英寸/54倍口径舰炮，排水量为33 400吨，并且为了保持速度，将其长度增加到880英尺。尽管其机库甲板比埃塞克斯号的机库甲板长40英尺，但如果增加舰载机数量，就会增大排水量。CV-C方案于1940年10月11日提出。

上述3个方案的优先顺序是C、A、B。该顺序基于这样的理论，即在当时6英寸/47倍口径舰炮计划出现延误的情况下，B方案不太可能实现。

与此同时，麦凯恩上校再次提出装甲飞行甲板的问题。

在指挥游骑兵号时，我反复努力想象炸弹袭击的效果……当舰载机准备起飞时，飞行甲板的后半部分布满了集结的舰载机。整个机库甲板都被已充满燃料且准备起飞的舰载机所占据。袭击游骑兵号的炸弹要避开集结的舰载机，击中飞行甲板的概率为50%。由于机库甲板上完全布满了舰载机，这一百分比将进一步降低25%，只留下游骑兵号航母的前部，包括军官和船员的生活区，作为炸弹袭击的相对安全的地方：即母舰长度的25%。

表 9-1　中途岛号设计方案的演变，1940—1941 年

	CV-A	CV-B	CV-C	CV-D	CV-E	CV-F	CV-G	CV-H	CV-I
标准排水量（吨）	44 500	38 500	33 400	28 000	45 000	35 900	39 500	37 400	40 000
最大排水量（吨）	51 200	45 600	40 600	34 600	52 600	43 100	46 700	44 600	47 300
水线长度（英尺）	900	900	880	788	900	880	880	880	880
横梁（英尺）	111	103.5	100	95	111	101	106	102	106
吃水（试行）（英尺–英寸）	32-4	32-0	28-2	29-6	32-6	31.6-0	32.6-0	32.3-0	33.1-0
轴马力	172 000	150 000	150 000	150 000	172 000	150 000	150 000	150 000	150 000
速度（节）	33	33	33	31.5	33	32.5	32.0	32.5	32.0
舰载机数量	112	91	83	64	120	110	110	110	60
5 英寸口径毫米舰炮数量	8	6	12	12	12	12	12	12	12
40-mm 口径四联炮数量	6	6	6	6	6	6	6	6	6
装甲带（英寸）	7.6	5	4	4	7.6	4	4	4	—
FD（英寸）	1*	1*		1.5	2		3.5	3.5†	5
HD（英寸）	3.5*	3.5*	3.5	2.5	3.5	3.5	2	2	2
AD（英寸）	2*	2*	2	1.5	1.75—3.5	1.75	1.75	1.75‡	—
IZ（轻型）（千码）	11.25—18.7	14.6—28.4	9—28.4	11.25—18.7	14.6—28.4	11.25—28.4	11.25—22	11.25—22	—
IZ（重型）（千码）	14.4—16.6	15—25.7	11.25—25.7	14.4—25.7	15—25.7	12—26	12—20	12.20	—
舰炮型号	6-英寸/47 倍口径	8-英寸/55 倍口径	6-英寸/47 倍口径	6-英寸/47 倍口径	8-英寸/55 倍口径	6-英寸/47 倍口径	6-英寸/47 倍口径	6-英寸/47 倍口径	—

注：CV-E 是中途岛号设计的依据。IZ 是免疫区，与给定口径（l05/130 磅 6 英寸，260/335 磅 8 英寸）的轻/重射弹成 90° 目标角。装甲带全部铺设在 30 磅（0.75 英寸）的特殊处理钢上。CV-A、CV-B、CV-C 中的轻型炮都是四联 1.1 英寸（配有八支 0.50 英寸口径机枪）。CV-A 中的主炮组为 9.8 英寸/55 倍口径炮；在 CV-B 中，火炮为 6 英寸/47 倍口径炮（半 DP，半 SP）。在 CV-A 和 CV-D 中，5 英寸为 38 倍口径。其他情况下，5 英寸炮为 54 倍口径。

*FD 装甲超过 696 英尺，HD 和 AD 超过 500 英尺。

†仅限中间舱。

‡ 弹药库上方 5.25 英寸。弹药库的 IZ 延伸超过 28 400 码。

第9章 中途岛级航母

▲ 图为富兰克林·罗斯福号在1954年3月10日最后一次大规模前现代化改装后，出现在普吉特湾。此时的罗斯福号已经改装成了半封闭式的舰首。

　　舰载机起飞或着舰的作业时间大约占航母运行时间的25%。炸弹袭击很可能会造成舰载机损毁或切断明装的燃油管道。在所有舰载机均已升空飞行的情况下，攻击造成重大损坏的风险大大降低了，但是，记录表明，在模拟战的条件下，舰载机机群大部分时间都停在航母上。炸弹袭击造成的损害并不仅限于在飞行甲板上炸出一个洞。炸弹袭击的危险更在于其可以引爆飞行甲板上码放或舰载机携带的高度易燃易爆物质。无论怎样设计，在装满武器且密集的舰载机被引爆后，航母都无法幸免于难。

　　飞行甲板作为舰载机起飞着舰的重要设施，对执行航母的任务至关重要。如果甲板上出现一个大洞，会造成航母几个月无法参与作战。因此，保护飞行甲板本身至关重要。

　　如果没有为航母上的舰载机提供防护，则此时航母所面临的危险如同将主炮安装在露天甲板上且周围放有未受保护的弹药。

　　在任何类型的战争中……敌军舰队都无法利用海洋条件攻击我方舰队。敌舰将被迫撤回自己的领土或前沿基地。

　　此时，为了给敌舰还以颜色，有必要使用舰载机回击敌军的陆基飞机和作战基地。

在战斗初期，对敌军基地的攻击，甚至在这些基地周围进行侦查和试探，都是极其危险的，所以一般不会发生这种情况。但是，毫无疑问，对于前沿基地，这样的事情是无法避免的。在橙色战争中，有必要清除此类基地，以便充分接近敌军，攻击敌军。这样的战斗将是一场持续性的战斗，而不是间歇性突袭后迅速撤离，并且由于我认为一旦开始推进和进攻，我方的舰队不会在真正的角力之战开始前离开战场，因而以目前设计的航母进行战斗肯定会造成巨大的损失。

作战计划部部长意图购买英国装甲式飞行甲板航母的设计方案用于研究。尽管在11月18日，美国海军总委员会重申了其观点，即没有加装装甲式飞行甲板的埃塞克斯级航母是无须配备过大排水量的最佳航母。尽管如此，海军总委员会还是继续进行一系列新的研究。CV-A的研究工作也在继续进行，该方案已达到44 500吨排水量，并引进了172 000轴马力的蒙大拿号发电装置。CV-A是这个系列研究中第一个明确允许更大的机群（共有舰载机112架：36架VF，38架VSB，38架VTB）的航母。

其船体可能是后来CV-E设计的基础，并进一步衍生出后续的中途岛号航母的设计。

与此同时，海军部提供了新的英国装甲航母的全部细节，包括母舰上的小型装汽油（90 000美国加仑）和舰载机数量（12架VF战斗机，24架VTD轰炸机）。很快就有事实证明了英国装甲式飞行甲板的价值：1941年1月10日，英国皇家海军卓越号经受住了6次1 000磅和1次500磅的炸弹袭击，以及1次1 000磅的近距爆炸。

在6个月内，美英两国的合作非常密切，一名美国军官、海军少校斯特德曼·泰勒随英国地中海舰队航行。他在1941年6月12日的报告中指出了一艘规模比埃塞克斯号小很多的航母上采用沉重的装甲式飞行甲板而带来的一些缺陷。

在我于地中海海战服役期间，光辉号（卓越号的姊妹舰）的装甲飞行甲板未被任何炸弹或炮弹击中。其对航母的设计和运行的影响主要体现在以下方面：

——大幅降低舰载机的数量。虽然皇家方舟号和光辉号的吨位大致相同（22 000吨），但前者是一艘旧航母，搭载着54架舰载机，而光辉号仅有36架舰载机。

——光辉号航母水线以上的飞行甲板高度的降低，使得舰载机无法在恶劣的天气情况下停靠在甲板上。这并没有使英国人感到担心，但需要彻底改变我们的航母系统。在地中海海战期间，航母的飞行甲板上喷溅了大量水，有一次我看到了少量的甲板涌浪。在遭遇大西洋风暴的情况下，甲板涌浪时常冲刷着飞行甲板；前端受到海洋风暴的破坏，且前甲板上的锚泊装置被扯裂。

——飞机升降机速度因重量增加而降低。虽然光辉号的升降机没有完全采用防护装甲，但其比皇家方舟号的升降机更重。皇家方舟号升降机的速度为单程7~9秒；光辉号升降机的速度为单程13~14秒。

——鉴于卓越号机库爆炸造成的损失，在任何情况下都必须对由飞行甲板、侧板和装甲门组成的装甲"箱"进行通风。卓越号的标准命令是（当可能发生日间轰炸时）：

（1）前部升降机下降，后部升降机上升；

（2）前装甲门保持大开，后装甲门关闭；

（3）舰厅门关闭；

（4）电线帘关闭；

（5）电线在机库外（舰厅内）汇集。

——英国海军不确定防护装甲能否有效地保护他们的航母，但他们仍坚持认为防护装甲是必要的，只是不确定如何获得合适的装甲厚度。

我的结论是，英国牺牲了近50%的舰载机装载能力来获得对航母的部分保护。其实，额外的舰载机（尤其是战斗机），可为航母提供保护。此外，这种牺牲自身主要攻击力来增加航母防护的做法是一种防御理念。如果要在没有陆基战斗机支援的情况下，在封闭的海域中使用航母，是需要装甲式甲板的，但防护装甲的厚度应大于3英寸。如果将航母用于正常作战行动，则增加舰载机数量比防护装甲更重要。

1941年6月30日，应美国海军总委员会的非正式要求，舰船局决定设计一个规模与埃塞克斯级航母大致相同的航母，并权衡好母舰长度、航速和装甲式飞行甲板和保护舱壁。舱壁将机库甲板分成3部分，以隔离炸弹损坏（由此顺便回应一个论点：飞行甲板装甲的实际水平无法抵御所有炸弹）。

至于英国的经验，舰船局指出，卓越号的飞行甲板曾被一枚大型（1 000磅或更重）穿甲炸弹炸穿。

支持使用装甲式飞行甲板的一个重要理由是如果使用装甲式飞行甲板，将迫使敌军投放此类重型炸弹。另一方面，此炸弹确实穿透了飞行甲板，并通过冲击波效应、碎片和火摧毁了机库。此外，由于在卓越号中，机库甲板上的防护板并未延伸到船的中部，包括弹药库（而这些空间的保护假定是由下侧装甲带所提供的），因而，如果这颗炸弹向前撞了几英尺，引信引爆延迟了一段时间，炸弹无疑会进入弹药库并造成灾难性爆炸。经常会被提及的问题是，如果一艘CV-9级的航母受到与卓越号相同的攻击，会产生怎样的结果。假设攻击发生在与卓越号中大致相同的位置，似乎也没有理由认定CV-9会被击沉。击中飞行甲板中部的炸弹几乎肯定会在飞行甲板上启动引信，因此可能会在炸弹到达机库甲板之前就已经被引爆，或者炸弹可能穿透机库甲板并在穿透后引爆，从而造成严重但可能不是致命的结构损坏。如果炸弹是在具有轻型结构侧的CV-9机库引爆的，则关于爆炸后果是否会像卓越号机库一样严重尚且存在疑问。经小规模测试确认后，可以认为在机库中安装1英寸特殊处理钢的横向舱壁，能够减小在相对开放侧的机库中的爆炸效应对相邻2个舱壁之间的部分造成的损害，并将保护相邻的舱室免遭大部分碎片袭击。

表9-2　1941年完整炸弹能穿透甲板的预计高度（英尺）

	CV-D	CV-D	CV-D	CV-E	CV-E
			1.5-英寸 FD		
		1.5-英寸 FD	2.5-英寸 HD		2-英寸 FD
	1.5-英寸 FD	2.5-英寸 HD	1.5-英寸 PD	2-英寸 FD	3.5-英寸 HD
水平轰炸					
500—磅 HC	4 000	—		7 000	
1 000—磅 HC	3 000	10 000		4 500	
2 000—磅 HC	2 500	6 500	10 000	3 500	—
1 000—磅 AP	1 000	5 000	7 000	2 000	8 500
1 600—磅 AP	700	4 000	5 000	1 500	6 000
2 125—磅 AP	500	3 000	4 500	1 000	5 000
俯冲轰炸					
（300海里-60°俯冲）					
500—磅 HC	1 000	—		3 500	
1 000—磅 HC	任何高度			2 000	
2 000—磅 HC	任何高度	3 500		任何高度	
1 000—磅 AP	任何高度	2 000	4 000	—	5 000
1 600—磅 AP	任何高度	500	2 500	任何高度	3 500
2 125—磅 AP	任何高度	任何高度	1 000	任何高度	2 000

注：在1941年，汇编这些数据时，2 125磅AP炸弹只存在于计划中，并没有投入使用。

与埃塞克斯号（CV-9级）相比，卓越号机库防护是通过牺牲航母的其他特性来实现的。这样的比较可能忽略了以下事实：卓越号的排水量比埃塞克斯级小，而且英国的航母在舰载机数量上与美国海军管理有很大不同。但是，即使考虑到这些因素，卓越号和埃塞克斯号之间在搭载飞机数量、航速、续航、航空燃油储量和炸弹储存方面也存在实质性的差异。

跟前一年的CV-9G一样，CV-D证明埃塞克斯号舰体太小，无法容纳大量的飞行甲板或机库防护。即使是一个1.5英寸的飞行甲板（和埃塞克斯级规模航母上的其他装甲）也需要900吨的排水量，母舰长度从820英尺减少到788英尺（这反过来又需要1.5节的试验速度），并需要削减19架舰载机，即新的机群只有64架舰载机。在提交CV-D时，初步设计提出了约45 000吨排水量的替代设计，可容纳110~130架舰载机，并配备2英寸特殊处理钢防护装甲飞行甲板，3.5英寸特殊处理钢机库甲板，要害部位上方配备2英寸空间，并可以抵御8英寸的炮火攻击。实际上，这是CV-A的方案，其中取消了航母的8英寸舰炮，并将飞行甲板装甲厚度增加了1英寸。初步设计后来提供了一种新的CV-E草图设计，可以互换飞行甲板和3.5英寸的机库甲板装甲，但需要额外付出1 000吨排水量的代价。这与中途岛级航母最终接受的妥协方案非常接近。

舰船局将飞行甲板视为迫使敌人使用重型炸弹攻击机库的一种手段，即减少敌人携带的炸弹数量，从而减少其命中次数。例如，为了穿透CV-E的飞行甲板，一枚500磅的重壳炸弹，必须从穿透CV-D的飞行甲板所需高度的两倍多的高度投下（见表9-2）。即便如此，抵御目前最大的穿甲炸弹也需要6英寸甲板。在任何情况下，机库甲板上所需的3.5英寸厚度中，2英寸为强力甲板所需的厚度，因此能将其不超过1.5英寸的厚度转移到飞行甲板上；需要增加重量来覆盖飞行甲板更大的突出面积并保持稳定性。因此，只要美国保留关于开放式机库的基本设计实践，即只要机库（而不是飞行甲板）是强力甲板，那么3.5英寸的飞行甲板就可能代表了实用性的限制。

海军航空部倾向于CV-D的方案设计。虽然飞机数量减少，但不足以构成批判这种设计的理由。建议将CV-9部分排水量指标转移给CV-D设计。除了减少航母的数量外，似乎更好的解决方案是建造排水量同样为45 000吨的航母。135 000吨的航母总吨位的设计需求可以建造3艘45 000吨级的航母（总共390架舰载机），或5艘CV-9航母（共415架舰载机）。

海军军械局对 CV-D 并不看好：较低的航速会更容易让航母陷入与攻击巡洋舰的火炮战危险中，并且 1.5 英寸的甲板无法抵御一枚从 6 000 英尺高空投下的 500 磅爆破炸弹。

CV-E	CV-F	CV-G	CV-H	CV-I	英国皇家海军卓越号
2- 英寸 FD			2- 英寸 HD		
3.5- 英寸 HD	1- 英寸 FD	3.5- 英寸 FD	5.25- 英寸		
1.75- 英寸 PD	3.5- 英寸 HD	2- 英寸 HD	弹药库上方	5- 英寸 FD	3- 英寸 FD
—	—	—	—	—	—
—	—	—	—	—	9 000
—	—	—	—	—	6 000
11 000	7 500	9 500	16 000	10 000	4 000
8 000	5 500	7 000	12 000	7 500	3 500
6 000	4 500	6 000	9 000	6 000	2 500
—	—	—	—	—	—
—	8 500	—	—	—	3 000
7 000	4 500	6 500	—	6 500	1 500
5 000	2 500	4 500	—	4 500	任何高度
3 000	1 000	2 500	6 000	3 000	任何高度

"考虑到 1.5 英寸飞行甲板（2.5 英寸主甲板）所消耗的重量与稳定性，它并未对航母提供应有的保护"。毕竟，一个 3 英寸的飞行甲板无法挽救卓越号使其免于失去作战能力。如果不能提供足够厚的甲板，航空局将要求提供最薄的甲板，以限制由于机库甲板爆炸而导致的飞行甲板损坏，也就是说，该甲板不会弯曲太多，并且一定会引爆引信。大概 0.5 英寸特殊处理钢防护装甲就足够了。

在 9 月 24 日的美国海军总委员会的听证会上，大家对 CV-9 和 CV-E 方案比较看好，但大家几乎完全同意 CV-D 方案在舰载机搭载数量和其他特性方面牺牲过大。作战计划部认为 CV-E 从操纵的角度来看太大，并认为 120 架舰载机机群可能难以实现。所有与会者比较认可适当的飞行甲板防护措施。美国海军总委员会将 CV-C 作为合理尺寸的原型重新考虑，并要求进行以下两项工作：

——升级项目：包括 1 英寸特殊处理钢舱壁，40 毫米火炮等。这就是后来的 CV-F，

第 9 章　中途岛级航母

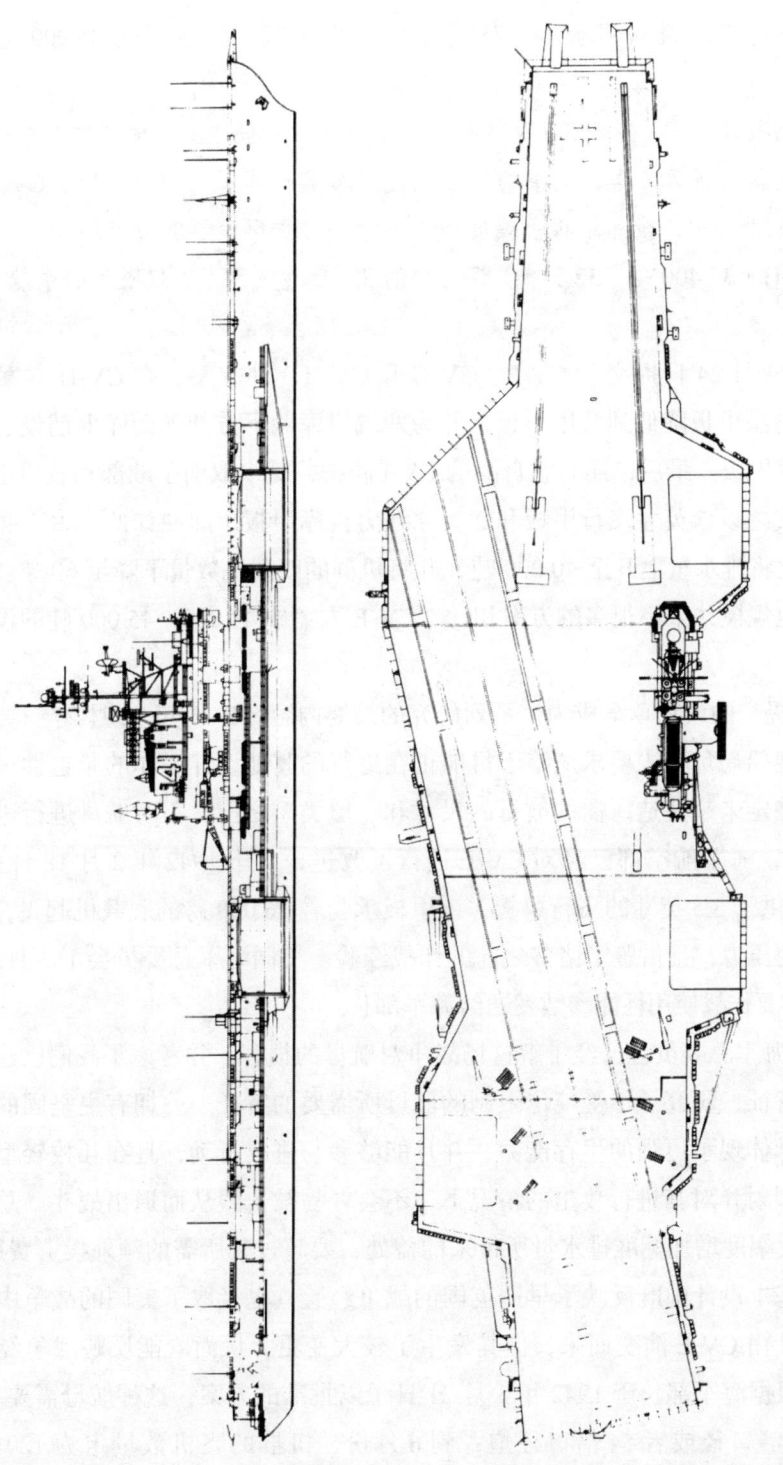

▲ 图为 1974 年经过现代化改装的中途岛号（CVA-41）(SCB 101.66)。

其配有3.5英寸的机库甲板和1.75英寸的装甲甲板。排水量为35 900吨，速度为32.5节。

——研究项目：一项包含3.5英寸特殊处理钢飞行甲板和主甲板强度要求的研究。舰船局指出，作为折衷方案，沉重的甲板可能只覆盖机库甲板的一个舱。CV-G（39 500吨，32节）设计中，机库甲板上厚度为2英寸，防护甲板厚度为1.75英寸。作为替代方案，CV-H（37 400吨，32.5节）设计中的3.5英寸飞行甲板仅限于船中舱。

舰船局在11月24日提交了CV-F、CV-G和CV-H 3种方案。在CV-H方案中，将在飞行甲板面的重型甲板降低到装甲甲板，并为两端机库舱下方的弹药库上铺设总厚度达到5.25英寸的装甲甲板。最后，还有它自身的CV-I防护，其中取消了舷部和装甲甲板（防轰炸）防护，而代之以5英寸飞行甲板和2英寸强力机库甲板。即便如此，由于必须接受较小的机库，因此将排水量上升至40 000吨，并将机群的舰载机数量下降至60架。舰船局的结论是，与其他规模并未小很多的方案相比，CV-E方案中43 000～45 000吨的设计确实十分必要。

这些11月提交的设计草案成为该系列研究的最终内容。1941年12月27日，考虑到战争应急计划，舰船局负责人要求"鉴于目前正在进行的其他设计工作的紧迫性……在美国海军总委员会确定未来建造所需的航母的尺寸和一般类型之前，不对航母进行进一步的设计研究"。此时，海军航空部已经对CV-E进行了改进，并于1942年2月18日再次推荐。CV-E的设计提供了3.5英寸的飞行甲板，该甲板承受着26 000磅的舰载机起飞，22 000磅的舰载机着舰的压力，且借鉴了诸多之前的作战经验。美国海军总委员会于3月14日同意并将CV-E的主要作战使用性能参数发送给海军部长。

"……美国海军总委员会已经了解这场战争对航母的损害，并考虑了我们已建造和正在建造的航母的特征，研究了不受吨位限制的航母所需要的特征……拥有更坚固的航母至关重要，这些航母体现了更强的生存能力，并且能够参与进攻行动，且在几枚轻型炸弹、一两枚鱼雷或中型射弹对其进行攻击的情况下，不会轻易被击毁从而退出战斗。总委员会认为，这类航母大幅度增加标准排水量所带来的益处，要超过其所需的额外投资费用……"

中途岛号基本设计中既反映了早期英国的战争经验，也汲取了美国的战争中获得的教训。尽管该设计由CV-E演变而来，但其发生了较大变更，从而既能反映战争经验又能发展飞机技术。根据海军部长于1942年3月21日予以批准的方案，这种航母需要16门5英寸炮，或者38倍口径或者54倍口径炮；到6月份，机群的飞机数量定为120架（36架

VF，48架VSB，36架VTB），或者是已经在建造的83架大型飞机。具体分析表明，续航半径（在15节的行驶速度下行驶20 000海里）所需的燃料将使排水量增加2 500吨，因此172 000轴马力不足。取而代之的是，采用了衣阿华号的装置（212 000轴马力）。但是，保留了蒙大拿号中高度细分的布置。由于美国当时计划建造一套新的巴拿马运河船闸（事实上，这还没有开始实施），因此可以接受将吃水线增加到113英尺（例如用以容纳新机器）。

动力系统的布置与第一次世界大战期间采用的布置（如有）相似（以提高主力舰的抗损坏性，尽管现在已装备好涡轮机）。2个外侧轴的齿轮涡轮机组并排位于发动机室之后，并由中心线上的发电机室和辅助机械室隔开。每个机组配有3个锅炉房位于引擎室的前方。舷内轴由齿轮涡轮驱动，位于前中线机舱内，由泵房和普通机房前后隔开。舷外每个机组都有3个锅炉房，一侧为2个，另一侧为1个，两组交替布置。因此，母舰有12个独立的锅炉房、4个独立的机舱和10个更加独立的机舱（用于泵、发电机、辅助机舱和蒸发器），鱼雷防护系统内共有26个独立的空间，而埃塞克斯级航母上有8个主要的机舱。4个机组中的每一个机组均可以独立运行，并且舷内和舷外设备是交叉连接的。

大西洋战区的航母指挥官在7月1日的信函中对该设计产生了重大影响。他特别要求将舰岛最小化。他指出，由于舰岛上不平衡的重量而加剧鱼雷对萨拉托加号的破坏。舰岛前后5英寸火炮的位置似乎是其高度的主要原因。例如，两层火炮要求驾驶室和舰桥具有高位置，仅仅为了确保前方拥有足够的视野。因此，他建议将5英寸舰炮主要设置在两侧，并在允许的情况下使用单个指挥仪。

在制订施工图纸期间，尽一切努力缩小舰岛的规模。舰上部队希望拥有更多的舰岛空间，特别是为了容纳一个指挥中心、飞行员和战斗机指挥站；海军航空部参考了护航航母和轻航母的小型舰岛。海军副作战部长（VCNO）下令将作战情报中心（CIC）和飞行员安置在装甲飞行甲板下面的走廊甲板上。将右舷象限的5英寸指挥仪安装在舰岛的前后飞行甲板上，与之同时安装的还有最初安置于舰岛上的两门四联博福斯式高射炮中的一门。另一门则安装在船尾下甲板的前方，以减小舰岛的宽度。首次发布时，施工图纸显示舰岛宽度为16英尺，与飞行甲板的右舷边缘重叠5英尺。后来将该宽度减少到11.5英尺，并且无重叠，在第二层以下也不设突出区域。

所有这些缩减都取得了回应。例如，竣工时，中途岛号设有一个可视战斗机指挥站，包括位于烟囱后方舰岛第二层的后防空站。该航母的准指挥官批评说航母的舰桥布置相当狭窄，美国海军作战部长（CNO）下令重新进行研究。1945年12月12日，下令对第三艘航母珊瑚海号（CVB-43）进行改装，在母舰上建造一个扩展型舰岛结构，在驾驶室上方装

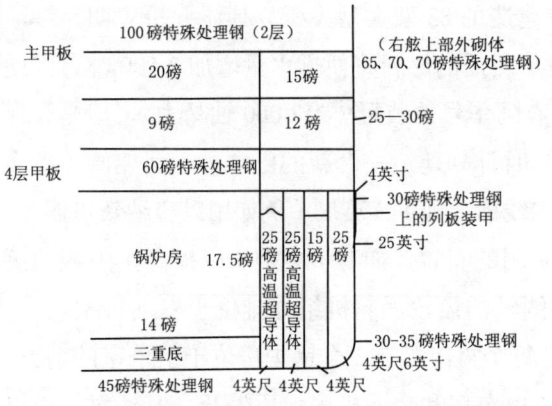

▲ 兰道夫号航母（长船体埃塞克斯级航母）的内侧剖面图，1945年。

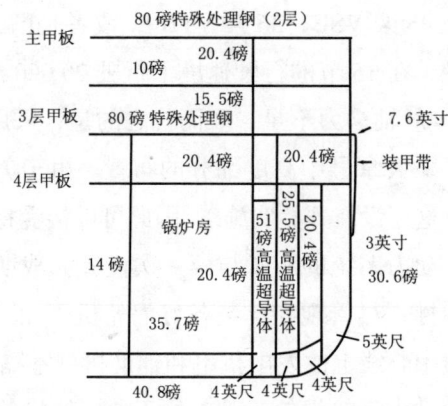

▲ 中途岛号横截面，至机库甲板水平。

有前5英寸指挥仪；作为重量补偿，将驾驶室的装甲防护厚度从6.5英寸减少到2英寸。随后对其他2艘航母进行了类似改装。

舰船局在1942年9月中旬下发了修订后的施工图纸，尽管该图纸仍不完整。这些施工图纸显示了18门5英寸舰炮（38倍或54倍口径），包括舰岛前的2门双联炮架，以及2门四联和12门双联博福斯式高射炮。最初设计研究显示埃塞克斯号配有12门炮，均为5英寸/38倍口径或者5英寸/54倍口径舰炮。随着防空武器的价值得到更充分重视，右舷走廊又增加了4门舰炮，以飞行甲板区域的减少为代价；飞行甲板武器因其上方的锥形火筒而被保留了下来。另一方面，飞行员开始注意到飞行甲板面积的减少。到1942年6月，舰船局一直考虑在走廊中安装相对大量的火炮，但考虑到这样会增加重量，如此衡量来看，跨甲板射击也不是特别重要的需求。

因此，草图设计显示两侧各配有8门火炮。9月，舰船局开始着手18门火炮的布局，火炮位于4个象限，2个双联炮架位于右舷前象限。最后，到1943年1月，已经实现最终的军备布局：18门5英寸/54倍口径单联火炮，全部安装在主（机库）甲板上的基座上，而且没有一门火炮对飞行甲板构成干扰。1945年3月，这些位置被认为是能够为开放式机库提供有效舷部保护的。使用单联舰炮的一个主要原因可能是由于取消蒙大拿级航母计划而推迟了双联5英寸/54倍口径舰炮的安装。即便如此，海军军械局于1945年提出了为预计建造的CVB 56-CVB 57提供2门双联舰炮的建议。

这一舰炮需要4个5英寸的指挥仪：2个安装在右舷象限的舰岛结构上，2个安装在左舷走廊上（一个位于船中部，一个位于船尾）。在某种程度上，后一种设计与埃塞克斯级航母短命的左舷马克37相似。

　　轻型防空舰炮数量爆炸性增长。1月20日的计划（由海军作战部副部长在2月20日批准）包含了15门四联博福斯式高射炮。2门将位于前甲板上，2门在船尾上，1门位于舰岛前的飞行甲板上，其余位于走廊中：1门位于前甲板水平的飞行甲板炮座下，且在机库甲板上，3门位于右舷侧船尾，6门沿左舷排列。在1944年夏天进行的一次改装中，为航母增加了6门炮：右舷1门，左舷5门。与此同时，取消了船中部的左舷5英寸指挥仪，而后一个切断了飞行甲板一角的指挥仪仍然保留了下来。当第一艘母舰的准指挥官抱怨剩余宽度（82英尺）不足时，美国海军作战部长（CNO）指示进行一项研究，研究结果是在最后一艘母舰（CVB 43）中体积更小的马克56取代了大型的指挥仪。

　　还存在一个问题。在设计的早期阶段，舰岛部分节约的重量已经被一个沉重的左舷飞行甲板抵消了，因此必须切掉该甲板，以容纳左舷炮组。1943年5月，舰船局提议将右舷列板从7.6英寸减小到7英寸，以恢复平衡。1943年6月16日批准的布局包括在右舷30磅特殊处理钢的背衬上使用7英寸（逐渐变窄至3英寸）装甲；左舷装甲带应为7.6英寸，无锥度，并向前延伸3英尺。

　　航母建造期间的另一个主要设计变化是在船头。在1945年6月遭遇台风天气的经历表明，航母很容易受到前方天气的破坏，而且人们已经认识到，中途岛号的船长与干舷之比很长，因此会容易被海水溅湿。只有第三艘航母（CVB 43）由于自身配备十分不完整，从而未受影响：它的舷板向上延伸到其前端的飞行甲板上，配有一个位于艏垂线的横向内槽舱壁，以免干扰锚的操作；舱壁在前部包围辅助转向位置。这种改装后来在早期的2艘航母上得到了沿用，富兰克林·罗斯福号直到1954年才获得了封闭式船头。接下来，完全封闭的"飓风式"舰艏在一年后应用于重建的航母中。

　　最终，1943年7月22日，在海军航空部的建议下，海军作战部副部长最终取消了对飞行甲板前端设置阻拦装置的一般要求。这也意味着可以解决对高速倒车的需求；要求中途岛号以17.5节而不是20节的速度后退。

　　从外部来看，新航母的舰岛明显比埃塞克斯号窄得多，并且更适合安装雷达。

　　最初授权安装2个空中搜索雷达（SK）、2个地面搜索雷达（SG）和1个测高雷达（SM）。这些船由一根短杆前桅、一个巨大的三角桅和舰岛后的一根短杆桅杆组成，形成巨大而清晰的弧线。中途岛号航母本身配有SK-2和SR-2空中搜索雷达，以及在三脚桅顶部安装的大型SX组合测高仪和空中搜索装置（该舰是第一批接收后者装置的母舰之一）。除了富兰克林·罗斯福号似乎已经在船头配备了SR-3——战后的SPS-6的前身，中

美国航母设计简史

▲ 1945年后，由于中途岛号附加重量的增加，唯一可用的补偿措施是移除舰炮，但无论如何，这种方法均被认为对高速现代飞机的作用越来越小。在这张拍摄于1955年8月8日的照片中，中途岛号在普吉特湾完成完全改装，其右舷未配舰炮，母舰总舰炮组减少到10门5英寸/54倍口径（左舷7门）炮。机库只是被卷帘围住，完全没有受到任何防护。1945年对2艘提议的新航母（CVB 56和57）的中途岛级特性的审查表明，机库对神风特攻队攻击的主要防护是一排5英寸舰炮，这些舰炮都在10年后消失了。

途岛号的2个姊妹舰拥有与中途岛号相似的装备。在20世纪50年代初的改装中，中途岛号和珊瑚海号都将其2个前桅组合成一个单一的更大的前桅结构。其倾斜的支腿朝向船尾，并且其在中途装有一个用于空中搜索雷达（SPS-6B）的平台，在其最高处的平台上装有一个SX，并带有一个用于TACAN导航信标的上桅高杆。

和1945年一样，中途岛级航母都存在严重超重的问题。从1942年开始，大部分的设计变更都增加了重量，且其中大部分都在航母上增加了很重的重量。主要的可取之处是，由于空间不足，必须要求放弃25%备用飞机。珊瑚海号只配有14门（而不是最初的18门）5英寸/54倍口径舰炮（已淘汰第6、7、13和16号炮）。这是1947年5月批准的CVB-1号改进计划中的重量补偿方案，并在另外2艘航母中得到了沿用。同样，只有中途岛号和富兰克林·罗斯福号装备了84门40毫米舰炮的全套装备；在1949年5月新的双联3英寸/50倍口径舰炮安装完成之前，珊瑚海号以空炮架代替，总共配有18门双联舰炮。

在进行改装后，中途岛号与其他航母的区别在于其拥有20个这样的炮架。到1957年，在航母升级前夕，珊瑚海号减少到16门双联炮。早在1947年，就已经曾有人提出使用一种新型快速射击（马克42）5英寸/54倍口径舰炮炮组的建议，以取代最初安装的慢速发射武器，舰船局承诺用8到10门新型舰炮取代之前的总共14门舰炮。此时，仍然可以依靠5英寸弹药库的侧面装甲带来提供防弹保护。

战后的主要变更是CVB 1号改进计划，其旨在使中途岛号具备操作喷气式飞机和重型攻击机的临时能力。1 架麦克唐纳幻影号飞机（FD-1）于 1946 年 7 月 21 日首次在富兰克林·罗斯福号上着陆。主要的改进是为操作 AJ-1 战略轰炸机并提供重型（特别是核弹）炸弹的处理（包括组装早期核武器所需的空间）而做出的，这一组装可能需要长达 24 个小时。

舰上通常拥挤不堪。1947 年 9 月，美国海军总委员会成员登上中途岛号观察桑迪行动（一次 V-2 火箭的试射）。当时，总委员会成员正在为战后的第一艘航母 SCB-6A 编写主要技术特征，他们认为该航母是一个很好的案例参考，可以分析得出后续航母应避免的事项。

为军官和士兵提供的起居舱室的标准不尽如人意，以至于在战时条件下可能会严

▲ 珊瑚海号是最后一艘进行现代化改造的中途岛级航母。图片为该航母于 1957 年 4 月 15 日现身于塔科马港附近，即将进入普吉特湾海军造船厂进行改造。这时，它已经减少到 10 门 5 英寸 /54 倍口径和 16 门双联 3 英寸 /50 倍口径舰炮（左舷 10 门）。航母雷达装置的一个不同寻常的特点是二战 SK-2 搭载在航母的舰岛船尾处。该雷达代表了长波的回归，短波 SPS-6 系列在使用中表现出明显的缺陷。最终，开发了一系列新的 UHF 雷达，例如当前的 SPS-43A，以取代此类战时应用的雷达类型，且不会失去其工作频率的优势。还要注意，烟囱上数字 3 正下方的小天线罩：为 SPN-8、CCA 雷达，在 20 世纪 50 年代后期的美国航母上相对常见。飞行甲板后部的斑驳似乎表明在母舰进入船坞进行重建之前，已卸下了阻拦装置的短索。

重降低母舰连队和舰载机机群的使用效能。这些无疑会对全体士兵士气产生不利影响，由此，在重新征募和转移为正规海军方面构成了遏制效应。

当船舶在 28°30′ 的纬度下操作时，飞行甲板正下方的军官和士兵铺位的温度足以杜绝他们在白天或前半夜有任何令其精力充沛的休息的可能，这一点在连续作战期间将至关重要。鼓风机的噪音水平构成了持续不断的骚扰。由于特等客舱中未安装门，靠部分舱壁来分隔舱室，洗手间与洗手间之间也未安装门，并且军官和船员的宿舍相混杂，从而造成了军官的隐私度不足。特等住舱通常不提供洗手盆，在某些情况下，迫使军官需要步行到最近的洗手间。船员的生活区通常拥挤不堪。富兰克林·罗斯福号的指挥官表示，由于目前正在对该母舰实施改进计划，许多船员起居舱中的 4 层铺位已更换成 3 层铺位。指挥官亲自体验了 4 层铺位中的顶层铺位，发现在顶层铺位的人每次翻身的时候，肩膀都会撞到头顶上方而无法翻身。

在整个航母上军官的居住位置和各种入伍等级的士兵或分散或混杂，这种分散或混杂程度显然是基于美国海军早期航母作战战损情况的报告。但是，对于观察员来说，这一问题已经如此之严重，甚至损害了舰队和舰载机机群的潜在军事效能。换句话说，过度的压力被放在航母的防御性能上，从而牺牲了航母的进攻潜能。

航母潮湿，机库和飞行甲板上均潮湿。例如，航母倾向于猛冲入大海，而不是缓缓驶入大海，从而使海水涌入飞行甲板的前端。飞行甲板漏水，使得机库甲板在雨天以及巨浪汹涌中被溅湿。由于美国的操作经验要求将舰载机长时间停放在飞行甲板的前端，因而造成飞行甲板潮湿的情况特别严重。

中途岛号的设计总兵力（航母人员和航空联队人员）为 3583 人，但是到 1947 年，中途岛号已经配备大约 4100 人，并且由于配备了新型喷气飞机和新一代机载武器，因此有望实现更多的兵力。

美国海军总委员会提议，所有新航母的设计应考虑到兵力的增长，并且与战前的萨拉托加号和 CV-5 级航母一样，居住空间不得直接位于飞行甲板的下方。船尾下甲板更适合用于船舶和储藏室，或装有空调的现成房间。如果做不到这一点，船尾下甲板上的所有居住空间都必须装有空调：不能接受中途岛号的布置。

尽管存在这些缺点，在 1947 年中途岛级航母仍然是当时仅有的能够在不进行重大改装

第 9 章 中途岛级航母

▲ 本照片拍摄于 1955 年 6 月 8 日，照片显示珊瑚海号在现代化改装之前的最终舰岛形态。当时，珊瑚海号为第六舰队服务，其雷达是战时和战后混合式雷达，舰岛上配有一艘旧式 SK-2。大盘中的小椭圆形天线位于其下边缘，旨在改善高空性能。巨大的格状桅杆从下到上分别显示了用于接近舰载机的"马歇尔控制"的 SPN-6、用于空中搜索的 SPS-6B、用于测高的 SPS-8（以及右侧的 YE 飞机归航信标）、发动机控制模块天线罩、地面/天顶搜索雷达、舰空无线电天线和超高频测向仪。大烟囱侧面的锥形天线罩是用于 CCA 的 SPN-8。

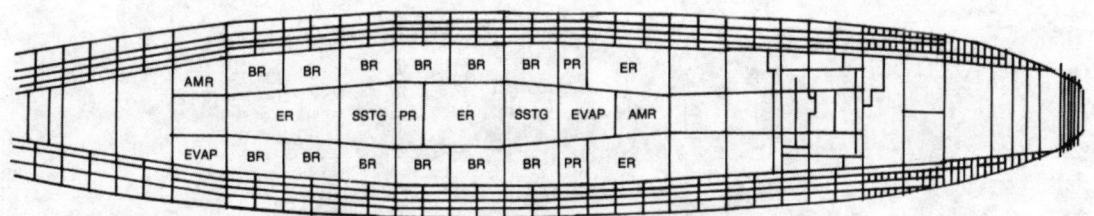

▲ 中途岛号机械配置，包括细分和鱼雷保护的展示。

的情况下可以有效支持战后新型武器和舰载机的美国航母。因此，它们是最后一批需要现代化改造的参战航母之一：1954 年，富兰克林·罗斯福号成为第一个在普吉特海湾开始进行现代化改造的航母；随后，在 1955 年 9 月 1 日以及 1957 年 4 月 16 日，中途岛号和珊瑚海号分别进行了现代化改造。第 13 章对这些改造进行了说明。

第10章
1945年新型舰队航母

美国航空母舰的设计在1945年之后发生了巨大的变化，朝着主要用于战略攻击的极大型航母方向发展。然而，在确定发展方向之前，人们尝试在充分吸取战争期间积累的经验教训的基础上，新建一艘新的航母，这艘航母是"埃塞克斯"级航母的直接继承者，它构成了航母快速特遣部队的基础。考虑到已经有大量此类舰艇完成或接近完成，国会几乎不可能再批准任何大规模的航母（或驱逐舰或潜艇）建造计划。然而，海军部长福莱斯特清楚地意识到，解散战争期间组建的设计团队是十分危险的，特别是因为在二战后，世界并没有朝着期望的和平方向发展。1945年5月10日，他提出了一个关于新设计舰艇的计划：一艘新的舰队航母，其航空设施与"中途岛"航母基本一致。舰船局"从与有关机构的非正式讨论中了解到，海军希望开发一艘中型航空母舰，其排水量在CV-9级和CVB-41级之间，建造所需人工和物料比CVB-41级要少的新航母……标准排水量为35 000吨"。

福莱斯特的计划反映了对战争的担忧；他提议的舰艇也是更大的战略航母的替代物，即美国号航母的一个有意义的备选方案，美国号航母实际上是现代航母的基础。1945年秋

◀ 1945年之前，埃塞克斯号航母的设计被认为是拥挤的，并且不适合新一代海军舰载机。拳师号航母在甲板上有一支舰载机大队，甲板空间显得拥挤，并且连接机库的3个升降机中的2个是不可用的。1945年的舰队航母应在后续适合大规模生产的新型航母上解决这些问题。

季,太平洋指挥总部对新航母进行了设计评估。

快速航母特遣编队在二战期间的表现显示,CV-9级航母能很好地满足其设计目标。它的基本性能是满足设计要求的。在海上保障大队提供的支援下,CV-9可以持续保持快速机动的空中力量,并随时打击敌人。这种力量的维持时间远远超出了此类航母最初设计时的构想。动力装置是此类航母最显著的性能,因此没有必要进行重大的改动或更改,并且经过维护就能在相对较短的时间内实现预期效果。在二战后期,这些持续作战的时间超过了80天,尽管这一持续时间没有被推荐成为有关标准。

我们一直很困惑,当我们的保障大队在其攻击范围内时,日本人为什么没有试图摧毁它。这种情况在未来的海战中是不大可能发生的。

当然,此类航母也存在缺点:缺乏足够的保护(这个缺在遭受日本"神风"攻击时充分地暴露了出来)、稳定性降低(舰船局已经强调过的)、防空炮火力和射程有限以及舰载机重新挂弹和加油时防空薄弱,日本航母在中途岛海战中遭到的损失充分地显示了这一点。

所有美国海军军官都清楚地知道,英国重装甲飞行甲板航母在抵御日军在冲绳发起的"神风"自杀飞机攻击时取得的成功,而美国的"软"航母遭受了惨重的损失。

虽然2.5英寸的机库甲板也不足以抵御500磅或更重的炸弹,但一份1945年的报告中写道,这种重装甲甲板"在抵御机库内炸弹爆炸和保护机库甲板下面的空间方面,发挥了不可估量的作用。"

被动防护一直是新组建的舰艇特性委员会(舰船局)所属的航母和舰载机分会的主要研究课题。美国海军作战部长在一份7月28日的文件摘要中,指出,"应该为最有可能的攻击类型提供装甲防护……一般地,航母最有可能遭受的攻击类型是飞机炸弹、自杀飞机或某种类型的导弹,此外,还必须防备鱼雷、水雷或潜水导弹的水下攻击。既然敌方的炸弹和导弹几乎可以穿透航母上任意部位的甲板,因此,本委员会认为最好的应对方式就是提供合理的保护,至少能够确保敌人仅靠一架飞机携带的武器不能对航母造成严重损害……"

在设计的重量和稳定性限制范围内,应在航母飞行甲板、机库甲板以及其下方其他重要部位的上方覆盖水平防护装甲。建议飞行甲板的防护装甲最小厚度为2英寸(80磅),装甲覆盖整个机库空间范围。同时,应在飞行甲板的末端装备40磅的特殊处理钢。机库甲板应采用最小厚度为2.5英寸(100磅)的装甲,并延伸到机库的整个长度,覆盖军火库、发动机室和汽油库;动力系统舱、军火库、发动机总成和其他重要设备舱室,应该装备至少60磅特殊处理钢的防护装甲;舵机舱虽在这些空间之外,也应受到保护。

舰艏和舰尾的垂直防护装甲不应集中在防护装甲带,而应均匀地分布在靠近机库的船舷一侧上，并从吃水线以下至少 8 英尺处到机库甲板区域，形成防护层。这种防护材料的最小厚度应为 1.5 英寸（60 磅）。机库划分为几个防护分区，在船两侧有开口，如同 CVB-41 那样，通过横向垂直装甲舱壁相互防护的做法，是合理的，可以沿用。建议提供至少 4 个装甲舱壁，机库两端各设一个，另外 2 个将机库分成 3 个分区。

为了保持飞行甲板和机库甲板防护的完整性，所有的飞机升降机都应当是舷侧型的。

如果飞机升降机位于舰艏和舰尾位置，那么它将会消除穿透前后横向装甲舱壁的必要性。建议保留现有的水下防护措施。

特殊处理钢防护装甲的目的是为了抵御漏网的近距离炸弹的攻击，保护水线以下船体不受碎片的毁伤。美国海军作战部长希望新航母硫磺岛号（CV-46 计划于 1945 年 6 月 1 日开工建造，1946 年 11 月 1 日完工，比同级别其他航母晚 6 个月）采用 60 磅的特殊处理钢防护装甲，但最终该航母的建造计划被取消了。

保护问题还涉及准备室和作战情报中心等棘手的舱室部位。1945 年秋季的报告还指出："二战时航母遭受'神风'特攻队攻击造成的巨大生命损失，证明了飞行员准备室不能设在走廊甲板上。准备室应尽可能位于水平装甲下面的内侧，并应提供通往飞行甲板的有防护的通道（与 5 年后的舰船局 SCB 27 改装一致）。舰船局现在正在起草最终计划，将 2、3、4 号准备室挪到 CV-9 级航母的第二层甲板上，并将军官起居室作为 2 号准备室。1 号准备室应留在船尾下甲板上，应急时使用。通过这一举措，将部分舰员住舱调整至船尾下甲板上，并且将舰炮和指挥人员住舱设置在这个位置是有利的。"

虽然各方对于作战情报中心的位置有不同的看法，但普遍认为其位于船尾下甲板是不安全的。几名舰长倾向于选择 01 甲板或第二层甲板。然而，大多数将官都认为舰岛的位置是至关重要的。以下内容引用自一份战时报告："司令部第一航空母舰特遣部队指挥官认为，作战情报中心应设置在舰岛结构中靠近编队指挥官作战控制中心的位置。最近的经验表明，在作战行动的有效运行中，作战情报中心和编队指挥官作战控制中心的位置之间密切的联系发挥了非常重要的作用。如果可能的话，作战军官战位应该设置在作战情报中心，因为这样他可以方便收集、评估信息，并在作战的进攻阶段采取相应的措施。若把作战情报中心从舰岛撤销，这种效用就无法发挥了。根据指挥部作战经验，把作战情报中心设在第七层甲板（即受保护的甲板）时，由于距离过远，很多设备不能高效运转。5 部雷达发热量过大，超出了空调降温能力。"

可以认为舰岛和 01 甲板比走廊下甲板稍微安全些，而第二层甲板（机库下方）和货舱则更加安全。雷达电路和同轴电缆技术的发展进步，可使雷达信号在远距离传输时发挥出

最佳效果。

在保证正常运转的情况下，应加强作战情报中心的防护。战术控制台和作战情报中心之间的密切人事联络是一个需要考虑的重要因素。位于舰岛的一号无线通信室可以很容易地改造为作战情报中心。

太平洋舰队总司令部评论说："战舰和巡洋舰的作战情报中心设在装甲下，而航母的作战情报中心位于拥挤的舰岛内，它们在这方面有着不一致性。"太平洋舰队总司令部比较认同把战舰和巡洋舰的作战情报中心设在防护甲板下的设计；而鉴于航母指挥官们则普遍偏好将作战情报中心放置于航母的舰岛位置，太平洋舰队总司令部准备随时同意这一安排，即使这样会使得两者之间的设计存在明显的不一致。建议继续深入研究将作战情报中心设在甲板下的方案，该方案能够为编队指挥官作战控制中心及其他舱室提供此类必需但不易通过语音通信所呈现的可视化信息。

此外，对航母重大特情——火灾防护做的还不充分。虽然消防装备有了明显改进，但尚未达到最佳效果。机库防火喷淋和水幕系统非常有效，但泡沫灭火装置因不易操作且不可重复利用，并未得到广泛使用。不过，即将安装的新型雾沫装置将成为有效的灭火设备。走廊下甲板后备弹药库中的喷淋系统有可能因遭受附近位置的任何撞击而受损失效，因此其效能令人质疑。而使用水龙带喷水或冷却舱壁就可能达到同样的效果。

太平洋舰队总司令部还表示："必须更加重视在舰身的关键位置配备能够独立运转的小型消防站。"最大的安全问题——机库火灾，将促使新航母的设计者在舰船局 SCB 27 改建方案中，考虑对机库进行重新划分并分别配备独立的消防站。

通风系统也存在缺陷，特别是当航母在战斗中受创时更为严重，"埃塞克斯"级航母的"风道"故障就是这种问题。

整个"埃塞克斯"级 CV-9 系列航母的通风系统的表现都不尽如人意，尤其是在热带气候条件下执行任务时更为明显。因此有必要对一些通风管的末端进行调整。与此类似的还有舰员的生活条件问题。在未来的航母设计中，必须充分考虑这些舰船会有很长时间是在温暖气候条件下执行任务的。只有良好的生活条件才能够消除这种气候对生活带来的不利影响，否则船员的身体健康会迅速恶化，工作效率也会急剧降低。

此外，还应特别关注舰员生活空间的隔热和通风问题，要为工作区域安装空调，因为船员要在那里长时间地执行任务。

"埃塞克斯"级 CV-9 系列航母另一个亟待解决的问题就是烟雾问题。航母在战斗中受创后，烟雾会弥漫于整艘航母，尤其是工作空间。海军已经批准了双侧通风设计方案，后续所有类型的航母都要采用这种设计。

舷侧式升降机很受航空部门人员的欢迎。这种布局设计，可以确保飞机着陆后能迅速从着舰跑道上移开，提高运行效率。事实上，在1945年春设计部门就提议将"埃塞克斯"级航母的前侧升降机移动到弦侧。1945年5月5日，太平洋舰队空军司令在给海军作战部长的信中写道：

经与舰队官兵讨论，在"埃塞克斯"级CV-9系列航母上配置舷侧式升降机肯定要比舷内升降机更实用。弦侧式升降机的突出优点是能为飞机纵向起降作业提供更宽广的空间，提高飞机起降作业效率。相比于舰尾升降机，舰艏（1号）升降机优点更为明显。

舷侧升降机在结构和安全方面还具有如下优势：

——结构更加轻巧；

——降低了机库甲板爆炸带来的影响；

——保持了机库甲板的连续性，不会减少机库甲板的装甲覆盖面积；

——无须设置升降机井道及配套的排水系统；

——机械性能稳定，不易受到其他不利因素影响。

目前新建的航母、1946年及之后建造的大型航母、富兰克林号（待修复）都保留了舰尾舷内升降机和舰舯部的弦侧升降机，但舰艏的舷内升降机被安装在前侧隔间开口处的舷侧升降机所取代。右舷侧的安装位置更加受到青睐，因为这样就充分利用了非起降作业区域，并且避免了集中布置时一枚炸弹即可炸毁2个前侧升降机的风险。布局调整时，还要保证不能影响其接收海上补给物资、燃油、弹药的功能。

在未来的新建航母中，所有的舷内升降机都将取消。对于只有2个升降机的舰船，前侧升降机应位于右舷，后侧升降机的具体位置应按照保证船体重量平衡、不影响起降作业区域的原则确定。对于有3个升降机的舰船，前2个升降机的位置如上文所述，另一个升降机的位置在任意一侧都可行。

海军航空署司令、海军上将H. B.萨拉达总体上赞成"埃塞克斯"级航母的舷侧式升降机设计，其在7月21日的信中写道"鉴于3艘大型航母已经处于建造阶段，设计改变影响较大，建议目前暂不进行调整。后续应充分借鉴前期航母战时的经验"。然而，舰船局在8月18日否决了这一观点。他们认为，舷侧升降机会导致"埃塞克斯级"航母的上层重量增重125吨，从而导致全舰严重超重。这会造成该舰不能通过巴拿马运河，补给会更加困难。更重要的是"这种舷侧升降机的安装会带来舰身的结构问题，因为该舰的照明系统也安装在这个位置"。照明系统需要安装在船身外侧15英尺，水面10英尺以上。虽然升降机结构

▲ 1945年和1946年的舰队航母设计借鉴了战时经验教训，尤其是"神风"特攻队的猛烈攻击。1944年11月25日，埃塞克斯号航母的前侧升降机被击中，飞行甲板上满载弹药的飞机纷纷坠海，连续爆炸导致15人丧生、44人受伤。不过，这艘航母经过抢修在30分钟后又能继续运转了。这在某种程度上验证了战前的预估，就是薄木甲板比薄装甲甲板更易修复，因为金属甲板在爆炸后容易卷曲。在木制甲板下面加装钢板，是为了防止飞行甲板上的火势蔓延，保护机库免受损失。美军为使航母的攻击力最大化，航母配置了大型的飞行甲板，却导致航母在火灾中更容易受损；在战争期间，对消防灭火措施的考虑也是欠缺的，比如机库的水幕系统、专门的消防站、各种类型的防火防雾软水带。

重量很重，但这种舷侧开口结构在相对温和的海水环境中仍可能受到破坏和发生变形。

二战期间的战争经验表明，弹射器是十分有用和必要的。早期对于新建航母的设计方案是，母舰要同时具有发射和接收飞机的能力。在1945年6月30日向负责审查新型航母设计方案的非正式顾问委员会提供的一份备忘录中，W.T.莱瑟尔舰长分析了新型航母的航空联队设计构想。如第9章所述，他认为"埃塞克斯"航母的航空联队飞机数量应是新型航母飞机数量的上限，尽管这些飞机的单个尺寸可能更大些；他认为，应该以当时最大尺寸的舰载机作为参考基准——包括双引擎格鲁曼F7F及新型攻击机道格拉斯BT3D（即后来的双涡轮螺旋桨A2D飞鲨战斗机）。

莱瑟尔上校提议建造一个在左舷（船尾）有1部、在右舷（中部及前部）有2部飞机升降机的飞行甲板。除了舰艏前侧的一对常规弹射器外，另一个弹射器被安装在左舷上，并与飞行甲板中心线成一定角度，从而实现翼展50英尺的飞机从该弹射器发射，且从左舷弹射器上一架翼宽类似的飞机上方顺利越过，并不会对其造成任何影响。这个左舷弹射器将与左舷升降机配合使用，2个艏部弹射器则与右舷前侧的2部升降机配合使用。此外，莱瑟尔还提出了在顶上安装第四个弹射器的想法，它将与布置于右舷后侧的双层升降机配合使用。

需要注意的是，如果取消了舰岛，并采用平甲板，那么第四个弹射器就可以安装在飞

第 10 章 1945 年新型舰队航母

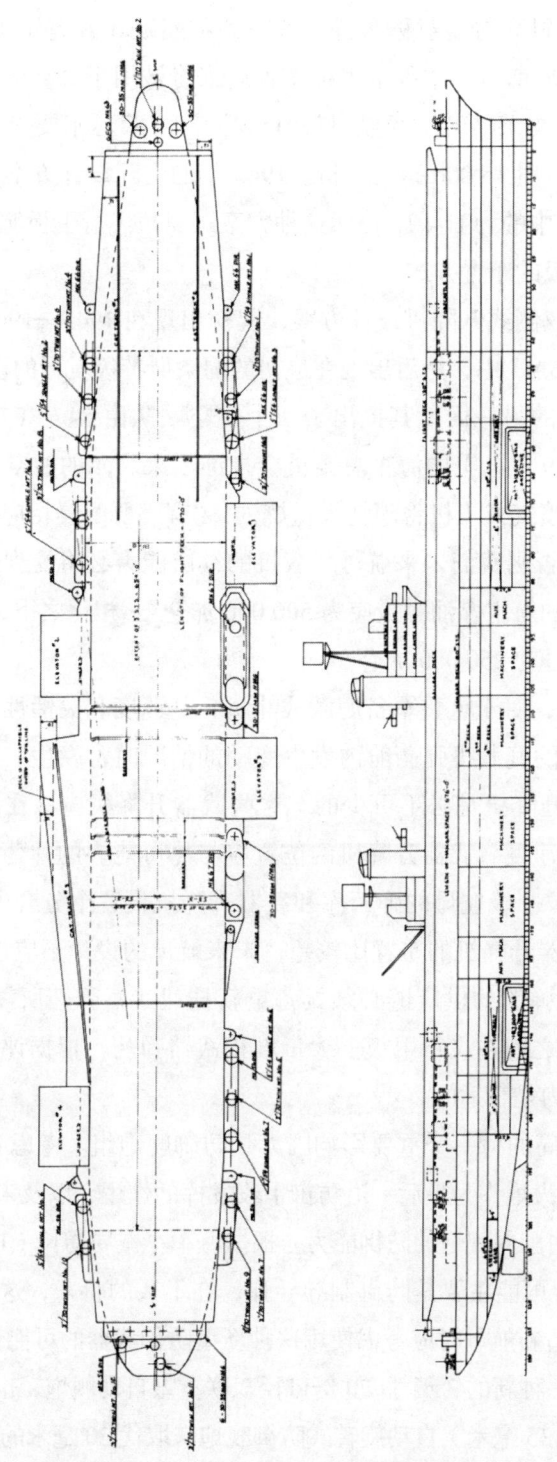

▲ 舰队航母方案 C-2，1946 年 5 月 8 日。

行甲板水平，并与左舷的倾斜弹射器对称布置。考虑到不能破坏着舰作业区域的连续性，因此不能将弹射器安装在舰岛前方。这种平甲板布置后来将被用于最终流产的"美国"号航母（CVB-58）和早期的"福莱斯特"级航母设计方案中。莱瑟尔要求每个弹射器都能够以120英里/小时的速度发射15 000磅的飞机。1945年的实际设计方案包括了一个新的H 8弹射器（CV-9，CVB-41中的为H 4）。虽然这种方案跟斜角飞行甲板航母很相似，但阻拦装置仍是传统的沿轴向甲板的布置方式。

这种特殊的多弹射器/舷侧式升降机设计方案，起初出现在1945—1946年的航母研究和美国号航母的设计（SCB-6A）中，然后出现在最初的福莱斯特级航母的设计中。

莱瑟尔的航母作业分析的另一面使其提出了一个航空联队由54架F7F和36架BT3D组成的设计构想；当年7月9日，美国海军总委员会批准了莱瑟尔的航空联队和飞行甲板布置设计方案。考虑到未来喷气式飞机将消耗大量燃油，"有必要配置相应的设施来确保这些飞机有足够的燃料供应，否则我们未来航母舰载机的续航能力必将受到燃油因素的制约而大幅降低。我们未来航母的航空燃油容量应为500 000加仑"。相比之下，"中途岛"号为365 000加仑，"埃塞克斯"号为250 000加仑。

1945年秋季的报告指出，对于重整军备舰载战斗机，其速度和灵活性是至关重要的指标。由于在最后一刻于指定的舰载机弹药舱内发生变动的情况时常发生，因此现在正在建造的更大的4 000磅的武器升降机是必不可少的。这些武器升降机应该在满足安全性要求的前提下，提供更快的升降速度。武器升降机的位置应与尽可能多的弹药库相联通，以提供弹药转运通道。早期的CV-9级航母的弹药库和武器升降机设置十分合理。后来的舰船，如香格里拉号，弹药库和武器升降机的布置比较差，未来航母的设计不应该犯同样的错误。当舰载战斗机返舰后，航空弹舱的供应链必须具备重新挂载武器弹药所需的速度和能力，并且避免在舰载战斗机返回之前在飞行甲板上大量堆积武器弹药。根据评估结果，目前配置的武器弹药投弃滑道被认为是合适的。

对任何新式航母结构布局的另一个重要影响因素是防御舰炮组。考虑到在1945年防御"神风"特攻队攻击中，防御火炮作为最后一道防御手段发挥的作用，以及未来制导导弹攻击能力提升的可能性，没有理由削弱舰炮的防御能力。根据海军军械局局长（1945年7月2日）的说法，"未来的防空领域很可能主要是防御制导导弹，在不久的将来，这种导弹的发射架可能成为一种必然需求，建造新航母时应考虑使用这种新型防御武器的可能性"。在不久的将来，海军军械局可能会提供一种新的3英寸/70倍口径双联重型自动舰炮，也可能会提供一种新型的37毫米（后来的30～35毫米）自动旋转式防御舰炮来取代20毫米的双联火炮。

该局建议在舰岛的前后各安装一个单座的全自动舰炮（即现在的马克42），就像在"埃塞克斯"号航母上的那样；同时在左舷前后部各安装3门双联3英寸/70倍口径舰炮，在右舷前后部各安装2门双联3英寸/70倍口径舰炮，以取代早期的单联5英寸/38倍口径舰炮。这种重型防空炮将由"不少于12个四联装40毫米舰炮提供辅助支援"，在此基础上，建议至少配置30个37毫米或双联20毫米自动舰炮作为增援。舰载武器的布置应提供尽可能多的舰炮数量以保护船头和船尾，并能够分别在船头或船尾对来敌进行追踪和射击。

当时日军"神风"特攻队仍在其快速航母上俯冲，为了对抗其饱和攻击，海军军械局希望为每一种口径不超过40毫米的重型防御武器都配备1台单独的指挥仪。"为了增强火力，并确保能在断电的情况下使用，足够数量的自由摆动式重型或轻型自动防御武器是必要的。海军军械局还建议，进一步提升对炸弹和鱼雷的防护能力，而不仅仅是通过加装舷侧装甲带来阻止炮弹"。海军军械局对于飞行甲板5英寸火炮的热爱最终在中途岛号上被取消，但由于其上架空电弧在对抗"神风"特攻队时表现突出，因此将被继续保留在新航母的初始设计研究中。

新航母计划背后最大的推动力是对更重型舰载机的需求。因此，二战后的航母研发进程始于1944年后期。当时，指挥快速航母特遣部队在菲律宾近海执行部署任务的海军上将马克·米切尔，提出了更强大的新一代舰载攻击机以及保障它们的新型舰队航母的构想。一位历史学家指出，米切尔当时对挂载重达12 000磅炸弹的舰载机产生了浓厚兴趣，到1945年初，他已经在构想美国号航母的设计方案了。米切尔呼吁成立一个特别的非正式委员会，就新航母的特性向美国海军作战部副部长（空军）提供建议。该委员会还受命重新研究美国海军的航母需求。根据美国海军作战部长办公室在1949年5月11日关于SCB 6A项目（CVB 58）的档案记载，该项目的启动源于"航母特遣部队指挥官需要更远程的飞机来完成战争任务的需求"，这肯定会与在菲律宾海海战和4个月后的莱特湾海战中执行任务的米切尔有关。

这种12 000磅载弹量的飞机意义重大，因为它不仅成为新一代美国海军攻击机的标准载弹量，也成为美国号航母CVCB 58（美国所有超级航母的鼻祖）的舰载机标准性能。虽然这一数字之所以被采纳，可能只是为了使得海军飞机具备核打击能力。然而，该方案在1945年夏天被首次提出时，是在欧洲战场作战经验的背景下而进行的。海军此时正痴迷于反潜作战，任何能抗衡德国强大的U型潜艇的作战手段都很有吸引力，当时的所有潜在对手几乎没有现役水面舰队。苏联人已经掌握了许多德国先进的技术，如果新的U型潜艇大量部署，那么大西洋之战的最后阶段将会是一场势均力敌的战役。随之而来的是，常规反潜作战很可能需要对敌方潜艇基地进行纵深打击，以阻止这些潜艇进入海洋。这样的作战

任务也许可以证明，即使敌人没有部署水面舰队和海上通信线路，快速航母特遣部队的作战行动仍然是合理的。

直到后来，海军才开始将对敌人国土的战略打击视为航母特遣部队重要的任务之一。这并不是要贬低为这一战略铺路的突袭行动。最著名的战例是1942年对东京发动的杜利德空袭。1945年2月，由海军中将米切尔（他后来成为航母重型轰炸机部队司令）指挥的快速航母特遣编队也袭击了东京。事实上，可能是因为舰载攻击机携带的炸弹相对较轻，杜利德空袭被认为相对来说并不成功。这个快速航母特遣编队于1945年7月返回日本海域，并在攻击剩余的日本舰船任务中，取得了比攻击工业区任务更大的成功。标准的高爆炸弹在2月份的空袭中没有发挥出应有效力，直到B-29使用大规模燃烧弹进行空袭后才开始表现出巨大威力。另一方面，7月份袭击日本舰队和机场的舰载航空兵部队装备精良。在这两种情况下，都需要装备相对重型的炸弹，要么是非常重的超音速混凝土穿透炸弹，要么是在1945年同样重但更加紧凑的核武器。

在欧战胜利纪念日之后，海军航空部立即开始研究新型舰载轰炸机，其载弹量大幅增加。对欧洲战场轰炸结果的研究而得出的初步结论表明，在当时，使用的轻型炸弹是基本不起作用的。研究结果还表明：德国潜艇防御设施在抵御常规炸弹袭击方面的能力是非常强的。

海军航空部基于战时航母重型飞机作战经验，最终于1944年11月在香格里拉号航母上完成了一架中型轰炸机（PBJ-1H）的弹射起飞和回收，顺便说一句，1944年的试验似乎不是航母重型轰炸机计划的一部分。

1945年12月11日，海军航空部的海军少将萨拉达在给美国海军作战部长的信中写道：

1. 在第二次世界大战中，舰载机常规携带的最大炸弹是2 000磅的炸弹，舰载机的最大打击半径约为400海里。对德国轰炸结果的分析表明，要想对多个目标造成致命破坏，需要12 000磅的炸弹。第二次世界大战期间，舰载机打击半径不足的缺陷是众所周知的，特别是在战争的早期阶段。

2. 海军航空部进行了一系列的初步研究，目的是确定在可预见的将来，通过技术进步可以使舰载机的航程和炸弹重量提升到什么程度。这些研究表明，与往复式发动机，或往复式发动机和涡轮喷气发动机的组合方式相比，螺旋桨式发动机的技术发展在不久的将来将推动舰载机在载弹量、航程和速度方面取得相当大的进步。研究结果表明，从重量和尺寸角度，可将舰载机分为以下3类：

a）将在现有的CVB级航母上使用的舰载机，其重量和尺寸保持在CVB的阻拦装置、弹射器、升降机、飞行甲板和机库甲板的最大能力范围内。

b）将在现有的CVB级航母上以受限的方式使用的舰载机，即能够在轻载条件下降落，并且在满载条件下无须辅助即可起飞的飞机。

c）只能在新型航母上的使用的舰载机，新型航母需要配备能力更强、更大尺寸和更高强度的阻拦装置、弹射器、升降机、飞行甲板和机库甲板。

3. 迄今为止的研究结果表明，采用螺旋桨发动机的舰载飞机可按上述的3种类型分别进行研制，其主要性能参数大致如下：

	a	b	c
最大重量（磅）	30 000	45 000	100 000
着舰重量（磅）	20 000	30 000	65 000
载弹重量（磅）	8 000	8 000	8 000
最大速度（英里/小时）/高度（英尺）	362/S.L.	500/35 000	500/35 000
作战半径（海里）	300	1 000	2 000

以上3种类型舰载机，在牺牲燃料和航程的情况下都可以携带12 000磅炸弹。同样，在相同的载弹量情况下，也可以研制采用往复式发动机和喷气发动机的舰载机，但是其速度和航程将大幅降低。

4. 海军航空部建议启动一项旨在大幅提升舰载机的航程和载弹量的舰载机研制计划。这一计划不仅涉及舰载机的研制，还涉及航空母舰、炸弹、飞机舰面保障设备和弹药挂载设备等的研制。如果启动该项目，海军航空部建议包括以下内容：为加快所涉及的设计和使用问题的全面定义和解决，B类飞机在采用往复式发动机和涡轮喷气发动机情况下，其性能指标如下：

最大重量（磅）	4 1000
着舰重量（磅）	28 000
载弹重量（磅）	8 000
最大速度（英里/小时）/高度（英尺）	500/35 000（喷气发动机运行时）
作战半径（海里）	300

Ⅰ 当螺旋桨式发动机研发进度允许时，则B类飞机使用螺旋桨式发动机。

Ⅱ 全面协同C方案航母、飞机及所有零部件的设计和开发。

Ⅲ 协同设计与研发护航战斗机与远程重型轰炸机。

美国航母设计简史

▲ 富兰克林号航母于1945年3月19日在九州附近发生火灾,美国海军舰船局称其为"二战期间幸存下来的美国航母中最严重的的一次火灾"。它于10月30日在萨玛岛(Samar)附近发生大火后,于1945年1月刚刚重新服役,这是当时经历的最严重的一次火灾,它在经历2次火灾后幸存下来,被认为是"埃塞克斯"级航母强大生命力的体现。在这次火灾中,它被2枚炸弹击中,2枚炸弹在它的机库中爆炸,当时机库周围到处是汽油和飞机。随后火灾造成更多飞机和弹药发生爆炸起火,机库中只有2个人幸存下来。爆炸发生时,有31架飞机正在飞行甲板上预热,有22架飞机在机库甲板上(其中6架没有加油,只有5架挂载了武器)。尽管燃料系统前端已停止工作,但燃料系统后部仍在运行。机库甲板爆炸使机库内飞机上的油箱爆裂,几秒钟之内就发生了巨大的燃油爆炸;机库里到处都在爆炸着火,飞行甲板上的飞机被冲击到一起。然后,这些飞机携带的炸弹开始爆炸,大部分在飞行甲板上爆炸,一部分从甲板上的洞里掉了下去,引发了下层甲板的损毁。飞行甲板上所有的12枚小蒂姆火箭弹都被引爆了,有几枚被推到了舷侧,但大多数在甲板上爆炸了。航母的要害部位由装甲机库甲板保护,只有几处地方被一枚炸弹和几枚小蒂姆火箭弹穿透。此外,位于走廊甲板上的作战情报中心和航空标绘室上面的0.75英寸装甲板保护了这些部位,使其免受机库甲板爆炸的影响。这些装甲是在经历10月30日的"神风"特攻队袭击之后,在造船厂维修期间加装的。这次火灾对这艘满载燃油和飞机(未挂载武器)的航母造成了最严重的破坏,这次火灾所造成的损失大致相当于在中途岛沉没的3艘日本航母的损失。富兰克林号能在这次袭击中幸存下来,在很大程度上要归功于船员们的勇气和技巧,他们在舰岛上用一座40毫米舰炮成功阻止了日本人对该船的轰炸。这时火势还没有完全得到控制。照片中明显向右舷的倾斜是"埃塞克斯"级航母在甲板下方有大量消防用水这一特征的表现。飞行甲板的大部分排水是通过右舷空间进行的,包括受损的通风口和进气管道、烟囱上风口和武器升降机通道。富兰克林号能够依靠自己的动力返回纽约海军造船厂进行修理,但它之后再也没能恢复运行。

    这是重型攻击机研制计划的正式起源。海军上将萨拉达的这封信,很可能是受到美国海军航空发展研究组织(ADR)于10月11日在宾夕法尼亚州约翰斯维尔向海军航空部研发与测试中心主任提出的建议的启发,该建议是关于由特种航母上的涡轮螺旋桨飞机执行战术轰炸的可能性的。

第 10 章 1945 年新型舰队航母

海军上将萨拉达信中提到的备用飞机具有典型的 ADR 设计特征：该方案被用作评估飞机行业研制提案的标准。12 月 28 日，美国海军作战部长批准了 41 000 磅舰载飞机的研制计划（即美国海军第一架重型攻击轰炸机 AJ 野人式攻击机），随后同步研发了 B 类涡轮螺旋桨飞机（即后来被取消的 A2J 型飞机），并协同设计和开发了护航战斗机与远程重型轰炸机。由于战斗机最终未被研制成功，C 方案轰炸机及其新航母的研制计划被推迟了。

"轰炸机研发计划"的提出和批准，被认为是舰载航空发展历程中的关键一步，并很快适应了海军航空兵的需求。希望该计划能为战后舰载航空领域的发展奠定基础，因此将被授予最高优先发展权。海军（空军）助理部长于 1946 年 1 月批准了该计划。

1946 年 6 月提交的 1945—1946 年舰队航母性能指标文件所反映出的想法是：加强的飞行甲板将被用于 30 000 磅的飞机降落，而升降机和弹射器则用于操纵 45 000 磅的飞机（升降机的尺寸是小得多的 BT3D 型的）。这些指标数字描述了海军航空部正在研发的重型轰炸机的基本情况，它被命名为 VG 级（轰炸机，而不是鱼雷或后来的 VA 攻击机）。

海军航空部关于 VG 轰炸机（AJ-1）的性能数据

	1946 年 4 月数据	实际建造数据
不含炸弹或汽油（磅）	28 000	30 776
最大重量（磅）	45 000	54 000
着陆重量（磅）	30 000	
全长（英尺—英寸）	56	64-1
翼展（英尺—英寸）	75	71-5
折叠后翼展（英尺—英寸）	45	
最大高度（尾部）（英尺—英寸）	24	21-5

对 CVB 来说，即使是 45 000 磅的轰炸机也将占据较大空间，如果批准这个研发计划，意味着轰炸机必须要研制与其相适应且具有完全不同特点的新一代航母。这种新型航母，必须适应新的作战使用环境。随着 VG 设计方案的深入，这种大型轰炸机不能很便利地存放在机库甲板上，因此，设计方案中，AJ 式攻击机大部分时间都将被停放在飞行甲板上。尽管它的机翼可以折叠，但在设计中为了减轻重量，而取消了电动折叠，从准备阶段、折叠到进行打击的整个过程大约需要 15—20 分钟。为了降低飞机折叠后的总高度以满足机库的净空限制，必须拆除为满足航程性能需要而配备的翼尖油箱。AJ 攻击机将只是为了对其进行维护而被移送至机库甲板。

AJ 攻击机需要借助弹射器起飞，仅靠甲板滑行不能满足起飞需求。此外，该型飞机在

着舰前，必须抛弃所有机载炸弹并耗尽大部分燃料。

这些因素表明，包含 AJ 攻击机的舰载机大队和直通型飞行甲板的航母将会面临诸多困难繁琐的操作。例如，将战斗机装载在机库中，并通过弹射器保障其弹射起飞；当其他战斗机要降落时，通常需要将位于船尾的 AJ 攻击机转运到前部。如果 AJ 飞机不需要飞行，战斗机则需要通过舷侧式升降机下降到机库甲板，然后通过前方中心线的升降机上升到弹射器，如果 AJ 飞机布列在飞行甲板中部，等待降落的飞机如果钩锁失败，则很可能会撞上它们。为此，设计人员打算成立一支由轰炸机和护航战斗机组成的专门舰载机飞行大队，AJ 攻击机将跟随他们起飞，这样就不必担心降落时撞上甲板上停放的 AJ 攻击机机群。

非正式顾问委员会首先分析了现有的"中途岛"号和"埃塞克斯"号改进设计方案，试图在非 CVB 型航母设计方案中，融合"CVB 航空性能特点"。根据 Op-05 分析，在 CVB 的舰载机飞行大队因其规模数量太多，而无法高效运行的情况下，"CVB"最显著的特征是更长的弹射器（H 4-1）和载重量更大的升降机。最开始的时候，海军总委员会主张在较小尺寸的船体上，安装类似 CVB 型的飞行甲板，为降低排水量（以此降低成本和复杂性），需减少装甲。因此，1945 年 4 月 12 日的一份计算表显示，在拆除舷侧防护装甲和第三层甲板特殊处理钢（4 232 吨）的情况下，CVB 41 的标准排水量和满载排水量将分别减轻为 38 220 吨、52 610 吨（1943 年 5 月估计值为 42 450 吨、56 840 吨），吃水深度将从 10 英尺降到 9.1 英尺。在上述计算中，即使不需要任何舷侧防护装甲，也必须在左舷保留 450 吨的特殊处理钢以平衡舰岛重量。如果通过减少 1 英寸的飞行甲板装甲（1 040 吨）来平衡船体深处的重量损失，那么满载排水量为 51 570 吨时，吃水深度也上升到了 10.1 英尺。

在 5 月份和 6 月份制订的一系列方案中，新型航母的防护装置大幅度减少，目前尚不清楚其合理性。虽然用来防御炮击的装甲（即舷侧装甲和第三层甲板）作用降低了，但仍然需要采用其他保护装置来防御冲击，而且这一保护措施可能涉及较大的重量。在 5 月 2 日制订的一系列方案中，计划为新型航母配备由 96 架舰载战斗机和 48 架新型鱼雷/俯冲轰炸机组成的舰载机大队来执行作战任务。

他们基于中途岛号航母设计方案，尝试了多个减重方案：在方案 1 中，将 5 英寸/54 倍口径舰炮从 18 个减少到了 16 个，四联装博福斯高射炮的数量从 21 门减少到了 20 门；将飞行甲板厚度缩减为 3.5 英寸，将机库甲板厚度缩减为 40 磅（缩减前为 80 磅）。标准排水量从 46 050 吨下降到 37 560 吨，所需动力只有 180 000 轴马力，并且实际吃水深度从 10.4 英尺上升到了 12.7 英尺，水线长度减小为 860 英尺（中途岛号航母为 900 英尺），接近埃塞克斯号航母的水线长度（820 英尺）。

在方案 3 中，水线长度进一步减少到 840 英尺，排水量减小为 36 800 吨，代价是再减少 4 门 5 英寸 /54 倍口径舰炮。由于方案 3 非常接近埃塞克斯号航母，以至于另一个设计草案方案 4 是依据埃塞克斯号的重量和数据起草的，而不是中途岛号的。然而，即使缩减了舰载机大队规模（73 架舰载战斗机、15 架 VSB 战机以及 15 架 VTB 战机），然而由于 3.5 英寸飞行甲板的重量比较重的缘故，吃水深度仍然显得不足（8.8 英尺）。折中方案 5（水线长度为 840 英尺、排水量为 34 980 吨、飞行甲板厚度为 3.5 英寸、机库甲板重量为 40 磅，以及单联装 5 英寸 /54 倍口径舰炮数量为 12 门）被视为最佳方案。该航母的飞行甲板比埃塞克斯号的飞行甲板更宽，但长度不超过埃塞克斯号（长宽为 870 英尺 ×105 英尺；中途岛号的飞行甲板长宽为 932 英尺 ×115 英尺，宽度不包括岛式上层建筑）。要使方案 5 航母的航速达到 32.7 节，就需要将航母的动力在埃塞克斯号 150 000 轴马力的基础上增加 10 000 轴马力（埃塞克斯号的航速能达到 33.1 节）。

1945 年 5 月 31 日，方案 5 被递交给非正式顾问委员会，但设计部门的研究工作还在继续。方案 6 就是在中途岛号的基础上去掉防护装甲（除了机库甲板上的 110 磅 2.75 英寸的甲板和四周普通的 50 磅机库甲板舱壁），排水量下降到 38 210 吨，并且吃水深度上升到 13.7 英尺，航速增加至 34.2 节（在动力较小、较短的船体上，很可能会达到所要求的船舶特性，即航速约为 33 节）。在方案 8 中航母具有以下特征：

（a）飞行甲板的长度和宽度和 CVB 航母的尺寸相同；

（b）无防护装甲；

（c）航速 33 节（按《系列标准》得出的计算值为 33.5 节）；

（d）基于该航速的动力为 165 000 轴马力；

（e）舰炮为 12 座 127 毫米 /54 倍口径单联装舰炮、20 座 40 毫米四联装舰炮和 28 座 20 mm 双联装舰炮；

（f）舰载机与 CVB 航母相同。

航母的几何尺寸为长 875 英尺（在选择这一长度时，与其说是考虑速度，不如说是考虑能够支撑 930 英尺飞行甲板的最短船体尺寸）。+105～200 吨的附加重量被添加用于从纵向及横向上为飞行甲板的突出部分提供支撑。

吃水深度 57.5 英尺，该军舰的吃水不小于大型航母。一般认为，在一艘有 930 英尺飞行甲板的航母上，干舷尺寸应该不少于大型航母上面的干舷尺寸。考虑到海上环境，较短的航母所产生的颠簸可能会更加严重。

在此基础上，1945 年 6 月 7 日制订了方案 8a，其标准排水量为 35 200 吨，满载排水量

为 45 620 吨（对应吃水深度约为 9.7 英尺）。方案 8a 可能是衡量中途岛号能否满足舰载机飞行大队运行需求的最佳方案（或者说衡量其设计受到装甲保护问题影响程度的最佳方式）。当时，莱瑟尔（Raisseur）上校提出了 Op-05 构想，可以更好地均衡设计飞行甲板结构和舰载机大队规模，非正式顾问委员会采纳了这一构想，并且将其作为未来深入研究的基础。顾问委员会在 5 月 31 日的会议上提出 Op-05 观点后，设计人员随后在 6 月底与航空部门进行了交流。

1945 年 7 月 17 日，在第四次会议上递交至委员会的方案 8 显示，一艘完全没有防护的航空母舰的排水量预计也将达到 35 000 吨。此时，非正式顾问委员会要求设计部门开展两项详细的设计研究并提供设计方案，以评估特定性能对航母所产生的影响。

在 CVB-41 航母设计方案基础上提出的设计方案 A，采用了与 CVB-41 相同的航空设施（指相同的机库和飞行甲板尺寸），该航母采用中等厚度防护装甲，航速不低于 CVB-41 航母。莱斯瑟（Raisseur）上校的建议得到了重视，在该方案中航母上会安装 3 个用于发射喷气式飞机的重型弹射器，且在设计的后期可能会加装第四个弹射器。3 部升降机将全部装设在甲板边缘。舰载机大队中配置有 54 架 F7F 战斗机和 28~36 架 BT3D 战斗机（最终确定的方案是 28 架）。这些战斗机需要消耗 500 000 加仑航空燃油。尽管顾问委员会没有讨论海军军械局提出的武器装备建议，但由于这些建议"大体上基本符合委员会提出的要求"，美国海军造船局还是采纳了这些建议。然而，该设计方案中关于防护装置的部分，并没有与当时处于研究中的构想保持一致，而是采用了 2.5 英寸或 3 英寸厚的飞行甲板，高强度机库甲板（根据强度确定需要的厚度），80 磅的 3 英寸或 5 英寸厚的火药库防护装甲，以及厚度为 4 英寸的主弹药库和油舱防护装甲。该方案未提及机库甲板舱壁。此外，还会针对作战指挥中心的空间需求，将岛式上层建筑体积进行扩展，并接受了"可以再多占用一部分飞行甲板"的提议。水下防护结构与 CVB-41 航母的防护结构一致。

在方案 B 中，航母的排水量将保持在 35 000 吨（在必要时可以减少排水量），舰船局基于 CV-9 航母的飞行甲板和机库甲板的尺寸制订了此方案，并在飞行甲板和 60 磅的第三层甲板上加装了 2 英寸特殊处理钢防护装甲。必要时，可减少或移除垂直防护装甲，但是鱼雷防护装置必须与 CVB 41 航母的标准一致，这也就意味着，与埃塞克斯号航母相比，其舷宽将大大增加。舰炮布局与方案 A 一致，并可以用 5 英寸 /38 倍口径舰炮取代 5 英寸 /54 倍口径舰炮。动力系统方面，B 方案配置有"2 台 80 000 轴马力双轴发动机（之后的"米切尔"号驱逐舰也使用了该型号发动机），可以达到任何需要的航速"。根据海军航空部估计，舰载机大队规模为36架F7F战机和18架BT3D战机，相应的，航空燃料储量需求减小到330 000加仑。

A系列设计方案的成果无法使人满意，与许多其他设计方案一样，该设计方案的设计师并不是海军专家。他们认为，如果去掉一些防护装甲重量，将会节约大量的成本，但事实并非如此。方案A-1（吃水线长度900英尺）和方案A-2（吃水线长度950英尺）比中途岛号更重（方案A-1排水量46 550吨，方案A-2排水量47 850吨），并且测试中显示出了不稳定性（A-1、A-2吃水深度分别为8.6英尺和8.83英尺，中途岛号为10.2英尺）。这两种方案中，飞行甲板厚3英寸，机库甲板和第三层甲板均采用了80磅特殊处理钢防护装甲，装甲厚度为4英寸，安装有三部弹射器和三部甲板边缘升降机。采纳了海军军械局提出的舰炮布局，并采用了与中途岛号相同的动力系统。

B系列设计方案更加具有吸引力。该方案舰体长度为820英尺，排水量为33 799吨（埃塞克斯号的排水量为28 640吨），飞行甲板装甲厚2英寸，机库和第三层甲板强度60磅，侧面防护装甲带厚4英寸，设置3个机库舱壁，安装3个弹射器，3部甲板边缘升降机。与埃塞克斯号相比，该方案具有更好的稳定性（其吃水深度为8.30英尺，埃塞克斯号为7.61英尺）。该方案飞行甲板宽102英尺，宽于埃塞克斯号的96.5英尺。B型设计方案成功的部分原因可以归为其采用了与轻型驱逐舰相同的较轻的动力系统（动力系统重量、轻型驱护舰为3 430吨，埃塞克斯号为3 212吨，A系列方案5 415吨，中途岛号为5 165吨）。遗憾的是，由于B方案的船体太短，无法实现高航速，即使其动力增加了10 000轴马力，试航速度仍从32.7节下降到了31.6节。设计方案B-2通过将船体长度增加到850英尺（排水量增大到34 432吨），使航速增加了0.3节。到了9月份，设计部门又提出了船体长度860英尺，排水量35 030吨，航速31.8节的设计方案，飞行甲板面积也相应增大（888英尺×103英尺），安装了8门四联装舰炮和20门双联装20毫米舰炮，接近海军军械局的设计构想（包括5英寸/54倍口径舰炮）。

10月12日，舰船局在向美国海军总委员提交A、B两个系列的研究报告时，建议通过采用新的动力系统，以相对较小的成本来提高方案B的航速。除了飞行甲板和主甲板装甲之外，其他中等厚度的装甲防护主要集中在弹药库、油舱和舵机周围，主要用于防御火箭和其他中口径导弹的攻击。在机库甲板和吃水线之间的舷侧防护装甲将采用重型特殊处理钢（厚度从吃水线附近的1英寸到上层甲板的2英寸不等），以防止小型导弹和碎片穿透船舷，并降低自杀式飞机攻击带来的危险。两种设计方案中，鱼雷防护系统暂定与CVB-41级

▲ 航母很容易受到火灾的破坏，消防技术方面的大部分技术进步都源于航母工业领域。福莱斯特号航母火灾（如图所示）说明了航母上火灾问题的严重性和现代航母的火灾防护能力，更说明了航母船员在火灾防护方面的技能。1967 年 7 月 29 日，当该航母在越南海域航行时，飞行甲板上的一架 A-4 天鹰攻击机"开始变热"，发动机引擎朝着停在附近的其他战斗机喷射出长长的火焰。火焰点燃了挂在 F-4 鬼怪战斗机机翼下的一枚响尾蛇导弹，然后该导弹击中了位于 A-4 天鹰战斗机机翼下的一个 400 加仑副油箱。燃油泄漏在甲板上并开始燃烧，随后甲板上的其他飞机也开始燃烧。这些弹药在飞行甲板上爆炸，炸开了 7 个大洞，火焰蔓延到了飞行甲板下方的 6 层甲板。甚至在一天后，航母上仍然非常热，就连甲板下面通道里的水都变成了蒸汽。2/3 的船员参与并扑灭了这场大火，这场大火持续了 13 个小时，造成 134 人死亡，64 人严重受伤以及 21 架飞机损毁。美国海军用了 7 个月的时间才将该航母修好。1969 年 1 月 14 日，企业号航空母舰在夏威夷的一次类似事故中发生了火灾。在 4 号升降机上，一架飞机的机翼下挂载的一枚火箭弹被引燃，击中另一架飞机，从而引发爆炸连锁反应。一些地方的飞行甲板因高温灼烧而凹陷，并且炸弹在飞行甲板上炸开了 5 个大洞。即便如此，经过抢救后，在发生火灾后的 4 小时后，这艘航母又可以继续执行飞行任务了。在不同情况下，不管火势有多大，这些航母都经受住了大口径炸弹爆炸对飞行甲板造成的多次毁伤，这种毁伤的威力与巡航导弹相当。从福莱斯特号航母火灾中所吸取的经验教训已被广泛应用于美国航空母舰当中。例如，如今的海军炸弹有耐热外壳，可以将"炸弹爆炸"延迟足够长的时间，这样一来，当火灾发生时，就可以将这些炸弹从船上抛出去。

相同，并根据后续水下爆炸试验的进展进行必要的改进（事实上，9月13日的一份特性指标清单显示，其鱼雷防护深度已经从18英尺增加到22英尺，以在战斗技巧上获得优势）。

炸弹穿透数据、与特殊处理钢相关的炸弹爆炸测试以及自杀式飞机袭击的战时经验表明，将设计方案B中的飞行甲板装甲厚度从2英寸增加到3英寸是非常必要的，可使其防御效能提高超过50%。基于此，美国海军希望在方案B的基础上，开展第三种设计方案研究，即把飞行甲板装甲厚度增加到3英寸，速度增加到33节，标准排水量约37 000吨。舰船局已经开始实施这项研究。

该方案即为后来的方案C-1，它采用了与中途岛号相同的212 000轴马力动力系统。在1945年11月9日第一个版本方案中，采用了新型动力系统和3英寸飞行甲板（整体尺寸与"埃塞克斯"级相同，870×96.5英尺），排水量增加到38 000吨，航速增加到可接受的33.2节。11月13日，顾问委员会在一次会议上要求该设计方案将航空燃油储量增加到50万加仑。舰船局估计，虽然燃料本身只有约465吨，但考虑到相关的油舱、管道、防护装甲和更大的船体尺寸，全舰总重量增加将超过1 600吨，仅油舱容量增加就使得全舰总长度增加20英尺。同时，根据初步估计，该方案的212 000轴马力的动力系统比埃塞克斯号的动力系统长8英尺，从而使得全舰总长度达到了888英尺。此后，该方案的动力系统得到进一步提升，达到了22万轴马力，航行速度保持在33.2节（标准排水量39 610吨，满载50 210吨），总体尺寸已经接近CVB航母。

和埃塞克斯级航母相似，该方案的飞行甲板宽度为111英尺，除了在舰岛附近宽度减少到了96.5英尺。飞行员们想要将舰岛上层建筑伸出舷外，从而避免甲板宽度的减少，但这样必将付出一定的代价，需要更多的结构来支撑悬伸的舰岛上层建筑，并带来一些稳定性问题，尽管总重量的增加是由于较大的飞行甲板需要配备3英寸厚的防护装甲。根据舰船局4月的估计，移动舰岛上层建筑需要增加200吨的重量，但相应增加的111英尺飞行甲板防护装甲和1英尺支撑横梁，使得总净重增加了775吨。

针对燃料补给问题，设计部门进行了激烈讨论。海军上将米切尔表示，对于舰船局而言，当务之急是要将汽油补给的时间，缩减到与海上燃料补给所需的时间相当。目前，燃料海上补给所需时间为汽油补给所需时间的3/4。

委员会还要求制订具体的适航性标准，尤其是航母高速转弯时容许的倾侧角。据了解，米切尔海军上将表示，CV-9级航空母舰的倾侧特性良好。由于新型航母设计方案的性能指标很难按照C-1设计方案的标准要求对其进行具体描述，委员会要求明确以下指标：在航速

为25节时,在试验条件下,在使用标准舵(约18度)时的最大转弯直径应为1000码(后来调整为1 200码),转弯时的最大倾侧角为10°(后来调整为7°)。CV-9级航母中在作战条件下,当航速为30节时,使用标准舵时的倾侧角为17.5°,这一数据被认为非常理想。当然,在初步设计阶段,这样的描述已经相当具体了。

1946年1月23日,非正式顾问委员会在向舰船局提交的特性说明中,建议配置可容纳12 000磅炸弹的弹药升降机。1946年4月,这些建议成为开展C-2设计方案研究的依据。C-2设计方案研究提出了伸出舷外的舰岛上层建筑和左舷倾斜弹射器的构想。然而,舰岛上层建筑和舷侧突出部的总宽度达到了大约150英尺,比未来航母的预计最大宽度(基于巴拿马运河第三套船闸的预计净宽为154英尺的设计)还超出了10英尺。根据这些构想,舰炮炮座突出部位最大宽度为134英尺,这个宽度与CVB-41级航母相比大约少了4英尺。因此,需开展进一步研究,如为舯部弹射器提供可折叠外端,确保弹射器突出部位宽度能落在最终选定的新船闸净宽范围内。

该方案减少了舰岛上层建筑的整体体积,并将舰岛上层建筑分成2部分,每部分都配备一个烟囱,以减少气流扰动的风险,和一次炮弹打击造成2处烟道受损的风险。右舷升降机更加靠近船舯部,并将后部升降机前移至其在飞行着舰后能立刻令飞机完成向下打击,或者在弹射起飞作业期间能够将飞机从机库转运到飞行甲板上的位置。右舷前侧升降机向后移动到船体宽度较小的位置,这样一来就降低了船体结构的复杂性和海上受损的可能性。在右舷2个舰岛上层建筑之间,安装了第四个舷侧式升降机。

为了对航空设施进行上述改进,需移除5英寸/54倍口径飞行甲板舰炮。舰岛上层建筑可减少2层,并且可以规避对飞行甲板的影响。然而,这些调整直到设计阶段的后期(1946年4月)才得以实施。作为补偿,在航母上增设了3门双联装3英寸/70倍口径舰炮,但最多只能再安装4门该型号的舰炮(原计划可以安装8门四联装40 mm舰炮)。6月16日的方案,则要求安装16门双联装3英寸/70倍口径舰炮(以确保武器数量不会减少)。

1946年6月12日,舰船局提交了C-2设计方案的初步特征指标,主要调整包括移除4英寸防护装甲,转而采用1945年7月建议的60磅特殊处理钢防护装甲;标准排水量达40 400吨。

最终,这个设计方案成为"绝唱"。到了1946年中期,海军航空部已经将重心转移到重型攻击型航母上面,即后来的美国号航空母舰(CVB-58)。虽然在短时间内,这2个航母设计方案都将列入舰船局的计划书中，但两者的合并趋势已无法避免，尤其是在美国海军航空界将大型航空母舰视为未来发展方向的情况下。因此，舰船局将其型号由SCB 6（战略级航空母舰）变成了SCB 6A，意味着它已经成为通用型航母。从这个角度来说，战后航母研究项目的重要意义在于为美国号以及后来的福莱斯特号航母（美国战后航母的蓝本）提供了大量的基本特征并用以参考。

第11章
合众国号超级航空母舰

　　合众国号超级航空母舰是战后美国现代化航母设计的源头，与埃塞克斯级、中途岛级和1945年舰队航母相比，合众国号建立了全新的作战概念和设计原则，最突出的特点是保障重型舰载机上舰。1945年底，海军航空局开始研制新型舰载轰炸机，这对航母飞行甲板、船体大小和形状的要求超出了当时人们的想象。设计之初，甚至考虑重新采用20世纪20年代和30年代初的平甲板，因为飞行员认为舰岛结构是舰载机发展的主要阻碍，从而阻碍了航母的整体发展。此外，与它们的前任不同，它们足以使人们能够坚持采用平甲板这一想法，尽管经常有反对意见说，如果没有常规的上行烟道，那么锅炉气体就几乎无法被处理掉。

　　在合众国号的整个设计过程的演变中，始终存在两条技术路线的纷争，一条是纯大型攻击型航母发展路线，另一条是能力上限也包含重型攻击的大型多功能航母发展路线，主要分歧点在于是否设立机库。纯粹的大型攻击型航母不需要机库，因为重型轰炸机实在太大，无法摆放到机库里，最多为护航战斗机设立一个小型机库。当然，主张更为灵活的航母的人要求为非传统的、非重型轰炸机航空大队配备一个大型机库。类似的，重型（核）

◀ 1956年11月展示的福莱斯特级航空母舰比最初设计的合众国号超级航空母舰要小。正是飞机的巨大尺寸造就了这艘"100 000磅航空母舰"的规模，最终导致其被取消。福莱斯特级航空母舰甲板上的4架道格拉斯空中勇士攻击机的重量限制在70 000磅。

▲ 运行新一代重型攻击机的愿望推动了合众国号的设计。图中所示的道格拉斯A3D或A-3空中袭击者攻击机于1962年10月20日登上美国独立号航空母舰，是这架新型飞机的一个典型范例，尽管它的重量略低于该超级航空母舰所设定的100 000磅，在合众国号超级航空母舰被取消后，它被重新设计成从中途岛级重型航空母舰上运行。背景中的一架停在飞机尾部的空中袭击者攻击机凸显出了其规模：旁边的2架F3H魔鬼舰队远程舰载战斗机是当时规模最大的战斗机之一，其是根据1948年传统航空母舰的上限进行设计的。前景中的物体是使喷气式飞机在现代航空母舰上运行的系统的一部分：带2个灯光臂的反射镜式着舰辅助系统。航空母舰的舰岛上还有其他的辅助系统，其中大多数都不能像计划中的那样，在一个全平甲板上工作。杆桅顶端是塔康导航信标，对导弹武装战斗机的远程防空至关重要，其下方是ESM拦截天线和测向仪。在它们下面是SPN-6，它是航空母舰盲着陆系统的一个组成部分，下面是SPS-10（地面搜索）和SPS-12（空中搜索）。操舵室顶部的大碟形天线是一个SPS-8B，用于远程测高，因此用于战斗机控制。大的"床垫"状物体是SPS-37A，它下面的小天线罩是SPN-10，也是盲着陆系统的一部分。所示的空中袭击者攻击机来自一重型攻击型中队VAH-11。

攻击航母需要的弹药存储空间相对较小，因为尽管每颗炸弹都相当重，但它们的数量相对较少，可能只够执行100次任务。

第 11 章 合众国号超级航空母舰

从另一个角度看，合众国号超级航母象征战后美国海军的发展战略，就是要与空军分庭抗礼，在美国的核储备份额上与其进行竞争。而空军视其为挑战，是向空军争夺战略核打击的主导权的斗争。在当时的形势下，海军的态度似乎好坏参半，海军经常在战术而非战略上提到核武器。即使空军成功阻挠了大型航空母舰的发展，海军仍然计划在中途岛级航母和 AJ-I 野人轰炸机的基础上发展出一支核打击力量，因此，核武器力量争夺战的最终结果与合众国号航母的存在与否并无关系。

从后续美国航母发展来看，选择合众国号而不是更灵活的 1945 年舰队航母，客观上为第一艘现代化的福莱斯特号航母开辟了道路，福莱斯特号更接近于合众国号，而非后者。事实上，从设计角度来看，福莱斯特号更像是缩小版的合众国号。合众国号对后来美国海军舰载机，特别是攻击机的尺寸和特点产生了重大影响，以及对于后来的舰载航空大队在面对陆基对抗时的有效性也产生了一定影响。这一后续充满了讽刺意味。合众国号和福莱斯特级航母的设计，都是基于攻击型飞机的特点，后者设计的一个主要因素是将最大攻击轰炸机的重量从 100 000 磅降到了 70 000 磅。20 世纪 70 年代，限制飞机尺寸进行进一步增大的是远程舰队防御战斗机格鲁曼 F-14，攻击机已停止增长。此外，合众国号设计中的一个关键问题是在相对短程，但却猛烈的攻击中，要求使用重量有限的弹药，在福莱斯特级与后来的其他航母中，它们的大型船体体积及其大型飞行甲板使其在越南战争中完成了"卡车"式空袭。

从一开始米切尔海军上将，就是著名的大型攻击型航母和平甲板的坚定拥护者。合众国号缘于海军航空局决定发展一型 100 000 磅的轰炸机，然而其根本无法在 39 600 吨的舰队航母上起降。这种轰炸机在 500 节的飞行速度下的作战半径为 2 000 海里，需要量身定制超大型的航母，特别是要满足"核战争的未来需要和新型喷气式发动机的上舰要求"。1945 年 12 月 28 日，美国海军航空局局长哈罗德-B.萨拉达海军少将向海军作战部部长建议：

> 应认真考虑发展一种新型航母，满足搭载重达 100 000 磅、作战半径 2 000 英里的轰炸机。这型航母在技术上可能产生巨大冲击，不符合人们的习惯认识，例如取消舰岛和机库。CVB-11 中途岛级的飞行甲板大约只能容纳 14 架这样的飞机；如果按 1945 年舰队航母的设计要求，存储 500 000 加仑汽油，每架飞机大约只能完成 8 次全程飞行。这型航母主要执行远程轰炸任务，也可执行常规作战任务。

萨拉达海军上将曾经设想从 39 600 吨的航母上起飞重型轰炸机，去执行战略轰炸任务，并估算最多能搭载 27 架 45 000 磅、作战半径 1 000 海里的轰炸机，主要受限于飞行甲板。

1946 年 1 月 8 日，作为海军航空局轰炸机/航空母舰项目的发起人，时任海军作战部

副部长的米切尔海军上将站在萨拉达的一边。

合众国号的设计要满足重型轰炸机的上舰要求，具体包括：
——搭载飞机数量16～24架。
——在2次加油补给或武装补给之间，出动架次约为100架。

该型航母不设置机库，因为它的舰载机过于庞大，以至于没有任何机库能够容纳得下。它能够接纳的飞机架次非常之少，只比平均每架飞机能够出动4架次些许多一点，这可能反映了人们对于舰载机拥有核武器的期待。曾参与过曼哈顿项目的威廉·帕森斯海军上校和约翰·T.海沃德海军中校，受到米切尔海军上将的会见。1946年2月7日，海军作战部副部长D.C.拉姆齐海军中将下令对此进行专题研究。此前，海军舰船局开发设计吨位最大的航母是中途岛级航母，合众国号的草图设计（暂定命名为CVB-X攻击型航母）就在这一基础上开展。2月19日，形成了一份内部备忘录，作为"100 000磅飞机CVB-X"设计历史文件的第一个条目，备忘录明确：新型航母将配置2部弹射器，这种弹射器（重约600 000磅，长约225英尺）是中途岛级航母H 4-1型弹射器重量的2倍；配置3套阻拦装置，每套有4根阻拦索（中途岛级航母配备4套阻拦装置）。尽管重型轰炸机不能放置到机库，但为小型飞机设立机库仍然是合理的选择。理论上，重型轰炸机的起飞重量为100 000磅，着舰重量为90 000磅（去掉炸弹载荷）。鉴于新型轰炸机不具备任何特征，合众国号初步设计只能参考海军最大的陆基轰炸机，即P2V海王星巡逻轰炸机（重60 000磅，翼展100英尺，前后轮间距25英尺）。

合众国号的设计显然吸取了舰队航母的某些特点，包括储存500 000加仑航空汽油、航速20节续航12 000海里、最高航速33节，不同之处是它的平甲板。平甲板争议由来已久，可以追溯到20世纪20年代。飞机的具体特性反映在一份说明书中："飞机能携带1枚8 000磅或12 000磅重的炸弹，航母弹药舱的容量需满足100架次的作战需求，并配备特殊的挂弹设备。"通常，新研制航母都将采取防护措施，配备装甲飞行甲板，对机库水线下8英尺舷侧范围进行碎片防护，第五层甲板及其侧面使用1.5英寸特殊处理钢防护装甲，覆盖设计水线以上一个半甲板的区域。然而与二战航母不同的是，新航母的机库甲板没有进行装甲。武器配备吸取了战时的经验教训：设计草图配备8门单管5英寸/54倍口径舰炮，每个象限配备2门；配备至少12门新的3英寸/70倍口径双联舰炮；然而为了减少干舷悬臂的结构应力，最后选用了单管而不是5英寸/54倍口径双联舰炮。

海军航空局所研制的ADR-42重型轰炸机长约90英尺，翼展约116英尺（折叠后44英

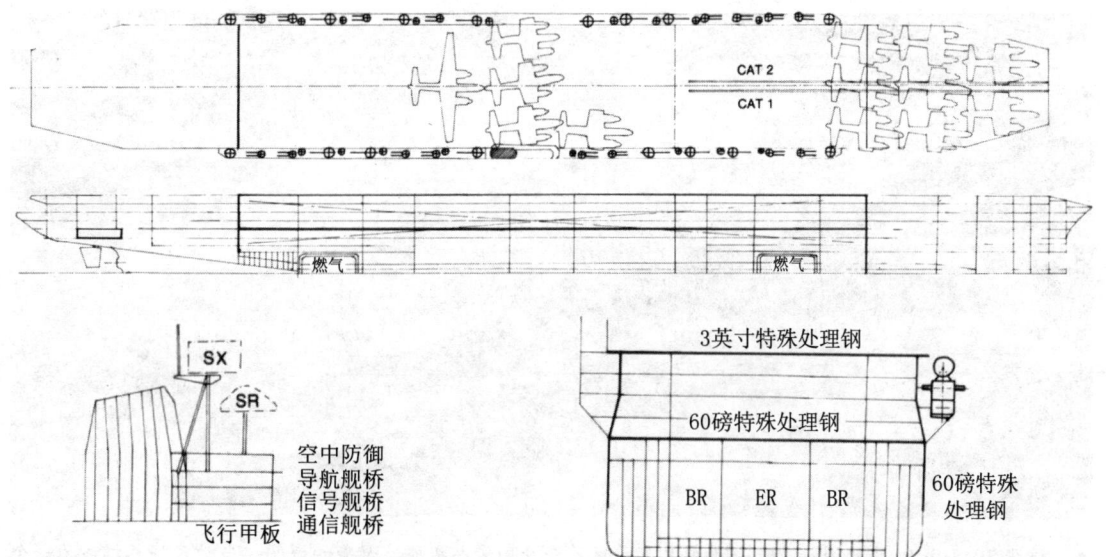

▲ CVB X 攻击型航母设计，1946年，飞行甲板上显示飞机在舰体中部进行发射的布局，以及回收后在舰艏被看到的布局。粗线表示甲板和舱壁装甲的范围。注意在整个侧面使用虚线表示碎片装甲。主炮是一门马克67舰炮。单管舰炮是5英寸/54倍口径舰炮，双管舰炮是3英寸/70倍口径舰炮；小十字是Mark 35舰炮。注意舱壁，让人想起中途岛级航空母舰的舱壁。

尺），着舰需要500英尺的阻拦距离，包括弹射器在内，起飞需要400英尺的起飞距离。这些尺寸决定了大型航母飞行甲板的最小尺寸，从而决定了大型航母的最小尺寸。合众国号要求搭载24架海军航空局ADR-42飞机，也就是说在舰载机联队最后一架飞机着舰时，必须有足够的空间容纳已经回收的23架飞机。如果3架飞机并排布置，至少需要75英尺的飞行甲板宽度，据此24架ADR-42轰炸机需要1 125英尺长、132英尺宽的飞行甲板。如果只搭载15架，飞行甲板长度可以缩短到900英尺。但无论何种情况，舰体总长度要比飞行甲板长出70英尺。为支撑132英尺宽的飞行甲板，需要130英尺的横梁。如果搭载的飞机少于24架，船型较短，为达到33节的航速还需要增加额外的动力，这些都给船体内部布置带来困难。海军航空局虽没有明确指出，重型轰炸机所代表的飞行甲板尺寸意味着放弃美国对于军舰的通常要求，即通过巴拿马运河。

海军船务局试图保留舰岛，指出去掉舰岛会给排烟和舰船的控制带来严重后果，并给CVB-X攻击型航母设计了一个小型舰岛，为避免对飞机着舰的影响，其位于飞机防撞网正前方。但这必定会影响飞机滑行和起飞，因而遭到了飞行员的拒绝。

CVB-X攻击型航母的2个弹射器"安装在靠近中心线的位置，前后交错，第二个弹射

▲ 这张1948年10月的图纸是唯一正式发布的有关合众国号超级航空母舰的说明。当时只将其描述为一个近似值,没有制作设计模型。注意,开放式舰艏在"全天候"福莱斯特级航空母舰设计中被抛弃,并采用双管3英寸/70倍口径舰炮和单管(快速射击)5英寸/54倍口径舰炮的混合。4个弹射器中的每一个,其间距足够大,可以同时使用,配备有自己的升降机。这幅图显示的规模似乎不大,喷气式战斗机(可能是F2H战斗机)的规模相当于陆基巡逻轰炸机(海王星)。这架小型喷气式战斗机很可能计划为一架FH鬼怪战斗机。雷达布置不明显;随后的福莱斯特级航空母舰,在平甲板周围会有3个空中搜索雷达,它们的扫描同步,它们的"光点"显示在一个显示器上,以克服没有一个大型的、高耸在飞行甲板上方的雷达桅杆所带来的缺陷。

器仅作为备用"。当时,还没有像当代航母研究中那样,为同时发射多架飞机而对舷外炮座做详细的安排。如果1架翼展116英尺或翼展125英尺的飞机(125英尺包括拟加装的1个海军航空局翼尖炮架),从不超过132英尺宽的飞行甲板上弹射起飞,那么将会是有意义的。1946年4月24日的初步设计草案中没有显示出机库,尽管在19日的海军航空局的会议上有人建议对"在小型机库中配备一些战斗机所需的设施"进行研究。此时,海军航空局开始担心,如果一架航速为500节的轰炸机没有护航,那么它将几乎没有办法对抗现代战斗机,譬如麦克唐纳女妖战斗机。然而,对于CVB-X而言,机库的想法过于迟了。考虑到舰载机联队重型轰炸机的规模,预计CVB-X攻击型航母的标准排水量预计为69 200吨,试验排水量为82 000吨,总长度1 190英尺、横梁130英尺、干舷最宽154英尺、飞行甲板宽132英尺,为了能进入当时最大的干船坞,飞行甲板必须限制在1 050英尺×113英尺。

唯一的解决方法是机库装载:1946年4月5日,海军航空局宣布,100 000磅轰炸机的机尾可以折叠到20英尺高以内,如果有一个机库,1 050英尺×113英尺的飞行甲板最多可以停放15架ADR-42轰炸机，而且还需要2架轰炸机并排布置（以适应限定的甲板宽度）。合众国号最终增设了净高28英尺的机库。

在这一点上，CVB-X是一种相当极端的单用途航母设计，只能作为舰队航母的补充，而不能替代舰队航母。1946年5月24日，在相关研究报告提交给海军舰船局的当天，发布了一份OP-03备忘录，明确在第48财年项目中继续研究1945舰队航母和100 000磅轰炸机航空母舰取消机库的可行性方案。对此，米切尔海军上将第八舰队司令、平甲板计划的发起者暨作了具体解释：

> 基本的航空母舰设计从兰利号运煤船的改装开始，逐渐稳步发展到以CVB级航母为最新航母设计代表的现在。这期间最成功的也许要算埃塞克斯级，它在太平洋战争中表现卓越，充分展现了美国的海上优势。新的CVB-X攻击型航母，是基于1945舰队航母的研究成果而来，与埃塞克斯级航母相比有了相对轻微的改进，装甲甲板是其与埃塞克斯级航母最为显著的区别。但船体过大无法通过巴拿马运河船闸，机动性明显下降，对其发展产生了不利影响。
>
> 第八舰队司令认为现役航母易受到轰炸攻击，飞行甲板上瞬间引爆的炸弹可能会使舰岛上所有的无线电雷达和舰船控制系统失效，并且航母设计似乎在现有的限制下走到了尽头，舰岛阻碍了可操纵舰载机尺寸的进一步扩大，在可预见的未来，人们或许很可能发现这一限制是难以被接受的。因此，我们认为在未来的航母设计中应包含平甲板的设计与建造。现在，当我们的船体长度能够超过和平时期的要求时，是实施上述措施的恰当时机。
>
> 鉴于上述情况，建议：
> （a）立即开始平甲板航母的设计研究。
> （b）一旦研究通过，立即将停用的埃塞克斯级改装为平甲板航母。
> （c）推动相关无线电和雷达设备的发展，包括机载预警系统。

尽管海军航空局的船舶安装部门十分清楚平甲板带来的问题，尤其是在排烟处理上，当然，在舰队航母的研究中表明，可被接受的小型舰岛不会是一个太大的劣势。但是6月13日，海军航空局史蒂文斯海军上将在OP-03备忘录中仍然写道，舰岛将是未来舰载机发展的最大阻碍。萨拉达海军上将和时任大西洋海军航空司令的G.F.博根海军上将也都深表赞同。

这一指令与评论及建议是一致的。即使现有雷达和无线电设备使用将面临很大困难,还有船舶操纵和飞行甲板问题,但克服这些问题最直接的方法是指定一艘CV-9级航母作为标准船,以期开发出适用于平甲板的舰船控制、雷达和无线电系统。

此外,新型航母应配备专门的防空武器,应有护航舰只负责抵御敌方水面战斗舰艇的攻击,装甲飞行甲板已经在二战中证明了它的价值,理所当然被继续保留。

为设法消除平甲板上突出的大型天线,建议在编队内另设指挥舰(航母以外的一种舰船),并将航母上雷达和通信功能转移到指挥舰上,指挥舰以低功率方式向航母播报信息,航母只根据需要向外传输信号。电子技术的进步表明,航母所需的任何战术数据信息都可以通过指挥舰或预警机获得并传输给航母。

综合上述意见,该指令建议全新设计一型平甲板航母,而不是改装一艘CV-9级航母,并且力图破除舰炮和指挥通讯等对平甲板的种种限制。

当时,一艘专门的指挥舰——北安普敦号巡洋舰(CLC-1)的改装设计正在进行之中,它配置了大型雷达(最终为巨大的SPS-2),而平甲板航母根本无法安装这样的大型雷达。

1946年6月19日,负责海军舰船局(海上战略转运)的海军作战部副部长召开了一次重要会议,标志着合众国号项目的启动,新航母将围绕所要搭载的轰炸机展开设计。由于1952年之前该航母难以完成,为此,负责航空的海军作战部副部长被要求,对1952—1960年间轰炸机可能的尺寸和重量进行预估。同时,采取积极措施以确保海军有权运载核武器,这是发展大型航母的出发点。1946年7月24日,海军代理部长约翰·L.沙利文致信总统,信中写道:

广岛、长崎原子弹的爆炸和第一次比基尼岛的核爆试验,充分证明原子弹是有史以来最有效,也是独一无二的大规模杀伤性武器。

海军航母特遣大队具有高度机动性,能够对世界上任何目标实施连续不断打击,是最适合核战争的有力手段。在战争早期阶段,当岸基固定军事设施被敌方突袭,不能发挥作用时,航母打击力量就显得更为有效。舰载机配置新型发动机后航程将不断加大,这又扩大了航母的攻击范围。此外,航母特遣大队还可以提供一支空中战斗力量,为远程轰炸机护航,确保完成战略轰炸任务。

为使航母特遣大队能够投射核弹,必须对现有的轰炸机和航母进行改造,并配备相应的设施,这需要在和平时期提前做好准备。航母非常适合改装,以提供原子弹组

第11章 合众国号超级航空母舰

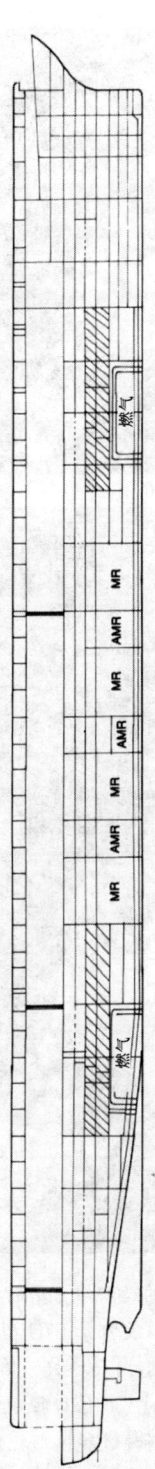

▲ 合众国号超级航空母舰的内部剖面图。弹药舱以阴影部分示出。

▲ 这个耐波性模型（俯视及正视）在戴维泰勒模型水池的造波罐中进行测试，显示了合众国号超级航空母舰设计的早期版本，没有显示最终所采用的舷伸甲板。飞机是F7U型弯刀截击机和重型喷气式攻击轰炸机。注意，在上升和下降（飞行操作）位置均测试了烟囱和桅杆。单装舰炮为5英寸/54倍口径快射舰炮；双联装舰炮（舰艏、右舷舰艏和右舰尾）是3英寸/70倍口径舰炮，是目前最强大的防空武器。据推测，占据舰艏的水量是封闭舰艏（"全天候"）福莱斯特级舰体形状的灵感来源之一。

件和技术设施,这对战斗用原子弹的准备而言至关重要。到航母上组装核弹,而不是提前在岸上进行复杂且惹人注意的组装,这更加安全。

早在1945年8月15日由您发布的备忘录中,提出了海军如若在战争中准备使用原子弹,就必须要先得到总统的特别批准。我强烈敦促您授权海军做好在紧急情况下能够投射原子弹的相应准备,以充分发挥航母特遣大队的军事能力,为国防事业更好地服务。

在总统默许下,11月19日,海军作战部部长指示海军作战部副部长(海上战略转运)改装3艘CVB,要求能够搭载执行核攻击任务的AJ野人轰炸机,这就是"1号CVB航母改进计划",它具体包括:加固飞行甲板和更大的炸弹升降机以及更大的装载及装卸设施。此时,AJ轰炸机仅以其原型形式被订购;据海军航空局在1947年11月7日的信,"它是能够携带原子弹的最小飞机,它对CVB的能力施加了相当大的负担。换句话说,由于电梯、机库甲板及弹射器的尺寸,AJ轰炸机的设计被迫遭受相当大的损失"。因此,需要一种新的轰炸机（超过700英里的战斗距离半径）和一艘用以运载它的新型航母。在海军眼里，总统对于航母核打击的授权，就是对大型攻击型航母的授权。

1947年底，"1号CVB航母改进计划"在珊瑚海号航母上完成，1948年初在富兰克林·罗斯福号航母、1948年11月在中途岛号航母上也相继完成。

虽然现在尚不清楚野人号是否在设计之初就被设想为核轰炸机，但好歹还是达到了1945年12月萨拉达海军上将所设想的该规模轰炸机的门槛。事实上，海军早在二战期间就曾考虑过在航母上起降大型双引擎飞机。1944年11月，海军试飞了1架PBJ-1H轰炸机，是陆基米切尔号（B-25J）中型轰炸机的海军陆战队的变种，PBJ-1H轰炸机在香格里拉号航母上实现了弹射起飞和阻拦着舰。米切尔号轰炸机大小与野人轰炸机相当，是1942年从大黄蜂号航母飞往东京、执行轰炸任务的杜利特轰炸机的改进版。至于AJ野人号轰炸机，直到1946年夏天，海军作战部长办公室核武器司的2名海军军官约瑟夫·N.墨菲上尉和F.L.阿什沃斯中校，才前往北美核电站详细调研以直径60英寸重达10 000磅的"胖子"原子弹为代表的核武器与野人号轰炸机的兼容性。此时的兼容性更多指的是在飞行过程中对武装炸弹的安排，原子弹对炸弹舱开口有特殊的要求（阿什沃斯本人在前往长崎时就亲自武装了"胖子"原子弹）。当时有总统的全面授权，海军作战部部长福莱斯特认为对野人号轰炸机的改装是理所当然的，没有申请批准就付诸了行动。

野人号改装计划是海军谋求打破空军的核垄断地位而提出的，随着该计划的实施，海军航空局重型轰炸机和合众国号大型航母计划也正在纸面上开始进行，海军核能力的支持者也正在寻求一种临时制度，以打破这种垄断。1947年中期，海军作战部负责作战的副部长福雷斯特·谢尔曼海军中将与海沃德司令接洽，海沃德司令希望他能游说国会支持海军发展核能力的宏大目标。谢尔曼倾向于以发展求认同，海王星是当时海军唯一能投射核弹的轰炸机，具有讽刺意味的是也曾将其被当作ADR-42轰炸机的替身，成为合众国号设计的参考依据。当时海军最大的航母是中途岛级，远小于围绕海王星轰炸机而设计的CVB-X攻击型航母，由于没有足够强力的弹射器来发射海王星轰炸机，海沃德不得不使用火箭弹，并同时尽可能减少12架飞机的重量，使它们发展成为P2V-3C轰炸机，尽管C代表一种非常边缘化的运载能力，这型飞机还是加装了尾钩，它们的价值有限，预计在任务完成后就将其抛弃。它们对于中途岛级的飞行甲板显然过大，一位飞行员毫不客气在合众国号取消平甲板后说，海王星的一个飞行事故就足以摧毁舰岛的上层建筑。

海王星计划的重点，就是在合众国号超级航母下水前，至少在象征意义上使海军拥有远程核投射能力。1948年4月28日，进行了第一次可行性试验，2架海王星轰炸机使用火箭助推器（JATO）成功从珊瑚海号航母上起飞；9月9日，12架P2V-3C轰炸机作为过渡机型被编入VC-5，等待AJ野人轰炸机的到来。

1949年3月7日，海沃德上校驾驶着装载有1枚模拟原子弹的海王星轰炸机从珊瑚海号航母起飞，另外2架紧随其后，成功飞越美国，在加利福尼亚州投下这枚"核弹"，并在起飞23小时后又返回东海岸；9月，VC-5接收了第一架AJ野人轰炸机；同一个月，所有3艘中途岛级航母上的海王星轰炸机都起飞了，海沃德带着国防部长路易斯·约翰逊一起飞行，但正是这位国防部长批准取消了合众国号超级航母计划。

1950年4月21日，1架AJ野人轰炸机从珊瑚海号航母起飞后，该型飞机终于获得了航母认证资格，而笨拙的海王星轰炸机则可以被完全具备运载能力的轰炸机所取代；9月，珊瑚海号航母在地中海部署之前，在其上安放了核炸弹的非核组件。理论上，核部件将由海军空运至摩洛哥的利奥特港，然后由AJ野人号轰炸机带上航母，等待组装。1951年2月，富兰克林·罗斯福号成为下一艘搭载核武器的航母，按照相同的方式部署到地中海；紧随其后的是中途岛号航母。从1953年起，核部件和非核组件都部署在海上，海军实际上已经以合众国号航母为代表，赢得了这场与空军的核武器竞赛。

1947年2月13日，海军舰船局为SCB 6A航母的设计草图描绘了其主要特点，但海军需要更大型的航母，机库拥有足够的净空以容纳舰载机联队任何一型飞机，出于规划目的，该舰载机联队应包括：

（1）攻击机中队：12至18架ADR-45A轰炸机（45 700磅、4个涡轮螺旋桨、翼展94英尺、作战半径750海里）和54架XF2H女妖战斗机；

（2）战斗机中队：12架ADR-42轰炸机（89 000磅、4个增强涡轮螺旋桨、翼展110英尺、作战半径2 000海里）。

战斗机的数量十分之多，战斗机中队主要用于夺取制空权，进行自卫或打击敌方护航的战斗机。值得注意的是，尽管重型轰炸机和重磅炸弹的数量都不多，但1948年的备忘录要求航母能够搭载2 000吨航空弹药，这不是基于对舰载机联队构成的任何研究所得出的，而是以中途岛级航母为基数，乘以一定系数得出的。直到1949年3月，才有一项关于如何分配2 040吨航空弹药载荷的研究，这得益于弹药舱室空间更为宽裕，足以支撑舰载机联队所需的巨大飞行甲板。当时，一个典型的舰载机联队拥有50架战斗机和18架ADR-64A轰炸机，只有后者所携带的炸弹重量超过250磅。每架战斗机安装有4门20毫米机关炮或24枚2.75英寸高速折叠翼火箭弹；每架轰炸机也都有2门机关炮，并参照陆基巡逻轰炸机携带2枚250磅的低阻炸弹，因此整个舰载机联队拥有236门20毫米机关炮或1 200枚火箭弹；航母主弹药舱中可存储12 000枚火箭弹或10次发射。容纳了一套5英寸及11.75英寸的火箭弹发射装置；存储的1 700枚250磅低阻炸弹重达190吨，此外还可存储1 200吨常规弹药，弹药存储方式具有较大的灵活性。整个讨论相对比较随意，这也许反映出人们对数量少得多的核武器更感兴趣。由于核弹数量极少，即使每枚核弹重12 000磅，100架次投射的总重量也不超过536吨，在1947年这已经被认为是一个过高的估计。基于上述特点：

　　大型航母应特别强调重新武装船舶设施，其中应包括为2个前部和炸弹升降机提供服务的船舶设施（类似于CVB航母1号改进计划），为2台后部炸弹升降机提供服务的小型车间设施以及在所有炸弹升降机中大型炸弹的机械化装载。一般而言，设施应在舰载机联队"着陆及重新发射"的时间内为联队完成重新武装，并以下方的炸弹开展进一步的操作。飞机着舰的间隔是75秒，武器升降机载荷要求为16 000磅。

　　飞行甲板和弹射安排更为关键，与舰队航母一样，海军舰船局正在寻求在不受干扰的情况下同时发射4架飞机——2架轰炸机和2架战斗机，为此需要采用早期设计中所提及的舷外突出平台。试验性特征要求为轰炸机配备2个船首弹射器，另2个弹射60 000磅的飞机，尽管当时现役的战斗机的重量不到这一弹射能级的1/3。然而，最终所有4个弹射器都要求能够弹射100 000磅的飞机。升降机的配置要求实现飞机快速调运，能够与4部弹射器协同配合、高效作业，"无相互干扰且不影响飞机降落"。后一项规定使得新设计的巨型平甲板，能够首次实现弹射起飞和阻拦降落同时作业，尽管有人认为配备了防撞网的传统直通甲板也能同时起飞和降落。

　　在早期的航母平甲板研究中，航空汽油储量仍按照舰队航母设定为50万加仑，不到中途岛级的2倍，只是加油效率提高了3倍，以平衡新舰载机增加的燃油容量，每个加油站的输出流量为每分钟150加仑，飞行甲板和机库甲板每分钟总共可用燃量总量为3 000加仑。考虑到喷气式飞机发动机要求使用非爆炸性的燃料，因此50万加仑的航空汽油需要在水线下储存，并有装甲防护，布置在水线下的还有弹药舱和为保持33节航速所需的主动力舱，这些舱室的布置给航母的设计带来了不小的困难。

　　1947年12月，海军航空局决定一个波次只需起飞舰载机联队一半的飞机，这在某种程度上简化了问题。由于战斗机续航里程小，战斗机将最后起飞，率先降落，攻击机需要提前调运到飞行甲板上。鉴于升降机只能提升60 000磅的飞机，因此重型飞机要么在飞行甲板末尾装卸，要么只能在飞行甲板上进行武装和加油。尽管航母的尺寸被允许超过对CVB-X型航母所做的限制，但似乎18架ADR-42轰炸机中的12架、27架ADR-45轰炸机中的18架必须永久停放在飞行甲板上，这类舰载机将被转移到机库甲板进行维修，就像中途岛号上的野人号轰炸机一样。

在尝试了不同的飞行甲板布置方案后，设计师们最终将2部轰炸机弹射器布置在舰艏，将2部战斗机弹射器布置在飞行甲板艏部的舷外平台；4部升降机，1部位于舰尾右舷（通过特殊布置减少尾随浪的影响），1部位于舰艏左舷舷外弹射器的前方，另外2部位于右舷舷外弹射器的前后。这种布置，2个靠近舰艏的升降机与2个轰炸机弹射器配合作业，另外2个升降机和战斗机弹射器配合作业；如1部弹射器出现问题，飞机可就近调整。升降机分为前后2个区域，机库被防火和防爆舱壁分隔成3个区域，与升降机的划分相对应，这是一种保护措施。

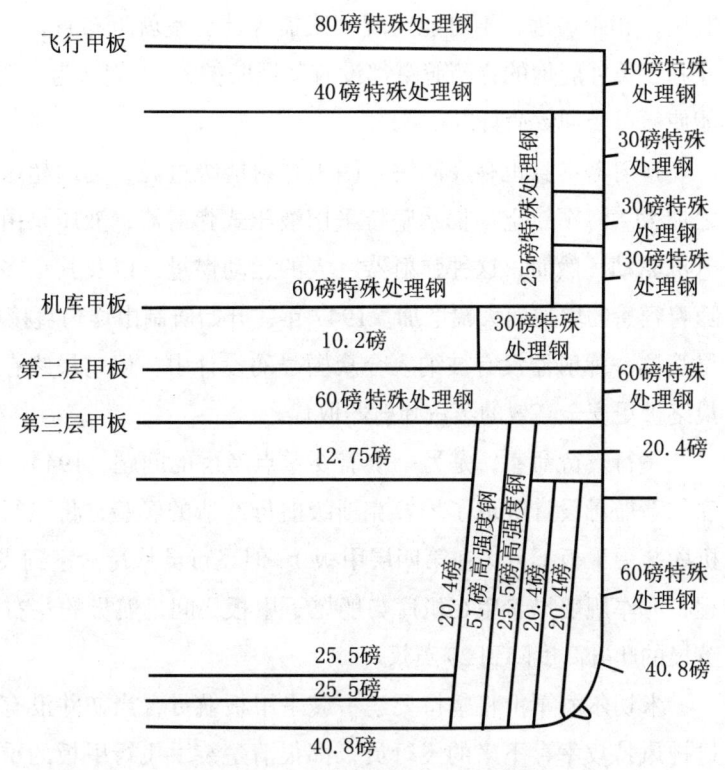

▲ 合众国号超级航空母舰的横剖面图

对于这种布置，设计师们有深入分析：4个弹射器、4部武器升降机和2个存储核弹的弹舱，其相互的功能和位置关系决定了布置形式。弹射器的位置决定了武器升降机的位置，武器升降机直接贯通到存储核弹的弹舱；随着弹舱被推进到船尾，水下防御系统的位置就需要比在当时航母上的更加向船尾延伸，结果是舷外的轴系，还需要穿过水下防御系统的舱壁通过轴道进行工作……

舰用武器弹药与航空弹药舱室的分布既互相关联又相互制约。舰炮主要布置于舰艏和

舰尾,相距遥远,不可能与舰用武器弹药舱室就近布置,除前方5英寸舰炮外,所有3英寸和5英寸舰炮的弹药舱室都没有装甲防护,"人们认为,舰用武器弹药缺乏有效防护很可能使航母受到致命打击"。

弹射器本身也存在问题,因为弹射能级过高,远远超过以往任何一型弹射器,风险随之加大。海军航空局仍然坚持采用液压式弹射器,液压泵由蒸汽涡轮机带动,而不是普通电机驱动,然而,这种弹射器巨大的运动惯量,以及其众多的滑轮和钢丝绳,使得其重量随着容量的增加而大幅增加。1947年,开始研制由炸药直接驱动的"开槽圆柱形"弹射器,尽管这一弹射器没有被纳入合众国号的设计中,但它最终在福莱斯特级航母上被采用,但最终被更安全高效的蒸汽弹射器取代。

飞行员待命室,是另一个需要重点考虑的问题,1944—1945年的神风特攻行动教训惨痛。新航母设计吸取了埃塞克斯级航母改造的经验,将飞行员待命室置于舰体深处,位于机库装甲甲板下方(在第四层甲板)。但飞行员从待命室到飞行甲板,要爬升很长的一段路程,海军舰船局希望在机库与船尾下甲板之间,航母的左右两舷设置自动扶梯,可以将47英尺的爬升高度降到29英尺。

米切尔海军上将坚持要建一艘平甲板航母,当初并没有考虑防护的需要,但任何遭受过神风特攻幸存下来的飞行员,都很清楚装甲飞行甲板的重要性。以装甲甲板为代表,任何重量很重的物体在航母上都将是很难被容纳的,但大型航母巨大的船体结构本身也要求飞行甲板而非机库甲板为强力甲板,这不同于以往美国航母的设计。海军舰船局认为,如果高强度飞行甲板被炸弹穿透,可能会严重削弱船体结构,因此将3英寸甲板拆分为2英寸的飞行甲板和1英寸的船尾下甲板,理论上这种结构仅相当于2.5英寸的甲板,防护强度不足。但是海军船务局认为设置船尾下甲板,可以保护重要的船尾下甲板空间不受机库爆炸的影响。

在飞行甲板下面是1.5英寸的机库甲板,从第三层深达第六层甲板。机库外侧甲板厚2英寸,弹药舱上方的机库甲板厚4英寸,第五层(前部)和第六层(后部)甲板厚3英寸,形成了一个箱式装甲防护结构,延续到后续航母设计。自1945年春,舷侧的1.5英寸特殊处理钢防护甲板就改为3英寸侧装甲和舱壁装甲,弹药舱、航空燃料和舰尾舵机舱防护装甲都增加到4英寸。这种分散的防护结构,虽然提高了航母抗击单点打击的能力,但不足以应对水下攻击,为此航母大部分长度的水下防护区域都扩大到22英尺深。

虽然新航母防护结构重量大幅增加,但抵御轰炸的能力还达不到中途岛级的水平,原因是厚装甲消耗了太多顶部重量。1947年8月28日,海军军械局组织开展了一项研究,评估 3 英寸飞行甲板、1.5 英寸机库甲板和汽油、弹药舱上方各种防护甲板组合的防护效果。结论是只有采用 3 英寸飞行甲板，才能抵御从 1 500～2 000 英尺高空坠落下来的 1 600 磅 AP 炸弹。在福莱斯特级航母设计中，海军军械局强烈要求采用足够厚度的单层装甲。

高强度飞行甲板还使船体结构设计更为复杂，因为它和机库的连接形式需要切割主船体结构。机库侧围需要采用双层壁，外侧为 0.75 英寸特殊处理钢防护装甲，内侧为 0.62 英寸特殊处理钢防护装甲才能保证足够的结构强度，也可以提高防爆破碎片的能力。飞行甲板边缘升降机的大开口，会造成大范围的应力集中，必须予以高度重视。飞行甲板上弹射器的开槽、武器升降机、阻拦装置、阻拦网、甚至飞机系留装置等，也都是重要的问题。尤其弹射器开槽更加麻烦，弹射器和舰体中心线之间的夹角必须严格控制，以避免削弱飞行甲板的结构强度。也有人认为，采用高强度飞行甲板可以消除膨胀节及随之而来的问题，显著提高船体的强度，能节省约 500 吨的结构重量。

为进一步加强新航母的水下防护，采用了类似于南达科他级战列舰的双尾鳍结构，这一选择是为了对因内部舱容需要而后移的弹药舱提供充分的水下防护。也就是说，为 2 个弹射器所配备的 2 个航空弹药舱之间有足够大的机械空间，以满足 33 节的航速，加长了舰体，提高了耐波性和船底、侧的抗冲击性。虽然尾鳍之间的涵道减少了尾横截面积，但必须保持横梁和防鱼雷系统的结构强度，因为这一区域存储了大量弹药和航空汽油，这一点尤为重要。

1949 年，海军舰船局声称合众国号能够承受 1 200～1 500 磅的水下炸弹，而中途岛级只能承受 800 磅的水下炸弹，1 200～1 500 磅几乎是二战期间鱼雷弹头重量的 2 倍。海军舰船局进一步说明，对于 1 200 磅的水下炸弹，合众国号能够抵御 5 次最致命的爆炸冲击，也就是说每侧能够抵抗 6 至 7 次一般性的爆炸冲击，甚至每侧可以抵御 3 至 4 次穿透性的爆炸冲击。舷侧防护的设计，要求在整个长度上提供相同程度的防护，尾鳍要能保护船体内螺旋桨轴免受鱼雷的破坏。根据第二次世界大战的经验，新航母还将安装一套复杂的抗倾覆压载调节系统。

可以说，合众国号比以往任何一艘美国军舰都动力强劲，设计之初为 260 000 轴马力，最后达到 280 000 轴马力。设计人员选择了传统的四轴布置形式，而不是五轴或六轴，其优点是缩短了传动轴长度，有利于扩大舱容、减少重量，缺点是每个螺旋桨功率过高，达到史无前例的 70 000 轴马力，降低了推进效率。随着战后蒸汽动力的发展，蒸汽条件大为改善（1 200 磅每平方英寸，950°）。动力系统和电力系统沿用战时交替布置的形式，4 个隔舱

▲ 1962年4月，在企业号航空母舰上展示的一系列重型航空母舰轰炸机（如民团团员轰炸机）中，合众国号超级航空母舰上飞机的作战概念得以保留。

每个分别容纳2台锅炉和1个涡轮机组，舰用发电机布置在主机舱和副机舱。

　　设计中排烟的处理成了最大的难题，海军舰船局从未对任何方案满意过。让人想起了早期美国航母的设计，烟雾随着风向乱窜，即使到了航母下水的时候，对船体布置的风洞试验依然在继续。总的来说，排烟管道越靠近舰尾，麻烦越少，但是这样布置也会产生新的问题，就是锅炉太靠近船体中部，上升的烟气流会在机库甲板和第四层甲板之间窜动，并通过机库围壁上升到飞行甲板和走廊下甲板之间的通道。为解决这个问题，跨接阀须转移到机库甲板下方。合众国号的设计文件表明，由于方案始终不能令人满意，设计人员期待着核能的早日出现（可能是在同系列的后续航母上），以使平甲板航母真正发挥作用。

合众国号的防御性武装几乎是在事后才想到的，但也并不完全是，这代表了对那段惨痛战争的情感和记忆。起初，设置的排炮仅限于双管 3 英寸 /70 倍口径自动炮和机关炮（即 20 毫米舰炮），尽管海军军械局倾向于战后设计的 35 毫米舰炮，但最终还是选择了 5 英寸和 3 英寸的混合排炮，分为 4 个象限，只是采用了新的四分区火力控制。后来，8 门 5 英寸 /54 倍口径和 8 门 3 英寸 /70 倍口径双管炮各自减少到 6 门。为了消除火炮对适航性的影响，要求舰艏 2 个炮座的炮筒不能高过飞行甲板平面，并确保干舷伸出的甲板底部至少高出水线 20 英尺。

最终，CVB-X 攻击型航母总长达到 1 090 英尺、型宽 130 英尺、飞行甲板横梁 190 英尺。虽然设计文件没有明确停靠限制，但 1949 年 4 月，海军船务局在取消该型航母的总结陈述中提到，设计要求 CVB-X 能够进入大型干船坞或最大的浮式干船坞（AFDB），水线梁开始希望保持在 125 英尺，但还是增加到 130 英尺，"我们认为这是现有设施所能停靠的最大航母"。实际上，"对于大型干船坞来说，CVB-X 的长度也达到了极限。按照设计，合众国号（CVA-58）可以停靠在 10 个干船坞或 13 个浮式干船坞中"。

虽然超级航母一直强调航空特性，却忽视了 2 个重大技术问题，即航空燃料和航空弹药的舱容，相关舱室必须按照防爆标准设计，并加以防护。在没有对 SCB-6A 航母进行研究的情况下，在舰队航母研究中所提出的 500 000 加仑燃油的数据依然占据主导，但这一数据是基于特定的战术基础的，在没有经过任何审查程序的情况下，合众国号就简单照搬了这一指标，同样其弹药舱室容量也是基于中途岛级航母的设计，没有进行深入的战术分析和计算。米切尔海军上将所说的 100 架次也来源不详，尽管有人猜测这可能是两次海上补给之间，2 天到 4 天内飞机出动的架次率，即 1 架飞行速度为 500 节的轰炸机只能在 8 个小时内攻击距离航母 2 000 海里外的目标，每天只能出击 1 次，100 架次是 24 架或 25 架飞机 4 天内所能完成的出动架次。

3 年来，合众国号超级航母一直是海军航空界关注和引以为豪的焦点，正如它的名字所宣扬的那样，它还因"攻击"和"核弹"而被授予一个新的代号 CVA。合众国号的突然夭折不啻是对海军最沉重的打击，1949 年整个夏天还在热烈讨论并开展详细设计，这反映了

海军强烈执着的愿望——期待还能恢复合众国号的建造。在严格控制军费开支的时代背景下，国会和总统还是批准了它的建造。实际上，海军还渴望建造4艘这样的超级航母，发展成4个特遣大队。然而，1949年4月23日成了至暗时刻，就在超级航母的龙骨铺设9天后，新上任的国防部长路易斯·约翰逊毫不留情地扼杀了摇篮中的合众国号，他更倾向于优先发展陆基重型轰炸机，这位国防部长事先甚至都没有征求海军作战部部长的意见。诚然，他的确是在参谋长联席会议上空军和陆军代表的建议下做出了这个重大决定，但当时许多人认为，这是空军和陆军的阴谋，试图剥夺海军独立的空军力量及独立的两栖海军陆战部队作战力量。此外，有人可能会说，在1949年，比起海军，陆军和空军的观点更为接近。

然而，超级航母的终结并没有使海军的希望完全破灭，至少还有"1号攻击型航母改进计划"和AJ-I野人轰炸机，以及埃塞克斯级的现代化改造项目。新研舰载重型轰炸机也保留下来，尽管起飞重量从100 000磅减到70 000磅，成为道格拉斯空中战士攻击机（A3D，后来是A-3）。更重要的是，合众国号超级航母的众多研究成果在后来的福莱斯特级航母上得以复活，这也是本章如此详细论述这段历史的价值所在。

取消合众国号，可能更有利于重型舰载轰炸机的发展，当然这是非常有争议的。但经过时间证明，当时海军提出的论点许多都站不住脚。事实上，这一论点之所以被推翻，是因为朝鲜战争的爆发导致大量的资金要投入到战争中去。具有讽刺意味的是，朝鲜战争后，美国航母的发展远远超过了战前海军的雄心。根据20世纪40年代后期海军作战部部长办公室备忘录，海军当初预计建造4艘超级航母（设计方案SCB-6A），每个特遣大队包括1艘超级航母和2艘中途岛级或改造的埃塞克斯级（设计方案SCB-27A）航母。

围绕超级航母的斗争，似乎表明以陆军和空军为主导的国防和政治体系对海军的联合围剿，海军作战部部长沙利文以辞职表示强烈抗议。许多海军军官也不得不辞职，因为1949年间海军的一桩公案，当时一名海军飞行员扬言要击落1架空军重型轰炸机，以反对空军宣称的"无懈可击的拦截能力"。

所有的争论无疑是航母引起的对立情绪的宣泄，海、空军之间的矛盾更加激化，海军要发展的重型舰载轰炸机，不在空军支配之下，却要执行类似空军的战略打击任务。尽管美国空军在20世纪50年代初不得不接受航母的存在和发展，但到了50年代后半期，空军再次掀起反对航母的舆论攻势，认为航母特遣大队配备的大量飞机只能勉强自卫。直到60年代，空军才开始转变观念，将海军航母舰载机和陆基战术飞机视作对空军的真正补充。

即使到现在，争论依然存在。就在过去的4年里，空中加油的拥趸声称这种技术将允许美国空军的飞机在全世界范围内作战。围绕罗斯福号（CVN 71）核动力航母的斗争表明，就算是进入到20世纪80年代，航母也并没有被普遍接受，这实际上是合众国号航母争论的延续，这种争论还会继续下去。

第12章
福莱斯特级航空母舰及其继任者

美国海军对于"平甲板"航母的追求,并没有随着合众国号超级航母的夭折而泯灭,飞行员们仍然渴望驾驶新一代远程舰载攻击机,并深信巨大的翼展与舰岛水火不容,当然早期设想的100 000磅飞机的确可以瘦身。1949年3月,海军航空局选用70 000磅的道格拉斯A-3D"空中战士(Skywarrior)"(后期称为A-3)作为第三阶段重型攻击机的原型机。合众国号夭折后,重型舰载攻击机的重量范围限制在70 000~100 000磅之间,但是缺少一型合适的航母。尽管中途岛级在理论上可以满足新型攻击机上舰,但作战效能过低。1949年8月,海军作战部副部长所在的研究部门提出Op-55的规划方案,新造一艘中途岛级大小的平甲板航母,或者将埃塞克斯级改造成平甲板航母。

海军相信新航母一定会得到批准,当初国会在财政危机的时候批准了合众国号,并且国会并不满意国防部长约翰逊削弱海军航空力量的做法,这些都可以理解为是对海军政治上的支持。国会中拥护海军的领军人物卡尔·文森在非正式场合表示,希望国会能够支持

◀ 从这张1956年6月4日拍摄的照片中可以看到新型萨拉托加号航空母舰的飞行甲板布局。注意前左舷升降机对倾斜甲板跑道的干扰。升降机保留了原始的轴向甲板设计,为左舷前舰载机起飞弹射装置服务。机身中段2个舰载机起飞弹射装置彼此靠近也是重新设计的结果。在原始平甲板设计中,机身中段外舰载机起飞弹射装置设在右舷侧,这一位置在最终设计中被舰岛占用。机身中段2个舰载机起飞弹射装置之间的角度受到限制,因为飞行甲板是强力甲板,切口不能太接近甲板横桁。

海军发展一型比合众国号小的新型航母，大约是60 000吨级，这直接影响了福莱斯特级航母的设计，就像《华盛顿海军条约》一样对航母做出了限制。

合众国号之后，新航母的设计虽然停止了，但海军舰船局凭着信念仍然坚持研究，探索航母吨位减小的可行性和发展道路。当新航母审批通过后，海军舰船局立即将这些研究成果付诸到设计中，而后续的设计必然与合众国号、甚至1945年舰队航母有内在的联系。崭新的航母发展理念正在孕育，虽然1950年之前甚少有人提及。1946—1950年间，海军的作战概念日渐明晰，开始由依赖少量重型攻击机打击特定战略目标，向出动大批量小型攻击机打击多点战术目标转变。1950年，可以挂载到小型攻击机上的原子弹即将问世，并且越加明朗，直接催生了道格拉斯A4D（A-4）"天鹰"攻击机，成为新的原子弹投手。

新型航母的特点主要体现在航空燃油需求量的增加，而不是航空弹药量的增加。后者似乎是直接从在合众国号上所提供的航空弹药量按比例缩减而来的，而合众国号上的航空弹药量则是从战时的中途岛号上按比例放大而来的。因为100架次核攻击所需的核弹，对于合众国号2 000吨的弹药储量来说只占据了很小一部分空间。福莱斯特级航母情况有所不同，它不得不进行持续的非核打击以支持地面部队，就像在朝鲜战争和越南战争中一样。然而，即便如此，弹药舱空间似乎也没有在福莱斯特级航母的设计中占据重要地位。

可以说，福莱斯特级是合众国号的转世新生。一旦航母结构得到更新，就面临着测试替代方案的压力：航母能够更好地适应舰载机操作程序，特别是在发展了斜角甲板和蒸汽弹射器技术后，吨位虽然更小，航速却更快，福莱斯特级设计简洁、实用、高效。1952—1954年间，经过多方案对比分析，福莱斯特级在现代飞机保障和吨位设置上综合评分最高。此后，考虑到核能的出现，设计新航母的尝试被放弃了：在只有一艘或最多两艘航母将按照这种设计来建造的情况下，花费大量资金来改造传统航母几乎毫无意义。因此，4艘福莱斯特级航母及4艘改进型福莱斯特级航母（CVA 63，64，66，67）被建造，所有这些都证明了原始设计的鲁棒性。

朝鲜战争带来了航母发展的转机。1950年6月25日朝鲜战争爆发，显示了远东长期保持一支航母特遣大队的必要性和重要性，这多亏了福雷斯特·谢尔曼的远见卓识。7月11日，参谋长联席会议紧急叫停了航母缩减计划。次日，终结合众国号命运的国防部长约翰逊，随即为谢尔曼将军送上了一份厚礼，批准充实新的航母力量，虽然还来不及纳入1952财年的预算。8月31日，新预算草案涉及2艘埃塞克斯级航母改造（SCB 27）、2艘导弹巡洋舰改造，以及1艘核潜艇和其他的项目，ASW护航航母（SCB 43）被列为第23优先选项，第1项是新型护航驱逐舰，埃塞克斯级航母改造列为第4项，紧随导弹巡洋舰和猎雷舰改造计划之后。10月28日，修订后的1952财年计划将新航母（SCB 80）列为第8优先

第12章 福莱斯特级航空母舰及其继任者

选项，埃塞克斯级改造调整到第6项，排在前面的有护航驱逐舰、导弹巡洋舰、新型扫雷舰、猎雷舰、鹦鹉螺号核潜艇和新型登陆舰（坦克）。这些项目反映了朝鲜战争的现实军事需求，比如应对苏联水雷战和两栖攻击战的能力亟待加强。此时，ASW护航航母已从30项的计划列表中删除。10月30日，海军作战部长弗朗西斯·P.马修斯批准了这个列表，并由此开启了福莱斯特级设计之路。

新航母SCB 80这个编号，无异是对国防部长约翰逊和空军有力的回击。已经卸任的詹姆斯·福雷斯特功不可没，在海军作战部长任上，他先是支持1945舰队航母计划，后又竭力推动海军核力量的建设，从"1号攻击型航母改造计划"再到合众国号超级航母，可谓呕心沥血；升任国防部长后更是态度鲜明，不遗余力地支持合众国号超级航母计划，有时甚至不惜牺牲空军的利益，最终军种间的斗争迫使他下台，当路易斯·约翰逊接替上位后，海军的局势急转直下。

1950年，参谋长联席会议将NSC-68定义的12艘航母作为1952财年目标。1951年12月，太平洋海军总司令要求增强航母空中力量。1952年2月，参谋长联席会议批准在西太平洋部署第四艘航母作为临时措施。为不影响地中海的部署，美国海军作战部长建议将攻击型航母从12艘增加到14艘。尽管遭到空军反对，1952年2月28日，总统还是批准了这一计划。也就是从1952财年开始，每年新造1艘航母成了海军的首要目标，最终的兵力水平没有被确认，因为海军尚未对战时航母进行换代，因而无法对兵力规模进行真正设想。

1953年8月朝鲜战争结束后，航母的作战部署仍然坚持了12个月之久。最终，美国海军确定和平时期保持15艘航母的规模，分别部署于5个战略方向。20世纪60年代末，美国海军的建设目标是保有12艘新型航母和3艘经过现代化改造的中途岛级航母。1958财年建造了企业号核动力航母，航母建造计划稳步推进。后来，由于新型核动力航母费用过高，新型北极星潜射弹道导弹系统也耗资巨大，海军领导层面临前所未有的压力，要求动用国防战略资金支持，就像空军的重型战略轰炸机和陆基弹道导弹一样。但如此一来，海军常规力量的建设就受到了影响，尤其是常规动力航母。尽管福莱斯特级铸就了历史辉煌，也曾经是国家的战略打击力量，搭载过核攻击机，与当时空军最好的轰炸机不相上下，但光环渐渐散去，退出了历史舞台的中央。

在1949年4月—1950年末，海军舰船局的设计师并没有完全在黑暗中进行工作。虽然海军作战部长办公室无法提供航母的具体特征，但已通过信函副本及会议向当局提供了所需信息。在项目听证会上，被要求用外推法进行粗略的估算，研究航母各性能要素间的相互关联性和相互影响。初步研究表明，若要满足重型攻击机的作战要求，新航母的尺寸甚至将超过合众国号。1950年11月8日，在与海军作战部部长举行的一个会议上，当局获得了一个想法，即为了满足极限标准排水量，可以减少哪些特征。根据这些信息，要求将该项目作为最高优先级，以每周6天的标准抓紧研究。

海军舰船局为了在1951年2月15日之前完成相关研究，3月1日制订出基本的目标图像方案；9月1日，初步设计完成；12月1日，开始合同谈判。1952年1月1日，第一份合同签订；第一艘航母计划于1956年1月1日完工，按照每周工作40小时排定了建造计划；加快进度，力争于1955年7月1日前完工。

时间固然紧迫，但海军舰船局工作效率更高。1952年7月12日，与纽波特纽斯造船厂签订了新航母建造合同。1955年10月1日，福莱斯特号航母服役。

在1950年12月22日提交给美国海军作战部长的备忘录中，设计师强调即使各项工作计划推进顺利，"在航母工程完工之前也不要遗留待完工项目，任何问题必须当即做出处理的决定，并迅速解决，以避免造成后续施工冲突，在施工阶段要极力避免设计状态的更改"。相比较，中途岛号的初步设计需要13个月（也称为可行性研究），初步设计合理性的研究另需9个月，合同计划和规范需要10个月，总计32个月；而福莱斯特级航母只用了大约1年的时间。

海军作战部副部长（空军）将福莱斯特级称为全天候作战航母，并于1950年9月对此进行了阐述：

> 首先也是最重要的，就航母而言，全天候是指替换的新型航母要在各种能见度和温湿度环境下进行飞行作业，我们正在加紧努力提高我们的舰载机的全天候性能。影响舰载机全天候作战的主要因素是航母甲板上层建筑的存在，从这一角度分析，航母都应该采取平甲板，当飞机着舰时可以在飞行甲板上无障碍物的情况下进行操作。

全天候作业还需要封闭式舰艏，保持机库和飞行甲板干燥，这是基于"1945年风暴"对航母飞行甲板的严重损伤所总结得出的。理事会怀疑封闭式舰艏的必要性，面对重重质疑，这一设计原则仍然得到了坚持。采用封闭式舰艏的另一好处，就是在其船体受到卡尔·文森号吨位限制的条件下，依然获得了更长的飞行甲板。

飞行员们呼吁将航空燃油的储量扩大到750 000加仑，这个数字是根据战时经验得出的。在一次听证会上，Op-05指挥官库尼汉说道：

第 12 章 福莱斯特级航空母舰及其继任者

▲ 图中为1955年9月29日纽波特纽斯造船厂新完成的福莱斯特级航空母舰,其巨大的倾斜飞行甲板和4个蒸汽舰载机起飞弹射装置开启了美国航空母舰的新纪元。飞行甲板是船体不可分割的一部分,飞机库一侧的大开口(可容纳4部甲板边缘升降机)造成了主要的结构问题。设计用于"全天候"作业,这从其高封闭舰艏得以体现。尽管如此,2个向前凸出的炮座喷出的水花还是限制了其在恶劣天气下的速度。突出的天线包括4个位于舰艏和船尾的舰对空装置(TED/AN/URR-13)、桅杆处的TACAN和下方的SPS-10、SPS-12和SPN-6雷达。操舵室屋顶装有一个SPS-8A测高仪,主桅带电子对抗天线,顶部还有UHF/DF天线。舰岛后端的小雷达罩携带SPN-8雷达,用于恶劣天气下的着舰,烟囱外侧的天线用于接收气象气球数据。2根高桅杆可以合拢,使航母可以从布鲁克林大桥下通过,进入纽约海军造船厂(直到20世纪60年代,所有大型美国军舰都有这种能力)。只有福莱斯特级航空母舰有后桅。

"航母上的航空燃油永远不足,战场上飞机频繁出击,一天至少消耗 40 000 加仑,而这些喷气式飞机的燃料成本是普通飞机的 5 倍,更何况还有一部分燃油根本抽不出来,就算是设定了 750 000 加仑,也仅够舰载机联队维持 3 天。"海军舰船局希望 JP-3(替代汽油)能够上舰,我们将对此进行设计。然而海军舰船局认为在这一做法下,燃油储量并没有变化,且同样危险。

按照后来航母的设计标准,750 000 加仑仍然严重不足。革命性的转折是,航空燃油不再属于爆炸物,为此,航母的安全性大幅提高,设计中省去了一系列复杂的防护装置,航母陡然卸去了沉重的包袱。1950 年秋,有人提议将密度更轻、挥发性和爆炸性更强的成分分离出来,置于装甲防护之下,然后再与航空重油(HEAF)混合给飞机加注,而航空重油与舰用动力燃油没有太大区别,可以储存在装甲箱外,侧面防护(反鱼雷)油箱内的常规燃油箱中。起初,人们认为较重的燃油必须与较轻的燃油混合,这样一艘船可以(实际上)携带在其受保护油舱内的航空燃油的 2 倍的量,福莱斯特级可以装载 150 万加仑航空燃油。可后来,所有的海军喷气式飞机都直接使用 JP-5 作为燃料,JP-5 足够重,可以直接装载在燃料舱中,不需要更轻的添加剂;只有越来越少的螺旋桨飞机,例如空中袭击者战斗机,才需要受保护的油箱。后来,许多航母对锅炉进行了改造,以使其燃烧 JP-5 而非重油,这样就可以在航母操作(续航)半径和航空联队续航力之间进行权衡。

1950 年秋,航母指挥官们尚没有意识到喷气式飞机时代的来临。1951 年 10 月,大西洋航空司令 S. B. 斯潘格勒海军少将在给海军航空局海军少将 T. S. 库姆斯的信中写道:

1953 年 3 月,第七舰载机联队将部署 3 个中队的 F9F-6、1 个中队的 F9F-5、1 个中队的 A2D(天鲨)。假设航母上搭载 80 架战斗机和 27 架攻击机,假设航母加注航空燃油,那么每小时大约要消耗 65 000 加仑。按照这样的消耗,航母平均每天支撑不了 6 个小时的作战。假定我们在舰载机上使用船用燃料,并将航母续航时间限制至 9.5 天,那么航母平均每天可以支持作战 23 个小时。当然,这些假设并不十分合理,但却是基于实际作战需求。飞机航空燃油的实际消耗,是标准航海图中战斗半径数值的 1.3~2.0 倍。基于这样的计算,珊瑚海号航母上的航空燃油仅可维持 18 小时的作战,在执行作战任务 2 天后必须补给,第七舰载机联队则只能坚持 0.7~1 个空袭日。

在实际飞行中,2 个喷气式战斗机中队计划出动 340 架次,预先存储的 355 000 加仑航空燃油,在执行 187 架次后只剩下 48 000 加仑,其中仅 41 000 加仑可用;这 2 个

第 12 章　福莱斯特级航空母舰及其继任者

中队 36 架飞机在 4 天内总共出动 340 架次，每天 4.6 小时，每架次飞行 2.3 小时。二战期间，每架飞机在空袭日平均每天飞行 9 小时。

如果换成 F2H-2 "女妖" 战斗机，每次飞行平均消耗 6 000 磅燃料（1 000 加仑），340 架次需要 340 000 加仑，只剩下 15 000 加仑，其中仅 7 000 加仑可用。

随着新型攻击机重量的调整，弹射起飞重量设定为 70 000 磅，飞行员希望弹射器布置在舰艏，并提出 "如果航母设计允许，是否可以增加 1 个或多个低能级的弹射器，能够弹射起飞 40 000 磅的飞机"。低能级弹射器主要用于战斗机。合众国号曾设计安装 4 个液压式弹射器（H9 型），异常笨重，船体支撑结构复杂。1945 年以来，海军航空局一直致力于开发更轻、更高效的 "开槽式" 弹射器，当液压弹射器通过一系列穿过滑轮的钢丝绳与弹射器的柱塞相连获得动力时，开槽管直接将动力输送至舰载机。按照当时的设想，弹射拖梭通过炸药发射，福莱斯特级最初还在弹药舱备用了 400 吨炸药。最终，爆炸式弹射器以失

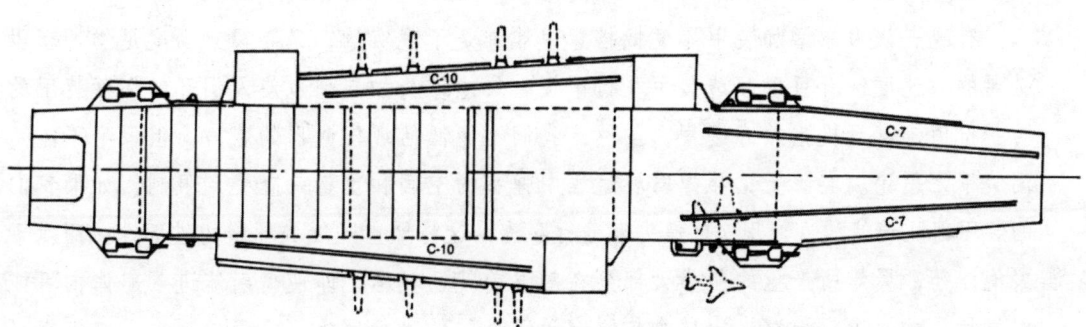

▲ 福莱斯特级航空母舰设计，带小型固定舰岛。

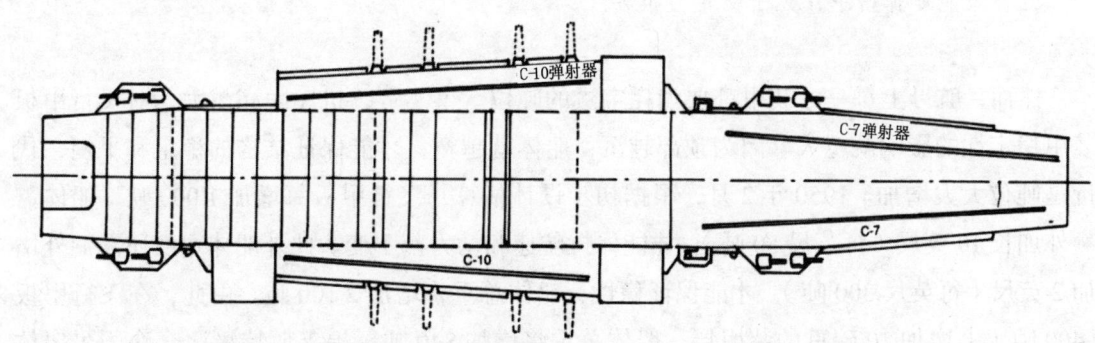

▲ 福莱斯特级航空母舰设计，带全平甲板（舰岛可缩回）。

败告终，幸运的是英国人开发的蒸汽弹射器大获成功，而且重量更轻。1950年，人们还有一个疑问，就是阻拦装置能不能适应重型攻击机的着舰要求。

飞行员们则关注升降机是不是会从合众国号的4台减少到3台，机库净空高度会不会降低到19英尺，并企盼自动扶梯能够从待命室一直通往飞行甲板，但对航空弹药储存和转运从来没有发表过具体意见。海军作战部副部长（空军）提出航母应装载总重量为1 200吨的舰载机；1945舰队航母保留了早期的航速20节续航12 000海里的标准，尽管30节的持续航速是能被接受的（战时负载），试验实测30节等同于作战情况下的32节。

尽管飞行员拥有很大的发言权，但海军军械局努力游说，要求防护等级高于合众国号，他们特别不满在设计中将3英寸甲板拆分为2英寸的飞行甲板和1英寸的走廊下甲板两种厚度的决定。相比，中途岛级最低可接受的飞行甲板是3.5英寸，比早期航母重60磅，船体上部结构增重约5 000吨，军方认为3.5英寸可以承受2 000磅GP炸弹、1 000磅半穿甲（SAP）炸弹。

有观点认为靠增加装甲厚度抵挡穿甲炸弹是不现实的，只要投射高度足够，获得必要的末速度，就可以穿透装甲飞行甲板。聚能炸药和导弹也使人们开始怀疑装甲的防护价值，甚至提出放弃装甲。虽然，我们不能低估现代武器的威力，但也绝不能苟同装甲无用论。实际上，导弹发展过程中弹头的空间和重量一直受到限制，如果我们的装甲部队迫使敌人使用AP弹头来进行穿透，这将严重降低其导弹的破坏性。而对于聚能炸药，爆炸所产生的能量大部分在触发前就已耗尽，即使喷射流进入船体内可能引发严重的火灾，但这也比整个炸弹穿过不设防的飞行甲板好上百倍。航母与坦克显著不同的是，坦克内部的易损部件密度过大，一损俱损，所以无论坦克装甲多厚，一旦被聚能炸弹击中，几乎必定会报废。

然而，航母上每一寸装甲都要消耗宝贵的吨位。事实上，机库净高越大，对飞行甲板装甲稳定性的影响就越大。因为顶部越沉，船体就越宽，才能保证结构的稳定和平衡，代价是吨位大大增加。1950年2月，根据初步设计估算，飞行甲板每增加1 000吨，船体需额外加长10英尺（每英尺50吨），才能保持航速和动力都不变。此外船体宽度还需额外增加2英尺（每英尺300吨），才能保证稳性，船体总重将增加2 100吨。由此，在飞行甲板（400吨）上增加10磅重的装甲层，船体总重将增加840吨。福莱斯特级比合众国号船体短，为保证航速，必须增加主机功率，也会增加重量，因此缩短船体长度并不一定能减少净排水量。

1949年4月25日，在合众国号被取消的2天后，设计部门曾调查各种牺牲的影响，并提出取消1台甲板边缘升降机、一半的弹射器和阻拦装置，以及所有5英寸火炮、20磅飞行甲板和10磅机库甲板的装甲，舷外/舷内分别只保留60/40磅、机库净高降低4英尺、采用轻型升降机，飞机起飞重量降到80 000磅，标准排水量从66 850吨降至62 675吨。由于此法减重效果并不明显，在新航母的方案论证过程中，又尝试在中途岛级的结构基础上放大比例，而非在合众国号的基础上按比例缩小，并且只保留机库甲板为强力甲板，按此估算，船长960英尺或970英尺，标准排水量可以控制到52 000吨，这也可能是文森议员选择60 000吨作为福莱斯特级重量限制的根据。但是，最后还是将合众国号作为新航母的设计母型。1950年2月底，以"新舰队航母"或"AW航母（全天候航母）"的编号，正式启动了福莱斯特级的设计工作。

采用飞行甲板装甲、带防护的航空燃油舱，再加上合众国号的全部火炮（8座5英寸/54倍口径炮和8座双联装3英寸/70倍口径炮），保持机库净高度不变，使航母吨位增加了7 000吨。对此，仅靠减轻弹射器重量等雕虫小技根本于事无补，大量的牺牲志在必行。2份未注明日期的舰船局方案（或许是在1951年初期），就包含了更为彻底的减重措施：船体水线长980英尺，而非合众国号的1 090英尺；为避免影响航母稳性，船体5英寸装甲大部分位于较低的位置；舷侧防护从60磅减至45磅（1.125英寸），飞行甲板装甲70～80磅，配置4部弹射器和4台升降机；机库有两种方案可供选择，一是净高25英尺、机库甲板装甲70磅（1.75英寸），二是净高19英尺、机库甲板装甲80磅（2英寸），都设有通廊甲板装甲；火炮数量大为减少，只保留8门5英寸/54倍口径火炮或10门双联3英寸/70

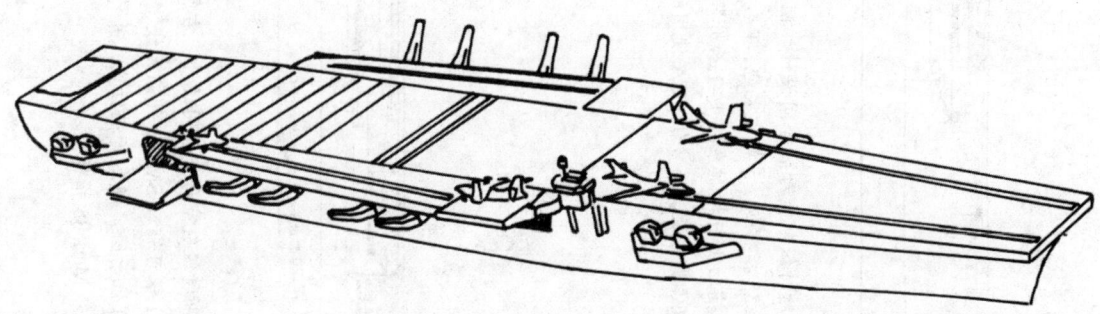

▲ 福莱斯特级航空母舰设计，根据舰船局设计模型建造而成。图中的大型飞机为A3D空中战士；位于左舷船腰处弹射装置的小型飞机为F3H恶魔重型拦截机。

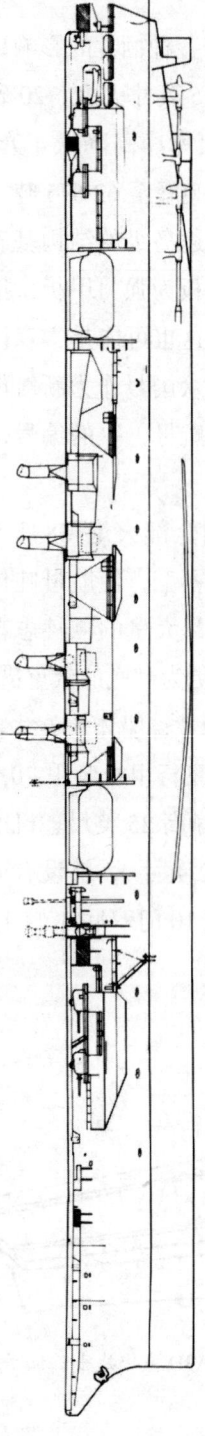

▲ 福莱斯特级航空母舰合同设计。阴影部分为天线罩。飞行甲板边缘船头至船尾部分的详细结构如下：1 台 SPS-10 海面搜索雷达，1 部 Mark 35 指挥仪，5 英寸火炮，1 台 SPS-6C 空中搜索雷达，1 个可缩回塔康，1 部可缩回辅助飞行控制系统，1 台船尾升降机，1 台铰链式 URD-3A 定向仪，1 台船尾升降机，船尾火炮，另一部 Mark 35 指挥仪，船尾右侧 SPS-6C 雷达及其下方供 CCA 使用的 SPN-12（小圆盘）。3 台 SPS-6C 雷达将协调运作，将信息反馈至同一显示器。

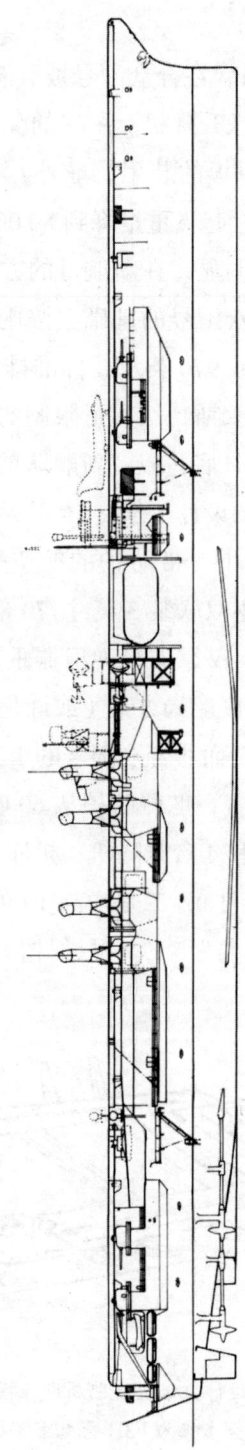

▲ 福莱斯特级航空母舰合同设计，右舷。从左至右的详细结构如下：1 台 SPS-10（海面搜索）雷达天线罩，5 英寸 54 倍口径炮，1 部指挥仪，1 根可缩回 SMD-1 气象天线，上升烟道，配备有 SPN-8 和 SPN-6（及以上）CCA 雷达的可缩回平台，1 台可缩回的 SPS-8 测高仪（也可位于固定舰岛所在位置，并作为备选方案），1 台升降机，起重机备有辅助船舶控制系统的可缩回舰岛，1 台 SPS-6C 雷达，火炮和 1 部 Mark 35 指挥仪。

倍口径火炮。减重后航母标准排水量 59 900 吨，正好低于文森议员的限定吨位，构成了福莱斯特级的设计基础。

1950 年 11 月，舰船局的设计报告提出了 980 英尺 ×125 英尺 ×34 英尺的船体构想，排水量约为 57 500 吨，这一数字远低于文森议员的限定吨位，还留有发展的余量。这一排水量只能配备 3 个弹射器和 3 个甲板边缘升降机、全部飞机的重量控制在 1 000 吨、航空弹药和军械储量控制在 1 000 吨。3 个甲板边缘升降机代表了绝对最小值，因为出于损坏控制的原因，机库甲板被防爆舱壁和防火舱壁划分为 3 个区域，每个区域形成一个防火分区。现代化的埃塞克斯级航母上也安装了类似的系统。在防护方面，虽然保留了合众国号的 2 英寸飞行甲板装甲，但船尾下甲板装甲不得不减至 0.75 英寸，60 磅机库甲板和舷侧装甲得以保留，最后，设想了一个 1 020 英尺 ×125 英尺的飞行甲板，甚至有人质疑是否能在其上安装 8 个炮座，机库净高度为 19 英尺。

经过慎重考虑，航空局认为 19 英尺的机库净高度不合理，因为新型 A3D 攻击机至少需要 22 英尺净高。秉持航空优先的理念，机库净高度很快调整到 25 英尺。这反过来证明了任何试图实现大量飞行甲板防护的尝试都将是失败的，以及对于更宽船体的需求也由此诞生。1951 年 2 月底，初步设计报告称，最终版本的船体标称排水量为 59 900 吨、水线宽为 127.5 英尺、机库高度为 25 英尺。在这一结构尺寸下，可以配备 4 部弹射器和 4 台升降机，第 4 台升降机位于舰尾正中；并将配置 8 门自动 5 英尺 /54 倍口径火炮，比被证明为不够可靠的双联装 3 英寸 /70 倍口径火炮结构更简单、重量更轻。所有设计都服从于舰载机运行需要，弹匣舱容增加到 1 800~2 000 吨航空弹药。考虑到时间紧张，2 月底的关于航母特征的报告即为后续设计工作的依据。

在设计后期，船体重新恢复到传统水下布置和方艉，取代合众国号（CVA-58）的双艉鳍结构，水线长度也从 980 英尺增至 990 英尺。据称，这将显著改善鱼雷防护能力，原因是内轴和外轴在长度上进一步分开，另一个变化是增设了第 3 个转向舵。

至于飞行甲板上方的结构，有人倾向于将非常小的固定式舰桥改为可完全伸缩的结构，并准备了两种备选方案的设计。1951 年 6 月的特征要求，实际上反映了当时的设计要求，并提出设计完工后再通过评估，最终确定是否在右舷弹射器和右舷升降机之间安装永久性舰岛。为此，尽可能在内部结构中进行空间分配，管道、布线和通风布置应当尽可能便于安装永久性舰岛。这仍然意味着一个非常小的舰岛，小型舰岛的尺寸可能为 40 英尺 ×12 英尺，不足以安放烟囱，排烟管道仍布设在飞行甲板下面，并伴随着一系列各种各样的内部结构问题。

为减少烟雾干扰，排烟管道应尽量靠近舰尾，不得穿过机库甲板下的横向水密舱壁，进而导致主要机械布置在了比常规情况下更靠近舰尾的位置。这样，随着机械布置在更靠后的位置，前装甲箱比后装甲箱略长，由此大约2/3的航空燃油和弹药都要存放在前部，1/3存放在后部。特种武器所需的工具储藏室位于前装甲箱内。4台炸弹升降机从弹匣上方升起。1台前部和1台后部升降机的终点位于机库甲板；另1台前部和另1台后部升降机的终点位于飞行甲板。

飞行员住宿区的布置，也与合众国号不同。在早期设计中，合众国号有1间足以容纳最大飞行中队的待命室，位于靠近作战情报中心（CIC）和作战指挥室的船尾下甲板，其他舱室则设置在机库甲板下方更安全的区域。而福莱斯特级则在走廊下甲板前后设置了2间待命室，每间容纳25人，飞行员可迅速抵达舰艏和舰尾的弹射器位置以执行紧急起飞任务。此外，还在靠近船体中部作战情报中心的船尾下甲板上设置了1间能容纳60人的待命室；在机库甲板下方设置了4间大型待命室，其中2间各能容纳45人，另2间各能容纳60人，配有自动扶梯至船尾下甲板。与航母上位于更深处、更加谨慎布置的，或是位于与作战情报中心及航迹室更加相邻而非位于弹射器附近的准备室相比，特殊的紧急起飞待命室可以被描述为战术（二战）行动所独有的特征。

随着设计的深化，不断提出各种改进意见，例如减轻水下防护重量的种种措施，这些都

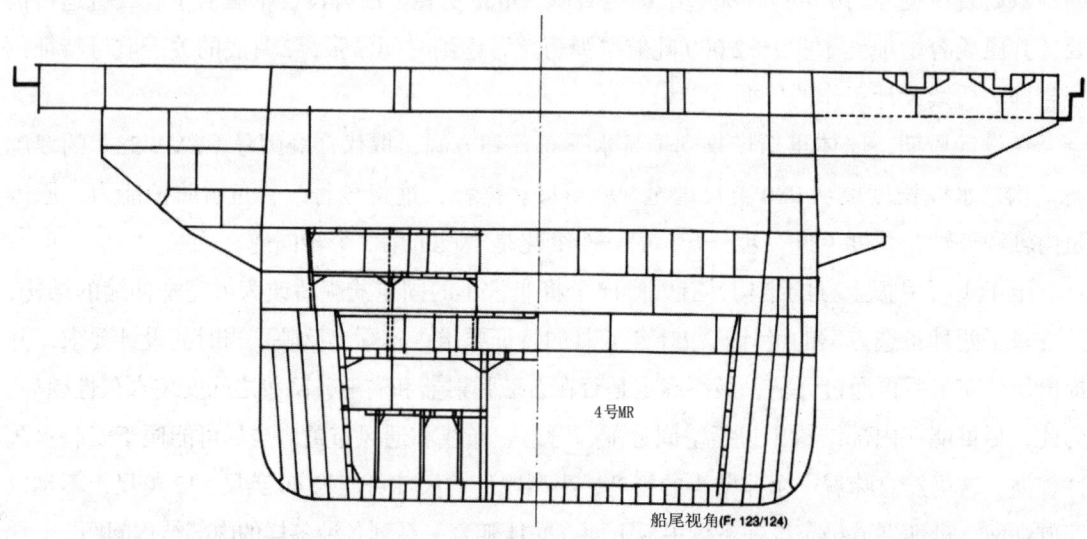

▲ 福莱斯特级航空母舰横截面图，船尾视角。

是合众国号设计所没有的。但最重大的问题还是集中在排烟和广阔平坦的平甲板上如何设立雷达天线上。

这一期间，革命性的变化是将传统直通甲板改为现代化斜角飞行甲板，平甲板航母所有重大的难题都迎刃而解。事实上，斜角甲板、蒸汽弹射器和反射镜式光学辅助着舰系统都是英国人发明的，它们从根本上改变了传统航母的形态，为高性能喷气式飞机上舰开辟了道路。但是具有讽刺意味的是，最大的受益者不是英国皇家海军，而是美国。

斜角飞行甲板原理其实非常简单。在传统轴向甲板上，飞机着舰是沿着航母甲板的中心线向下飞行，依靠阻拦装置和防撞网，避免与前面的飞机相撞。如果飞机冲过阻拦装置和防撞网，后果不堪设想，必将引发灾难性的火灾，导致整个飞行甲板作业瘫痪。理论上，飞机虽然可以在着舰作业时弹射起飞，但着舰区和起飞区之间的停机区域非常小，事实上不可能同时作业。在福莱斯特级和合众国号的设计中，都采用了巨大的舷台和飞行甲板，以期实现阻拦着舰和弹射起飞同时作业，但根本行不通。而采用斜角甲板，情况就大为不同，着舰区位于左舷并向左侧倾斜，与舰岛、航母中心线上的舰艏停机区、弹射起飞区都能保持一定的安全距离。即使飞机冲过阻拦装置，也能够从左侧舷台末端逃逸复飞，不会撞上其他飞机。事实上，它将远离飞行甲板的右舷边缘，从而舰岛不再是飞机着舰最大的安全障碍，顺带排烟问题也可在不影响航空特性的情况下一并解决。在福莱斯特级航母上，斜角甲板所带来的唯一重大牺牲是将右舷舷台的弹射装置转移至现已大幅扩大的左舷舷台，这在一定程度上干扰了已经存在的弹射器的正常运行。也就是说，现在可以同时对2个弹射器进行装载，但不能像以前那样同时发射2个弹射器。

斜角甲板很快转变为现实。1951年8月9日，英国皇家航空研究院在英格兰贝德福德的一次会议上首次提出斜角甲板概念。与会者当时正在讨论重型（30 000磅）喷气式飞机在新航母鹰号和皇家方舟号上的飞行甲板作业问题，以及自二战以来一直研究的，在橡胶飞行甲板上操纵无主起落架飞机的议题。在各种情况下，倾斜着陆区都有许多优点，一名美国评论员指出，在斜角甲板提出以前，美国海军对橡胶垫飞行甲板向来不感兴趣。斜角

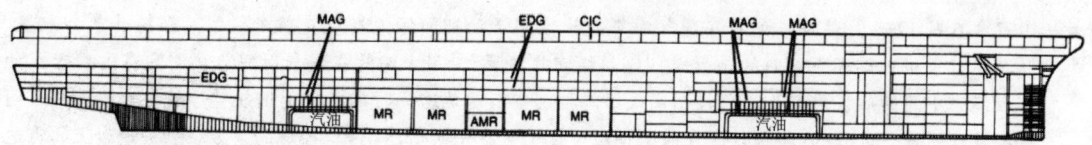

▲ 福莱斯特级航空母舰完工后纵剖面图。

美国航母设计 简 史

甲板的首次试验，在英国轻型舰队航母胜利号上完成，该航母上有一条带有10°倾斜角的着陆路径，用于舰载机连续起飞着陆试验。试验随后又在中途岛级航母上进行，但2次试验并没有改变甲板上阻拦装置和防撞网的设置，它们仍朝向原来的轴向甲板。1952年9—12月，在未经现代化改造的舰队航母安提坦号上建造了一个简易舷台，进行了真正意义上的斜角甲板着舰试验，证明了这种布置方式的独特优越性。

到那时，海军舰船局已经意识到了技术发展所带来的机遇以及由此可能产生的成本。1953年1月，舰船局及时向海军作战部长（CNO）建议，在1955财年建造一艘带有斜角甲板和固定舰岛的大型航母。由于新的航母建造计划每年都会获得授权，这意味着要建造3艘设计过时了的航母。1953年5月4日，海军作战部长批准了在整个福莱斯特级航母上安装斜角甲板的方案。尽管大西洋舰队空军司令立即提出了一个完整的带有上升烟道的舰岛设计方案，然而另一方面海军舰船局既提供了平甲板设计，又提供了传统舰岛设计。这时，形势变得非常紧急，由于纽波特纽斯船厂正处于重新布置航母内部构件（如升降机的

▲ 1957年6月12日，萨拉托加号在国际海军舰队检阅活动期间停泊在约克敦外，依然保持其最初配置。从其飞行甲板前端朝下倾斜的吊臂是"钢丝绳回收装置"，用来回收在发射时将飞机固定在弹射器上的钢丝绳。中间的舷窗为船头紧急控制室或第二控制室，这是这一时期所有美国航空母舰的共同特征。同样要注意的是，Mark 56指挥仪所在的小型舷台位于2座5英寸/54倍口径炮的前方。船头炮台上的雷达天线为完全位于炮架之上的舰用电子射击指挥仪（Gunar）的一部分。

重新定位）的施工阶段，几乎没有或根本没有延误，花费仅为 200 万美元，而这一数额则随着后来复杂的可缩回舰岛结构的取消而被抵消。1953 年 10 月 7 日，正式公布了斜角甲板设计方案，并选择了新的布置方案，其方案编号为 34 号。但由此带来的设计调整，工作量巨大。右舷侧新增的停机区，加剧了右舷升降机的飞机转运压力，舰尾左舷的升降机被取消，移至右舷，左舷仅在大型舷台的前端保留 1 台升降机，右舷升降机增加到 3 台。在同时起飞和着陆操作中，舰尾中心线上的升降机几乎没有价值，但为了右舷第三部电梯的安装，它被省略了。由此，舰岛大致位于船体的中部，舰艏有 1 台升降机，舰尾有 2 台升降机，大部分三角停机区都位于前部。原有的平甲板设计在部分飞行甲板布置中得到保留，因为不可能完全取消与升降机、武器升降机和舰船操控密切联系的内部结构。因此，舰岛结构位于接近船中部的地方，在前部配备有 1 部升降机，在后部配备有 2 部升降机，尽管大部分三角形停机区域位于前部。

为扩大着舰区，舰艏左舷的重型蒸汽弹射器（C-7）前移 20 英尺，以允许重新定位左舷前部升降机（清除出着陆区）；右舷的战斗机弹射器（C-11）被移至左舷的舷台，左舷 2 个弹射器无法同时作业；由于飞行甲板被作为强力甲板，这一限制难以被克服。也就是说，弹射器不能被安装在与甲板中心线成很大夹角的位置上，否则会严重削弱强力甲板的强度。

航母左、右舷巨大的舷台，与最初的平甲板设计大为不同。右舷舷台由简单的舷台结构，转变为带飞行甲板和船尾下甲板的悬臂结构，除与舰岛交汇的部分区域，右舷舷台一直扩展到机库甲板以下。

在美国爆炸式弹射器（C-7 重型和 C-10 轻型弹射器）惨遭失败后，英国人发明的蒸汽弹射器闪亮登场。蒸汽弹射器是 C-7 重型和新型 C-11 轻型弹射器的新版本，C-11 实际就是英国 BXS-1 弹射器。1950 年 8 月，BXS-1 弹射器首次在英国英仙座号修理舰上试验；1951 年 12 月—1952 年 2 月，又在美国进行了验证性试验，由格林号驱逐舰的高压蒸汽驱动。蒸汽弹射器的成功，对于美国航母无疑是雪中送炭，当时爆炸式开槽气缸型弹射器遇到了相当大的发展问题，突然英国人送来了蒸汽弹射器，连为爆炸式弹射器配备的 400 吨炸药都省了。但事情总有两面性，持续的弹射作业必然消耗大量蒸汽，影响到舰船航行性能，"由于污染问题和由此导致的蒸汽损失，对锅炉进行纯净水补给的需求激增"。

机库内部分区由 4 个减少到 3 个面积几乎相等的分区，从而与右舷 3 个甲板边缘升降机相对应，提高了着陆期间的舰载机调运效率。新的安排提供了额外的机库甲板停机区域。还有一些微妙的改进。例如，斜角甲板的设置，减少了阻拦索的数量，因此，阻拦装置的发动机变少，内部空间变小。烟囱和排烟系统的改进，以及将部分电子设备从船尾下甲板

▲ 1965年4月23日，经过多项标准级改进的福莱斯特号航空母舰从维珍尼亚角出港。船头火炮舷台被取消，尽管船体并非完全杜绝产生雾气的突起物。与战时航空母舰一样，该船配备了额外的天线，最显眼的是一种用于远程空中搜索雷达——SPS-43A——的大型格式桅杆。注意观察位于舰岛靠近船尾方向的重型天线杆，凭借铰链向下伸出，供飞行作业使用。船中部的彩色软管用于为护卫舰提供燃料；从50年代初开始，美国航空母舰的燃料就有一部分留给护卫舰，以使整个舰队能够作为一个整体高速航行。喷气偏流板已在船头弹射装置上的2架十字军战士战斗机后方升起。另一架十字军战士战斗机在船头右舷区候命，3架空中战士停在船尾位置。

转移至舰岛，节省了内部空间，从而能够提供更多的停机区域。1954年1月，设计审查的结论是在福莱斯特级航母设计不低于最低相关标准的情况下，内部舱容可以额外增加28%。

航母设计还有一些细微末节的变化。5英寸火炮的舷台延伸到下一层甲板，为弹药升降机提供了足够的空间，火炮仍保留在原位置。恶劣海况和天气下，舰艏2个武器舷台会产生过多的雾气，并大大影响航速。航空弹药和军械储量设定为1 660吨常规弹药和165吨核弹，而最初设计的总储量是2 000吨，其中还包括为爆炸式弹射器预留的炸药。1951—1954年，对航空炸弹的需求几乎没有什么变化，20毫米口径火炮弹药减少一半，非制导火箭（FFAR和HPAG）的装载量减少约30%，但海麻雀导弹的储备需求增加到原来的4倍，由此可以看出航母和舰队防空体系对导弹的依赖度越来越高。

福莱斯特级航母是在万分紧急的情况下建造出来的，其机械设计仅限于在蒸汽条件600磅力每平方英寸、850°过热蒸汽下进行运转，以节约关键材料。因此，它的总功率被限制在260 000轴马力。预计的不足并没有成为现实，后续舰被设计用于战后标准蒸汽条件——1 200磅力每平方英寸、950°过热蒸汽，总功率280 000轴马力，动力系统总重量略有增加，但燃油消耗率却大大降低。为福莱斯特级设计的蒸汽弹射器，因海军航空局不愿对其进行重新设计，后来一直沿用，并且1 200磅力每平方英寸的蒸汽条件完全满足舰载机起飞的要求。

福莱斯特级作战性能的改进，还突出体现在电子设备上。雷达和无线电天线被移至舰岛更高的位置，舰岛基座上安装了1个大型测高仪（SPS-8）、1个巨型雷达天线杆（上面装有空中搜索雷达SPS-12、空中交通管制雷达SPN-6，以及在其顶部装有1台塔康信标）。另一个巨型天线杆上装有1个电子对抗天线，两者顶部的天线都可以折叠，以使航母能够顺利通过布鲁克林大桥，这是当时美国海军战舰的统一要求。1部飞机精确导航雷达SPN-8（CCA）被安装于舰岛后端。

尽管早在1952年就开始考虑替代设计方案，但4艘航母仍是按照福莱斯特级的基本设计建造的。1954年，航空局提出将后2艘突击者号和独立号航母舯部的C-11轻型弹射器，升级为C-7重型弹射器，作为新航母设计计划的一部分，并将这2艘航母列入1954财年和1955财年计划。20世纪60年代后期，除突击者号外，其他航母取消了舰艏5英寸火炮舷台，这是因为恶劣海况下，保持航速远比保留5英寸火炮更为重要，特别是随着现代飞机性能的提高，传统火炮越来越没有用武之地。最后，剩下的4座火炮也都被海麻雀点防御导弹取代。企业号是第一艘安装海麻雀导弹的航母。1967年，福莱斯特号航母的一次大火烧毁了右舷侧火炮，顺势在右舷前侧位置安装了1个基本点防御导弹发射系统；1973年，独立号安装了2个点防御导弹发射系统；1974年，萨拉托加号安装；1976年，福莱斯特级所有航母都进行了安装。突击者号在1977年前，还保留着它最后2门5英寸/54倍口径火炮，并率先安装了改进型点防御导弹系统。1981年，独立号安装了改进后的点防御导弹系统，并计划在之后安装额外的2套系统。

20世纪70年代末，福莱斯特级航母变得拥挤不堪，并留下岁月的印记，长年累月超负荷运行使它逐渐不堪重负。但是，还没有其他航母能够取代它。就像二战时期的航母一直服役到50年代末一样，受此启发海军开始认真考虑对福莱斯特级航母进行重新建造，这一计划被称为SLEP（服役寿命延长）计划。大部分的工程项目只是简单的修复，包括更换50%的消防总管、30%的管道和所有燃油输送管道，修理主机、辅机，重新喷涂电镀层等。现代化改造项目，包括安装3个改进的点防御导弹发射系统（北约海麻雀）和3个火神密集阵（Vulcan-Phalanx）近防武器系统，更新搜索雷达（SPS-48C和SPS-49），升级反潜战

术支持中心（TSC）。此外，还有一些小范围的改造项目，包括增加1台武器升降机，改进弹射器和阻拦装置。由于提高了蒸汽使用效率，弹射起飞作业只需4台锅炉，而先前需要6台锅炉。经过激烈争论，1976年费城海军造船厂幸运地被蒙代尔副总统选中，负责整个改造工程。1980年10月1日，萨拉托加号驶入造船厂，成为第一艘现代化改造的福莱斯特级航母，计划于1983年2月1日完工，费用约为5亿美元，由于美元严重通胀，这一数额远远超出其最初的造价。之后，福莱斯特号、独立号和突击者号陆续完成现代化改造。1982年，美国海军宣称SLEP计划将使福莱斯特级航母全寿命周期由30年增加到45年，这已经超过了20世纪上半叶美国海军服役最长的战列舰——阿肯色号（1912—1946年）。

鉴于福莱斯特级航母设计较为仓促，海军一直在探讨更为详尽的替代方案。1952年底，舰船局向海军作战部长汇报，"对1955财年计划建造的攻击航母进行重新设计，似乎是最为合理的选择，即CVA-62，因为1954年对于快速建造攻击型航母的需求超过了重新设计所本就固有的延迟"。当时，已经展现出核能在航母上的应用前景，而核动力航母肯定要全新设计。1953年，人们预测1957财年末或1958财年很有可能批准核动力航母的计划，后来事实证明，1958财年是正确的预测时间。

1953年和1954年的大部分初步设计都与航母尺寸和航空性能的改进有关。航母尺寸是战后美国航母发展的永恒主题，随着航母体型的不断增大，反对的声音和势力也愈加强大。1945舰队航母，在一定程度上是为了抑制中途岛级航母吨位的增长；福莱斯特级航母，原本就是由国会授权，对合众国号巨大规模和成本的急刹车；20世纪50年代末开始的核动力航母计划（见第16章），是对企业号规模的遏制；而70年代末夭折的中型航母，则是对尼米兹级航母巨大成本的阻击。航母尺寸增大的趋势，从未中断过，人们也一直在施加压力，以确定增长的来源和理由。一旦连续的航母建造计划立项得到通过，舰船局就得审查航母的各种设计方案，这一过程中如何把握和权衡是首要的问题。

到1953年，福莱斯特级航母的设计限值处于现行的攻击航母范围之内，最小值为经现代化改造的中途岛级航母（SCB-110），最大值为未来10万磅攻击轰炸机（而非福莱斯特级航母所设计的7万磅攻击轰炸机）上舰提供类福莱斯特级航空设施的航母。现存文件表明，舰船局当时研究了各种不同航母的替代尺寸方案，包括新反潜航母、CVA-3/53、承载10万磅飞机的最小尺寸航母（CVA-10/53），以及承载大型飞机的大型航母的尺寸。因此，1952年12月12日，P.W.斯奈德上校（代码410）要求初步设计人员"研究最小的攻击型航母能否不超过45 000吨，并且在不影响航空保障性能的前提下，尽可能小型化，要从中途岛级航母改造（CVA-41）中获得灵感"。后来中型攻击航母CVA-3/53的设计方案，似乎就是直

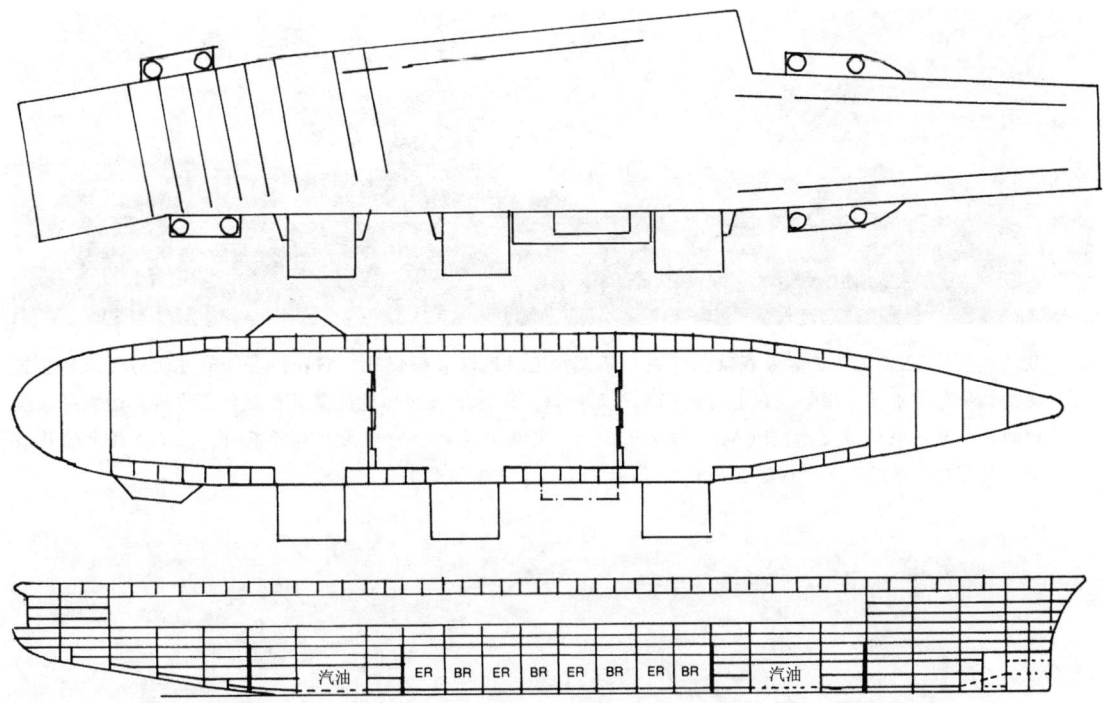

▲ CVA-3/53 设计图。

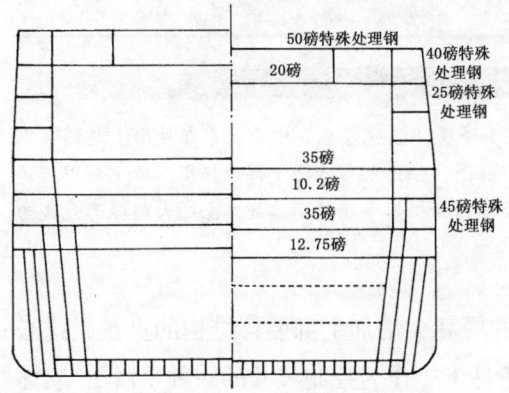

▲ 福莱斯特级航空母舰（图左）和 CVA-3/53 船中部截面图对比。

接受到了中途岛级现代化改造的启发。

　　航母的设计工作，是在一系列新的假设条件下展开的。由于设计者被要求从福莱斯特级航母上开始做减法，新设计就采用了封闭式机库和更深的船体结构，加高了干舷，一是

▲ 1957年7月22日，突击者号在改装完成后不久快速驶过汉普顿锚地。它在许多细节方面与之前的2艘攻击航母有所不同。例如，该航母的船尾并无槽口，飞行甲板和船尾舱壁直接延伸至方艉端面。早期舰船的2个无线电杆被废除，ECM主桅也是如此。船头火炮舷台的形式也有所不同。但是，最大的作战变化是用C-7弹射装置取代了2个C 11弹射装置，这点我们无法从图中看出。

▲ 1964年2月10日，在旧金山进行改装后，突击者号闪亮登场。该航母5英寸的舷台在外形上与福莱斯特级航空母舰和萨拉托加号都有所不同，尽管火炮予以取消，但这些舷台还是得以保留。从下层甲板边缘的升降机可以看出机库甲板离水线有多近，部分原因是因为机库净高较高。舰岛上的大型碟形天线为SPS-30，是SPS-8系列测高仪的后续版。

为了保持干燥，二是为了增加机库的净高。干舷的增高会增加上部船体结构的重量，这必须通过更宽的船体来进行补偿。在排水量一定的条件下（作为控制尺寸的一种手段），船体越宽，长度就要越短，而船体长度缩短又会影响到飞行甲板和机库甲板面积。这与其说是有关甲板面积的函数，不如说是有关长度的函数。相比于SCB-110中途岛级的改造方案，CVA-3/53设计相形见绌。此外，带有巨大舷台的斜角甲板本身就十分沉重，因此一切从设计之初便包含该部分重量的航母应当配备比不包含该部分重量的中途岛级航母更宽的船体。

第 12 章 福莱斯特级航空母舰及其继任者

1953 年 4 月 1 日，首次提出的初步设计要求是"取代中途岛级航空母舰，同时兼具有福莱斯特级航母的防护和设计特性"。但研究表明，在中途岛级原来 45 000 吨排水量限定下，根本没有可能达到这一设计要求。况且 1952 年中途岛级改造后，排水量已增加到 49 000 吨，其航速和续航力接近于大型航母，防御性炮火的设置也大大加强（尽管 3 英寸/70 倍口径火炮被认为是可接受的 5 英寸/54 倍口径火炮的替代方案）。影响航母内部空间，从而影响航母总体尺寸的因素，主要包括机库、带防护装置的航空燃油舱、航空弹药舱、水下防护系统等对于所有上述因素的削减都即将被批准。减重后，CVA-3/53 设计方案的机库净高度为 18.6 英尺，只比中途岛级高出 1 英尺，而福莱斯特级机库净高度为 25 英尺，最终，这一数值被调整为 23 英尺；航空燃油按照 1945 年舰队航母的 500 000 加仑，接近于中途岛级 355 600 加仑和福莱斯特级 750 000 加仑的平均值。

斜角甲板的问题也很突出，由于斜角过大，舷台突出部超出设计规范。一种解决方案是将甲板分成 2 个斜角区域，着舰区斜角大于船体舯部弹射起飞区斜角，这样所有 3 部升降机，每个机库隔间各 1 部就必须全部布置在右舷侧，一旦右舷遭到攻击，整个航母舰载机作业瘫痪。如果以重型 A3D 轰炸机为参照，福莱斯特级可以搭载 32 架，中途岛级可以搭载 29 架，CVA-3/53 只能搭载 24 架。

在一些早期的航母设计中，推进是个问题，因为在所需功率的范围内，只有两种方案：一种是依阿华级战列舰和中途岛级航母的 212 000 轴马力装置（在更高的蒸汽条件下可升至 225 000 轴马力），另一种是福莱斯特级使用的 280 000 轴马力装置。如选择中间数值，就必须重新设计，这会增加成本、带来技术和进度的风险。CVA-3/53 曾考虑长度介于埃塞克斯级和中途岛级之间的船型，采用低功率的主动力装置。1953 年 3 月 31 日，首次设计出一艘 900 英尺 ×124 英尺、49 195 吨的航母，机库净高 19.2 英尺、甲板斜角 7.25°、巡航速度 30.8 节，防护水平低于福莱斯特级，更没法和中途岛级相比；如果改用 850 英尺 ×119 英尺的船体，机库净高可以达到 23 英尺，但是飞机搭载数量太少。

这些设计无法满足基本作战需求，航空局提出甲板斜角至少 10°，但考虑到舷台突出部必须满足设计规范，最终甲板斜角最多可达到 9°。

另一方面，航空军械的体积被认为过大了；CVA-3/53 设计方案可容纳 1 565 吨航空弹药和军械，过于充裕，舰船局认为只要达到 1 400 吨就足够了，中途岛级可容纳 1 376 吨，1953 年设计的福莱斯特级可容纳 2 087 吨。但是，航空弹药和军械的重量主要取决于炸弹的形状，相比于二战时期的炸弹，战后低阻力炸弹能够存放的数量就要少得多。舰船局的分析表明，为满足武器弹药存储、转运和挂载及飞行甲板布置的需求，船体水线长至少要达到 900 英尺，这又引发出新的问题。

1953 年 6 月底，舰船局将 CVA-3/53 描述为一艘拥有 10 座 3 英寸/70 倍口径火炮（双联装）的 44 500 吨航母，耗资 1.7 亿美元，而再造一艘福莱斯特级航母耗资 2.15 亿美元。不得不承认，CVA-3/53 性价比太低，甚至难与中途岛级相提并论。

其中的差别，不仅体现在防护等级不同，更体现在可以停放在飞行甲板上的飞机数量。由于中途岛级（CVA-41）船体更长，改造后飞行甲板面积更大，着舰区域占比更小，但是如果其斜角甲板宽度增加到 112 英尺，那么它将只能停放 25 架 A3D 轰炸机，而不是表格中所示的 29 架。

CVA-3/53 的炸弹防护和鱼雷防御系统仅能达到福莱斯特级（CVA-59）的 70% 左右。

如果按照福莱斯特级（CVA-59）的防护等级，CVA-3/53 的标准排水量将增加约 2 000 吨，因此舰载机的保障效能和标准排水量约为福莱斯特级的 3/4。为进一步提高舰载机保障效能，缩小船体尺寸，1953 年秋，在 CVA-3/53 的基础上又提出了 CVA-10/53 的设计方案。

设计人员想挑战不可能，研制出 1 艘吨位最小，却能发动如同福莱斯特级一样空袭的航母，即能够承受同样的着陆载荷，且能够弹射同样重量的飞机，而其标准排水量仅与中途岛级相当，满载 62 300 吨，所不同的是可供替换使用的备用飞机数量减少了 15 架，因为机库容量实在有限。而且，CVA-10/53 与福莱斯特级防护等级相同（与 CVA-3/53 仅有福莱斯特级 2/3 的防护等级形成鲜明对比），航空弹药和军械储量是福莱斯特级的 67%，汽油储量虽不足福莱斯特级的一半，航空重油的储量几乎与福莱斯特级相同，即大约为福莱斯特级的 80%。

对于这种极力想降低航母吨位的做法，可以从飞机的发展当中找到合理解释。执行核攻击的 AJ 和 A3D 轰炸机都是大个头，但随着原子弹小型化，人们理所当然认为航母也应该随着飞机轻下来。可事实上按照航空局人士的说法，飞机尺寸增长的尽头，还远没有到达，特别是高性能、高军事负荷、远射程喷气式飞机的发展，使其质量不断增加。

海军飞机从螺旋桨进入喷气式时代后，航母设计也进入了新的过渡期。斜角甲板和蒸汽弹射器就是重要的象征，已经得到了日益广泛的应用，另一变化不那么明显，但仍十分重要，它便是飞机设计制造因素，这一因素对航空母舰的大小产生了主要影响。在中途岛级以前（包括中途岛级），一艘航母搭载飞机的多少是影响船体大小的最主要因素，这在福莱斯特级航母在一定程度上也是适用的，但是对于喷气式时代的航母，情况发生了根本性变化。单架飞机的性能，尤其是最大飞行速度，已经成为飞行甲板长度的决定性因素，并进而影响到船体的大小。

第 12 章 福莱斯特级航空母舰及其继任者

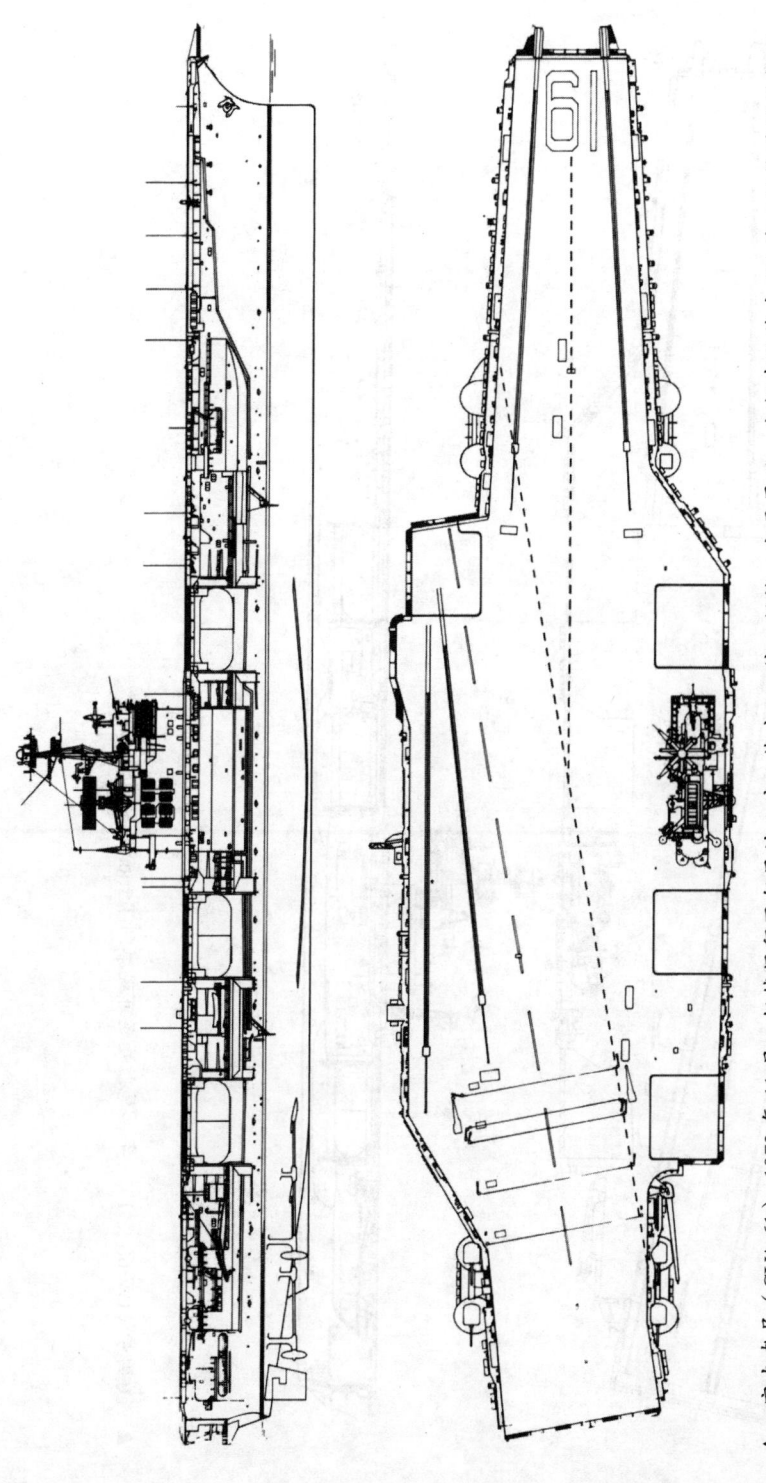

▲ 突击者号（CVA 61），1973 年 11 月，仍然保留了船尾的 4 座 5 英寸/54 倍口径炮。它是最后一个拥有 5 英寸/54 倍口径炮的现役航母，也是唯一一艘保留船头船尾炮的福莱斯特级航空母舰。雷达系统分别为 SPS-10B、SPS-30、SPS-37A、SPN-42、SPN-43。塔康是 URN-20。舰岛顶部、左舷和右舷分别装有 2 个 Mark 56 mod 16 火控系统。完工后又额外添加了 2 个 Mark 69 系统和 4 个（炮架上）舰用电子射击系统。舰台上的 Mark 56 取代了先前不尽人意的位于舰岛上的 Mark 69。之前还曾计划使用性能更强（重量也更大）的 Mark 68，但最终该计划并未被采纳。2 个 Mark 56 被移除，2 个 Mark 56 取代了先前不尽人意的位于舰岛上的 Mark 69 系统。

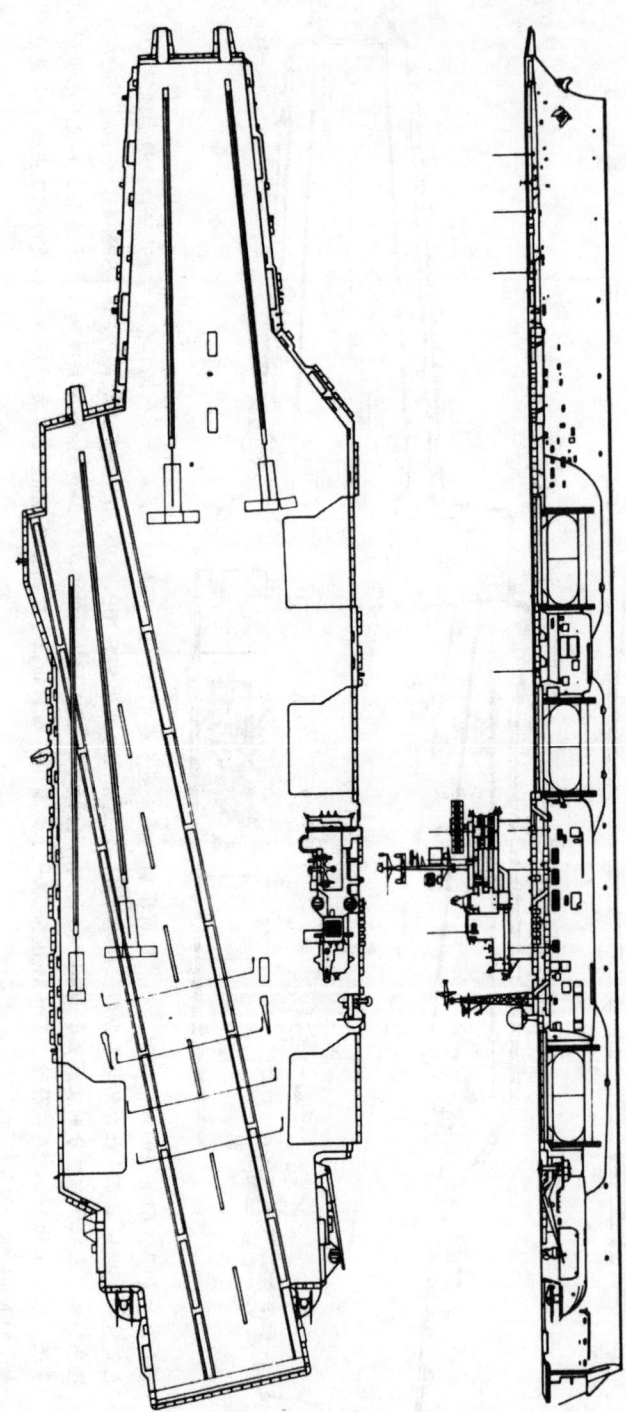

▲ 美国号（CV-66），1973年，尾舷处还可观察到 Terrier 发射装置。

喷气式飞机诞生和发展过程中，最大飞行速度与着舰和起飞速度之间有着内在的必然联系，而飞行员及飞机所能承受的正向和负向过载是有限的，起飞速度越高，弹射器能级和加速行程就越大；着舰速度越高，阻拦能级提高后，阻拦距离就越长，且需要具备更高能量吸收能力的阻拦装置。

飞机着舰和起飞速度是影响飞行甲板长度下限的主要因子，甚至可以推导出一个粗略的计算公式。

此外，飞行甲板长度直接影响到支撑飞行甲板的船体长度，飞行甲板长度、船体长度、飞行甲板强度，及其他相关因素基本确定后，船型的大小就拨去面纱，渐渐显露出来。当然，诸如航速、巡航半径、防护等级（包括甲板面和水面以上导弹、炸弹的防护、水下鱼雷和其他进攻武器的防护）、有效载荷（包括航空燃油、航空弹药和机载导弹）等，设计者还是拥有相当的自由裁定权。

有趣的是，航母的航速和巡航半径在20世纪40—50年代的20年间，几乎没有变化。除航空保障特性之外，航母的大小主要还受到船体结构强度和防护等级的影响。

要弄清楚如何才能使航母小型化，首先要确定所要搭载飞机的最大尺寸。在与航空局充分协调后，一致同意使用A3D轰炸机作为设计参考依据，这也是福莱斯特级设计的输入，因为如果使用小型飞机，航母的攻击作战半径就会大大缩短。

为了实现小型化，CVA-10/53设计方案充分利用了斜角甲板的原理，尽力缩短飞行甲板长度，甚至还放弃了福莱斯特级的某些特征，最终减到与中途岛级差不多大小。

当然，也可选择其他不同的船舶特性的设计组合，并且在某些限制条件下，也依然可行，比如降低航速以增加航空燃油储量和火炮的数量，取消水平防护以增加船体载荷或略微增加航速。由于不对称浪涌所造成的倾斜，稳性考虑使得侧面鱼雷防护的进一步减少在其完全消除之前无利可图。

A3D轰炸机决定了飞行甲板长度的下限，因此航母的尺寸不可能肆意缩减，除非我们愿意接受仅在飞行甲板上在一定的最小风速限制下对飞机进行操纵，这相当于着陆和发射速度的同等降低。只有飞机相对于航母的速度降低了，才有可能缩短飞行甲板长度，减小船体长度，降低航母排水量。但这样，飞行甲板和机库甲板停放的飞机数量就要减少，直接影响到航母的战斗力，这就伤了根本，令人无法接受。所以，航母的设计环环相扣，要通盘考虑，不能执着一端，而不计其余。

舰船局CVA-3/53设计演练的结果表明：飞行甲板装甲应至少为60磅，而非设计的55磅。为此，CVA-10/53恢复了60磅的飞行甲板，这无疑会增加上部结构的重量，船宽相应

增至124英尺。在排水量不变的情况下，船体缩短到844英尺，如果不提高动力，航速就会下降，测算212 000轴马力下，最高航速短时可以达到30.7节，持续可以达到28.6节，均低于原设计32.30节的要求。

未来航母设计的目标是搭载100 000磅的飞机，并保证飞机能以175节左右的速度起飞。

航空局的船舶安装部预测了20世纪60年代中期航母的发展趋势，航空局与舰船局一样受到重量增长问题的困扰，只是程度要大得多。表明这种增

▲ 1976年7月3日，在纽约市外，福莱斯特级航空母舰展示了许多修改。在它的左舷船侧飞行甲板延伸出来的部分，承载干扰性电子对抗措施系统的天线以及它的反射镜式着舰辅助系统。在它的左舷1/4处安装了一个盒式发射装置，用于处理"海麻雀"（BPDMS）近程防御导弹，并且在它的后甲板处设有的可见小发射管用于发射箔条弹。干扰系统和导弹的结合旨在将苏联式巡航导弹推离轨道；现在它们的继任者正在由方阵近距离武器系统、1门加特林机枪进行补充。沿着飞行甲板边缘布置的小圆筒取代了早期的充气筏；当这些装置撞到水面时，它们会打开并且筏会膨胀。该航空母舰的舰岛展示了在舷外平台布置的1个电子对抗措施阵列、1个远低于舷外平台的干扰箔条发射器。大多数面向船尾的天线都是CCA系统的一部分：靠近桅杆顶部的SPN-43（代替SPN-6），然后是SPN-35的大天线罩，两侧是SPN-42的两个碟形天线罩。较小的天线罩是空速指示器，SPN-12。SPN-35上方是"主飞行控制室"，上方的小方形天线是卫星通信链路，即WSC-1。

长的几个例子是：

	原重量	现有重量
AD 攻击机	约 14 000 磅	25 000 磅
F9F 轰炸机	12 000 磅	21 000 磅
A3D 轰炸机	68 000（预计重量）磅	78 000（首架尚未建成）磅

A3D 轰炸机的重量很可能会增至 100 000 磅，舰载机的重量呈现出不断增长的趋势，且难以看到尽头。飞机起飞重量和起飞速度的增加，对弹射器提出了新的考验。多年来，海军一直致力于 C-7 重型蒸汽弹射器的研发，能够以 125 节速度弹射起飞 70 000 磅飞机。这种弹射器本身重约 346 吨；为了能够以 175 节速度弹射起飞 100 000 磅飞机，重型弹射器的重量可能达到 650 吨。

随着弹射器性能的提升，对阻拦装置也提出了更高的要求。由于无法确定一个人到底能够承受多大的过载，暂定将 5 G 作为设计的标准。在阻拦的过程中，在固定减速的情况下，着舰速度越高，要求阻拦装置的能级越高。我们对于未来飞机所需的阻拦装置的尺寸并没有一个预估。然而，它们的增长次序将与在弹射器比较表中所示的相同。

对于小型化的航母来说（搭载未来的飞机），要能搭载与福莱斯特级一样数量的飞机，只能将弹射器由 4 个减少到 2 个，而且航速不能降低，它的吨位和防护等级也是相同的。客观规律是不能违背的，要起降大型飞机，就必须付出相应的代价，起降效率要想达到福莱斯特级的水平，航母长度就要增加到 1 400 英尺，变得又细又长。

后来，在 60 年代又提出一项排水量为 80 000 吨的设计方案（福莱斯特级 CVA-59 排水量为 76 000 吨），搭载 150 架航速 65 节、重量为 70 000 磅的舰载机，共安装 3 个弹射行程 300 英尺的弹射器，2 个在舰艏，1 个在左舷台突出部，由于弹射行程加长，影响了左舷升降机的布置；而要搭载 100 000 磅的飞机，航母吨位就要增加到 86 000 吨，且需要配备类似的弹射器。在这两种情况下，航空大队的规模都是以 A3D 重型攻击机的数量来进行表示的：福莱斯特级 25 架，CVA-10/53 23 架，CVA-196 25 架，在其上搭载了 70 000 磅舰载机，若是搭载 100 000 磅舰载机，那么还有额外的 25 架。这 2 型 80 000 吨以上的航母，航空燃油和航空弹药的储量都等同于福莱斯特级，但舷侧的升降机尺寸更大（53×70 vs 52×63）英尺，由于长度增加（995 vs 990）英尺，最高航速可以达到 33.6 节。86 000 吨搭载 10 万磅飞机的航母，需要 29.5 万轴马力，船长 1 000 英尺时，最高航速也能达到 33.3 节。

以上这些研究表明：尽管可能会建造一艘较小的航母来操作 1953—1960 年的飞机，然而试图用小型化的航母搭载重型攻击机是行不通的，难以适应技术和时代的发展，这种做

法得不偿失，因此理性的选择是延续福莱斯特级的设计方案，或对现有航母进行改造，以适应重型攻击机的上舰要求。

对于 100 000 磅飞机的上舰研究，开始只是一个短期项目，而非长期项目。但 A3D 轰炸机重量增加后，低风速情况下难以在福莱斯特级航母上起降，于是规划了 CVA-62 和 CVA-63 的设计。1954 年 1 月 20 日，发布了第 440 号规范，正式启动研制一型能够起降 100 000 磅飞机的航母，编号为 CVA-1/54，重点从总体设计转移到了专门用于飞机操作的航母功能上，尽量减少其他设计变动，CVA-62 是 1955 财年项目的核心。规范的内容包括：

——更换更大能级的阻拦装置。

——3 号、4 号弹射器设置在左舷突出部。

虽然在平甲板航母上，这是一种糟糕的布置，但在设有固定舰岛的航母上，这种布置极为合理。新设计采用的强力甲板，是"在原有飞行甲板下方 4 英尺处安装一个新的强力甲板，该甲板将作为上层建筑甲板。机库和船尾下甲板的上层高度各降低约 2 英尺。这种构造允许在飞行甲板上直接开槽，为舯部 2 个弹射器的安装和弹射作业创造更好的条件，（即，在装载端有更大的间隔，以便可以同时装载 2 个弹射器，1 个弹射器必须与另 1 个弹射器成一定角度进行发射，否则会对另外 2 个前部弹射器造成干扰）其缺点是不能在福莱斯特级航母上横向放置飞行甲板"。作为重量补偿，需要减少 1 部升降机。

——再次平衡装甲箱。

将 60% 的空对空导弹和航空弹药前移，但"麻雀"空对空导弹需要后移 60%。这与实际飞行作战相吻合，因为重型攻击机将主要从舰艉的弹射阵位起飞，而挂载"麻雀"空对空导弹的战斗机将从舯部的弹射阵位起飞。设计人员还建议在舰尾增设 1 台上层武器升降机。

——取消福莱斯特级航母的舷侧内倾和中舵。

由于时间紧迫，并非所有的改进建议都是合理的，并能付诸实施。涉及飞行甲板结构的变化，需要全部重新设计，440 号规范无法提前做好授予早期合同（CVA-62/1955 财年）的准备。然而，海军部门拥有很强的话语权，提出要在 1955 财年后期授予合同。为提高导弹转运效率、扩大容量，还临时提出将升降机箱体由钢材改为铝材，在此程度上修改的 CVA-62 计划也适用于 1954 财年的 CVA-61。

事实上，1954 和 1955 两个财年批准建造的航母，都在舯部安装了重型弹射器；CVA-1/54 的部分设计后来被应用到 1956 和 1957 两个财年批准建造的航母上，包括 SCB 127/ 小鹰级航母，还有 1958 财年批准建造的企业号航母。

然而，飞行甲板的重构被证明是一场灾难性的设计，因此从未被付诸实践。它将机库净高度降低到 23 英尺，遭到了海军航空局的明确拒绝，其他缺点还包括消除了对船尾下甲板上重要空间的保护，并且极难维护。并且，这样的飞行甲板还将突破航母的吨位上限。

1954年1月25日，CVA-1/54方案的设计工作正式开始。新航母将在武备、防护（除非经过飞行甲板结构的改变）、航速（33节而不是32节，因为CVA-60预计会实现33节）和续航力方面，与福莱斯特级不相上下；汽油储量定为750 000加仑，其中50 000加仑分配给直升机和舰面保障车辆。另外70万加仑按1:3与航空重油进行混合，这样航空重油需要装载210万加仑。改进后的C-7重型弹射器能够以150节的速度弹射100 000磅重的飞机，如果甲板风达到25节，起飞速度可以达到所要求的175节。与福莱斯特级不同的是，CVA-1/54设计方案将安装4部C-7重型弹射器（250~275英尺），后2艘福莱斯特级航母也都是按此配置。

为提高飞机调运效率，升降机尺寸扩大到80英尺×52英尺，平台尺寸增加到80或90英尺，这反映出飞机变得更长、更细。1954年2月，海军航空局和Op-55提出，将2部升降机放置到舰岛前方，如此调整，更便于飞机批次回收后调往机库，舰岛前方的2台电梯不设置在着陆区，被认为是必要的，以适应节奏更快的喷气式飞机操作；又将左舷甲板边缘升降机调整到舯部弹射器后面，是为了使该升降机在所有发射操作期间均可用，原先福莱斯特级左舷升降机正对着右舷升降机，右舷前升降机将对机库甲板前隔舱内的飞机操纵和定位产生影响。

进一步的研究表明：CVA-1/54的设计方案将会造出一艘非常巨大的航母，必须限制船体的尺寸。按照珍珠港4号干船坞，最大吃水线不能超过1 080英尺；美国的码头设施，也要求船体横梁不能超过134英尺。一艘严重受损漂浮在水面的航母要想靠岸，吃水深度不能超过36英尺，这也是满载衣阿华级战列舰（Iowa）的吃水深度。

CVA 3/54最终的研究结果表明，新的飞行甲板和拟增加的机械细分成本是多么昂贵：相比标准设计排水量55 510吨（满载72 450吨）的CVA-61突击者号，为了保证33.6节的航速，新航母空载排水量就要达到62 690吨（满载79 940吨），吃水线1 030英尺，而不是990英尺，需要300 000轴马力，将耗资2.24亿美元；而复造1艘福莱斯特级航母仅需要2亿美元。更为重要的是，合同计划周期需要18个月。于是，海军舰船局对航母尺寸的进一步增长丧失了兴趣。

对此，设计委员会迅速做出反应，发起了又一轮削减航母的尝试。事实上，截至1954年8月，愿意接受取消通常的4个弹射器中的1个，然而剩下的3个都是重型C-7弹射器，升降机尺寸从原来的63英尺×52英尺，仍然远低于今年早些时候的预期，飞机容量仅增加到8万磅，调整到70英尺×52英尺，而不是预期的10万磅。为再一次减小航母的尺寸，又压减了1台升降机，理由是1台升降机可以同时抬升2架战斗机。

▲ 1974年10月2日在中国南海展示的星座号航空母舰（俯视及正视），是对原福莱斯特级航空母舰的重新设计，其船体和推进器基本相同。星座号航空母舰专为传统炮组而设计，采用一对小猎犬导弹发射器，每个尾舷侧各一个，由SPG-55导弹控制器在它的尾舷和舰岛处进行控制。航空母舰的舰岛上安装有SPS-39三维雷达，该雷达位于主要的空中搜索装置之上，也是这个系统的一部分，但最近被北约海雀近距离防御系统所取代。在这一级和以后级别的航空母舰中，该舰岛的拥挤程度是如此严重，以至于必须在舰岛后面架设一个格状雷达桅杆，在这种情况下，该桅杆上装有一架SPS-30用于远程战斗机控制。桥边配对的锥形天线是Phasor-90s，用于舰空通信，它取代了福莱斯特级航空母舰最初安装在飞行甲板边缘的天线阵列。

深入分析，A3D轰炸机的起降特性决定了飞行甲板的长度。航母最低要承载福莱斯特级大约75%的飞机、航空燃油和弹药量。着舰跑道净长度最短也要525英尺，仅能比福莱斯特级缩短50英尺，这是由3个距离决定的。按照福莱斯特级航母：飞机着舰下滑坡道从航母尾切面到第一根阻拦索（即滑翔角）为150英尺，第一根阻拦索到最后一根为275英尺，阻拦索最大能够伸展250英尺飞机长度（机头到尾钩）加上阻拦冲跑的距离为150英尺，着舰跑道宽120英尺（阻拦装置2个甲板升降滑轮之间的距离）。类似可以计算出起飞段的距离，弹射做功行程250英尺、弹射器末端到甲板边缘的距离20英尺，加上飞机滑入、牵引和张紧缓冲机构等，总长度达到352英尺；若计算喷气偏流板和定位装置，还要另外增加50英尺。

航母哪怕只搭载1架A3D轰炸机，飞行甲板的长度也至少要达到877英尺。计算甲板的角度，并保证着陆带前端远离弹射器区域，以便飞机在停止后可以从跑道上移走。更为现实的是，飞机阻拦停止后滑行离开着舰跑道还需要150英尺，加上这段距离飞行甲板的总长度将达到1 027英尺。通过精确计算飞机着舰后的轨迹包络线，可以将飞行甲板的总长度减少到1 000英尺。据此，可以推算出940英尺的船体长度，因为舷台伸出的长度不能超过60英尺，实际设计要控制到40英尺以内。事实上，这只是理论计算的最小值，一个940英尺的船体，往往难以容纳足够的内部空间。

甚至船深也是由飞机的操作因素而间接决定的，因为在恶劣的海况或气象条件下要保持飞机干燥的作业环境。

飞行甲板干舷高度，应为吃水线长度的6%，如果干舷高度56.4英尺，吃水深度35英尺，飞行甲板的深度则为91.4英尺。然而，必须根据实际的甲板高度来调节这一深度，其中机库甲板净高度是最重要的因素。如果机库甲板净高度可以从25英尺降低4英尺（有迹象表明可行），那么飞行甲板的深度可以从97英尺降低到93英尺。

为进一步减小航母尺寸，将取消一层水下舷侧的防护装置，从而减少船宽。

重量始终是航母设计的核心要素：每英尺甲板长度为50吨，每英尺横梁为250吨，每英尺船体深度为230吨，还要加上鱼雷舱壁、升降机和弹射器等设备的重量。对于约64 000吨的满载排水量，采取各种措施总计可以节省约7 000吨。

新的飞行甲板结构由于存在诸多问题，即使飞行员最终也不得不放弃，尽管它一直持续到1954年。

CVA-5/54最终发展成为设计方案SCB-127，在1956财年开花结果，这就是小鹰号航母（CVA-63）。1954年10月绘制的草图，展示了新的飞行甲板布局和减少了的载荷，航空弹药和军械设定为1 800吨，略低于福莱斯特级，包括960英尺的船体、130英尺的横梁、97英尺的深度、220 000轴马力的强劲动力、32节的最高航速（60 000轴马力驱动的福莱斯特级为33.6节）；航空汽油储存675 000加仑，高于最初设定的500 000加仑；只有3部弹射器和3台升降机，全部飞机的重量比福莱斯特级降低10%。

该设计方案削减幅度过大，很快就被放弃，SCB 127向上进行了调整。为提高舰载机出动和回收作业的灵活性，增加了第四台升降机（左舷后）和第四个C-7型弹射器，可以同时开展弹射起飞和阻拦着舰作业，1架飞机弹射，另1架飞机准备，相邻弹射起飞位的2架飞机翼展可以达到75英尺（A3D轰炸机翼展72.5英尺）。为大幅降低航母的成本和尺寸，设计方案减少了飞机搭载的数量。然而无论飞行甲板布局如何改进，4台升降机和4部重型弹射器怎么摆放，都难以摆脱福莱斯特级的基本框架，即使降低主机功率和载荷，只储存1 700吨航空弹药和军械，设计草图依然显示：船长975英尺，排水量57 000吨（满载

72 250 吨）。Op-05 要求舰载机的保障效能不能低于福莱斯特级，并且只同意减少航母的自卫武器来降低成本和尺寸。

根据初步设计，尽管建造成本比 CVA-62 低得多，但按照新的要求其成本势必大幅增加，与之前的福莱斯特级航母相近。类似地，建造时间也很相似，但由于需要新的设计和新的组件类型，势必影响整个建造周期。当时，核动力航母眼见就要立项，形势变得严峻，常规动力航母的发展进入了一个十字路口，何去何从难以定夺，"仅仅为了追逐 10 万磅飞机上舰这一虚幻的目标，而不惜降低航母的整体作战性能，无论是在金钱、时间和人力上都是不明智的做法"。

1954 年底，决定小鹰号（CVA-63）将基本延续独立号（CVA-62）的设计。然而，与此同时，对福莱斯特级航母的不满依然存在，替代航母的研究仅仅转向了另一个名称，SCB-153 设计方案，虽然还是难逃失败的命运，但 SCB-153 的一些成果被应用到了小鹰号上。

小鹰号的设计方案 CVA-4/55，利用了最初 SCB-127 的部分成果，独立的强度甲板的概念被放弃，飞行甲板的布置耗去了大量精力，N 号设计方案允许同时开展飞机出动和回收作业，而无须与中心线成大角度并对飞行甲板进行切割，将舯部的弹射器设置在右舷 2 台甲板边缘升降机之间，舰岛内移，将第三台升降机设置在左舷。这种看似怪异的布置方式，实际上很有意义，因为飞机在任何情况下都不再使用飞行甲板的长轴。升降机平台采用不规则形状，实现了 A3D 重型攻击机和 F7U 截击机同时转运，升降机外侧边缘长 85 英尺、内侧 70 英尺，满足了对更大电梯尺寸的要求也适合超音速舰载攻击飞机 A3J（后来改名为 A-5），绰号"民团团员"的长机头。

然而，折腾了一大圈，又回到了原点，最终飞行甲板恢复到了 1954 年 2 月海军航空部和 Op-55B 提出的方案，弹射器的布置基本没动，飞行甲板仍然采用强力甲板，只是重新调整了升降机的位置，舰岛从船中部向后移。

另一个新的航空特征是对外来燃料的需求，这种燃油像汽油一样，必须保存在装甲箱内的特殊保护罐中，这实际上是对运载活塞式发动机飞机航母上的汽油装载问题的一次倒退。20 世纪 50 年代中期，攻击型航母仍在使用螺旋桨飞机，有些是空中袭击者攻击机和野人轰炸机的变种。新的航空燃油接近于高能燃料（HEF）或高热值燃料（化学）燃料，通常采用硼基，毒性极大，难以处理，含有过氧化氢（H_2O_2），过氧化氢是已投入使用飞机的发动机战斗助推燃料。使用高热值航空燃油，被视作是新一代超高速、超音速喷气式飞机的关键。可以肯定的是，根据 1957 财年航母计划项目，高热值航空燃油在正式获得批准之前，就已经开始了上舰研究。海军舰船局希望根据高热值航空燃油计划的进展情况，重新编写这些特征，以反映不同的燃料载荷，但这一想法遭到了拒绝。令人惊喜的是，尽管最初 B-70 和 A3J"民团团员"飞机都指定使用高热值航空燃油，但很快这股风就过去了。对于更大、更快、更耗油的喷气式飞机，最重要的不是燃油的热值，而是燃油的携带量。

根据 1955 年 8 月 8 日的特性图，列出了新 SCB-153 航母的指定航空燃油负荷，以千加仑为单位，如下表所示。到 1956 年 2 月，高热值航空燃油从人们视线中消失，并从飞机汽油转向更易于存放的新型喷气燃料 JP-5。

	CVA-63	SCB-153	SCB-127A（2/56）
航空重油（JP-5）	792	1 300	1 300
高热值航空燃油（高热值航空燃油）	—	200	
H_2O_2	—	200	200
航空汽油	750	100	100

至此，小鹰号（CVA-63）的设计仿佛成了福莱斯特级航母的复制品，但这与航母最

终的实际建造情况不太一样。相关的研究仍在继续深入，目标是在飞行甲板不变的前提下，如何缩小航母的船体。CVA-64A 航母设计船体减小到 970 英尺，价格 2.14 亿美元（复制福莱斯特级设计的价格是 1.96 亿美元）。此外，必须做出牺牲，例如，有必要将飞机起重机从舰尾左舷（舷外平台）调整到舰岛后方的飞行甲板处，而在那里，它将成为一个巨大的障碍物。CVA-64B 设计方案是建造一艘更大的航母，与福莱斯特级相仿，扩大了升降机尺寸。CVA-64C 设计方案将改进后的飞行甲板安装在福莱斯特级船体上。这些方案都接近于新航母的设计目标，只是没有减小航母的尺寸。CVA-64D 设计方案满足了所有 SCB 153 标准，船体甚至可以容纳标准鱼雷防御系统，还改进了动力系统的配置，建造成本为 2.155 亿美元，仅略高于性能较差的 CVA-64A 设计。事实上，需要具备更佳续航能力的航母，为着眼于未来发展，又提出 CVA-64E 设计方案，采用全新的船体结构，增加了舰用动力燃油储量，耗资 2.305 亿美元，费用显得有些过大。其他设计研究是 CVA-63 设计的变体。CVA-64F 设计方案采用了新的航空燃油，耗资 2.1 亿美元。CVA-64G 设计方案采用新的升降机，耗资 2.1 亿美元。CVA-64H 设计方案采用新的飞行甲板，耗资 2.125 亿美元。

以上种种，层出不穷，但都没有实质性改进。1955 年 9 月 14 日，鉴于核动力航母研究的进展，终止了 SCB 153 项目。如果只为了一艘航母，没必要耗费如此巨大精力开展新的设计。相关初步设计人员被重新分配到核动力航母研究项目，即 CVA-9/55，后来成为 SCB-160，然后成为美国第一艘核动力航母企业号。以及 CVA-63 小鹰号航母，它虽然没有实现更多的先进性，但还是包含了新的飞行甲板功能。此外，作为紧急事项，通过在其外侧边缘添加饼状部件，改进了升降机平台，解决了升降机的尺寸问题，并应用到 CVA-64 星座号航母上。建造完工后，2 艘航母的设计都被编号为 SCB-127A。

1951 年以来，尽管航母设计有了很大发展，但到目前为止，还没有一艘新航母完工，且 CVA-63 和 CVA-64 航母还被指定安装了常规火炮，后来才换装小猎犬导弹，CVAN-65 企业号航母也是如此。为在恶劣海况下也能保持高速航行，它们的前部舷外炮台被取消，提高了应对苏联潜艇的能力。航母导弹自卫计划是军队导弹防御计划的成果，1963 年国防部长麦克纳马拉评论说，这是一种比新造导弹护卫舰更经济的方法，可以显著增强航母特遣大队的防空能力。

从 CVA-63 号到 CVAN-65 号，航母最初加装了 4 个小猎犬导弹，用每个双联装导弹发射架取代 5 英寸/54 倍口径的炮座。然而，为了提高适航性，取消了前部的舷外炮座，然而这一做法使得发射弧被非常严重地限制在了航母前部。1959 年 11 月，在 CVAN-66 号核动力航母设计 SCB-211 中，对小猎犬导弹发射架的布置进行了改进，以形成一个"光滑"的

第 12 章　福莱斯特级航空母舰及其继任者

航母前部船体，但这艘核动力航母后被取消。出于同样的原因，常规动力航母 CVA-66 号在水面上拥有着类似的外观，并且火炮的减少被追溯并运用于 2 艘尚处于早期建造阶段的、更早的航母之上。

从航母设计来看，小猎犬导弹的三维电子扫描雷达（SPS-39），安装在沉重的前桅上；战斗机控制（或远程笔形波束式）雷达 SPS-8B 或 SPS-30 被转移到舰岛后侧的格状桅杆上；航母还安装了一个非常大的空中搜索雷达 SPS-37A，直接安装在舰桥上方，而福莱斯特级航母在此处安装了较小的测高仪。

CVA-64 号之后，原以为不会再建造常规动力航母，但计划赶不上变化。第一艘核动力航母造价实在高得吓人，于是，开始寻求更加便宜的核动力航母替代方案（但仍是核动力航母）。在 1952—1958 财年，海军每年计划新造 1 艘攻击型航母，但在 1959—1960 财年，航母建造计划落空，拟议的低成本核动力航母设计方案 SCB-203 没有获得认可。

1958 年 9 月 16 日，主管航空的海军作战部副部长罗伯特·B. 佩利海军中将，在给海军作战部副部长（主管舰队作战和战备）的备忘录中，对 CVA-64、CVAN-66（SCB 203）和 CVAN-65 企业号航母之间的对比进行了报告。

鉴于核动力发电站的高成本和航空保障要求，1960 年似乎不可能拿出吨位更小、成本更低的核动力航母设计方案。提议中，斜角甲板减小到 7°、只保留 3 个弹射器和 3 台升降机，以及持续航速降低到 30 节以下等都不能被接受。评估后，得出以下结论：

——CVAN-65 是可预见的最佳航母。

——就飞行甲板和飞机搭载数量等具体指标而言，CVAN-65 号的尺寸略高于设计要求，这是由于核电站的安装，导致船体尺寸增加。

——福莱斯特级攻击型航母完全符合当下和计划中的飞机作战要求。

——核动力航母唯一的缺点就是成本过于高昂，初始采购加上定期更换堆芯的费用，并不具有全寿命周期费用的优势。

——必须从战术军事的角度评估核动力的运用前景。

——基于缩小版的 CVAN-66（SCB-203）和常规动力推进的 CVA-64 的比较结果，1960 财年应选择建造的航母为 CVA-64。CVAN-66（SCB-203）设计方案不能满足舰载机高效作战要求，不能因为核动力的优势，而放弃福莱斯特级或 CVAN-65 的飞行甲板布局和配备的其他装置。

佩利上将建议于 1960 财年，继续建造一艘 CVA-64 那样的攻击型航母，集成更现代化的电子设备，包括固定阵列雷达和海军战术数据系统。"导弹的配置应基于航母的空间和重量，这取决于未来对该攻击型航空母舰防空武器的具体需求"。事实上，1961 财年所建造

的 CVA-66 美国号航母，配备了 2 个小猎犬导弹发射架，而在早期的 SCB-127（CVA-63 和 CVA-64）上，也安装了类似的导弹发射架。CVA-66 在 CVA-64 的基础上稍作改进，它的设计编号为 SCB-127B。

主要的变化是在 CVA-66 艉踵安装了一部大型低频声呐（SQS 23），在反潜航母上也有类似配置，但装在攻击型航母上其作战意图有所不同。这是为了应对苏联核动力潜艇的无奈之举，核动力潜艇首次实现了高速水下航行，能够跟踪并攻击快速航母编队。在核潜艇的威胁下，航母编队的队形不得不更加展开，护航反潜舰只的声呐无法编织出一道重叠的安全屏障，航母只得依靠自身的声呐求得自保。

虽然 CVA-66 仅仅是一艘稍加改进的 CVA-64，但也极尽权衡，充分考虑了各种替代方案，不可谓不细致而周全，在它们之间的选择也说明了在现代化航母设计中的一些妥协。

1959 年，航母搭载飞机的重量不再像 5 年前那样发疯般地增长。新的重型攻击机 A3J "民团团员"（后来编号为 A5），虽然比它的前身 A3D 飞得更快，但也显出发展的颓势，成为这一系列的绝唱。随着"天狮星"和"北极星"导弹大量装备，航母被降级为战术角色，主要攻击飞机格鲁曼 A2F（后来编号为 A6），最初按照短距起降来设计，飞行速度较慢；防空战斗机 F6D 号称"导弹手"，牺牲了飞机性能以换取导弹性能，因此这些飞机大大降低了对弹射器、阻拦装置和飞行甲板尺寸的要求。1960 年 1 月，海军舰艇技术委员会征求对建设一艘新航母以取代 SCB-127B 和 SCB-211 设计方案的意见，SCB-127B 就是将 CVA-64 改造成 CVA-66 的方案，SCB-211 就是曾被抛弃的 CVAN-66 的方案。

主管航空的海军作战部副部长不愿意缩减航母规模，指出尽管飞机的尺寸不再增加，但新建航母还应继续服役 20 年，没有人能保证飞机尺寸不会再度增长。未来攻击机可能会挂载远程空对地导弹，因而变得更大。即使航母编队协同作战，也不能牺牲航速。唯一可降低的是装甲："几英寸的飞行甲板装甲对于现代武器来说，不过是碎片防护，但是加上支撑结构，增加的顶层重量严重影响了航母的性能。即使不取消，也应该将飞行甲板装甲降低到机库甲板水平。"

通过 A3J 和 F4H（F-4）幻影飞机等的比较，计划、项目和预算主管部门（Op-722）认为未来飞机的尺寸、重量和着舰速度不会有太大变化，航母着舰跑道至少长 720～750 英尺，必须安装有 Mk 7 型阻拦装置，船体接近福莱斯特级，机库净高度可能大幅降低，从 25 英尺降低到 21 英尺，由此可以优化上层结构的重量。因为，只有 A3D 超过 21 英尺高，而 A3D-2 可以折叠到 15 英尺 2 英寸，这型飞机到 1966 年，只有 59 架仍在服役。这些观点得到了相关部门的认同。

表 12-1 CVA-66 替代方案，1960 年 1 月

	CVA-64	CVAN-65	60A 方案	60B 方案	60C 方案
吃水线长度	990	1 040	1 040	1 040	1 080
全宽	129	133	133	133	133
吃水	34	36	36	36	38
船舶空载排水量	57 000	67 700	59 000	60 000	60 500
船舶满载排水量	77 137	85 000	85 000	85 000	85 500
引擎马力	280 000	—	280 000	360 000	360 000
速度（持续）（节）	31	—	31	33.5	35.0
速度（试验）（节）	33	—	33	36.0	37.5
JP-5 燃量装载量（吨）	4 007	6 426	7 200	5 050	4 550
航空军械（吨）	1 800	1 800	2 000	2 000	2 000
飞机	89	98	98	98	98

舰队作战与预备队（Op-342）强调，应避免福莱斯特级的"不足之处"，如武器发射舷台影响了航母在恶劣海况和天气下的航行性能，现在这一问题变得越来越严重，因为航速直接关系到作战和生存，特别是应对潜艇的攻击，如果航母能够始终保持高航速，就可以摆脱对护航反潜舰只的严重依赖，因为过去潜艇的水下速度已经提高了一倍多。对于航母来说，能否在恶劣海况和天气条件下作战变得越来越重要。Op-342 还提出需要一个干燥的机库甲板、一个能适应恶劣海况和天气的船头，以及光滑的舷侧，并建议为快速补给船（AOE）安装一个类似 SQS-20 的自卫声呐。

新成立的海军武器局（由前海军航空部和海军军械局调整组成），坚决反对任何形式降低航空保障能力和舰船防护等级的做法。尽管可预见到的机型都能够在较小的中途岛级航母上作业，但该局预见到随着飞机长度和高度的增加，巡航速度可能提高到 3 马赫，并设想一架 70 000 磅的飞机：机长 95 英尺、翼展 40 英尺、高度 25 英尺；而以亚音速巡航的"民团团员"攻击机：机长 73 英尺 3 英寸、翼展 73 英尺 3 英寸、高度 19 英尺 4 英寸；设想的飞机的弹射起飞要求与满载的 A3D 或 A3J 相当。海军武器局认为：考虑到飞机技术水平的不断提高，这种变化趋势是不可避免的，7 艘航母机库的净高度达到 25 英尺，这就是最强有力的证明。在未来新设计的航母上，任何降低航空保障能力的做法都将是限制舰载机发展的桎梏。

海军武器局将 A3J 作为未来航母保障飞机上舰的设计标准，要求以 150 节的速度弹射 65 000 磅的飞机，比 C-7 型弹射器的弹射速度提高了 25 节，而 Mk 7 Mod 1 阻拦能级明显不足，Mk 7 Mod 2 需要 17 节的甲板风，才能阻拦回收 42 000 磅的飞机。新研的 C-13 和

▲ 在很大程度上，美国号是在重复采用星座号航空母舰的设计。从1964年11月18日新完工航空母舰的照片中可以明显看到这两级航空母舰所采用的新飞行甲板设计。已经从着陆飞机的路径中移除左舷升降机，这样它就可以服务于2个中部的起飞弹射装置，现在2个右舷升降机可以解决由倾斜着陆跑道和前部舰载机起飞弹射装置所划定的明显停机误差。导弹搭载在2个小猎犬导弹发射装置上，并且舰桥正上方的SPS-43A空中搜查天线的尺寸显而易见。左舷侧视图显示斜向飞行甲板突出部分装配平整并插入船体，从而减少恶劣天气的影响。还要注意锚位于舰艏的位置，这决定了是否可在前端设置SQS-23声呐。

C-14型弹射器，能够在零航速的情况下弹射A3J飞机。于是，按照下滑角3°、下滑坡道230英尺、着舰速度150节，重新确定了飞行甲板的大小，从理想着舰点到最后1道阻拦索60英尺、阻拦冲跑距离350英尺、再向前100英尺飞机滑出关闭引擎，着舰跑道至少需要740英尺，与福莱斯特级航母一样；C-13型弹射器弹射行程250英尺，这使得斜角甲板前方的船长被固定在了350英尺，接近于福莱斯特级航母。

在一次涉及防护等级的调查中，大多数人反对减少装甲，其中1人提出应加强水下防护措施。海军武器局认为装甲有助于提高飞行甲板的强度，能够"承受未来更高速度、更大重量飞机的冲击"。

航母小型化的研究似乎难以为继。海军舰船局开始研究新的替代方案，即采用企业级

第 12 章 福莱斯特级航空母舰及其继任者

▲ 约翰·肯尼迪号的设计模型显示了在完工前放弃的两个主要特征，即：船头声呐和鞑靼人导弹发射装置。后者在这里由双马克 11 发射器和岛上的 SPG-51 导弹制导仪表明。注意升降机突出部分流线型的程度以实现一个"平滑"的船体。

船体，加装常规动力的航母。就算是福莱斯特级这样大的船体，内部容积也显得不足。新的设计方案采用较窄的侧面防护系统，是专为 SCB-211 设计的，并在约翰·肯尼迪号得到应用；为增加航空燃油和舰船动力燃油储量，加深了内底，如表 12-1 中所示。福莱斯特号航母上由于使用 JP-5 军用燃油代替了部分其他燃油，续航里程实际上达不到 12 000 海里，为此，CVA-60A 至 CVA-60C 的方案，都通过增大舱容解决这一问题，并储存更多的 JP-5 燃油；方案 CVA-60B 是第一艘额定航速超过 35 节的美国大型战舰。

1960 年初，虽然没有对建造成本进行计算，但还是暂时搁置了对大型攻击型航母的研究。1961 年 1 月，由于管理职能调整变化，航母计划再次受到质询。这时，改进的核动力航母设计方案（SCB-211 A），赢得海军内部鼎力支持，其显著特点是采用了更加紧凑的新型舷侧防护系统，不仅减轻了重量，更节省了体积。

然而，美国国防部长麦克纳马拉和他的海军部长阿利·伯克，都要求于 1963 财年新造 1 艘常规动力航母，因为即使是相对简约的 SCB-211A 核动力航母方案，其造价也要比常规动力航母高出 1/3～1/2，实在消受不起。

1963 年，在又一次试图获得批准建造核动力航母的计划失败后，海军舰船局为大型常规动力航母 CVAL、CVAXL 和 CVAXXL 绘制了设计草图。CVAXL 是已有船坞、码头设施所

▲ 尽管海麻雀发射器很快占据了所示的舷侧突出部，但依然在没有武器的情况下完成了约翰·肯尼迪号的建造。这张 1968 年 12 月 13 日的照片给人留下了一个很好的印象，那就是由当时美国航空母舰承载的海军飞机的航程。舰岛前方是最后一架重型（战略）攻击轰炸机，2 架 RA-5 "民团团员" 攻击机，它们的长度使得肯尼迪的升降机需要设置必要的三角形切口。舰岛后方是 2 架 "空中战士" 攻击机，系 "民团团员" 攻击机的前身，实际上，这也是制造重型航空母舰的原因。舰岛内有 4 架 F-4 "幻影" 轰炸机和 1 架较小的三角翼 A-4 "天鹰" 攻击轰炸机。甲板上的深色区域表示 4 个舰载机起飞弹射装置的末端。"幻影" 处于左舷前方的发射位置。最后，请注意独特的倾斜烟囱和 SPS-48 三维雷达，它们作为原始设备取代了 SPS-30。SPS-48 正在替换现役航空母舰中的 SPS-30，并于 1982 年登上中途岛级航空母舰和所有或大部分福莱斯特级航空母舰和后来的航空母舰。CVN 68-71 在最初建造完工时都有配备。

能容纳的最大船型，船长 1 080 英尺、空载 66 500 吨、满载 97 360 吨，它可以装载 11 221 吨 JP-5 军用燃料、3 150 吨航空弹药和军械，与 CVAN-67 设计一样。而 CVA-67 设计方案能装载 5 835 吨 JP-5 军用燃料；CVA-67 设计方案能装载 2 140 吨航空弹药和军械、CVAN-67 设计方案能装载 8 071 吨 JP-5 军用燃料。一个企业级航母的替代方案 CVAL，船长 1 040 英尺，能装载 6 433 吨 JP-5 军用燃料、3 150 吨航空弹药和军械，与 CVA-67 的续航能力相同，排水量为空载 64 052 吨、满载 88 150 吨。CVAXXL 试图将 CVAXL 的航空载荷（JP-5 军用燃油及军械）与足够的船用燃料相结合，以实现更好的船舶续航能力，与增强后的 JP-5 军用燃油及航空弹药所代表的 CVAXL 空军编队的续航能力相当，并且将航空汽油舱室改作存储航空弹药和军械的空间，增加储量 190 吨。然而，CVAXXL 船长 1 300 英尺、空载 82 917 吨、满载 110 719 吨，超过了美国最大的干船坞的容量。CVAXXL 航空保障效能低于企业级核动力航母，尽管续航力、航空弹药和军械等性能指标堪与核动力航母相媲美，但 JP-5 军用燃油的储量只有企业号的约 2/3。以上这些数据都是为核动力航母和常规动力航母的研究而汇编，主要用于增进对 1963—1964 年间航母外部设计边界的理解。

放弃核动力航母，还有一个重要原因，就是当时并不知道企业号到底有多大的作战能力。20 世纪 50 年代中期开始，美国海军每年新造 1 艘航母，后来过渡到每 2 年新造 1 艘；

到了60年代便难以坚持下去了。1963年，国防部长麦克纳马拉在审查了国防预算后，断然取消了1965财年的航母建造计划。

随着企业号和长滩号核动力优势的逐步显现，海军强烈要求1963财年计划批准核动力航母的建造计划。但是，鉴于各种核动力航母和常规动力航母设计方案的不确定性，麦克纳马拉拒绝了海军的提议。1963年10月9日，批准建造的CVA-67号约翰·肯尼迪号航母采用常规动力。

这一时期，涌现出的"台风"地对空导弹系统，大有取代小猎犬、塔罗斯和鞑靼人导弹的势头。"台风"导弹体型小、威力大，很适合布置到航母上，但需要在舰载雷达上投入更多资金。与小猎犬导弹的情况类似，在航母上安装"台风"导弹系统，与其说是为了自卫，不如说是为整个特遣大队的防空火力做出了贡献。考虑到航母的巨大尺寸和成本，可以认为"台风"导弹系统的额外支出能够显著增强航母的防空火力，比新造1艘"台风"导弹护卫舰成本低得多。早期版本的CVA-67设计中，显示有"台风"中程导弹防御系统，大小接近鞑靼人导弹系统，却拥有小猎犬的强大威力。作为替代方案，新航母可以装备能力差得多的鞑靼人导弹，这意味着在导弹尺寸和重量上的投入类似，但在火力控制方面的投入要小得多。

另一项新技术成果是燃气动力，不仅体积小于传统的锅炉，还能使用喷气燃料，如能实现航空燃油和舰用动力燃油的通用，航母就可以在母舰续航能力和飞机持续作战能力之间进行自由调节。20世纪60年代初，压力点火是攻克舰用燃气动力的关键技术，也是改造传统蒸汽动力的希望所在，更影响到布鲁克、加西亚和诺克斯级新型水面护卫舰的命运。然而在1963—1964年，威廉·F.吉布斯介入了诺克斯护卫舰的设计后，压力点火受到质疑并被放弃。直到后来，再没有研制成功过超大功率的燃气动力，见到的只有护卫舰17 500轴马力动力系统。

使用燃气动力，可以减少污染物排放，并减少对飞机的腐蚀，还可以降低烟雾浓度，改善飞机进场的能见度，并减少大量维护工作；最重要的是，可以实现母舰续航能力和飞机持续作战能力之间的自由调节，增加作战的灵活性。虽然没有实现超大功率的燃气动力，但将传统舰用动力燃油改为JP-5军用燃油相对容易。

1961年11月29日，在海军舰艇技术委员会工作会议上，提出了CVA-67号航母的技术要求，包括续航力和舰用动力燃油的储量，具体是：

——延续使用CVA-66的船体。

——舰船动力系统舱室布置：5个52英尺的机舱，1个辅机舱在2对主机舱之间布置；这缩减了20英尺，2个36英尺的辅机舱合并为1个52英尺的机舱。

——除了新增的台风导弹系统外，沿用CVA-66上的电子设备台风导弹系统：2个台风中程导弹发射架，每个发射架配备40枚导弹，由7 000个元件构成的雷达引导。

——与CVA-66相当的飞行甲板：弹射器弹射行程增加到310英尺。

——防护：采用紧凑的舷侧防护系统（专为核动力航母开发）。

——舰员：411名军官（增加了58名），4 171名士兵（增加了318名）。

——航空弹药和军械增加10%的存储量。

CVA-67基本延续CVA-66的设计，降低了成本，并作了改进，但这并不代表设计工作的结束。台风导弹系统的雷达不仅昂贵，还需要一个单独的子舰岛，才能容纳它的相控阵雷达SPG-59。后来取消台风导弹系统，将其防御功能分解到4艘装备"海麻雀"导弹的护航舰只上，即是后来海麻雀单舰点防御导弹系统的原型，这意味着航母在特遣大队中不再扮演防空的角色，进一步降低了航母的成本和重量。毕竟，伴随航母的护卫舰将拥有更加强大的动力推进系统。因为护卫舰在其自身炮架上将携带雷达，所以设计也将进一步被简化。

1962年1月22日，海军舰艇技术委员会主席访问海军舰艇局，布置了两项研究内容。2月2日，初步设计部门提交了第一份研究报告。

1. 延续CVA-66的设计，成本限制在3.1亿美元：

a）航空燃油总量从1 850 000加仑增加到1 950 000加仑，航空弹药和军械从1 650吨增加到1 800吨，为增大舱容，采用紧凑的舷侧防护系统。

b）军官由411名增加到481名，士兵由4 171名增加到4 724名，降低舰员舱室居住标准（该标准指定用于长度301英尺至600英尺的驱逐舰和巡洋舰上）。

c）采用Mk 13（单发）鞑靼人导弹系统取代小猎犬、台风导弹系统。

d）采用新型SPS-48测高雷达取代原有的SPS-39A和SPS-30。

2. 基于SCB 211的CVAN核动力航母设计

众所周知，反对核动力航母CVAN的决策并非不可逆转，核动力航母舰用燃油减少到500 000加仑，为JP-5军用燃油提供了广大的舱容，

军官由413名增加到487名，士兵由4 242名增加到4 485名。

配置4个C-13弹射器，弹射行程250英尺。

这些信息在舰队内部得到了流传。

一场严重的北大西洋风暴，激发了大西洋海军航空兵司令重新提出对中线升降机的想法。风暴没能阻止飞行甲板作业，却使甲板边缘升降机彻底瘫痪。设立中线升降机，可以取代靠近舰艏的1号甲板边缘升降机和上层武器升降机。对此，在更加温和的海况条件下进行作业的太平洋舰队总司令强烈反对，难以达成一致，事情变得悬而未决。他还有其他

建议，例如要求去掉航母的声呐，"虽然声呐被认为是攻击型航母的护身利器，但价格昂贵，安装困难"。地对空导弹也可能会被删除，以支持对于特遣部队其他船只的依赖。但一些火炮武器，例如概念上的轻量级 5 英寸 /54 倍口径火炮，是必不可少的。

美国太平洋舰队认为鞑靼人导弹威力不够，航母摆脱不了对编队和地面导弹防御系统的依赖。还有担心航母在陆地附近作战时，可能面临鱼雷艇的严重威胁，导弹对此几乎无能为力。1962 年 3 月，在一次舰队代表会议上对导弹配置提出了严重质疑，要求恢复火炮的设置。

海军舰艇局技术委员会坚持保留航母的声呐，在鞑靼人导弹和火炮的讨论中，也更倾向于导弹，但同意在舰尾鞑靼人导弹的舷外炮台上安装 2 门轻型的 5 英寸 /54 倍口径火炮，明确要求为鞑靼人导弹留出足够的空间和质量余量。

4 月 20 日，在海军舰艇局技术委员会组织进行的审查中又发生了新的变化。

——1 部弹射行程为 310 英尺的弹射器取代了弹射行程为 250 英尺的 3 号弹射器。

——声呐由于经费原因被放弃。

——减少 2 个鞑靼人导弹发射架（Mk 74）。

——鉴于安装活塞式发动机的螺旋桨飞机所剩无几，汽油储量减少到 25 000 加仑，喷气式飞机 JP-5 军用燃油储量增加到 1 925 000 加仑。

——为提高应对核爆的能力，舰岛变得短而宽阔。

1962 年 4 月底，完成了目前编号为 SCB 127C 的初步设计。虽然延续了 CVA-66 的船体结构，但为了安装更加紧凑的舷侧防护系统、优化船体内部舱室布置，制订了全新的工作计划。设计成本的增加，部分由降低导弹配置节省出来的费用所抵消。为增加航空弹药储量，内部变化包括增加弹匣体积，通过适当增加了后部装甲箱的长度，缩短了前部装甲箱的长度实现，其他的改进还包括 JP-5 航空燃油装载、舰船动力系统布置、以及改进的弹道防护设置。飞行员待命室全部调整到船尾下甲板，取消了早期航母安装的自动扶梯。

正如图片显示的那样，肯尼迪号（CVA-67）航母建造过程中没有配备火炮和导弹，为安装海麻雀短程点防御导弹系统（PDMS）预留了空间，彻底取消了小猎犬导弹，海麻雀 3 个箱式发射架分别位于右舷前、后和舰尾；尽管取消了声呐，在船首仍然保留有声呐导流罩；为改善气流，将左舷台沿着平行于斜角甲板中心线的方向后延，将舯部 310 英尺的弹射器前移，修改简化了雷达的配置。

正如本文所赘述的那样，肯尼迪号是美国建造的最后一艘常规动力航母。20 世纪 70 年代末，有人提议在罗斯福号（CVN-71）核动力航母上延续肯尼迪号的设计，以作为较小的 CVV 航母的备选方案，这理所当然遭到了拒绝，主要原因是肯尼迪号建成的 15 年间，设计所需考虑的如泵和电子马达等小型设备的绝对负荷发生了重大变化。

第13章
航空母舰现代化

第二次世界大战是海战的分水岭,海上作战模式和舰船武器装备发生了翻天覆地的变化。1945年的舰队航母试图将一些变化纳入考量,尽管随着和平降临,谁都知道再也不可能大规模建造航母了。与驱逐舰的情况一样,国会在战时和战前设计的航母上投入的资金太多,无法授权更多。海军要继续保持舰载航空领先地位,唯一的选择就是积极推进现代化改装计划。战后10年里,虽然没有获准新造一艘航母,但现代化改装重塑了海军舰队航母。

1945—1946年,航母接连遭受两次巨大冲击。首先是喷气式飞机上舰,喷气式飞机无法通过滑跑直接升空,必须采用弹射起飞方式。埃塞克斯级和中途岛级航母的弹射器能级过低,无法满足喷气式飞机起飞的要求,需要增加弹射做功行程和弹射力,弹射器也因此变得更长、更重。随着喷气式飞机重量加大,着舰速度更快,对阻拦装置也提出了更高要求。好在弹射器和阻拦装置技术的改进虽然带来了飞行甲板布局变化,但对航母内部结构影响不大。然而,喷气式飞机对燃料的需求像是一个无底洞。1945年,飞机燃料仍然是航空汽油,航空汽油是潜在爆炸源,只能储存在特殊装甲结构和反鱼雷舱壁内,储量非常有

◂ 1969年7月,改装后的富兰克林·罗斯福号(Franklin D. Roosevelt)在弗吉尼亚角(Virginia Capes)亮相,改装工程包括将中线升降机移到甲板边缘,对航母舰桥进行了整体升级。值得注意的是,取消了舯部弹射器,保留了原来位于舯部的甲板边缘升降机,将电子对抗天线安装到舰尾。

限。并且,战后几年里研制出一系列新型低阻炸弹,适合于喷气式飞机挂载,但同等重量要占用更大的空间(在装甲箱内)。当航空重油技术运用到喷气式飞机燃料时,需要在混合室将汽油和航空重油结合,而混合室必须置于装甲结构内,进一步增加了装甲防护的负担,并且为提高加油速度,还需要增设更大的燃油泵。其次是海军航空局重型攻击轰炸机上舰,它们对弹射器和阻拦装置的要求更高。在大型航母(CVB)1号改进计划中,还需要考虑原子武器的存储和装配,必须设置更大的武器升降机,同时满足4 000磅战术炸弹和14英寸火箭弹等其他弹药升降的需求,而后者目前的研发进展还不足以投入使用。

根据1945年战争实践,特别是埃塞克斯级航母作战的经验教训,需要增加一种新型的舷侧防护装甲,并采用甲板边缘升降机。虽然战时和战后不久完工的航母,都还无法落实这些改进意见,但对后续航母建造或改装具有重要指导意义。

1945—1946年,研发了一系列新型制导武器,从百灵鸟等防空导弹到巡航导弹("无人

▲ 埃塞克斯级航空母舰奥里斯卡尼号,在二战后暂停建造,它是航空母舰重建的原型。1950年12月6日,新完工的奥里斯卡尼号于大西洋上首次亮相。值得注意的是,其当时搭载AA重型炮台,包括14门双管3英寸/50倍口径和数门双管20毫米大炮。3英寸口径火炮的布局大致遵循了二战后期对4枚40毫米火炮所采用的布局,但较新的武器更重,而且它们的舷外平台明显更大。

驾驶飞机"，简称P/A，如潜鸟导弹和后来的天狮星导弹，甚至包括俘获的德国V-2弹道导弹及其后继者。虽然当时还看不清制导武器的前景，但是海军领导层要求积极探索新技术对未来战争的意义。1946年，各国对现役战舰进行现代化改装以测试导弹产生了相当大的兴趣，主要目的是为了进行研究，也是为了暂时的实际操作用途。第一批重建埃塞克斯级航母的提议更多地是为了测试而非作战目的，且提议的提出时间较之改装计划被重新定位早了相当一段时间。

1945年2月，为满足喷气式飞机上舰要求，海军航空部第一次提出对现有埃塞克斯级航母进行改装，要求增加100 000加仑汽油储量，尽管还不知道能不能实现。其他项目包括改进阻拦装置，专门适用于喷气式飞机三轮式起落架的阻拦索；在满足喷气式飞机飞行甲板上进行启动要求的电源装置。最重要的还是对弹射器进行了改进。当时，埃塞克斯级H-4B（96英尺）弹射器只能将18 000磅飞机加速到90英里/小时，中途岛级H-4-1弹射器只能将28 000磅飞机加速到90英里/小时。为使埃塞克斯级航母能够搭载15 000磅、起飞速度为120英里/小时的喷气式飞机，海军航空部启动了H-8型弹射器研制，目标是能够将20 000磅的飞机加速到125英里/小时，长度为225英尺，尽管该目标后来被证实为是难以实现的。

同期，为满足导弹等新技术运用，海军还启动了SCB改装项目。1946年，新的海军舰艇委员会对现有的战舰实行了3次分别的改造计划，用于对导弹进行测试，其中，SCB-26A大型巡洋舰夏威夷号，舰艏安装了短飞行甲板；SCB-27航母要能搭载新型重型攻击轰炸机、喷气式飞机、无人驾驶飞机防空导弹（包括巡航导弹）；SCB 28潜艇要能够发射导弹。在某种程度上，将在SCB-27的早期设计阶段对新型重型航母（SCB-6A合众国号）的设计特征及导弹功能进行测试。最初，拟利用1艘中途岛级航母开展SCB-27改装，但是中途岛级航母军事价值太大，不适合退役改作试验用途。最终，美国海军作战部长批准，将唯一一艘在建的埃塞克斯级航母奥里斯卡尼号（Oriskany），用于SCB-27A改装计划。1946年8月22日，奥里斯卡尼号建造工作停止，等待1948财年计划下的改装设计。

SCB-27A改装计划，尤其强调试验功能，重点是开展导弹试射和新型飞机上舰。例如，在舰岛上为了给2部导弹控制雷达，可能是SPS-49提供稳定的平台，在舰岛两端以及舰岛前部和舰岛的合适位置上分别事先预留了空间。为起降45 000磅的飞机（后来提高到60 000磅）和发射导弹，对飞行甲板前部和舯部进行了加固，通过水箱对增加的重量和顶部重量进行补偿。飞行甲板的加固方式在桑迪行动中的中途岛号航母上便有所应用，加装了2个新的弹射器——1个H-8弹射器和1个开槽式弹射器，与最初的福莱斯特

▲ 1951年5月宣传照片显示，奥里斯卡尼号航空母舰配备3英寸大炮。另外3个双座炮通过舷外平台并排设置在其舰桥下方右舷上（就像在战时的航空母舰上一样），还有一个设置在舰尾机库甲板，以及额外2个设置在舰尾。大多数SCB-27A改装省略了一个或多个这样的火炮，特别是在采用更重的飞机后，因为这些航空母舰顶部重量变得至关重要。允许在舰体中加装水箱，在右舷设置舷外平台，用于安装5英寸大炮，因此无须切割飞行甲板。值得注意的是，Mark 56指挥器设置在左舷舰外炮台的后方，用于对5英寸和3英寸大炮进行控制，并作为对舰岛上2个Mark 37指挥仪的补充。

级航母设计一致。通过改装，SCB-27A航空燃料储量增加到30万加仑（几乎增加了50%），加油速度提高到每分钟50加仑。根据海军航空部计划，重型攻击轰炸机拟使用12 000磅炸弹，为此拆除了飞行甲板上的火炮，缩小了炮台，仅保留10个3英寸/70倍口径双管炮，每端安装1门，每个象限安装2门。

设计工作从1946年6月开始，到10月结束，舰船局提出了两种方案：较低成本的A方案重点解决45 000磅野人号轰炸机上舰问题，保留传统的舰岛结构，为实现对下方全副武装的轰炸机进行打击，扩大了后部甲板面积和甲板边缘升降机，并拟加装1部H-8型弹射器，改装经费2 500万美元；B方案是平甲板航母，改装经费3 300万美元，拟加装正在研发的H 9型弹射器，能够弹射60 000磅重型攻击轰炸机。两种方案都只安装1个弹射器，但都预留了第二部弹射器（开槽式弹射器）的安装空间和重量。受航母结构限制，无法对前部中心线升降机进行改进。为不影响飞行甲板作业，重型3英寸/70倍口径火炮被安装到长度占舰体3/4的大型舷外平台

上，并且飞行甲板两端的长度必须缩短。航母满载排水量从晚期埃塞克斯级的36 700吨增

第 13 章　航空母舰现代化

▲ 1951 年 11 月，在布鲁克林海军造船厂附近格雷夫森德湾拍摄的这些照片中，新改装的大黄蜂号（俯视及正视图）具有 SCB-27A 改装的主要特点。与第 7 章中的照片相比，其 H-8 弹射装置比未改装的埃塞克斯级航空母舰更长（和更强大）。值得注意的是，所有雷达天线集中在一个结构中，这是重建的目的。在这种情况下，SX 测高仪和空中搜索雷达在烟囱结构顶部有它自己的平台，并且重型桅杆上有 2 个空中搜索雷达 SPS-6A 和 SR（在其后侧）。右舷图显示了特有的自动扶梯外壳，用于将飞行员从受保护待命室到达飞行甲板，以及舰尾机库甲板 3 英寸炮座。舷外平台在舰尾从舰岛突出舷外，该位置后来安装了 SPN-8 盲着陆雷达。但在 1951 年该装置尚处于研制阶段，还未完全准备就绪。左舷图清楚地显示了容纳 H-8 弹射装置的重型飞行甲板结构。

393

加到 39 700 吨，考虑到顶部重量的增加，需要一个长度几乎贯彻整艘航母的水箱（宽 103 英尺）来平衡重量。A 方案需要 12 个月施工周期，而更加宏大的 B 方案需要 20 个月。

Op-05 想通过 B 方案改装出首屈一指的平甲板航母，但是，财政现实表明，1948 财年的预算甚至无法支持方案 A 的顺利进行，不得不承认，该航母改建计划只得以 1948 财年其他项目的支出成本来完成建造。而且，把尚有重大军事价值的航母改装成试验舰，支持者寥寥。1947 年 1 月 17 日，海军作战部副部长海军中将 D. C. 拉姆齐对 SCB-27A 进行了修改，并声称"这是在不对主要结构进行修改的情况下，使得埃塞克斯级航母能够搭载现有及未来种类的战斗机，以及现在被认为可行的最大、最重型的攻击型轰炸机所需的最低限度的修改"。

为扩大飞行甲板，改装工程拆除原有炮座，以及舰岛后方四联博福斯式高射炮的残余炮架；舰岛拆除火炮后，进一步缩小；上升烟道被重建，并在舰尾倾斜，为支持雷达天线，在舰尾树立起巨大的桅杆，且不会遇到战时布置中所常见的干扰。

为搭载 52 000 磅飞机，加固了飞行甲板和升降机，中心线升降机重量增加到 40 000 磅，尺寸增加到 58×44 英尺，甲板边缘升降机承载力达到 30 000 磅；重型攻击轰炸机可以在机库挂载武器、加油，并经由中心线升降机转运到飞行甲板；飞机着舰后，可通过甲板边缘升降机转运到机库；2 个 H-4B 型弹射器被替换为 H-8 型，Mark 4 型阻拦装置被替换为 Mark 5 型，尽管存在受保护容量有限的问题，但航空汽油储量增加了近 50%，达到 300 000 加仑。

为转运"15 英尺长、16 000 磅"的核武器，CVB 1 号改进计划扩大了舰艏武器升降机。基于作战需求，优化了舰面保障系统，"在飞机着舰后能够在整个攻击机群着陆所需的时间内完成加挂弹药，补充航空燃料，并再次起飞"。经过论证和计算，"升降机的速度和容量，能够保证每小时转运 9 500 磅的飞机往返 48 次，或是每小时转运 16 000 磅的飞机往返

24次；10秒钟内能够完成装卸"。1949—1952年，舰载机联队编成包括42架F-9F战斗机和42架空中袭击者AD-3攻击机，每架AD-3攻击机可携带2枚2 000磅或1枚4 000磅炸弹；1958年，舰载机联队编成为24架15 000磅拦截战斗机、24架30 000磅护航战斗机和24架30 000磅攻击轰炸机，每架轰炸机能携带2枚4 000磅炸弹。典型任务模式下，每次出动一半的飞机，间隔75秒着陆1架飞机。

为提高安全性，便于飞行员迅速赶到位于飞行甲板的机位，3个位于船尾下甲板的飞行员待命室被转移到机库甲板下方，原先在舰岛外侧还安装了一部自动扶梯。为满足急剧增加的用电需求，将原来一对250千瓦应急柴油发电机升级为850千瓦，原有的4台1 250千瓦涡轮发电机继续保留。

改装中保留了大部分防空火力，不存在放弃防御性武器的问题，但其成本和结构必须最小化，因此在Op-05炮台上安装6门新的3英寸/70倍口径防空火炮的提议被拒绝了。为安装4门5英寸/38倍口径火炮，在右舷设置了舷外平台，以对标准的埃塞克斯级航母上所原有的4门火炮进行补充。为应对神风特攻队那样的自杀式攻击，用14门双管3英寸/50倍口径火炮作为紧急替代品，替换了4联装博福斯式高射炮。这种双管3英寸/50倍口径火炮最初于1945年研发，虽然当时还在生产中，但改装过程顺利，它们位于博福斯式高射炮位置，每个象限2门，舰岛结构外舷3门，舰尾机库甲板右舷正中1门，左舷前侧及左舷、右舷的5英寸火炮后各1门。此外，奥里斯卡尼号航母还配备了16门20毫米双管炮。1950年在海军总务委员会的听证会上表明，火炮作用即使有限，也会给舰员安全感，增加士气。

正如第10章所述，根据1945年的航母理念，提高防护等级后，飞行甲顶部重量大幅增加，为平衡这一重量，与舰舷平齐的特定部位设置了水箱，甚至向下延伸到机库甲板，水箱镀层采用60磅特殊处理钢。为此，拆除了所有舷侧装甲。为防火和防弹，机库被2个活动式舱壁隔开，设置了喷雾/泡沫灭火系统，改进了水幕，安装了白铜消防总管。舰船局认为：

> 火灾对于机库造成的损害，远远超过炸弹、炮弹或自杀式飞机，机库甲板火灾主要是由于飞机内剩余汽油。火灾极易引爆弹药和军械，造成更大的次生破坏。安装特殊处理钢机库舱壁，主要目的是防止和限制汽油燃烧，减少对机库甲板造成的损害……

表13-1 航空母舰现代化

	SCB 27A‡	SCB 27C**	SCB 27C††
舰船名称（CVA）	9、10、12、15、18、20、33、34、39	11、14、16††、19、31††、38††	—
空载排水量（吨）	28 204	29 601	30 580
满载排水量（吨）	40 600	41 944	43 060
总长（延伸）（英尺-英寸）*	—	—	894-6
总长（英尺-英寸）	898-1.5	898-3.75	880-0
水线长度（英尺-英寸）	819-1.125	820-0	820-0
船宽（水线）（英尺-英寸）	101-4.312 5	103-3.75	103-0
船宽（延伸）（英尺-英寸）	151-10.75	166-9.5	166-10
吃水深度（满载）（英尺）	29-8.187 5	29-7	30-4
斜角甲板长度（英尺-英寸）	—	—	520-0
飞行甲板（英寸）	870×108	862×108	861×142
飞机（吨）†	382.3/662.5 §	465.5/823.8 ‡‡	580
航空军械（吨）	—	944.05	1 060
航空燃料（吨）	825.68	2 360 §§	2 262
JP-5（航空重油）（加仑）	—	473 576	480 000
航空汽油（加仑）	302 194	360 000	360 000
甲板边缘升降机（英尺）	1 60×34 1部	1 44×56 1部 34×60 1部	2 56×44 2部
升降机容量（磅）	46 000	57 000；46 000	左舷：46 000 右舷：57 000
中心线升降机（英尺）	2 58×44 2部	1 44×58 2部	1 70×44 1部
升降机容量（磅）	46 000	46 000	46 000
弹射装置			
舰艏	2个 H-8	2个 C-11	2个 C-11
舰体中段	—	—	—
汽轮发电机组（千瓦）	4个 1 250	4个 1 250	4个 1 700
柴油发电机（千瓦）	2个 850 ‖	2个 1 000	2个 1 000
单管5英寸/54倍口径炮/	0/8	0/8	0/4
5英寸/38倍口径炮（门）			
双管3英寸/50倍口径炮	12#	12	—
补给			
舰船（off/enl）	104/2 791	131/2 086	167/2 418
航空（off/enl）			171/769
速度（满载/可持续）（节）	31.7/30.0	32.0/？	30.7/29.1

* 如果适用，弹射装置支架以上的尺寸
† 除非另有说明外，指空重
‡ 除非另有说明外，1955年欧立斯卡尼号航空母舰的数据
§ 空军大队：23架 AD，13架 F2H，16架 F9F-5，22架 F9F-6，I架 HUP；空重/起飞重量
‖ CV 10、20、33、39上至少1 000 kW
最初有14门火炮
** 1955年汉考克号航空母舰的数据（轴向飞行甲板）
†† 以斜角甲板建造完成
‡‡ 空军大队：44架 F9F-6、12架 F2H-3、16架 AD-6、6架 AD-4B、10架 AD-4NA、I架 HUP；空重/起飞重量
§§ 83吨航空汽油，1 530加仑 JP-5
‖‖ 1 200吨，包括设备和备用品
1 017吨，包括 JP-5 航空燃油
** 包括设备和备用品
†† 燃料8 990吨，SCB-110为10 030吨；航速20节时，续航距离从12 500海里降至9 500海里
‡‡ 1978年的数字
§§§ 和1976年的数据一样

第 13 章 航空母舰现代化

SCB 110	SCB 110A	SCB 101.66	SCB 125	SCB 125A[§§§]
41, 42	43	41	9, 10, 12, 15, 18, 20, 33	34
44 950	45 100	47 895	30 800	33 250
63 500	62 600	64 714	41 200	44 000
—	—	1 001-6	—	910-9.5
977.2-0	978-0	977-0	890-0	—
900-0	900-0	905-0	824-6	820-0
121-0	121-0	121-0	101-0	106-7
210-0	231-0	258-6	196-0	157-0
34-6	34-9	35-4	30-1	31-4
531-0	663-6	651-0	520-0	—
977.2×192	978×236	972.2×258.5	861×142	—
963[||||]	815[***]	767	—	—
1 376	—	1 210	—	—
956[##]	3 500[†††]	3 449	—	—
600 000	—	1 186 000	—	—
355 600				
3 56×44 3 部	56×44 3 部	63×52 3 部	左舷: 60×40 右舷: 56×44	
74 000	74 000	110 000	46 000	
—	—	—	58×44 1 部	
			46 000	
2 个 C-11	2 个 C-11	2 个 C-13	2 个 H-8	2 个 C-11-1
1 个 C-11	1 个 C-11			
8 个 1 250	8 个 1 250	8 个 1 250	4 个 1 250	—
2 个 850	2 个 850	2 个 850	2 个 850	—
10/0	6/0	3/0	0/7	0/2
9	—	—	4	
412/3 648	116/2 521[#####]	146/2 560	—	110/1 980
	201/1 537	214/1 766		135/1 050
30.6/29.5	—	31.6/29.7	32/30.3	32.0/30.3

▲ 无畏号航空母舰是第二艘 SCB-27C（蒸汽弹射装置）改装航空母舰，1954 年 5 月 14 日的照片表明，其在纽波特纽斯船厂已经接近完工。值得注意的是，右舷后部甲板边缘升降机，这是这些航空母舰的特点，3 英寸 /50 倍口径炮与 SCB-27A 类似。飞行甲板前端的结构为其 2 个 C-11 蒸汽弹射装置提供保护，蒸汽弹射装置尚未完全安装，但弹射装置的长度是显而易见的。

根据 1948 财年修订的 SCB-27A 计划，1947 年 6 月 5 日，奥里斯卡尼号航母改装工程终于获得批准，当时完工量 85%，改装之前必须恢复到 60% 的完工状态。根据 1949 财年计划，后续 2 艘改装航母埃塞克斯号和大黄蜂号来自预备役。但是，为降低军费开支 1950 财年补充计划转而要求改装现役的奇尔沙治号和莱特号。这部分可能是由于 1951 财年计划中对于精减现役航母的要求，奇尔沙治号因重建而退役，莱特号原计划在奥里斯卡尼号完工后退役并进行现代化改装，但由于朝鲜战争的爆发，最终决定改装退役的尚普兰湖号。改装现役航母，虽然能够降低经费，但因其会导致现役舰队的衰落，遭到海军强烈反对。奇尔沙治号 1949 年重建后，是当时唯一在役的埃塞克斯级航母。据估算，奇尔沙治号和莱特号改装将耗资 3 800 万美元，而奥里斯卡尼号将耗资 1.117 亿美元。按照 1949 财年计划，2 艘航母改装预算为 5 500 万美元，改装预备役航母耗资 5 000 万美元。保留每艘储备舰的成本约为 5 000 万美元，这 2 艘 1950 财年的航母则得益于战后的临时改装和减少的军械，相比之下，根据1950年8月的估算，如果减少部分电子设备，技术状态最好的预备役航母富兰克林号改装耗资4300万美元。

SCB-27A成本过于高昂，鉴于资金严重紧张，1950年5月，按照简化后的改装工程，技术状态较新的长船体航母耗资2100万美元，老旧航母耗资2600万美元，改装包括安装水箱，拆除飞行甲板火炮，安装新的弹射器、阻拦装置、升降机，改进阻拦索等，不配备航母控制着舰装备（恶劣天气条件下），也不配备3英寸/50倍口径火炮，航空汽油存储系统保持不变。最简化的方案，只将中心线升降机改装为甲板边缘升降机，拆除甲板边缘火炮，耗资大约900万美元，坞期15个月。与SCB-27A计划的交付周期9个月，坞期2年形成对比。

最初的计划要求动用10艘舰队航母：SCB-27A计划改装7艘，外加3艘中途岛级。1950年5月朝鲜战争爆发之前，拟将规模增加到12艘，一项提议是通过4次部分改装来达到这一要求，后实际增加到16艘，因为预计在战争的前15个月内不会发生再次改装。并且，提出加紧新建航母，促进更新换代。海军当时估计，新建航母成本将是SCB-27A的3倍，到1957—1958年最快可以新造2艘。

事实上，朝鲜战争打开了航母需求的闸门。1951财年批准对4艘航母进行全面改装：前2艘分批次，后2艘同步改装。1952财年授权改装的航母达到4艘，总计有13艘航母获得授权进行改装，而当时埃塞克斯级航母的总量为24艘。1953财年临时计划又增加了4艘航母，其中2艘获得批准。当时，SCB-27C改装耗资6300万美元，并且没有更多的航母获得授权进行改装。

初期，SCB-27A并没有对埃塞克斯级航母改装的可行性进行详尽讨论；1951年，开始了更强大的爆炸开槽管式弹射器、Mark 7阻拦装置和右舷甲板边缘升降机等3项技术的重点研究。用甲板边缘升降机取代中心线升降机，能够减少对甲板飞机调运的干扰，显著提高飞机起降作业效率。按照SCB-27A方案，升降机载荷增加到56 500磅或62 000磅，由此将产生630吨的重量补偿，需要拆除4门5英寸/38倍口径火炮，相反，新的5英尺宽的水箱设计，将持续航速从32节降至30.6节（SCB-27A中为30.9节）；航母稳性受到影响，2枚鱼雷命中后倾斜角可能达到21°，而SCB-27A的设计要求为19°，标准要求为15°；依据有关文献资料，航母结构应力已经接近所允许的极限。

与SCB-27A相比，SCB-27C要求搭载核武器，汉考克号及以后航母的改装都要求按照SCB-27C实施，这显示出海军加快了核武步伐。SCB-27C拟采用C-10型爆炸式弹射器替换2台H-8型中的1台，位于船艏，且所有的SCB-27航母将配备新的燃料混合系统；将右舷的后部5英寸/38倍口径火炮移到舰尾，与左舷火炮相对称，保留原有14门双管3英寸

美国航母设计 简史

▲ 1956年8月10日在海上，无畏号航空母舰舰没有舰艏3英寸/50倍口径大炮，SCB-27C设计为了减少重量移除了这些大炮。它仍保留了SCB-27A的其他炮座。仅前3艘SCB-27（配备了这种开放式舰艏）其他采用全封闭"飓风舰艏"，后来前三艘也改装全封闭飓风舰艏和斜角甲板。弹射器上的2架战斗机是标准战术轰炸机麦克唐纳F2H女妖及该时期的夜间战斗机。更多飞机停在舰尾，包括2架1945年海军航空部重型攻击机计划的最早成果取代了H-8及H-8-1型弹射器北美AJ野人号。舰岛上雷达结构包括一个面向右侧的SPN-6，天顶搜索装置（SPS-4或SG-6），单杆桅上的面向左侧的SPS-12以及从烟囱结构延伸到舷外的战时用SC-系列天线。SPS-8测高仪位于单杆桅的前方。航母舰尾后方的北安普敦号指挥巡洋舰存在的原因是因为计划未来所有航母都采用平甲板，因此航母无法装载远程空中搜索雷达，而将交由北安普敦号装载。1982年7月，无畏号航母在纽约港成为一艘博物馆航母。

/50倍口径火炮。为适应喷气式飞机上舰，加装了喷气偏流板、甲板冷却，以及位于弹射器处飞机的机械定位，增加新的尼龙阻拦网；采用新型航空燃料混合系统，可以储存480 000加仑航空重油，而其花费仅为船用燃油的成本。当时，最佳混合比例尚不清楚，如果按照2.6∶1，能够储存739 000加仑喷气式飞机燃料和42000加仑航空汽油（保障活塞发动机）。但因此减少了舰用燃油，续航力从11 500海里减少到8 740海里（20节）。最初参照SCB-27A，SCB-27C左舷甲板边缘升降机和舰艏中心线升降机的额定载荷为42 000磅，1951年10月增加到46 000磅，改装前载荷为28 000磅。

埃塞克斯级箱式装甲结构舱容过小，SCB-27A将所有3英寸/50倍口径火炮的弹药转移到第四层甲板后，其内部机械设备占用64.2%，弹药占用14.8%，汽油占用14.5%，控制设备仅能占用3%的空间。到了SCB-27C，由于增加了航空燃料混合系统、爆炸式弹射器火药、低阻力炸弹，可用舱容愈加捉襟见肘。仅航空燃料混合所需的泵房，就超出了 SCB-27A 所能承受的极限。为此，SCB-27C 考虑将箱式装甲结构从舰艏扩展到舰尾，但受船体结构限制，特别是不能改变鱼雷防护结构，这个想法难以实现。为此，爆炸式弹射器的 50 吨火药和部分 5 英寸火炮弹药必须从装甲箱中取出，而汽油则为弹药库腾出了一些空间（航空燃油占受保护舱容的比例由 14% 提高到 15.3%，其他比率保持不变），现在，装甲箱外弹药占舱容的 4.4%，另外"核武器组装车间"占比 3.5%。SCB-27C 图纸显示，弹射器火药原设计为 90 吨，存放在舰艏并位于装甲箱外，为安全起见，减少到 45 吨，加上 5 吨备用火药，这一数额的火药存放于装甲箱外，被认为是几乎难以接受的。一项计划是将其安置于装甲后方，并使用两段式挖泥船起重机将其转运至弹射器的提议被提出。

  1951 年 9 月，海军航空部要求根据 SCB-27A 标准和 SCB-27C 的原形——汉考克号，完成第二艘无畏号、第三艘提康德罗加号航母的改装。不幸的是，C-10 型弹射器研发一再延期，只好安装 H-8 型弹射器的加长版 H-8-1 型。事实上，无畏号、提康德罗加号和汉考克号后来都按照 SCB-27C 标准完成改装，安装了 C-11 型蒸汽弹射器，取代了 H-8 及 H-8-1 型弹射器。为适应福莱斯特级新型航母，SCB-27C 进一步改进了设计，并继续完成了列克星敦号、好人理查德号和香格里拉号的改装，具体改进包括加装斜角甲板和密闭船艏（"飓风"），扩大舰艏中心线升降机。采用 C-11 新型蒸汽弹射器，能够将 39 000 磅的飞机弹射到

▲ 经改装后的汉考克号航空母舰于 1954 年 4 月 28 日离开普吉特湾海军造船厂，其右舷舰尾照片显示，其后甲板边缘升降机可以折叠，其是 SCB-27C 的原型。值得注意的是，其设有 3 英寸和 5 英寸大炮，舰岛结构后部设有 SPN-8 盲着陆雷达的小型雷达天线罩。所有埃塞克斯级航空母舰改装涉及安装炮座。但是，由于炮座安装在机库甲板，从舰艏至舰尾呈流线型，在这些照片中，它们并不明显。

136 节，或将 70 000 磅的飞机弹射到 107.5 节。相比，福莱斯特号的 C-7 型能级更高，可以将 70 000 磅的飞机弹射到 116 节，而 H-8 型仅能将 62 500 磅的飞机弹射到 61 节。但由于飞行甲板强度不足，SCB-27C 不能弹射起飞 70 000 磅的 A3D 攻击机，飞行甲板最大只能承受 60 000 磅的飞机；为配平重量，将斜角甲板上的 5 英寸 /38 倍口径火炮减少到 8 门，并将双管 3 英寸 /50 倍口径火炮减少到 5 门。

为了防止 SCB-27A 计划航母被改装为由蒸汽弹射器操纵，蒸汽弹射器与早期的液压式弹射器有很大不同。取而代之的是，它们按照 SCB-125 计划完成了改装，并加装了斜角甲板、封闭式舰艏和右舷后部甲板边缘升降机。只有尚普兰湖号没有进行改装。奥里斯卡尼号航母虽按照 SCB-125A 改装，但采用了 Mark 7 阻拦装置（而不是改进后的 Mark 5）、C-11-1 蒸汽弹射器，扩大了升降机，并增加了升降机装载量，完全符合 SCB-27C 标准。

在全天候福莱斯特级设计中所引入的封闭式（飓风式）舰艏被运用于所有斜角甲板航母上，中途岛级航母上加强且半封闭的舰艏也预示了这一点。在飓风式舰艏，船体的外飘与飞行甲板前端融为一体。鉴于中途岛级飞行甲板曾被风暴严重损坏，改装中着重予以加强，并安装了第 2 个指挥操舵，第二指挥操舵位于前部飞行甲板正下方（设有舷窗）。最初采用开放式舰艏并进行现代化改造的航母在前部有一个船体棱缘，而最终采用封闭式舰艏的 SCB-27C 航母则拥有光滑、流线型的舰艏。为安装指挥操舵，调整优化了弹射器布置。

受舰队航母规模的限制，经过 SCB-27A 改装的航母取代了未经改装的埃塞克斯级航母，后者最后被重新划定为护航航母，用于执行 ASW 反潜任务（见第 15 章）。反过来，它们最终被福莱斯特级航母以及 SCB-27C 所取代。改装后，埃塞克斯级航母稳定性到了极限，为支撑飞机和重型雷达等加装的设施设备，必须进行重量补偿，而唯一的选择只有调整炮台。二战后，尽管火炮的防空价值越来越小，但 1960 年前，少数航母还保留了大量 3 英寸 /50 倍口径火炮，之后才将 5 英寸 /38 倍口径火炮也一并陆续拆除。奥里斯卡尼号退役前，仍然保留了 2 门 5 英寸 /38 倍口径火炮，其他航母保留了 4 门。

相比于埃塞克斯级，中途岛级本来优势更加明显、更强大，也更适于现代化改装，加之当时相当低成本的 1 号改进计划的影响，中途岛级有望成为当时唯一能搭载野人号原子轰炸机的航母，事实上，它们还能够搭载核武器。但是迫于现实的军事压力，中途岛级航母根本没有机会改装，其上安装的 H-4-1 弹射器勉强能够弹射 AJ 轰炸机。直到合众国号超级航母被取消后，中途岛级改装才被提上议事日程，因为它是唯一能搭载新型 A3D 战略轰炸机的海上平台。

1949 年 5 月，合众国号超级航母计划几乎确定要泡汤，美国海军作战部长批准了一项

第 13 章 航空母舰现代化

▲ 1956 年 8 月 24 日（上图）和 10 月 1 日（正视图）位于普吉特湾的照片显示，大黄蜂号航空母舰以其斜角甲板和封闭式舰艏标志着一艘已经现代化了的埃塞克斯级航母（SCB-27A）的建成，根据 SCB-125 计划完成了改装。舰艏包括一个应急操舵站，设有一排舷窗。后右舷甲板边缘升降机也安装在原来的中心线升降机位置。值得注意的是，炮台数量大幅减少：5 英寸 /38 倍口径大炮从原来的 8 门减少到 7 门，似乎只有 3 门双管 3 英寸 /50 倍口径大炮，1 门 5 英寸 /38 倍口径大炮从后甲板边缘升降机附近的右舷后侧舷外炮台上拆除。照片显示，飞行甲板上新旧混合，在 1 架相当破旧的战时 TBM 复仇者轰炸机后，停放着一架崭新的沃特 F7U 弯刀战斗机，在前方停放着 1 架空中袭击者战斗机和 2 架格鲁曼黑豹战斗机。

403

改装研究。海军航空部提出用新型开槽式弹射器取代 H-4-1 型，甲板边缘升降机扩大到 60 英尺 ×40 英尺，升降机和飞行甲板都要求进行加固以承受 80 000 磅飞机的载荷，增加航空燃料的储量，起重机起重能力达到 60 000 磅；舰载机联队拟由 12 架 A3D 轰炸机和 70 架新型 F3D 战斗机（具备夜战能力）组成，最终证明这不切合实际。舰船局发现，为安装新型加长的弹射器，需要取消舰艏飞行甲板的伸缩缝，这反过来需要对支撑飞行甲板的结构进行重大改变。实际上，需要建造一个艏楼甲板。

飞行甲板必须向舰艏方向延伸约 40 英尺，采用密闭式舰艏，拆除 2 门前部双管 3 英寸 /50 倍口径火炮，用甲板边缘升降机取代前部中心线升降机，后部升降机需要按照新型飞机着舰要求改装。海军航空部建议，参照合众国号超级航母的设计形式，改造为舰尾升降机，或者在舰尾右舷设立甲板边缘升降机。舰船局认为，航空燃油容量可以通过扩大前方贮油舱而增加到 50 万加仑，代价是牺牲船用燃油的储量；如果不对舰尾轴隧进行重大改造的话，那么后部贮油舱则无法扩大。总计增加排水量约 3 170 吨，满载排水量达到 64 495 吨，建造成本 4 500 万美元。

最初，1952 财年并未安排航母改装，但由于朝鲜战争爆发，到 1950 年 8 月，1952 财年的大部分项目被纳入 1950 财年和 1951 财年补充计划。1952 年 4 月，1954 财年计划明确包括中途岛级航母改装，被称为 SCB-110，并与 SCB-27C 同步进行，区别是 SCB-110 选用 C-7 型

第 13 章 航空母舰现代化

▲ 奥里斯卡尼号航空母舰是 SCB-27A 航空母舰中唯一 1 艘根据 SCB-125A 现代化计划重建的航空母舰，采用蒸汽弹射器、斜角甲板和密闭舰艏。1959 年 9 月的照片显示，沿右舷布置的瞭望台设有炮座。值得注意的是，其采用新雷达装置，舷外设置了 SPS-37A 长波空中搜索装置，舷内设置了 SPS-8 测高仪。它们上方的空中搜索装置采用 SPS-12，而再上方的水面搜索装置采用 SPS-10。值得注意的是，舰艏中线升降机已经加长。搭载的飞机是麦克唐纳 F3H 恶魔舰队防空战斗机，是麻雀远程空对空导弹的首批作战载体。

爆炸式弹射器取代液压弹射器，航空汽油增加到 500 000 加仑，全部 3 台升降机扩大到 50 英尺 ×60 英尺，并进行加固，能够搭载 70 000 磅 A3D 轰炸机；还要预留 C-7 型爆炸式弹射器 150 吨火药的安装和贮存空间；一个 5 英尺炮座；将在预改造的草案中被保留，用以提供鱼雷防护拆除舰侧装甲，以在埃塞克斯级航母的改装中改用 60 磅防弹外层，弹药库和汽油罐将位于箱式装甲结构内。后来，实际安装的是 C-11 型蒸汽弹射器（长射程蒸汽弹射器，而非能级更强的 C-7 弹射器），甲板边缘升降机放大到 63 英尺 ×52 英尺（同福莱斯特），所保留的中

▲ 轴向甲板 SCB-27C 攻击性航空母舰改装成斜角甲板。从无畏号航空母舰于 1960 年 3 月 25 日离开诺福克的照片可以看出,右舷弹射装置上停放有格鲁曼交易者 COD 飞机,舰岛后面有 1 架空中勇士飞机和 3 架天光战斗机。左舷舷外平台 3 英寸 /50 倍口径炮台在拆除后被油箱取代。值得注意的是,新的无线电天线从飞行甲板前部向右舷舷外伸出,斜角甲板设有 5 张拦阻网。

线升降机无法被加宽,但将被加长。

和埃塞克斯级航母改造计划一样,中途岛级改造的下一步是斜角甲板。中途岛级曾用于开展斜角甲板概念测试,但不同于埃塞克斯级,SCB-110 首先要确保 A3D 上舰,飞行甲板和升降机必须拥有足够强度。为平衡斜角甲板舷外平台重量和这些航母有限的干舷高度,必须调整炮座予以补偿。还有人认为,第二层和第三层甲板上居住所需的空间会有所增长,因此鱼雷防护需要加强。与埃塞克斯级航母一样,为了对重量进行补偿,必须拆除炮座,因为大型斜角甲板舷外平台及新的后部甲板边缘升降机的位置上都安装有炮座。1952 年 9 月的设计表明,只剩下 11 门 5 英寸 /54 倍口径和 8 门双管 3 英寸 /50 倍口径火炮。实际改装时,火炮数量更少。美国海军军械局曾试图加装新型速射 5 英寸 /54 倍口径火炮,但未能

第 13 章　航空母舰现代化

▲ 作为1969年10月的一艘反潜支援航母（CVS），无畏号航空母舰配备更少的武器（似乎仅在舰艏搭载一门5英寸/38倍口径大炮），但是设有自我保护的电子对抗系统（设置在其舰岛和飞行甲板舷外的平台）。其配备有舰艏锚，以配合其艏踵部的SQS-23新型声波定位仪。同样明显的是，舰岛后面的主飞行控制中心的结构大幅加大。大型碟型天线隶属于SPS-30测高仪；舰岛后面可见小点是夜间作业用的聚光灯。

▲ 1967年11月10日的照片显示，提康德罗加号已经具备埃塞克斯级攻击型航空母舰的最终外观，炮台数量大幅减少（退役时仅搭载3门或4门5英寸/38倍口径大炮），配备SPS-43A巨大"空气垫"。主飞行控制中心加大、升高，占据了舰岛后面SPN-35盲着陆雷达的大型雷达天线罩，而后者从照片上几乎看不到。同样值得注意的是，舰尾天线桅杆，安装有用于远距离无线电通信的单极天线，倾斜地设置在舷外，用于指挥飞行作业。舰艇甲板停放有A-4天鹰和F-8十字军战斗机，一架空中勇士刚刚降落在斜角甲板。妨碍埃塞克斯级CVA重新服役的一个困难是缺乏适合该航空母舰的飞机。

▲ 1970年6月10日驶离罗塔岛的黄蜂号具有SCB-27A/125反潜航空母舰的最终外观。它们与蒸汽弹射装置航空母舰不同，舰艇没有配备系船索避雷器。值得注意的是，舰中部突出的燃料管道悬挂在舰岛上的桅杆上。反潜航空母舰必须保持其护航耐力。刚好能够看到舰岛后面的SPN-35盲着陆雷达的大型雷达罩，甲板上停放着3架格鲁曼追踪者预警机，四周停放着姊妹机型S-2追踪者反潜机。虽然当时5英寸炮台已经减少到4门，舰上仍然保留了Mark 37指挥器和2台Mark 56指挥器。舰艇锚表明安装有舰艇声波定位仪。还应考虑的是，在这些航空母舰上搭载苏联基辅级航空母舰现在正使用的可变深度声波定位仪，可变深度声波定位仪拖曳于扇形舰尾后方。

407

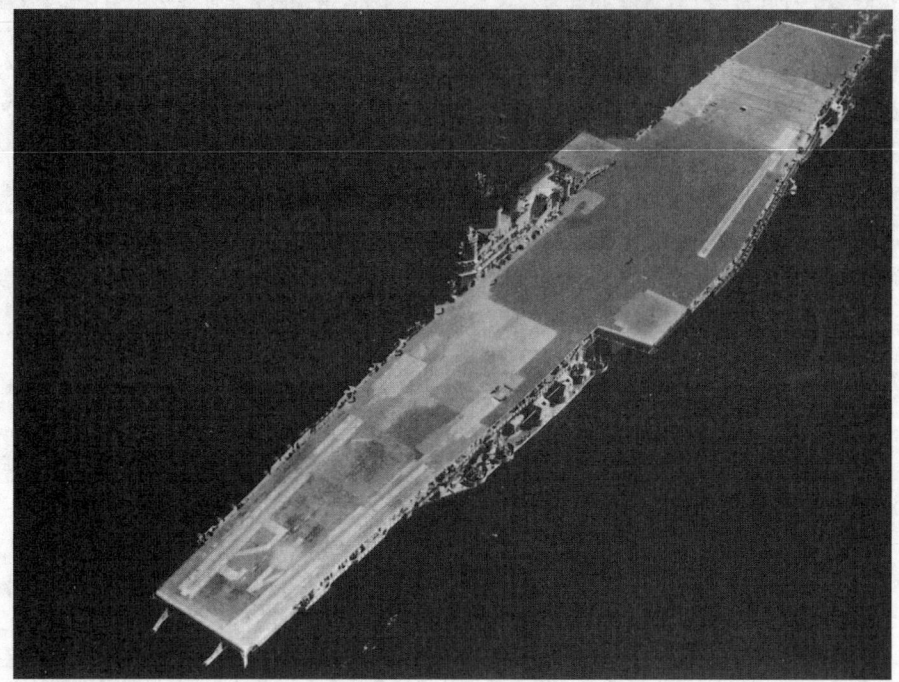

▲ 这些照片拍摄于 1956 年 5 月 23 日，当时富兰克林·罗斯福号（Franklin D. Roosevelt）在 4 月 6 日重新服役后进行海试。它是 SCB-110 计划重建的第一艘中途岛级航空母舰。它保留了相当多的炮台。事实证明，不能用快射 Mark 42 替代慢射单管 5 英寸炮台。新塔桅上的 2 个雷达分别是 SPS-8 和安装在其下面的 SPS-12。舰岛尾部安装有 SPN-8 盲着陆雷达。俯视图能够清楚地看到舯部弹射装置。

第 13 章 航空母舰现代化

▲ 中途岛级根据稍有不同的设计进行重建,保留了原来的雷达天线杆。它于 1957 年 12 月 2 日离开普吉特湾,于 9 月 30 日重新服役。2 次 SCB-110 改装设计工作的成功,激发了试图设计一艘新的 4.5 万吨攻击航空母舰 CVA-10/53 的想法。

▲ 已经根据 SCB-110A 计划对珊瑚海号进行精心改装，其左舷甲板边缘升降机移至舰尾，中部腾出安装弹射装置的空间，用甲板边缘升降机替代其舰艏中线升降机。拆除所有 3 英寸 /50 倍口径大炮，炮台减少到仅安装 6 门单管 5 英寸 /54 倍口径大炮，所有大炮安装在大型舷外平台上（舰艏斜角甲板及其弹射装置前方均未安装任何炮座），在左舷甲板边缘升降机前方的舰艏舷外平台上可以看到助降瞄准镜系统。这些照片于 1960 年 2 月 15 日珊瑚海号离开普吉特海湾时拍摄的。航空母舰于 1957 年 4 月 16 日进入造船厂进行改装，于 1960 年 1 月 25 日重新服役。

第 13 章 航空母舰现代化

▲ 中途岛号航空母舰于旧金山根据 SCB-101.66 计划进行二次改装；于 1970 年 1 月 31 日离开造船厂。值得注意的是，其飞行甲板大幅扩大，新安装了 SPN-6 CCA 雷达桅杆，防空炮台数量大幅减少。本次改装非常昂贵，因此取消了 SCB-101.68（1968 财年）中对富兰克林·罗斯福号的改装计划，对富兰克林·罗斯福号只是进行了简单改装。

▲ 上图为珊瑚海号于 1977 年 9 月 10 日出现在太平洋时的照片。自对其进行 SCB-110A 改装后，仅有一些细微变化，当时仅搭载 3 门 5 英寸 /54 倍口径大炮。3 年内大炮被全部拆除。除 F-14 战斗机外，它能够搭载所有现有飞机机型，但是，其机库净高有限，造成很难开展一些维修任务。珊瑚海号现在是一艘有限攻击型航空母舰，预计在 20 世纪 80 年代中期替代列克星敦号于彭萨科拉港用作训练航母。

411

美国航母设计简史

▲ 中途岛号是最老的一艘现役美国航空母舰,即将迎来其作为一线作战航母服役的第40个年头。在1970年起进行大幅改装后重新服役,照片拍摄于1979年末的印度洋。从当时的这张照片看,中途岛号搭载海麻雀防御导弹,预计配备密集阵近程防御大炮。其没有保留5英寸炮台。

获准。为加强舷侧防护,经反复协商,同意在SCB-27系列上采用60磅(1.5英寸)特殊处理钢防护甲板。

此时,航空重油及混合航空燃料已经可用,为了储存60万加仑航空重油(取代船用燃油),扩大航空汽油贮油舱的计划被放弃,但20节航速时,续航力下降到11 200海里(如果舰用锅炉改用航空重油,可增加1 300海里)。1952年底测算,改装费用被限制在3 500万美元,不包括电子设备(这一部分的改装费用将从材料改进项目中支出)。

鉴于决定为福莱斯特号安装2部中部弹射器,海军舰船技术委员会在中途岛级改装中,将C-11型弹射器增加到3部,并将其纳入SCB-110中。舰船局重新考虑进行这项研究的目的,是为了增加1个冲程为150英尺的改进型C-11弹射器,全长达到211英尺,当航母以不低于15节的速度行驶时,能够以30秒间隔弹射起飞拦截机;由于炮座的调整,从空间、重量、稳性三个角度而言,都使得加装弹射器成为可能;然而需要对飞行甲板的伸缩缝进行重新布置,并且新的弹射器将会占用阻拦装置区域。当航母零航速时,可以弹射起飞拦截机，安装费耗资大约500万美元，加上弹射器本身，成本提升到650万美元。

根据1954财年计划，富兰克林·罗斯福号在普吉特湾进行改装，1956年4月6日完工，总共耗资4 800万美元，安装了3部弹射器、全封闭舰艏（"飓风"），只剩10门5英寸/50倍口径和11门3英寸/50倍口径火炮；在同一个改装计划中的中途岛号也于1957年10月1日完成改装。1957财年，批准了珊瑚海号改装计划（SCB-110A），将舰艏中心线升降机改为又一部右舷甲板边缘升降机；拆除全部3英寸火炮，5英寸火炮减少到6门，并于1960年1月再次服役。1963年，所有SCB-110航母仅保留4门5英寸火炮，其姊妹舰仅保留3门，3英寸火炮全部拆除。

在埃塞克斯级改装之后，福莱斯特号服役之前，3艘中途岛级航母完成改装，它们的飞行甲板足够大，能够起降当时的各种机型，包括新型F-4鬼怪战斗机，大大延长了服役时间。另一方面，它们也受到17.6英尺的机库甲板及与重建的埃塞克斯级航母上同款的C-11弹射器的限制。1966年，中途岛号在普吉特海湾再次改装（SCB-101.66，1966财年计划），换装了更高能级的弹射器。

和珊瑚海号一样，中途岛号改装包括：将舰艏中心线升降机改装为甲板边缘升降机，用2部C-13型弹射器取代3部C-11型，扩大飞行甲板面积，安装新的阻拦装置，航空燃料容量从873 000加仑JP-5军用燃油（外加60 000加仑的航空汽油）增加到了1 200 000加仑（这一数额是原先SCB-110所预期达到的）。事实证明，这次改装费用极高。中途岛号改装预算8 430万美元，实际耗资2亿美元，这是一个惊人的数字。1970年1月31日，中途岛号再次服役，鉴于花费过大，取消了后续SCB-110对富兰克林·罗斯福号（1968财年SCB-103.8）的改装，代之以进行一次简朴的大修，并改造了舰艏中心线升降机，替换为甲板边缘升降机，拆除了艏部C-11型弹射器，但舰艏的2个弹射器未换装C-13型。

1977年，CVA-42罗斯福号航母遭受重创。据报道，罗斯福号在3艘中途岛级航母中的技术状况最差，也有人认为17.6英尺机库甲板净高度的基本限制，是其提前退役的主要原因。并且，最好将埃塞克斯级航母保留作为预备役航母，因为如果一旦重新投入使用的话，后者的运营成本将会更低。在最后一次航行中，罗斯福号只能起降E-IB，而不能起降E-2预警飞机。而在另一方面，它的姊妹舰确实在运载着现代战斗飞机。姊妹舰珊瑚海号（CVA-43）作为一艘攻击型航母，虽有幸继续服役，但只能执行有限任务，不再可能像中途岛号那样经历一次奢华的改装。而中途岛号通过改装脱胎换骨，彻底实现了现代化，是同级航母中唯一一艘能与后来的航母所匹敌的。

第 14 章
核动力航空母舰

　　航母作为采用核动力的最高级别战舰，优势似乎并不如核潜艇或其他核动力水面舰艇那样明显。后者需要使用核动力推进，只是为了与高续航能力的常规航母能够配合作战。而航母将蒸汽动力改变为核动力后，虽然动力几乎不受限制，但长远的影响一时还看不清楚，作战能力提升也难以定量化。航母使用核动力，虽然可以连续航行数年，但在执行空袭任务数天之后，其上的舰载机就得补充弹药和航空燃料。另一方面，航母在远洋进行巡逻时仅出动很少架次的舰载机，但这依然会耗费大量燃油，美国海军1979—1981年在印度洋执行任务时即是如此。核动力还避免了上升烟道的使用，并防止了烟道内的气体腐蚀，这2个都是航母航行过程中相当严重的问题。停在常规动力航母飞行甲板上的飞机会受到烟气和海水的腐蚀损坏，这是在飞机使用寿命长、成本高昂的时代需要考虑的一个重要因素。20世纪40年代末50年代初，当平甲板航母成为海军航空持续发展必不可少的条件时，上升烟道的消除被认为是一个重要优势。

　　航母指挥官认为，核动力的显著优势，在于拥有无尽的电力和蒸汽动力储备，并能够

◀ 新建成的核动力航母企业号，在其巨大的飞行甲板上仅有3架格鲁曼S2F反潜飞机。其舰岛上设置有SPS-32和33电子扫描雷达的大型扁平面板，在其独特的锥形电子支持阵列旁设置有一个控制雷达（SPN-6）。舰艏用于航空母舰对空通信的突出天线，在几年内被目前的90°相位锥形天线取代。还要注意舰艇的第二控制室的舷窗。

保证燃料不会快速用完。航母即使在以低于全速前进的速度航行时，弹射飞机也需要消耗大量能源，再加上现代电子武备，消耗更加惊人，要占用总输出功率相当大的一部分。常规动力航母需要小心翼翼控制锅炉疏水，而核动力航母的反应堆输出，完全可以满足航母任何需求。核动力航母能够长时间保持 30 节以上的航速，当 20 世纪 50 年代末 60 年代初，苏联潜艇威胁越来越大时，核动力航母的这个优势就更加凸显。也就是说，航母相对于潜艇的速度越快，在鱼雷射程内被潜艇接近的概率就越低。虽然防御潜射导弹要更加复杂，但导弹也有其自身的局限性。此外，高航速无疑更易于躲避预先计划好的远程空袭。自 20 世纪 50 年代末，远程空袭一直是苏联主要的反航母战术。

起初，人们并未看到核动力对于大型水面舰艇的价值，直到企业号航母、长滩号巡洋舰和班布里奇号护卫舰组成的核动力特遣大队进行世界巡游之后，人们才真正认识到核动力的重要意义。但是，很难定量分析核动力的综合作战效能，并且由于核动力的成本十分高昂，核动力航母的拥护者很难说服国防部长麦克纳马拉（McNamara）使其相信核动力航母相较于 CVA/CVAN-67 肯尼迪号所具有的优越性。

1946 年，核推进作为合众国号超级航母计划的一部分，首次进入航母设计。当时，主要的优势是取消了烟囱，化解平甲板航母设计人员长期以来被烟气处理所困扰的梦魇。相对于潜艇或水面舰艇，航母拥有更大的空间和重量储备，更容易安置大型核能发电站。在 SCB-6A 规划方案中，4 艘新造航母中的 1 艘或多艘将采用核动力。但反应堆发展缓慢，不足以为 1952 财年批准执行的 SCB-6A 计划项目航母提供一座核能发电站。

人们对于核动力的期望，推动了航母整体发展，甚至还包括常规动力航母的发展。研发一种能够接替福莱斯特级航母的提议被放弃了，因为在未来航母全部完成核动力驱动的转换之前，几乎无法建造出这样的航母。然而，企业号反应堆的高初始成本实在是高得吓人，难以为继，必须寻求一种更加便宜、可持续的核动力发展模式，后来的 2 艘航母都以常规动力驱动。尼米兹级之所以能被接受，主要在于新型反应堆经济高效，2 个反应堆就能够满足需要。

核动力航母的设计带来了一些独特的问题。首先，任何指定反应堆的开发都十分困难且昂贵，以至于必须围绕特定的发电站开展航母设计。在某种程度上，常规动力航母也是如此，虽然设计一个常规动力系统的全新蒸汽发电站也并不容易，但常规动力系统在设计上更加灵活，要提高 30% 的总功率，设计一个新的常规动力系统远比开发一个全新的反应堆容易得多。例如，核动力设计人员无法轻易忍受像在中途岛级设计中所出现的发电站数量增长（见第 9 章），无论潜艇还是水面舰艇，都具备这个特点。航母的一个独特之处在于

第 14 章　核动力航空母舰

燃油的作用，既充当鱼雷防护，同时又是推进剂。因此，即便与推进无关，在核动力航母上也必须具备大量的液体载荷空间。这样，在鱼雷防护舱就可以携带足够的燃油以对护卫舰进行加油，并且，鉴于其中既能填充船用燃油，又能填充飞机燃料，它们的尺寸大小也有助于提升航空编队的续航能力。然而，燃油自身的净重相反也需要更加大型的航母。也就是说，人们可以想象，如果一艘核动力航母的反应堆、锅炉和涡轮机的重量不超过燃油器的燃料、锅炉和涡轮机，那么它的大小将与常规动力航母差不多。然而，它无法放弃这种燃油，除非同时放弃它的防护价值。燃料过剩的问题是开发一种新型的、更加紧凑的鱼雷防护系统的主要动力，然而具有讽刺意味的是，该鱼雷防护系统首次出现在非核动力航母约翰·肯尼迪号上。

　　在企业号的设计中，大量燃料载荷的明显缺点被颠覆；该航母可以容纳足够的飞机，以充分利用其巨大的航空燃油储量，并提供足够的弹药储存空间及快速装载设备，以使得更大的航空编队能够发挥出最大效用。海军对核动力航母感兴趣的最早迹象之一是 1950 年

▲ 庞大的企业号航空母舰于 1961 年 10 月 29 日完工，引入了几个新的特点：用于空中搜索和测高的固定（相控阵）雷达、新型飞行甲板布局（曾被用于小鹰号航空母舰），和安装自卫用导弹炮台（也同样可追溯至小鹰号航空母舰）。出于经济原因，没有搭载导弹；值得注意的是，航空母舰右舷船尾处空荡的舷外炮台。拍摄这张照片时，航空母舰上唯一的常规雷达是 CCA 系统的 SPN-6 和 SPN-10。巨大的平面搜索雷达上方的圆锥体上装有电子对抗天线。企业号于 1979 至 1982 年进行改装，用常规雷达（一台 SPS-48 和一台 SPS-49）取代了其性能不稳定的固定阵列雷达，现在，企业号搭载海麻雀导弹和密集阵近战防御性大炮。

美国航母设计简史

▲ 本张照片拍摄于 1976 年 6 月 21 日，照片显示了企业号上的其中 1 个海麻雀导弹发射架。由于大型平面阵列雷达整体可靠性低，并且没有敌我识别系统设计，舰岛上增加了 SPS-12 传统空中搜索雷达。舰桥上方的白色小雷达天线罩上安装了英式 SCOT/卫星通信天线，允许航空母舰在印度洋等地区使用英式设施。

8 月 1 日，美国海军作战部长海军上将福雷斯特·谢尔曼（Forrest Sherman）要求舰船局开展核动力航母可行性论证，开启了核动力航母之路。H. G. 里科弗上校提出于 1953 年完成陆上大型舰用反应堆（LSR）的构建，1955 年完成舰载发电站的研制。如此大规模的发电站将直接与使用同样高浓度铀的核武器项目进行竞争。1951 年 11 月，参谋长联席会议正式要求研制航母反应堆，但设计工作进展缓慢，一直没有任何样本被建成。当时，海军唯一正在进行研制的反应堆是潜艇反应堆，并最终被装在鹦鹉螺号上。航母反应堆的设计十分特殊，并不是潜艇反应堆的简单放大。1952 年，陆上反应堆的预估成本约为 1.5 亿美元，几乎相当于一艘常规航母的建造费用。为节约经费，参谋长联席会议要求将陆上反应堆原理样机、产钚反应堆和装舰反应堆原理样机集成在一个核能发电站中。

艾森豪威尔总统执政后，政府决意削减军费开支。对舰用反应堆的授权期限已到，海军内部也开始对航母核能发电站的价值产生怀疑，认为核动力更适合应用在潜艇和短距驱逐舰上。航母体型如此庞大，携带足够的燃油并不成问题。发展航母反应堆，势必和潜艇、水面舰艇争夺核燃料，核燃料供应存在疑问，核武器的加速生产，使核燃料消耗巨大，提出这样的问题理所当然。同时，海军作战部内部也担心，对核动力航母的支持是否会影响到现有（以及紧急的）常规航母的建造。谢尔曼海军上将作为核动力航母的唯一坚定支持者，在高层并没有获得多少有力支持，显得孤立无援，他不幸于1951年7月去世。之后1953年的夏天，原子能委员会（AEC）就取消了航母反应堆研制计划，取而代之的是陆上核电站。

然而，百足之虫死而不僵，1954年5月，里科弗提出了由5个反应堆样机组成的项目，从攻击型潜艇发电站到驱逐舰、巡洋舰以及航母反应堆样机。1954年8月，美国原子能委员会批准了这一方案以及舰载反应堆的陆上样机的研发。1955年底，规划建造的首个陆上反应堆样机A1W由2个反应堆组成，利用反应堆驱动航母的模拟单传动轴，与护卫舰反应堆F1W同样的反应堆芯还被用在更大型的反应堆上，巡洋舰反应堆C1W由4个A1W反应堆组成，而非航母发电站的8个。这些名称的第一个字母表示舰船的类型，第二个字母指制造商（W指西屋电气，G指通用电气）。巡洋舰"长滩号"安装的是改进型双反应堆C1W。事实上，长滩号的发电站被用作是企业号的海上测试版本。F1W没有装船，取而代之的是D1G和D2G驱逐舰（护卫舰）反应堆。至于在航母上，A1W的装舰型号升级为A2W，A2W和C1W功率相当。企业号安装了8个A2W，它们为美国第一艘核动力航母企业号提供了强大动力。

企业号航母的280 000轴马力对应8个A2W反应堆（每个35 000轴马力）；长滩号巡洋舰据报道的80 000轴马力对应2个C1W反应堆（每个40 000轴马力），驱逐舰反应堆功率较小，班布里奇号配备2个D2G反应堆（每个30 000轴马力），总共60 000轴马力。直到20世纪50年代末，人们才认识到单堆功率越高、反应堆数量越少，运行成本就越低。1个最终失败的A3W反应堆是为1961财年和1963财年计划下的4反应堆攻击型航母所研制的。由于这些航母的速度比企业号慢，因此可以得出结论，A3W反应堆的马力远远低于企业号航母280 000轴马力的四分之一，可能位于45 000～50 000轴马力的区间内。研制超大功率反应堆越来越急迫，20世纪60年代早期，曾有人试图设计60 000轴马力的反应堆，取代2个D2G反应堆，最终没能成功。但失败是成功之母，最后研制出了更加强大的A4W反应堆，每个A4W反应堆能够产生130 000轴马力，并被应用到尼米兹级核动力航母（总功率260 000轴马力）。反应堆设计极其精密，因此，在每一级功率下都有可能进行一些微小的提升，但并不很大。举例来说，任何一系列核动力航母的设计都将受到可用反应堆功率范围的严重限制。最初的A1W/A2W反应堆便是基于当时的常规动力航母的发电站所设计的，4个C1W反应堆当时旨在产生能够与120 000轴马力的得梅因级重型巡洋舰相当的功率。最终，它的性能在使用2个反应堆时表现更佳，这也表明了在细节确定之前，反应堆设计所具有的灵活性。

反应堆计划的批准，标志着核动力航母（CVAN）设计的启动。事实上，小型核动力航母（CVAN-4/53）的研究始于1953年，但直到1954年2月16日，舰船局备忘录才描绘出美国第一艘核动力航母企业号（CVAN-65，SCB-160设计）的试验性特征，主要包括：

——以航空特性为首

——不超出美国现有保障设施允许的船型（最大尺寸 1 080 英尺水线长 ×130 英尺 ×36 英尺）

——防护等级至少与"福莱斯特"级相同

——在船尾下甲板的顶部采用强力甲板以满足新型弹射器安装

——斜角飞行甲板

——能够起降 100 000 磅飞机

——至少 8 门 5 英寸 /54 倍口径火炮

——2 000 吨航空军械和弹药

——最佳航速

▲ 企业号于1979年开始在普吉特海湾接受改装，照片拍摄于1982年2月的海试。最明显的变化是舰岛拆除了极为现代化的电子扫描雷达；企业号装有SPS-48三维雷达（舰艏）和SPS-49远程空中搜索雷达（舰尾），以及在舰尾飞行甲板右舷设有用于航母控制着舰系统的SPN-41。此外，这次改装时，用北约海麻雀系统替代1967年安装的基点防御系统（海麻雀）。从照片可以看出，3台发射器中的其中1台安装在左舷舷外平台上。Mark 91 mod 1 火控系统的2台指挥器在其块状舰岛结构的推力轴承盒开口处清晰可见，位于舰尾左舷角落。航空母舰还装有3门密集阵近战防御大炮，其中1门安装在舰艏左舷舷外平台，1门安装在上层后甲板区的后左舷边缘。飞行甲板边缘的圆筒状物体是密封的救生筏。企业号配备有独特（且复杂）的8个反应堆核电站，据报道，企业号所有机械均为集中布置，以减少管道和防护装置的重量。

第 14 章 核动力航空母舰

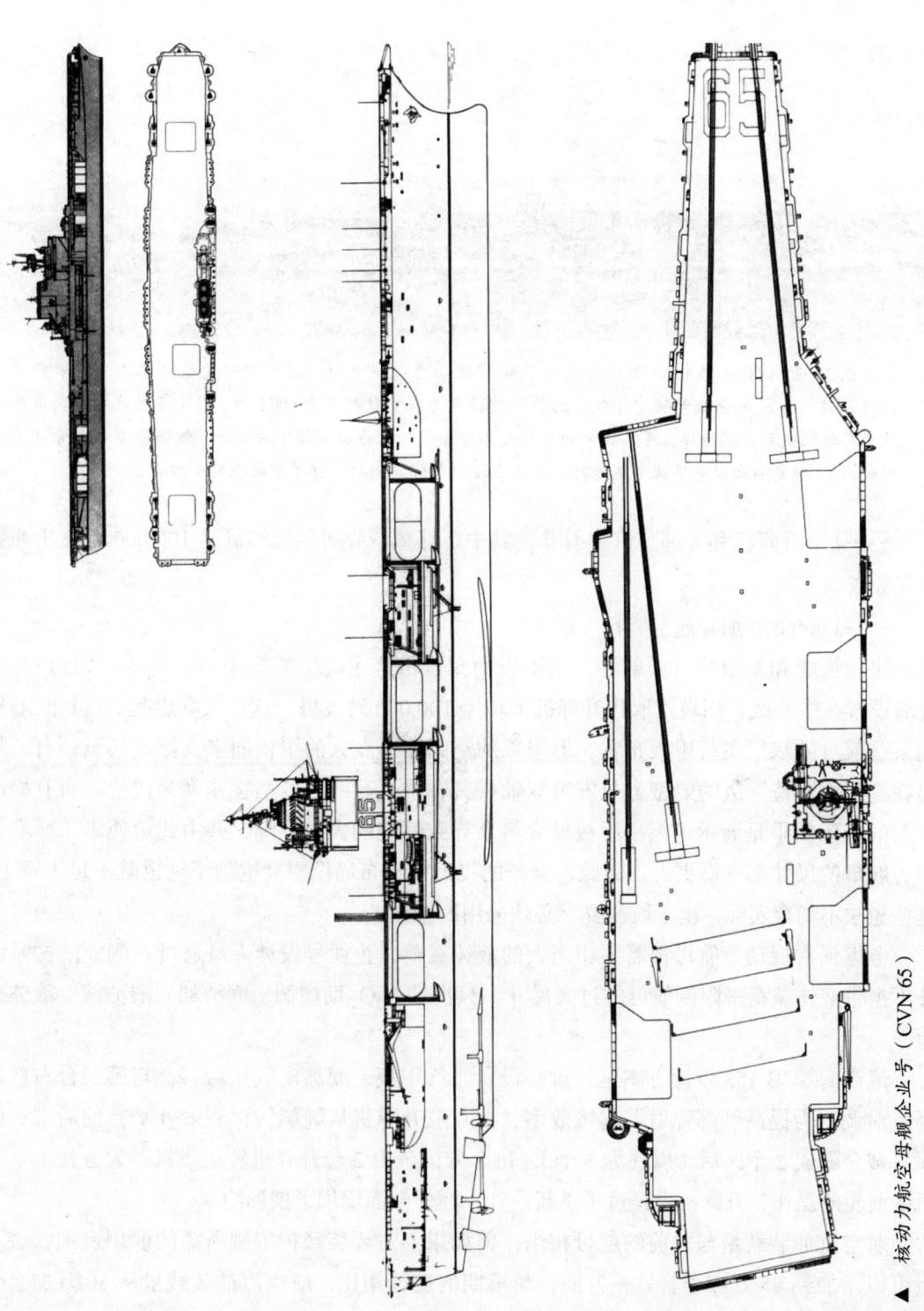

▲ 核动力航空母舰企业号（CVN 65）

美国航母设计简史

▲ 虽然在20世纪50年代末60年代初设计了数艘核动力航空母舰，但1艘都没有被建造；尼米兹号于1975年建成，是继企业号航空母舰后的第一艘核动力航空母舰。于1975年3月1日尼米兹号离开弗吉尼亚角时拍摄到这张照片。尼米兹号的布局大体遵循非核动力航空母舰的布局，舰艇船体"光滑"（非喷射成形），舰岛后面设有格状雷达桅杆。海麻雀防御导弹发射器占据了舰艇舷外平台。

——4个升降机和4部蒸汽弹射器，其中2部蒸汽弹射器能够满足100 000磅飞机弹射起飞要求。

——3 000 000加仑航空燃料

使用核能和新型蒸汽弹射器，给甲板面布置带来了无穷的想象力，包括双跑道布局，舰岛设置在中心线，用坡道取代升降机来转运100 000磅飞机，这让人联想起20世纪30年代某些航母的双层飞行甲板布置，但想象的空间需要庞大的甲板面来支撑。甚至还有人提出在"福莱斯特"级的船型上只安装双轴或三轴推进系统，以牺牲速度为代价。所有概略方案的实际效果是展示了缩小甲板尺寸将会导致性能的大幅下降，并由此迫使未来所有核动力航母的尺寸都变得更大。因此，全新的飞行甲板布局设想会遭到拒绝也就不足为奇了。这些想法不切合实际，出于航速要求必须采用四轴推进。

考虑到常规动力航母都需要相当大的液体载荷，企业号设计人员通过在侧面防护系统外不携带液体载荷来限制航母的过大尺寸，只携带 H_2O_2 助燃剂、润滑油、清洁液等液体载荷。

流产的SCB-153设计方案是：重新设计飞行甲板，舰岛向舰尾后移，与第二台右舷升降机对调；为提高艏部弹射器起飞效率，将左舷升降机从舰艇转移到舷外平台的后部；机库只被分隔成2个区域（以往为3个），每个分区各由2台升降机转运飞机；为方便上下飞机的前轮的操作，升降机也经过了重新设计，在外侧面增加了楔形物。

航空重油装载量与之前的航母相当，但如果不需要装载护卫舰所需的船用燃油，装载量可以增加到85万加仑。另一方面，与早期的航母相比，航空汽油装载量从30万加仑减少到了 10 万加仑，这可能是因为一艘全核动力攻击型航母只配备最先进的飞机。H_2O_2 助燃剂首次被指定，它很容易取代汽油成为航母上的首要液体危险品。

几乎不受限制的续航力和庞大的航空燃料储量，大大提高了核动力航母的战斗力和军事运用范围。航空弹药和军械贮运能力也显著提高，通过在装甲箱内的装卸滑道上装载待命飞机弹药，舰载机联队 1/3 的飞机可以实现快速挂载；SCB-160 引入新型助降瞄准镜降落系统，大大提高了着舰精度和回收效率，阻拦索也得以从原来的 6 根减少到 5 根。基于巨额投入和反应堆带来的革命性变化，核动力推动了更多先进技术的应用，企业号第一次配备了导弹防御系统（小猎犬导弹），安装了休斯·斯坎法尔（Hughes SCANFAR）远程电子扫描固定天线。

当然，还有许多技术难题需要克服。起初，设计者担心反应堆难以适应蒸汽弹射器，因为反应堆不能产生过热蒸汽，提出研制新型的内燃弹射器 C-14 型。当然，也存在一些问题。例如，飞机重量被限制在 80 000 磅，航空燃料储量达不到要求的 3 000 000 加仑。但随着研究的深入，证明通过增加专用的锅炉供汽保障系统，完全可以满足蒸汽弹射器运行要求，企业号上安装了 4 个 C-7 弹射器。至于现代化雷达，它们也有自身的问题，因此，在大多数服役时间内，企业号都搭载有传统的 SPS-12 雷达作为备用。直到 1979—1982 年，企业号在普吉特海湾进行改装期间，将这些复杂的雷达全部拆除。虽然在设计中，为 4 部（后来是 2 部）双联小猎犬导弹预留了空间和重量，但为了控制爆炸性增长的成本，始终未能安装。最初几年里，除了 4 门单管 20 毫米炮，企业号几乎没有武器装备，直到 1968 年才配备了原型海麻雀（BPDMS）导弹。

1956 年 9 月，SCB-160 初步设计完成以获得 1957 财年长周期项目及 1958 财年计划的资金。然而，企业号的尺寸过大以至于受到了缩减尺寸的强烈要求。1957 年 2 月，初步设计人员绘制了一个类似的设计，取消了所有舷侧防护，仅保留一个防鱼雷隔舱（用以运载必要的液体），船体尺寸减小到 1 015 英尺×132 英尺×35.75 英尺，空载排水量降到 63 400 吨，满载排水量只有 80 500 吨。据估计，企业号的建造成本可节省 500 万美元，当时预估的总成本为 314 万美元。长度得以减少 25 英尺的原因是内部舱容的增加。仅为降低成本，取消水下防护极不明智。而客观事实是，只要安装 8 个反应堆，核动力航母的尺寸就不可能真正降下来，任何航母规模的缩小都必须来自一些更为彻底的改变，比如采用数量更少、功率更强大的 A3W 反应堆。

1957 年 8 月 3 日，美国海军作战部长阿利·伯克通过备忘录，向造船委员会主席（Op-03B）陈述了他对 1959 财政年度的构想和后续计划，未来造船资金无法满足预期，海军的先

进技术项目正面临严重超支。

与性能较差的舰船武器装备相比,性能大幅提高后,舰船及武器的研发更易获得资金支持……

换句话说,与常规动力、枪炮和武器系统相比,更应优先发展核能、导弹和原子武器运载系统,并且随着使用经验的积累,初始安装后相应装备的战斗力还会大大提高……

然而,其他公共事业机构施加了巨大压力,要求从未来的项目中取消一切航母,众议院拨款委员会还对未来攻击型航母发出了预先警告。当时还不清楚是只针对核动力航母,还是针对所有航母。海军的需求是至少增加3艘,使攻击型航母总数达到12艘,也许还需要第13艘或14艘,但首先要保证12艘。不仅是航母,其他项目也面临巨大压力。当然,海军不能作壁上观,必须主动应对,使攻击型航母优先获得批准。在实现预期目标之前,最好每年能够建造1艘新航母,如果能承诺在1960财年获得1艘攻击型航母,那么在1959财年海军可以做出让步。

相对于常规攻击型航母,攻击型核动力航母的综合效益尚不完全清楚,尽管优势明显,但超出的1亿美元成本还是令人震惊……实际上,在1959年造船计划中究竟是包含一艘常规动力航母、一艘攻击型核动力航母,还是攻击型核动力航母的长交付周期,决定权在国防部、预算局和国会。

鉴于众议院拨款委员会的声明,核动力攻击航母(CVAN)项目在1959财年凶多吉少。如果1959财年不能批准,则国会应在听证会上发表意向声明,保证1960财年建造1艘航母,并承诺为长周期交付项目进行大量拨款,那将是海军所能获得的最大保证。

可1960财年,海军还是落了空,国会只同意在1960财年启动一个全新的低成本核动力攻击航母(CVAN)的论证工作,要求简化推进装置的设计。考虑到时间限制,1959财年不可能有新的设计,因此早期海军版本的1959财年航母建造计划只是对企业号进行了复制。

1957年夏天,海军曾提出低成本核动力攻击型航母(CVAN 7/57)的目标图像:

——机库净高度由25英尺降低到22.5英尺;

——持续航速低于30节;

——最多6个(而不是8个)反应堆;

——飞机最大重量50 000磅,飞机总重750吨;

——长度大约950英尺;

——排水量大约60 000吨;

——减少弹射器和升降机数量（2个）；

——采用两轴或三轴推进。

选用核动力巡洋舰"长滩"号、护卫舰"班布里奇"号上已配备的反应堆，并且仅配置企业号航母 1/4 的反应堆，配备 2 个"长滩"号反应堆及 2 部升降机，似乎可以满足 6 万吨、900 英尺航母的需求。但是，军备品搭载量仅为企业号的 90%，航空燃料和弹药储量仅为企业号的 75%，作战强度和航速远远达不到企业号的要求，尽管它能够像企业号在相当的时间内进行持续作战。

同期，还研究论证了更加小型化的核动力航母，探讨了各种限制因素及其影响（见表 14-1）。方案 G 旨在实行单次对空打击，满载排水量 34 700 吨，战时舰队航母的排水量带有 600 吨飞机和 515 000 加仑 JP-5 军用燃油（完全没有鱼雷保护），船体更加短而宽，

表 14-1　1957 年针对小型攻击型航空母舰进行的研究

	G†	H	J	K
空载舰船（吨）	25 500	15 860	17 350	21 600
满载（吨）	34 700	20 000	24 300	25 000
水线长度（英尺）	725	660	710	710
船宽（英尺）	105	88	88	94
吃水（英尺）	30	24	26	—
深度（英尺）	80	74.5	76	81
马力	140 000	90 000	105 000	80 000
航海船速（持续航速）（海里每小时）	30.3	29	30	28
飞机*	600	300	300	—
航空军械（吨）	415	225	325	—
JP-5 燃油（吨）	1 530	800	1 225	—
舰载机起飞弹射器	—	—	2 部 C 11-1	2 部 C 14
升降机（英尺）（磅）	—	—	2 部 40×60 50 000	2 部 40×60 50 000
军备品（吨）	2 500	2 000	2 000	2 070
海军特种燃油（吨）	4 500	1 515	3 915	—
续航能力（20 海里每小时）（nm）	10 000	4 000	10 000	—

* 包括备用飞机、设备
† "单发导弹"

140 000 轴马力的非核发电站能够驱动 725 英尺长的船体，以 30.3 节的航速持续航行。实际上，这已经到了功率的"最低限度"，是一艘可牺牲的喷气式飞机航母。方案 H 探讨了尺寸对性能的影响，该航母为非核动力驱动，满载 2 万吨排水量使其被列入大型、轻型航母（CVL）之列，只能承载 300 吨飞机、264 000 加仑航空燃料，90 000 轴马力仅能驱动 660 英尺长的船体以 29 节的航速持续航行（低于通常 30 节的最低航速限制）。它证明了小型航母的无用，并且它的续航能力十分有限。方案 J 测试了持续 30 节航速的限制要求，总功率 105 000 轴马力，远高于"长滩"号的现有水平，排水量 24 300 吨，长度 710 英尺，JP-5 燃料储量 405 000 加仑。方案 K 实际是将"长滩"号反应堆应用于方案 J，作为最小核动力攻击航母标准的测试，排水量增加到 25 000 吨，航速更低。还曾考虑用 2 部 C-14 内燃型弹射器代替早期设计的 C11-1 型，设置 2 个 40 英尺 ×60 英尺（50 000 磅）的升降机，安装 2 个用于自卫的双鞑靼导弹发射架。尽管舰载机群规模相当小，无须燃料储存的航母舱容将能为期 7 天的作战任务提供足够的飞机燃料和弹药储存空间。

1957 年 10 月，核动力航母项目暂停，直到次年 1 月才恢复。那时，有望对巡洋舰反应堆进行升级（可能是 A3W），航母设置 3 个或 4 个反应堆，十分具有吸引力。新设计显示，机库净高度从 25 英尺降低到 22 英尺，舷侧防护减少，弹射器和升降机限制在 3 个以内，着舰跑道控制在 690 英尺，与 CVA-64 星座号航母一样，而企业号着舰跑道为 720 英尺。这一设计遭到众多质疑，造船和改装常务委员会坚决反对用牺牲防护降低成本，并在 1958 年 2 月的信函中明确表示："如果航母仅从节省成本的角度而言更具优势，那么与 CVAN-65 相比，这一优势必须足够大才可以。如果降低作战性能，仅节省下几百万美元，那么将得不偿失。"

方案 58A 是第一个设计草图，比福莱斯特号小很多，与配备小猎犬导弹的企业号 3.14 亿美元造价相比，其成本预计为 2.91 亿美元。满载排水量 65 000 吨，吃水线 950 英尺长，飞行甲板 1 000 英尺 ×220 英尺，航空燃料 190 万加仑，设有 2 个用于自卫的小猎犬或更先进的鞑靼导弹发射架。方案 58B，与福莱斯特号航母长度（990 英尺）相近，其余都与方案 58A 类似，预计成本增加 800 万美元。两种方案，持续航行速度都达不到 30 节。方案 58C 采用 3 个反应堆和 3 轴推进，航速更慢，成本降到最低的 2.42 亿美元，有人还提议放弃导弹，遭到常务委员会坚决反对。

相比之下，方案 58A 最好，但有一个致命缺点：为增加停机位，其右后方设置了 1 个中心线升降机，后被取消。这一方案，最终被选定为新型核动力攻击航母（CVAN）的基本型，右舷设置 3 个升降机，2 个在舰岛前方；斜角甲板缩小到 7°，着舰跑道延长到 740 英

第14章 核动力航空母舰

尺,减小了着舰跑道甲板悬垂部分,从而减少了顶部偏心重量。

1958年,新型核动力航母被划分为SCB-203,显然没有企业号,甚至没有最近的常规航母耀眼,舰载机规模偏小,只能搭载9架重型攻击机,12架中型攻击机,总共搭载78架,飞机重量1 125吨;而企业号能搭载99架,飞机重量1 350吨;福莱斯特级能搭载87架,飞机重量1 280吨,并且企业号和福莱斯特级均可搭载18架重型攻击机、24架中型攻击机。SCB-203所搭载的战斗机和各种各样的军备品则与其他航母相当。另一方面,SCB-203能够支持它的机群完成在CVAN-65设计中所设想的更长时间的战斗任务。到1958年年中,SCB-203不再是一个完全低成本的航母,它的配置,还包括大型SP-32/33固定雷达以及防空自卫导弹。海军中将R. B. 皮里(海军作战部负责防空的副部长)认为SCB-203的航速、较小的甲板角度、甲板面积、飞机规模都差强人意,于是半路夭折。

1960财年没有批准建造任何航母,海军对于建造攻击型航母的请求被拒绝。1959年,海军开始论证更新的核动力攻击航母(CVAN)方案,要求飞机保障能力高于CVA-64,成本低于CVAN-65,被命名为SCB-211,长度1 020英尺(SCB-203长度950英尺,企业号长度1 040英尺),机库净高度恢复为25英尺,空载排水量61 800吨(SCB-203空载排水量54 000吨,企业号空载排水量67 600吨)。

此时,反应堆设计虽然有长足进步,但4个反应堆仍然不能满足航速要求。初步设计希望能够取得进一步发展,同时试图通过细化船尾来提高航速,这反过来又减少了内部舱容,并减少了鱼雷防护可用的空间,促成了新型鱼雷防护系统的诞生,并首先应用到约翰·肯尼迪号非核动力航母。

鉴于SCB-211仍然存在严重不足,1961财年批准的美利坚号CVA-66,继续采用常规动力,实际上是CVA-64的翻版,而非一个新的小型核动力攻击航母。然而,新型核动力航母的发展并没有停止。焦点聚集到1963财年,计划建造一艘SCB-211改进型航母的计划浮出水面。由于国防部长麦克纳马拉态度不明确,海军不得不多案并举,优先推举核动力航母,同时将常规动力航母作为备手。最终,麦克纳马拉再一次选择了常规动力航母约翰·肯尼迪号(CVA-67)。然而,核动力及非核动力攻击航母设计的细节依然十分令人感兴趣,因为它们是连接低成本航母及当前的尼米兹级航母的纽带。

SCB-211A设计,着眼点是扩大舱容,储存更多的航空燃料,处于研发阶段的舰队防空"台风"导弹系统,也在安装考虑之列,还有大型电子扫描雷达SPG-59,在理论上可以取代空中搜索和测高仪,能够简化舰岛的部署,尤其是在没有任何干扰的情况下能够与上升烟道一起安装。截至1961年9月,SCB-211A的主要特性是:

——采用 C-13 蒸汽弹射器，取代最初为核动力航母指定的 C-14 内燃型弹射器；

——JP-5 燃料由 SCB-211 方案中的 150 万加仑增加到 200 万加仑；

——舰员由 4 655 名增加到 5 160 名，未来战斗机（F-4）和中型攻击轰炸机（A-6）将搭载 2 名飞行员，取代从前的 1 名飞行员，飞行员人数增加后，飞行员预备室由 6 个增加到 7 个，尽管舰载机联队只有 6 个中队。

舰船局希望能够进行一些简化，因为所有这些改进在 SCB-211 计划的框架下是难以实现的。改进后，满载增加约 2 000 吨排水量，鉴于现有的发电站条件，航速下降 0.5 节。所增加的排水量只能增加额外的 15 万加仑的 JP-5 燃油，为储存 200 万加仑航空燃料，不得不减少为非核动力护卫舰储备的燃油。类似于小型舰船，SCB-211A 只配置了低版本的台风导弹。由于船体过大，超出了企业号，靠缩短机库长度，更加充分地利用舰岛下方的空间都不能解决舱容问题，麦克纳马拉断然否决了 1963 财年核动力航母的项目。为极力挽回，1962 年 1 月 16 日，舰船局又相继提出了 3 个补救方案：

方案一：采用 SCB-211 型船体，维持为护航舰只储备的燃油量，存储 170 万加仑 JP-5 燃料，配置 1 部小型台风导弹雷达、2 个远程台风导弹发射架，配属 480 名军官和 4 450 名士兵。

方案二：以牺牲航速为代价，增加舱容，存储 205 万加仑 JP-5 燃料，增加 20% 的航空弹药储量，配置大型台风导弹、雷达，配属 480 名军官和 4 680 名士兵。

方案三：舰船局倾向于一种折衷方案。储存 180 万加仑 JP-5 燃料，减少为护航舰只储备的燃油，配置 1 部中型台风导弹、雷达和 2 个鞑靼导弹发射架，配属 480 名军官和 4 450 名士兵。

后续设计，以舰船局首推方案为依据，但是取消了台风导弹，代之以更简易、低成本的鞑靼导弹；通过降低居住标准（采用 300~600 英尺长舰船的居住标准），军官由 413 名增加到 487 名，士兵从 4 171 名增加到 4 845 名，航母建造成本控制在 4.1 亿美元。相比，CVA-66 实际建造成本为 3.1 亿美元。进一步研究表明，居住标准降低后，最多可容纳军官 480 名、士兵 4 650 名；降低前，最多可容纳士兵 4 450 名。如果需要达到所要求的配属人员数量，那么就需要一艘更大的航母，而这又会超出成本限制。

船体结构的压力，更使设计者透不过气。1962 年 1 月中旬，海军武器局（BuWeps 前身为海军航空局）提出使用 C-12 型弹射器，弹射做功行程由 250 英尺增加到 310 英尺。这是基于新型飞机（可能是 F-11IB）的上舰要求，该型飞机计划 1967 年入役。相应，升降机载荷要从 80 000 万磅增加到 90 000 万磅，飞机载荷要从 1 000 吨增加到 1 100 吨。作为让步，海军武器局（BuWeps）同意降低防空导弹的配置，使用4部海上拳击者导弹，该点阵防御系统后来被海麻雀导弹所代替，此外，取消台风导弹及其雷达，成本可以大大降低。

更高的需求，意味着更大的船型和更高的成本。新设计方案SCB-250选用企业号船体，吃水线长度增加20英尺，解决了内部容积问题，能够存储260万加仑JP-5燃油、2 960吨航空弹药和舰用燃油；安置2部长冲程弹射器和2部短冲程弹射器，但保留了4个其前身反应堆，最高航速满足30节的标准要求，满载排水量增加到90 530吨，成本增加至4.25亿美元。SCB-250虽然满足核动力航母设计要求，但由于国防部长麦克纳马拉不同意其核电站的支出，再度被否决。

4年的劳而无功，拉大了新一代核动力航母尼米兹号（1967财政年度计划）与CVA-67的时间跨度。直到越南战争，航母再度展示其威力，人们才又一次看清航母的真正价值，恢复了对航母的信心。1966年2月，国防部长麦克纳马拉宣称，由于航母修理和改装周期过长，攻击型航母规模将由13艘提高到15艘，并配备12个舰载机联队；这15艘航母将由4艘核动力航母（1艘企业号再加上3艘新型核动力航母）、8艘"福莱斯特"级航母和3艘经过现代化改装的"中途岛"级航母组成。核动力航母的拥趸最终在CVA/CVAN-67的辩论中，成功说服了麦克纳马拉，1967、1969和1971财年，将为新型核动力航母提供强大的资金支持，采用统一作战采购计划，每隔2年新造1艘，CVAN-68计划1971年完工，CVAN-69计划1973年完工，CVAN-70计划1975年完工。可事实上，CVAN-69直到1970财年才得到资金支持，而CVAN-70经过辩论后推迟到1974财年；CVAN-68直到1975年、CVAN-69直到1977年才完工，后续建造进展缓慢。

新设计反应堆的功率是如此惊人，2个就足以为整艘航母提供强大动力。新航母被设想为SCB-250计划航母，反应堆数量由4个减少到2个，节省了大量成本和运行经费。但内部舱容的削减，依然十分激烈，并且愈演愈烈，这一问题可从其不同寻常的设计措施中略知一二。此外，核动力攻击型航母的尺寸受到可用造船台的限制，因此它的船体形状比能够发挥出最佳航速的船体形状要更饱满一些。为满足新型飞机上舰，4个弹射器全部采用长冲程的C-13-1型。

人们开始抱怨，航母变得日益臃肿，但是设计要求层层加码，特别是航空燃料、武器弹药和军械，决定了航母的体型。1964年6月，双反应堆航母初步设计定价为4.22亿美元，四反应堆航母定价为4.25亿美元。SCB 250包括三种备选方案：方案一选用企业号的船体，配置4个长冲程弹射器，预计成本4.312亿美元；方案二船体长度在前者基础上缩短10英尺，配备的弹射器相同，预计成本4.304亿美元；方案三选用企业号的船体，采用CVA-67

▲ 尼米兹号于 1975 年 3 月 4 日和 4 月 18 日进行下水试航。其格状雷达桅杆带有 1 个用于远程空中搜索的 SPS-43A 雷达，而在其下方的盒状结构中有 1 个 SPN-41 雷达。有 2 个 SPN-42 碟形雷达的支撑装置位于舰岛的后方左舷，SPN-44 雷达的碟形天线位于舰岛的顶部（后方）。垂直配对的圆锥状物是相量 90° 雷达，用于舰空通信。请注意每个象限上的海麻雀导弹发射器，以及舰岛结构上的 SPS-48 测高仪和马歇尔雷达。据报道，飞行甲板后方的奇怪开口是为了缩短航母整体长度的；考虑到着陆跑道的位置，取消的区域没有产生特别的后果。

第 14 章 核动力航空母舰

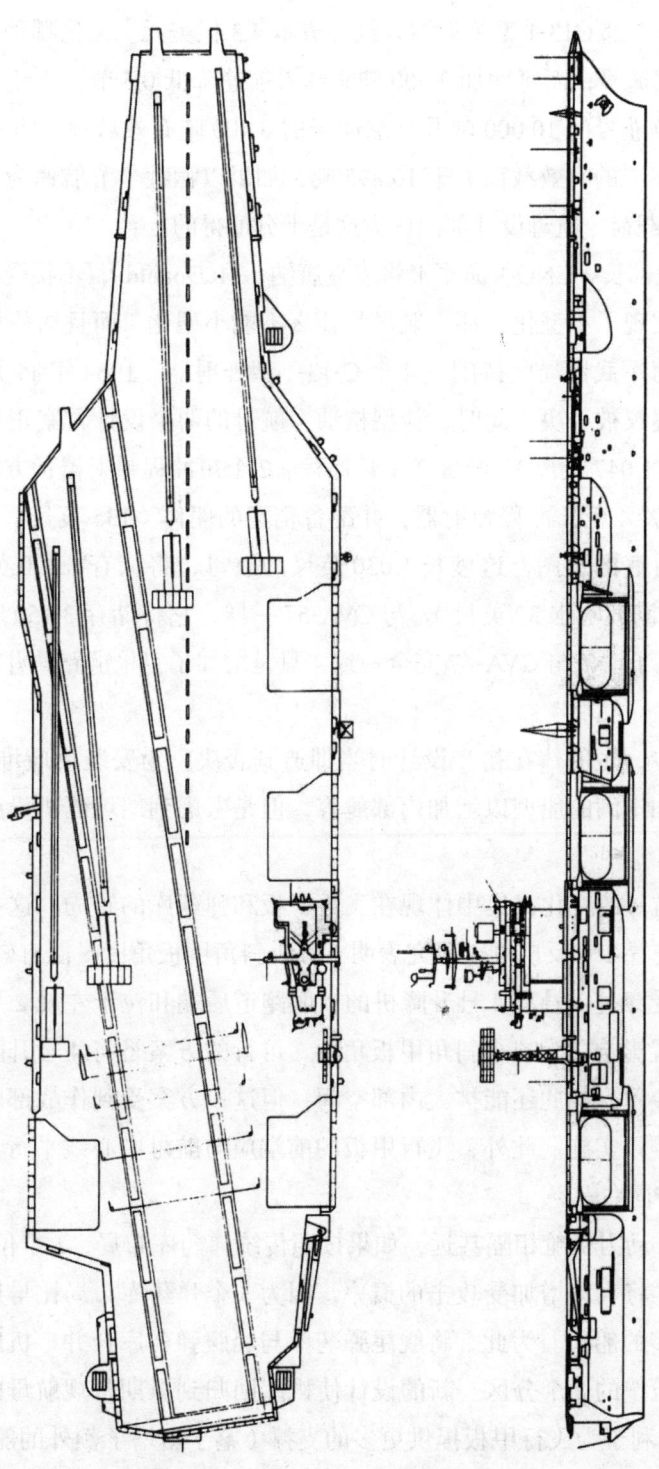

▲ 尼米兹号核动力航空母舰（CVN-68）。

的飞行甲板，配置 2 部 C13-1 型弹射器，预计成本 4.3 亿美元。无论哪种方案，吨位都大大超过企业号或肯尼迪号，而每增加 2 500 吨意味着航速降低 0.5 节。无论是哪一种方案，有效载荷都将超越企业号的 10 000 吨及肯尼迪号的 8 400 吨有效载荷，方案一的有效载荷大于 10 400 吨，方案二的有效载荷大于 10 895 吨，如果以牺牲半节航速为代价，还可再额外增加 2 500 吨有效载荷。航母设计部门认为这是十分值得的。

美国海军作战部长（CNO）海军上将麦克唐纳（McDonald），不接受企业号的船体，他认为既然反应堆实现了小型化，那么航母为什么不能小型化。而且居住标准的降低也节省了空间。但是，海军武器局坚持配置 4 个 C-13-1 型弹射器。1964 年 11 月，在企业号上配置相控阵雷达的提议被否决。此时，新型核动力航母的两个设计方案正在酝酿之中：方案一是短飞行甲板（1 047 英尺），配置 2 个长冲程、2 个短冲程弹射器；方案二是长飞行甲板（1 100 英尺），配置 4 个长冲程弹射器，并配备稍宽的船体（135 英尺，之前的船宽为 134 英尺）。依据 11 月底的草图，这艘长 1 030 英尺的航母，将拥有 1 090 英尺的飞行甲板和 135 英尺的船宽（满载吃水 37 英尺）。与 CVA-67 一样，它将储存 3 150 吨航空弹药，配备一对鞑靼导弹；电子设备与 CVA-67 完全一致，只是增加了卫星链路，并将配备 4 个长冲程弹射器。

由于容积减少，短船体在初步设计时当即遭到否决。为安装反应堆，即使航速降低，也不得不采用更加丰满的船型以增加内部舱容，但是考虑到船坞码头设施，船宽被设定为 134 英尺。

新型核动力航母的变化，集中体现在飞行甲板和弹药库的布局，这主要是为了改善舰尾气流场、优化安置 2 个反应堆。研究表明，减小斜角甲板角度，能有效改善舰尾气流场。这一角度，主要受穿过 3 号和 4 号升降机的着舰跑道后端和位于左舷 2 号弹射器后端的着舰跑道前端的位置影响。为减小斜角甲板角度，可行的方案是将 4 号升降机调整到前部弹射器之间的中心位置，如此还能扩大内部空间，但这一方案受到作战部队的拒绝，并因为航母甲板类型而难以实施。此外，飞行甲板的前端应与航母中心线平行，这样舰艏 2 个弹射器的末端就能转向右舷。

由于航母 2 个动力机舱相隔甚远，如果按照传统弹药库布局，1 个位于船腹机舱之间，另 2 个位于舰尾，将大大增加受攻击的概率，因为 3 个弹药库布局比早期航母的两端弹药库布局占据了更多的船长。为此，将舰尾弹药库与船腹弹药库合并。机库不可能再分割为仅带有 1 个防火舱壁的 2 个分区。新的设计使机库回归到早期常规航母的布局，被分隔成 3 个区域，这样有利于为飞行甲板提供更多的支撑（鉴于新增了额外的舱门）并增强防护；

与早期航母相比，新型核动力航母的飞机维修车间将在机库内占据比 40 英尺更长的船长。

后来，取消了 CVAN-68 的一对鞑靼导弹，改为由 3 门 Mark 56 指挥仪控制的 3 英寸/50 倍口径双管炮，又改为 2 门四管 40 毫米炮，接入海军战术数据系统（NTDS）。而这些，都只不过是为海麻雀导弹预留空间和重量的权宜之计。航母最终完工时配备了 3 个这样的系统，并接入一个简单的目标指定系统。

正如本文所述，尼米兹号核动力航母设计，前后历时大约 15 年，在历经多次试图寻找备选方案的尝试后，存活了下来，仍是美国航母建造的基础。与福莱斯特号一样，尼米兹号是航母尺寸增长与成本的妥协。海军屡次尝试发展更小型的航母，但均遭失败，如 CVV，证明发展比尼米兹号小得多的航母的道路是行不通的。尼米兹号充分吸取越南战争的经验教训，拥有庞大的弹药库和航空燃料舱。或许有人会反驳说航母在越南是处于一个异常温和的作战条件下，也就是说，像尼米兹号这样有着大型弹药库的航母被众多反舰导弹击中时，它的弹药库反而可能成为其巨大的负担，因为着弹点通常沿船长分散分布。弹药库越小，被击中的概率越低，造成的损害也越轻，尽管在作战时，较小的弹药库可能会成为不利条件。

1939 年建造的大黄蜂号、1979 财年授权的 CVN-71（尼米兹级第四艘），在某种意义上都是进度的牺牲品。1939 年，海军舰艇工程中心（NAVSEC）尽管设计了一艘小型航母，但不可能在短短几年之后，就设计出一艘经过大幅改造的全尺寸攻击航母。同样，5 年的前期研究工作，也不足以在 1979 年就设计出新型核动力航母，尽管中途岛号老化严重，亟待更新。如果里根政府能够如愿获得新建 2 艘航母的批准，它们也只可能是"尼米兹"级的翻版，不会有本质的区别。还有人推测认为，过去几年内，航母的建造计划过于不稳定，以至于很难鼓励政府对全新设计的航母建造计划进行投资。今天面临的境况与 20 世纪 50 年代中期很相近，当时 SCB-153 被否决，就是因为军事运用太过狭窄，历史的悲剧总是一再重复上演。

第15章
小型航空母舰的回顾：CVV（1972—1978）

对于小型攻击型航母的研究，始于20世纪50年代，进入60年代虽日渐式微，但以某种方式缩小攻击型航母的希望从未破灭。到了70年代初，新航母设计的议题变得至关重要，因为中途岛号太老了，服役近30年，亟须换代。80年代初，甚至连福莱斯特号也接近"退休"年龄。这一时期，垂直短距起降（VSTOL）飞机登上历史舞台，人们似乎看到航母小型化的希望。这种希望，建立在取消弹射器和阻拦装置的可能性上。试验证明，垂直短距起降飞机完全可以在一艘小得多的航母上起降，但航母小型化对舰载机联队的规模和战斗力影响很大。英国无敌号航母吨位不足20 000吨，但其作战能力是美国海军不能接受的。如果运用垂直短距起降飞机对地攻击，相比于常规舰载机联队，投弹量太小，要达到同样的攻击力，必须靠好几艘小型航母，造价反而高出大型航母。

小型化带来的另一个致命问题是易损性。很显然，大型航母不易毁伤，任何一种特定武器，其毁伤面只占航母很小的一部分。当然，如果武器破坏力惊人，则任何航母都难以

◀ 到了20世纪70年代中期，急需替换富兰克林·罗斯福号，并且卡特政府提出了一艘类似大小的CVV，而不是另一艘尼米兹级核动力航母（CVN）。富兰克林·罗斯福号的操作限制之一是无法操作E-2C型预警机，请注意在1973年拍摄的这张照片中的E-1B预警机。

抵挡。也有人会说，弹药库一旦被击中，小型航母可能幸存，大型现代核动力航母的弹药库则好比一座休眠的火山。

整个20世纪70年代，美国海军不断探索航母小型化的道路，尝试用垂直短距起降飞机联队取代常规舰载机航空联队，期望得到一款性价比高的中型航母。阴谋论甚嚣尘上，人们相信，航空部门和设计师们正联起手来阻挠航母的小型化，掩盖成本更低的小型化航母的真正优势，这种阴谋论观点甚至持续到今天。此外，由于大型航母一般都是核动力航母，人们认为里科弗海军上将麾下的核部门正在加剧混乱，并大力支持关于大型航母的宣传。70年代后期，为大幅削减航母单舰成本，卡特政府公开支持航母小型化，但大型航母最终的胜出还是归功于国会的支持，这主要是基于航母在印度洋时的作战经验。国会尽管支持大型航母，也对一型40 000吨级、能够搭载垂直短距起降飞机的航母发生兴趣。这种动摇在一定程度上解释了没有宣布任何航母新建计划的事实，而新造CVN-71及其后继者，是"尼米兹"级航母面世15年后的又一复制品。

对于中型航母的鼓吹，来自海军上将作战部长埃尔莫·朱姆沃尔特，他强烈呼吁降低航母单舰成本，增加航母数量，希望从70年代航母建造数量的严重下滑中迅速恢复过来。他的计划包括要建造一艘成本有限的防空护卫舰（DG/宙斯盾）、同样成本有限的通用护卫舰（佩里级导弹护卫舰）、制海舰（SCS）、一艘低成本的直升机反潜航母（ASW）（见第16章）。至于朱姆沃尔特的团队还是执迷于40 000吨的大型航母，但最终还是将5~6万吨作为新型航母的试验性概念基线（T-CBL），卡特政府大力支持的CVV也源于此。

1972年9月21日，美国国防部长梅尔文·莱尔德发布了一份项目决策备忘录，要求1973财年将小型航母成本限制在5.5亿美元。当时，制海舰（SCS）预估成本1亿美元，导弹护卫舰（FFG）4 500万美元。1972年12月启动研究，持续到1974年初。尽管1974财年授予尼米兹级的第三艘"卡尔·文森"号（CVN-70）建造合同，但没有放弃试验性概念基线（T-CBL）计划。已经做了足够多的工作，使得观察者相信，一艘中型航母能够取代满载排水量为60 000吨的航母。有报告对试验性概念基线航母（T-CBL）与英国CVA-01航母进行了比较，后者为5.4万吨，1966年被英国工党政府取消，尽管英国CVA-01的设计构想，美国海军根本就无法接受，但似乎有望建造一艘远比"福莱斯特"或"尼米兹"级小的攻击型航母。

1975年7月，接替莱尔德就任国防部长的詹姆斯·施勒辛格，指示海军开始新一轮常规航母的研究。美国海军援引核动力的优势，据理力争，试图通过改进弹射器、升降机、防御武器以及指挥和控制系统，研究出一型50 000吨级的核动力航母（CVNX），不超

第 15 章 小型航空母舰的回顾：CVV（1972—1978）

过"尼米兹"号1970年的造价。1976年1月，在审查了3种备选方案后，航母特征研究小组得出的结论是：在这3艘船的基础之上，继续建造第四艘尼米兹级航母，并认为这是在1985年后维持13艘航母规模的最明智选择。

1976年5月，福特总统同意在1977财年安排CVN 71的长交付周期项目，然而他并没有坚定地支持这一项目，作为对批评者的回应，他又取消了CVN 71项目，转而支持在1979和1981财年建造2艘小型常规航母。虽然这2艘航母能够搭载目前的所有种类飞机，但人们还是希望航母能够针对当时正在开发的垂直短距起降飞机进行一系列优化。新的航母命名CVV就是在这一设想之下构思出来的。它实际上是试验性概念基线（T-CBL）的改进型，是在合适的尺寸范围内唯一现存的概念设计。

卡特政府也被CVV深深吸引，认为它代表了未来性能更佳航母的发展方向。回顾过去，一些成本计算方式似乎存在问题。例如，因为航母航空编队的成本将被计算入航母的总成本，因此新设计一艘小型航母的计算成本会比再建造一艘既有航母的要低。在某种程度上，卡特政府发言人为建造一艘性能有限的航母的正当性而辩护，因为它是为了取代另一艘性能有限的中途岛号航母而建造的。国会对这一论点不置可否，1979财年继续批准了第四艘尼米兹级航母的建造计划，卡特总统随后否决了国防授权法案，只同意签署删除该航母建造计划的法案，他希望能在1980财年安排1艘CVV，但最终不得不接受第4艘尼米兹级航母，部分原因是因为在印度洋的实战经验体现了核电站及大型航空编队的巨大价值。里根政府时代，海军计划在10年内达到15艘航母的部署规模（总计16艘航母，还包括1艘在延长寿命改装计划中的航母）。1983财年，又批准了2艘改进的尼米兹级航母CVN-72和CVN-73。试验性概念基线（T-CBL）/CVV主要是一次关于航母尺寸缩减所需承担成本的演示，包括航母性能及生存能力。

与朱姆沃尔特的其他项目一样，受制于成本、尺寸电子设备等方面的制约，试验性概念基线（T-CBL）配置很低，只能是有什么条件，上什么飞机，无法依据作战概念编组舰载机联队，是典型的削足适履，是军事服从成本。试验性概念基线（T-CBL）让人联想起20世纪50年代航母追求极小化。然而，与早期航母不同，试验性概念基线航母主要用于执行战术打击任务。这一变化可以由航母运力的测量方式略知一二，它是基于A-7轻型攻击机为标准来进行测量的，而非20世纪50年代的早期研究中所使用的A-3（A3D）大型攻击机。与几乎所有的航母一样，试验性概念基线航母的航空编队的实际规模是不确定的。即使按照美国国防部长办公室（OSD）最乐观的估计，试验性概念基线（T-CBL）也只能搭载62至65架飞机；海军认定只能搭载55架；依据设计报告，执行混合打击任务时搭载52

第 15 章 小型航空母舰的回顾：CVV（1972—1978）

▲ 卡尔·文森号航空母舰（CVN-70），最新的美国航空母舰，于 1982 年 1 月 26 日下水试航。虽然在很大程度上是尼米兹号航空母舰的复制，但它展示了几个细节上的变化。密集阵 20 毫米近程防御炮炮的白色雷达罩，能在舰船两侧和左舷舰尾看到。目前还不清楚恢复前部舷外炮台是否会导致新的喷雾成型问题。还要注意的是，它只有一个钢索回收装置；越来越少的海军飞机使用钢丝索，并且现在几乎所有的飞机都有弹射器挂钩的起落装置作为部分。德怀特·艾森豪威尔号也只有一个钢索回收装置。在未来，这种吊杆可能会完全消失。最后，从航空母舰左舷炮舷外伸出台中的格洙吊杆将携带电子对抗天线；另一个吊杆安装在舰岛的右舷。桅杆上的碟形天线用于卫星通信，3 个雷达指挥仪控制着航空母舰的海麻雀防御导弹。

架,执行单种攻击任务时搭载54架,执行反潜(ASW)任务时搭载59架。

试验性概念基线(T-CBL)寄希望于利用美利坚号航母(CVA-66)和现代制海舰(SCS)的模块化航空支持技术,实现设计的简约化,只配置2个弹射器和升降机(在执行打击任务时兼作武器升降机),采用两轴推进,而非四轴推进(减少到肯尼迪号航母发电站的一半),最大程度减少成本、重量和内部体积,代价是航速大大降低,全功率134 000轴马力航行速度27.8节,80%功率26.2节。船底排污后,所有4台锅炉都点燃,每分钟弹射起飞1架飞机时航速27.2节。出坞5年后,功率下降5%,航速降到23.8节;如果只点燃3台锅炉,航速仅有20.7节。按照标准特遣大队作战要求,这样的航速实在太慢了,很难与其他攻击型航母组成战术编组。其航程与其他常规动力航母相当,空载排水量44 566吨,满载排水量58 897吨。

肯尼迪号航母的高压蒸汽系统,原为驱逐舰设计。1967年,美国海军部长下令放弃,原因是锅炉(1 200磅/平方英寸)的维修存在严重问题。然而,降低蒸汽压力势必会增大锅炉本体,难以安放,因此高压蒸汽系统又得以重生。1975年,一份研究报告指出,"按照试验性概念基线(TCBL)设计的航母,舷侧防护系统一旦遭到破坏,由于舰尾的辅助机舱太短,很容易因侧面撞击而丧失动力"。改进后,和其他现代航母一样,机械被布置在机组系统上,每个机舱配有2台锅炉和1台涡轮机,2个机舱被辅机舱隔成前后部分,这一布置形式沿用至今。

由于试验性概念基线(T-CBL)航母,要在特遣大队中独立担负作战任务,电子设备就显得尤为重要,主要的经济效益是省略了舰载机近搜索雷达(SPN-43)、次要的经济效益是省略2个空中搜索雷达(SPS-49、SPS-48C)中的1个。指挥和控制设施将包括海军战术数据系统(NTDS),这是为所有航母设计的战术支持中心(TSC)的低成本版本,以及综合作战情报中心(IOIC)。对于一艘如此重要的航母而言,电子对抗措施也无法省略。出于自卫,还应安装3个密集阵的点防御导弹(CIWS),但在其他航母上没有安装任何点防御导弹。

1976年1月,新一代核动力航母(CVNX)研究项目基于任务和威胁,从相反方向探索未来航母发展方向。研究小组发现弹射器和阻拦装置的配置,已经不再是困扰设计的主要难题,基于固定的舰载机联队规模,用于航空弹药、航空燃料装载及飞机维修车间的内部舱容、航母耐波性和推进特性才是主要的议题。

以"尼米兹"C型航母作为设计基线,CVNX-A型是最小的航母,减小了弹药库,缩短了斜角甲板,采用双轴推进,设置2个升降机、2个弹射器、3道阻拦索("尼米兹"级是 4 道），JP-5 储量约为"尼米兹"级的 74%。实际上，它是试验性概念基线（T-CBL）的核动力版本，机械更接近于核动力巡洋舰，而非全尺寸航母，使用 4 个 D2G（D2W）反应堆，总功率只有"尼米兹"级的 50%，舰载机联队由 48 至 53 架飞机组成。

B 型与 A 型的核反应堆一致，但功率更大舰载机联队规模约为"尼米兹"级的 2/3；配置 3 个升降机、3 个弹射器，JP-5 储量约为"尼米兹"级的 82%；与 A 型相比，空载排水量从 51 900 吨增加到 59 700 吨，满载排水量从 64 600 吨增加到 74 800 吨。

无论 A 型还是 B 型，单架飞机的燃料储备都大大超过"尼米兹"级，这得益于舷侧防护结构的改进，后者的容积与船长成一定比例；因此，除非放宽防护标准，否则较小航母的排水量将会不断增大。两者没有太大差异的一个原因是飞行甲板尺寸不是基于舰载机联队的规模，而是基于所搭载的机型决定的，弹射起飞和阻拦着舰可以并行作业。例如，从滑道到尾钩着陆点的距离由两者的垂直净空距离计算得出，飞机通过舰尾切面，尾钩高度不能低于 11 英尺（"尼米兹"级是 14 英尺）；下滑角取标准的 3.5°，甲板坡道起始端到理想着舰点的距离为 180 英尺；这个 11 英尺高度的点必须位于第二道阻拦索的 3 英尺范围内。第二、三道阻拦索间隔为 40 英尺，阻拦冲跑距离 350 英尺；另外需留出 94 英尺，一是考虑机身长度，二是考虑飞机滑行或牵引离开跑道的转弯距离；着舰跑道全长 672 英尺，终点就是左舷舷外平台的尽头。B 型耐波性要求舷外平台迎风面大约在舰长 25% 处，A 型在 21% 处，事实上，在 A 型模型中轻微的航母拍底现象是可以被接受的。如果飞行甲板长 912 英尺，船体长度应为 860 英尺。按照 1954 年和 1955 年提出的航母设计标准，斜角甲板上不能安装弹射器，后来这一要求被取消。

在对 B 型方案的研究中，发现如果设置 3 部弹射器和 3 个升降机，飞行甲板长度最小为 900 英尺，在机库甲板净高降低到 20 英尺的情况下，最有效的船体型深为 94 英尺。船体型深的其他决定因素包括机械箱的高度、舰尾下甲板高度、双层底舱深度以及机库甲板和装甲箱之间的甲板高度，这与配备甲板边缘升降机航母的机库甲板干舷高度密切相关，并将为需要更高净空的维修车间设置特殊的"高帽子"区域，船体型深决定了船宽和船长的最优配置。为提高航速和耐波性，稍稍加长了 B 型船体。其他现代航母机库净高度为 25 英尺。

A 型和 B 型设计，采用了海军舰船工程中心的（NAVSEC）计算机程序。为验证该计划，进一步提出的 D 型设计方案，选用"尼米兹"级核动力装置，舰载机联队规模约为"尼米兹"级的 2/3，也是装备了尼米兹级核电站的最小航母。D 型典型特征与核动力装置选型有关，高航速有利于同其他航母联合作战，建造条件所允许的最大水线宽为 135 英尺，重点优化了弹药库布局；总体上接近于"尼米兹"级，相比满载排水量由93 400吨降到84 800吨，空载排水量由72 700吨降到68 200吨，配置3个弹射器和3个升降机，航空燃料储量是"尼米兹"级的92%。

适应于中型航母要求，D型考虑了不同布局方案，并对一种新概念储能旋转式驱动弹射器（SERD）进行了评估，与"列克星敦"号老式诺登飞轮极为相似，据报道，它未来有可能安装在非蒸汽（燃气涡轮）航母上，然而最终由于技术成熟度太低，不能满足新一代核动力航母（CVNX）安装要求而被放弃。

D型采用肯尼迪号（CV-67）上所安装的飞机升降机，每个舷侧至少安装1个升降机，以保证恶劣海况下舰载机的转运作业，这也保证了升降机在一侧受到撞击后能够继续运转。与右舷升降机相连接的机库通道，作为航行补给站，通常要求配备2个这样的补给站，另一个机库通道则被切断，而A型右舷只有1个升降机和航行补给站。

舰载机的维护特征反映了一种新的平台车布置方式，标准化的岸上平台车将被安装在航母易于上舰的位置；航母的重新配置反映了能够在48~72小时内对备用舰载机进行装配，以适应舰载机联队的不同需求。与更加原始的模块化方式相比，仅这一项改进就为1976财年节省170万美元，在15年的使用周期内可节省2 450万美元。

起初，机库甲板只能容纳约1/3的舰载机联队，然而，这一数值必须提高到战后航母的40%才行，机库和飞行甲板过于拥挤，影响了飞机作业效率。由于机库前端距离弹药库太远，无法方便地到达武器升降机出口，武器升降机出口只能设在机库隔舱后部的维修区域，给武器转运和挂载带来不便，要求机库向后延伸以方便到达左舷后部升降机。

减少人员，是降低航母吨位和成本的重要手段，当时研判，到20世纪80年代，凭借技术进步，包括提高飞机电子系统的可靠性，可以减少9%的人员，降低1 600~1 800吨排水量，全寿命周期节省5 000万~8 000万美元。如果考虑不同居住标准的影响，1960年居住标准可以降低约2 400吨，节省3 500万美元；1965年居住标准可以降低1 700吨，节省2 500万美元。这一结论具有爆炸性，自70年代以来，美国海军舰艇成本急剧增长，被认为与居住标准的调整有关，舰员再也无法忍受斯巴达式的居住环境。然而，造舰工程师们心知肚明，大型战舰最不值钱的就是钢材，居住条件改善主要消耗钢材，几千吨钢材对于大型舰船的性能几乎没有影响，有关CVNX的研究还给出了这一项改进的成本到底有多低的例子。并且，航母吨位越大，钢材成本占比越小，美元更多消耗在指挥、控制、通信（C^3）、核反应堆等项目；航速一定，每吨钢材消耗的马力随吨位的增加而减少。与之相比，飞机尺寸直接关乎航母建造成本，舰载机联队的规模对其影响就更大，许多系统、设备的

第 15 章 小型航空母舰的回顾：CVV（1972—1978）

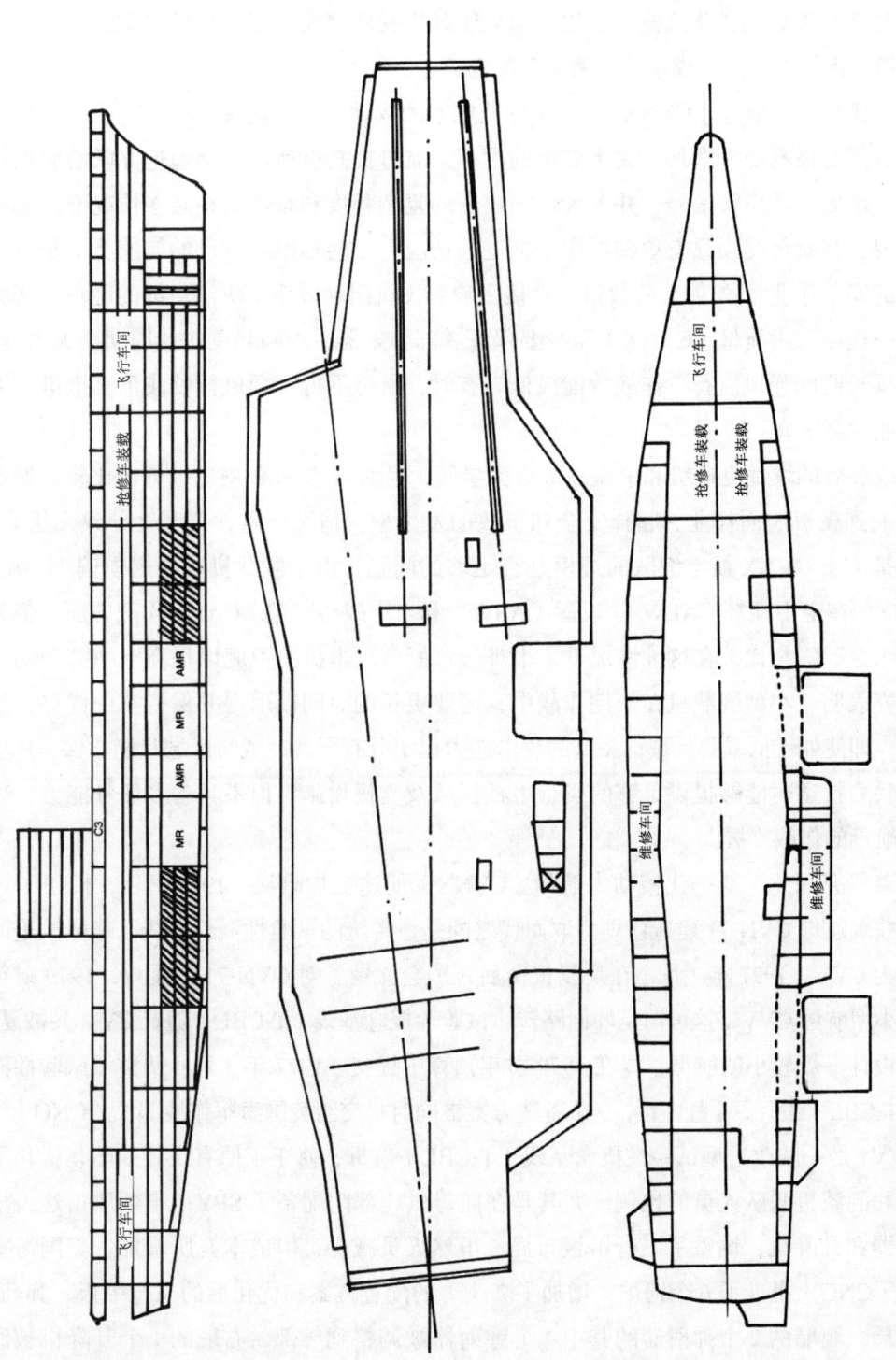

▲ 1974 年的试验性概念基线（T-CBL）设计，图中展示了飞行和机库甲板。弹药库用阴影表示。

443

成本，几乎与舰载机联队规模成正比。如果舰载机联队规模一定，数量更小的大型航母的单架飞机所占航母建造总成本的比例就会降低。

新一代核动力航母（CVNX），不支持低成本的双轴推进，这种布置方式不满足战术机动要求，战时极易受到毁伤，关乎航母的生存。航母提高航速后，会逼迫苏联潜艇也提高航速，发出更多的声学信号，并大大增加攻击的复杂程度和难度。在某些情况下，甲板风相当重要。在航母受损只有单轴可用于推进的情况下，两轴推进航母的航速将不足以确保舰载机的安全作业。弹射器的数量，直接影响到飞机出动效率，决定空战的胜负。研究认为，新一代核动力航母（CVNX）至少要保证3部弹射器，否则起飞作业周期会大为延长，航母必须长时间逆风航行，作战效能极低。有时，航母不得不顺风行驶或单轴推进，飞机起降作业就会瘫痪。

以改装后的埃塞克斯级和中途岛级作为参照，经对A型和B型进行分析比较，发现耐波性影响到飞机舰面作业、起降安全和事故的发生率，情况严重，甚至会导致飞机失事。随后，是关于CVNX航空编队的规模是否足够的问题。由于舰载机联队规模偏小，A型、B型、D型在空中预警（AEW）、反潜（ASW）和空中战斗巡逻（CAP）作战方面，都无法与"尼米兹"级相比，在这种情况下，很难通过配备攻击机护卫舰以提高空中打击的有效性。研究表明，小型舰载机在长期作战中，需要更长的时间以取得并保持空中优势，战损率更高；即使处于低威胁区域，A型的攻击能力也十分有限，高威胁区域只能自保，B型或D型在兵力投送时能够提供足够的飞行甲板区域及支援设施，但不具备多任务能力，离不开其他航母的作战支援。

随着研究深化，新一代核动力航母（CVNX）前途更加暗淡，1978财年，授予了第四艘尼米兹级航母CVN-71建造计划。取而代之的是，传统的试验性概念基线以略微改进的形式恢复为CVV。1977年2月，在反复权衡后，国会撤销了对CVN-71的授权，1979财年批准1艘小型航母CVV，这可谓是峰回路转，试验性概念基线（T-CBL）随着CVV又被复活，并指示设计一艘较小的航母，以在1979财年预算中提交。1977年3月，调整了试验性概念基线（T-CBL）设计，4月1日，9个备选方案被同时提交给美国海军作战部长（CNO）。

CVV1是一艘改进型试验性概念基线（T-CBL）航母，修正了原有设计缺陷，优化了航空保障和舰载机联队人员的比例，尤其是在航母供应部门配备了SPY-1宙斯盾雷达，增加了弹射器和升降机，调整了飞行甲板布局。虽然人员减少，但成本有所增加。美国海军作战部长（CNO）批准了6个锅炉（增加了2个）的配置方案和优化后的飞行甲板、弹药库、机舱布局，舰艏的2个弹射器的其中1个弹射器被调整到舯部，右舷的1个升降机被调整

第15章 小型航空母舰的回顾：CVV（1972—1978）

到左舷后部，飞行甲板的一些特征被分散，以提高生存能力。

为控制成本，推迟了电子设备采购，将造价稳定在1979财年13亿美元的限额内。如果一切顺利，1979财年将授予详细设计和建造合同，前提是1977年6月1日开始初步设计，1979年3月1日完成合同设计，这时初步设计距离试验性概念基线设计只剩下6个星期，而通常要3个月。更糟糕的是，1977年5月中旬，国会拒绝为初步设计提供资金，这反而缓解了进度的压力。鉴于下一艘航母仍将是CVV（无论何时获得资金），关于CVV的研究工作仍在继续，这也与政府的观点一致。

部分工作是为了纠正试验性概念基线航母设计中的不平衡，这一时期的问题，主要是作战概念不清晰，缺乏明确的舰载机联队任务定位。试验性概念基线（T-CBL）要求提供1.35天打击所需的航空燃料，4.5天打击所需的弹药，后来当试验性概念基线航母（T-CBL）装载战斗机时，弹药需求提高到5.0天，航空燃料实际消耗更快，加剧了设计的不平衡。1978年1月，鉴于未来垂直短距起降飞机航空燃料消耗的不确定性，大幅增加了JP-5的储量。

由于舰载机联队编成没有确定，飞行甲板和机库设计不可避免地出现了问题，相互之间难以协调。在支援航空编队的规模增大，而船体尺寸和吨位保持不变的情况下，如果飞行甲板停满A-7飞机，停机位可以从95个增加到112个的极限装载。为便于垂直短距起降飞机起飞前的调运，优化了飞行甲板布局，尽量扩大了右舷后方甲板的面积，着舰区域的前端被转移到左舷，以便在飞行甲板上能提供一个最大的安全停机区域。

为扩大船体容积，1977年11月14日，经美国海军作战部长（CNO）批准，机库净高度从19.6英尺增加到24.6英尺，船宽从122英尺增加到126英尺，并在舰艏、舰尾和机库的舷外增设一个02层甲板，总计增加86 000平方英尺的甲板面积。同时，还增加了额外的损伤控制隔离空舱，增加了2 500千瓦涡轮发电机（有5台已在设计中），2台1 500千瓦应急柴油发电机单机功率提高到2 000千瓦，JP-5从2 700吨增加到4 000吨；船员人数有10%的裕量。虽然改动如此之大，通过保留满载条件下的早期数据，设计满载排水量并没有增加，避免了名义上舰船吨位的增长。如果增加满载排水量1 300吨，就必须增大推进功率才能保证航速。

从航空燃料储量来看，CVV作战能力并不高，如果满载，实际航速还会受到影响，在实际条件下的持续续航能力远比在几乎不可能达到条件下的实验数据更为重要。成本控制的成功实施，很大程度上得益于将电子设备排除在外（而这在之后是必须配备的），这实际上是掩耳盗铃。具体配置情况：

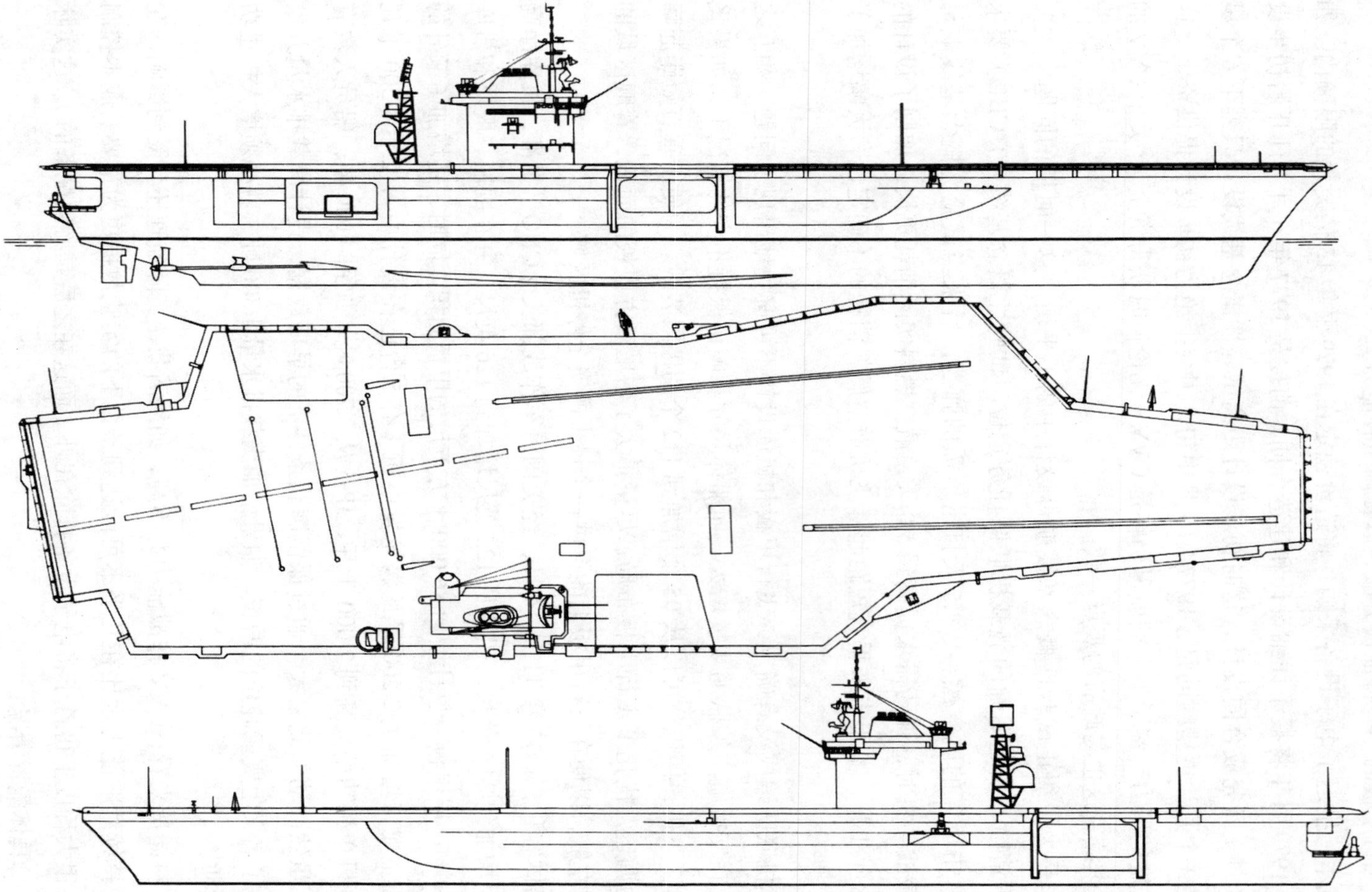

▲ CVV替代航空母舰的概念设计是908英尺长（860英尺水线）×126英尺宽（水线）×34英尺高，满载排水量61 872吨。武器装备只有3门20毫米密集阵反导炮，并有8门超级RBOC箔条火箭发射器。雷达包括SPS-48（V）、SPS-49、SPS-55、LN-66（导航）、SPN-35、两架SPN-41和SPN-44。其他主要的电子设备还有战术空军导航（TACAN）(URN-25)、电子对抗系统（ESM）(SLQ-32 [V] 3)、SRN-9（卫星导航）和SRN-17（奥米加无线电导航）。

第 15 章 小型航空母舰的回顾：CVV（1972—1978）

——配置 1 部 LN-66 导航雷达和 SPS-55 水面/低空雷达，取消 SPS-49 远程空中搜索雷达，通常配置用于空中搜索的笔形射束式 SPS-48C 三维雷达就足够了。此外，还将安装常规航母控制着舰雷达系统（CCA）：SPN-35A、SPN-41、SPN-44。

——电子对抗设备只限于被动的 WLR-8；缓装了 SLQ-32 电子对抗系统、反鱼雷女水妖（SLQ-25）装置和 3 座近程防御武器系统（CIWS）防空炮。

——缓装了先进的指挥、控制、通信（C^3）系统、低成本的战术支援中心（TSC）、旗舰指挥中心（TFCC）和综合情报中心（CV-IC）。

——2 部 2 500 千瓦舰用发电机和液氧发电装置减少到 1 部，只保留吊艇架上 2 艘 26 英尺的捕鲸船。

船体型深要保证升降机和机库在海上的安全运行。由于机库净高度最初设定为 19 英尺 10 英寸，这一干舷要求下面的 2 层机库甲板高度必须足够高（11 英尺），这就增加了船体深度和重量。机库长度通常受前弹药库舱壁和下一层的武器升降机到左舷升降机后部距离的影响，水线宽通常受动力机舱宽度（80 英尺）和舷侧防护系统影响。该型航母内部结构独特，动力机舱更加靠近后端，因此最后面的机械舱壁成为一个限制。

CVV 的主要缺陷是采用两轴推进，只安装了 2 个升降机、2 个弹射器，但其防护成本非常高。它的设计包含一个新的内部防护方案，并且对舷侧鱼雷防护进行了增强。设想中的主要威胁来自反舰巡航导弹，然而在 1979 年国会听证会上，有人质疑真正的威胁来自弹药库，一旦爆炸，无法幸存，也可以说，虽然其升降机和弹射器的数量是其他航母的一半，但早期设计表明，它们在纵向上非常集中，仅一次撞击就可以击毁一到两部电梯和 4 部弹射器中的 2 部，因此，应当拉大彼此的纵向间距，从而增强其作战生存能力。

与航空炸弹或火箭弹不同，大型巡航导弹的射孔弹头能穿透厚重钢板，导弹击中部位通常在侧面而不是上层甲板，很可能会穿透到水线以下，并以较浅的角度穿透弹药库。扩大弹药贮存量，势必增加弹药库长度、高度，增加被击中的概率，沿着船体长度随机分布在船中部的撞击会击中弹药库并引爆它。舰体深处采用耐压双底，降低了吃水线和内底之间的高度，迫使弹药库向上并处于易受巡航导弹攻击的部位。

为应对巡航导弹，CVV 首次采用了新型弹药库防护系统，专门用于应对巡舰导弹的射孔弹头。1979 年 2 月，在众议院军事委员会听证会上的审查记录包含了一个专门用于分解或是偏转射孔弹头所产生的液态金属射流的系统挡板和叶片，审议认为：采用这种新型防护系统，"一枚巡航导弹击中后所造成的破坏和冲击，不会使航母完全丧失行动能力，更不会沉没，因为它无法引起弹药库的大规模爆炸，缺点是增大了船体尺寸和建造成本"。被提议作为CVV替代品的肯尼迪号将按此改装，原本2 000吨的航空弹药贮存量减少到1 250吨；CVV的设计从一开始就打算采用这种新型防护，它的弹药库合并成为1个，而非早期非核动力航母的2个，占用船体长度更短，转移到船体深处，降低了被巡航导弹击中的概率，也充分体现了对这种防护的信心，但只能贮存1 191吨航空弹药。巡航导弹瞄准的是航母雷达回波中心，最可能击中船腹。如果该中心由航母结构的角反射器产生，则弹药库与飞行甲板舷外平台锐边的相对位置就非常重要。根据听证会记录，这些问题在CVV设计中进行了深入研究。

CVV采用了改进型结构并设计了更深的底部，据称防护效果可以提高66%。大多数情况下，对船体的破坏主要来自鱼雷或水雷爆炸产生的冲击波和鞭梢效应，而不是直接撞击产生的洪水效应。底部设计的改变，对船总体设计影响甚大，而肯尼迪号无法在不进行全面重新设计的情况下采用这种结构形式。

以上这些情况，不由让人想起二战前的胡蜂号航母，它的设计更多受到外部条件约束，而不是基于战略和战术的考量。经过仔细核算，发现CVV每架舰载机联队飞机的成本已经接近大型航母，这就引出2个带有根本性的问题，对中型航母（60 000吨）的想法造成冲击。首先，国会和美国国防部长办公室（OSD）倾向批准的是航母数量，而不是总吨位或飞行甲板上所能停放的A-7攻击机数量。CVV无论其大小，一旦获准，就将占据1艘航母的编制，相当于1艘"尼米兹"级航母所需的政治投资，这就丧失了吸引力。除非基于一定的比例换算，比如2艘CVV相当于1艘CVA，或3艘CVV相当于2艘CVA，这才是合理的。但鉴于卡特政府对发展航母的抵触，不可能提供这样的换算。其次，航母作战能力受到航空编队中特种机群数量的限制：预警机、加油机、侦察机，英国和法国小型航母的使用经验证明了这一点。美国航母（CV而非CVA）使用灵活舰载机联队编成的做法使得舰载机的完全性能变得更有价值。CVV试图通过垂直短距起降（VSTOL）飞机，来弥补与大型航母的差距，当这一美好期望落空后，必然沦落为小型、低速、二流的航母，前景黯淡，它的消亡也就不足为奇了。福特总统的最后一任国防部长，唐纳德·拉姆斯菲尔德在离任前的最后几天，提出建造1艘安装有弹射器，但没有阻拦装置的新型航母，这样就可以采

第15章 小型航空母舰的回顾：CVV（1972—1978）

用弹射起飞、垂直降落的方式起降装有重质燃料及武器的垂直短距起降飞机（VSTOL）；CVV满载排水量应在40 000吨到50 000吨之间。新一届卡特政府要求海军重新审视这一概念，因为当时这一概念的风险太大。后来卡特政府的CVV加装了阻拦装置，满载超过62 000吨，但还是挽救不了失败的命运。

第16章
战后反潜（ASW）航空母舰发展

德国21型潜艇的出现曾对美国护航航母和反潜航母构成重大威胁。潜艇大部分时间沉入水下，顶多露出小小的通气管。战争后期，盟军逐渐丧失了反潜优势，难以通过破译代码预测敌方潜艇部署，这大大削弱了猎杀战术的效果，迫切需要超远程探测潜艇的技术手段。为扩大对潜艇探测范围，必须使用更大功率的机载雷达，由此催生了更加强大的反潜飞机。

利用无线电测向来探测潜艇位置是仅有的技术手段，但德国短脉冲无线电发射机（*Kurier*）却是测向仪的克星。二战初期研制的声呐浮标，起初用于飞机与潜航状态下的潜艇进行联络，战后成为搜索潜艇的利器，将其投置到飞机可以监测的战场环境中，大大提高了对潜艇进行探测和攻击的能力。护航中，飞机布放声呐浮标，能够有效保护船队侧翼。配有主动深水探测声呐的直升机，负责进行对航路进行侦测。声呐浮标还可以布放在编队前方隐蔽区域，加强对敌方潜艇的探测。

苏联在截获德国潜艇技术后，完全掌握了它们。重大战争爆发时，攻击苏联潜艇基地，成为美国大型航母的使命，也成为其存在的主要理由（见第11章），这也反映了战时反潜

◀ 它采用了埃塞克斯船体，以更好地适应战后反潜机，例如未经改装的福谷号上的格鲁曼警卫机（AF-2S和-2W）。

技术与战术的价值在不断降低。

随着超远程探测潜艇技术手段的失效,必须研究全新的战术和手段。战时经验表明,潜艇必须通过无线电通信来实现战术协调。问题是这种通信,以及潜艇发出的其他电子信号,如何才能被有效地截获,密码破译是解开这张通信网的方法之一。航母在支援作战和猎人杀手试验中,进行了多种尝试来探寻持续远程测向跟踪和潜艇下沉预报(简称"燃烧基准点"报告)的技术手段。

深海巨耳 SOSUS 水下侦听系统研制成功后,提升了大范围探测潜艇的能力,猎杀战术更加有效。反潜飞机因其独一无二的迅速抵近攻击范围的能力而变得尤为重要。在 P-3 猎户座(Orion)反潜飞机出现之前,陆基飞机无法覆盖大西洋和太平洋广大区域,需要反潜航母长期部署。20 世纪 60 年代,综合补给舰(AOR)曾专门用于支援大西洋和太平洋上的 ASW 猎杀行动,这一时期大多数的反潜航母陆续退役。

二战后,美国设想了两种主要反潜战术:隐蔽伏击和攻击苏联潜艇基地。前一种,主要由美国潜艇预先埋伏在苏联潜艇基地外,必须依靠超远程的潜艇声呐;后一种,拟由合众国号超级航母实施,其背后的战略思想是"美国在战争初期先发制人,直接攻击苏联和使用核武器"。20 世纪 50 年代初期,美国鼓吹在战争初期就使用核武器,但随着核对抗逐步升级和有限战争论的确立,这种过早使用核武器的想法被摈弃。直接杀伤、隐蔽伏击和对潜艇基地攻击的成败,取决于战术意图的隐蔽程度。美国反潜战术指导思想,与美军规模有限但技术先进的特点相适应。在这一时代背景下,反潜航母迅速发展,但也随着时代的发展而退出历史舞台。

1945 年后,海军反潜预警和作战实践,重在实施有效的威慑,海军人士心知肚明,但国防部却如在雾中。柴电潜艇在蓄电池即将耗尽时,必须上浮,美国海军期望通过探测、跟踪和压制,取得明显的反潜优势,并在战争早期阻止苏联潜艇的进攻。这种"死缠烂打、尾随跟踪"的压制战术,对苏联弹道导弹潜艇构成了极大威胁,但必须通过水面和空中的协同作战,单靠"突袭者(pouncer)"飞机不可能取胜。这一时期,研制出了一种可以散布并附着在敌人潜艇上的磁性响片(SCAT),它实际上是一种噪声源,可以帮助探知敌方潜艇位置,并判断己方舰艇是否已被敌方潜艇锁定。20 世纪 50 年代末冷战开启后,这种海上争斗愈演愈烈。

1960 年,护航航母(CVS)的一个重要使命是监视苏联潜艇,为航母快速打击群及其护航舰只提供支援。借助 P-3 反潜巡逻机,航母打击群可以高速行驶到指定作战区域,或者像朝鲜战争那样,在由反潜航母清扫并维护的一片相对受限的海域(比如 100 000 平方英里）进行持久作战。随着苏联核潜艇出现，航母的速度优势变得有些岌岌可危。20 世纪 60 年代初期，考虑到苏联核潜艇可能配备了反航母导弹，要求对潜艇的攻击距离扩大到 100 海里以上。60 年代后期，苏联"查理级"潜艇使得潜射反舰导弹的威胁变为现实。整整 10 年间，这种作战构想对美国海军反潜预警、战术和武器的发展产生了重大影响。

远程 P-3 猎户座（Orion）投入作战使用后，CVS 在 SOSUS 水下侦听系统中的作用下降，只负责对特定区域进行反潜搜索，并为航母战斗群护航。在地中海，由于声呐的环境条件太差，CVS 反而更加有效。CVS 的搜索密度高于陆基巡逻飞机，还能突袭指定目标，在西太平洋广大地区和越南战争海域大显身手，但因为设备老旧，性能下降，维修成本不断攀升，20 世纪 70 年代早期终被淘汰。

1962 年起，为应对苏联潜艇的重大威胁，反潜航母需要配备 4 架 A-4B 轻型攻击机。当时，苏联水面舰艇和潜艇搭载的超视距反舰导弹，通常由"熊式 D 型"侦察轰炸机提供目标指示。虽然 A-4B 飞机不能拦截导弹，但足以对付"熊式 D 型"轰炸机，进而遏制苏联导弹的攻击。这一战法同样适用于搭载垂直短距起降战斗机（AV-8A）的制海舰（SCS）和 VSTOL 支援舰（VSS）。携带远程导弹的苏联轰炸机（逆火而非獾式），可以躲避低性能战斗机袭扰，一举改变了空中态势。形势所迫，反潜航母渴望获得新式天鹰攻击机，但由于没有拦截雷达，实际作战效能不佳。

1945 年，护航航母规模达到 28 艘，包括 19 艘启航湾级护航航母和 9 艘快速轻型航母，用于反潜和两栖支援作战。两栖支援任务是反潜航母在 20 世纪 50 年代的主要任务。后来，因为无法搭载空中预警机（格鲁曼 AF-2S/2W），不是被搁置，就是被淘汰。但是，36 架卡萨布兰卡反潜直升机一直在护航航母上发挥重要的作用。朝鲜战争期间，有 4 艘老旧的护航航母被重新启用，运输飞机，但由于效费比实在太低，后被 4 艘 C-3 护航航母取代。文件表明，这一时期美军曾考虑在地中海利用护航航母搭载战斗机应对空袭或进行战斗支援。

战后，苏联高速潜艇的发展，促使美国海军寻求更加高效的反潜手段，包括将多余的弗莱彻级驱逐舰改装成 SCB-7"反潜驱逐舰"；同时，新研制的快速护航航母 SCB-8 吨位与战时轻型航母大致相当。1948 年，组建了 2 支试验性的反潜特混大队，1 支配属现代化改装的启航湾级护航航母，足以对抗 21 型潜艇；另 1 支配属独立级轻型航母，旨在对抗高速的沃尔特 U 型艇（26 型）。并且，先后对 10 艘护航航母和 2 个轻型航母进行了现代化改装，包括 SCB-54、1949 财年和 1951 财年下的巴丹号和卡伯特号等，轻型航母塞班号改装后主要用于作战训练。

改装方案主要包括：升级飞行甲板和升降机，加装被动和主动鱼雷探测声呐，配备新

的反潜武器弹药，包括声呐浮标和制导鱼雷；在轻型航母左舷，用H-4B新型弹射器取代H-2-1型；加强升降机，使之能够承载22 000磅的飞机；增加重量和稳性补偿；配备500个声呐浮标和36枚自寻的鱼雷（战时设计的Mark 24"水雷"、Mark 34或Mark 41鱼雷），反舰鱼雷作为备选，可以替换安装；扩大舰岛，加装新的指挥、通信设备，在轻型航母上安装作战支援SP或新型SPS-8测高雷达；增设07上层甲板（舰岛舱壁移动1英尺），容纳航空指挥人员和控制站位。自寻的鱼雷对抗系统、反潜火箭和噪声信标，至今还可以在一些反潜驱逐舰和小型护卫舰上见到。

改装工程围绕新的舰岛、Mark-5阻拦装置、甲板和油液舱展开，油液舱增加了储量、减少了流动、提高了稳性。由于资金不足，再加上周期紧张，只完成了约2/3的项目。1952年4月，大西洋舰队强调西博尼号的舰岛应作为改装重点，而太平洋舰队则希望推迟改装，认为9个月周期太长，影响任务执行。

在19艘启航湾级护航航母中，有7艘在二战后就立即退役，其中1艘（舷号111）60年代初曾计划改装成通信中继船，另外2艘（舷号114和118）在朝鲜战争中重新启用搭载海军战斗轰炸机（Corsairs）；其他10艘保留作为反潜航母。这些护航航母具有很大的缺点，特别是在当时最大的单引擎飞机——格鲁曼反潜攻击机的使用过程中暴露无遗。CVE-105的设计航速只有19节，飞机起降严重依赖甲板风，在非战斗条件下，白天要求风速22节，夜间要求26节。为保证飞机正常起降，航速至少需要提到26节以上，斜角甲板是解决航速不足的有效手段，并在安提坦号上得到验证。1953年4月，大西洋舰队第18航母编队指挥官抱怨，在一次演习中因甲板风不足，飞机无法起飞的禁飞期相当之长。反潜攻击机在护航航母上降落，更加危险，每一次都是对飞行员和降落安全官的巨大考验。由于反潜攻击机太少，再加上航空保障条件简陋，反潜持续作战时间不超过48小时。

对此，有三种应对办法：一是重新设计建造；二是充分利用已有的埃塞克斯级航母，最终被采用；三是进一步改造护航航母。核心问题是航母的数量，虽然二战期间就已建立反潜部队，但战后一艘未造，只能通过改装挖潜，勉强应对异常严峻的反潜形势。埃塞克斯级最多只能搭载9架反潜攻击机；105级护航航母虽有23艘，但性能太差，只改装了4艘，还未经过充分验证。为解燃眉之急，航母指挥官、航空兵、大西洋舰队强烈呼吁，要求加快改装进程。

舰船局提出两种改装方案：

方案一是新设1个加强的斜角甲板，在斜角甲板上安装H-4C型弹射器，舰艏的H-2-1型弹射器升级为H-4B型，能够起降23 000磅的飞机；将中心线升降机移到右舷甲板边缘；

第 16 章 战后反潜（ASW）航空母舰发展

▲ 1950年7月28日，重新投入使用的轻型航空母舰巴丹号抵达圣地亚哥，为朝鲜战区装载飞机。在这张照片中，航空母舰配有一些新雷达（前桅有一个SPS-6B和一个SG-6）和新的船对空通信天线（取代了以前位于烟囱之间的主航空探测天线）。但是改良是有限的，未包括1950年被称为"航空母舰反潜作战重要辅助装备"的无线电和雷达测向仪。现在舰尾的F-1狂怒战斗机已过时。

▲ 经过反潜能力提升的全面改装后，巴丹号（上方和面层）拥有了标准的两层舰桥，以及2个（而非其先前的4个）上升烟道。这些照片未注明日期，但对巴丹号进行的反潜改装似乎发生在1951年后期。但是，它仅在朝鲜战争期间执行常规空袭任务，在战争结束时退役。甲板上的飞机似乎是格鲁曼AF守护者，主桅上载有HF/DF天线。

货舱上部铺设甲板，货物载重量从 9 360 吨降至 6 070 吨，为进行重量补偿，增加约 200 吨的固定压载，火炮由 11 门减至 6 门（3 英寸 /50 倍口径）。

方案二在方案一的基础上，将航速提高到 24 节，舰艏加长到 30 英尺；安装萨姆纳（Sumner）级锅炉和带有新型减速齿轮的克利夫兰（Cleveland）级变速系统；岸基储备 2 艘航母的备件。

经测算，方案一改装花费 1 300 万美元，驻厂时间 12 个月；方案二为提高航速需要再增加 900 万美元，驻厂时间增加 6 个月，交付周期分别是 12 个月和 18 个月。

舰船局认为改装成本过高，开始新型护航航母 SCB-43 的设计工作，要求提高 1 节航速，能够搭载 30 架 S2F 飞机，较 CVE-105 增加 12 架，燃油储备从 CVE-105 的 168 万加仑

▲ 人们对小飞艇的使用有很多考虑。战后反潜的一个主要特点是：飞艇与护航部队结合使用。这一架飞艇在1949年4月12日固定于西西里岛号护航舰上；独特的飞行甲板标记可能是为了辅助小飞艇驾驶员。这艘舰基本上是战时配置，高桅顶载有HF/DF天线。

增加到200万加仑，建造成本6 000万美元。

海军希望1952或1953财年能够批准新造护航航母SCB-43（1948财年曾提出SCB-8项目）。1950年3月开始设计准备工作；1950年7月，SCB-43成本减少到5 300万美元。相比之下，大型攻击型航母福莱斯特级造价1.5亿美元。SCB-43作为一型低成本航母，最终确定搭载30架飞机（格鲁曼S-2F）、航速25节，采用蒸汽动力，17节时的续航力为8 200海里（后增加到8 400海里），可储存200万加仑舰用燃油和230 000加仑航空汽油，安装2部弹射器。当时，总委员会认为护航航母满载排水量应控制到14 000~25 000吨，飞行甲板600×85英尺，机库净高度17.6英尺（等同于二战时航母机库净高度）。

初始设计只考虑储存反潜弹药；随着设计深入，增加了航空弹药，包括新一代低阻力炸弹，能够向海军陆战队提供近距离空中支援，机型增加到"天袭者"轰炸机、女妖战斗机和黑豹喷气式战斗机，要求连续作战10天，每天为40架次作战飞行提供414.9吨弹药。考虑到1955年可能研制出更高性能的喷气式飞机（如弯刀和魔鬼），1953年弹药贮存要求调整为连续作战5天，每天为50架次作战飞行提供386.6吨弹药，其中只有5英寸火箭弹可在近距离空中支援和反潜中通用。

1950年10月，舰船局（代码512）对护航航母与常规攻击型航母的作战使命任务进行了对比分析。无论是改装还是新造，反潜航母必须全天候作战，24小时连续运行，这是反潜航母作战的常态，而攻击型航母只要具备24小时作战的能力即可。

依据当时的作战概念，反潜作战分成3个搜索组，每组含2架飞机，交替升空，全天候作战；每组飞行时间大约为3小时，在空中交接；当第一组投入反潜时，后续每个搜索组可以只有1架飞机，3个搜索组可以共用2架飞机。CVE-105护航航母搭载约12架反潜飞机，如长时间执行反潜搜索，必须增加飞机的数量。

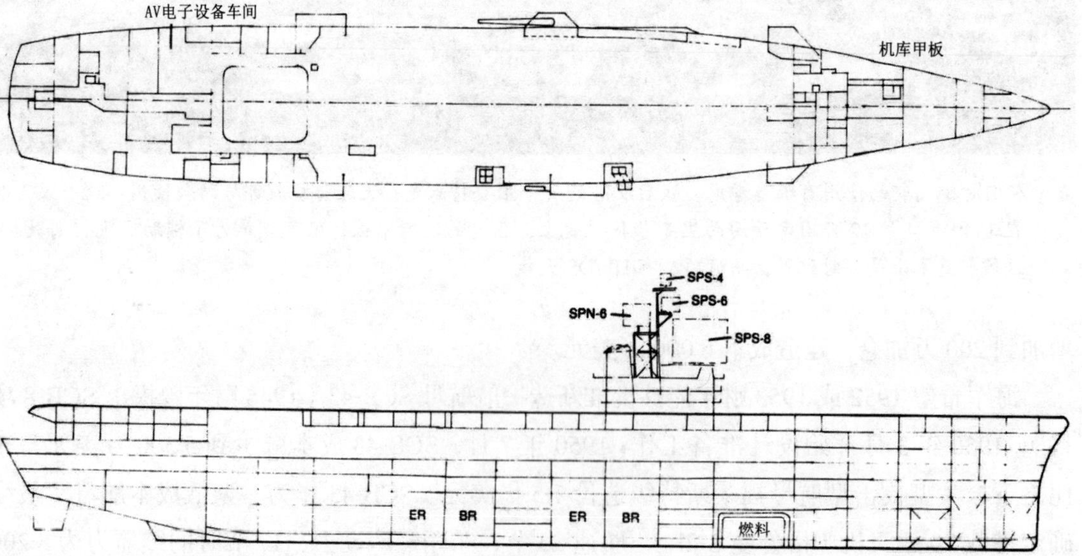

▲ 方案10B：1952年6月25日，一艘反潜航空母舰（护航航空母舰）展示了飞行甲板、船尾下甲板和机库甲板。

在猎杀战斗编组中，反潜航母居于核心地位，全天候反潜作战要求配备CCA雷达系统、1个主动声呐和1个被动声呐、1个加强的指挥调度控制部门，以及相应的舱室和居住条件；甲板作业、动力和军械保障人员三班倒，还需为护航驱逐舰提供燃油保障。为保证指挥控制不间断，至少需要2架飞机在离舰1 000英尺高度、超过65海里的范围内连续盘旋。高价值的电子设备构成反潜航母建造成本的主体。

1950年，SCB-43初步设计合同授予纽波特纽斯，这是1953财年签订建造合同的前奏。由于纽波特纽斯还承担建造福莱斯特级航母，并负责福莱斯特级的详细施工设计，SCB-43的初步设计必须于1951年10月完成。随着设计工作展开，发现这一计划过于乐观。1952年2月，SCB-43设计排水量为15 000吨（标准），配置双轴齿轮涡轮机，试航速度26.5节、持续航行速度25节；配置6门双联炮、6门3英寸/50倍口径速射炮；2部升降机，1个位于前部甲板边缘，1个位于后部中心线；2部H-4B弹射器靠近舰艏。

1952年7月，SCB-43满载排水量达到25 800吨，水线长度612英尺（原设计600英尺），尝试了不同的设计方案，其中一种带有斜角甲板，布置2部H-4B弹射器（同埃塞克斯级）。1952年12月，按照海军作战部长的要求，舰船局调研了1艘带有类似斜角甲板的航海者货船，如果再增加2台600千瓦的船用涡轮发电机，这型船完全可以作为备选，虽然航速只有20.5节，比新设计的护航航母慢很多，但其甲板面能够加装1部C-11型蒸汽弹射器，可以起降S2F飞机，改装后舰用燃油减少91万加仑（SCB-43减少200万加仑，CVE-105减少241万加仑），改装成本约为3 300万美元。

舰船局还调研了AO143-（尼奥肖）级舰队油水补给船，这种船航速更慢，只有19.5节，但排水量巨大，空载为17 825吨（Mariner货船空载为14 027吨，SCB-43空载为15 000吨），满载为35 900吨（Mariner货船满载为21 000吨，SCB-43满载为22 000吨）。作为一艘油船，AO143-（尼奥肖）能够储存406万加仑舰用燃油，可加装1部C-11型蒸汽弹射器，改装成本约为3 800万美元，远低于6 000万美元的SCB-43。舰船局评论说，"虽然供比较的船型较多，但真正可用的不多"。

舰船局还提供了更加小型化的设计方案2/53型，与SCB-43相比，其搭载的S2F由30架减少到20架（16架S2F和4架F4D），军官由200名减少到170名，士兵由1 150名减少到1 110名，建造成本由6 950万美元减少到6 810万美元。如果安装H 4B型弹射器，水线长度可从612英尺减至550英尺。但为了搭载喷气式战斗机（F4D），必须安装蒸汽弹射器。如果船体能进一步扩大，可以搭载24架S2F和6架F4D。

1953 财年取消了新造护航航母计划，资金转入到攻击型航母萨拉托加号。1954 年 4 月，海军作战部副部长（主管航空）、舰队司令 R. A. 奥夫斯蒂建议取消 SCB-43，因为无法起降喷气式飞机，也无法提供近距离空中支援，并认为已有的护航航母尽管老旧、问题多，但足以支持海上反潜行动。舰队司令虽然建议继续相关研究，但这一决议形成的备忘录，标志着战后护航航母发展走到了尽头。

埃塞克斯级航母是二战的重要遗产，在 SCB-27A 和 27C 项目推进下，用于执行多样化的辅助任务。1952 年 5 月，航母第 17 特遣大队指挥官 H. E. 里根提议，将埃塞克斯级统统用于反潜作战，得到舰队司令拉德福德批准。1952 年末，在加利福尼亚海岸的一次猎杀演习中，福谷号表现出色，能够搭载 2 个 S2F 中队，起降大型 AF 攻击机，且不受甲板风速的限制。1953 年 3 月，美国海军陆战队质询反潜作战的概念；1953 年 8 月 8 日，5 艘航母被指

▲ 西波涅在 1956 年 2 月 3 日拍摄的这张照片中展示了标准的新反潜舰岛。大型空中搜索雷达是 SPS-6B，桅顶安装有 HF/DF 天线，正下方雷达天线罩内有 UHF/DF 天线。此时，护航航空母舰为此拆卸了大部分炮位：注意空舰艏位置和射束炮筒的空缺。

第 16 章 战后反潜（ASW）航空母舰发展

▲ 1955 年 6 月 23 日，在其战斗生涯接近尾声时，克鲁兹角号证明了其能搭载双引擎格鲁曼 S2F 号（后来的 S-2）跟踪器"单包"反潜机。尽管 S2F 最初设计的是搭载科芒斯曼特湾上级，但几乎总是由改装的埃塞克斯级航空母舰搭载，之后的型号则不能在较小的舰上起降。从飞行甲板尾端可以看见舰对空天线，可能是为护航舰加油的软管——科芒斯特湾在一定程度上由于其巨大的货物燃料容量而很有价值，因它是由油轮改装的。克鲁兹角号本身在 1965 年 8—9 月作为军事海上运输服务的民用载人飞机运输工具得以重新启用。

定为反潜航母（用于近距离空中支援和反潜作战）；1954 年 1 月 1 日之后，增加到 7 艘，同期启航湾护航航母逐步退出现役。

7 艘服役中的埃塞克斯级航母均被定义为反潜航母后，1956 年 11 月 1 日，SCB-27A 现代化改装计划首先从黄蜂号开始，1959 年拳师号和普林斯顿号、1961 年福谷号相继被改装成海上直升机航母（见第 17 章）；另外 4 艘直到朝鲜战争结束之后，才于 1959—1960 年完成改装（1961 年用于训练的安提坦号航母除外）。

1960 年，典型的反潜航母战术是 4 架 S2F 在空中待命，进行连续的声呐浮标搜索，另外 2 架分别进行雷达搜索和反干扰搜索，共需 6 架 S2F 覆盖被搜索的海域；或者 4 架直升机在空中待命搜索，共需 20 架直升机覆盖被搜索的海域。通常，1 艘反潜航母配属 8 艘驱逐舰，4 艘用于近距离掩护，防止被潜艇穿越；4 艘用于远程探测。埃塞克斯级改装前，携带的舰用燃油可以保障航母及配属舰只航行 12 天，航空汽油可以支持 S2F 连续作战 8 天，并可搭载 HSS-2 直升机；改装后，降低了舰用燃油储量，增加了航空燃料，如伦道夫号改装后只能保障自身及配属舰只航行 10 天、活塞发动机飞机连续作战 12 天或直升机作战 21 天。执行远洋作战任务的驱逐舰，每艘配有 1 架 S2F，负责空中联络。声呐浮标技术（如耶洗别）的改进，增加了搜索半径，提高了 S2F 反潜作战能力。特遣大队指挥官阿尔法建议，将空中待命的飞机增加到 8 架，这样连续搜索共需要 32 架飞机。随着垂直短距起降飞机的

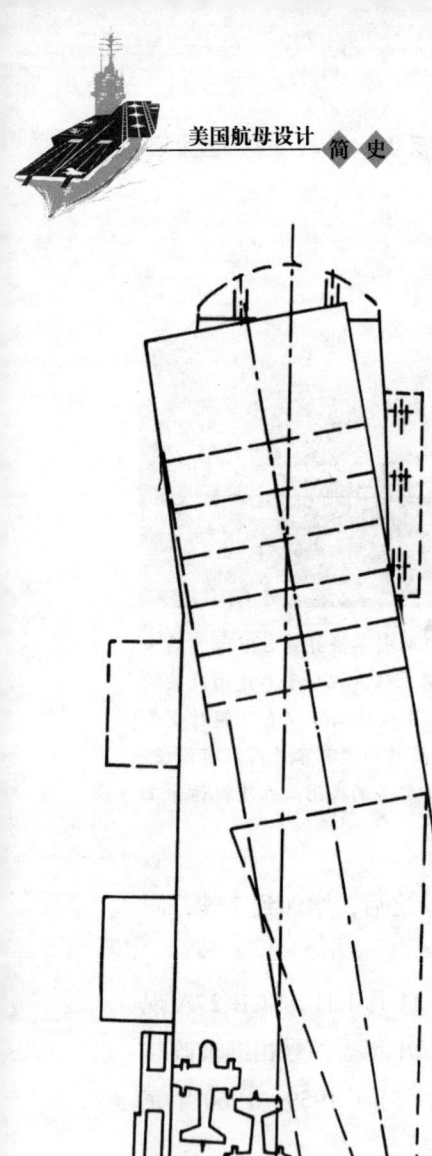

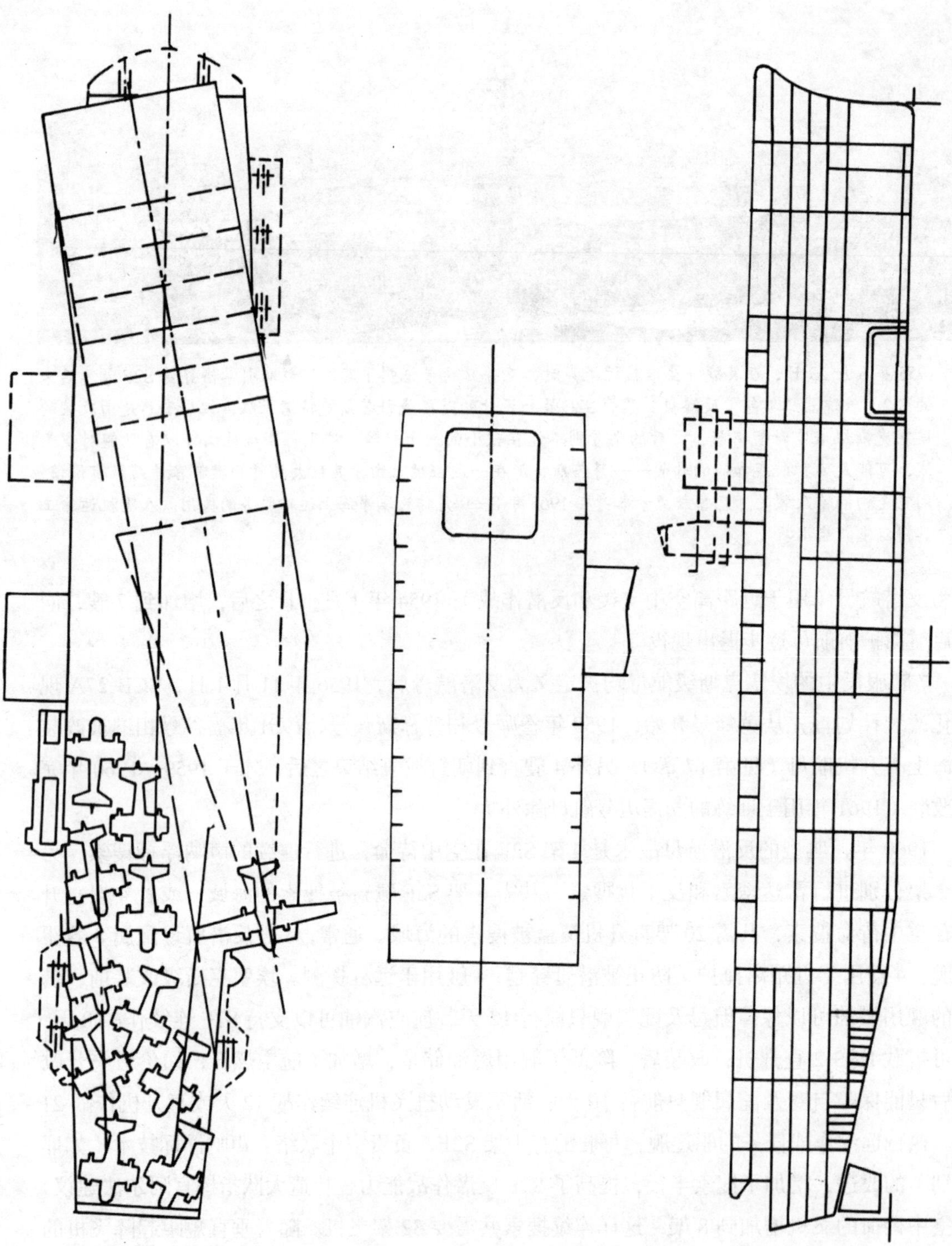

▲ 方案 3a: 护航级航空母舰 2/53,1953 年 3 月,带倾斜甲板,展示了甲板上的 S2F 反潜机。这些舰炮是 3 英寸/50 倍口径的双管炮。

发展，有取代 S2F 和直升机的趋势，1 架垂直短距起降飞机可等同于 2 架直升机。1 艘反潜航母约需要 40 架垂直短距起降飞机，其他替代机型还包括钟声 D2022、麦克唐纳 113P 和伏尔托 116。

新型声呐浮标要求更高的数据传输速率，这完全超出了格鲁曼 S2F 的能力。太平洋舰队指出，已有的反潜作战分析中心（ASCAC）已经跟不上反潜作战的步伐。1961 年，在约克城号和本宁顿号上测试了新的系统；1964 年 11 月，美国海军作战部长批准重新设计反潜识别和分析中心的 4 个分系统，当时每个舰队有 2 个反潜识别和分析中心，1 个布置在反潜航母上，1 个布置在岸基，大西洋舰队的伦道夫号是第一艘升级的反潜航母。在圣地亚哥，还研发了类似海军战术指导系统的反潜指挥和控制系统（ASWSCC），首先安装在黄蜂号航母、沃格和科尔施号护卫舰上。这是 NTDS 概念在反潜战中的应用，越战的爆发延缓了 ASWSCC 的发展进程。

航母反潜的又一重大革新，是在舰艇增设了用于自卫的大型声呐系统 SQS-23（原型机是伦道夫）。中速航行时，能够有效扩大对敌方潜艇，特别是高速（噪音）、安静型（缓慢）鱼雷的探测距离，增加反应时间，躲避鱼雷攻击。黄蜂号运用实践，证明了舰艇声呐的价值。由于舰艇声呐安装在水下更深的部位，再加上航母固有的稳性，探测距离远超驱逐舰中的同类声呐。演习表明，核潜艇能够有效避开驱逐舰，但难以躲避航母的探测。在 1964 年反潜演习中，黄蜂号成功探测到穿越海水跃层的潜艇，在 7 000 多码的距离保持跟踪。而之前，这艘潜艇成功躲过了反潜飞机和驱逐舰的搜索。1962 年 6 月，2 个大洋的舰队反潜指挥官要求在 1964 财年，为反潜航母加装可变深声呐系统（VDS）。潜艇即使隐藏在航母的尾迹下，也逃不过 VDS，因此加装 VDS 十分必要。1964 年，黄蜂号指挥官提出，所有航母都应配备声呐和反潜武器，他认为 VDS 优于舰艇声呐，特别对于易受攻击的反潜航母更为重要。核潜艇突然加速逃逸，往往使反潜飞机或水面舰艇措手不及，有效的应对手段是阿斯洛克短程弹道式反潜导弹。但是，VDS 和 ASROC 都遭到否决。英国皇家海军设计的超视距反潜武器伊卡拉，也遭遇同样的命运，但英国航母都配备了大型反潜声呐。

20 世纪 50 年代末，二战时建造的埃塞克斯级航母和大多数同时代的驱逐舰一样破旧不堪。1958 年，舰队战备特别委员会提出延寿计划 FRAM（舰队修复和现代化计划），但受到越战的影响。更为严格的 FRAM II 计划要求经过延寿的航母和驱逐舰，在给定寿命耗尽前不准替换。1961 财年（1960 年 10 月至 1961 年 3 月），伦道夫号成为执行 FRAM 计划的第一艘航母，舰艇安装了 SQS-23，作战指挥中心增加了 Iconorama 战术显示器，改进了动力控制单元，增加了数据链路，能够搭载装有 APS-82 雷达的新型 WF-IB AEW 飞机。之后，共

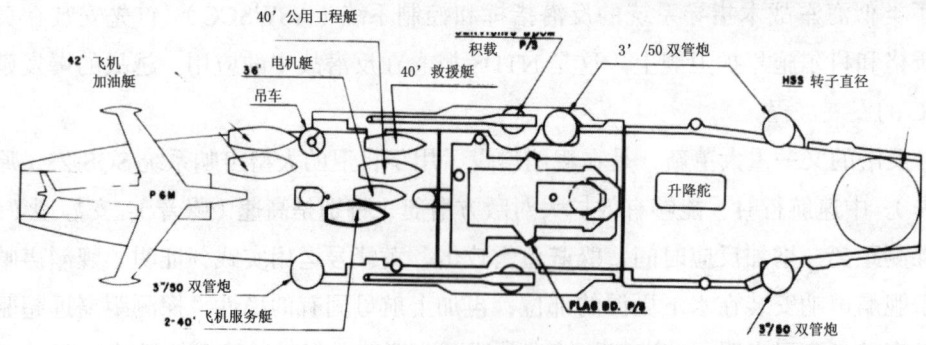

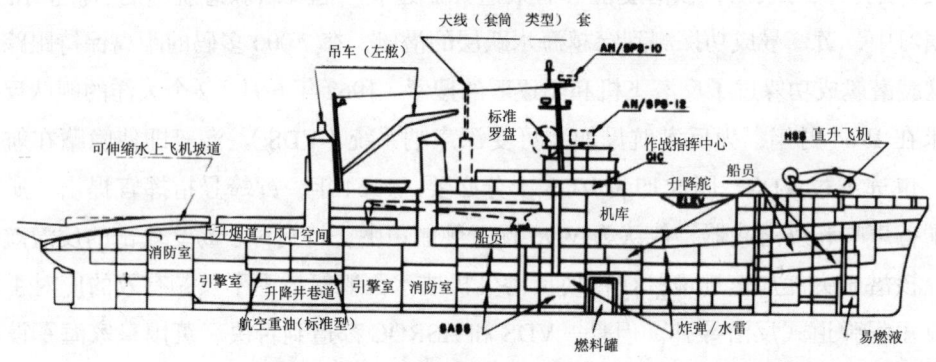

▲ 20世纪50年代中期,面临退役的科芒斯特湾级护航航母,船体和机械设备还有很长的剩余寿命,有人提议改装为水上飞机维修保障船,列入1958财年计划(SCB-176)。之前,针对新型P6M喷气式水上飞机轰炸机,已经改装了2艘水上飞机维修保障船,分别是1956财年的阿尔伯马尔号和1957财年的咖哩号。因为P6M太重,无法直接吊上航母,CVE-105护航航母改装方案,主要是增设2个水上飞机维修吊杆,在舰尾加装回收坡道,并要求储存JP-5航空燃料1 100 000加仑、航空汽油45 000加仑、常规弹药900吨、核武器80吨。改装后,能搭载6架HSS直升机,容纳570名空勤人员,改装成本2 900万美元。相比,柯里塔克号能储存307 000加仑JP-5、400吨常规弹药、70吨核武器、283 000加仑航空汽油;阿尔伯马尔号能容纳470名空勤人员,改装成本1 400万美元,而新造成本为7 000万美元。后来,为平衡北极星导弹计划的预算,这一改装计划随同P6M飞机项目一同被取消。

有 7 艘航母延寿，包括 1962 财年的 CVS-9 和 CVS-33，1963 财年的 CVS-20，1965 财年的 CVS-11、CVS-12 和 CVS-18。1966 财年的 CVS-10 约克城和 CVS-11 勇猛号是仅有的 2 艘 SCB-27C。

20 世纪 50 年代和 60 年代，二战航母大量退役，为新造航母提供了吨位，亟须新设计一型 CVS。60 年代早期，CVV 呼之欲出，作为小型反潜航母的原型，颇具吸引力，但 70 年代中期胎死腹中。

CVV 航母的主尺度取决于飞行甲板，而飞行甲板又取决于舰载机。像幻影（Phantom）这样的高性能战斗机，必须要长冲程的 C-13 型弹射器，而 E-2AEW 等机型则可以使用短冲程的 C-11 型弹射器。1960 年，新研的 50 000 磅导弹手（F6D）战斗机，能挂载 6 枚远距空空导弹，尺寸、重量和速度超出以往各型飞机。从 F6D 的身上，能看到现代 F-14 的影子。面对飞机的迅猛发展，航母必将突破原有尺度和吨位，于是美国海军陷入了困惑，在飞机和航母之间反复摇摆，为发展小型航母，终于在 1960 年取消了导弹手项目，这是典型的削足适履。

其实，航母内部舱容对主尺度影响不大。相比攻击型航母，反潜航母弹药消耗量更少，弹库可以大幅缩减。当然，反潜航母必须储存大量航空燃料，并且只要有使用活塞发动机的 S2F，就不能取消航空汽油。20 世纪 60 年代中期，新型空中预警机 VSX 和 S-3A 投入使用后，终结了对航空汽油的需求，全部改为 JP-5。但是在 S-3A 设计之初，有人居然提出取消反潜作战分析中心（ASCAC）。

航母建造成本很大程度上还取决于电子设备的复杂程度。为提高探测能力，大型声呐、海军战术数据系统和全天候作战 CCA 雷达系统，以及防空导弹，包括远程 Terrier 和近程 Tartar 等，在成本中的占比越来越大。

1959 年 6 月，新设计方案基于 8 架战斗机（米西利埃战斗机或幻影战斗机）、20 架 S2F-3、16 架 HSS-2 直升机、4 架预警机（W2F-ls，后命名为 E-2AS）和 2 架救援直升机（HU2K-ls）组成的航空联队。新航母标准续航力 12 000 海里（20 节），最高航速 30 节，低于大多数舰队航母，但仍跟得上打击群的作战步伐。最初，设计配置 SPS-32 和 SPS-33 大型固定阵列式雷达（同企业号），舰艏的 SQS-23 声呐被 SQS-26 取代（改装后的埃塞克斯级通常配置 SQS-23），防空导弹为小猎犬（Terrier）。这种高端配置，使 CVS 的成本达到 2.22 亿美元。如果取消先进的雷达系统，可以节省 1 800 万美元；再取消小猎犬（Terrier），成本可降至 1.79 亿美元。最终为消减成本，续航力降到 8 000 海里（20 节），C-13 型弹射器改为 C-11 型，仍可弹射幻影飞机（见表 16-1）。

1960 年 12 月 31 日，美国海军作战部长要求深入论证新型 CVS 的可行性，并作为攻击型

表 16-1 选定的 CVS 研究方案

	FY 60 1960 年 4 月	方案 62 B 1962 年 1 月	方案 62 P Jan 1962	FY 66 1963 年 8 月	SCB-100.68 1963 年 9 月	SCB-100.71 1964 年 4 月	新 CVS 1967 年 3 月	新 CVS 1967 年 3 月
空载排水量（吨）	35 250	39 550	47 300	41 953	—	39 360	42 502	43 030
满载排水量（吨）	46 500	54 520	58 600	52 700	43 400	50 000	56 869	57 497
全长（ft）	900	900	950	850	860	815	—	—
吃水线长度（ft）	850	850	900	800	830	770	820	820
船宽（ft）	112	116	122	120	101	122	124	124
吃水（ft）	30.5	32	32	33.8	29.6	32	34	34
船深（ft）	—	85	—	—	—	92.2	—	—
搭载飞机	50	20 架 S-2，4 架 E1B	16 架 SH-3	50	20 架 S-2，16 架 SH-3，2 架 UH-2，1 架 C-2，4 架 E-2，4 架 A-44	47	42-52	42-52
舰载机起飞弹射装置	2 部 C-11-1	2 部 C-13	2 部 C-13	2 部 C-13	2 部 C-13	2 部 C-11	2 部 C-13	2 部 C-13
升降机	3	3	3	3	3	3	3	3
容量（lbs）	60 000	89 000	74 000	60 000	—	80 000	80 000	80 000
飞行甲板（ft）	900×170	900×200	—	850×170	860×190	—	—	—
机库高度（ft）	17.5	17.7	19	—	22	—	22	22
跑道（ft）	520	660	660	530	500	—	600	600
平均军械装载（吨）	535	1 200	1 200	500		600		
JP-5 燃油装载（吨）	1 600*	1 600	2 425 (800 000 gal)	—	(400 000 gal)	1 100†	3 031 (1 000 000 gal)	—
军备品（off/enl）	329/2 703	350/3 000	—	300/3 000	300/3 000	350/2 986	340/2 896	190 000
轴马力	180 000	212 000	54 000	140 000	135 000	140 000	150 000	190 000
速度（持续航速）（节）	30.3	31.2	—	28	28	28	28	30
船舶铺汽轮发电机（kw）	6 部 2 500	6 部 2 500	—	—	—	—	—	—
柴油发电机（kw）	2 部 1 000	2 部 1 000	—	—	—	—	—	—
军备	无	2 个小猎犬 8 个北极星	2 个小猎犬 8 个北极星	2 个拳击家	2 个鞑靼	2 个鞑靼	2 个鞑靼	—

* 加 750 吨航空汽油。
† 加 20 万加仑航空汽油。
‡ 加 500 吨航空汽油。

航母的备选方案。此时，导弹手项目已被取消，FY 60 中的 8 架导弹手被 24 架幻影取代，虽说每架导弹手最多可攻击 6 个目标，而幻影不超过 2 个，但幻影数量的大幅增加，提高了战术的灵活性，增强了防空应变能力。同时，小猎犬号也平衡了战斗机方案调整带来的冲击。

这种迷你型航母的突出特点，体现在弹射器和升降机配置上，舰艏和舷台的 2 部弹射器能够起飞幻影飞机（起飞重量为 59 000 磅），升降机载荷 65 000 磅，4 个导弹发射架配有 8 枚北极星导弹。北极星特别项目办公室为每一型舰船，都设计了安装草图，包括导弹护卫舰 DLG。防空导弹与武器升降机的配置紧密相关，武器升降机应靠近导弹发射架和弹射器。

需要指出的是，CVA-67 的紧凑型舷侧防护系统，对航母发展影响重大。但 1960 年，小型航母的设计还只能靠压缩油液舱，来满足其他系统的安装条件。

45 000～50 000 吨的航母虽然小，但为使装载的设备一应俱全，各个系统开始疯狂抢夺内部空间和重量分配，同时又要满足各系统设备安装，给设计带来了极大困难。并且，常规动力与核动力设计并行开展，后者基于 1957 年小型核动力航母方案（SCB-203）。方案 62A 动力设备受安装空间限制，总功率不足埃塞克斯级的 80%；方案 62B 要求总功率达到中途岛级的 212 000 轴马力，才能保证 31.2 节的最高航速；燃油的储量决定续航力的大小，按照 1960 财年设计方案，最多能储存 4 550 吨燃油，以及 2 350 吨航空燃料。

2 个核动力设计方案，都不能满足 30 节的航速要求。其中，方案 62N 为 42 600 吨，有 3 个核反应堆和 3 个升降机；3 个核反应堆更便宜、重量更小、系统更简单，反应堆的全长比（反应堆安装长度与全舰长度的比）也更小，不易被击中，但航速降低了 2 节；方案 62-P 为 47 300 吨，有 4 个核反应堆，增加了船长，舷侧可以多储存 9 万加仑 JP-5 燃料。

4 个设计草图的满载都突破了 50 000 吨上限，最小的 62A 为 53 170 吨，最大的 62P 为 58 600 吨；弹药和航空军械的贮存量为 1 200 吨，远少于攻击型航母，但高于最低可接受值。常规动力的两种设计方案，JP-5 最小储量为 1 600 吨，汽油为 800 吨；核动力设计方案，JP-5 储量受舷侧防护系统影响，方案 62N 为 5 100 吨，方案 62P 为 5 400 吨。

这些研究成果虽然令人鼓舞，但预算太紧，无法实施，相关研究只能继续。核动力方案始终没有大的改动，总功率约为福莱斯特级的一半，持续航速 28 节被勉强接受。1963 年 4 月 8 日，一型满载 52 700 吨（标准排水量 41 953 吨）的设计方案展现在世人面前，安装 2 部 C-13 型弹射器，搭载 50 架飞机和 2 377 吨（80 万加仑）航空燃料，航空弹药和军械降至 500 吨。采用独特的内部结构，60 英尺长的箱式装甲防护结构，将船体分隔成前后 2 个动力舱群，每个舱群包括 1 个 52 英尺的动力设备舱室和锅炉舱室，以及 1 个 30 英尺的辅助舱室。该方案作为 1966 至 1969 财年 CVS 新造项目成本和可行性研究的依据。

1963 年秋，改进版 SCB-100.68 1968 财年完成，为"减少舰岛引起的湍流及影响，参

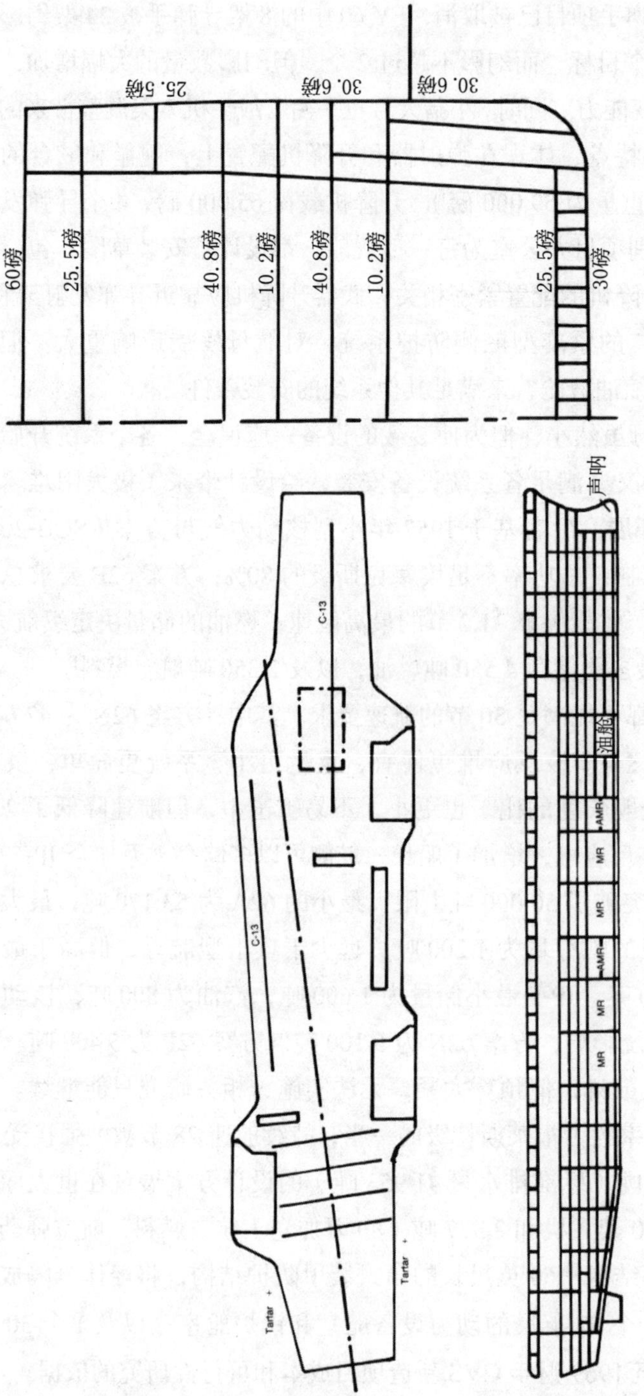

▲ SCB-100.68，1968 财年反潜航空母舰（CVS）设计草图。

照新型攻击航母，缩小了斜角甲板角度，优化了船长和横梁比例"；锅炉通过加压燃烧的方式改用 JP-5 燃料，续航超过 12 000 海里（20 节）；弹药和航空军械储存量可满足 1 个月反潜作战（ASW）要求；防空系统配备 2 套鞑靼，能够起降垂直短距起降飞机，计划 1970—1975 年服役。为保证 12 000 海里续航力，可供飞机使用的 JP-5 减至 36 万加仑，航空汽油减至 19 万加仑（用于直升机和 S2F，汽油舱可改作 JP-5 燃料舱）。随着飞机性能的进一步提高，满载排水量上升到 53 622 吨。为控制成本，忍痛放弃幻影，只搭载低性能飞机，这样 C-11 型弹射器也能满足要求，还可缩短着舰跑道，减小甲板面积。

然而致命的问题是，这型造价 2.35 亿美元的 CVS 任务不清晰，国防部长罗伯特·S. 麦克纳马拉始终搞不明白这些航母应被用于执行什么项目。VSTOL 技术的发展，似乎可以降低航母造价，更增加了不确定性。1963 年 10 月 1 日，在 SCB 会议上，OP-07 代表提出建造 7 000 万美元的垂直短距起降航母。此时，新型 CVS 的设计仍在继续，并且得到海军内部支持，重点是如何进一步减小主尺度和降低成本。1964 年，舰船局设计的方案 K 参照 SCB-27C 布局，弹射器改为 C-11 型，续航力降到 8 000 海里；配置 3 部升降机，1 部位于前中心线，靠近舰艏的 2 个弹射起飞位；取消舷台炮座，排水量仅 39 360 吨（轻型），水线长度 770 英尺（方案 62A 水线长度 850 英尺，埃塞克斯级水线长度 820 英尺）；航空贮存量由 2 425 吨降到 2 200 吨，包括 600 吨弹药和航空军械、1 100 吨 JP-5、500 吨汽油（改装后的埃塞克斯级航空储存量为 2 354 吨）；舰用燃油储量为 2 500 吨。1964 年 4 月，又产生了 SCB-100.71 设计方案，用于支持 1971 财年项目，与 SCB-100.68 相去甚远。如同早期的航母，新型 CVS 还将为护航舰只贮存弹药，包括鱼雷和反潜艇火箭等。

1967 年，对埃塞克斯级进行第二次现代化改装的提议被否决后，新型 CVS 的设计也行将末路。1968 财年计划项目是最后一针强心剂，提出设计 28-kt 和 30-kt 方案，能够搭载高性能飞机，配置 2 部 250 英尺长的 C-13 型弹射器；机库净高度按照 E-2A 增加到 22 英尺；JP-5 增加到 100 万加仑（3 031 吨），航空汽油 7 000 加仑，舰载飞机总重量 700 吨，弹药和航空军械维持在 600 吨。航母主尺度和型宽加大后，满载 57 497 吨（标准排水量 43 030 吨），最高航速 30 节，水线长度 820 英尺（同埃塞克斯级），20 节时续航力达到 12 000 海里（等同于攻击型航母），但航空弹药和军械储存量低于 SCB-27A 埃塞克斯级改装后的水平，只到 CVV 的 50%，不能承担攻击型航母作战任务。

新型 CVS 研究前后长达 8 年，尽管获得国防部长麦克纳马拉批准，纳入装备发展计划，但 20 世纪 60 年代末，对于反潜航母的军事需求却急剧下降，使 CVS 研究更加前途未卜。

1966财年，海军提议对最后一艘直通甲板CVS尚普兰湖号进行现代化改装，遭到国防部长麦克纳马拉和副部长赛勒斯·万斯的否决，原因是国防部对CVS的有效性产生了质疑，再加上S-2飞机不尽如人意。为平衡越南战争预算，CVS的规模减至7艘（大西洋号由5艘减少到3艘），后来又减至5艘，4艘长期部署在太平洋支援越南作战；4个CVS航空联队，标准配置是24架VSX、8架SH-3直升机和4架战斗机。

新型CVS的研制一波三折，人们的注意力开始转向对埃塞克斯级的改装。1965年5月，舰船局提交的方案能够压缩一半成本，只安装2个C-11型弹射器，通过加固，使SCB-125的升降机能够承受56 500磅载荷。1年后，经过成本估算，要使1艘CVS-10（SCB-125）完全达到CVA-19的标准，需要6 500万美元和40个月周期；而安装蒸汽弹射器的SCB-27C改装成本低廉，勇猛号只需2 800万美元，列克星敦号只需3 000万美元，周期都是30个月。20世纪50年代，SCB-27C正当重任，不可能进行这样的改装，而SCB-27A已经退出攻击型航母序列。1967年，国防部长批准研制S-3A飞机用于CVS，当时预判越南战争将于1970年结束，届时将有5艘SCB-27C（安装蒸汽弹射器）可用于改装，以取代7艘SCB-125用于执行CVS反潜任务。

1966年12月，美国海军作战部长/海军器材局研究组着手研究，将老旧航母延寿到20世纪80年代。为保持状态，这些航母每35个月要进行为期5个月的检修。要改装成反潜航母，必须加装专门的指挥和控制系统，特别是为保障S-3A，必须更新惯性导航系统、维修设施，淘汰航空汽油，增加JP-5储量，改善居住条件。

老旧航母延寿，最大的障碍是结构强度不足，风暴曾导致埃塞克斯级主（机库）甲板结构损坏。解决的办法是重构第二层甲板以上部分，将飞行甲板改成加强型甲板，但随之而来的问题是顶部重量过大，不得不放弃，改为加强主甲板下面的纵桁。这让人不无忧虑，担心如此大动干戈，增加强度，会突破吨位的限制。除此之外，木质飞行甲板老化严重，难以维修，必须拆除，换成铝包山核桃木。

为提高全天候作战能力，还必须改装着舰引导系统，增加自动化引导设备和卫星通信设备，在舰岛后方树立新的桅杆和天线；为改善居住条件，需要加装6个200吨的空调机组；为满足高性能飞机上舰要求，需增加新的飞机维修设施，淘汰航空汽油，JP-5增加到76万加仑；为扩容电力系统，需将4台1 500千瓦汽轮发电机升级为2 500千瓦机组，配备2台1 000千瓦应急柴油发电机。改装工程使排水量增加，持续航速降至28.8节，涉及航母全系统和整个船体结构，虽不甚满意，但也可行，"通过现代化改装，可以将埃塞克斯级服役期限延长到20世纪80年代，并能执行有限攻击任务"。

1967—1968 年，CVS 在地中海部署，由于越战延长，国防预算吃紧，不足以维持 CVS 的规模。1969 年 10 月，提康德罗加号在长滩成为最后 1 艘改装的航母。1970 年底，第六舰队认为：CVS 已不能胜任反潜作战任务。1972 年夏天，提康德罗加号最后一次参加西太平洋作战行动。退役后的 3 艘 CVS，仍留在大西洋。勇猛号被轻型攻击型航母香格里拉号取代后，1971—1972 年又曾在地中海部署 2 次；1972 年 11 月，它作为多功能"小型 CV"再次被部署，是最后 1 艘在大西洋执行反潜任务的航母，并接替萨拉托加号参加了越战，为 CVS 的时代拉下序幕。

海军上将朱姆沃尔特（时任美国海军作战部长）决心阻止美国海军力量的衰退，大力倡导发展小型 ASW 反潜支援舰（SCS），用以代替 CVS。海军上将霍洛威（后任海军作战部长）则建议改装大型攻击型航母，搭载足够数量的空中预警机，提高海上防御能力，并执行 CVS 反潜护航任务。1969 年至 1970 年，部署在大西洋的 2 艘攻击型航母福莱斯特号和萨拉托加号，各增加半个中队的 ASW 反潜直升机（其他战斗机数量不变），大约包括 20 架 S-2E 和 8 架 SH-3D，其运行维护费用接近 4 架战斗机、4 架攻击型轰炸机（A-7）和 4 架重型侦察机。

1970 年 8 月 27 日，朱姆沃尔特上将下达了第 60 号项目第 9 号决定，对萨拉托加号进行改装，要求 1971 年 6 月部署到地中海，能够搭载 S-2 和 SH-3；1972 年 6 月 31 日，继续改装了第二艘，加装了反潜作战活动中心，改造了航空汽油舱、反潜鱼雷舱、声呐浮标舱和反潜作战准备室，设备改装费用 500 万美元，船体结构改装费用 240 万美元，周期 3 个月。改装后，由攻击型航母 CVA 变为多功能航母 CV，航空联队不仅配属攻击机，还配属预警机等多种辅助机型，综合作战能力大幅提高。计划 1977 财年之前完成所有大型航母的改装，但是，不能将大型航母主要用于低空、中威胁区反潜，此类任务更适合于低成本的反潜航母。

约翰·F. 肯尼迪号是第一艘配属全喷气式（S-3As）航空联队的航母。S-3A 取代 S-2 后，摆脱了对航空汽油和反潜作战活动中心的依赖。F-14 战斗机上舰，则需要更新惯性导航系统、维修设施（VAST）和战术支持中心。战术支持中心用于 S-3A 声学数据的实时传输和处理，还负责计算机程序维护。

自 20 世纪 50 年代初，ASW 直升机被用于探测敌方潜艇，并能同己方潜艇保持联络。它能直接从驱逐舰起飞，采用主动（近程）声呐搜索，使驱逐舰避开危险区。潜艇能用鱼雷攻击驱逐舰，但不能攻击直升机。1959 年，远程目标（LRO）小组提出新型驱逐舰的目标图像，即巡逻护航舰或巡逻驱逐舰，能够保障 6 架直升机执行"冷战之旅"反潜任务。但驱逐舰更适宜执行多任务，巡逻护航舰最终被放弃。一直以来，水面 ASW 反潜作战舰艇和带有主动声呐的 ASW 直升机，被认为是强有力的反潜组合。

经过 10 年发展，苏联先进的静音潜艇对水下监听系统被动声呐构成严重威胁，屡屡突破 SOSUS 的防线，迫使美国海军不得不重新审视和加强反潜战术。1969 年，LRO-81（该项目组的最后一项研究成果）提出小型直升机航母概念，有两种方案：一是护航航母 CVHE，即改良的科芒斯特湾号；二是新造一型 12 000～14 000 吨的 DHK，航速 30 节，搭载 12 架先进 ASW 直升机，配有声呐浮标或拖曳式声呐。LRO 曾设想新造 14 艘 DHK 或改造 15 艘 CVHE，DHK 由于缺乏有效的武器系统，不能像驱逐舰那样执行多种任务，CVHE 可以执行两栖作战和海上补给任务。

理论上，直升机航母可以取代最后所剩的 6 艘 CVS，将 CVS 上的 S-3 转移到岸基，更新早期的 P-3 型飞机。1 艘直升机航母约能顶替 2～3 艘驱逐舰，能够在空中保持 2 架 ASW 直升机反潜，并使用被动拖曳式阵列声呐，对抗敌方试图高速穿越的潜艇。但是，直升机航母要兼顾驱逐舰的作战功能，就必须直接面对敌方舰艇，保护己方编队和广大区域，如此就需要大量的 DHK/CVHE，这是 LRO-81 始料不及的。

朱姆沃尔特上将虽不是 LRO-81 远程目标（LRO）小组成员，但作为海军武器系统部门负责人，他很清楚直升机航母意味着什么。1970 年当他成为美国海军作战部长后，为扭转美国海军的颓势，立即着手整合先进技术，其中之一，就是将驱逐舰改造成 LAMPS ASW 直升机母舰，为护航编队提供持续的空中巡逻和警戒。这一构想最初由海军发展部部长汤姆·D. 戴维斯（Tom D.Davies）少将提出，该型舰将完全依靠直升机进攻和防御。1971 年，太平洋舰队指挥官 E. P. 欧雷德上将提议，将 ASW 直升机集中到 1 艘母舰上，能保持 1 架，最好是 2 架持续留在空中，这意味着 15 000 吨的母舰至少要有 6 架直升机，后来增至 12 架直升机。后来确立的航空联队，包括 12～14 架直升机和 3～4 架垂直短距起降战斗机，后者主要在北大西洋低空、中威胁区执行防空任务（"反熊任务"）。

朱姆沃尔特上将曾设想：在航母到达作战区域之前，海上最多可能会有 20 艘护航舰只需要空中支援，由此提出了制海舰概念，限额 1 亿美元，大约是全尺寸航母建造成本的 1/8；机库足够容纳大部分飞机，类似两栖攻击舰（LPH）。制海舰于 1970 年 9 月开始设计（临时编号为 DH），先后提出 15 种方案：从 8 400 吨，配备 10 架 SH3D 直升机和 1 台单轴 15 000 轴马力汽轮机，到 21 850 吨，配备 20 架 CH53、4 架 LAMPS、5 架 AV-8 垂直短距飞机、2 个捕鲸叉导弹发射架、2 个海麻雀（Sea Sparrow）发射架和 720 英尺长的汽轮机。11 月，又提交了四个方案：一是 8 400 吨方案；二是 11 230 吨方案，配备 6 架 SH-3、6 架垂直短距飞机、1 门 3 英寸火炮和双轴 70 000 轴马力汽轮机；三是 15 160 吨方案，配备 15 架 SH-3、6 架垂直短距飞机、1 个捕鲸叉发射架和 2 个"海麻雀"（Sea Sparrow）发射架、1个双轴69 000轴马力汽轮机；四是21 480吨方案，配备20架CH-53、4架LAMPS、5架垂直短距飞机、2个捕鲸叉发射架和2个"海麻雀"（Sea Sparrow）发射架，以及双轴46 000轴马力汽轮机。

最初的设计草图未采用燃气轮机推进，也没有标明武器系统的配置，但通常2万吨以上的舰船都配备2个捕鲸叉发射架，次一级的要配备2个"海麻雀"（Sea Sparrow）发射架；机库净高设定为20英尺。11 230吨的方案被选中开展后续设计，1个升降机在舰岛右后方，另1个在舰岛侧方，封闭式机库在舰岛正前方，没有水下防护；为应对水下攻击，消防系统和交流发电机组配置在一起；垂直短距飞机从舰岛后方飞行甲板起飞，大约滑跑320英尺后升空。

1971年5月，制海舰项目正式立项。1972年1月，完成初步设计（见表16-2），具有中型航母的典型特征，配备了LM-2 500燃气轮机，近程防御武器系统只配备密集阵近防炮，取消了火炮。按照1975财年预算，首舰建造成本1.75亿美元，后续舰1.17亿美元；1975财年建造1艘，1976财年建造3艘，1977财年和1978财年各建造1艘，共建造8艘，总建造费用相当于1艘大型航母。前期设计经费在1972和1973财年拨付，海军要求1974财年预拨2 940万美元。

表16-2 搭载垂直短距起降飞机的舰艇

	制海舰（SCS）	VSS I	VSS II	VSS III
空载排水量（吨）	9 773	15 210	17 380	20 116
满载排水量（吨）	13 736	22 490	26 334	29 130
全长（英尺-英寸）	610	—	717-0	717-0
吃水线长（英尺-英寸）	585	69-0	690-0	690-0
船宽（主体/扩展）	80	98.45/133.5	105.7/166.5	109.2/178.0
草图（满载）（英尺-英寸）	21.62-0	23.23-0	24-5	25.3-0
纵深（英尺-英寸）	67.5-0	73.50-0	77-1	77-1
轴马力	45 000	90 000	90 000	90 000
速度（节）	26（24.5持续航速）	28持续航速	—	—
近程防御武器系统	2	2	2	2
捕鲸叉导弹弹筒	—	2	2	2
舰载机	3架AV-8A 2架LAMPS 14架SH-3	4架AV-8A 6架LAMPS 16架SH-53	4架AV-8B 6架LAMPS III 16架SH-53	
飞行甲板	545×105	655×133.5		
机库高度（英尺）	19.0	19.0	20.1	20.1

（续表）

	制海舰（SCS）	VSS I	VSS II	VSS III
升降机（英尺）	1部60×30 1部35×50	1部60×30 1部35×49.3	2部45×45	2部45×45
容量（lbs）	60 000	60 000	85 000	85 000
JP-5（装载）	950	1 140	2 791	—
平均军械（吨）	180	—	292	
LM-2500燃气轮机	2	4	4	4
SSG（GT）	3 2500	5 2500	5 2500	5 2500
军备品				
舰艇	76/624	30/446	44/636	49/910
航空		79/49 2	79/492	87/541

制海舰配属于护航编队，统一行动，负责对佩里（FFG-7）级海上护航舰只进行支援。一旦护卫舰拖曳式阵列声呐探测到潜艇，制海舰上的反潜直升机立即实施定位和攻击，垂直短距起降战斗机负责100海里范围内的防空，护卫舰上的标准导弹系统协防。为对抗苏联"熊式D型"潜艇远程反舰巡航导弹，超视距目标定位就显得异常重要。制海舰航空联队编配11架ASW直升机、3架预警机、3架垂直短距战斗机。在反潜作战中，持续保持2架ASW和1架预警机空中待命；2架直升机（SH-53）和1架垂直短距起降（AV-8A）在飞行甲板待命，SH-53机翼展开，AV-8A起飞通道畅通，可随时拦截来袭飞机，突袭潜艇联络点；飞行甲板和机库甲板要同时满足垂直短距起降ASW/AEW飞机调运和起降作业。垂直短距起降还用于在护航编队侧翼投放声呐浮标，直升机负责遮蔽和掩护。

但是，在海军航空界素有影响力的里科弗上将，却完全不接受制海舰的概念，他认为垂直短距起降飞机将损伤航母甲板面，很危险。尽管朱姆沃尔特上将据理力争，指出制海舰并不是要取代现有航母。国会经过激烈辩论后还是否决了制海舰，取消1975财年1.43亿美元的预算，理由是国防部质疑制海舰在潜射鱼雷和巡航导弹攻击下的生命力。1974财年已安排的2 940万美元，也被用于研究低成本常规航母，即CVV的原型。制海舰研究成果被转让给西班牙，1979年10月8日，西班牙成功建造了阿斯图里亚斯亲王号。朱姆沃尔特上将把这一切归咎于里科弗上将。

差不多同一时期，对制海舰作战概念进行了海上测试。1971年评估认为，最好的方案是改装科芒斯特湾级护航航母，但代价太大，仅动力系统和船体改造就要7 300万美元；其次是建造直升机航母。1971年10月—1972年1月，选定关岛号进行试验，加装了ASW传感器分析系统以及航母战术支援中心,升级了飞机控制、引导系统,改进了维修设施,航空联队出 SH-3G 海王直升机和 AV-8A 垂直短距战斗机组成。试验持续到 1974 年 4 月,尽管 SH-3 直升机运行发生了较大问题,但试验总体取得了成功。只是,测试和评估人员质疑 2 个声呐浮标能否满足 15 天持续任务要求。审计总局也怀疑:ASW 直升机和 VSTOL 战斗机虽然先进,但作战半径相差太大,部署在同一艘航母上是否合理。朱姆沃尔特上将被迫决定,取消了 1975 财年中改装关岛号的预算。

朱姆沃尔特(Zumwalt)上将的继任者詹姆斯·L. 霍洛韦三世(James L.Holloway III),提议建造一型尺度更大、功能更强的反潜航母,并提出在 21 世纪初,过渡到全垂直短距起降航母 VSS(垂直短距飞机航母)。相比于制海舰,VSS 能够搭载更大的垂直短距起降飞机。虽然理论上 VSS 并不属于常规布局航母,但航速必须达到舰队航母的要求。海军航空系统司令部(NavAir)要求提出 3 个通用机型的方案:垂直短距起降 A 型(替代 ASW/AEW)、B 型(超音速战斗机/攻击机)和 C 型(替代 LAMPS III),满足多种作战需求,20 世纪 80 年代末或 90 年代初投入使用。但是,该计划没有得到国会支持,原因可能是遭到了舰载机飞行员反对。VSS 虽然停留在概念,但直到 1982 年仍然在未来航母发展考虑的范畴之内。并且,AV-8B 垂直短距飞机的作战性能已经接近 VSTOL-B,依稀可以看到 VSS 的影子。

1974 年 11 月—1975 年 12 月,海军舰艇工程中心先后提出 50 种 VSS 设计方案,有的只能起降 VSTOL 和直升机;有的安装有弹射器和阻拦装置,更接近常规布局航母。VSS 被认为是增强型 SCS,但不能代替大型常规布局航母。1976 年 1 月,制订了总的研制要求;1976 年 1 月至 6 月,完成了概念设计。VSS 可容纳 16 架 SH-53、6 架 LAMPS 和 4 架垂直短距飞机,配备 2 个捕鲸叉导弹发射架和 NTDS 空中管制系统,前部设有 1 个 30×60 英尺的升降机。与制海舰明显不同的是,VSS 配有 4 台双轴式 LM-2500 燃气轮机,航速 29 节;采用集装箱式布局,飞机维修占用较大机库甲板区域,拥有固定维修车间,为尽量扩大机库,舰体长度达到 690 英尺。不同于其他美国航母,VSS 舰体舰端成"凹口"型,安装有半封闭式升降机,飞行甲板不能延伸到舰尾,这种结构的优点是:舰尾升降机保护舱内设施免受海浪冲蚀和损伤,飞机机身能伸出到升降机外面,使用灵活;缺点是:减小了飞行甲板面积,限制了飞行甲板使用。为平衡增加的排水量,设计增加了艉部载荷。

1976 年,VSS 得到资金支持开展设计工作,为提高飞机维修的时效性,增加了维修人员,并将前部中心线升降机改为甲板边缘升降机。

1977 年 6 月 20 日,国会国防授权会议报告指出:通过与其他海基航空平台对比和评估,需要进一步改进 VSS 设计,新的航空联队编组包括 12 架 ASW、4 架预警机、6 架

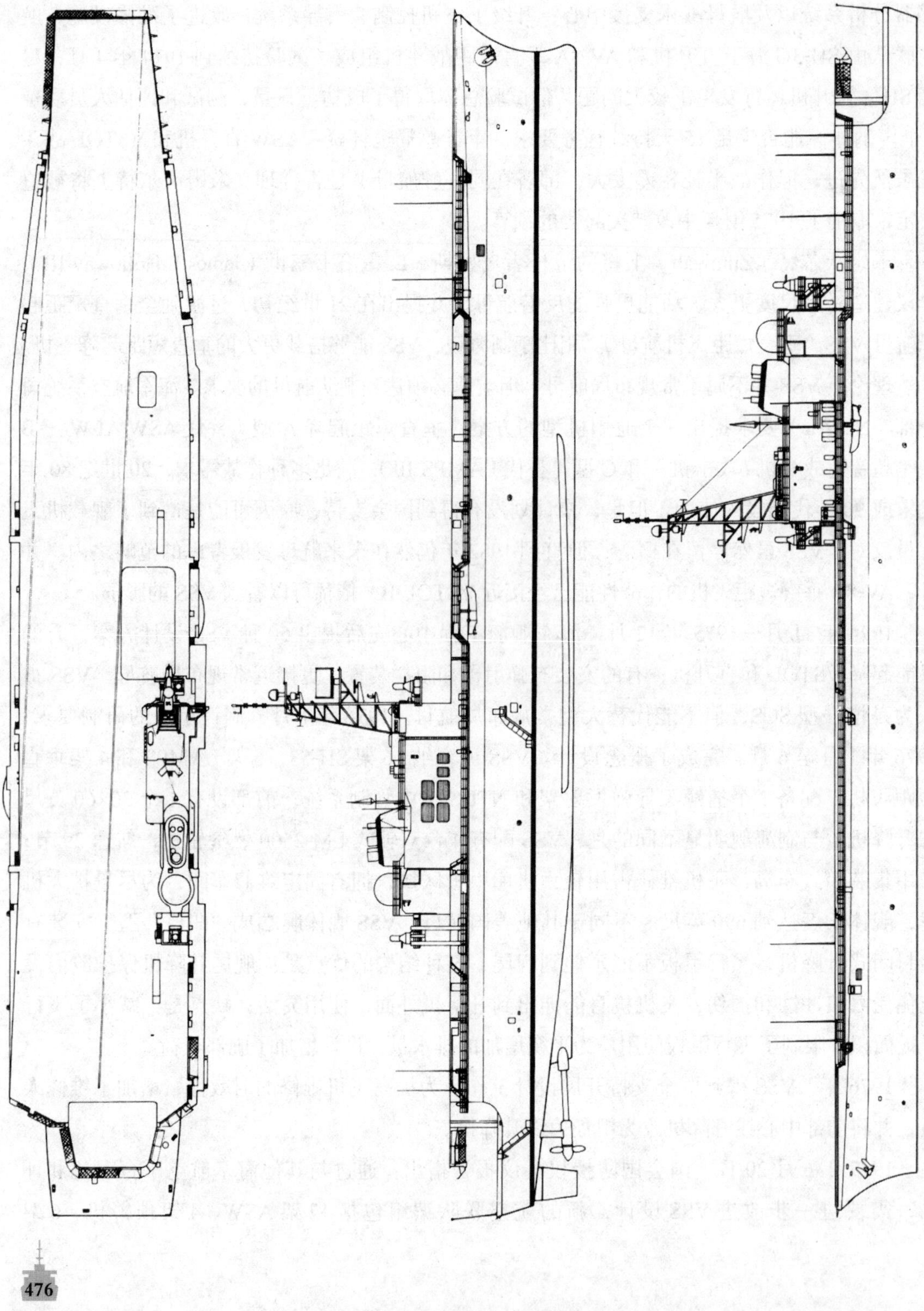

▲ 1974年海防舰设计草图。

LAMPS Ⅲ 和 AV-8A 垂直短距战斗机。8 月 3 日，美国海军作战部长办公室进一步要求 VSS 能够搭载 12 架 ASW、4 架 CH-53 D/F 直升机、6 架 AH-IT 直升机和 2 架 UH-IN。9 月，又增加到 2 个机群：1 个 ASW/AEW 机群，包括 16 架 ASW、4 架预警机、4 架垂直短距起降战斗机；1 个增强的海上突击机群，包括 12 架 ASW、6 架预警机，以及 4 架 CH-53 D/F，后来又增加了 CH-53E。

鉴于调整幅度太大，VSS 几乎要重新设计。1978 年 2 月，更改设计完成，命名为 VSS Ⅱ。之后的 4 年，VSS Ⅱ 参与海军未来舰载航空力量研究，证明未来舰载机的性能、组成和规模决定了航母设计的走向。

然而直到 1977 年，VSTOL A 型和 B 型飞机的定位问题仍然没有搞清楚。1982 年，这两种型号的飞机已经被人淡忘，海军航空系统司令部转而寻求其他机型。这种情况，令人想起了合众国号超级航母的大型战略轰炸机，凡此过往，昙花一现，消失在历史尘埃中。

每种机型对航母的设计都有特殊要求，VSS 根本不可能容纳那么多机型。小型航母设计的难点，是要努力寻找各型飞机停放密度最大的"风暴点"，最大限度利用甲板停放区，充分缓解机库压力。设想的 VSTOL B 飞机构型为 45 英尺 ×45 英尺，鉴于没有真实飞机，曾选用当时占用甲板面积和空间最大的飞机进行仿真研究。VSS Ⅱ 机库净高度基于 CH-53E 直升机，确定为 20.1 英尺；而 VSS Ⅰ 机库净高度基于 SH-53，只有 19 英尺。VSS Ⅱ 增大了弹药和航空军械储存舱室，航空燃料从 1 140 吨增至 2 791 吨。

同大型航母一样，VSS Ⅱ 采用加强型飞行甲板和甲板边缘升降机，不仅强度满足要求，还避免了中心线升降机应力集中问题，增大了机库空间面积。由于甲板边缘升降机受风浪影响大，恶劣海况下只能使用舰尾升降机。

虽然弹库设在水线以下，但 VSS Ⅰ 和 VSS Ⅱ 都没有水下防护。1977 年 11 月，海军副部长詹姆斯·伍尔西（James Woolsey）要求提高 VSS 防护等级。作为对伍尔西的答复，1978 年 1 月，海军部长要求制订"方案 D"并进行成本估算，该方案增加了装甲防护和鱼雷诱饵系统尼克西，后被称为 VSS Ⅲ。重量增加后，不得不牺牲干舷或航速，海军海上系统司令部接受航速的损失。后来，VSS Ⅲ 采用一种新的船体结构，航速又增加了 0.8 节。1978 年 7 月，概念设计全部完成，融合了英国滑跃式甲板。自此，在航母发展研究中，滑跃式甲板成为直通甲板的补充替代方案。虽然 VSTOL 飞机的独特优势，在 20 多年前就已露端倪，但研究表明，要想达到大型多功能航母 CV 的作战能力，只能增加 VSS 的数量，即依靠数量弥补质量，总体军事经济效益反而更低，因为每艘 VSS 都需要配备昂贵的电子设备和航空保障系统。实际上，舰载机决定了航母的建造成本和全寿命周期费用。这里有 2 个

▲ 制海舰的设计是为了研制一艘不昂贵的反潜航空母舰而进行的尝试，但支持者们却无法说服国会这艘舰具备足够的价值。接下来的VSS设计在外形上相似，但更长，扇形船尾上有捕鲸叉导弹的弹筒、双螺旋桨和甲板边缘升降舵。1982年5月，一艘改良的制海舰在西班牙下水，舰头装有一个英国式"滑雪跳跃"坡道。

关键性的问题，一是垂直短距起降与常规布局固定翼飞机的成本对比；二是VSS的易损毁性。在高威胁战场环境下，小型航母难以生存。当然，面对核武器，都逃无可逃。也有人认为，VSS可以增强海基空中力量，大型航母如果配备垂直短距起降飞机，可以摆脱对弹

第 16 章 战后反潜（ASW）航空母舰发展

射器和阻拦装置的依赖，提高综合作战能力。

在海军强烈呼吁下，1979 财年，国会几乎批准了改装制海舰，参议院军事委员会同意为此拨款 4 000 万美元，并投入 2 500 万美元设计新型垂直短距起降航母，7 000 万美元用于第 6 艘两栖攻击舰 LHA（见第 17 章）。卡特总统否决了这一揽子计划，包括一艘大型核动力航母，均从 1979 财年删除。但是，对于低成本航母的浓厚兴趣并未消退，其支持者希望另外设计一型 40 000 吨的中型航母。1978 年秋，海军航空系统司令部的乔治·杰森（George Jessen）少将指出，现代喷气式飞机的推重比如此之高，完全可以像垂直短距起降飞机那样滑跃起飞，在甲板风速满足要求的情况下，可以摆脱弹射器或减小弹射能级，缩短弹射做功行程。1982 年，在帕塔克森特河海军航空试验中心（NATC）使用 T-2J 和 F-14 飞机进行了相关试验。

1982 财年的海军报告，坚持认为 VSS III（增强型的 VSS）足够先进，完全具备开工条件，可以授予建造合同。采用滑跃甲板的西班牙阿斯图里亚斯亲王号航母，排水量 40 000 吨，直到 1985 年才达到这一设计水平。

第17章
两栖攻击舰

　　严格意义上说，两栖攻击舰并不能与攻击型航母和反潜航母相提并论，只能算作是航母的支流，其代表型号有硫磺岛级两栖攻击舰 LPH 和塔拉瓦级两栖攻击舰 LHA。这是海军陆战队在1946年8月下令研究核武器对未来两栖作战行动影响的直接结果。太平洋舰队陆战队司令罗伊·斯坦利·盖格，在目睹了比基尼岛核爆试验后得出结论：仅需几枚原子弹，就可以轻易摧毁正在集合的舰艇和在滩头登陆的部队。面临核攻击时舰艇必须分散，但由于力量难以集中，后续兵力无法及时跟进，这又将增加登陆作战失败的风险。专门委员会研究后，提出多种应对方案，包括运输机、滑翔机和降落伞空降登陆，但都略显不足。甚至考虑用潜艇运输兵力，最终因代价过大、运输能力过于有限而被抛弃。唯一可行的只有直升机和海上运输飞机登陆的方案。1946年12月，在总委员会的建议下，海军陆战队司令亚历山大·A.范德格里夫特将军批准了该研究报告，并要求制订更加详细的计划。

　　报告为后续研究指明了方向，直升机垂直登陆后的运兵速度让人看到了希望。从舰载航

◀ 在利顿艺术家的素描中，LHD 1 是最新两栖攻击型航空母舰直升机的化身。它从现有的利顿 LHA 设计发展而来，其主要变化是重新设计内部井甲板，以支持新的气垫登陆艇或 LCAC 气垫登陆艇。因为 LCAC 将在离海滩50英里之处下水，LHD 两栖登陆艇将放弃其前身的海岸炮击装备。此外，还将为支持 AV-8B 垂直起降的战斗机提供特别经费，用于地面攻击和二级海上控制航母的任务。首个 LHD 两栖登陆艇拟用于 FY 1984 财年项目。

空作战的角度来看，单架直升机越大，对突击登陆架次的需求就越少。理论上，使用能快速来回穿梭的直升机也将减少所需直升机的总数。1946年，专门委员会设想了载重3 500磅和5 000磅的直升机型，前者可装载1个步兵班，后者可装载1个步兵班外加1个精简的机枪组或迫击炮组，载重5 000磅的直升机还可以运载轻型火炮。更大的直升机更具吸引力，以至于到1949年，小型直升机的开发已被放弃。甚至有人提出研发更大的直升机，但海军陆战队不愿采用可以搭载20多人的直升机，因为每架直升机都非常脆弱。

现实进展并不尽如人意，观测型直升机Sikorsky H03S-1s首先被选中，每架只能装载6人，取而代之的Piasecki HRP-1s，也只能装载8人，只是预期的1/5，无法满足最低限度的搭载要求。1949年，海军陆战队意识到直升机的发展不会像预期的那样快，一个新的专门委员会提出直升机应与护航航母升降机适配，即1架直升机装载13～15人（含装备，有效载荷为3 000～3 500磅），这正好是护航航母升降机1次运载的能力，并且直升机要能够飞行3 500海里，据此，研制成功了首架大型运兵直升机西科斯基HR2S，一次能够装载20～25人。其间，还为反潜航母订制了小型直升机西科斯基HRS，一次能够装载10人。HR2S是20世纪50年代直升机航母改装和设计的基础，尽管它从未完全达到设想的重量。也就是说，其典型起飞重量均为31 000磅，但50年代的规划者预计它会达到50 000甚至60 000磅，并据此设计了甲板和升降机。相比之下，重型直升机CH-53D可搭载38人，起飞重量41 435磅；中型海军直升机CH-46F可搭载26人，起飞重量23 000磅。

从战术上讲，海军陆战队认为10架直升机是指挥、调度和控制的最佳编组。当然，护航航母通常要搭载更多的直升机。海军陆战队作战思想定位于师一级的登陆规模，这是相当可观的。1951年1月提出的登陆作战方案，要求运送10 000人和3 000～4 000吨作战物资，总共需要520架次HRS或208架次HR2S。经过估算，520架次HRS将需要20艘护航机，每艘配备20架直升机，搭载150～200吨作战物资、500～600名海军陆战队突击队员和200人的直升机中队。当时，护航航母难以支持大型直升机，因此设想建造8艘新的两栖攻击舰，或改装8艘现有航母，每艘搭载20架HR2S、1 200～1 500名海军陆战队突击队员、200人的直升机中队和450～550吨作战物资。尽管具体需求随时间的推移而变化，但考虑到建造成本和对新型攻击型航母、导弹护卫舰等其他战舰类型的需求，这种程度的努力是具有代表性的且令人望而生畏的。

1947年12月1日，海军陆战队首个直升机中队HMX-I成立。次年，在两栖作战演习中，对垂直登陆作战概念帕卡德II进行了测试：5架H03S-1轻型观察直升机从护航航母帕劳上起飞。1948年5月，进一步开展了帕卡德III演习测试，第一波次8架直升机从 *Palau*

第 17 章 两栖攻击舰

▲ 先前的护航航空母舰西提斯湾号是美国首艘专门运送海军陆战队及其直升机的航空母舰。注意,尽管其可以载 22 架 HR2 部队直升机,但其飞行甲板上只标示了 5 个位置。飞行甲板在舰尾被切断,以增加升降舵的净空尺寸。西提斯湾号从未被当作大规模改装的原型,尽管许多卡萨布兰卡级航空母舰在 20 世纪 50 年代被保留下来,但仅用于动员储备(即使经过现代化改造,它们也不能运行现代固定翼飞机)。

起飞发动突袭,后续总计184架飞机从6艘护航航母起飞,运载1支编制完整的战斗团,攻击占领了海滩内陆的战略要隘,登陆艇随后在附近海岸抢滩。狂风和巨浪阻止了直升机的着陆,但并未阻止其运行,在重型战斗机的掩护下,每架HRP每次可以装载6名海军陆战队突击队员及装备,在距离航母大约10英里的地方登陆,总共运送了230人和14 000磅作战物资。

1951年1月1日,海军战术和技术委员会提出,第一艘两栖攻击舰改装,应于当年11月1日开始;1952年9月1日前,应有4艘两栖攻击舰投入使用。最初设想改装启航湾级护航航母,但迫于朝鲜战争反潜及海上支援作战的需要,海军陆战队只得把目光转向卡萨布兰卡(护航航母-55级),卡萨布兰卡适于HRS作战,改装后能支持HR2S。在1952财年,海军陆战队极力争取新造两栖攻击舰或改装项目,但直到1953财年也未获批准。按照美国海军作战部长要求,大西洋舰队继续测试垂直登陆作战概念,仅在1952年初,就在"西博尼"号上进行了2次演习。CVE-55级将适用于HRS的操作,但若要操作HR2S,则需要进行改造。据估算,1个海军陆战队师约需要20艘小型或13艘大型两栖攻击舰。由于没有足够的直升机,当时只能配备4艘两栖攻击舰,每艘可搭载20架HRS、850人和75吨作战物资。

1952年9月8日,美国海军作战部长要求舰船局进行可行性研究,虽然11月已完成,但还是错过了1954财年计划。1955财年,海军陆战队司令先是提出需要4艘两栖攻击舰,后又狮子大开口,要求运载整个陆战师,为此,需改装4艘CVE-105和12艘CVE-55,加上其他配套费用,远远超出预算极限。1955财年预算安排2艘护航航母改装计划,1艘被推迟;另1艘西提斯湾号在1956年7月20日被改装成CVHA-1,搭载20架HRS。后来两栖攻击舰技术状态变化很大,该舰只能作为试验舰,为转运HR2S,扩大了升降机的容量,切除了后端部分甲板,机库甲板前端用来安放陆战队员和登陆设施、卫生设施,所有5英寸炮和20毫米炮座被拆除,只留下8门40毫米双联火炮作为武器,登陆兵力为38名军官和900名士兵。

第2艘改装的护航航母,是更大型的布洛克岛号,之前曾作为SCB-159改装的原型,并且是第一艘被命名为直升机攻击舰或两栖攻击舰LPH的舰船。1958年1月开始改装,但因为CVE改装项目计划被取消,因而并未完成,取而代之的是新建造和大型航母的改装。当埃塞克斯级从攻击型航母沦为CVS,又经历SCB-27改装后,性能优于CVE-105级,成为两栖攻击舰LPH的最佳选择。

1954年9月,特设委员会(LRO的前身)组织成立登陆突击部队研究小组,次年4月提出研究报告，宣称在未来10～15年内，大多数具有攻击能力的登陆舰艇（AKA和APA）会被直升机航母所取代。"战场环境下，VTOL飞机将成为突击登陆的主要手段，后续支援力量和重型装备仍将通过航渡方式上岸，但大多数突击部队将在空中着陆"。海军陆战队师和航空部队将被分到1艘指挥舰（可能是1艘改装的"水手"号）和12艘CVHA（每艘搭载20架HR2S）、4艘APA（改装的"水手"号）、3艘AKA（改装的"水手"号）、12艘LST、9艘LSD、1艘攻击型潜艇以及1艘APD（改良型，持续航速为25节）。CVHA规模需达到24艘，无论新造或改装，都必须考虑经济性，候选改装的舰型数量要多，最好是闲置或没有重要用途的，船体剩余寿命长，改装后能够搭载20架直升机、1 800名士兵和2 000吨作战物资，持续航速20节，直升机和登陆部队重量大约1 000吨，具体取决于装载情况。

1955年11月，SCB的OPNAV强烈要求每艘CVHA配备2个鞑靼导弹，尽管存在技术问题，还是获得批准，但最终由于1957财年预算不足，没能安装。海军航空局以飞行甲板上安装导弹发射架将会引发导弹爆炸为由提出反对。

候选舰型包括：克利夫兰和巴尔的摩级巡洋舰、北卡罗来纳级战舰、独立级轻型航母、CVE-55级和CVE-105级、水手级商船等，虽然护航航母数量较为充足，但却不能满足相关技术要求，且新造一型船过于昂贵。

早期，两栖攻击舰的研究多受益于水上飞机补给船（航速20节）。1955年4月，CVHA设计标准排水量11 160吨（满载18 000吨），水线长度625英尺，首舰造价4 700万美元，后续舰造价4 000万美元，大约是攻击型航母的1/5。OPNAV要求提供造价降低50%的替代方案。舰船局的研究报告认为，这一型舰数量大，可在标准排水量7 500吨（满载12 500吨）的基础上开展设计，首舰成本降低到3 100万美元，后续舰造价降低到2 400万美元。相比，改装后的CVE-55级可搭载15架直升机，CVE-105级可搭载18架直升机，而战列舰是研究中最大的船体，改装后的战列舰（可供选择的最大舰型）可搭载28架直升机。后者将不得不保留一个炮塔以供修整。

后来，转而新研一型能够搭载20架直升机的两栖攻击舰。1955年8月，两种设计方案被提出，水线长度都是550英尺：方案一采用常规小型航母舰型（基于SCB-43），机库净高度设定20英尺，配置2个甲板边缘升降机；方案二只设单层机库和飞行甲板，当即被否决，因为飞行甲板会产生湍流，机库立柱阻碍飞行作业，影响飞行安全，且未安装升降机将无法装卸物资。海军陆战队要求储存30万加仑航空汽油，最小持续航速20节（与两栖舰队的速度相当），续航力1万海里（20节），并能灵活通过巴拿马运河的船闸。

▲ 1966年12月5日，仍处于CVS配置中的拳师号在波多黎各的别克斯岛抛锚停泊，其飞行甲板上还载有H-34突击直升机。与其他2艘前埃塞克斯级LPH不同的是：其保留了所有的飞行甲板和拆除了舷台炮座的所有炮。舰身侧面的通风管道可以从住宿舷梯尾端引出。新电子设备的主要元件是一个位于3号5英寸炮底座正前方的舰岛上的大圆锥形单极天线（天线是所有已改装的航空母舰共用的）。

1956年5月，海军陆战队司令批准两栖攻击舰LPH，FY58-62每个财年计划2艘，新造和改装同步并行。其实，1955年6月相关研究已经开始，包括新造LPH和改装SCB-157、CVE-105、SCB-159，1956年12月当这艘新航母从1957财年的项目中退出时，设计接近尾声：水线长度550英尺，标准排水量10 000吨（满载17 000吨），预计试航速度为21.5节；为了其在恶劣海况下仍能起降直升机，并保证登陆部队换乘，安装了减摇装置。但是，1957财年新造2艘LPH的计划被取消，列入1958财年项目中。

将改装CVE-105和新造LPH进行对比，改装需额外增加2 500吨，续航力大大提高；新造舰船吨位更小、维修性更好，航行中受海况影响更小。同样海况下，新造LPH航速降至13节时，改装CVE就要降到8节；最后，LPH的尺寸与预计将在20世纪60年代出现的直升机相当，新造LPH在机库容量方面具有显著优势，改装CVE飞行甲板如不作改动，

第 17 章 两栖攻击舰

▲ 福谷号作为 LPH，有 2 个双的和 2 个单的 5 英寸底座的标准配置，如这张 1964 年 5 月 30 日的照片所示。它保留了整个 CVS 的雷达套件，包括烟囱外侧的测高 SP8 舷台。

▲ 大型埃塞克斯级飞行甲板既可用于飞机运输，也可用于直升机作战。照片拍摄于 1966 年 2 月，福谷号运输一甲板的十字军战斗机、天鹰轻型轰炸机和单个"天袭者"突袭机。飞机前方的直升机进气道被防护材料覆盖。它自己的 H-34S 排在飞行甲板的前部，且在头顶飞行。

▲ 经过改造的 LPH 在多米加共和国和越南服役。在这里，普林斯顿号准备在 1967 年 1 月发动攻击。需注意它的塔桅和改良的烟囱配置，以及新的 SPS-30 测高雷达。那时，它已经在（1962 财年，1960 年 12 月—1961 年 6 月）FRAM II 计划下实现了现代化；拳师号和福谷号分别在 1963 财年和 1964 财年实现了现代化。普林斯顿号和福谷号于 1971 年 1 月受到攻击，1969 年 12 月拳师号被从龙骨上建造的直升机航母所取代。

机库甲板面积将从原来的 6 000 平方英尺减至 4 500 平方英尺，机库甲板长度从 306 英尺（新设计中是 304 英尺）减至 214 英尺。由于 CVE 原设计局限性很大，给改装带来意想不到的困难，比如 CVE 机库采用增强型甲板，难以改动，还有布置上的其他问题：登陆部队和飞机混装，人员和卫生设施不在同一层。LPH 舰尾设置甲板边缘升降机后，甲板面积增加 11 000 平方英尺以上，航行控制和居住条件大为改善，航空汽油储量增加 20% 以上，飞行甲板载荷增加 20%。

尽管改装 CVE 价格便宜，其机械设备较新，但也不可能再拥有 20—25 年的使用寿命。1957 年 5 月 20 日，SCB 会议以 6:4 的票数，通过了新造提案，要求进一步控制成本，措施包括取消减摇装置以节省 100 万美元，将提议的双螺杆装置替换为单螺杆装置（商用）以节省 100 万美元。然而，将机库高度从 20 英尺降至 17.5 英尺的提议被否决。其他削减被接受，包括住宿标准的降低、减少空调设备以节省 150 万美元，以及将甲板承载强度从 60 000 磅减少到 50 000 磅。

关于推进系统的设置，也产生了争议。海军航空局认为：待 1961 年新舰造好时，直升机都将改用 JP-5，新舰应采用单一燃料体制，安装压力燃烧锅炉；海军陆战队要求将持续航速提高至 25 节，经分析，原设计采用 2 台 600 磅的锅炉，提速后需要 4 台 1 200 磅的锅炉。

第 17 章 两栖攻击舰

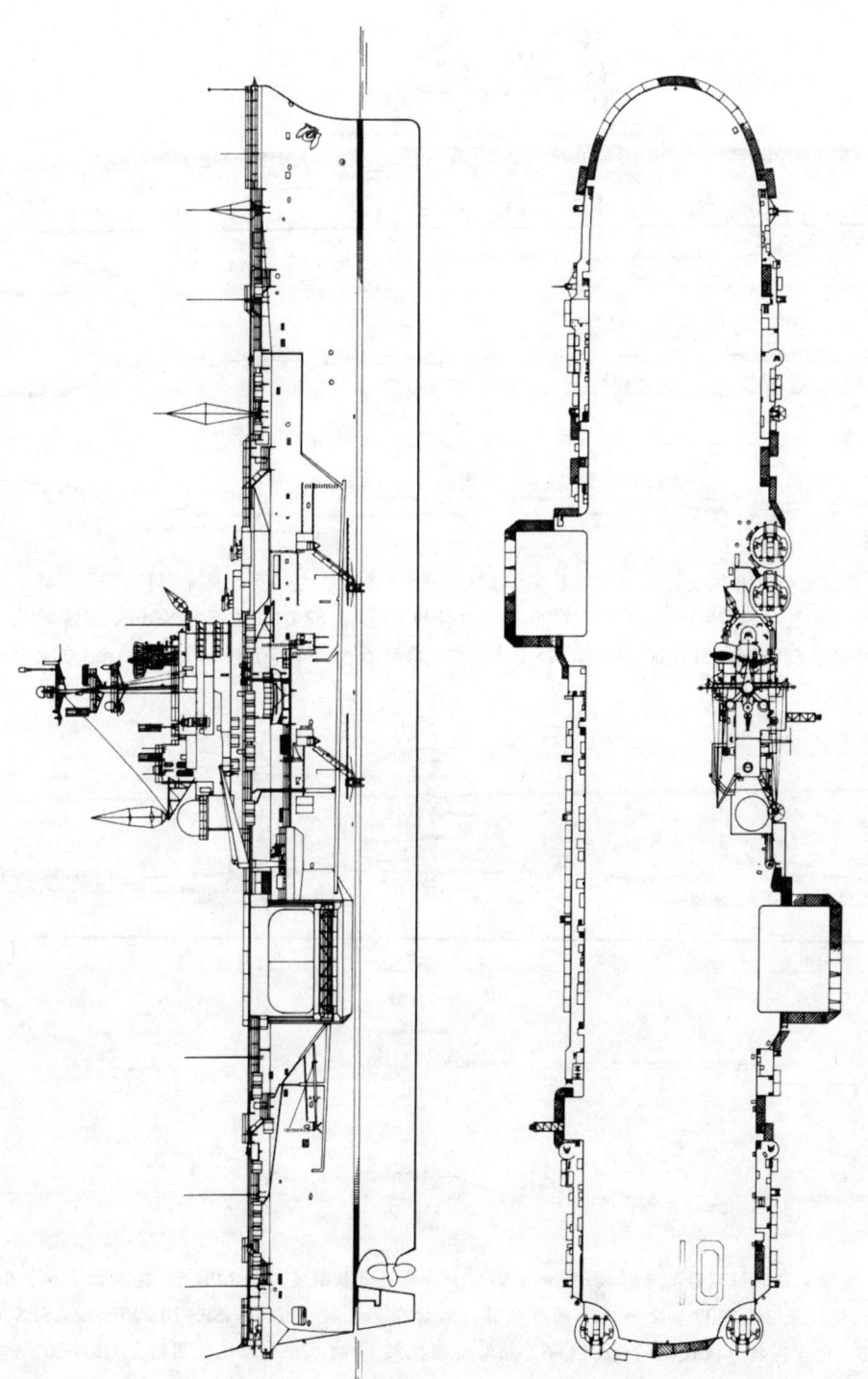

▲ 直升机航空母舰的黎波里号（LPH 10），1972 年。

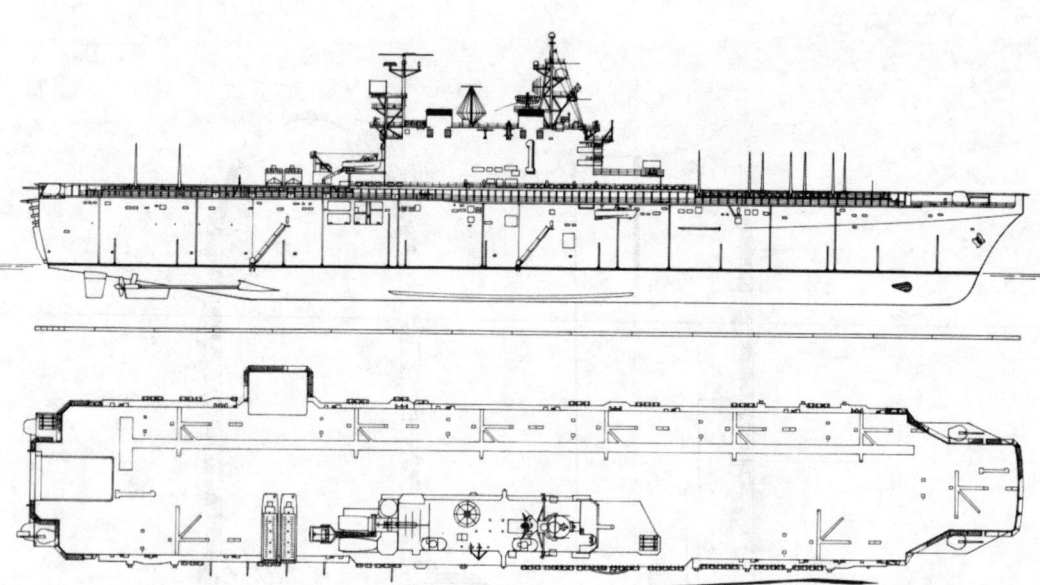

▲ 1976年7月,原型直升机攻击型舰"塔拉瓦"(LHA I)。装备了3支轻型5英寸/54口径(#45)火炮,2个"海麻雀"发射器(#25),以及6支20毫米口径的火炮(#67)。雷达有SPS-10F、SPS-40B、SPS-52B、SPN-35、SPQ-9A、SPG-60和标记115(适用于"海麻雀")。战术导航系统使用的是URN-20。

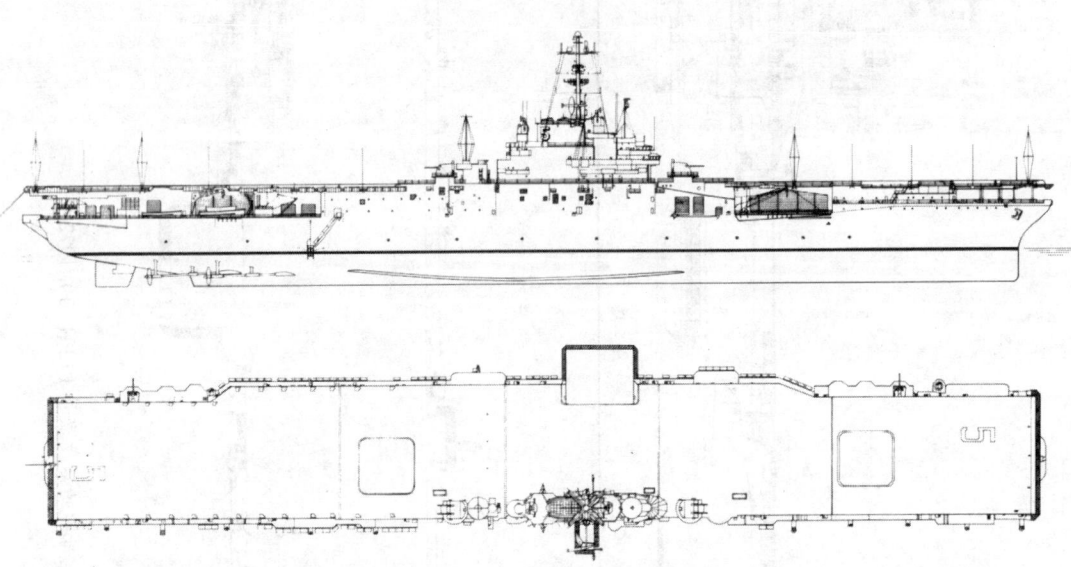

▲ 1965年,埃塞克斯级航空母舰普林斯顿号(CV-37)作为直升机航空母舰LPH 5。其保留了6个5英寸/38口径火炮以及2个#37和2个#56的导向器,后者在其左舷。雷达有SPS-10、SPS-12、SPS-30、#25和#35。电子对抗系统使用的是ULQ-6(舷外格栅托架)。战术导航系统使用的是URN-20。注意其双烟囱帽。

第 17 章 两栖攻击舰

▲ 硫磺岛级航空母舰是龙骨直升机航空母舰的原型,比埃塞克斯级航空母舰的运营费用低得多,更适合舒适的部队运输。在和平时期,两栖舰艇一次可以部署几个月,舰上有全套海军补充装备,因此部队兵力的可居性变得极为重要。这艘新完工的舰于 1961 年 11 月 2 日在普吉湾展出。

▲ 对服役的原 LPH 进行的改良包括增加 SPN-35 盲着陆雷达(在大型天线罩中),并用海雀基型点防御导弹系统点防御导弹(在舰岛前和舰尾左侧)替换了原来一对 3 英寸 /50 双座导弹的一半。在舰岛后面的飞行甲板层的舰左舷悬伸出来的一个自我保护的 ECM 天线可通过其阴影分辨出来。这是 1973 年 7 月 20 日在苏比克湾作战扫尾后的的黎波里号。排雷部队的直升机从 LPH 运行,还扮演了辅助的反潜作战角色。但是,一架大型 CH-53 扫雷直升机出现于的黎波里号的飞行甲板上。

491

1957年7月,LPH水线长度增加到570英尺(标准排水量11 000吨,满载18 000吨),首舰建造成本4 620万美元,后续舰建造成本3 820万美元,能够储存30万加仑JP-5或航空汽油,使用单轴汽轮机。后来发现航空燃料超过实际需求,但已无济于事,若修改设计会影响舰体稳性,还要增加固定压载。海军陆战队要求4个起飞区,但飞行甲板最多能布置3个(当搭载20架直升机时,2个在前部,1个在尾部,因为机库甲板只能容纳9架)。为了保持稳定性,横梁从最初的80英尺增加至84英尺,因为要求该型舰能通过巴拿马运河的船闸,因此飞机甲板上无法增加搭载量。自始至终,这一特点需要该舰能被改装用于ASW直升机作战,考虑到ASW的重要性和对带有倾斜声呐直升机的热度,这并不奇怪。

相比改装的护航航母埃塞克斯级,硫磺岛级LPH具有明显优势:一是它只需要400人,而埃塞克斯级需要1 200人,这一点在舰员极度短缺的情况下尤为重要;二是携载力强,推进系统简单;三是更适于海军陆战队装载需要,而改装的普林斯顿号(埃塞克斯级)只能腾出27个运兵舱,每舱容纳4~157人不等;四是设立了专用的直升机指挥中心(HDC)和火力支援协调中心(FSCC)。由于预算紧张、建造周期长,1958、1959、1960、1962、1963、1965和1966财年,总共建造了7艘。

1957年3月,提出了将埃塞克斯级改装为两栖攻击舰的方案:一是增加内部空间,能够运送300名军官和2 700名陆战队员,拆除4个锅炉和1号、4号主汽轮机,作战物资存放在原1号和2号锅炉房,相比,新造LPH能够运送200名军官和1 800名陆战队员;二是加固飞行甲板,拆除前部中心线升降机,在机库前端加装1层甲板,增加50%的居住空间。改装后,飞行甲板由原来的6 000平方英尺增加到9 000平方英尺,作战物资由900吨增加到1 300~1 500吨,航空汽油由5 000加仑增加到10 000加仑,总体性能接近于SCB-157。但是,埃塞克斯级过于老旧,首舰改装要2 500万美元。

对实际改装方案进行了精简,为降低维护和运行费用,除飞行甲板上的4门5英寸和舷台上2门独立的5英寸火炮外,其余火炮全部拆除,雷达数量大为减少;8个锅炉中4个停用,航速降至25节;机库甲板存放10架HR2S,另外20架停放在飞行甲板(其中4架停在起飞位,其他16架机翼处于折叠状态)。

先期改装的3艘舰为拳师号、普林斯顿号和福谷号;第四艘张伯伦湖号因人员配备困难被取消,这3艘舰后来在FRAM II计划中又进行了升级。1958年初,塔拉瓦号、福谷号和福莱斯特号将整个团的登陆队送上海岸,测试了不同的登陆作战概念,改装后的航母还参与了多米尼加共和国和越南的作战行动。

两栖部队指挥官指出,硫磺岛号"没有配备登陆艇,在无法组织实施飞行时其作战性

第 17 章 两栖攻击舰

能令人怀疑，必须配备登陆艇，才能完全满足登陆作战要求，这是 LPD/LPH 设计的败笔"。1965 年，LRO 小组提出新的 LPH 设计方案，增加 12 艘登陆艇 LCVP 或地效应飞行器，原飞行甲板保持不变。1965 年 4 月，美国海军作战部长质询新奥尔良号（LPH 11）是否为最后 1 艘硫磺岛级，能否加长，配备登陆艇；改装的埃塞克斯级舰也要求增加 12 艘 LCVP 和 2 艘 LCPL，以及 97 名操作人员。为此，船腹扩大到 52 英尺，增加 1 800 吨排水量，需要进行大量的稳性计算，否则舰尾可能出现严重纵倾。当时，费城造船厂在建的 1 艘两栖指挥舰和 1 艘 LST 已经拖期，无力开展新的施工设计。所能做的，只是在 1966 财年的仁川号（英格尔斯号）加装用于 2 艘登陆艇（LCVP）的吊艇架。

为此，重新设计了新型两栖攻击舰 LHA，作为两栖作战的旗舰，（在某种程度上）取代专业的 AGC（LCC）。为方便登陆艇进出，设置了 LSD 型井甲板，增加了载重量，改进了指挥和控制设施。与现代斯普鲁恩斯级驱逐舰和已失败的前沿部署后勤舰一样，LHA 完全由私营建造商和国防部长麦克纳马拉（McNamara）一手炮制，麦克纳马拉还抛出了"一揽子"采购计划。1968 年 5 月 28 日，麦克纳马拉宣布建造 9 艘 39 000 吨的 LHA。1971 年 1 月 20 日，因过度超支取消了 4 艘。利顿设计团队赢得了全部三项择优，LHA 大小与埃塞克斯级相差无几，曾被推荐作为小型航母的设计基准，但航速太慢。1980 年，LHA 脱颖而出，被澳大利亚海军看中。在此基础上，利顿改进设计了 LPH，一度受到热捧。但是，澳大利亚海军又转向英国的"无敌"级航母，因为"无敌"级费用更低。"福克兰群岛"危机爆发后，英国出于政治、军事等多重考虑，不再可能出售"无敌"级航母。

20 世纪 60 年代，海军陆战队终于获得了梦寐以求的两栖攻击舰，航速 20 节，开始批量建造，1 艘 LPH 可以搭载 27 架 CH-46，1 艘 LHA 可以搭载 38 架，但是 LHA 只能容纳 1 艘气垫船。80 年代末，两栖攻击舰面临整体换代，1982 年开始了相关研究，第 16 章中所述的 VSS，也作为备选方案，被命名为 LH-XNSS。

1981 年 3 月，DCNO（水面战）的海军中将 W. H. 罗登在参议院作证时说，海军两栖作战能力不足，希望在 1983 财年获得第 6 艘 LHA。在 1985 财年，海军提出更新级别的两栖攻击舰，暂命名为 LHDX，大小介于 LHA 和 LPH 之间。1982 年 2 月，里根政府的 5 年计划（1983—1987 财年）中，展现出 2 艘新的黄蜂级两栖攻击舰 LHD（1984 财年和 1987 财年），计划取代 90 年代现有的 LPH 部队。1981 年发布的"概念舰船特征表"显示：LHD 排水量 34 570 吨、飞行甲板 764 英尺 ×106 英尺，能搭载 1 800 名陆战队员，井形甲板可容纳 2 艘气垫船或 10 艘 LCM-6。一年后，LPD 被称为 LHA（装载 39 500 吨，甲板 817 英尺 ×106 英尺），改装后可携带 3 架气垫登陆艇（或 12 架 LCM-6），以及 8～10 架 AV-8B

▲ 也许对 LPH 最大的批评是：恶劣天气下，这型两栖攻击舰武功全废，因为它只能利用直升机装载运送登陆兵力。LHA 解决了这一问题，在 LHA 投入使用之前，最后一艘 LPH 仁川号（英格尔斯造船厂于 1970 年 5 月 11 日制造）为解燃眉之急，在舰尾吊放了一对登陆艇。

VSTOL 垂直起降飞机的维修设施。之后，要求 LHD 能够搭载 20 架 AV-8B、6 架 SH-60B 或 LAMPS III 反潜直升机，以及 1 903 名陆战队员。该设计取代了 1981 年 10 月洛克希德船舶工程公司的设计方案（基于 LSD-41 蒸汽动力装置），船体限制为 LHA 的 2/3。

同一时期，还出现了 LPD 和 LPDX 设计方案，LPD 排水量 39 500 吨、飞行甲板 817 英尺 ×106 英尺，可搭载 3 艘气垫登陆艇或 12 艘 LCM-6，以及 8～10 架 AV-8B 攻击机及相应的维修设施。LPDX 为 LPD 的替代方案，排水量 17 300 吨，可搭载 6 架 CH-46 和 858 名陆战队员。两栖攻击舰设计，主要取决于陆战队作战编组（MAU）。1981 年 10 月，洛克希德公司提出的 LPDX，是 LSD-41 舰体舯部的加长版。理论上，LHDX、LPDX 和 LSD-41 都可以同时容纳 8 艘气垫船；LHDX 可以运载 1 700 名陆战队员，LPDX 可以运载 850 名陆战队员，LSD-41 可以运载 440 名陆战队员；LHDX、LPDX 可以搭载 34 架 CH-46，进行空中火力支援。

正如我在 1982 年所预测的那样，新型舰载航空力量正在孕育发生。里根政府青睐大型航母，认为大型航母作战优势无可比拟，而国会喜好小型航母（如 VSS）。经过较长时期的发展，国会的期望化为泡影。目前，夸大 LHD 的投送能力和攻击能力，是对大型航母批评者的一种自我安慰，并且，只要没有可行的垂直起降飞机，想象中的 VSTOL 小型垂直起降航母不太可能出现，更遑论取代大型航母。福克兰群岛的危机，似乎也在向我们传递着这

第 17 章 两栖攻击舰

▲ 1982 年，"塔拉瓦"级 LHA 是最大的直升机航空母舰。它与埃塞克斯级航空母舰的总尺寸非常接近，以至于一些小型攻击型航空母舰的拥护者提出了基于其舰体的固定翼航空母舰；利顿曾一度甚至向澳大利亚政府提供这样一艘舰，以取代老化的墨尔本号。但是，成本太贵了，只能提供一个改良的 LPH。这类舰的名字清楚地显示了允许其卸下大型登陆艇和直升机的艉门。舰岛上林立的天线宣告它是指挥舰和攻击型航空母舰。也可看见用于自卫的海麻雀发射器和 3 个用于海岸轰炸的 5 英寸大炮。未来 LHD 在概念上相似，但其井形甲板将容纳新的气垫登陆船，从而可以在大多数敌人的反击范围之外，在远超地平线的位置卸载重型设备和兵力。

样的暗示。

需要引起我们注意的是预警雷达的发展变化，当它足够强大时，AEW 预警飞机可能会躲到幕后。有了这样的预警雷达，再加上飞机、舰艇上威力巨大的防空导弹，航母可能不

再需要高性能战斗机，而更加注重力量投送和对面攻击。那时，小型 VSTOL 航母或许能成为现实选择，因为飞机空战性能不再那么重要。在 AEW 出现以前，早期预警只能依靠长续航力的载人或无人飞艇，但是飞艇容易受到气象影响，更不要说敌人的攻击，像"自主 HARP 气球"这样的创意项目，从来就没有获得过成功。

但是，正如文中所述，VSTOL 航母仍然具有潜在优势，可能替代大型航母，它可以装备大量的巡航导弹和先进的舰面 AAW、ASW 系统，减少对人员的需求，而大型航母严重依赖人力，20 世纪后半叶很可能征募不到足够适龄的舰员。航母所具有的多功能性，是岸基作战力量无法替代的，而岸基作战能力可以移植到航母上。飞机组成的变化，将最终决定航母的构成，正如导弹武器系统的变化，将最终决定水面舰艇的构成，飞机耗资巨大，将接近航母的建造成本。

鉴于里根政府更加强调军力的增长，而非新型作战系统的开发，在未来 20 年内，小型航母取代大型航母，是不现实和不可能的；VSTOL 如要取代 AEW，则还需要漫长的道路，并不是简单的事情；舰载防空导弹如要取代航母战斗机，一时也还难以实现；大型气垫船（SES），更不可能取代传统航母，尽管它不需要弹射起飞，但离不开外部支援，舰载机联队也无法在 SES 上安身立命，大型航母的长期存在是必然的。

在可预见的未来，大型航母仍将是美国应对全球危机、实现兵力投放、展示美国力量的首选。由此，本书讲述的故事将会延续到下个世纪。